Grundzüge des Personalmanagements

Grundzüge des Personalmanagements

von

Univ.-Prof. Dr. Christian Scholz
Universität des Saarlandes
Dr. Tobias M. Scholz
Universität Siegen

3., komplett überarbeitete Auflage

Verlag Franz Vahlen München

Prof. Dr. **Christian Scholz** war Inhaber des Lehrstuhls für Organisation, Personal- und Informationsmanagement an der Universität des Saarlandes und ist Autor zahlreicher wichtiger Bücher zum Personalmanagement.

Dr. **Tobias M. Scholz** ist Akademischer Rat am Lehrstuhl für Betriebswirtschaftslehre insb. Personalmanagement und Organisation an der Universität Siegen.

ISBN 978 3 8006 5769 8

Satz: Fotosatz H. Buck
Zweikirchener Str. 7, 84036 Kumhausen
Druck und Bindung: Neografia, a.s.,
Printed in Slovakia
Umschlaggestaltung: Ralph Zimmermann – Bureau Parapluie
Bildnachweis: © Syda_Productions – depositphotos.com

Gedruckt auf säurefreiem, alterungsbeständigem Papier
(hergestellt aus chlorfrei gebleichtem Zellstoff)

Vorwort zur 3. Auflage

Über die Relevanz guter Personalarbeit für den Unternehmenserfolg ist schon so viel geschrieben worden, dass darauf im Vorwort dieses Buches sicherlich nicht noch einmal eingegangen werden muss. Man sollte jedoch gleich am Anfang betonen, dass diese Aussage weder durch die Digitalisierung, noch durch die fluideren Organisationsformen abgeschwächt wird: Vielmehr spricht vieles für die These, wonach die kritische Relevanz zunimmt. An dieser Stelle gleich der Hinweis: In diesem Buch wird aus stilistischen Gründen und zur Verbesserung der Leserlichkeit nur die männliche Form verwendet.

Dieses Buch richtet sich zum einen an Studierende aller Ausbildungsformen und Fachrichtungen. Die *Grundzüge des Personalmanagements* sind dabei als eine Einführung zu verstehen, die keine Vorkenntnisse voraussetzen, und daher auch bereits im ersten Semester eingesetzt werden können. Dementsprechend wurde Theorielastigkeit vermieden – trotz wissenschaftlicher Rigidität beim Schreiben. „Vermeiden von Theorielastigkeit" bedeutet allerdings nicht Verzicht auf theoretische Fundierung: Vielmehr wird gerade die im verhaltensorientierten Management zwingende Basis präsentiert, aber immer problembezogen. Theorien werden aber nicht isoliert um ihrer selbst willen präsentiert, sondern immer als Mittel zum Zweck eingesetzt.

Zielgruppe: Studierende und Praktiker

Dieses Buch richtet sich aber zum anderen ganz bewusst auch an Praktiker in der Personalabteilung und in der Linie. Für diese dienen die *Grundzüge des Personalmanagements* zum Auffrischen ihres Wissens – denn auch personalwirtschaftliches Wissen erodiert und braucht neue Impulse. Dabei geht es auch um die vielbeschworene Professionalität der Personalarbeit, wobei auch die Praxisbeispiele im Sinne von Benchmarks Interesse finden sollten. Denn eines darf bei aller pragmatischen Euphorie nicht vergessen werden: Personalarbeit ist nichts, was man „nebenbei" und „on the job" irgendwie lernen kann. Personalarbeit setzt ein Mindest-Handwerkszeug voraus. Auch dazu will das vorliegende Buch beitragen.

Wer Interesse an mehr hat, dem sei das Lehrbuch *Personalmanagement* (6. Auflage 2014) empfohlen.

20 Kapitel als 20 Lektionen

Die *Grundzüge des Personalmanagements* sind in 20 Kapitel gegliedert, die für 20 x 4 Vorlesungsstunden konzipiert sind. Sie umfassen die reale Wertschöpfungskette der Personalarbeit, die als primäre Aktivitäten von der Bedarfskalkulation bis zur Personalfreisetzung („Reduktion") reichen. Darüber liegen sekundäre Aktivitäten (wie „Organisation"), die hier auch grundsätzliche Überlegungen (wie „Konzeption" und „Perfektion") umfassen. Das Ergebnis ist dann die in Abbildung 0.1 dargestellte Personalwertschöpfungskette.

Wertschöpfende Personalarbeit

Diese Wertschöpfungskette zeigt deutlich die Vielzahl an Aktivitäten auf, die im Idealfall einer professionellen Personalarbeit tatsächlich Werte schaffen: So ist – um nur ein Beispiel zu nennen – der Aufbau einer Arbeitgebermarke nicht nur ein Kostenfaktor, sondern wirkt sich durch quantitativ und qualitativ bessere Mitarbeiter auf den langfristigen Unternehmenserfolg aus.

HR als Internationales Management

Dass sich Personalarbeit auch im internationalen Kontext abspielt, berücksichtigen die *Grundzüge des Personalmanagements* insofern, als im Regelfall pro Kapitel zumindest ein Punkt herausgegriffen wird, der die Bandbreite des internationalen Personalmanagements illustriert. Auch auf diese Textstellen wird mit einem entsprechenden Symbol hingewiesen.

HR als Medienmanagement

Ferner ist noch auf eine Entwicklung hinzuweisen, die immer mehr die Personalarbeit betrifft, nämlich die Informations- und Kommunikationstechnik in allen ihren Facetten, beginnend vom einfachen Personalinformationssystem bis hin zu Social Media. Dabei geht es insgesamt nicht nur um „einfache“ IT, sondern vor allem um komplexes Medienmanagement.

Digitalisierung als Automatisierung

Informationsmanagement bezieht sich aber nicht nur auf Kommunikation im Sinne von Social Media und anderen Interaktionsformen. Paradigmen wie das der „Industrie 4.0“ mit ihrer automatisierenden Vernetzung öffnen völlig neue Horizonte.

Roboter als Unternehmenslenker?

Die Arbeitswelt wird sich ändern und damit auch die Personalarbeit. Die Frage aber ist: Ändern wir uns quasi passiv als Getriebene der Digitalisierung? Oder sind wir die Treiber von Veränderungen im Interesse von Unternehmen und Mitarbeitern? Überlassen wir alles einer digitalen Personalsteuerung? Oder greifen wir gestalterisch ein?

Weiterhin nötig: Professionelles Know-how

Das alles setzt personalwirtschaftliches Grundlagenwissen voraus. Deshalb legt diese Neuauflage nicht nur Schwerpunkte im Bereich neue Arbeitswelt und Digitalisierung: Sie vermittelt weiterhin die theoretische Basis und die strategische Ausrichtung – sowohl für die Personalarbeit als Funktion wie auch für eine Personalabteilung als Institution. Denn in der heutigen dynamischen und volatilen Arbeitswelt ist es essentiell, Studierenden (und allen anderen Entscheidungsträgern) einen umfangreich ausgestatteten Werkzeugkasten und ein tiefgreifendes Verständnis für Menschen mitzugeben.

Vor allem danken wir denen, die uns bei diesem Buch geholfen haben: Matthias Bächle, Stefanie Becker, Lisa Böhmer, Stephan Buchheit, Silke Diener, Felix Eichhorn, Uwe Eisenbeis, Kirsten Himbert, Benjamin El Khatib, Christine Lechner, Karoline Jorzyk, Anke Kewerkopf, Lisa Mayer, Sandra Nitschke, Henriette Rudolph, Nadine Schaaf, Sebastian Scholz, Iris Schröder, Jutta Astrid Stelletta, Viktoria Treib, Lisa Völkel und Christian Weber. Ganz besonderen Dank verdienen Dennis Brunotte für die Idee zu diesem Buch und die auch bei der dritten Auflage wieder ausnehmend gute Zusammenarbeit sowie die Studierenden aus der Saarbrücker Vorlesung „HR-Basics“ für ihre indirekte Mitarbeit an diesen *Grundzügen des Personalmanagements*.

… and now it's all up to you.

Christian und Tobias Scholz
Saarbrücken und Siegen, Oktober 2018

Ein Hinweis vorab: Wir bemühen uns um geschlechtssensible Formulierungen, verzichten aber im Interesse der Lesbarkeit auf ein „Durchgendern“. Wir arbeiten stattdessen mit der Kongruenzregel („Sie ist Direktorin“) und geschlechtsneutralen Formulierungen („Führungskraft“). Nur in den verbleibenden Fällen verwenden wir – wie in akademischen Arbeiten oft üblich – die männliche Form als Platzhalter für Männer und für Frauen.

Inhaltsverzeichnis

1

Faszination: Warum muss sich jeder mit Personalmanagement beschäftigen?

Inhalt

Fakten

20 % der Absolventen der Betriebswirtschaftslehre wollen nach ihrem Abschluss im Personalwesen arbeiten.[1]

Rund die Hälfte der Personalmanager bewertet Ihre Karriere im HR-Bereich im Vergleich zu anderen Unternehmensbereichen als besser im Hinblick auf die Faktoren des direkten Kontaktes zur Geschäftsführung/Vorstand und des individuellen Gestaltungsspielraums.[2]

80 % der Personalentscheider übernehmen aus ihrer Sicht strategisch wertschöpfende Aufgaben.[3]

Lernziele

- Sie erfahren, warum jeder sein eigener Personalmanager sein muss.
- Sie erleben die Faszination des Personalmanagements.
- Sie wissen, warum der Mensch (tatsächlich und angeblich) im Mittelpunkt der Personalarbeit steht.
- Sie verstehen die historische Entwicklung der Personalforschung und des Personalmanagements.
- Sie lernen die grundlegenden Begriffe und Schlüsselfragen der Personalarbeit kennen.

1.1 Überblick

Würde ein Besucher vom Mars auf der Erde landen und auf seiner Erkundungsreise betriebswirtschaftliche Vorlesungen besuchen, so wäre sein Bericht eindeutig: Hier stehen Zahlen im Mittelpunkt! Egal ob Mathematik, Statistik, Buchführung, Controlling oder Volkswirtschaftslehre: In den Veranstaltungen dieser Fächer entsteht eine Welt aus Ziffern, Formeln und Kurven. Mit ihr versucht man, die Realität der Wirtschaft und der Unternehmen abzubilden, solange bis man glaubt, die Zahlen seien Realität. Noch Extremes tut sich in der Wirtschaftsinformatik, die nahezu nur noch über zahlengetriebene Prozesse Wirklichkeit zu schaffen versucht.

Deshalb wird der Besucher vom Mars mit besonderem Interesse zumindest eine exotische Veranstaltung lokalisieren, bei der es – wie beim vielzitierten gallischen Dorf von Asterix – um echte Menschen geht: nämlich eine Vorlesung zum Thema Personalmanagement.

Dass der Besucher vom Mars in Hochschulen und Unternehmen immer wieder auf Zahlen stößt, liegt daran, dass offenbar alle glauben, damit den Erfolg von Unternehmen erklären und – noch wichtiger – herbeiführen zu können: Denn Unternehmen sind nach dieser Logik erfolgreich, wenn sie Eigenkapitalquote im Griff haben, Synergien suchen, Durchlaufzeiten minimieren, Marktanteile erobern, imposante Ergebnisse erwirtschaften und dabei jede einzelne Schlüsselzahl („Key Performance Indicator") optimieren.

Doch wenn der Besucher vom Mars bei einem Glas Bier oder einer Tasse grünem Tee den Chef eines Unternehmens nach dem wirklichen Schlüssel für den Erfolg des betreffenden Unternehmens befragt, wird er mit steter Regelmäßigkeit die gleiche Antwort erhalten: Der Erfolg des Unternehmens basiert auf den Mitarbeitern – ein nicht nur locker dahin gesagter Satz, sondern eine tiefsitzende Überzeugung und durch Erfahrung abgesicherte Erkenntnis. Letztlich verbessern nur Menschen Wettbewerbspositionen, erobern nur Menschen (internationale) Märkte, entwickeln nur Menschen Produkte sowie Innovationen und gewinnen schließlich nur Menschen Kunden.

Letztlich machen Menschen den Unterschied!

Genau hier beginnt die Faszination Personalmanagement: Zum einen wird mit Menschen gearbeitet, was an sich schon für viele bereichernd ist, weil es Potenziale freisetzt, Emotionen weckt, Überraschungen produziert und – im Regelfall – Spaß macht. Zum anderen gibt es mit der Personalarbeit ein Gestaltungsfeld, das wie kein anderes zum Erfolg des Unternehmens und zu seiner differenzierenden Individualität beiträgt. Das gilt für große wie für kleine Unternehmen.

Vor diesem Hintergrund geht es in diesem ersten Kapitel darum, die Akteure im Personalmanagement kennen zu lernen und die faszinierende Erfolgswirksamkeit der Personalarbeit herauszuarbeiten. Den Einstieg in diese Thematik macht die Frage, ob der Mensch im Mittelpunkt steht oder lediglich „Mittel zum Zweck" darstellt (Abschnitt 1.2). Daraus leiten sich Überlegungen zur Personalarbeit als Erfolgsfaktor (Abschnitt 1.3) und zur Personalforschung (Abschnitt 1.4) ab. In Zukunft wird auch der Roboter immer relevanter (Abschnitt 1.5). Im Ergebnis zeigt sich die Faszination von Personalmanagement, nicht zuletzt, weil es jeden von uns betrifft (Abschnitt 1.6) und nicht nur die Personalabteilung (Abschnitt 1.7).

1.2 Menschen als Mittel(punkt)

Da Personalarbeit etwas mit Menschen zu tun hat, bietet es sich an, mit der Rolle des Mitarbeiters im Unternehmen und seiner Berücksichtigung im Personalmanagement zu beginnen.

Leitbild: Menschen im Mittelpunkt

Unternehmensbroschüren und Webseiten im Internet stellen immer wieder auf den „Menschen im Mittelpunkt" ab. Dies gilt vor allem für die eleganten und verheißungsvollen Unternehmensleitbilder: Sie richten sich an Mitarbeiter, potenzielle Bewerber, Kreditgeber, Geschäftspartner und viele andere Personengruppen, die ein Interesse am Unternehmen haben. Diese Dokumente machen in schriftlich fixierter Form Aussagen über Ziele und Potenziale des Unternehmens sowie über die zur Erreichung der Ziele erforderlichen Verhaltensweisen. Besonders auffällig: Unternehmensleitbilder betonen immer wieder, warum der Mensch wichtig ist, und zeigen auf, welche Konsequenzen sich aus der Rolle des Menschen im Unternehmen ableiten.

Leitbilder

„Wir wollen eine schlagkräftige Organisation mit hervorragenden Mitarbeitern aufbauen. Dabei wollen wir so stark wie ein großes Unternehmen sowie flexibel und menschlich wie ein kleines Unternehmen sein, um zu den besten Stromversorgungsherstellern weltweit zu werden."[4]

„Wir handeln im Rahmen unserer Geschäftstätigkeit verantwortungsvoll mit Blick auf unsere Mitarbeiter und deren Familien, unsere Gesellschaft und unsere Umwelt. Wir fördern die unternehmerische Freiheit und Eigenverantwortung der selbstständigen Kaufleute mit dem Ziel, wirtschaftlich gesunde Betriebe zu schaffen und langfristig zu erhalten."[5]

„Jeder hier ist im Herzen ein Geek. Innovative Technologien, Comicbücher, Science-Fiction, High-End-Grafikkarten, Actionfiguren mit dem Kung-Fu-Touch...was auch immer es ist, dass unsere Mitarbeiter fasziniert, es zählt, dass sie es ausleben. Ihr persönlicher und einzigartiger Enthusiasmus trägt dazu bei, die lockere und kreative Kultur von Blizzard Entertainment zu formen."[6]

„Fraport – von Frankfurt in die Welt. Wir sind Europas bester Flughafenbetreiber und setzen weltweit Standards, so lautet die neue Vision für den Fraport-Konzern. Sie verdeutlicht die enge Verknüpfung des Unternehmens zum Heimatstandort Frankfurt. Von dort gehen die Impulse für die internationalen Tätigkeiten aus. In Europa misst sich Fraport mit anderen Flughafenbetreibern. Weltweit baut Fraport sein Netzwerk erfolgreich aus und setzt Standards beim Betrieb internationaler Flughäfen und den dazugehörigen Dienstleistungen."[7]

„Gemeinschaft ist das Herz der IKEA Kultur. Wir sind stark, wenn wir uns gegenseitig vertrauen, alle am gleichen Strang ziehen und Spass an unserer Zusammenarbeit haben."[8]

„Bei Nike wollen wir das Potenzial unserer Mitarbeiter vollkommen entfalten. Wegen unseres rasanten Wachstums ist es essentiell, dass wir unsere Weltklasse-Talente aus jeder Generation auf die Herausforderungen in der Zukunft vorbereiten."[9]

„Sony verkörpert die Mission eines Unternehmens, das die Neugier der Kunden weckt und befriedigt. Unsere grenzenlose Leidenschaft für Technologien, Inhalte und Services sowie unser unermüdliches Streben nach Innovation treiben uns an, bahnbrechende Unterhaltungsneuheiten zu entwickeln, die für Sony so bezeichnend sind."[10]

Turtle Entertainment
The eSports Company

„Die Schildkröte. Langsam, ahnungslos und langweilig? Nein: Es gibt einen Grund dafür, dieses Tier als Repräsentanten für spirituelle Reisen zu sehen. Die Schildkröte ist stark und geht immer ihren Weg, nicht aufzuhalten dank eines großartigen Verteidigungsmechanismus. Abgesehen davon, es gibt genug Katzen im Internet und Schildkröten sind auch süß, oder?"[11]

Mitarbeiterorientierung als Idee mit langer Tradition

Den Mitarbeiter in den Mittelpunkt zu stellen, hat im Kontext der Sozialen Marktwirtschaft eine lange Tradition. Dieser wurde und wird gerade in der Sozialen Marktwirtschaft nicht rein funktionell als Produzent und Konsument gesehen, sondern als Individuum, das mit seinen persönlichen Bedürfnissen in die wirtschaftliche und gesellschaftliche Umwelt integriert ist.[12] „Der Mensch als Person ist mit unantastbarer Würde und entsprechenden Rechten ausgestattet und gilt als Träger, Mittelpunkt und Ziel der Wirtschaftsordnung, die der freien und verantwortlichen Selbstentfaltung aller dienen muss."[13] Für eine entsprechende Gestaltung der Wirtschaftsordnung machte sich insbesondere *Alfred Müller-Armack*, Leiter der Grundsatzabteilung des Wirtschaftsministeriums ab 1952 unter *Ludwig Erhard*, stark, weshalb er auch als Mitbegründer der Sozialen Marktwirtschaft gilt: „Es ist immer wieder gesagt worden, der Mensch habe im Mittelpunkt der Wirtschaft zu stehen."[14]

Übung 1.1 Erstellen eines personalwirtschaftlichen Unternehmensleitbildes

Sie sind Besitzer einer kleinen Bäckerei mit 14 Mitarbeitern und in der ganzen Region für Ihren Erdbeerkuchen bekannt. Aufgrund des Erfolges ist Ihre Mitarbeiterzahl beeindruckend gewachsen, weshalb Sie sich Gedanken um das Thema Personalmanagement machen. Als Einstieg haben Sie sich dieses Buch gekauft: Sie fragen sich, ob „richtige" Unternehmen wirklich ein lesenswertes Unternehmensleitbild besitzen. Daher begeben Sie sich ins Internet, suchen sich drei Leitbilder aus, die Sie besonders ansprechen, und analysieren, warum gerade diese Sie so faszinieren.

Wirklichkeit: Mensch doch „nur" Mittel?

Aus der Formulierung „der Mensch als Mittelpunkt" hat sich ein Wortspiel entwickelt, das viel über die gegenwärtige Personalarbeit in Unternehmen aussagt. Denn: Durch eine einfache Umstellung ergibt sich nämlich aus der positiv klingenden

Es steht der Mensch im Mittelpunkt, der sein Geld wert ist

„Die Rede von Menschen im Mittelpunkt hat ideologische Funktion, weil sie zwar gut gemeint, aber falsch ist. Der Arbeiter oder die Sekretärin erfahren tagtäglich, wenn es um Personalabbau, Entlohnung, Arbeitsbedingungen geht, dass sie nicht der Mittelpunkt sind. Wenn überhaupt, so steht allenfalls jener Mensch im Mittelpunkt unternehmerischen Interesses, der nützlich, knapp, wichtig, verwertbar ist, der sein Geld wert ist, weil er geldwerte Leistungen erbringt."[15]

Univ.-Prof. Dr. Oswald Neuberger (geb. 1941; Professor für Personalwesen)

Aussage „der Mensch als Mittelpunkt" die jetzt in negativer Hinsicht aussagekräftige Formulierung „der Mensch als Mittel – Punkt!"

Betrachtet man die reflexartige Fantasielosigkeit, mit der manche Unternehmen auf wirtschaftliche Schwierigkeiten sofort mit Entlassungen reagieren, so sind Mitarbeiter sicherlich für einige Unternehmensleitungen allenfalls ein probates Mittel zur eigenen Einkommensmaximierung. Für sie ist der Mitarbeiter tatsächlich nur ein Mittel, das dem Unternehmen Gewinne erwirtschaftet. Hinter einer solchen Aussage steht allerdings – auch wenn dies extrem klingt – die Grundfunktion jeglichen unternehmerischen Handelns, nämlich der sinnvolle Einsatz von Produktionsfaktoren. Gerade für einen Wirtschaftsstandort wie Deutschland, der wenig auf Bodenschätze abstellen kann, ist dabei allerdings das Humankapital, verstanden als Potenzial, das in den Mitarbeitern steckt, zentral für die gegenwärtige Leistung und zukünftige Entwicklung. Gleichzeitig stellt für die meisten Unternehmen die Frage der Personalkosten und des wirtschaftlichen Einsatzes der Mitarbeiter eine überlebenskritische Thematik dar. Aus dieser Logik heraus sind Mitarbeiter zwangsläufig auch (!) Mittel.

Die Idee, den Menschen in den Mittelpunkt zu stellen, dies allerdings nur in einer ganz speziellen Form, zeigt sich auch im bekannten Plakat von *Klaus Staeck* (Abbildung 1.1). Hier sieht man unter der Überschrift „Im Mittelpunkt steht immer der Mensch" ein entpersonifiziertes Gesicht, über dem ein Barcode gezeichnet ist. Dieses Bild drückt die systemimmanente Widersprüchlichkeit dieser Aussage aus.

Abbildung 1.1: Der Mensch im Mittelpunkt[16]

Schachspiel: Aber wer steuert die Figuren?

Menschen als Kostenfaktor oder als Erfolgsfaktor?

In dieser Dualität „Mensch im Mittelpunkt" versus „Mensch als Mittel" ergeben sich zwei Feststellungen: Zum einen sind Menschen der entscheidende Erfolgsfaktor, zum anderen ein bedeutender Kostenfaktor. Genau in dieser doppelten Herausforderung liegen die zwei Hauptaufgaben für das Personalmanagement: Es muss auf der einen Seite darauf achten, dass der Kostenblock nicht explodiert, und auf der anderen Seite sicherstellen, dass die Innovationskraft der Mitarbeiter erhalten bleibt, damit sie weiterhin zum Erfolg des Unternehmens beitragen.

Hinter den Aussagen „Der Mensch als Mittel" und „Der Mensch im Mittelpunkt" stecken zwei gegensätzliche Sichtweisen:

- Als *Objekt* werden die Mitarbeiter durch die Personalarbeit gesteuert. Die Mitarbeiter sind also Schachfiguren, die von der Unternehmensleitung beziehungsweise der Personalleitung „eingesetzt" werden.
- Als *Subjekt* sind die Mitarbeiter selbstständige Akteure. Damit werden sie zu eigenverantwortlichen Schachfiguren mit eigenen Zielen und eigenen Strategien – ein Bild, das zwar im normalen Schachspiel nicht existiert, in der betrieblichen Personalarbeit aber durchaus denkbar ist.

Personalarbeit ist daher wie Schach spielen. Die Frage ist nur, ob die Mitarbeiter Schachfiguren oder Schachspieler sind.

Schachfiguren, die sich selbst steuern

Im neuen Denken eines zukunftsorientierten Personalmanagements gilt es, beide Argumentationslinien zu akzeptieren und auszubauen: Mitarbeiter sind dann zwar weiterhin Schachfiguren, sie steuern sich aber zusätzlich – idealerweise – selbst in Richtung eines übergeordneten Ziels. Dies bedeutet auf der einen Seite für einen zahlenorientierten Controller, die spezifische Rolle von Menschen als konstitutive Elemente im Unternehmen zu erkennen. Auf der anderen Seite muss ein sozialromantischer Personalentwickler, der bereits den Begriff „Humankapital" als ethisch nicht vertretbar einstuft, in einer Vorstandssitzung „Mitarbeiter" als „wichtiges Vermögenspotenzial" in die Diskussion einbringen.

Mit „Menschen versus Zahlen", „Mittel versus Mittelpunkt", „Kosten versus Vermögen" und „Subjekte versus Objekte" gibt es unterschiedliche Sichtweisen, die ein zukunftsorientiertes Personalmanagement miteinander verbindet.

Im Ergebnis impliziert dieses Verständnis einen neuen Denkansatz. Genau dieser macht das zukunftsorientierte Personalmanagement so faszinierend!

1.3 Personalarbeit als Erfolgsfaktor

Personalarbeit erhält ihre Bedeutung durch ihren Einfluss auf den Erfolg des Unternehmens. Denn nur mit den richtigen, gut aus- und weitergebildeten sowie motivierten und bindungsbereiten Mitarbeitern können Unternehmen erfolgreich agieren. Personalarbeit ist demnach ein zentraler Erfolgsfaktor, da sie Effekte freisetzt, die für den Erfolg des Unternehmens wichtig sind.

Effekte, die man kennen muss!

Um die Wichtigkeit der Personalarbeit innerhalb von Unternehmen zu untermauern, haben sich Forscher seit Langem mit der Frage beschäftigt, welchen konkreten Erfolgsbeitrag die Personalarbeit für den Gesamterfolg des Unternehmens leisten kann. Eine Metastudie zu diesem Thema resümiert zentrale Erkenntnisse des Beitrags der Personalarbeit zum Unternehmenserfolg (Tabelle 1.1).

Tabelle 1.1: Studien Personalarbeit und Unternehmenserfolg[23]

Verfasser der Studie	Inhalt
Mark Huselid[17]	Eine Studie in 968 Unternehmen aus den USA zeigte einen signifikanten Einfluss von Mitarbeiterqualifikation und Arbeitsmotivation auf den Unternehmenserfolg.
Christian Scholz/Volker Stein[18]	In 242 Unternehmen aus 11 Ländern wurden interne Kommunikation, diverse Belohnungssysteme, Früherkennung von High Potentials und Fähigkeitsentwicklung als erfolgskritische Aktivitäten eingestuft.
Mark Huselid/Susan Jackson/Randall Schuler[19]	In 293 Unternehmen in den USA konnte ein positiver Zusammenhang von Personalmanagementeffektivität auf den Unternehmenserfolg nachgewiesen werden.
Casey Ichniowski/Kathryn Shaw/Giovanna Prennushi[20]	In 36 US-amerikanischen Stahlunternehmen konnten Unterschiede in der Produktivität je nach Ausgestaltung des Personalmanagementsystems gezeigt werden, wobei die Produktivität mit zunehmendem kooperativen und innovativen Personalmanagement stieg.
Gedaliahu Harel/Shay Tzafrir[21]	Eine Studie in 76 israelischen Unternehmen ergab, dass vor allem die Personalselektion einen signifikanten Einfluss auf den Markterfolg hat. Auch Training von Mitarbeitern weist einen signifikanten Einfluss auf organisatorischen und marktbezogenen Erfolg auf.
PriceWaterhouse-Coopers[22]	In 1.056 Unternehmen diverser Branchen und Größen aus 47 Ländern konnte nachgewiesen werden, dass eine dokumentierte Personalstrategie einen deutlich höheren Umsatz pro Mitarbeiter sowie deutlich geringere Fehlzeiten mit sich bringt.
Sheehan[24]	In 336 britischen mittelständischen Unternehmen hat sich gezeigt, dass ein umfassender Fokus auf Personalentwicklung, strategisches Personalmanagement sowie Personalbeschaffung einen positiven Einfluss auf die Unternehmensleistung sowie auf die Innovationsfähigkeit haben.

Wie hängen Personalarbeit und Unternehmenserfolg zusammen?

Diese aufgeführten Studien belegen alle einen Zusammenhang zwischen professionellem[25] Personalmanagement und Unternehmenserfolg. Allerdings konstatieren viele empirische Arbeiten lediglich ein gemeinsames Auftreten dieser Werte. Ob damit also beispielsweise

- der Unternehmenserfolg die Mitarbeiterzufriedenheit oder
- die Mitarbeiterzufriedenheit den Unternehmenserfolg

beeinflusst, bleibt oft offen.

Begriffe, die man kennen sollte!

Personalarbeit, Personalmanagement, Personalpolitik – und vieles andere mehr – sind Worte, die sehr ähnlich klingen. Auch wenn sich diese Begriffe inhaltlich auf die weitgehend gleiche Sache beziehen, haben sie dennoch unterschiedliche Bedeutungen:

- *Personalarbeit* (englisch Personnel Management) ist jede Aktivität, die den Mitarbeiter betrifft. Hierzu zählen Führungsaktivitäten, genauso aber auch ungesteuerte und zufällige Verhaltensweisen.
- *Personalabteilung* (englisch HR-Department) ist die organisatorische Einheit, die zentrale Teile der Personalarbeit realisiert.
- *Personalmanagement* (englisch Human Resource Management) ist der konzeptionelle Ansatz, mit dem Personalarbeit realisiert werden kann.
- *Personalwirtschaft* (englisch Personnel Management) ist ebenso wie das *Personalmanagement* der konzeptionelle Ansatz der Realisierung der Personalarbeit mit dem Ziel, den Gewinn zu maximieren.
- *Personalverwaltung* (englisch Personnel Administration) umschreibt, wie auch *Personalwesen*, administrative Tätigkeiten, beispielsweise die formelle Einstellung des Mitarbeiters oder die Berechnung des Gehalts.
- *Humankapitalmanagement* (englisch Human Capital Management) bedeutet eine gezielte Analyse und Optimierung von Humanvermögen.
- *Personalpolitik* (englisch Personnel Policy) ist die übergeordnete Leitidee, die das Unternehmen im Umgang mit dem Mitarbeiter verfolgt.
- *Personalwissenschaft* oder *Arbeitskräftewissenschaft* (englisch Personnel Science) wird oft im Kontext der Forschung über Personalthemen verwendet.

Darüber hinaus gibt es mit „HR" im angloamerikanischen Sprachraum noch eine Bezeichnung, die manchmal für Verwirrung sorgt: Denn Human Resources (HR) bezeichnet sowohl die Mitarbeiter als auch die Personalabteilung.

In der Wortwolke „Personal" kreisen eine Vielzahl von Begriffen. Deshalb zeigt Tabelle 1.2 einen Überblick über die Wortvielfalt (Stand Juli 2017). Die Zahlen basieren auf Google Scholar und sind nur in diesem Rahmen als aussagefähig einzustufen: Manche Personalliteratur ist nicht enthalten, andere wiederum doppelt.

	Alle Sprachen	Nur deutsche Seiten	Nur deutsche Seiten bis einschl. 2006 (%)	Nur deutsche Seiten bis 2007-2017 (%)	Relative Veränderung
Personalwesen	15.500	15.000	16,3	14,2	0,87
Personalmanagement	41.800	30.900	26,7	29,8	1,12
Personalpolitik	29.400	26.800	30,3	26,6	0,88
Personalwirtschaft	15.300	14.700	15,4	14,3	0,93
Human Resource Management	783.000	13.100	11,0	14,7	1,34
Personalwissenschaft	250	238	0,2	0,2	1,03
Arbeitskräftewissenschaft	60	56	0,0	0,1	9,63
Summe	885.310	100.794	100	100	1,00

Tabelle 1.2 Auswertung der verschiedenen Begriffe und Häufigkeiten[26]

Kenntnis wichtiger Begriffe

Übung 1.2

Während Sie gemütlich in diesem Buch schmökern, schaut Ihnen Ihr Auszubildender zum Konditor über die Schulter. Verschämt versuchen Sie schnell das Personalbuch zu verstecken, aber zu spät. Die erste Frage lässt nicht lange auf sich warten: „So viele Wörter mit Personal … Was ist jetzt genau der Unterschied zwischen Personalarbeit, Personalwirtschaft und Personalverwaltung?" Kurz kommen Sie ins Schwitzen, können dann aber kompetent Auskunft geben und zusätzlich noch erklären, welche Begriffe für Ihre Bäckerei relevant sind – oder?

1.4 Personalforschung als wissenschaftliche Hochleistung

Ohne Wissenschaft wird es beliebig

Auch wenn sich Personalmanagement beziehungsweise Personalwirtschaftslehre im Regelfall eher als anwendungsorientierte Arbeit[27] darstellt, so ist doch die Grundlagenforschung zentral auch für diese Disziplin: Nur streng an wissenschaftlichen Kriterien ausgerichtet, ist Hochleistung möglich. Wie aber kann man wissenschaftlich untermauert personalwirtschaftliches Wissen erlangen, beurteilen und letztlich anwenden?

Induktion und Deduktion

In der betriebswirtschaftlichen Forschung unterscheidet man zwei vollkommen unterschiedliche Vorgehensweisen, wie man zu wegweisenden Erkenntnissen kommt und lernt, Phänomene zu verstehen. Gerade weil diese beiden Wege teilweise vermischt und – noch schlimmer – unreflektiert in ihren Konsequenzen umgesetzt werden, tut man doch gut daran, sie klar auseinanderzuhalten.

Es sind nicht alle Schwäne weiß

„Nun ist es aber nichts weniger als selbstverständlich, dass wir logisch berechtigt sein sollen, von besonderen Sätzen, und seien es noch so viele, auf allgemeine Sätze zu schließen. Ein solcher Schluss kann sich ja immer als falsch erweisen: Bekanntlich berechtigen uns noch so viele Beobachtungen von weißen Schwänen nicht zu dem Satz, dass alle Schwäne weiß sind.“[28]

Sir Karl Popper (1902–1994; österreichisch-britischer Philosoph)

Die historisch gesehen erste Vorgehensweise ist die *Induktion*. Sie ist zu verstehen als ein Weg, bei dem aus Einzelbeobachtungen auf allgemeine Aussagen geschlossen wird. Durch dieses Schließen werden Gesetzmäßigkeiten postuliert. Ein Beispiel für eine Induktion ist folgende Schlussfolgerung: (1) Kurt kommt aus Köln. (2) Kurt trinkt Weißbier. Daraus folgt (3): Alle Kölner trinken Weißbier. In diesem Fall wird also aus einer einzelnen Beobachtung auf eine als generell eingestufte Gesetzmäßigkeit geschlossen.

Dass Induktion gefährlich ist, hat *Karl Popper* bereits aus der Frühzeit der Wissenschaftstheorie erkannt, indem er auf die Gefahren unzulässiger Verallgemeinerungen hinwies.[29] Derartige induktive Beobachtungen finden sich vor allem im Umfeld von unseriösen Unternehmensberatungen: Sie beobachten Verhalten und generalisieren. Diese Logik kann zu grotesken Ergebnissen führen: So könnte man beispielsweise aus den Erfolgen von Apple, Ebay und Google schließen, dass ein „e“ im Firmennamen Erfolg induziert – was natürlich völliger (unbewiesener) Unsinn ist.

Trotzdem sind gerade viele der Aussagen, die Praktiker faszinieren, Induktionen, die zwar nichts beweisen, aber plausibel klingen. Eine extreme Form der Induktion ist die singuläre Induktion „Best Practice“, bei der man aus einer einzigen Beobachtung auf Generalisierbarkeit schließt.

Was isst Isolde?

Anders als die Induktion ist die *Deduktion* ein Weg, bei dem man aus allgemeinen Aussagen auf spezielle Aussagen schließt. Ein Beispiel für eine Deduktion ist die Zusammenführung zweier Beobachtungen aus dem Saarland: (1) Die Saarländer essen gerne Lyoner. (2) Isolde kommt aus dem Saarland. Daraus folgt (3): Isolde isst gerne Lyoner.

Diese Form der Deduktion bezeichnet man auch als *logisch-analytische* Deduktion[30]. In der Personalwirtschaftslehre gibt es derartige Deduktionen unter anderem im Bereich der Personalführung und im interkulturellen Management. So weiß man, dass Griechen ein extremes Streben nach Unsicherheitsvermeidung haben.[31] Aus dieser allgemeinen Aussage kann man schließen, dass in Griechenland Mitarbeiterhandbücher, mit „allem, was man als Mitarbeiter wissen muss“, umfangreich ausfallen müssen.

Neben der logisch-analytischen Deduktion gibt es eine zweite Form der Deduktion, die auf *William Whewell*[32] und *Karl Popper*[33] zurückgeführt wird. Diese *theoretisch-empirische* Deduktion ist zu verstehen als großzahlige Forschung, die mit dem Ziel der Falsifikation durchgeführt wird. In diesem Fall leitet man aus (vorläufig als) theoretisch gesicherten Basistheorien spezifische Arbeitshypothesen ab, die man einer empirischen Überprüfung unterzieht. Der Forscher versucht also, seine Hypothesen zu widerlegen und dadurch einen Erkenntnisgewinn zu erlangen. Gelingt dies nicht, muss die Hypothese als vorläufig wahr angenommen werden. Gerade bei Personaldirektion und Personalakquisition lassen sich durch theoriegestützte und empiriebasierte Deduktion sinnvoll-handlungsleitende Aussagen gewinnen.

Generell lässt sich festhalten: Ergebnisse der Induktion müssen nicht falsch sein. Sie müssen aber auch nicht richtig sein. Deduktionen führen dagegen zumindest zu Aussagen, die bis zu ihrer Falsifikation als temporär gesichert anzusehen sind.

Falsifikation: Nachweis der Ungültigkeit einer Aussage oder Theorie

Tradition und Innovation

Personalarbeit hat auch immer etwas mit Tradition zu tun. So ist das zukunftsorientierte Personalmanagement, wie wir es heute kennen, das Ergebnis einer Entwicklung.

Betrachtet man vor diesem Hintergrund die Historie der Personalprozessintegration in der Praxis, so führt dies zu sieben Phasen mit spezifischen Schwerpunkten (Abbildung 1.2):

(1) In den 1950er-Jahren stand die reine *Personalverwaltung* im Vordergrund. Diese betraf die Lohn- und Gehaltsabrechnung sowie eine rudimentäre Basis für eine Personaleinsatzplanung. Hinzu kamen Impulse der Gewerkschaften zur Ausgestaltung betrieblicher Personalarbeit, die später in die betriebliche Mitbestimmung eingingen.

(2) In den 1960er-Jahren suchte man formale Hilfsmittel für die *Personalstrukturierung*, die aber mit dem heutigen Verständnis von Personalmanagement noch wenig gemeinsam hatten. So wurden formularmäßig festgelegte Schaubilder und stark strukturierte Kontrollberichte als Voraussetzung für eine Personalplanung angesehen.

(3) In den 1970er-Jahren erlebten Führungsmittel, wie Stellenbeschreibung und formalisierte Zielvereinbarung ihren Höhepunkt. Hinzu kamen die Personalqualifikation und speziell die *Personalbetreuung*, wodurch die Personalabteilung an Bedeutung gewann. Auch der Auftrag zur Umsetzung des Betriebsverfassungsgesetzes rückte die Personalabteilung in eine Schlüsselrolle.

(4) In den 1980er-Jahren begann ein gradueller Wandel, denn – teilweise inspiriert durch amerikanische und japanische Vorbilder – entstanden erste Versuche einer *Personalstrategie*. Die betriebliche Personalarbeit stieg zum strategischen Wettbewerbsfaktor auf. Diese Bewegung war geprägt durch das hohe Lohnniveau in Deutschland und durch strukturelle Probleme der Beschäftigungslandschaft.

(5) In den 1990er-Jahren liefen, geprägt durch Rezession, Lean Management und Business Reengineering, teilweise drastische Umstrukturierungen ab. Diese Phase war verbunden mit der Bewegung zur interfunktionalen Personalarbeit:

Abbildung 1.2: Entwicklungsschritte der Personalarbeit

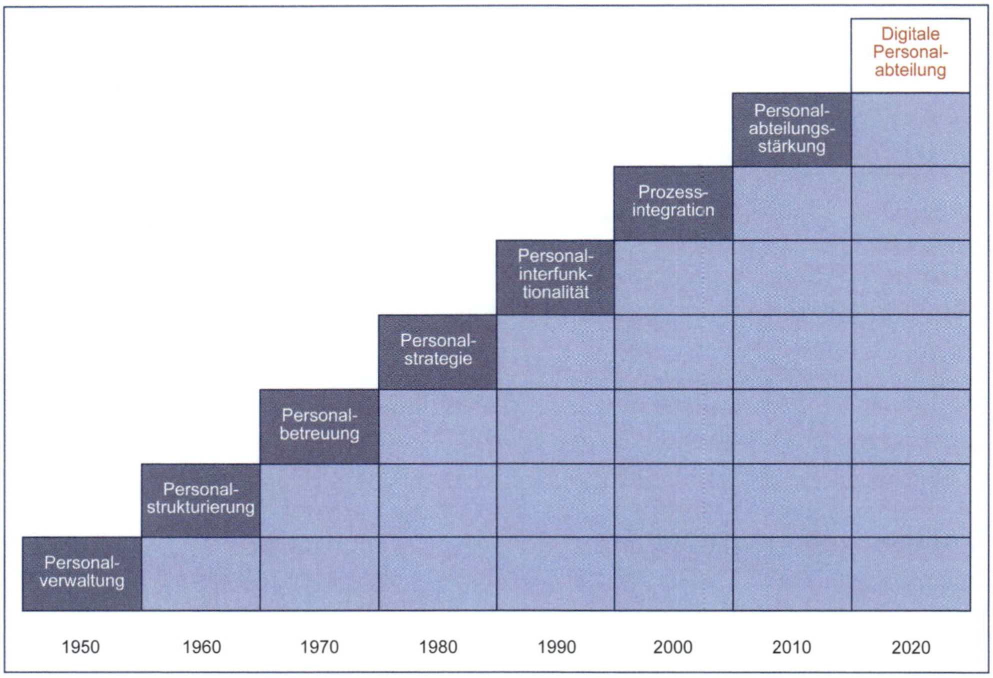

Personalinterfunktionalität bedeutet, Personalaufgaben über das gesamte Spektrum der betrieblichen Funktionsbereiche zu verteilen.

(6) Anfang 2000 begann ein konjunkturelles Auf-und-Ab, das sich auch in der Organisation der Personalarbeit niederschlug. Die damit verbundenen Veränderungen der personalwirtschaftlichen Wertschöpfungskette führten zu einer *Personalprozessintegration* mit Personalfunktionsausdünnung und Einsparungen bis hin zur Schlagzeile „Media Saturn spart den Personalchef ein“[34]. Gleichzeitig nahm in dieser Phase die Anzahl externer Berater und Dienstleister überproportional zu.

(7) Seit 2010 wird verstärkt diskutiert, ob es zu einer *Personalabteilungsstärkung* kommen wird, bei der die Wertschöpfung durch die HR-Abteilung in den Vordergrund rückt. Diese Innovation wird durch offensive Personalabteilungen eingeleitet, die über ihre eigene Professionalisierung nachweisbar zum Unternehmenserfolg beitragen.

(8) Ab 2020 könnte sich die Personalabteilung in Richtung auf eine *digitale Personalabteilung* verändern. Ob dieser Trend sich allerdings als nachhaltig und zukunftssichernd herausstellen wird, bleibt abzuwarten. Gerade wegen des Trends zu einer digitalen Personalsteuerung braucht es verhaltenswissenschaftlich ausgerichtete Akteure, die nicht glauben, Motivation durch Big Data steuern zu können. In jedem Fall aber ist die Digitalisierung ein strategisches Thema. Machtbefugnisse werden aktuell verteilt. Das Personalmanagement muss eine systemkritische Rolle übernehmen oder „sie ist raus“.[35]

Die Existenz dieser Entwicklungsschritte (die additiv aufeinander aufbauen) bedeutet jedoch nicht, dass sich alle Unternehmen konsequent in dieser Form weiterentwickelt haben. Die Phasendarstellung sagt vielmehr aus, dass fortschrittliche Unternehmen sukzessive neue Funktionen in ihren personalwirtschaftlichen Tätigkeitsbereich aufgenommen und diesen somit erweitert haben. Innovation verbindet sich also mit Tradition.

1.5 Roboter als Chef

Man könnte jetzt meinen, dass in Zeiten der Digitalisierung und Automatisierung nur wenig Personalarbeit notwendig ist: Immer weniger Personen arbeiten überhaupt noch in Unternehmen, immer mehr Aufgaben werden von Maschinen erledigt. Automatische Assistenzsysteme und Chatbots helfen bei jeglichen Problemen. Die Personalabteilung könnte in diesem Szenario in ein paar Jahren vollkommen automatisiert werden.

Aber was bedeutet die Automatisierung und worin besteht der Mehrwert? Die Automatisierung kann zu einer erheblichen Erleichterung bei operativen Tätigkeiten führen und somit Freiräume für den Menschen schaffen, um sich frei zu entfalten. Gleichzeitig hat auf die Automatisierung in ihrer standardisierten Form jedes Unternehmen Zugriff und somit werden nicht die Maschinen wichtiger, sondern die Menschen: Sie machen den Unterschied im Wettbewerb. Es wird noch dauern, bis eine künstliche Intelligenz disruptive und bahnbrechende Innovationen erfindet. Der Mensch wird der Wettbewerbsvorteil sein, wenn durch den demografischen Wandel der Kampf um die Talente richtig ausbricht.

Abbildung 1.3: Die Zukunft der Personalarbeit?

Die Automatisierung führt somit zu substanziellen Herausforderungen für die Personalabteilung:

- Es ist die Aufgabe der Personalabteilung, die potenziellen Mitarbeiter zu überzeugen, zum Unternehmen zu wechseln, und nicht die Aufgabe eines Algorithmus.
- Mitarbeiter werden global und jederzeit kommunizieren, gleichzeitig nehmen Konflikte zu, da Kommunikation unpersönlicher und indirekter ist. Hier wird die Personalabteilung ein gutes Konfliktmanagement benötigen.
- Roboter werden immer menschlicher, somit auch die Interaktionen menschlicher. Die Roboter werden Kollegen oder Führungskräfte. Sie kontrollieren und interagieren.
- Roboter benötigen vielleicht „nur" eine Programmänderung, aber auch diese muss professionell im Kontext des Personalmanagements erarbeitet und geplant werden.
- Für eine Roboter-Führungskraft sind aktuell viele Fragen offen. Wie werden klärende Gespräche aussehen? Wie arbeiten diese Teams zusammen? Und ähnliche Fragen zeigen einen Wandel im Verständnis von Führung auf.

Es wird deutlich, dass das Personalmanagement sich neu definieren muss: Denkt man dieses Szenario einer sich offensiv in der Digitalisierung positionierten Personalabteilung weiter, so kann man diese modernen Roboter auch als Zielgruppe ansehen und somit ein Human-Automation Resource Management (HARM) schaffen. In Unternehmen werden Mensch und Maschine zusammenarbeiten, also nicht mehr getrennt voneinander arbeiten. In Smart Factories sind die Roboter nicht mehr in einem Käfig eingesperrt, sondern arbeiten mit den Menschen zusammen. Deshalb ist ein Fokus auf das HARM strategisch für eine effiziente Symbiose notwendig.[36]

1.6 Personalmanagement als Überlebenstraining

Personalmanagement geht jeden an

Sicherlich gibt es in der Betriebswirtschaftslehre manche Bereiche, die einem mehr Spaß machen als andere. Ganz wenige Fälle haben aber unmittelbare Relevanz für alle (!) Studierenden und ihre gesamte (!) Zeit nach ihrem Studium – und zwar unabhängig von der Berufsrichtung. Eines dieser Fächer ist das Personalmanagement, das bereits während des Studiums, aber auch danach, alle Studierenden betrifft. Professionelle Kenntnisse des modernen Personalmanagements sind somit zwingender Teil eines individuellen „Überlebenstrainings".

Jeder Studierende ein Personalmanager!

Wie bewerbe ich mich für mein Traumpraktikum und wie bekomme ich auch noch Geld dafür? Durch welche Fächerkombination werde ich attraktiver für Arbeitgeber? Worauf muss ich bei Bewerbungsschreiben beziehungsweise Lebenslauf achten und wie verlaufen Einstellungstests? Wo liegen die Tücken einer elektronischen Bewerbung? Was sind effektive Karrieresprungbretter, was (versteckte) Ausbeutungsstellen?

Vor allem aber: Wie kann ich beginnend mit dem heutigen Tag meine eigene persönliche Erfolgsstrategie formulieren und implementieren, die nicht nur auf harter Arbeit aufbaut, sondern das Prinzip „Erfolg und Spaß“ konsequent umsetzt?

Jeder Mitarbeiter ein Personalmanager!

Mitte der 1980er Jahre stellte ein Referent auf einem Personalkongress die suggestive Frage „Wer ist für die Personalentwicklung verantwortlich?“. Unter dem Beifall der anwesenden Personalleiter rief er die Antwort in den Saal: „Natürlich wir Personalmanager!“. Dem damaligen Zeitgeist entsprechend gab es Mitarbeiterbefragungen, in denen Mitarbeiter im gesamten Unternehmen ankreuzen konnten, wie gut sie sich von der Personalabteilung „umsorgt“ fühlen.

Mitte der 1990er Jahre verschob sich die Verantwortung für die Personalqualifikation jedoch auf die Führungskraft. Sie war es, die Fördergespräche führen musste und sich auch den Kopf über die langfristige Weiterentwicklung des Mitarbeiters zerbrechen musste. Im Extremfall wird die Führungskraft auch durch ihre eigene Zielvereinbarung an die Personalqualifikation ihrer Mitarbeiter gebunden.

Lernen aus dem New Work

Spätestens seit dem finalen Platzen der New-Economy-Krise 2001 und der Wirtschaftskrise 2008/2010 steht allerdings fest, dass jeder für sich selbst verantwortlich ist. Dieser Effekt hat sich in den letzten Jahren durch die Digitalisierung und Automatisierung noch verstärkt, denn jetzt erscheint auch noch jeder ersetzbar zu sein. Unabhängig davon, ob einem das gefällt: Wir leben in einer „Arbeitswelt ohne Stammplatzgarantie“[37] in der es zwischen Unternehmen und Mitarbeitern kaum noch dauerhafte und tragfähige Loyalitätsbeziehungen gibt. Das geht sogar so weit, dass viele Unternehmen und Mitarbeiter gar nicht mehr an einem Ort zusammenarbeiten. Sei es das moderne Büro ohne Stammplatz im Sinne von ohne eigenen Schreibtisch oder der digitale Nomade ohne Interesse an einem Stammplatz: Im Endeffekt bedeutet es, dass der Mitarbeiter selbst für sich und seine Qualifikation verantwortlich ist. Deshalb muss jeder Mitarbeiter als Personalentwickler dafür sorgen, dass er

- für seinen aktuellen Job fit bleibt (Anpassungsqualifizierung) und
- sich für zukünftige Jobs vorbereitet (Aufstiegsqualifizierung).

Die Personalabteilung übernimmt also die Rolle des kompetenten Ansprechpartners, dessen Unterstützung der Mitarbeiter aber selbstständig einfordern muss. Damit ist jeder sein eigener Personalmanager.

Jede Führungskraft ein Personalmanager!

Unabhängig davon, dass jeder Mitarbeiter als Personalentwickler in eigener Sache auftritt, ergeben sich für die Führungskraft drei personalwirtschaftliche Tätigkeitsfelder:

(1) Die *Personalplanung* verlangt Personalbedarfskalkulation und die Budgetierung, wobei Führungskräfte immer häufiger in Diskussionen über die Größe ihres Bereichs beziehungsweise ihrer Gruppe eintreten müssen.

Personalmanagement als Pflichtfach für BWL

„Ein gutes Verständnis von HR muss für jeden Manager genauso zur Basisausstattung gehören wie eine Grundausbildung in Sachen Finanzen. Deshalb ist es wichtig, das Thema „Personal“ nicht zu einem Wahlfach der Betriebswirtschaftslehre für angehende „Personalmanager“ zu degradieren. Denn, wo Mitarbeiter und Teams gesteuert und geführt werden, müssen Führungskräfte oder Projektleiter Lösungen finden können, wie das Potenzial jedes einzelnen Mitarbeiters zur Optimierung des unternehmerischen Erfolgs entfaltet werden kann.“[38]

Stefan Lauer (geb. 1955; von 2000 bis 2013 Mitglied des Vorstandes, Aviation Services und Human Resources, Deutsche Lufthansa AG)

(2) Die *Personalverwaltung* bedeutet Mitwirken bei der Entgeltfestlegung, Vorbereitung von Arbeitszeugnissen und diverse Aktivitäten im Zusammenhang mit der Personalakte.
(3) Die *Personalführung* umfasst als Aufgabenfeld nicht nur unmittelbare Lenkungstätigkeiten, sondern alles, vom Mitarbeitergespräch bis zu Förderungsmaßnahmen, was zur Erhöhung der Motivation des Mitarbeiters beiträgt.

Ein großer Teil des gesamten Aktivitätsspektrums einer Führungskraft beinhaltet daher personalwirtschaftliche Aufgaben. Deshalb gilt zweifelsohne: Jede Führungskraft ist – ob sie es will oder nicht – zu mindestens 50 Prozent auch Personalmanager.

Damit gibt es vier Gruppen von Personalmanagern, nämlich Führungskräfte, Mitarbeiter, Studierende und natürlich Mitarbeiter der Personalabteilung. Bereits jeder Studierende sollte sich demnach schon früh über seinen möglichen Weg Gedanken machen sowie seine Fähigkeiten und Neigungen verstärken, um letztlich im Bewerbungsverfahren als passender Kandidat wahrgenommen zu werden. Auch jeder Mitarbeiter ist selbst für seine Personalentwicklung zuständig, unterstützt von der jeweiligen Führungskraft sowie der Personalabteilung. Dabei ist seitens des Mitarbeiters Eigeninitiative gefragt, wenn es um seine Weiterqualifizierung geht.

Übung 1.3 **Erkennen der zentralen Aufgaben der Personalarbeit**

Sie wollen herausfinden, was Personalarbeit nun eigentlich für ein Unternehmen bedeutet. Daher nehmen Sie noch einmal die selbst ausgewählten Unternehmen aus Übung 1.1 zur Hand und suchen nach Aussagen, wo diese Unternehmen die zentralen Aufgaben beziehungsweise Herausforderungen sehen, die auf die Personalarbeit zukommen.

1.7 Personalabteilung als Karriere-Chance

Eine Karriere in der Personalabteilung steht nicht bei allen Studierenden oben auf der Wunschliste für den beruflichen Aufstieg. Hierfür gibt es eine ganze Reihe von durchaus legitim erscheinenden Gründen. Manche Personalabteilungen wirken wie Relikte aus einer sozialromantischen Vergangenheit, in der die Aufgaben zwischen den Berufsfeldern Theologe, Sozialarbeiter und Personalmanager schwanken. Gleichzeitig reduzieren Unternehmen drastisch die Zuständigkeiten der Personalabteilung auf ein relativ langweiliges Minimum. In Extremfällen verlagern sie sogar Aktivitäten, wie die Betreuung der oberen Führungskräfte, von der Personalabteilung auf Stabsabteilungen unterhalb des Vorstandsvorsitzenden, um – so ein Manager eines DAX 30-Unternehmens – diese „wichtige Funktion vor gewerkschaftlicher Mitbestimmung zu schützen". Personalabteilungen sind zudem nicht selten „Elefantenfriedhöfe", auf denen „als fachfremde Quereinsteiger" diejenigen landen, die keine „richtige" Karriere machen konnten. Im Ergebnis werden manche Personalabteilungen lediglich auf operative Hilfsdienste beschränkt, weil „die Personalstrategie zu wichtig ist, als dass man sie dem Personalressort überlassen kann" (Originalzitat aus einem DAX 30-Unternehmen).

Warum Personalabteilung als Karriereziel?

Dennoch gibt es drei unstrittige Gründe, die eine Karriere in der Personalabteilung immer interessanter machen: nämlich die spannenden Herausforderungen, die zunehmende Professionalisierung und die weitreichende Ausdifferenzierung personalwirtschaftlicher Berufsbilder.

Herausforderungen: Von lokal über global bis digital

Personalarbeit ist spannend wie noch nie!

In einem sind sich alle Trendstudien[39] einig: Personalarbeit ist spannend wie noch nie! Vor allem sieben Bewegungen schaffen immer neue Herausforderungen:

(1) Die zunehmende *Deregulierung* des gesamteuropäischen Arbeitsmarktes führt zu mehr Chancen und Risiken.
(2) Die zunehmenden inner- und zwischenbetrieblichen *Verflechtungen* von Arbeitsabläufen verändern die personalwirtschaftliche Prozesskette.
(3) Die zunehmende *Internationalisierung* der Unternehmenstätigkeit schafft einen neuen Raum für ein europäisches plus globalisiertes Personalmanagement.
(4) Der zunehmende *Kostendruck* aufgrund des hohen Personalkostenanteils deutscher Unternehmen erzwingt personalwirtschaftliche Kosteneffizienz.
(5) Die zunehmende *Transparenz* der Unternehmensaktivitäten erlaubt ein genaues Beobachten der jeweils besten Konkurrenten und schafft Veränderungsdruck.
(6) Die zunehmende *Informationstechnologisierung* führt zu immer neuen Veränderungen der Arbeitswelt vor allem in Führungs- und Teamstrukturen.
(7) Der zunehmende *Leistungsdruck* in Unternehmen belastet das Betriebsklima. Zudem erwächst aus dem viel diskutierten Wertewandel das Bedürfnis der Mitarbeiter nach Individualisierung, also der Berücksichtigung ihrer persönlichen Wünsche.

Auf viele dieser Herausforderungen kennen weder akademische Forschung noch unternehmerische Praxis die zwingend richtigen Antworten. Gerade aber das erklärt die mit Personalmanagement verbundene Faszination, weil es hier noch große weiße Flecken gibt, die unbedingt rasch und sinnvoll gestaltet werden müssen.

Unabhängig von den generellen Herausforderungen, die sich aus den Verschiebungen der globalen Weltwirtschaft ergeben[40], steht angesichts des beträchtlichen innereuropäischen Handelsvolumens auch die Frage nach den Spezifika des Personalmanagements in Europa zur Diskussion. Hierfür haben sich zwei Denkschulen herausgebildet:

(1) Auf der einen Seite steht die überwiegend aus Großbritannien stammende *Konvergenzthese*[41]. Sie sieht seit Beginn der 1990er Jahre eine immer stärkere Annäherung der Personalarbeit in Europa. Grund dafür sind die normative Kraft von IT-Systemen und die Vereinheitlichung von gesetzlichen Normen in Europa. Beides zusammen führt zwangsläufig zu einem einheitlichen „European HRM".

(2) Auf der anderen Seite steht die aus Kontinentaleuropa stammende *Divergenzthese*, die keine derartig starke Angleichung sieht. Zwar gibt es gewisse Ähnlichkeiten in bestimmten Clustern (wie den nordischen Ländern), ansonsten aber arbeitet Europa wesentlich stärker polyzentrisch und mit weniger Universalismus und Standardisierung, als beispielsweise die USA. Aus diesem Grund ist eher von einem „HRM in Europe" auszugehen.

HRM in Europa statt europäisches HRM

Inzwischen sehen aber bereits auch Vertreter der Konvergenzthese Anzeichen von beginnender Divergenz[42], weshalb man gegenwärtig eher von einem vielfältigen Personalmanagement in Europa sprechen kann.[43]

Aktuell vorgelegte Beispiele von Mitgliedern der European Association for People Management (EAPM) lassen sich zu folgenden Beobachtungen verdichten[44]:

- Die Unterschiedlichkeit der Personalarbeit quer durch Europa spricht eindeutig für das Leitbild der *„unterschiedlichen Personalarbeit in Europa"*.
- Die verschiedenen Länder sind *stolz auf ihre Eigenheiten* und auf ihre Unterschiedlichkeiten, in denen sie klare Wettbewerbsvorteile sehen.
- Für identische Fragen (wie Gestaltung der Arbeitsbeziehungen) gibt es teilweise deutlich *unterschiedliche Antworten.*
- Bei anderen Fragen gibt es *einheitliche Antworten* bezüglich Herausforderungen (wie Arbeitskräftemangel) und Hoffnungen (wie Personalabteilungen als Business Partners).
- Diese Unterschiedlichkeit verlangt nach vergleichenden Analysen in Richtung auf HR-bezogene *competitive advantages* der einzelnen Länder, die über Arbeiten wie die von *Michael Porter*[45] hinausgehen.
- Nötig ist aber auch eine *Kontingenzanalyse*, bei der es um die Begründung der Unterschiede in der Personalarbeit und in den Personalsystemen mit Unterschieden

Personalmanagement muss mit langfristiger Orientierung arbeiten

„Das Personalmanagement muss deutlich machen, was Kompetenz, Synergie und Added Value konkret bedeuten und in welchem Maße die Personalarbeit zur Optimierung des wichtigsten Assets beitragen kann. Zugleich geht es darum, die Bedeutung von Identität und Gemeinschaft deutlich zu machen und allen kurzfristigen und nur an modischen Trends orientierten Handlungen mit gewisser Skepsis zu begegnen."[46]

Dr. Roland Schulz (geb. 1941; 1991 bis 2001 Personalchef der Henkel-Gruppe, von 2004 bis 2014 Vorsitzender des Aufsichtsrats der Gothaer Versicherung) in der Ausgangssituation geht (wie geografische Gegebenheiten und gewerkschaftlicher Organisationsgrad).

Faszination durch Vielfalt

Insgesamt belegt dies alles eindrucksvoll die Faszination dieser in Europa realisierten Vielfalt.

Differenzierung: Professionalisierung statt Zertifizierung

Sicherlich gibt es auch bei der Personalwirtschaft Tendenzen zur Trivialisierung. Dies gilt für Lehrveranstaltungen an Hochschulen und diverse Angebote von Seminarveranstaltern ebenso wie für die praktische Personalarbeit. Trotzdem beginnt eine gegensätzliche Entwicklung. Dieser Trend zur Professionalisierung im Personalbereich resultiert aus der zunehmenden Umweltkomplexität und führt zu zwei Entwicklungen:

(1) Die Verbindung des Personalmanagements zum strategischen Management bewirkt, dass die Personalarbeit frühzeitig ihre Unterstützungsfunktion bei der Umsetzung der strategischen Ziele wahrnehmen und an der Zielbildung des Unternehmens mit Blick auf die verfügbaren Humanressourcen mitwirken kann.

(2) Gleichzeitig steigt die Notwendigkeit einer Professionalisierung bei nichtstrategischen Aufgaben, um eine Produktivitätssteigerung im Sinne einer möglichst effizienten Erfüllung anfallender Routinetätigkeiten zu erreichen.

Bedingung für eine Professionalisierung ist eine klare Entwicklungsstrategie für die Personalabteilung, die von den spezifischen Anforderungen an die Personalabteilung ausgeht und in eine solide Qualitätskontrolle mündet.

In anderen Ländern hat sich zur Sicherstellung dieser professionellen Standards eine institutionelle Lösung durchgesetzt: So organisieren in den USA die Society for Human Resource Management (SHRM) und in Großbritannien das Chartered Institute of Personnel and Development (CIPD) entsprechende Qualifizierungs- und Akkreditierungsprogramme für Personalmanager, wobei die gesamte Bandbreite vom Praktiker bis zu den Hochschulen eingebunden ist. In Deutschland ist eine solche Lösung aufgrund der Unterschiedlichkeit der beteiligten Akteure nicht zu erwarten.

Zertifizierter Personalmanager?

Ebenso werden – insbesondere getrieben durch das Internet – zunehmend Kenntnisse im Technologiebereich für den Personalmanager unerlässlich. Dabei geht es nicht mehr nur darum, administrative Aufgaben wie Zeiterfassung oder Lohnabrechnen zu erleichtern. Vielmehr gilt es zu hinterfragen, ob und wie neue technologische Entwicklungen gezielt für die Personalarbeit eingesetzt werden können. So könnten hier vor allem die sozialen Netzwerke zu einer Revolution in der Personalakquisition und im Personalmarketing führen. Ähnliches gilt für das Personalcontrolling, das durch Business-Intelligence-Lösungen und moderne Ansätze zum Data-Mining völlig neue Formen annehmen könnte. Dies setzt aber fundierte Kenntnisse der sich im ständigen Wandel befindenden Informationstechnologie auch und gerade bei den Personalmanagern voraus. Gutes Personalmanagement muss proaktiv neue Trends integrieren. Sonst werden andere Akteure die neuen Technologien einsetzen und das Personalmanagement verliert noch mehr an Stellenwert, obwohl gerade Technologisierung und Digitalisierung die Chance darstellen, die Strategie des Unternehmens nachhaltig im Interesse der Mitarbeiter sowie des Unternehmens zu verändern.

1.8 Ausblick

Siebenfache Faszination

Hinsichtlich der Faszination von Personalmanagement bedeutet dies:

Faszination als überraschendes Thema! Ein betriebswirtschaftliches Buch zum Personalmanagement mit einem Kapitel unter der Überschrift „Faszination" zu beginnen, scheint vielleicht etwas ungewöhnlich: Zu häufig sind die Fälle, bei denen gerade „Personalarbeit" in reiner Administration stecken bleibt und sich „Personalstrategie" nur auf Personalkostenreduktion bezieht.

Faszination durch Erfolg! Das wirtschaftliche Ergebnis eines Unternehmens hängt von den Mitarbeitern und damit vom Personalmanagement ab. Dass dies nicht trivial ist, versteht sich von selbst und erklärt auch, warum es letztlich doch wenige Unternehmen schaffen, gerade durch die Personalarbeit einen Wettbewerbsvorteil aufzubauen. Allerdings haben diejenigen, die dies schaffen, tatsächlich einen Vorsprung, der nicht leicht aufzuholen ist: Denn gerade diese Mitarbeiter (und damit die Personalarbeit) stellen einen nur schwer imitierbaren Erfolgsfaktor dar.

Faszination als Kopierschutz! Google und Apple sind nicht nur wegen ihrer Produkte erfolgreich. Diese Firmen schaffen es, gute Mitarbeiter anzuziehen, sie noch besser zu machen, sie sinnvoll einzusetzen und sie vor allem auch im Unternehmen zu halten. Aber obwohl man das teilweise schon sehr lange weiß (bei Apple sind dies schon mehr als 20 Jahre), schaffen es die wenigsten Konkurrenten, dieses Erfolgsrezept „einfach" zu kopieren.

Faszination Personalarbeit! Sicherlich ist Personalmanagement bei Apple und Google so beeindruckend, dass man den Mitarbeitern eigene T-Shirts mit den Logos verkaufen kann. Aber die Faszination ist auch in kleineren Unternehmen und in anderen Branchen machbar. Dies setzt aber eine solide Personalarbeit und eine entsprechende Professionalisierung voraus. Die dazu notwendigen Techniken werden in den nachfolgenden Abschnitten erläutert.

Faszination durch Verstehen! Das Besondere am Personalmanagement entsteht aber nicht nur durch ein simples Anwenden von Methoden. Warum schaffen es manche Unternehmen besser als andere, ihre Mitarbeiter zu motivieren? Warum vernichtet ein Automobilunternehmen 5 Milliarden Euro Humankapital pro Jahr, während andere erfolgreiche „Humankapitalisten" werden, wodurch Mitarbeiter wie Anteilseigner profitieren?

Faszination durch Digitalisierung! Die Digitalisierung verändert jeden Bereich im Unternehmen und diese Veränderungen sind tiefgreifend. Eine Gemeinsamkeit haben alle Veränderungen: Sie betreffen den Menschen. Es besteht die Möglichkeit, den Menschen noch mehr zu befähigen und die Möglichkeit zu erhöhen, Spaß an der Arbeit zu haben. Dasselbe gilt auch für den Personalmanager. Gleichzeitig wächst die Gefahr, bei aller digitaler Personalsteuerung unternehmenskulturelle Werte zu vergessen.

Faszination durch Menschen! Wenn man erfolgreiche Manager über ihre Rolle im Unternehmen sprechen hört – und einige Beiträge in diesem Buch spiegeln dies eindrucksvoll wider – merkt man, dass es hier nicht um ein Abarbeiten von arbeitsrechtlichen Vorgängen und reflexartiges Auswerten von Ertragssicherungsprogrammen geht. Vielmehr stehen wirklich Menschen im Mittelpunkt und es wird permanent Faszination durch Personalarbeit kommuniziert.

Personalarbeit muss gelebt werden

„Das Bemühen um Exzellenz bleibt eine Daueraufgabe. Denn nur durch eine gelebte Kultur der kontinuierlichen Verbesserung gelingt es unserer Personalarbeit, auch in Zukunft höchste Ansprüche zu erfüllen."

Angela Titzrath, ehemaliger Personalvorstand Deutsche Post DHL

Aufgaben und Fragen zur Selbstüberprüfung

1. Erklären Sie die Sichtweisen auf den Mitarbeiter im Personalmanagement mithilfe des in diesem Kapitel angesprochenen Vergleichs von Arbeitnehmern zu Schachfiguren!?
2. Worin besteht der Unterschied zwischen Personalwirtschaft und Personalmanagement?
3. Erklären Sie den Unterschied zwischen Induktion und Deduktion in der Personalforschung!
4. Nennen Sie die acht Phasen der historischen Entwicklung der Personalarbeit!
5. Warum sind Mitarbeiter und Führungskräfte ebenfalls Personalmanager?
6. Nennen Sie die sieben Trends, die zukünftig die Personalarbeit beeinflussen!
7. „Personalmanagement als mein persönliches Überlebenstraining?" Entwickeln Sie Ihr persönliches Trainingsprogramm basierend auf dieser Aussage!

Endnoten

[1] *Kienbaum Institut@ISM für Leadership & Transformation* 2017.
[2] *Kienbaum* 2013, 33.
[3] *Michael Page* 2015.
[4] *Puls GmbH*
[5] *Edeka*
[6] *Blizzard*
[7] *Fraport*
[8] *Ikea*
[9] *Nike*
[10] *Sony*
[11] *Turtle Entertainment*
[12] vgl. *Starbatty* 2004, 138.
[13] *Ockenfels* 2004, 43.
[14] *Müller-Armack* 1966, 275.
[15] *Neuberger 1997, 25.*

16 *Staeck, Klaus,* Im Mittelpunkt steht immer der Mensch, Plakat.

17 vgl. *Huselid* 1995.

18 vgl. *Scholz/Stein* 1997.

19 vgl. *Huselid/Jackson/Schuler* 1997.

20 vgl. *Ichniowski/Shaw/Prennushi* 1997.

21 vgl. *Harel/Tzafrir* 1999.

22 *PriceWaterhouseCoopers* 2002.

23 Übersicht entnommen aus *Schmeichel* 2005, 33–35.

24 *Sheehan* 2014, 545–570.

25 vgl. *Guest/Hoque* 1994; *Lassar/Mittal/Sharma* 1995; *Huselid/Becker* 1996.

26 *Nienhüser*

27 vgl. *Martin* 1988, 1.

28 *Popper* 1971, 3.

29 *Popper* 1971.

30 *Pierce* 1878.

31 vgl. *Hofstede* 1980, 121.

32 *Whewell* 1973.

33 *Popper* 1963.

34 *Wilke* 2007.

35 *Angrave/Charlwood/Kirkpatrick/Lawrence/Stuart* 2016.

36 *Stein/Scholz*

37 *Scholz* 2003a, 11.

38 *Scholz* 2011, 27–29.

39 vgl. *Scholz/Büch* 2007; *Kienbaum* 2008b; *Scholz/Niemczyk* 2008; *Capgemini* 2009.

40 *Evans/Pucik/Barsoux* 2002, 32.

41 vgl. *Brewster* 1992.

42 *Scholz/Müller* 2010.

43 vgl. *Scholz* et al. 2008.

44 vgl. *Scholz/Böhm* 2008.

45 vgl. *Porter 1985.*

46 *Scholz* 2000a, 5.

2

Konzeption: Welche implizite Logik steht hinter dem Personalmanagement?

Inhalt

Fakten

63 % der Personalentscheider sind direkt der Geschäftsführung unterstellt.[47]

Nur 33 % der Unternehmen sehen die Personalabteilung als Treiber von Innovationen.[48]

Gerade einmal 20 % der Unternehmen besitzen aus ihrer Sicht eine Digitalisierungsstrategie.[49]

Lernziele

- Sie erfahren, welche generellen Ausrichtungen es im Personalmanagement gibt.
- Sie erleben, auf welchen Planungsebenen Personalmanagement stattfindet.
- Sie wissen, welche Aufgaben und Fragestellungen sich hinter personalwirtschaftlichen Aktivitätsfeldern verbergen.
- Sie verstehen die Personalwertschöpfungskette.
- Sie lernen, Felder, Ebenen und Ausrichtungen im Personalmanagement zu verbinden.
- Sie verstehen, warum Digitalisierung mehr Chance als Bedrohung darstellt.

2.1 Überblick

Im Prinzip erscheint Personalarbeit einfach: Man muss lediglich dafür sorgen, dass Mitarbeiter in ausreichender Zahl und ausreichender Qualität zum erforderlichen Zeitpunkt an der erforderlichen Stelle sind. Hinter diesem simpel klingenden Postulat steckt eine umfangreiche Prozesskette aus unterschiedlichen Aktivitäten. Deshalb ist es notwendig, zunächst Klarheit über die Funktion der einzelnen Aktivitäten herzustellen, um sie nachher in eine vernünftige Ordnung zu bringen.

Dabei bietet es sich an, alle Aktivitäten entlang von den Managementaktivitäten des Personalmanagements zu systematisieren (Abschnitt 2.2) und die verschiedenen Ebenen des Personalmanagements zu erklären (Abschnitt 2.3). Schließlich kann Personalmanagement grundsätzlich eher informationsorientiert oder eher verhaltensorientiert ausgestaltet werden, wobei eine Kombination beider Sichtweisen sinnvoll für ein professionelles Personalmanagement ist (Abschnitt 2.4).

2.2 Aktivitätsfelder im Personalmanagement

Ein Ansatz für die Personalarbeit besteht darin, nur gerade drängende Personalaufgaben zu lösen und alles andere in den Hintergrund zu schieben. Dieses Verfahren findet man in Unternehmen, die stolz auf ihre „pragmatische" Personalarbeit sind, dann aber doch in Schwierigkeiten geraten. Der Grund für diese Problematik liegt in dem zeitlichen Vorlauf, den Personalaktivitäten mit sich bringen: So dauert beispielsweise bereits die Einführung eines Personalbeurteilungssystems mindestens ein Jahr, für das Schaffen einer offenen Kommunikationskultur sind gleich mehrere Jahre anzusetzen. Gesucht ist also eine umfassende Systematik mit einer angemessenen Vollständigkeit.

Regelkreisprinzip als universelles Prinzip

Universelle Prozesslogik im Regelkreis

Die Basis für eine solche Systematik liefert das Regelkreisprinzip und seine Prozesslogik. Danach besteht die Aufgabe eines Reglers darin, den laufenden Vergleich zwischen einer Führungsgröße (Sollwert) und der an der Regelstrecke gemessenen Zustandsgröße (Istwert) herzustellen. In Abhängigkeit von der Differenz wird dann über die Stellgröße eine Aktion eingeleitet.

kybernetes (griechisch): Steuermann

Die Idee, das Regelkreisprinzip und seine Prozesslogik auch im Bereich der Sozial- und Wirtschaftswissenschaften anzuwenden, gibt es schon lange.[50] Folgt man seiner Logik, wird auch ein Unternehmen als ein kybernetisches System definiert, das aus einer Menge von Komponenten besteht, die durch Interaktionsbeziehungen und Kombinationsbeziehungen untereinander verbunden sind.

Übertragen auf die Personalarbeit bedeutet Sollwert die Vorgabe der Mitarbeiter, die zur Leistungserstellung erforderlich sind, und Istwert die Charakterisierung derjenigen Mitarbeiter, die vorhanden sind. Werden Soll- und Istwert miteinander verglichen, so ergibt sich eine Unter- oder Überdeckung. Aus dieser Unter- und Überdeckung werden Maßnahmen abgeleitet, die auf Beschaffung, Entwicklung und Freisetzung von Mitarbeitern hinauslaufen (Abbildung 2.1).

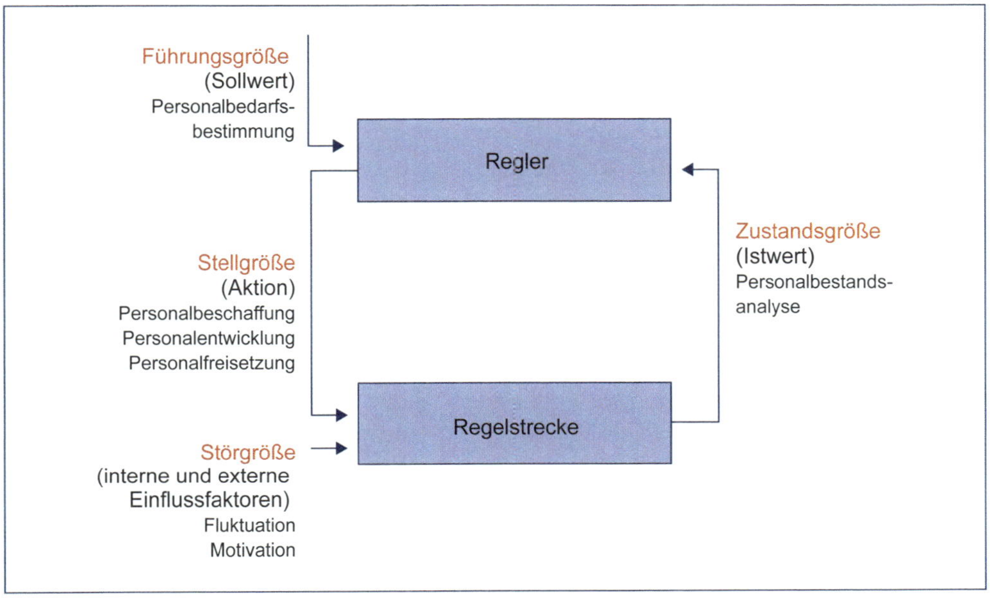

Abbildung 2.1: Personalplanung als Regelkreis

Die kybernetische Systemtheorie beschäftigt sich mit den Prinzipien der Steuerung und Regelung

Der Nutzen des Regelkreismodells besteht dabei nicht nur in seiner unbestreitbaren und selbst bei komplexer Verschachtelung beibehaltbaren formalen Eleganz. Es geht vielmehr gerade auch darum, die Spiegelbildlichkeit zwischen Führungsgröße und Zustandsgröße sicherzustellen, also für Sollwerte einen auch nachprüfbaren Istwert zu bekommen. Zudem verlangt das Regelkreismodell klare und entscheidungsmodellgestützte Aussagen dazu, wie aus der Abweichung zwischen Soll- und Istwert Aktionen abzuleiten sind.

Regelung als universelles Prinzip

„Regelung ist ein universelles Prinzip der Natur, welches bei vielen Vorgängen der Systembildung und -erhaltung eine entscheidende Rolle spielt. Es beruht darauf, dass ein Teil des Energieabflusses in das betreffende System zurückgeführt wird, um damit den Energiezufluss und/oder -abfluss zu variieren. Auf diese Weise können störungsbedingte Abweichungen von einem naturgesetzlich vorgezeichneten oder einem durch Menschen geplanten Systemzustand ausgeglichen werden."[51]

Univ.-Prof. Dr. Gerhard Niemeyer (1935–2000; Professor für Wirtschaftsinformatik)

Übung 2.1 Erstellen eines Regelkreises

Premiere in Ihrer Erdbeerkuchen-Backstube: Die vollautomatische Rührmaschine „Multimix 1200 Power“ wird in Betrieb genommen. Diese regelt die Zugabe von Eiern, Zucker und Mehl je nach Beschaffenheit der Biskuitmasse (zu flüssig, genau richtig, zu fest) automatisch. Das erinnert Sie sofort an die Logik eines Regelkreises. Sie schnappen sich ein Stück Papier und zeichnen den Regelkreis für den „Multimix 1200 Power“.

… jetzt erst recht

Gerade in Zeiten der Digitalisierung wird die Logik der Regelkreise immer relevanter und systemkritischer wird. Immer mehr Unternehmen folgen der „computational logic“[52] und dementsprechend müssen auch immer mehr Mitarbeiter der Regelkreis-Logik folgen.

Nach Jennifer Priestly sind alle „data geeks“.[53] Sie macht deutlich, dass sich niemand mehr den Luxus leisten kann, sich nicht mit Daten auseinanderzusetzen. Sie spricht von der big data literacy und der Notwendigkeit, dass jeder ein Verständnis davon haben sollte, wie die täglichen Aktionen zu Daten führen, die von anderen Akteuren genutzt werden. Jede Tätigkeit wird in Zukunft in irgendeiner Kapazität digitalisiert und somit auch durch Regelkreise beeinflusst. In Zukunft werden die Mitarbeiter vermehrt mit Robotern, künstlichen Intelligenzen, Algorithmen und anderen technologischen Errungenschaften zusammenarbeiten müssen, und dieses Verständnis wird sich umfassend in das Unternehmen einnisten.

Die Maschinen werden in naher Zukunft nicht lernen, die Menschen zu verstehen, sondern die Menschen werden versuchen, auf die Maschinen einzugehen. Deshalb wird das Wissen über und das Verständnis von Regelkreisen noch systemkritischer werden.

Managementaktivitäten als konzeptionelle Grundlage

Die zentralen Standardwerke zum Personalmanagement[54] verwenden zur Beschreibung der Personalmanagementaufgaben weitgehend die im vorangegangenen Abschnitt beschriebenen Personalmanagementfelder, wie sie auch auf die Systematik aus der ersten Auflage des diesem Buch zugrunde liegenden Buchs „Personalmanagement“ zurückgehen.[55]

Es zeigt sich aber, dass gegenwärtig verstärkt auch Begriffe aus dem Talentmanagement[56] (wie Akquisition und Qualifikation) Verwendung finden. Diese Begriffe sind
- teilweise synonym zu den „traditionellen“ Termini (wie Qualifikation und Personalentwicklung),
- teilweise handelt es sich jedoch um Differenzierungen (wie Akquisition und Selektion statt Personalbeschaffung) oder
- Erweiterungen (wie Integration).

Das vorliegende Buch thematisiert die 13 wichtigsten dieser Managementaktivitäten, umrahmt von Faszination, Konzeption, Organisation, Emotion, Kommunikation, Administration sowie Perfektion. Jede dieser Aktivitäten lässt sich dabei durch eine zentrale Fragestellung illustrieren (Tabelle 2.1).

Aktivität	Schlüsselfragen
Faszination	Warum muss sich jeder mit Personalmanagement beschäftigen?
Konzeption	Welche implizite Logik steht hinter dem Personalmanagement?
Organisation	Wie ist die Personalarbeit auf personalwirtschaftliche Akteure zu verteilen?
Emotion	Wieso ist Personalmanagement mehr als sachrationale Mechanik?
Kalkulation	Wie bestimmt man den wirklichen Personalbedarf?
(E)valuation	Wie analysiert man den tatsächlichen Personalbestand?
Akquisition	Wie beschafft man Mitarbeiter?
Selektion	Welche Kandidaten soll man einstellen?
Integration	Wie realisiert sich eine erfolgreiche Gesamtbelegschaft?
Allokation	Wie werden Mitarbeiter und Stellen zusammengebracht?
Kompensation	Wie entlohnt man Mitarbeiter richtig?
Qualifikation	Wie entwickelt man Mitarbeiter?
Motivation	Was bringt Mitarbeiter zu Höchstleistungen?
Direktion	Wie führt man Mitarbeiter?
Kooperation	Wie führt man Teams?
Retention	Wie hält man gute Mitarbeiter im Unternehmen?
Reduktion	Wie gestaltet man betriebswirtschaftlich richtigen Personalabbau sozial verträglich?
Kommunikation	Wie transportiert man Informationen?
Administration	Wie verwaltet man die Belegschaft?
Perfektion	Wie gestaltet man ein professionelles Personalmanagement?

Tabelle 2.1: Generelle Fragestellungen der Personalmanagementaktivitäten

Primäre und sekundäre Aktivitäten

Aufbauend auf diese Logik ergibt sich für die Personalarbeit eine eigene Wertschöpfungskette (Abbildung 2.2): Sie hat als primäre Aktivitäten die reale Wertschöpfungskette des HR-Gesamtprozesses und reicht von der Bedarfskalkulation bis zur Personalfreisetzung (Reduktion). Darüber liegen die sekundären Aktivitäten (wie Organisation und Perfektion): Sie tragen zwar ebenfalls zur Wertschöpfungskette bei, lassen sich aber nicht exakt auf einzelne Prozessphasen zuordnen.

Abbildung 2.2: Personalwertschöpfungskette

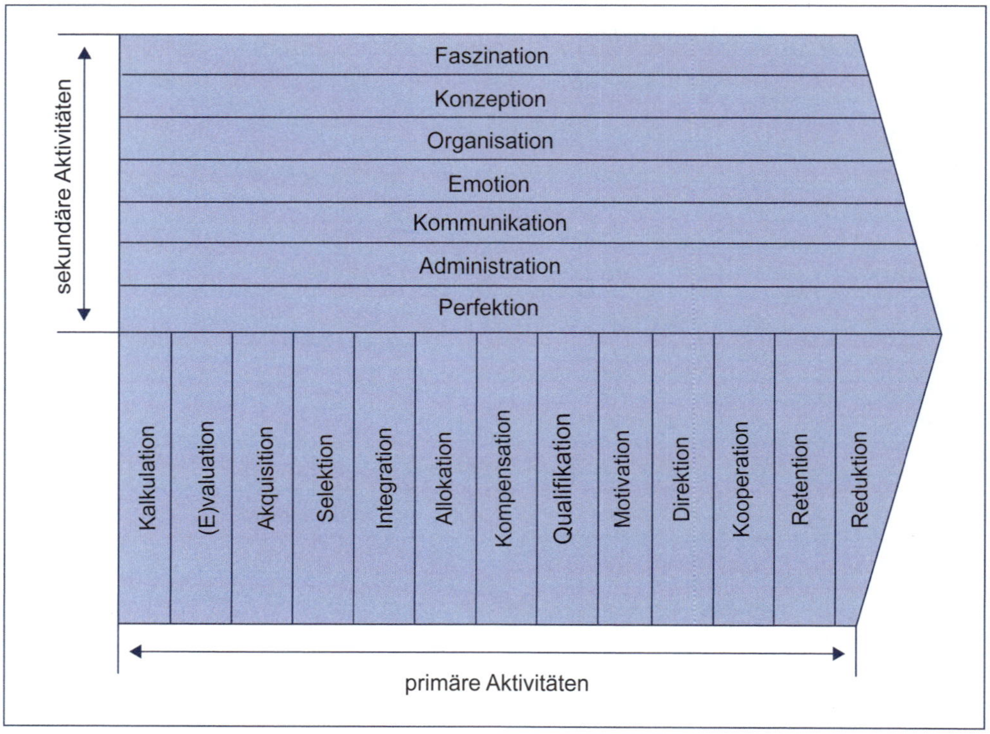

Übung 2.2 Formulieren der zentralen Fragen

Neben Bäckereien wie Ihrer gibt es auf dem Markt für Erdbeerkuchen neuerdings auch Produzenten, die abgepackte Erdbeerkuchen für Supermärkte produzieren und keine eigene Verkaufsstelle haben. Für Ihre Konkurrenten geht es somit weitgehend um die Produktion von Erdbeerkuchen und deren Vertrieb an Supermärkte. Sie machen sich die Vorgehensweise Ihrer Konkurrenz klar, indem Sie die generellen Fragestellungen der Personalmanagementaktivitäten in Bezug auf deren Personalarbeit konkretisieren.

2.3 Ebenen im Personalmanagement

Managementbücher und Unternehmensplanungen basieren spätestens seit dem Ende der 1980er Jahre[57] im Regelfall auf einer Dreiteilung in eine strategische, taktische und operative Ebene[58]: Diese Einteilung hat sich bewährt und bringt in ihrer Umsetzung deutlichen Mehrwert. Trotzdem bietet sich für dieses Buch eine vereinfachte Fokussierung auf zwei Ebenen an: Zum einen verwendet die Praxis nahezu ausschließlich die Differenzierung zwischen operativ und strategisch. Gleiches gilt für die amerikanische HR-Literatur, die im Wesentlichen nur den Unterschied zwischen „strategic" und „operational" kennt.[59] Zum anderen hat die unternehmerische Praxis häufig die Inhalte aus der taktischen Ebene auf die beiden anderen Ebenen verteilt. Deshalb wird nachfolgend ausschließlich zwischen operativer und strategischer Ebene differenziert.

Diese Ebenen verbindet eine wechselseitige Informationsbeziehung:

- Zum einen werden die Daten der operativen Ebene zur weiteren Verwendung auf der strategischen Ebene aggregiert und stellen somit die Grundlage für deren Entscheidungen dar. So ergeben beispielsweise Mitarbeiterdaten, wie Alter und Geschlecht in ihrer Zusammenführung als Personalkonfiguration die Alterspyramide, welche dann in die strategische Planung des Personalbestands einfließt.
- Zum anderen werden strategische Vorgaben in die operative Ebene disaggregiert. So mündet die Formulierung einer neuen Produkt-/Marktstrategie letztlich in konkrete Anforderungsprofile im Bezug auf die Mitarbeiter.

Die differenzierte Ausgestaltung und die effiziente Verbindung zwischen strategischer und operativer Ebene entscheiden über den personalwirtschaftlichen Erfolg.

Strategisches Personalmanagement

Strategische Ebene: komplexitätsreduzierende Ausrichtung auf Ziele und Erfolgspotenziale des Gesamtunternehmens

Erfolgreiches Personalmanagement setzt konsequentes Ausrichten an den Zielen der Unternehmen voraus. Demnach ist strategisches Personalmanagement mehr als nur eine operative Umsetzung der Produkt- und Programmplanung: Es liefert deshalb bei entsprechender Ausgestaltung eigenständige Impulse in die strategische Unternehmensplanung und -führung. Eine solche Personalstrategie macht grundsätzliche Aussagen dazu, wo sich das Unternehmen gegenwärtig im Hinblick auf seine Personalaktivitäten befindet und in welche Richtung es sich bewegen möchte.

Erfolgreiches Personalmanagement setzt konsequentes Ausrichten an den Zielen des Unternehmens voraus

Eine Personalstrategie umfasst also eine Spezifizierung von Ziel- und Aktionsräumen. Darüber hinaus weist eine „richtige" Unternehmensstrategie und damit auch eine „richtige" Personalstrategie folgende drei Merkmale[60] auf:

(1) *Potenzialorientierung*, wonach Unternehmen in ihren Strategien auf bestimmte Erfolgspotenziale fokussieren, um diese in der Zukunft in das Wertschöpfungssystem zu integrieren und dort auszubauen,

(2) *Komplexitätsreduktion* zur Betonung einer gezielten methodischen Beschränkung auf die relevanten Faktoren, was eine Bewältigung der aktuellen Informations- und Handlungsvielfalt erst möglich macht,

(3) *Aktionsorientierung* im Sinne einer frühzeitigen Vorbereitung auf die Zukunft, wobei sich zwei Handlungsorientierungen unterscheiden lassen. Das geplant reaktive Verhalten bedeutet ein bewusstes Abwarten und Beobachten der Situation, um später angemessen reagieren zu können. Mit proaktivem Handeln ist ein frühzeitiges und differenziertes Vorbereiten auf mindestens zwei unterschiedliche Umweltkonstellationen gemeint.

Strategisches Management ist durch hohe Ausprägungen dieser drei Merkmale, operatives Management durch tendenziell niedrige Ausprägungen gekennzeichnet.

Strategisches Personalmanagement bezieht sich auf das gesamte Unternehmen, hat unmittelbaren Bezug zu den Erfolgspotenzialen des Unternehmens und abstrahiert von einzelnen Mitarbeitern beziehungsweise Stellen:

- Bei der strategischen *Personalbedarfskalkulation* geht es um die Antizipation von langfristigen Bedarfsverschiebungen. Hier besteht ein enger Bezug zur strategischen Absatz- und Produktionsplanung.

- Die strategische *Personalbestandsevaluation* liefert die langfristig projektive Entwicklung der Mitarbeiterstruktur und zeigt potenzielle Stärken beziehungsweise Schwächen auf.
- Im strategischen *Personalentwicklungsmanagement* wird auf hoch aggregiertem Niveau die Deckungslücke zwischen aktuellen Fähigkeiten und zukünftigen Anforderungen geschlossen.
- Zur strategischen *Personalreduktion* gehört die interne und externe Auseinandersetzung mit dem Arbeitsmarkt. Durch entsprechendes Personalmarketing können akquisitorische Potenziale ausgeschöpft und strategische Fluktuationsbarrieren aufgebaut werden.
- Ebenfalls auf hoch aggregierter Ebene arbeitet das strategische *Personalkostenmanagement*. Hier geht es um Maßnahmen zur langfristigen Veränderung der Personalkostenstruktur.
- Strategische *Personalführung* umfasst schließlich die langfristige Konzeption des Führungsinstrumentariums im Unternehmen. Zentrale Elemente sind hierbei Aufbau und Pflege der Unternehmenskultur als entscheidender Ansatzpunkt für eine zeitgemäße Unternehmensführung.

Aufgabe eines strategischen Personalmanagements ist es daher, die verschiedenen Managementaktivitäten zu konkretisieren, wobei die allgemeine Beschreibung der Aktivitäten Aussagen über die Inhalte macht (was?), während die Attribute Potenzialorientierung, Komplexitätsreduktion und Aktionsorientierung zur Form der Umsetzung beitragen (wie?).

Wie aber hängt die Personalstrategie mit der Unternehmensstrategie zusammen? Rein formal bieten sich hierfür vier Möglichkeiten an (Abbildung 2.3):

(1) Selten ist der Fall, wonach die *Unternehmensstrategie der Personalstrategie folgt*. Dies passiert allenfalls dann, wenn eine starke, aber unbewusste Strategie zum Umgang mit den Mitarbeitern existiert, die so ausgeprägt ist, dass sie die Unternehmensstrategie beeinflusst.

(2) Fatal – aber nicht ganz unrealistisch – ist es, wenn *Personalstrategie und Unternehmensstrategie voneinander unabhängig auftreten*. Dann ist zwar eine Personalstrategie vorhanden, aber nicht mit der Unternehmensstrategie verbunden.

(3) Die *Personalstrategie folgt der Unternehmensstrategie*. Dies ist der Normalfall der betrieblichen Praxis. Die Personalstrategie ist hier ausschließlich eine ableitende Strategie und hat allenfalls einen rückkoppelnden Einfluss auf die Unternehmensstrategie.

(4) Im seltenen, aber idealen Fall ist die *Personalstrategie ein integrativer Teil der Unternehmensstrategie*. Hier besteht die Unternehmensstrategie aus mehreren funktionalen Teilstrategien, also einer Produkt-/Marktstrategie, aber auch einer Personalstrategie.

(5) Ein weiterer Fall ist die Situation, in der *gar keine Personalstrategie* existiert. Hier wird überhaupt nicht auf Implikationen des Personalmanagements geachtet. Ohne eine Personalstrategie können Unternehmen jedoch langfristig die Unternehmensstrategie nicht umsetzen, weil die mitarbeiterbezogenen Aspekte der Strategieimplementation keine Berücksichtigung finden.

Funktionale Teilstrategien müssen stimmig sein

Letztlich erscheint die vierte Alternative zielführend, da nur sie die notwendige Stimmigkeit innerhalb der funktionalen Teilstrategien garantiert und eine Gesamtstrategie für das Unternehmen zulässt.

Stakeholder müssen berücksichtigt werden

Wie in der Unternehmensstrategie, müssen auch im Rahmen der Personalstrategie die Interessen unterschiedlicher Stakeholder sowie interne und externe Situationsfaktoren berücksichtigt werden. Dabei gilt es sowohl für die Stakeholderinteressen als auch für die Situationsfaktoren die potenziellen Auswirkungen auf die Personalstrategie im Zusammenspiel mit den personalpolitischen Grundsätzen zu identifizieren. Gerade, wenn die Personalstrategie als integrativer Teil der Unternehmensstrategie angesehen wird, müssen diese Einflüsse angemessen berücksichtigt werden.

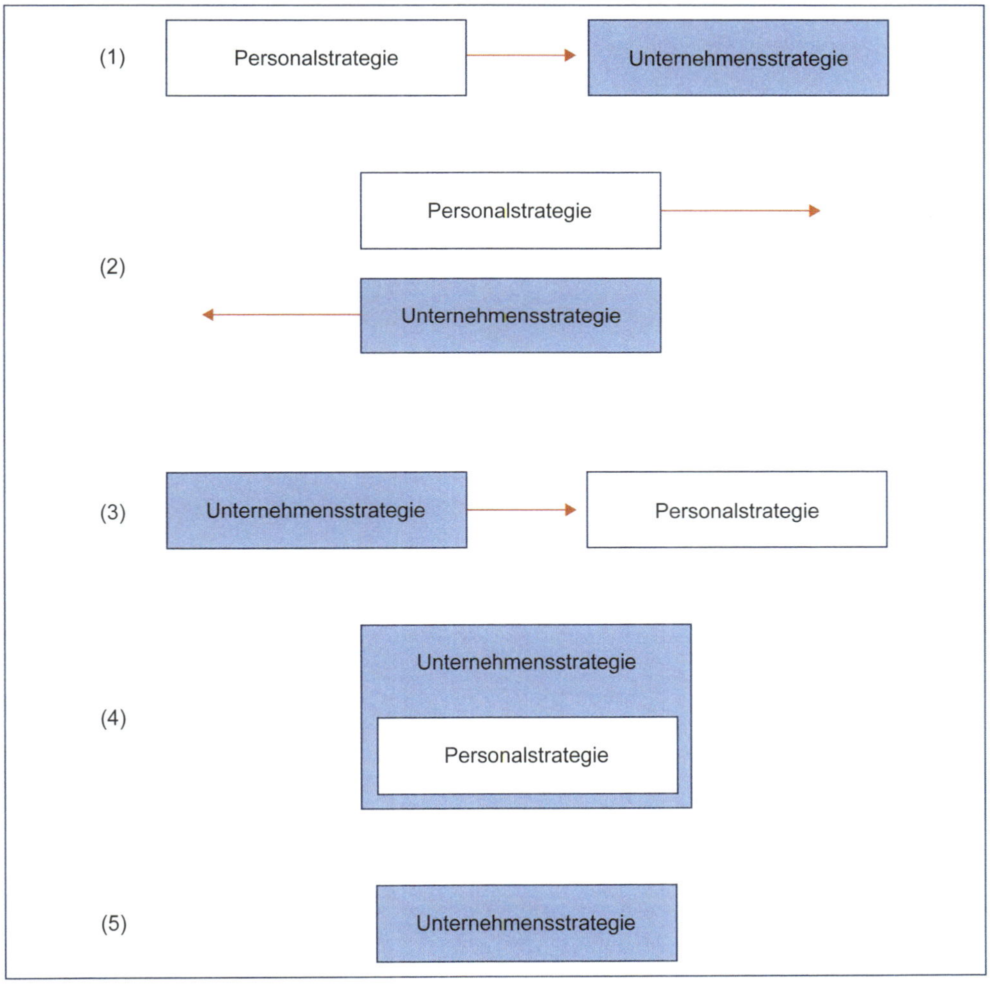

Abbildung 2.3: Alternative Einbindungsformen der Personalstrategie

Zur Entwicklung einer Personalstrategie lässt sich in Anlehnung an die übliche Strategieplanung[61] ein Ablaufschema aufstellen, das auf neun Schritten basiert (Abbildung 2.4):

- In Schritt 1 wird die Formulierung von *personalpolitischen Grundsätzen* vorgenommen, die Aussagen darüber machen, in welcher Form Personalarbeit im Unternehmen grundsätzlich durchzuführen ist. Im Sinne einer personalpolitischen

Vision des Unternehmens werden zwar abstrakte, aber zentrale Wertvorstellungen festgelegt.

- In Schritt 2 findet die *Markt- und Umweltanalyse* statt. Hier wird das entscheidungsrelevante Umfeld der Personalarbeit analysiert. Hierzu gehören der Arbeitsmarkt ebenso wie die Konsequenzen aus der Unternehmensstrategie sowie die Chancen und Risiken, die sich aus veränderten soziopolitischen Rahmendaten ergeben. Aus dieser marktorientierten Sichtweise (von außen nach innen) werden im Idealfall Szenarien entwickelt, die zum einen Auskunft darüber geben, welche Anforderungen an die Personalarbeit gestellt werden, zum anderen aber auch Hinweise liefern, in welche Richtung sich die Belegschaft gegenwärtig entwickelt.
- In Schritt 3 wird eine *Ressourcenanalyse* vorgenommen. Dabei werden als weiterer Ausgangspunkt für die Personalstrategie die eigenen Kernkompetenzen bestimmt sowie eine Stärken-Schwächenanalyse durchgeführt. Anders als in Schritt 2 wird in Schritt 3 die umgekehrte Richtung (von innen nach außen) durchlaufen. Diese

Abbildung 2.4: Entwicklung der Personalstrategie

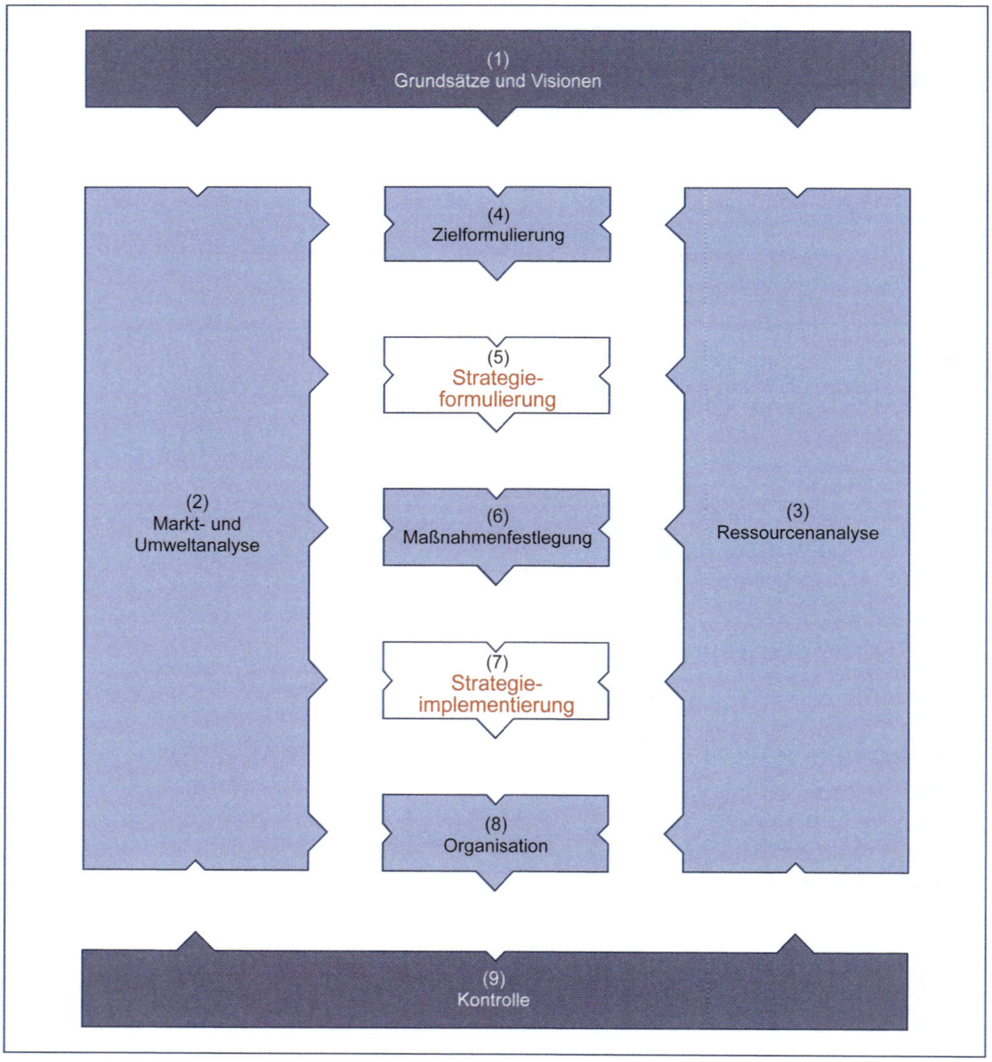

Inside-Outside-Bewegung, die auch dem ressourcenbasierten Management entspricht, orientiert sich somit an den Fähigkeiten des Unternehmens.

- Schritt 4 liefert dann aus dem Wünschenswerten (aus Schritt 1 und 2) und dem Machbaren (nach Schritt 3) *konkret formulierte Ziele*. Dieser Abgleich kann allerdings auch insofern andersherum verlaufen, als die internen Ressourcen zur dominanten Grundlage gemacht werden.
- In Schritt 5 werden aus den formulierten Zielen entsprechende *Strategien formuliert*, wie die jeweiligen Ziele erreicht werden sollen. Die Personalstrategie als Weg der Zielerreichung wird hier formuliert und festgelegt.
- In Schritt 6, der *Maßnahmenfestlegung*, werden nach der Festlegung der Personalstrategie die zentralen Mechanismen für die Personalarbeit festgelegt, also konkretisiert, in welche Richtung der Personalumbau durch Personalakquisition, -qualifikation oder -reduktion vorgenommen wird.
- Schritt 7 ist die *Implementierung* der Personalstrategie, zu verstehen als Aussagen darüber, wie Aktivitäten auf der operativen Ebene angestoßen werden. Die Implementierung berührt auch Fragen der Organisationsentwicklung und der „Change-Prozesse".
- Schritt 8 legt die *Organisation der Personalarbeit* fest. Dabei ist speziell auf die Aufgabenverteilung zwischen Unternehmensleitung, Personalabteilung und Bereichsleitung zu achten. Teilweise wird auf diesen Schritt jedoch verzichtet.
- Schritt 9 beinhaltet schließlich die *Kontrolle* der Personalstrategie. Dieser Teilaspekt ist insofern wichtig, als es relativ wenig Sinn macht, Ziele zu formulieren, die nachher überhaupt nicht kontrolliert werden (können). Konkret bedeutet dies, Zielvereinbarungen zu treffen, an denen die Personalarbeit später gemessen wird.

Strategiepapier als unausweichliche Basis

Das Ende eines solchen Prozesses ist ein formelles Strategiepapier, das – will es aussagekräftig und handlungsleitend sein – zwischen zehn und dreißig Seiten umfasst. Dieses Strategiepapier ist schriftlich zu formulieren, da ansonsten die Gefahr besteht, dass die zentralen Strategieinhalte von Betroffenen unterschiedlich interpretiert werden.

Die Formulierung eines Strategiepapiers ist aufwändig. Fatalerweise wird es deswegen von vielen Unternehmen ausgelassen und gilt als zentrale Schwachstelle im strategischen Personalmanagement.

Im internationalen Personalmanagement kommt noch eine Entscheidung dazu, nämlich die Frage, wie weit Personalarbeit vor allem unternehmenskulturell auf die Personalarbeit der Muttergesellschaft ausgerichtet werden soll. Hierfür existieren seit Langem drei Optionen[62], die sich vor allem in ihrer Beeinflussungsrichtung (Abbildung 2.5) unterscheiden:

- Bei der *Monokulturstrategie* bleibt der Schwerpunkt für alle Aktivitäten die Heimatbasis. An ihr richten sich auch die Personalfunktionen im Ausland vollkommen aus. Deshalb werden beispielsweise weltweite Schlüsselpositionen überwiegend ausgehend vom Mutterunternehmen besetzt, um auf diese Weise auch einen Kultur- und Systemtransfer von der Zentrale in die Niederlassungen zu realisieren.
- Bei der *Multikulturstrategie* haben ausländische Tochtergesellschaften erhebliche Autonomie und entwickeln landesspezifische Systeme, wodurch sie sich optimal auf ihre jeweiligen Märkte ausrichten können. Deshalb wird auch die Personalbeschaffung nicht mehr zentral durchgeführt.

Abbildung 2.5: Internationale Personalarbeit[63]

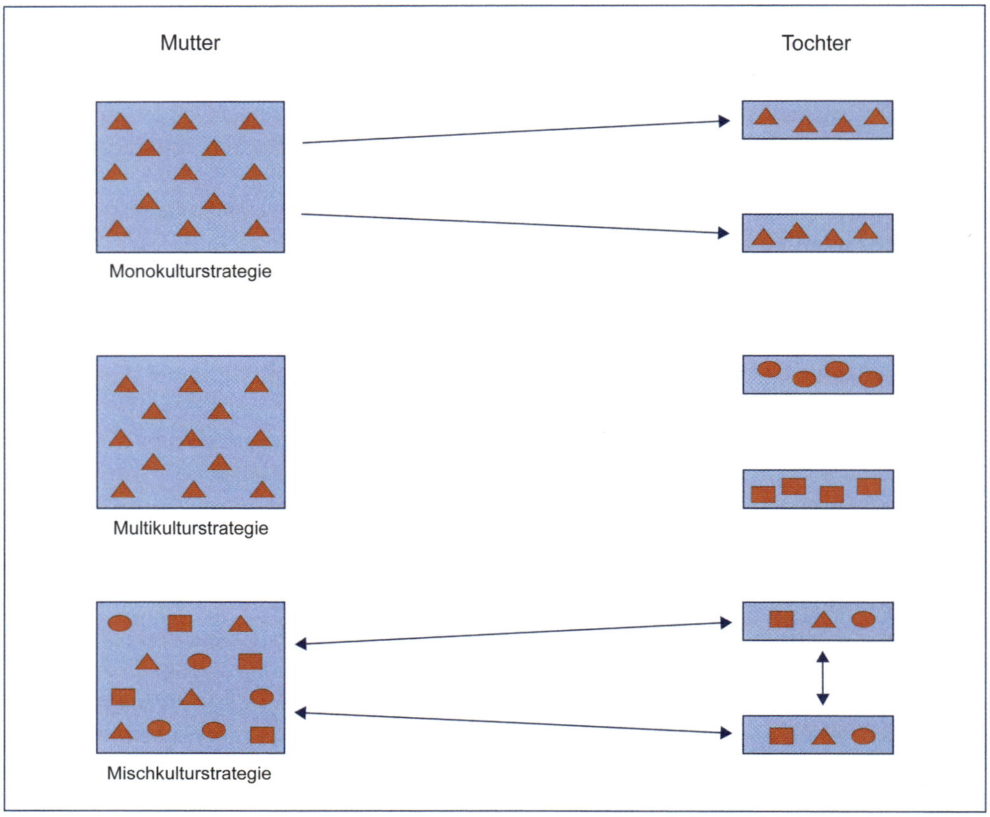

- Bei der *Mischkulturstrategie* wird die weltweite Integration aller Unternehmensaktivitäten angestrebt, um Größenvorteile und weltweite Synergien zu nutzen. Deshalb suchen Unternehmen weltweit nach Führungskräften, die in die globale Gesamtstrategie und zu den einheitlichen Systemen passen.

Fokussiert man auf Entscheidungszentren, so kommt analog die Differenzierung nach *ethnozentrisch, polyzentrisch und geozentrisch* zum Einsatz.

Operatives Personalmanagement

Die operative Ebene befasst sich ausschließlich mit personellen Einzelmaßnahmen und ihren Implikationen: beginnend bei dem Anforderungsprofil eines einzelnen Arbeitsplatzes über das Fähigkeitsprofil eines einzelnen Mitarbeiters bis hin zu einzelfallbezogenen Personalentwicklungs- und Förderungsmaßnahmen.

Operative Ebene: bezieht sich immer auf einzelne Stellen oder Mitarbeiter

Die operative Ebene betrifft Aktivitäten, wie sie auch im Betriebsverfassungsgesetz definiert sind. Ein wichtiges Merkmal ist damit die hohe Regelungsdichte, die sich unter anderem aus den an personellen Einzelmaßnahmen ansetzenden Beteiligungsmöglichkeiten des Betriebsrates ergibt. Exemplarisch zu nennen sind hier Verfahrensvorschriften, wie beispielsweise die Zeitspanne für den Kündigungsschutz, die primär „befolgt“ werden müssen. Die betriebliche Mitbestimmung läuft auf Rechte hinaus, die der Betriebsrat gegenüber dem Arbeitgeber ausüben kann.

Alle Personalmanagementaktivitäten finden ihren Niederschlag auf der operativen Ebene immer mit ganz spezifischen Aufgabenstellungen, beispielsweise

- Festlegung des Anforderungsprofils für eine konkrete Stelle,
- Bestimmung des Fähigkeitsprofils von Mitarbeitern,
- Optimierung eines Mitarbeitergesprächs,
- Berechnung einer Leistungsprämie,
- Analyse der Daten einer Aufwärtsbeurteilung,
- Auswahl von Trainees oder
- Aufstellung eines Schichtplans.

Zum operativen Personalmanagement gehört wegen des unmittelbaren Mitarbeiterbezugs auch die Administration. Die beginnt bei der vertragstechnischen Realisation des Arbeitsverhältnisses und geht bis zur Pensionierungsfeier.

Operative Ebene: mehr als „nur“ Administration

Üblicherweise gilt die Kurzfristigkeit als ein zentrales Merkmal für die operative Ebene. Dies trifft im Prinzip auch für das Personalmanagement zu, beispielsweise wenn man an die Formulierung einer Stellenanzeige oder an das Führen eines Kritikgespräches denkt. Trotzdem initiiert die Personalarbeit häufig Maßnahmen, die durchaus einen langen Zeithorizont implizieren. So kann beispielsweise der Abschluss eines Arbeitsvertrages durchaus mehr sein, als eine Aktion mit kurzfristiger Bindungsdauer. Gleiches gilt für die Personalentwicklung: Auch wenn die Festlegung des Karrierepfades für einen einzelnen Mitarbeiter einen langfristigen Charakter besitzt, ist sie dennoch als eine operative Maßnahme anzusehen.

Operative Ebene: mehr als „nur“ kurzfristig

In Zeiten der Digitalisierung könnte man annehmen, dass die operative Ebene durchgehend automatisiert werden könnte. Für diese These gibt es klare Argumente:

- Operative Prozesse wie die Durchführung der Entlohnung können automatisiert werden.
- Zeitaufwändige Prozesse wie die Schichtplanung können automatisiert werden.
- Kommunikationsabläufe lassen sich automatisieren und durch Chatbots ersetzen.
- Die Speicherung von Information lässt sich automatisieren, wie beispielsweise die automatisierte Übertragung der relevanten Informationen aus einem Feedbackgespräch.

Operative Ebene: mehr als „nur“ Automation

Gleichzeitig lassen sich auch Gegenargumente auflisten:

- Die Personalabteilung verliert die Kontrolle über die Prozesse.
- Es findet eine dauerhafte Überwachung statt. Auch und unabhängig von der tatsächlichen Nutzung werden kontinuierlich Daten über Mitarbeiter erhoben.
- Bei den automatisierten Prozessen ist unklar, ob die bestmögliche Lösung gefunden wird. Die Personalabteilung kann sich nicht sicher sein, ob der beste Bewerber durch das automatisierte System gefunden wird.
- Eine vollautomatisierte Personalabteilung ist kosten- und zeitintensiv, deshalb nicht für kleine Unternehmen lohnend.
- Die Inflexibilität des Unternehmens nimmt zu, wenn man eine Standardlösung einkauft.

Eine Antwort auf die Frage nach Automatisierung ist kontextabhängig. Aber die Automatisierung bedeutet einen hohen Planungsaufwand, um alle Eventualitäten vorauszuahnen. Gleichzeitig kann es in der Nutzung zu unerwarteten Problemen kommen. Eine vollständige Automatisierung wird weiterhin Personalexperten benötigen, um nachjustieren zu können. Deshalb ist am Ende ein Abwägen notwendig, ob sich eine Automatisierung wirklich lohnt.

Übung 2.3 Erstellen einer Personalplanung

Sie lesen dieses Buch nicht nur zum Spaß, sondern wollen als ersten Schritt in Richtung professionelles Personalmanagement das Personalplanungssystem Ihrer Bäckerei verbessern. Nun überlegen Sie, was die konkreten Schritte zur Entwicklung einer Personalstrategie wären und wie konkrete Personalmanagementaktivitäten auf operativer Ebene aussehen könnten.

2.4 Ausrichtungen im Personalmanagement

Vergleicht man die unterschiedlichen Bücher, die sich mit der Personalarbeit in ihren diversen Facetten beschäftigen, so lassen sich diese zwischen zwei Extremen einordnen:

(1) Auf der *informationsorientierten Seite* findet man Autoren, die Personalmanagement als einen reinen sachlogischen Prozess interpretieren, bei dem der Mensch nur einer von vielen Produktionsfaktoren ist. Hier geht es darum, die Informationsströme zwischen den Akteuren zu optimieren.

(2) Auf der *verhaltensorientierten Seite* findet man dagegen Autoren[64], die sich mit dem Menschen als Individuum beschäftigen und diesen über seine Verhaltensmerkmale zu erfassen beziehungsweise zu steuern versuchen.

Autoren, die eher technisch-formal geprägt sind oder aus der Informatik stammen, zählen primär zur erstgenannten Gruppe, Psychologen und Soziologen eher zur zweiten Gruppe.

Professionelles Personalmanagement geht gleichermaßen informations- wie verhaltensorientiert vor

Professionelles Personalmanagement zeichnet sich dadurch aus, dass es beide Sichtweisen miteinander kombiniert, also gleichermaßen informationsorientiert wie verhaltensorientiert vorgeht.

Informationsorientierung

Informationsorientierung bedeutet Erstellung und Anwendung der datenmäßigen Grundlage personalwirtschaftlicher Entscheidungen. Dies bedeutet eine systematische Auseinandersetzung mit Informationssystemen, die auch – aber nicht ausschließlich – computerbasierte Komponenten enthalten.

Informationsorientierung ist eine Denkhaltung, bei der die zielorientierte Sammlung von Daten im Mittelpunkt steht.[65] Diese der üblichen Betriebswirtschaftslehre nahe stehende Vorgehensweise bedeutet, dass man versucht, mithilfe von Zahlen die realen personalwirtschaftlichen Prozesse abzubilden, um

- die wichtigsten Komponenten und
- die wichtigsten Beziehungen zwischen ihnen

zu erfassen und zeitnah darzustellen.

Auch wenn die Informationsorientierung den verschiedenen Personalmanagementaktivitäten unterschiedlich nahe steht, verlangen doch alle Personalmanagementaktivitäten nach einer soliden informationsorientierten Fundierung.

Alle Personalmanagementaktivitäten verlangen nach solider informationsorientierter Fundierung

Diese Informationsorientierung fällt naturgemäß bei planerischen Aktivitäten, wie der Bedarfskalkulation, leichter als bei einer eher individuell-emotional zu gestaltenden Personalführung. Trotzdem ist Informationsorientierung nicht nur überall möglich, sondern auch nötig, wie folgende Beispiele belegen:

- Bei der *(E)valuation* wird der Personalbestand in seiner zahlenmäßigen (quantitativen) Ausprägung erfasst.
- Bei der *Kalkulation* des Personalbedarfs wird die Summe der Arbeitsstunden errechnet, die zur Produktion der geplanten Stückzahl notwendig ist.
- Bei der *Qualifikation* werden die Entwicklungskosten pro Mitarbeiter erfasst.
- Bei der *Motivation* werden Fluktuationszahlen sowie krankheitsbedingte Fehlzeiten extrahiert und als Indikator für die Motivierungsleistung der jeweiligen Führungskraft verwendet.

Vor allem bei gut strukturierten beziehungsweise häufig wiederholten Aufgabenstellungen bietet sich eine breite Palette personalwirtschaftlicher Software an. Besonders interessant bei dieser Computerunterstützung im Personalmanagement sind zunehmend die Möglichkeiten, die sich aus der Multimedialisierung sowie der zunehmenden Umstellung auf webbasierte Anwendungen entlang der personalwirtschaftlichen Wertschöpfungskette[66] ergeben.[67] So gibt es beispielsweise bei der Personalentwicklung, angefangen von einfachen Systemen zum computerbasierten Training bis zu interaktiven virtuellen Welten, eine faszinierende Fülle von Varianten zur individuellen und gruppenbezogenen Qualifizierung. Noch größer werden die Möglichkeiten, wenn man das allumfassende Internet der Dinge ins Spiel bringt. Die Digitalisierung mit Algorithmen, Big Data und künstlicher Intelligenz ermöglichen grundlegende Veränderungen im Personalmanagement. Algorithmen können genutzt werden, um vorhandene Informationen zu filtern und viele Prozesse zu automatisieren. Die Nutzung von Big Data ermöglicht es, eine größere Datenmenge auszuwerten und neue sowie unentdeckte Zusammenhänge zu lokalisieren. Dies alles gipfelt in einer künstlichen Intelligenz, die autonom arbeitet und wie ein weiterer Mitarbeiter in der Personalabteilung agieren könnte.

Verhaltensorientierung

Verhaltensorientiert richtet sich Personalmanagement primär an den Bedürfnissen, Motiven und Werten der Mitarbeiter aus. Dies bedeutet nicht, Mitarbeiterinteressen über Unternehmensinteressen zu stellen, wohl aber die Abkehr von technokratischen Ablaufmechanismen. In Zeiten der Digitalisierung ist eine Balance essentiell. Durch die starke technologische Dominanz in der Digitalisierung kann es schnell passieren, dass ein zu extremer Fokus auf Information gelegt wird. Die Daten geben ein umfassendes Bild. Dadurch wird der Mensch schnell zu einer Zahl und wie eine Maschine behandelt. Deshalb ist ein stärkerer Fokus auf den Menschen und sein Verhalten notwendig.

In dem Videospiel Mass Effect 2[68] geht ein Wissenschaftler mit dem Namen Mordin Solus auf das Konzept der sozio-technologischen Balance ein. Hier wird das Augenmerk auf die notwendige Gleichzeitigkeit von technologischem und sozialem Fortschritt gelegt. Ohne eine soziale Notwendigkeit von technologischem Fortschritt kann die Technologie Überhand nehmen und „desaströse" Auswirkungen auf die Gesellschaft haben. Wenn jedoch die Gesellschaft keine technologischen Neuerungen erbringt, wird sie stagnieren.

Auch die Verhaltensorientierung erfordert ein besonderes Augenmerk:

- Bei der *(E)valuation* des Personalbestands beinhaltet dies neben physischen, psychischen und ausbildungsbezogenen Fähigkeitsmerkmalen auch die Beurteilung von Verhalten.
- Bei der *Kalkulation* des Personalbedarfs sind trotz evidenter Messprobleme zentrale Merkmale wie „Kreativität" sowie „Motivierbarkeit" einzubeziehen.
- Bei der *Qualifikation* sind nicht nur mechanische Laufbahnsystematiken zu entwickeln, sondern auch Aspekte der individuellen Entwicklungspsychologie zu berücksichtigen.
- Bei der *Motivation* geht es sowohl um individuelle Anreizsysteme als auch um die Unternehmenskultur als implizites Bewusstsein der Organisation.

Besondere Beachtung findet die Verhaltensorientierung vor allem bei Emotion, Akquisition und Motivation: Gerade hier kommt es darauf an, gegenwärtige beziehungsweise zukünftige Mitarbeiter entsprechend ihrer Persönlichkeits- und Bedürfnisstruktur emotional anzusprechen.

2.5 Ausblick

Das vorliegende Buch basiert auf einem dreidimensionalen Personalmanagement, das nach Aktivitäten, Ebenen und Ausrichtungen differenziert (Abbildung 2.6).

Pro Aktivität genau ein Kapitel

Die Darstellung der verschiedenartigen Aktivitäten im Personalmanagement belegt eindrucksvoll, wie stark der unternehmerische Alltag zwangsläufig mit Personalarbeit gefüllt ist. Viele dieser Aktivitäten fallen „quasi automatisch" an: So hat jedes Unternehmen – ob groß oder klein – zwangsläufig irgendeine Form von Personalakquisition. Dies bedeutet aber nicht, dass diese Aktivitäten auch professionell, im Sinne von maximaler Effizienz und Effektivität, realisiert werden. Um hier die zentralen Punkte anzusprechen, widmet dieses Buch nachfolgend jeder Aktivität ein eigenes Kapitel.

Abbildung 2.6: Dreidimensionales Personalmanagement

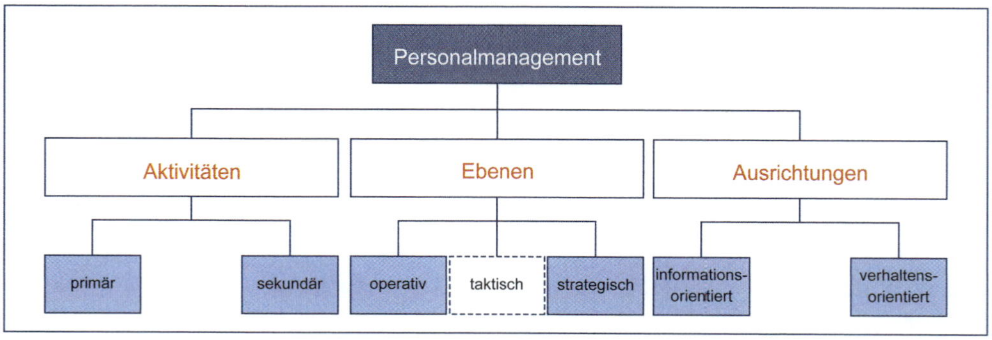

Interessant am Personalmanagement ist, dass es mit der strategischen und operativen Ebene zwei konzeptionell und inhaltlich unterschiedliche Gestaltungsbereiche gibt, denen sich Unternehmen annehmen können und müssen. Beide Ebenen haben eigenständige Inhalte und einen eigenen Professionalisierungsanspruch.

Proaktivität strategisch und operativ anstatt Fokus des Buches operative Ebene

Die Ausrichtung des Personalmanagements als informationsorientiert und verhaltensorientiert macht deutlich, dass Personalmanagement sowohl eine sachlogische Aktivität ist, in der die Kenntnis über relevante Informationen und Kennzahlen eine wichtige Rolle spielt, aber auch die Tatsache berücksichtigt, dass Personalmanagement viel mit Menschen zu tun hat, also mit Bedürfnissen, Motiven und Werten der Mitarbeiter.

Die in diesem Kapitel diskutierte Differenzierung nach Aktivitäten und Ebenen ändert nichts daran, dass alle Aktivitäten im Sinne einer Prozesskette aufzubauen und miteinander zu verzahnen sind. Eng damit verbunden ist die Frage, wie die Personalarbeit organisiert wird und wo die Verantwortung für die jeweiligen Aufgaben liegt. Auf diese Frage geht das nächste Kapitel ein.

Wertbeitrag von HR: Man sieht nur, was man weiß

„Die Arbeitswelt hat sich also massiv gewandelt. Unternehmen werden in einer solchen Umgebung nur erfolgreich sein, wenn sie auf einen starken HR-Partner setzen und dessen Wertbeitrag nutzen. Denn: Alle qualifizierten Fachkräfte und erst recht die Führungskräfte, die sich in dieser neuen Arbeitswelt bewegen, müssen mehr können und gleichzeitig einen besseren Überblick haben als früher. Das gilt auch für HR-Mitarbeiter. Die Arbeit im HR-Bereich hat nichts mehr mit dem administrativen Job zu tun, wie er es noch vor fünf Jahren war.

HR ist daher eine strategische Aufgabe, die proaktiv die Zukunftsfähigkeit von Unternehmen sichert. In den vergangenen 20 Jahren stand bei der Arbeit von HR meist im Fokus, Kosten zu sparen und Prozesse zu optimieren. Diese Aufgaben sind heute gelöst. HR-Profis haben ihr Skill-Set justiert, sie können die neuen Aufgaben nicht nur effizient, sondern vielmehr effektiv bewältigen. Nun ist es an der Zeit, dass HR-Mitarbeiter den nächsten Schritt gehen und den Blick der Unternehmensentscheider aktiv lenken. Auf sich selbst und ihre Arbeit. Sie müssen mit ihnen genauso aktiv kommunizieren wie mit den Fachkräften, die sie als Mitarbeiter gewinnen wollen. Sie müssen ihren Wertbeitrag herausstellen und damit die Rolle von HR als strategischen Partner des Managements definieren. Denn wenn die CEOs und CFOs um diesen Wertbeitrag wissen, können sie ihn auch sehen."

Heidi Stopper, ehemaliger Vorstand Human Resources ProSiebenSat.1 Media AG

Aufgaben und Fragen zur Selbstüberprüfung

1. Zeichnen Sie das Regelkreisprinzip und erklären Sie es mit einem personalwirtschaftlichen Beispiel!
2. „Qualifikation zählt zu den primären Aktivitäten in der personalwirtschaftlichen Wertschöpfungskette." Erklären Sie diese Aussage!
3. Wie wird eine Personalstrategie formuliert?
4. Womit befasst sich die strategische Ebene und worauf liegt der Blick in der operativen Ebene?
5. Erläutern Sie, welche Ausrichtungen es im Personalmanagement gibt?

Endnoten

47 *Michael Page* 2015.

48 *2b AHEAD tomorrowing your business* 2017.

49 *Kienbaum/DGFP e. V.* 2017.

50 vgl. *Niemeyer* 1977, 2.

51 *Niemeyer* 1977, 32.

52 *Kowalski* 2011.

53 *Priestly* 2015, 29.

54 vgl. *Oechsler* 2006; *Berthel/Becker* 2007; *Drumm* 2008.

55 vgl. *Scholz* 1989a.

56 vgl. *Chambers et al.* 1998; *von der Oelsnitz/Stein/Hahmann* 2007; *Ready/Conger* 2007.

57 vgl. zum Beispiel *Scholz* 1989a.

58 vgl. *Drumm* 2008; *Berthel/Becker* 2007.

59 vgl. *Kleiman* 2000, 51–71.

60 vgl. *Scholz* 1987, 32–42; *Scholz* 2000b, 47–54.

61 vgl. *Thompson/Strickland* 1995, 11; *Welge/Al-Laham* 1999, 96.

62 *Perlmutter* 1965.

63 *Scholz* 2000a, 99.

64 vgl. *McGregor* 1960; *Schein* 1980; *Drumm* 2008, 13–22.

65 vgl. *Scholz* 2000a, 129–132.

66 vgl. *Scholz* 2003b.

67 vgl. *Scholz/Gutmann* 2003.

68 *Bioware* 2010.

Organisation: Wie ist die Personalarbeit auf personalwirtschaftliche Akteure zu verteilen?

3

Inhalt

Fakten

In 54 % der Unternehmen ist ein Vertreter des HR-Managements im obersten Führungsgremium, der sich ausschließlich mit HR-Fragen beschäftigt.[69]

In 60 % der Unternehmen beträgt die Betreuungsquote pro HR-Mitarbeiter zwischen 20 und 99 Mitarbeiter.[70]

Mit 51 % ist die funktionale Organisationsform weiterhin weit verbreitet in deutschen Unternehmen.[71]

Lernziele

- Sie erfahren, welche Formen der Personalarbeit kombinierbar sind.
- Sie erleben die Organisationsformen der Personalarbeit.
- Sie wissen, welches die grundlegenden gesetzlichen Rahmenbedingungen für die Personalarbeit sind.
- Sie verstehen den strukturellen Rahmen einer Personalabteilung.
- Sie lernen die verschiedenen Center-Modelle kennen.

3.1 Überblick

Personalmanagement findet – unabhängig von der Unternehmensgröße – nicht irgendwie und/oder zufällig statt, sondern muss in einen strukturellen Rahmen gebracht (Abschnitt 3.2) und mit einer Regelung für die Zuständigkeiten verbunden werden (Abschnitt 3.3). Zudem müssen die Struktur der Personalabteilung als Organisationseinheit festgelegt werden (Abschnitt 3.4) beziehungsweise der Aufgabenbereich der für die Personalarbeit verantwortlichen Mitarbeiter definiert werden. Neben diesen zentralen, konstituierenden Fragen der Organisation des Personalmanagements und der Personalarbeit gibt es einen weiteren wichtigen Faktor, der berücksichtigt werden muss: Personalmanagement hat immer auch etwas mit rechtlichen Fragestellungen zu tun. Diese spannen sowohl Möglichkeiten, aber auch Grenzen des Handelns von Unternehmen in ihrem Umgang mit den Mitarbeitern insgesamt auf. Zumindest einige Grundlagen zu diesen rechtlichen Fragen sollte ein Personalmanager kennen (Abschnitt 3.5) sowie den digitalen Rahmen (Abschnitt 3.6).

3.2 Positionierung: Einordnung der Personalabteilung

Befasst man sich mit der Organisation des Personalmanagements und dabei vor allem mit der Organisation der Personalabteilung[72], so läuft dies zum einen immer auf allgemein verwendete Parameter wie den Zentralisierungsgrad hinaus. Zum anderen gibt es aber auch ein spezielles Modell, das den Kooperationsgrad beschreibt.

Der Fokus auf die Organisation der Personalarbeit ist noch jung

„Die Organisation der Personalwirtschaft mit Verteilung personalwirtschaftlicher Aufgaben auf verschiedene Stellen und Abteilungen in der Unternehmung ist für mindestens drei Jahrzehnte ein „Unproblem" der Personalwirtschaft gewesen. Weder Theorie noch Praxis haben diesem Feld organisatorischer Tätigkeit nennenswerte Aufmerksamkeit gewidmet. Erst seit dem Beginn der 90er Jahre ist unter dem Einfluss von Ideen des Lean Management und der neuen Dezentralisation das Problem der Organisation personalwirtschaftlicher Aufgaben revitalisiert worden.

Die Revitalisierungsdebatte ist zwar nicht gerade durch theoretische Analysen des Organisationsproblems, wohl aber durch pragmatische Lösungen und neue Kunstlehren geprägt worden. In dieser Debatte konkurrieren miteinander zentrale und variantenreiche dezentrale Modelle, Dienstleistungszentren einschließlich Marktmodelle, virtuelle Lösungen sowie der partielle Verzicht auf die Wahrnehmung personalwirtschaftlicher Aufgaben durch deren Outsourcing. Vereinzelt ist aus der Praxis sogar die Absicht geäußert worden, Personalwirtschaft als Funktion völlig abzuschaffen – eine wahrlich törichte Idee [...]".[73]

Univ.-Prof. Dr. Hans J. Drumm (1937–2018; Professor für Personalwirtschaft)

Zentralisierungsgrad

Zentral versus dezentral

Der klassische Strukturierungsparameter von Organisationen ist ihr Zentralisierungsgrad. Dies führt als strukturelle Dimension zu der Frage, ob die Personalabteilung zentral oder dezentral organisiert wird:

- Bei einer *zentralen* Lösung gibt es ein einziges Personalressort als Ansprechpartner für alle Mitarbeiter, Führungskräfte und Unternehmensleitung.
- Bei einer *dezentralen* Lösung gibt es mehrere, hierarchisch gestaffelte Personalabteilungen beziehungsweise Personalreferenten als personalwirtschaftliche Kontaktstellen.

Zentrale oder dezentrale Personalarbeit sagt aber noch nichts über den Umfang der Tätigkeiten aus, die in der Personalabteilung beziehungsweise ihren Untereinheiten stattfinden: Vielmehr geht es lediglich um die organisatorische Gliederung (Abbildung 3.1).

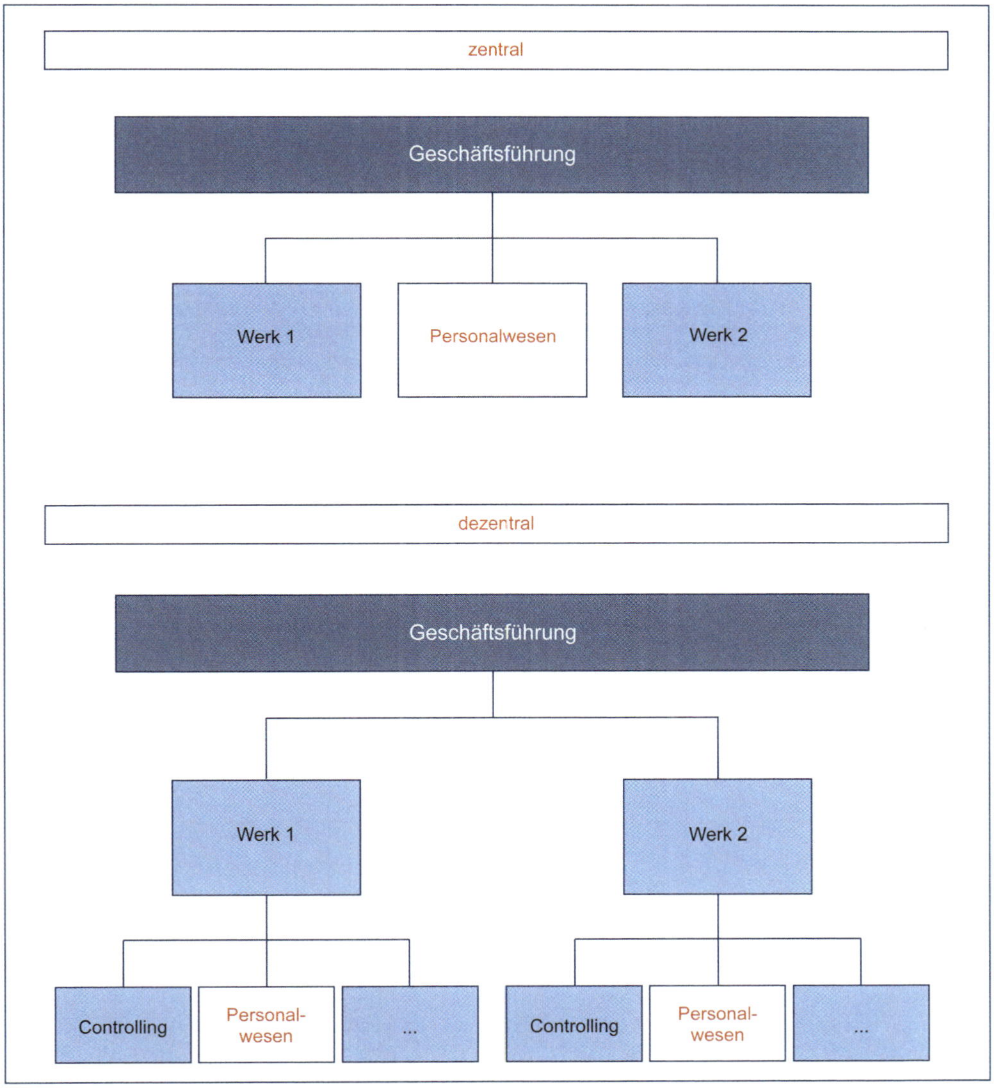

Abbildung 3.1: Zentrale versus dezentrale Organisation

Kooperationsgrad

Ein zweiter Strukturparameter macht als inhaltliche Dimension Aussagen darüber, wie die fachliche Kompetenz verteilt ist. Die Entscheidung lautet hier exklusiv versus kooperativ:

Exklusiv versus kooperativ

- Bei einer als *exklusiv* bezeichneten Organisationsform findet Personalarbeit weitgehend in der Personalabteilung statt und zwar egal, ob diese zentral oder dezentral organisiert ist. Sie löst Fragen der Personalbedarfskalkulation, realisiert Personalakquisition und -qualifikation und übernimmt wichtige Funktionen der Personaldirektion und Personalreduktion.
- Im Gegensatz dazu findet bei der als *kooperativ* bezeichneten Variante eine bewusste und sehr weitgehende Verteilung von Aufgaben auf alle Akteure der Personalarbeit statt, also auch die Führungskräfte. Somit wirken in einem arbeitsteiligen Prozess verschiedene Stellen bei der Personalarbeit mit.

Diese inhaltliche Spezifizierung der Personalorganisation bezieht sich somit auf das exklusiv vorhandene oder nicht vorhandene (Wissens-)Monopol der Personalabteilung (Abbildung 3.2).

Abbildung 3.2: Exklusive versus kooperative Organisation

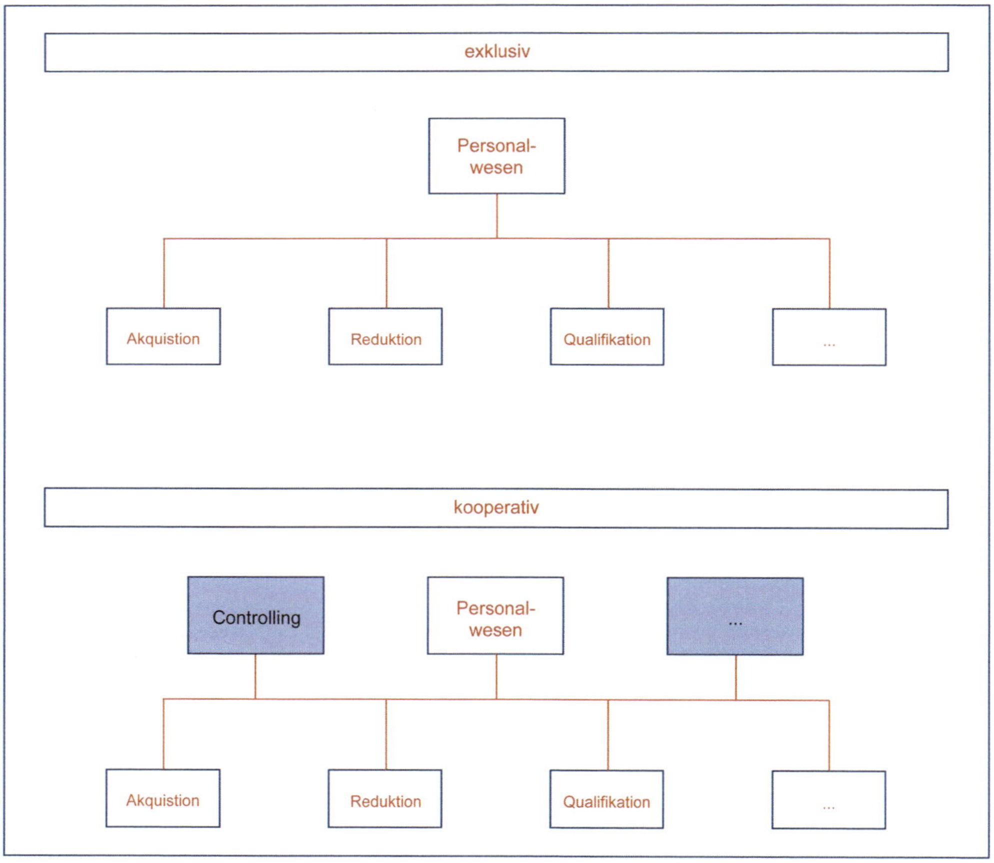

Kombinationsformen

Führt man die strukturelle Dimension mit der inhaltlichen Dimension zusammen, so ergeben sich daraus vier Varianten für die Organisation der Personalarbeit (Abbildung 3.3):

(1) Diese Form der Personalorganisation verbindet *Zentralismus* mit *Exklusivität*. Hier dominiert eine umfassend ausgestaltete Personalabteilung. Sie hat Anweisungsrechte und ist Anlaufstelle für personalwirtschaftliche Fragen jeglicher Art (Universalkompetenz).

(2) Dieses Wissensmonopol bleibt auch bei der *Dezentralisierung* erhalten, allerdings verbunden mit „Satelliten“ der Personalzentrale, die als lokale Personalreferenten auf die anderen Bereiche verteilt sind.

(3) Die *Dezentralisierung* kann auch mit einer *kooperativen Lösung* verbunden werden, bei der die personalwirtschaftlichen Aufgaben zwischen verschiedenen Akteuren (zum Beispiel zwischen Personaleinheiten und Führungskräften) aufgeteilt werden.

(4) Auch die *Zentralisierung* kann mit der *kooperativen Lösung* einhergehen. Die Personalabteilung wird zur steuernden Einheit und die Führungskräfte vor Ort übernehmen jeweils für ihre Mitarbeiter die operative Personalarbeit.

Eine tendenziell starke Rolle spielt die Personalabteilung, wenn man kooperative Lösungen mit einer zentralen Organisationsform kombiniert, was die Chance zu einer offensiven Personalstrategie im Organisationsmodell der Zukunft eröffnet.

Personalabteilung der Zukunft ist zentral und kooperativ

Zwischen diesen vier Varianten liegt zumindest tendenziell ein historischer Entwicklungspfad: Danach befinden wir uns heute im Stadium (3), allerdings mit der Tendenz zum Übergang in Zelle (4).

Abbildung 3.3: Einordnung der Personalabteilung[74]

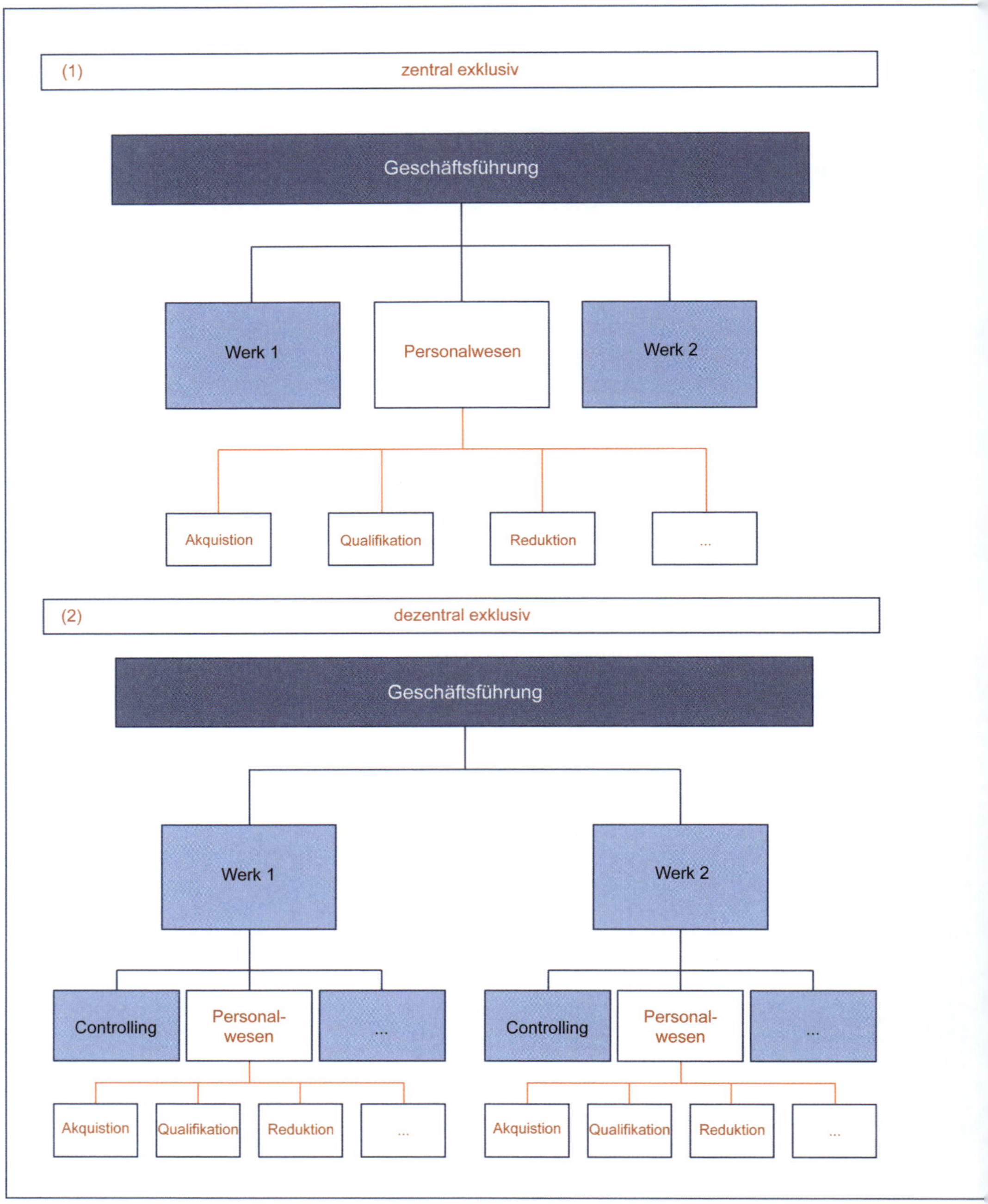

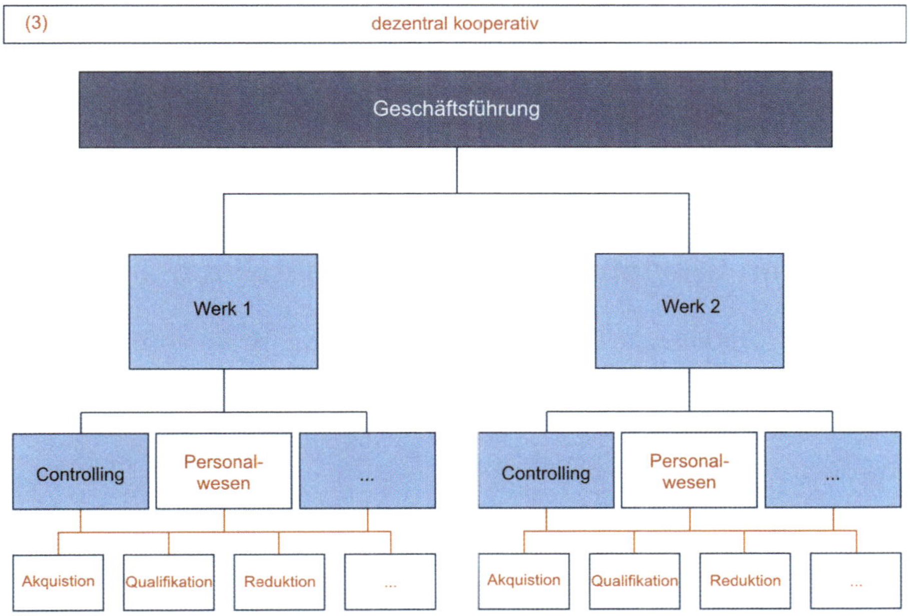
(3)
dezentral kooperativ
Geschäftsführung
Werk 1
Werk 2
Controlling
Personal-
wesen
...
Controlling
Personal-
wesen
...
Akquistion
Qualifikation
Reduktion
...
Akquistion
Qualifikation
Reduktion
...

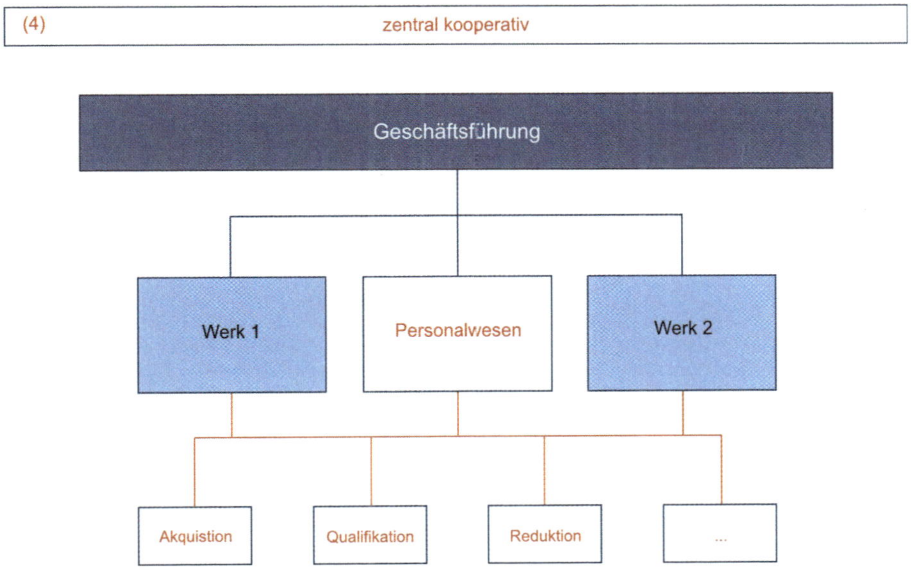
(4)
zentral kooperativ
Geschäftsführung
Werk 1
Personalwesen
Werk 2
Akquistion
Qualifikation
Reduktion
...

Übung 3.1

Anwendung der Organisationsformen der Personalarbeit

Erdbeerkuchen boomt, und mit ihm Ihre Bäckerei! Deswegen haben Sie sich als Kapitalanlage inzwischen 172 weitere Bäckereien dazugekauft und planen, vielleicht sogar an die Börse zu gehen. Zuvor wollen Sie aber die Personalarbeit neu organisieren. Sie überlegen sich: Wie sehen die vier allgemeinen Organisationsformen der Personalarbeit für Ihre 173 Bäckereien aus?

3.3 Struktur: Gliederung der Personalabteilung

Nachdem über Fragen nach Kompetenzverteilung, Kompetenzumfang und Kompetenzinhalt die Zuständigkeiten der personalwirtschaftlichen Aufgaben sowie die Verortung der Organisationseinheit Personalabteilung festgelegt beziehungsweise identifiziert werden können, stellt sich die Frage nach der inneren Organisation und Strukturierung der Personalabteilung.

Funktionalorganisation

Funktionalorganisation: Gliederung der Personalabteilung entlang der Personalmanagementfelder

Wird die Personalabteilung über eine Funktionalstruktur organisiert, entsprechen die einzelnen Funktionen, die unter der Personalleitung angesiedelt werden, in der Regel weitestgehend den Feldern des Personalmanagements (Abbildung 3.4), also letztlich explizit oder implizit den personalwirtschaftlichen Aktivitätsfeldern.

Abbildung 3.4: Funktional organisierte Personalabteilung

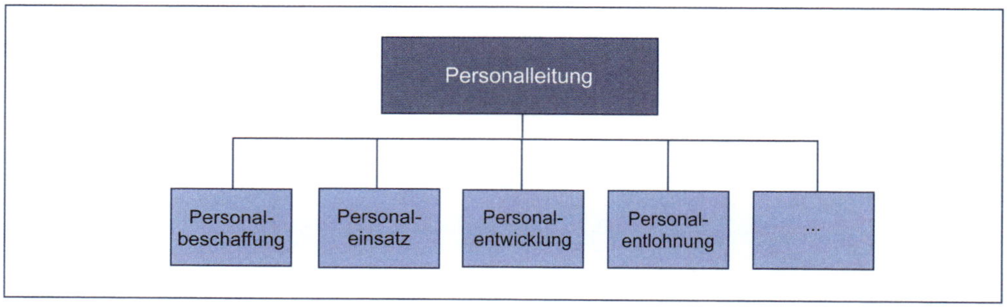

Hinter dieser Variante der Organisation steht das Ziel der Spezialisierung: Wird eine Funktionalorganisation der Personalabteilung vorgenommen, geht man demnach davon aus, dass zur optimalen Ausfüllung der jeweiligen Aufgaben innerhalb der unterschiedlichen Felder spezifische (Fach)Kenntnisse und Fähigkeiten notwendig sind. Die einzelnen Funktionsbereiche sind dann jeweils für das gesamte Unternehmen zuständig.

Vorteile dieser Variante sind die daraus entstehenden Effizienz- und Größenvorteile. Nachteile sind zum einen die möglicherweise schwierigere Koordination zwischen den Funktionen und ein komplexerer Prozess bei der Implementierung einer gemeinsamen Personalstrategie. Zum anderen ist die Betreuungssituation für die einzelnen Mitarbeiter des Unternehmens unübersichtlicher und gegebenenfalls weniger individuell, da für jede Funktion eine andere Person zuständig ist.

Objektorganisation

Objektorganisation: Gliederung der Personalabteilung entlang der Zielgruppen der Personalarbeit

Die Objektorganisation der Personalabteilung gliedert nach Belegschaftsgruppen, Tätigkeitsbereichen oder Abteilungen. Im Ergebnis entstehen dann innerhalb des Personalwesens jeweils kleinere Personalabteilungen beispielsweise für

- Arbeiter, Angestellte, Führungskräfte und Auszubildende oder
- technisches Personal, kaufmännisches Personal und wissenschaftliches Personal.

Ersteres entspricht einer Objektgliederung nach Belegschaftsgruppen, letzteres nach Tätigkeitsgruppen. Ebenso gibt es räumliche Einteilungen nach Abteilungen oder Werken. Zudem sind auch Mischformen dieser Differenzierungen möglich (Abbildung 3.5).

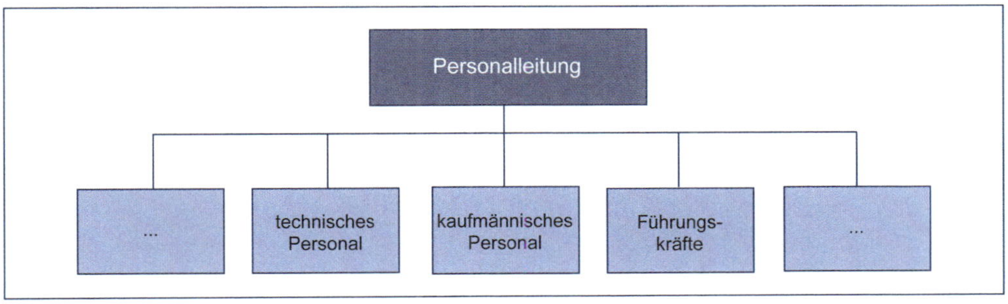

Abbildung 3.5: Objektorganisation der Personalabteilung

Auch diese Variante liefert Spezialisierungsvorteile, allerdings hier in der Fokussierung auf die Bedürfnisse bestimmter Mitarbeitergruppen. Dies führt auch dazu, dass sich die Mitarbeiter des Unternehmens in allen Personalangelegenheiten an die gleiche Stelle wenden können.

Als Nachteile der Objektorientierung ist insbesondere die möglicherweise mangelnde Detailkenntnis in Sachfragen zu nennen, da hier eher funktionale Generalisten zum Einsatz kommen. Ebenfalls muss darauf geachtet werden, dass zumindest bei der Differenzierung nach Tätigkeitsbereichen und Abteilungen keine zu großen Unterschiede zwischen den Mitarbeitergruppen hinsichtlich der Leistungen der Personalabteilungen entstehen, da sonst Unzufriedenheit und Neid infolge von Ungleichbehandlung entstehen könnten.

Die Objektgliederung erhält gegenwärtig Auftrieb durch Überlegungen in Richtung auf ein verstärkt integratives Talentmanagement. Danach sollen Mitarbeiter generell – vor allem aber die vielzitierten und heiß umworbenen „High Potentials“ – im Zuge ihres innerbetrieblichen Werdeganges durch eine einzige Abteilung und möglichst sogar durch die gleiche Person betreut werden. Egal ob Akquisition und Selektion, Motivation und Kompensation: Es ist quasi als Accounter immer der gleiche Personalbetreuer zuständig.

Kombinationsformen

Matrixorganisation: Kombination zweier beliebiger Organisationsdimensionen

Eine in der Unternehmenspraxis sehr häufig anzutreffende Variante der Organisation der Personalabteilung ist die Kombination der Funktional- und Objektorganisation. Oftmals werden zudem an die Personalleitung Stabsstellen für Querschnitts- und Spezialaufgaben angegliedert, beispielsweise für Grundsatzthemen wie Nachhaltigkeit oder Diversity (Abbildung 3.6).

Abbildung 3.6: Funktionale Objektorganisation der Personalabteilung (Matrix)

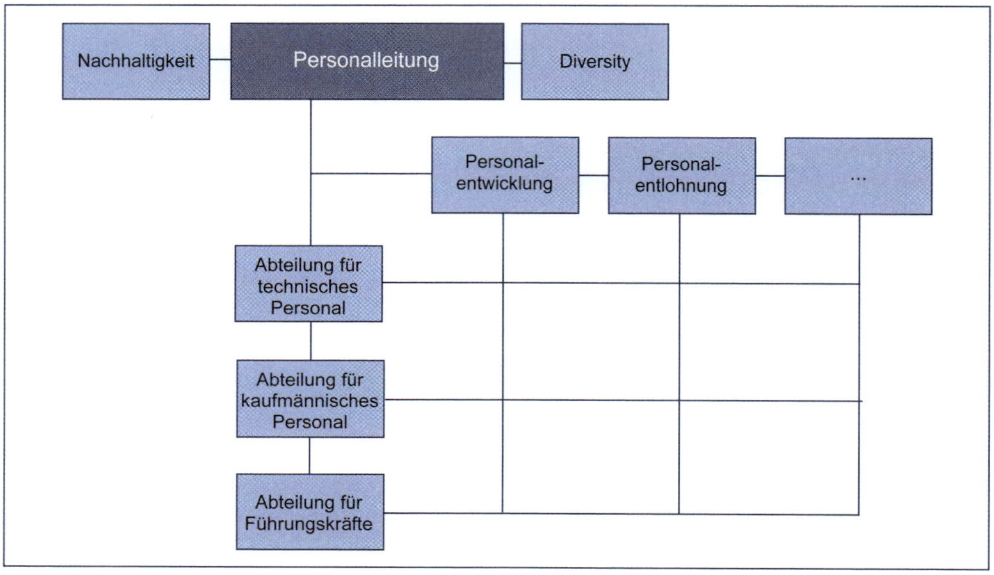

Diese bei großen Konzernen vorfindbare Matrixstruktur produziert unterschiedliche Konstellationen aus Weisungs- und Machtbeziehungen. Gerade aus diesem Grund führen derartig komplexe Strukturen zu erhöhtem Koordinationsaufwand. Zudem kann es aufgrund auseinander gehender Interessen zu Machtkämpfen, Kompetenzstreitigkeiten und letztendlich Beschlussunfähigkeit kommen.

Übung 3.2 Strukturierung der Personalabteilung

Als Chef eines Bäckerei-Imperiums müssen Sie viele Entscheidungen treffen. Daher wägen Sie die Vor- und Nachteile der verschiedenen Varianten der inneren Organisation und Strukturierung Ihrer Personalabteilung ab und entscheiden sich bewusst für eine Variante. Für Ihre Mitarbeiter zeichnen Sie das spezifische Organigramm der inneren Organisationsstruktur der Personalabteilung der Strawberry Cake & Bakeries AG.

3.4 Prozedural: Spezifizierung der Personalarbeit

Die Struktur von Organisationen und damit auch von Unternehmen lässt sich als Organigramm darstellen. Dieses besteht meist aus Kästchen, die Abteilungen und Stellen des Unternehmens symbolisieren, sowie aus Verbindungslinien, die Kommunikationswege und Hierarchiebeziehungen darstellen. Ein solches Organigramm ist relativ schnell gezeichnet und eine vielsagende Aktivität ist auch schnell in ein Kästchen eingetragen. Doch was bedeutet eine Stelle mit der Bezeichnung „Personalentwicklung Führungskräfte" wirklich? Steckt dahinter eine reine buchhalterische Archivierungsfunktion oder eine strategische Richtlinienfunktion? Falls es sich um eine Richtlinienfunktion handelt, ist es lediglich eine unverbindliche Empfehlung oder ein Veto-Recht, wie es sich IT-Abteilungen vieler Unternehmen bei der Beschaffung von Hard- und Software „erkämpft" haben? Derartige Fragen lassen sich durch explizite Center-Modelle beantworten.

Organigramm: grafische Darstellung der Struktur von Unternehmen

Center-Modell: logische Beschreibung der Kompetenzträger

Kompetenzumfang

Der Kompetenzumfang legt fest, welche Befugnisse die Personalabteilung im Unternehmen hat und wofür sie die Verantwortung trägt.

Entsprechend der allgemeinen Autonomiemodelle der Organisationstheorie gibt es für die Personalabteilung drei Varianten:

Kompetenz im Sinne von Befugnis

(1) Die Personalabteilung arbeitet als *Cost-Center* primär mit vorgegebenen Budgets. Cost-Center unterhalten im Regelfall keine direkten Beziehungen zum Absatzmarkt, werden also überwiegend unternehmensintern tätig. Ein „Cost-Center Personal" hat den Vorteil, die Kostenzurechnung sichtbar zu machen, also beispielsweise den Anteil der Personalkosten pro interne Kundengruppe auszuweisen. Problematisch ist dabei allerdings das Lokalisieren sinnvoller Verteilschlüssel. Zudem besteht die Gefahr, die Personalfunktion in ihrem Gesamtzusammenhang zu stark auf Kostengesichtspunkte zu reduzieren.

(2) Bei einer Personalabteilung als *Profit-Center* ergibt sich ihr Budget aus den erbrachten und bewerteten Leistungen. Dies setzt allerdings voraus, dass Leistungsanbieter und Leistungsnachfrager zum einen Zugang zu einem externen Markt haben und zum anderen ohne Liefer- beziehungsweise Bezugszwang operieren dürfen. Das Ergebnis sind klare und aus Marktpreisen abgeleitete Verrechnungspreise. Sie erlauben es der Personalabteilung, einen Leistungskatalog zu erstellen, bei dem jede Leistung mit einem konkreten Preis bewertet wird. Das Führen eines Kritikgespräches hat dann ebenso seinen Preis wie das Schalten einer Stellenanzeige oder die Entgeltabrechnung pro Mitarbeiter und Monat.

(3) Ein *Wertschöpfungs-Center* verbindet die Gewinnerzielung der Personalabteilung mit der nachweisbaren Nutzenschaffung bei den Einheiten, welche die Leistungen abnehmen. Das Wertschöpfungs-Center ist allerdings mehr paradigmatische Vision als konkret realisierbare Organisationsform: Es vereint zwar die Stärken von Profit- und Cost-Center, bietet aber keine Antworten bezüglich der Schwierigkeiten dieser Modelle an. So bleibt insbesondere offen, wie man den Wertschöpfungsbeitrag bestimmen kann.

Der Vergleich von Cost-Center, Profit-Center und Wertschöpfungs-Center (Tabelle 3.1) zeigt, dass es hinsichtlich des Kompetenzumfangs keine grundsätzlich „überlegene" Organisationsform gibt.

	Hauptziel	Voraussetzung	Effekte	Bewertung
Cost-Center	Kostentransparenz und Kostenminimierung	transparente Vergleichsmaßstäbe	Kostenkalkulierbarkeit (+) Übersichtlichkeit (+) Reduktion auf Kostengesichtspunkte (–)	Eignung für kleinere und mittlere Unternehmen
Profit-Center	monetäre Steuerung nach den Gesetzen des Marktes	Ermittelbarkeit der Kosten und Erlöse, Vermeidung einer kurzfristigen Gewinnmaximierungsmentalität	äußerst effiziente Lösung (+) ist an das konsequente Einhalten der Grundprinzipien von Profit-Centern gebunden (–)	Eignung für eher größere Unternehmen
Wertschöpfungs-Center	Konzentration auf die wertschöpfenden Aktivitäten	Ermittelbarkeit der Kosten und Erlöse, Bestimmung der gesamten Wertschöpfungskette	umfassende Lösung (+) gerät leicht in die Nähe einer vagen Absichtserklärung (–)	Eignung für marktnahe Unternehmen mit unmittelbarer Wertschöpfungsdefinition durch Kunden

Tabelle 3.1: Center-Modelle für Personalbefugnisse

Übung 3.3 Vergleichen der Center-Modelle

Der Börsengang ist geglückt und Sie sind nun Chef der Strawberry Cake & Bakeries AG. Noch vor dem Börsengang haben Sie sich für eine zentrale, exklusive Personalabteilung entschieden. Nun rätseln Sie: Was ist in diesem Fall der zentrale Unterschied zwischen der Realisation als Profit- beziehungsweise als Cost-Center und was wäre in diesem Fall die optimale Lösung?

Kompetenzinhalt

Kompetenz im Sinne von Befähigung

Im Hinblick auf den Leistungsaspekt kann für jede Personalabteilung eine zentrale inhaltliche Idee in den Vordergrund gestellt werden, die das Selbstverständnis der Abteilung prägt. So kann die Personalabteilung

- die Personalstrategie bestimmen und dabei Themen wie die generelle Stärkung der Beschäftigungsfähigkeit der Mitarbeiter oder die langfristige Entwicklungsstrategie für Kernkompetenzträger in den Mittelpunkt des Interesses rücken (*Strategie-Center*),
- für den Aufbau und Erhalt des unternehmerischen Wissens verantwortlich sein (*Intelligenz-Center*),
- sich mit dem Stabilisieren des bestehenden Unternehmenskerns, dem Initiieren von Kulturimpulsen und letztlich dem bewussten Gestalten einer spezifischen Erfolgskultur befassen (*Kultur-Center*),

- Die Digitalisierung im Unternehmen vorantreiben, jedoch den Fokus auf die menschliche Perspektive legen (*Digitalisierungscenter*)
- Dienste für das Unternehmen in den Vordergrund stellen, also beispielsweise als Dienstleistungscenter Aufgaben wie Entgeltabwicklung erfüllen oder als Koordinationscenter Teilpläne aus verschiedenen Bereichen zusammenführen (*Service-Center*),
- prozessgerichtet nach ständiger und systemischer Verbesserung der Personalarbeit streben (*Qualitäts-Center*) oder
- Linienführungskräfte beispielsweise als Personalreferent in der Personalarbeit unterstützen (*Beratungs-Center*).

Diese Optionen (Tabelle 3.2) schließen sich nicht aus, weil einer Personalabteilung gleichzeitig mehrere Aufgaben zugeordnet werden können.

	Hauptziel	Voraussetzung	Effekte	Bewertung
Strategie-Center	strategische Richtung von oben, ansonsten Arbeit immer vor Ort	motivierte Mitarbeiter, Realitätsnähe der Vorgaben	lokale Autonomie plus globale Perspektive (+) bei stark unterschiedlichen Einheiten wird eine einheitliche Strategie schwierig (–)	Eignung für die dynamische Umwelt sowie für größere Unternehmen
Intelligenz-Center	Koordination, Information, Innovation und Wissensgenerierung	Transparenz der Informationskanäle	Aufbau der Strukturierung einer erfolgssichernden Wissensbasis (+) hohe Komplexität (–) hohe Anforderung an die Qualifikation der Mitarbeiter im Personalbereich (–)	Eignung für alle Unternehmen, auch Unternehmen in Veränderungsprozessen
Kultur-Center	Kulturmanagement, Sinnvermittlung	hohe Kultursensibilität der Mitarbeiter in der Personalabteilung	weiches Personalmanagement (+) zu geringe Hardfact-Orientierung (–)	Eignung für Unternehmen in Veränderungsprozessen
Digitalisierungs-Center	Die humane Digitalisierung des Unternehmens	Digitalisierung ist vorwiegend eine Personalaufgabe und keine technische IT-Aufgabe	Schaffung neuartiger Wettbewerbsvorteile (+) Überforderung und Verlust des Fokus (-)	Eignung für alle Unternehmen
Service-Center	Erbringen einer klar definierten Dienstleistung	klare Leistungsdefinition und Rollenzuweisung	hohe Kundenorientierung (+) zu geringe Hardfact-Orientierung (–)	Eignung für Unternehmen in Veränderungsprozessen
Qualitäts-Center	ständige Verbesserung der Personalmanagementaktivitäten	Rollenverständnis: Personalmanagement als Coach für den einzelnen Mitarbeiter	direkter Kontakt zu Kunden (+) schwierige Messung von Qualität (–)	Eignung für alle Unternehmen
Beratungs-Center	(spezialisierte) Personalexperten als Kompetenzverstärker	fachliche Unterstützung in der Linie, ausreichend große Einheiten, vernetzte EDV-Technologie	engmaschiges Aktivitätsnetz (+) hoher Aufwand (–) Kompetenzüberschneidung (–)	Eignung eher für große Unternehmen

Tabelle 3.2: Center-Modelle für Arbeitsinhalte

Die entsprechenden Leistungen der Center-Modelle für Arbeitsinhalte werden bei Anwendung des zentralen Modells über das zentrale Budget, im dezentralen Modell über die Kostenstelle der abnehmenden Einheit abgerechnet.

Kombinationsformen

Organisatorische Vielfalt durch kombinierbare Center-Modelle

Einige Zuordnungen sind mehr und andere weniger plausibel: So kann man ein Strategie-Center sicherlich nicht als reines Profit-Center organisieren, weil die Aufgabe dieses Centers nicht darin liegen kann, möglichst viel Gewinn für diese Organisationseinrichtung anzustreben. Auf der anderen Seite kann das Service-Center „Lohnabrechnung" bei einem gegebenen Service-Level durchaus als Profit-Center versuchen, auch über externe Kunden Gewinne durch niedrige Kosten und entsprechende Erträge zu machen.

Kompetenz4HR

Das konsequente Ausrichten an Kompetenzen führt zu einer weitergehenden Konkretisierung der verschiedenen Rollen, die die Personalabteilung als „Business Partner" an der Schnittstelle zu Nicht-Personalfunktionen wahrnehmen kann.[75] Folgt man hier einer konsequenten Umsetzung von

- Kompetenz als Befugnis und
- Kompetenz als Befähigung,

so führt dies zu vier kompetenzbasierten Rollen (Abbildung 3.7):

Abbildung 3.7: Die Kompetenz4HR-Matrix

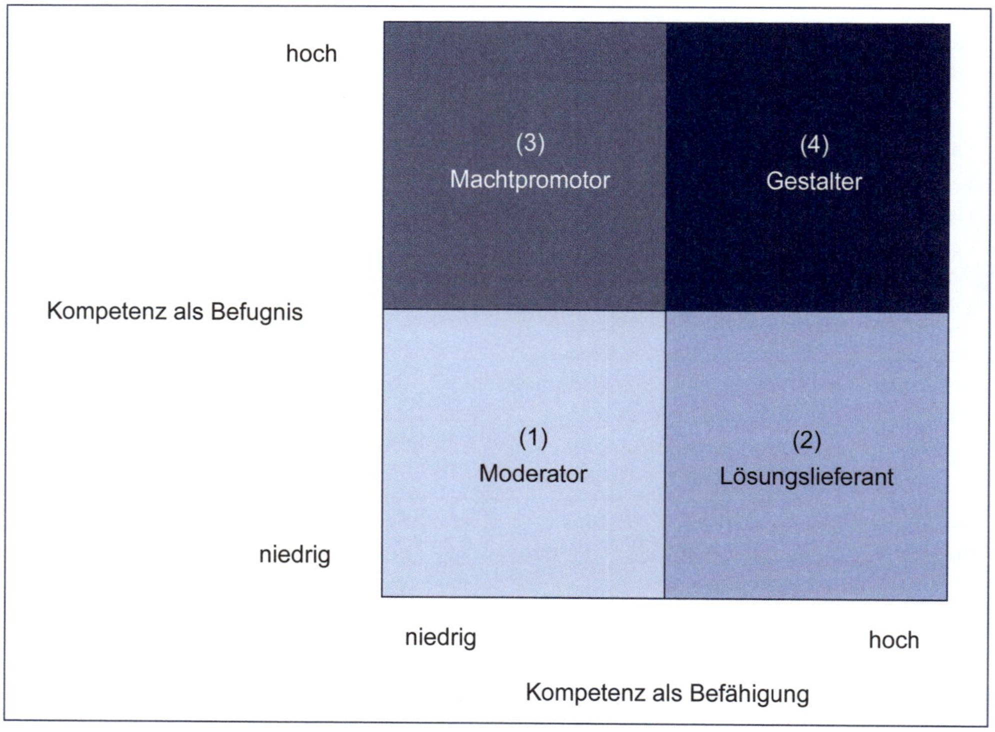

(1) Als Moderator bringt der Business Partner unterschiedliche Gruppen an einen Tisch und fördert die Kommunikation.
(2) Als Lösungslieferant produziert er Antworten auf vorgegebene Fragen, ohne aber über ihre Umsetzung zu entscheiden.
(3) Als Machtpromotor nimmt er sich strategischen Themen an, schafft Bewusstsein und forciert Umsetzung.
(4) Als Gestalter entwickelt er eigenständig Ideen und sorgt über Richtlinienkompetenz sowie Vetorecht für die Umsetzung.

Grundsätzlich sind alle vier Rollen richtig und erforderlich, setzen aber einheitliches Rollenverständnis voraus.

3.5 Rechtlich: Reglementierung der Personalarbeit

Eine Vielzahl an Gesetzen und Verordnungen steckt den rechtlichen Rahmen der Personalarbeit ab. Diese prägen insbesondere die tägliche (operative) Personalarbeit. Wird hier etwas übersehen, kann dies zu massiven (und damit meist teuren) Problemen für das Unternehmen führen.

Zentral ist dabei das weite Feld des Arbeitsrechts, das die Beziehungen zwischen den Beteiligten eines abhängigen Arbeitsverhältnisses regelt. Innerhalb des Arbeitsrechts wird zwischen den Bereichen des individuellen Arbeitsrechts und des kollektiven Arbeitsrechts differenziert. Dabei regelt das individuelle Arbeitsrecht die Einzelbeziehungen zwischen Arbeitnehmern und Arbeitgebern. Das kollektive Arbeitsrecht bezieht sich auf Rechtsfragen zwischen den Sozialpartnern (Abbildung 3.8):

- Gewerkschaften vertreten die Interessen der Arbeitnehmer als ihre Mitglieder und treten als Verhandlungspartner bei den Arbeitgeberverbänden auf. Die Interessen beziehen sich vor allem auf die kollektive Gestaltung der Arbeitsbedingungen.
- Arbeitgeberverbände vertreten die Interessen der Arbeitgeber als ihre Mitglieder und treten analog als Verhandlungspartner gegenüber den Gewerkschaften auf.
- Arbeitgeber und Arbeitnehmer stehen durch einen privatrechtlichen Vertrag (Arbeitsvertrag) in einem Rechtsverhältnis, zu dem die Erfüllung von beiderseitigen Rechten und Pflichten zählt.
- Arbeitnehmer lassen sich weiterhin aufteilen in Angestellte und Arbeiter. Angestellte leisten überwiegend geistige Tätigkeiten (Büroarbeiten); Arbeiter eher körperliche Arbeiten (Produktionasarbeit).
- Bei den Angestellten unterscheidet man zwischen leitenden und nicht-leitenden Angestellten. Leitende Angestellte sind in der Regel mit Arbeitgeberfunktionen betraute Personen. Ihre Interessen werden im Sprechausschuss vertreten.
- Die Interessenvertretung der Arbeiter sowie der nicht-leitenden Angestellten gegenüber dem Arbeitgeber werden vom Betriebsrat wahrgenommen.

In den nachfolgenden Abschnitten werden diese Rechtsbereiche kurz skizziert, wobei allerdings darauf hinzuweisen ist, dass diese Ausführungen lediglich den ersten Einstieg in eine überaus komplexe Materie darstellen.

Abbildung 3.8:
Der rechtliche Rahmen für das Personalmanagement

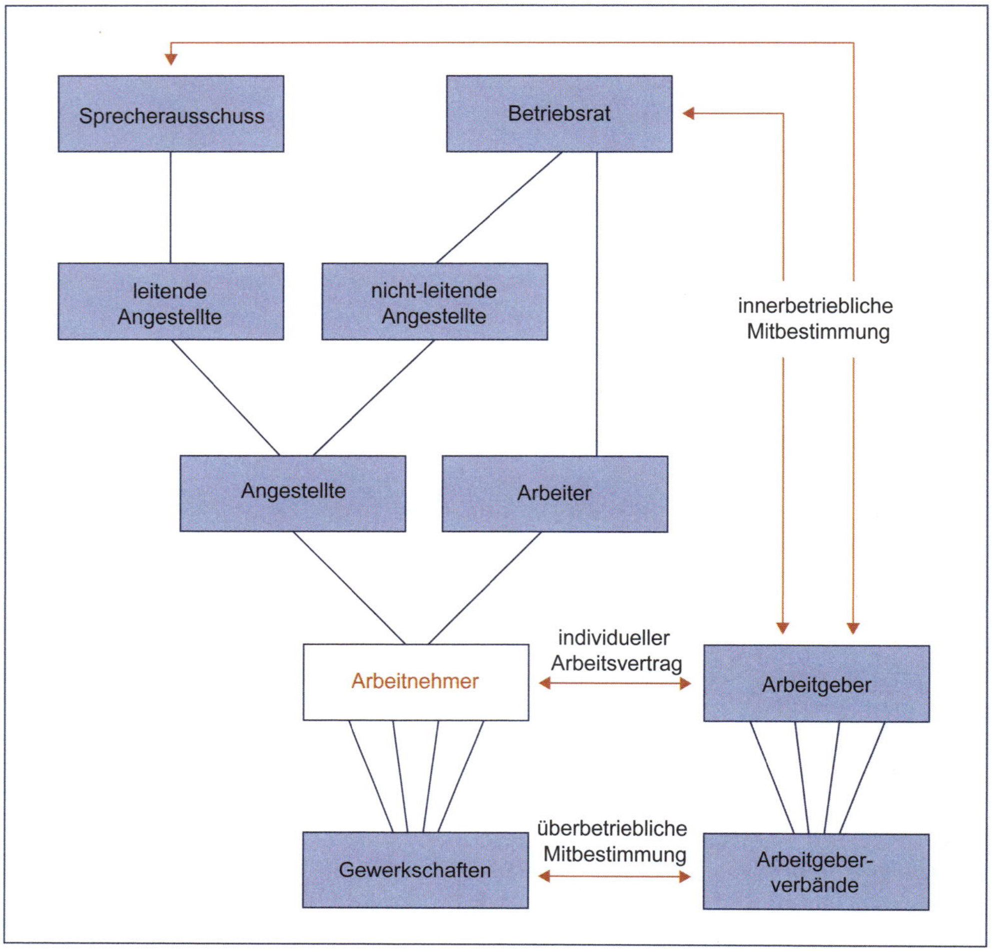

Individuelles Arbeitsrecht

Individuelles Arbeitsrecht: Regelung der Beziehungen zwischen Arbeitnehmer und Arbeitgeber

Für den Arbeitnehmer gilt, dass er – über einen privatrechtlichen Vertrag geregelt – Dienste erbringt, und zwar in einer persönlichen Abhängigkeit. Für diese wird er entsprechend entlohnt. Der Arbeitgeber auf der anderen Seite ist eine juristische oder natürliche Person, die mindestens einen Arbeitnehmer beschäftigt. In diesem Arbeitnehmer-Arbeitgeber-Verhältnis werden das Arbeitsvertragsrecht sowie das Arbeitsschutzrecht relevant.

Arbeitnehmer haben Rechte (beispielsweise Lohnzahlung, Gleichbehandlung, Urlaubsgewährung) und Pflichten (beispielsweise Arbeitspflicht, Treuepflicht, Haftungspflicht). Sie alle werden in diversen Gesetzestexten geregelt. Am wichtigsten sind das BGB (Bürgerliches Gesetzbuch), das HGB (Handelsgesetzbuch), die GeWO (Gewerbeordnung) und das BetrVG (Betriebsverfassungsgesetz).

Die Arbeitnehmer werden dabei nach § 5 I BetrVG in
- Arbeiter,
- Angestellte,

– Auszubildende, die im Rahmen einer Berufsausbildung beschäftigt werden und
– Heimarbeiter, die in der Hauptsache für den Betrieb arbeiten

differenziert. Somit gelten als Arbeitnehmer alle Arbeiter oder Angestellten und alle Beschäftigten, auch wenn sie sich in der Berufsausbildung befinden und auch unabhängig davon, ob sie im Betrieb, im Außendienst oder in der Telearbeit beschäftigt werden. Allerdings gibt es eine wichtige Einschränkung: Mitarbeiter, die mit der Wahrnehmung von Arbeitgeberfunktionen betraut sind, gelten als „Leitende Angestellte" und werden nicht vom Betriebsrat vertreten (§ 5 III BetrVG). Arbeitnehmer haben aber selbstverständlich ebenso einen individuellen Arbeitsvertrag wie leitende Angestellte.

Beeindruckend hohe Regelungsdichte

Entsprechend sind entlang der personalwirtschaftlichen Funktionskette juristische Regelungen mit Aussagen über die jeweiligen Rechte und Pflichten relevant:

- Beim Akquisitionsprozess und bei der Selektion gelten selbstverständlich das Grundgesetz (GG) und die Gleichbehandlung mit Diskriminierungsverbot, geregelt über das Gleichbehandlungsgesetz (§ 1 AGG).
- Der Arbeitsvertrag als Begründung des Arbeitsverhältnisses folgt ebenfalls dem BGB: Dieses regelt die aus dem Vertrag entstehenden gegenseitigen Pflichten und Ansprüche, insbesondere die zu erbringende Arbeitsleistung sowie die Vergütung und die Treuepflichten des Arbeitnehmers. Hier finden sich auch Aussagen zur Befristung und zu Probezeiten. Das Arbeitsverhältnis kommt mit dem Abschluss eines Arbeitsvertrages zustande. Die Pflicht zur Leistung der geschuldeten Arbeitsleistung und der Vergütung regelt sich nach § 611 BGB.
- Die Beziehung zur Führungskraft wird teilweise geregelt durch das Betriebsverfassungsgesetz (§ 82 BetrVG). Danach hat der Arbeitnehmer Anhörungs- und Erörterungsrecht in Fragen, die seine Person oder seinen Arbeitsplatz betreffen. Ferner kann er verlangen, dass ihm die Berechnung des Arbeitsentgeltes und die Beurteilung seiner Leistung erläutert werden. Zudem darf er Vorschläge für die Gestaltung des Arbeitsplatzes machen.
- Wichtig ist auch die Personalakte, zu der unter anderem die Bewerbungsunterlagen, der Arbeitsvertrag, Eignungstests und Beurteilungen sowie der Schriftwechsel gehören. Hier hat der Mitarbeiter das Recht, seine Personalakten einzusehen und ihnen schriftliche Erklärungen beizufügen (§ 83 BetrVG).
- Die Kündigung des Arbeitsvertrages erfolgt durch ordentliche oder außerordentliche Kündigung, wobei für erstere dezidierte Kündigungsschutzrechte nach dem Kündigungsschutzgesetz (KSchG) vorgegeben sind. Ansonsten existieren für alle Varianten der Kündigung entsprechende Verfahrensvorschriften.

Zusätzlich gibt es noch eine Reihe weiterer gesetzlicher Regelungen im Hinblick auf die Arbeitszeit (ArbZG), den Arbeitsschutz (ArbSchG) und den Schutz von besonderen Personengruppen wie (werdende) Mütter (MuSchG) und Jugendliche (JArbSchG). Insbesondere wenn es der Wirtschaft und/oder Unternehmen schlecht geht, werden gesetzliche Regelungen relevant. So wird bei kurzfristigem Personalüberhang § 19 KSchG wirksam, wonach Unternehmen bis zu sechs Monate Kurzarbeit anmelden können; bis zu zwölf Monate begrenzt (§ 104 Abs. 1. SGB III), in Ausnahmefällen bis zu 24 Monate (§ 109 Abs. 1 Nr. 2 SGB III). In diesem Fall zahlt das Arbeitsamt bis zu 67 Prozent des regulären Arbeitsentgelts.

Übung 3.4 Auf die Mischung kommt es an

Auch die Belegschaft der Strawberry Cake & Bakeries AG ist inzwischen auf eine beträchtliche Größe gewachsen. Sie überlegen sich daher, wie bei Ihnen das Verhältnis der Anzahl an Arbeitgebern, Angestellten, Auszubildenden und Heimarbeitern realistischerweise aussehen könnte.

Kollektives Arbeitsrecht

Kollektives Arbeitsrecht: Regelung der Rechtsfragen zwischen den Sozialpartnern

In Betrieben, die bestimmte Merkmale (zum Beispiel mindestens fünf ständige wahlberechtigte Arbeitnehmer) aufweisen (§ 1 BetrVG), kann ein Betriebsrat gegründet werden: Er hat ebenfalls spezielle Rechte und Pflichten, die darauf ausgerichtet sind, die Arbeitnehmer gegenüber dem Arbeitgeber zu unterstützen und als Vertretungsorgan entsprechend die Interessen des Arbeitnehmers zu kommunizieren und einzufordern. So gibt es in der betrieblichen Mitbestimmung Rechte, die der Betriebsrat gegenüber dem Arbeitgeber ausüben kann:

- Der Arbeitgeber muss die Arbeitnehmerseite rechtzeitig und umfassend unterrichten (Informationsrecht).
- Der Betriebsrat darf bestimmte Verfahren anzeigen (Vorschlagsrecht).
- Der Betriebsrat muss vor bestimmten Maßnahmen nach seiner Meinung gefragt werden (Anhörungsrecht).
- Der Betriebsrat hat das Recht, bei bestimmten Maßnahmen an Beratungen teilzunehmen (Beratungsrecht).

Weitreichende Mitwirkungs- und Mitbestimmungsrechte des Betriebsrates

Neben diesen Mitwirkungsrechten hat der Betriebsrat auch ein konkretes Mitbestimmungsrecht, kann also über eine Zustimmungsverweigerung oder durch Widerspruch Maßnahmen blockieren.

Jubiläumsveranstaltung zum Mitbestimmungsgesetz

„Aber bei aller Kritik – und das möchte ich hier auch ausdrücklich festhalten – können wir sagen, dass es in Deutschland kaum jemanden gibt, der betriebliche und unternehmerische Mitbestimmung grundsätzlich in Frage stellt. Ich halte das für richtig. Ich sage: Ich gehöre zu denen, die dies nicht in Frage stellen, sondern für eine große Errungenschaft halten."[76]

Dr. Angela Merkel (geb. 1954; Bundeskanzlerin der Bundesrepublik Deutschland)

Wichtig ist gerade bei der operativen Personalarbeit die Zuordnung, welches Recht des Betriebsrats bei welcher Aktivität gilt (§§ 87, 92–105 BetrVG):

- Bei der Personalplanung hat der Arbeitgeber den Betriebsrat über den gegenwärtigen und zukünftigen Personalbedarf und die sich daraus ergebenden personellen Maßnahmen zu unterrichten. Der Betriebsrat kann aber auch seinerseits Vorschläge für die Einführung und Durchführung einer Personalplanung machen.

- Das Aufstellen von Beurteilungsgrundsätzen bei der Personalbeurteilung unterliegt der Zustimmung des Betriebsrats. Hierzu gehören Aufstellung und Gewichtung materieller Merkmale ebenso wie die Festlegung der Verfahren. Bei technischen Einrichtungen, die dazu dienen, das Verhalten oder die Leistung der Arbeitnehmer zu überwachen, hat der Betriebsrat ein erzwingbares Mitbestimmungsrecht.
- Bei der Personalakquisition kann der Betriebsrat verlangen, dass die zu besetzende Stelle intern ausgeschrieben wird. Ebenfalls zustimmungspflichtig sind Personalfragebögen, wozu auch Checklisten gehören. In Betrieben bis zu 1.000 Arbeitnehmern kann der Betriebsrat Richtlinien zur Personalselektion verlangen, auch gegen den Willen des Arbeitgebers.
- Vor jeder personellen Einzelmaßnahme, also Einstellung, Eingruppierung, Umgruppierung und Versetzung, ist der Betriebsrat zu unterrichten, da er unter besonderen Umständen seine Zustimmung zu geplanten Maßnahmen verweigern kann. Ein Beispiel dafür ist der Verstoß gegen eine Auswahlrichtlinie.
- Bei der Personalreduktion hat der Arbeitgeber den Betriebsrat vor jeder Kündigung zu hören und ihm die Kündigungsgründe mitzuteilen. Auch hier hat der Betriebsrat in besonderen Fällen ein Widerspruchsrecht.
- Bei der Personalqualifikation hat der Betriebsrat teilweise ein Beratungsrecht, bei der betrieblichen Berufsbildung ein erzwingbares Mitbestimmungsrecht.
- Bei der Gestaltung von Arbeitsbedingungen hat der Betriebsrat erzwingbare Mitbestimmungsrechte, unter anderem bei Arbeitszeiten und Pausen, bei der Arbeitszeitverteilung auf die einzelnen Wochentage, bei der vorübergehenden Verkürzung oder Verlängerung der betrieblichen Arbeitszeit und bei Urlaubsregelungen.
- Bei der Vergütung hat der Betriebsrat erzwingbare Mitbestimmungsrechte bei der Systematik, also beispielsweise bei der Aufstellung von Entlohnungsgrundsätzen und -methoden. Die individuelle Lohnfestlegung ist dagegen nicht mitbestimmungsfähig.

Für Meinungsverschiedenheiten zwischen Arbeitgeber und Betriebsrat sieht das Gesetz (§76 BetrVG) die fallweise Bildung beziehungsweise die permanente Installation einer Einigungsstelle vor. Ihre Mitglieder werden je zur Hälfte vom Arbeitgeber und vom Betriebsrat bestellt. Dazu kommt ein unparteiischer Vorsitzender. Die Einigungsstelle fällt ihre Beschlüsse unter Berücksichtigung der Belange des Betriebs und der betroffenen Arbeitnehmer.

Unabhängig davon, dass Mitbestimmung in der gegenwärtigen Form als gesetzliche und faktische Norm existiert, stellt sich die Frage nach ihrem betriebswirtschaftlichen Nutzen. Hier zeigen empirische Studien[77], dass Betriebsräte auf der einen Seite stabilisierend auf die Beschäftigungszahl wirken, auf der anderen Seite aber auch die Erträge reduzieren – was aber im Detail von einer Vielzahl von Bestimmungsfaktoren abhängt, bis hin zur Einbindung des Betriebsrates in unternehmerische Entscheidungen.

Damit stellt sich die zentrale Frage nach der Wirkung von Mitbestimmung auf die Wettbewerbsfähigkeit von Unternehmen und damit auch auf den Erhalt von Arbeitsplätzen. Die Lösung dazu liegt allerdings nicht im Betriebsverfassungsgesetz. Denn: „Eine generelle Antwort ist nicht möglich, denn sie hängt davon ab, wie Mitbestimmung ausgeübt, wie Erfolgs-, Vermögensbeteiligungsansprüche und Lohnforderungen durchgesetzt werden: Erfolgreiche Durchsetzung partikulärer Interessen

Mitbestimmung hat Vorteile

„Mitbestimmung in Form von Aufsichtsratssitzen kann Vorteile haben, weil die Interessengegensätze mit den Arbeitnehmern nicht auf der Straße ausgetragen werden müssen."[78]

Univ.-Prof. Dr. Hans-Werner Sinn (geb. 1948; von 1999 bis 2016 Präsident des Münchner Ifo-Instituts)

gefährdet in der Regel das Erreichen ökonomischer Unternehmensziele und damit Ertrag und Fortbestand der Unternehmung sowie Sicherheit von Arbeitsplätzen und Vergütungen."[79]

Gut funktionierende Mitbestimmung erleichtert die Umsetzung von Strategien

Diese Feststellung gilt auch für die Gegenläufigkeit von Flexibilität vs. Implementation: Falsch verstandene Mitbestimmung von Betriebsräten und Personalräten, die aus ideologischen Gründen dringende und für die Belegschaft sinnvolle Entwicklungen ausbremsen, ist sicherlich negativ zu bewerten. Umgekehrt kann aber gerade eine gut funktionierende Mitbestimmung durch Verringerung der Transaktionskosten die Umsetzung von Strategien erleichtern.

Auch im internationalen Vergleich interessiert die Wirkung der Mitbestimmung: Hier lässt sich nachweisen, dass lediglich die deutschen Betriebsräte, nicht aber ihre britischen und australischen Kollegen, wirksam in der Lage sind, Entlassungen und Kündigungen zu reduzieren.[80] Dies entspricht auch der üblichen Annahme ausländischer Unternehmen, die in der deutschen Mitbestimmung einen Hemmschuh für betriebswirtschaftliche Entscheidungen sehen. Es gibt aber auch Argumentationslinien[81], die gerade in der Mitbestimmung und der damit verbundenen integrierenden Mitwirkung der Mitbestimmungsgremien einen deutlichen Vorteil für das Personalmanagement deutscher Unternehmen sehen.

Übung 3.5 Mitbestimmung durch Betriebsrat

Natürlich wird aufgrund der großen Belegschaft inzwischen von den Mitarbeitern der Strawberry Cake & Bakeries AG auch ein Betriebsrat gewählt. Für Sie ist das zunächst eine ziemlich große Umstellung, da die Mitarbeiter nun auf einmal Mitspracherechte haben. Damit Sie auf die neue Situation vorbereitet sind, überlegen Sie sich konkrete Fälle, in denen Sie operative personalwirtschaftliche Entscheidungen treffen oder Maßnahmen vornehmen wollen, die mitbestimmungspflichtig sein könnten. Außerdem überlegen Sie sich, welche Rechte der Betriebsrat konkret geltend machen könnte.

Bundesdatenschutzgesetz

Durch die Digitalisierung werden die Daten über die Mitarbeiter immer relevanter und somit auch immer schützenswerter. Diesbezüglich wurde im Jahr 2018 das Bundesdatenschutzgesetz (BDSG) auf Grundlage der EU-Datenschutzgrundverordnung (DSGVO) an diese neuen Herausforderungen angepasst.

- Nach § 47 ist geregelt, dass personenbezogene Daten immer nur für konkret festgelegte Zwecke verarbeitet werden dürfen.
- Der Mitarbeiter muss diesbezüglich schriftlich einwilligen, weiterhin muss dies freiwillig erfolgen und er kann jederzeit diese Einwilligung widerrufen (§ 51).
- Weiterhin bleibt das Mitbestimmungsrecht in Bezug auf diese Nutzung der Daten bestehen gemäß § 87 Abs. 1, Nr. 6 BetrVG, da es sich hier um technische Veränderungen handelt.
- Eine Sicherung der personenbezogenen Daten beispielsweise durch Pseudoanonymisierung ist umzusetzen gemäß § 22.
- Ein Verstoß gegen die Datenschutzrichtlinien kann zu Bußgeldern führen (§ 83).

Diese Veränderungen sowie die zunehmende Digitalisierung des Personalmanagements machen deutlich, dass ein gesichertes Umfeld für die Personaldaten geschaffen werden sollte.

3.6 Digitaler Rahmen

Technologische Veränderungen haben Auswirkungen auf den Rahmen einer Organisation. Unternehmen arbeiten global mit einer Vielzahl an Stakeholdern und Zulieferern. Unternehmen sind real und virtuell auf der Welt verteilt. Mitarbeiter können überall auf der Welt eingesetzt werden und von jedem Ort der Welt aus arbeiten. Die Organisation der Abläufe und Prozesse ist schon heute nicht mehr an Unternehmensgrenzen gebunden.

Homeoffice als Gefahr für alle

In der Simpsons-Folge 135 hat man diese Auswirkungen der neuen Arbeitswelt früh erkannt. *Homer Simpson* erfährt, dass man ab einer bestimmten Fettleibigkeit als behindert gilt und ein Anrecht auf ein Homeoffice hat. Deshalb hat Homer massiv zugenommen und erhält einen Computer, damit er von zuhause arbeiten kann. Er merkt schnell, dass seine Arbeitstätigkeit auch durch einen kleinen technologischen Helfer automatisiert werden kann und er somit gar nicht anwesend sein muss. In so einem Moment kommt es zu einem Reaktorzwischenfall und Homer muss zu dem Kernkraftwerk, um die Katastrophe abzuwenden. Hier zeigt die Episode zukunftsweisend die Herausforderungen von Homeoffice auf, zum anderen die Gefahren einer nicht überwachten Automatisierung.

Aufgrund dieser Entwicklungen reduziert sich die Bedeutung der Unternehmensgrenze: Es entsteht die „boundaryless“ (grenzenlose)[82] oder virtuelle Organisation[83]. Bald wird sogar von der Blockchain Technologie als neuartigem Rahmen gesprochen.

Grenzenlose Organisation

Bei der „boundaryless“ Organisation ist die Organisation ein dynamisches Konstrukt, wo sich Mitgliedschaft, Zusammensetzung, Besitzrechte sowie Ziele andauernd ändern[84]. Im Einzelnen werden folgende Grenzen verschwinden:

- *Vertikale Grenzen.* Hierarchische Unterschiede heben sich auf und flache Hierarchien rücken in den Vordergrund.
- *Horizontale Grenzen.* Unternehmen verabschieden sich vom Abteilungsdenken.
- *Externe Grenzen.* Die Grenzen zwischen den Unternehmen gehen zurück. Unternehmen sind in einem Netzwerk verbunden und in eine globale Wertschöpfungskette eingebettet.
- *Kulturelle Grenzen.* Aufgrund der Globalisierung und Digitalisierung verschwimmen kulturelle Unterschiede und Sprachbarrieren werden überwunden.

Dadurch wird die Organisation flexibler und dynamischer. Es wird immer weniger erkennbar, welche Teile der Organisation innerhalb der Unternehmensgrenzen sind und welche außerhalb liegen. Innovationen finden als Open Innovation[85] überall statt.

Virtuelle Organisation

Zur Digitalisierung gehört auch die virtuelle Organisation[86, 87] im Sinne einer nicht mehr an reale Konstrukte gebundene Verbindung von gestalterischen Einheiten. Für eine derartige virtuelle Organisation stellt sich die Frage, wie die Personalarbeit verteilt ist. Das Personalmanagement kann zum einen als ein eigenständiger Akteur auftreten, also als eine physikalisch auffindbare Entität. Es ist aber zum anderen auch möglich, dass die Personalarbeit selbst zu einer virtuellen Organisation wird: Teile ihrer Arbeit können outgesourct, automatisiert und von anderen Unternehmensmitgliedern (beispielsweise Führungskräften) übernommen werden. Für die virtuelle Realisierung der Personalarbeit sind laut dem virt-cube-Modell[88] drei Aspekte zu berücksichtigen:

1. *Kernkompetenzfokus.* Durch die virtuelle Organisation können sich die verschiedenen Akteure auf ihre Kernkompetenz fokussieren und diese weiter perfektionieren.
2. *Weiche Integration.* Diese verschiedenen Einzelakteure können so zusammengeführt werden, dass sie zusammenarbeiten können. Gleichzeitig gibt es eine „One-face-to-the-customer“-Devise, damit sich der Kunde nicht mühsam den richtigen Ansprechpartner heraussuchen muss.
3. *Multimediale Realisation.* Kernkompetenzfokus und weiche Integration werden durch die Digitalisierung unterstützt.

Abbildung 3.9 zeigt die organisatorische Veränderung in der Personalabteilung: In der klassischen Personalabteilung wird ohne Kernkompetenzfokus eher bürokratisch und ohne moderne IT gearbeitet. Die virtuelle Personalabteilung benötigt nicht nur technologische Kompetenzen, sondern auch die weiche Integration der einzelnen Einheiten, alles realisiert durch umfassende Digitalisierung. Ob dabei die einzelnen Einheiten intern oder extern beziehungsweise real oder selbst virtuell sind, bleibt für die involvierten Akteure gleichgültig. Es ist lediglich wichtig, dass für jeden Mitarbeiter sowie jeden Kunden die Organisationsstruktur so weit transparent wird, damit Ansprechpartner erkennbar sind.

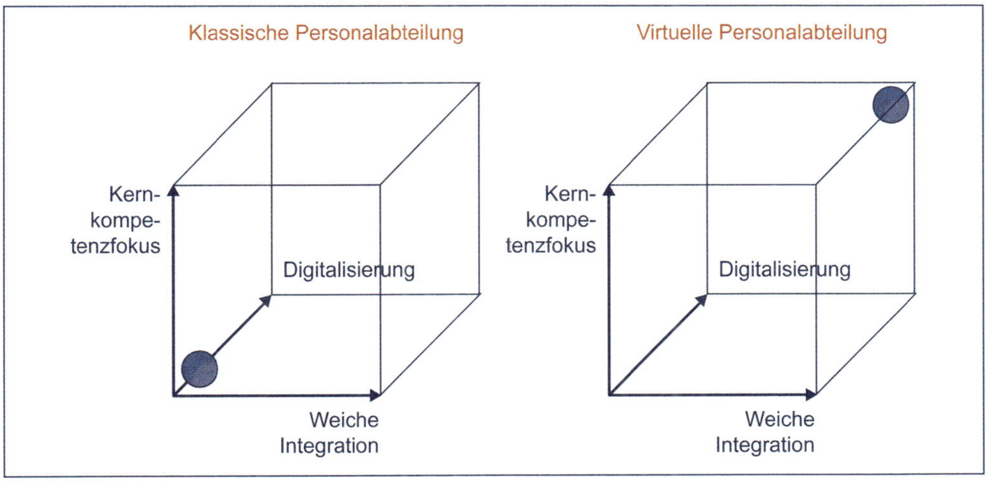

Abbildung 3.9: Transformation der Personalabteilung zu einer virtuellen Personalabteilung

Blockchain-Organisation

Das Thema der Verantwortung ist eng verbunden mit Transparenz und Nachvollziehbarkeit der Personalarbeit; beides ist in einer komplexen und vernetzten Organisation schwer durchführbar. Aufgaben können über das Unternehmen verteilt sein und niemand kann überprüfen, ob alle Aufgaben adäquat verteilt sind.

In den letzten Jahren wird für solche Probleme immer mehr die Blockchain-Technologie genutzt[89] – eine technologische Lösung, um Transparenz und Überprüfbarkeit zu schaffen. In der Blockchain werden jegliche Veränderungen in ein Register eingetragen. Die Besonderheit von Blockchain ist, dass der Register auf mehreren Rechnern abgespeichert wird und kontinuierlich abgeglichen wird. Dadurch wird der Register nicht manipulierbar. Änderungen werden also jedes Mal durch einen neuen Eintrag niedergeschrieben (Abbildung 3.10).

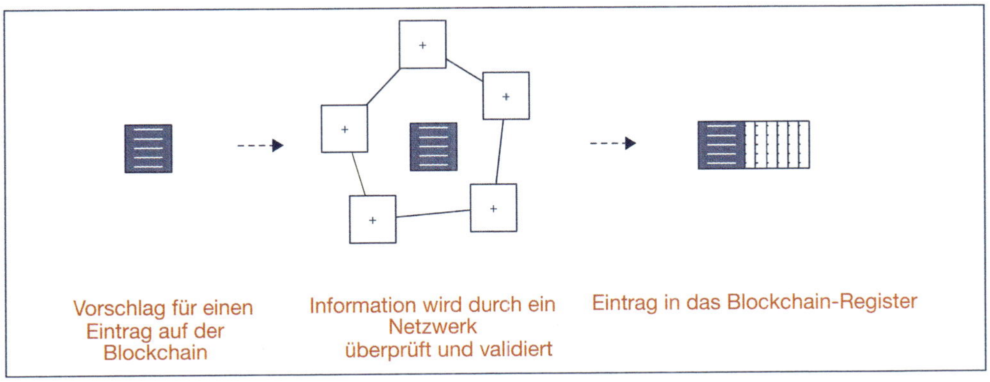

Abbildung 3.10: Der Prozess einer Blockchain-Eintragung

Diese Blockchain-Organisation besteht aus sieben Komponenten:

- *Autonomie.* Jeder Teilnehmer hat die Möglichkeit, Veränderungen in der Blockchain anzustoßen; alles ist dezentral organisiert und es gibt keine führende Autorität.

- *Token.* In der Blockchain gibt es eine Art Währung oder Token, über die auf einem Markt Produkte, Dienstleistungen oder ähnliches getauscht werden können.
- *Konsensus.* Auf der Blockchain gibt es Regeln, wie ein Konsensus geschaffen wird; technologisch ähnelt es einer demokratischen Wahl.
- *Transparenz.* Jede Person mit Zugriff auf die Blockchain kann sehen, was auf der Blockchain passiert. Dies soll Manipulationen verhindern.
- *Pseudonymity.* Die Blockchain ermöglicht eine gewisse Privatsphäre. Es ist zwar eindeutig identifizierbar, was gewisse Akteure machen, es bleibt aber unklar, wer diese Person ist.
- *Netzwerk.* Die Blockchain ist eine technische Umsetzung zur Verbindung jeglicher Stakeholder und Akteure.
- *Vertrauen.* Die Blockchain basiert auf Vertrauen, hauptsächlich in die Technologie, auch in die Akteure der Blockchain.

Die Blockchain-Organisation arbeitet mit neuartigen Grenzen im Unternehmen, den sogenannten Blockchains. Durch sie ist es möglich, einen digitalen Rahmen im Unternehmen zu schaffen, obwohl das Unternehmen trotzdem als grenzenlose oder virtuelle Organisation agiert.

Diese organisationale Architektur hilft bei der Personalarbeit. Die Akteure und Mitarbeiter sind klar zu identifizieren und auch die notwendige Personalarbeit wird in der Blockchain hinterlegt. Die Personalarbeit und ihre Ansprechpartner werden transparent und überprüfbar. Durch solche technologischen Veränderungen steigt die Verantwortlichkeit in der Organisation. Durch die Blockchain können alle Personalangelegenheiten abgespeichert werden und helfen eine strategische und nachhaltige Ausrichtung zu erreichen. Beispielsweise im Kontext der Personalentwicklung lassen sich passgenaue Lösungen herausarbeiten und den Erfolg im Nachhinein kontrollieren. Die Blockchain kann bei jeglichen Aspekten der Personalorganisation hilfreich sein die Personalarbeit professionell für alle Akteure durchzuführen.

3.7 Ausblick

Das Personalmanagement hat sich hinsichtlich seines strukturellen Rahmens im Hinblick auf Kompetenzverteilung, -umfang und -inhalt sukzessive verändert und den aktuellen Entwicklungen angepasst.

Veränderungen des strukturellen Rahmens und des Marktes werden auch in Zukunft Veränderungen, gerade der inneren Strukturierung der Personalabteilung mit sich bringen. Hier gibt es für die Zukunft durchaus unterschiedliche Szenarien, die aber immer eng gekoppelt sind an das Selbstverständnis der Personalabteilung und an ihre Rolle im Unternehmen.

- Im *reaktiv-marginalisierten* Szenario fokussiert die Personalabteilung primär auf Kostensenkungsziele und Beschaffungsaktivitäten bei Engpassbereichen. Das übrige Personalmanagement wird ausgelagert auf Führungskräfte und externe Berater.
- Im *proaktiv-wettbewerbsorientierten* Szenario sieht sich die Personalabteilung umfassend verantwortlich für „den Mitarbeiter als wichtigstes Kapital". Dies verlangt

nicht nach dem einzelfallspezifischen „Kümmerer". Vielmehr müssen Themen wie Talentmanagement, Human Capital Management, Employer Branding und vor allem Unternehmenskultur behandelt werden.

Das zweite Szenario setzt eine hohe Professionalisierung in der Personalabteilung ebenso voraus wie ein klares Bekenntnis zu einer zukunftsorientierten und nachhaltigen Personalarbeit. Ob es sich durchsetzen wird, bleibt abzuwarten.

Offen ist ebenfalls die Weiterentwicklung des rechtlichen Rahmens im Spannungsfeld von immer stärker werdenden Flexibilisierungsforderungen der Unternehmen und individuellen Interessen der Mitarbeiter.

Aufgaben und Fragen zur Selbstüberprüfung

1. Wo finden Personalaktivitäten statt, bei einer zentralen, dezentralen, exklusiven oder kooperativen Lösung?
2. Suchen Sie nach jeweils einem markanten Merkmal pro „Center-Modell".
3. Erklären Sie den Unterschied zwischen dem individuellen und dem kollektiven Arbeitsrecht!
4. Wer sind die Akteure bei der betrieblichen Mitbestimmung?
5. Zeigen Sie, welche Rechte der Betriebsrat in der operativen Personalarbeit hat!
6. Zeigen Sie, welche Herausforderungen für Unternehmen durch die Digitalisierung entstehen!
7. Wie hoch ist die Wahlbeteiligung in Ihrem Unternehmen (beziehungsweise in Ihrer Hochschule) bei Wahlen zum Betriebsrat (Personalrat)? Worauf führen Sie diese (hohe/niedrige) Wahlbeteiligung zurück?
8. Welche Kräfte fördern die Auflösung der Personalabteilung und welche Kräfte wirken dagegen?
9. Aus welchen Komponenten besteht die Blockchain und wie kann man diese für eine Organisation nutzbar machen?

Endnoten

[69] *Capgemini* 2009, 13.

[70] *Capgemini* 2009, 47.

[71] *Kienbaum/StepStone* 2017.

[72] vgl. *Scholz* 2000a, 193–207.

[73] *Drumm* 2008, 59.

[74] in Anlehnung an *Scholz* 2000a, 196.

[75] *Scholz* 2011, 74.

[76] *Merkel, Angela,* in einer Rede anlässlich der Jubiläumsveranstaltung „30 Jahre Mitbestimmungsgesetz" am 30.08.2006 in Berlin, online unter: http://www.bundesregierung.de/nn_774/Content/DE/Rede/2006/08/2006-08-30-bkin-jubilaeumsveranstaltung-30-jahre-mitbestimmungsgesetz.html, abgerufen am 24.09.2009.

[77] *Dilger* 2003.

[78] *Sinn* 2004, 7.

[79] *Drumm* 2008, 40.

[80] *Frick* 1997.

[81] *Wächter/Müller-Camen* 2002.

[82] *Ashkenas* 1995.

[83] *Scholz* 1994.

[84] *Ashkenas* 1995.

[85] *Chesbrough* 2003.

[86] *Scholz* 1994.

[87] *Kanter/Stein/Jick* 1992.

[88] *Scholz* 1998.

[89] *Swan* 2015.

Emotion: Wieso ist Personalmanagement mehr als „nur“ sachrationale Mechanik?

4

Inhalt

Fakten

Fehlzeiten aufgrund von Burnout und/oder psychischen Erkrankungen sind in den letzten zehn Jahren um 79 Prozent gestiegen.[90]

42 % der deutschen Arbeitnehmer gehen gerne zur Arbeit und sind hochmotiviert.[91]

24 % der Arbeitnehmer in Deutschland haben bereits innerlich gekündigt und weisen eine geringe Arbeitszufriedenheit auf.[92]

Lernziele

- Sie erfahren, welche Theorieansätze zum Thema „Emotion“ existieren.
- Sie erleben die zehn Grundemotionen.
- Sie wissen, wie sich Emotionen im Alltag auswirken können.
- Sie verstehen, wie man mit Emotionen umgehen kann.
- Sie lernen, was Emotionen bewirken.
- Sie verstehen, wieso Emotionen auch in der Digitalisierung wichtig bleiben.

4.1 Überblick

Ärger, Freude, Liebe, Angst und Begeisterung sind permanent auftretende Emotionen im täglichen Leben – und zwar beruflich wie privat. Trotzdem findet man das Wort Emotion nur selten in der Betriebswirtschaftslehre. Auch im Personalmanagement taucht es kaum auf, denn wie der überwiegende Anteil der gesamten Betriebswirtschaftslehre, so versucht sich auch die traditionelle Personalwirtschaftslehre als eine sachlich-rationale Disziplin zu positionieren: Anforderungs- sowie Fähigkeitsprofile werden miteinander verglichen und entstehende Differenzen ausgeglichen. Für die Führungskraft gilt ebenfalls der sachlich-rationale Anspruch: In vielen, durchaus teuren Seminaren lernt sie sich zu beherrschen, sich zurückzuhalten und die Emotionen im Griff zu behalten. In diesem Zusammenhang gelten Emotionen als störend, als unprofessionell und als Zeichen für Schwäche.

Nur in einer Disziplin geht es seit Langem intensiv um Emotion. Das Marketing hat über die Konsumentenforschung die Emotionen schon längst für sich entdeckt, denn Produktbindung entsteht durch Emotion: Der iPod von Apple ist letztlich nur ein weiterer MP3-Abspieler – aber was für einer! Dahinter stecken Kult, Begeisterung und das unvergessliche Gefühl, wenn man staunend im Apple-Store diese Geräte berühren darf und dann zu Hause den ersten iPod auspackt. Ähnliches gilt für andere Elektronikmarken, für Konsumgüter, für Arten von Bekleidung bis hin zu Automarken wie Porsche.

Mut zur Emotionalität

Genauso wie sich ein Konsumerlebnis durch ein emotionales Erlebnis auszeichnet – vor allem, wenn es sich um ein positives handelt – kann und muss auch das Arbeitserlebnis ein positives emotionales Erlebnis darstellen. Hier können Attribute wie Leistung, Erfolg, Geborgenheit, Freude, Abenteuer und Berechenbarkeit zum Zuge kommen.

Emotionen verschwinden aus dem wissenschaftlichen Fokus

„I predict: The ‚will' has virtually passed out of our scientific psychology today; the ‚emotion' is bound to do the same."[93]

Dr. Max Meyer (1873–1967; deutscher Psychologe)

Emotionen basieren wie Gefühle auf biologischen, genetischen und neurologischen Prozessen. Bei Emotionen wirken aber zusätzlich noch soziale und kulturelle Beziehungen, vor allem aber die größere Komplexität.[94]

Das Kapitel „Emotion" ist insofern ein Vorschaukapitel, als es auf Notwendigkeit und Möglichkeit einer zielorientierten verstärkten Emotionalisierung hinweist. Danach gilt es, die Emotionalisierung in alle Personalmanagementaktivitäten – im jeweils gebotenen Umfang – einzubauen. Einige erste Akzente lassen sich aber bereits in diesem Kapitel setzen. So wird zunächst (Abschnitt 4.2) auf vier Entstehungsformen von Emotionen eingegangen, danach auf vier Konzepte (Abschnitt 4.3), mit deren Hilfe sich Emotionen besser in den Griff bekommen lassen sowie auf Emotionen in der Digitalisierung (Abschnitt 4.4). Es folgen vier Varianten betrieblicher Umsetzungen (Abschnitt 4.5).

4.2 Systematisieren: Welche Emotionen gibt es und wie entstehen sie?

1908 publizierte *Heinrich Maier*, Professor der Philosophie an der Universität Tübingen, das Buch „Psychologie des emotionalen Denkens“[95]. Für ihn war emotionales Denken die Verbindung zwischen erkennendem und urteilendem Denken. Ausgehend von dieser Logik entwickelten sich diverse Systematisierungen von Emotionen.

Carroll Izard: Die Zehn Grundemotionen

Carroll Izard[96] propagiert in Nachfolge der Evolutionsbiologie von *Charles Darwin*[97] einen biologischen Ansatz. Er geht davon aus, dass Emotionen weitgehend angeboren sind, was man unter anderem daran erkennt, dass bereits kleine Kinder Emotionen unterscheiden können. Für *Carroll Izard* gibt es zehn Grundemotionen, nämlich
- Interesse,
- Vergnügen,
- Überraschung,
- Kummer,
- Wut,
- Abscheu,
- Verachtung,
- Angst,
- Scham und
- Schuld.

Bei diesen Grundemotionen handelt es sich um klar abgrenzbare (diskrete und singuläre) Emotionen, die alle einzeln beobachtbar und ohne zwingende Interaktivität untereinander sind.

Emotionen sind nicht steuerbar

Emotionen sind nicht willkürlich durch das die Emotion erlebende Individuum steuerbar. Sie verlaufen vielmehr automatisch-reflexhaft, ausgehend von Schlüsselreizen, die mit konkretem Erleben und daher mit differenzierten Gefühlszuständen in Verbindung stehen. Dementsprechend sieht *Carroll Izard* drei Verhaltensbereiche:
(1) Das *subjektive Erleben* beinhaltet die Aufnahme von Reizen. Beispielsweise erlebt ein Studierender in der Klausurvorbereitung das vorliegende Buch als angenehm, auch deshalb, weil er mit derartigen Büchern schon gute Erfahrung gemacht hat und es ihm zusätzlich von einem befreundeten Kommilitonen empfohlen wurde.
(2) Die *neurophysiologische Umsetzung* im autonomen Nervensystem impliziert weitgehende Verarbeitung. Beispielsweise könnte dieses Buch das Interesse des Studierenden an den Themen des Personalmanagements wecken.
(3) Das *beobachtbare Mitteilen* als Output stellt schließlich die Rückkopplung zur Umwelt her. So könnte der Studierenden auf dem Weg zur Klausur einen entspannten Gesichtsausdruck haben, weil er sich durch die Lektüre dieses Buches gut vorbereitet fühlt.

Abbildung 4.1: Das Emotionskonzept von *Carroll Izard*

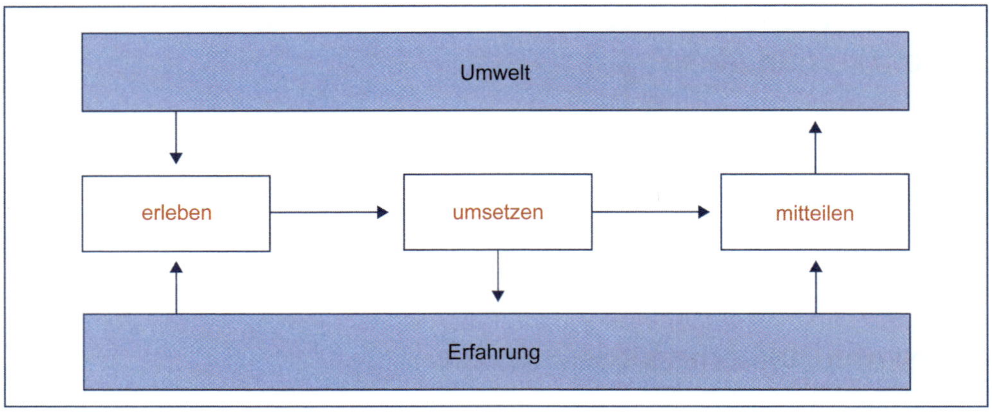

Carroll Izard geht daher von einem dreistufigen Emotionskonzept aus (Abbildung 4.1), bei dem in der Vergangenheit gemachte Erfahrungen das Erleben und das Mitteilen beeinflussen.

Mimik als partielle Automatik

Carroll Izard betont, dass das Gesicht unmittelbare und spezifische Informationen über die Emotionen des Gegenübers liefert. Das Gesicht spielt eine entscheidende Rolle im sozialen Kommunikationssystem. Mimische Äußerungen treten reflexartig als Teil des Emotionsprozesses auf und sind instinktiv. Sie helfen, zwischenmenschliche Beziehung herzustellen und aufrecht zu erhalten. Weitere Untersuchungen ergaben, dass unterdrückte Emotionsäußerungen in Gesicht und Körper zu Veränderungen in Persönlichkeitscharakteristika führen können, die wiederum Auswirkungen auf das physische Wohlbefinden haben.

Die Kritik an diesem Konzept der Grundemotionen bezieht sich vor allem auf zwei Punkte[98]:

(1) Bisher konnten sich deren Vertreter weder auf gleiche Basisemotionen noch auf eine einheitliche Anzahl verständigen. Die Breite der empirischen Ergebnisse lässt vermuten, dass sie nicht auf einen grundlegenden Ansatz zurückgeführt werden können.
(2) Auch an der Benennung der verschiedenen Emotionen wird Kritik geäußert, da die Benennung unterschiedlich sein kann, obwohl die verschiedenen Forscher dieselbe Emotion meinen.

Trotz des Fehlens von stichhaltigen Beweisen wurde das Konzept der Basisemotionen noch nicht verworfen, da ebenso noch nicht bewiesen werden konnte, dass sie nicht bestehen.

Robert Plutchik: Die Emotionskomplexität

Komplexe Prozesskette!

Ebenfalls evolutionsbiologisch argumentiert *Robert Plutchik*[99], der aber eine Reaktionskette mit wesentlich mehr Komponenten unterstellt. Sie beginnt mit einem externen Reiz, der dann bewertet wird und letztlich entsprechend dieser Bewertung zu einem Handlungsimpuls führt (Abbildung 4.2).

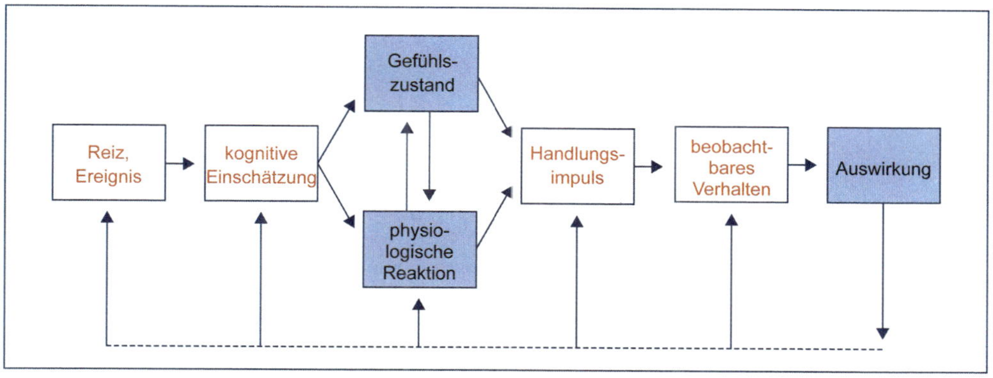

Abbildung 4.2:
Entstehung von Emotionen nach *Robert Plutchik*[100]

Mit der Konkretisierung der Komponente „Gefühlszustand" aus Abbildung 4.2 beschäftigt sich *Robert Plutchik* in einem weiteren Modell[101]. Danach gibt es acht primäre Emotionen, die wieder – wie von *Charles Darwin* vorgeschlagen – evolutorisch entstanden sind. Diese Emotionen sind

- Freude,
- Vertrauen,
- Furcht,
- Überraschung,
- Traurigkeit,
- Abscheu,
- Ärger und
- Erwartung.

Ordnet man diese Emotionen in einem Kreis an (Abbildung 4.3), ergeben sich gegenteilige Paare. So ist Freude das Gegenteil von Traurigkeit. Interessanterweise hat *Robert Plutchik* aber fünf negative und nur drei positive Emotionen. Für jede primäre Emotion gibt es drei Intensitäten, also steigert sich beispielsweise

Kombinatorische Meisterleistung!

- Gelassenheit über
- Freude bis zur
- Extase.

Schließlich ergeben sich aus jeweils nebeneinander liegenden Emotionen weitere Emotionen (primäre Dyaden). Aus Freude und Erwartung wird also Optimismus.

Auch ohne dass man die weiteren Vertiefungsmöglichkeiten dieses Modells ausschöpft – also beispielsweise (als sekundäre Dyaden) Ärger mit Traurigkeit, Freude mit Ärger oder mit Abscheu kombiniert – wird die beeindruckende Vielfalt dieser Kategorisierung von Emotionen deutlich.

Abbildung 4.3: Das Rad der Emotionen von *Robert Plutchik*[102]

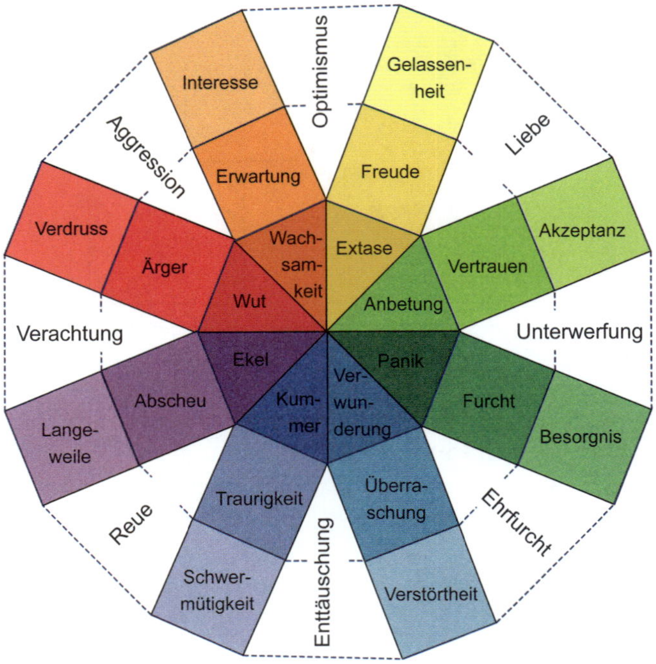

Robert Plutchik treffen die gleichen Kritikpunkte wie *Carroll Izard*, da auch er ein Konzept der Basisemotionen verfolgt. Durch sein wesentlich differenziertes Modell mit Emotionsabstufungen und Emotionskombinationen zeigt *Robert Plutchik* eine neue Denkrichtung auf: Er liefert die Basis für das Konzept der „Mixed Emotions" als gleichzeitiges Erleben gleichgerichteter, aber auch entgegengesetzter Emotionen. In der Werbung[103] wird dieses Erleben häufig mit Tabubrüchen ausgelöst.

Pierce Howard: Die Gehirnforschung

Emotionen entstehen durch unbeeinflussbare Prozesse im Gehirn

Nicht nur die Systematisierung von Emotionen liegt im Interesse der Forscher, sondern auch ihre Entstehung. So hat die Gehirnforschung herausgefunden, dass emotionale Vorgänge in der rechten Gehirnhälfte angesiedelt sind, während unser Bewusstsein überwiegend von der linken Gehirnhälfte mit den analytischen Vorgängen beherrscht wird. Eine interessante These dazu liefert *Pierce Howard*[104]: Emotionale Reaktionen werden vom Gehirn ohne eine weitere subjektive Bewertung ausgelöst. Dies bedeutet, dass Emotionen weder durch den Willen in ihrer Entstehung beeinflusst noch in ihrer Wirkung gesteuert werden können (Abbildung 4.4).

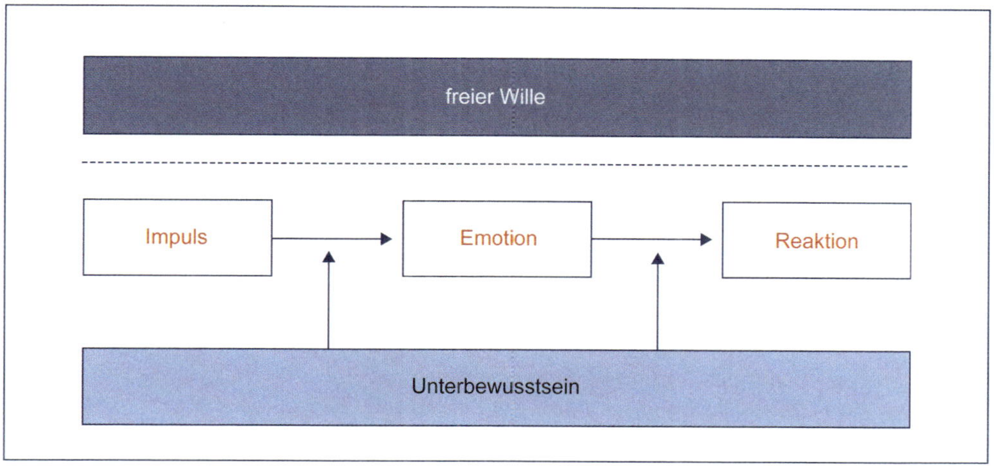

Abbildung 4.4:
Die Unbeeinflussbarkeit von Emotionen

Darwins Schlange

Als immer wieder zitiertes Beispiel gilt der Selbstversuch[105] von *Charles Darwin*: In diesem Experiment presste er das Gesicht an den Glaskäfig einer Puffotter, deren Biss tödlich wirkt. Während er auf den Angriff der Schlange wartete, redete er sich immer wieder ein, dass ihm nichts passieren könne und war fest entschlossen, den Angriff regungslos hinzunehmen. Als die Schlange ihn angriff, sprang er in einem plötzlichen Affekt vom Käfig zurück. Als Ergebnis stellte er fest, dass sein Wille und seine Vernunft keine Wirkung gegenüber einer eingebildeten Gefahr hatten.

Biologisch betrachtet handelt es sich bei den Emotionen um chemische Prozesse, die im Körper ablaufen. Das Gehirn besteht aus ungefähr 100 Milliarden Nervenzellen (Neuronen). An deren gegenseitigen Kontaktstellen (Synapsen) werden die Informationen sowohl elektronisch wie auch über biochemische Transmittersubstanzen weitergegeben.[106] Diese Mechanismen hängen ab von vorangegangenen und von ablaufenden Prozessen. Dabei fungieren die Mechanismen als eine Art Katalysator, der die Stärke, aber wahrscheinlich nicht die Art der Emotion beeinflusst.

Verhalten der Verkäufer

Übung 4.1

Sie lesen das Beispiel des Selbstversuchs von *Charles Darwin* und überlegen nun, was das für die Angestellten in Ihren Strawberry & Cake Bakeries AG Filialen bedeutet. Sie wissen, dass einige von ihnen im Verkaufsraum mit Nervosität kämpfen. Da kommt Ihnen ein furchtbarer Gedanke: Was wäre, wenn *Charles Darwin* Recht hat?

David Watson und Auke Tellegen: Das Circumplex-Modell

In der Literatur zu Emotionen und zu ihrer Kategorisierung gibt es eine Vielzahl von Modellen[107], die mehr oder weniger stark auf zwei spezielle Dimensionen abstellen, nämlich Aktivierung und Valenz. Auch *David Watson* und *Auke Tellegen*[108] arbeiten mit diesen beiden Dimensionen:

(1) Die *Aktivierung* drückt aus, wie stark die jeweilige Emotion das Potenzial zum Generieren handlungsleitender Impulse hat. Hier geht die Skala von niedriger Aktivierung (inaktiv, passiv, untätig) bis zur hohen Aktivierung (aktiv, erregt, stark).
(2) Die *Valenz* beschreibt die Wertigkeit auf einer Skala von negativ (traurig, niedergeschlagen, schwermütig) bis positiv (glücklich, zufrieden, fröhlich).

In der Kombination dieser beiden Dimensionen ergeben sich diverse Varianten.

Das Circumplex-Modell zeigt insbesondere Dimensionen gewohnheitsmäßiger Emotionen. Dabei werden Emotionen als Persönlichkeitsmerkmale aufgefasst und nicht auf besondere Situationen beschränkt. Beispielsweise neigen einige Menschen generell zu erhöhter Ängstlichkeit und haben für dieses Gefühl somit ein niedriges Aktivierungsniveau, das bedeutet, sie reagieren schneller ängstlich, während andere Personen ein höheres Aktivierungsniveau für dieses Gefühl zeigen.

Darstellung als Kreis …

Eine Systematisierungsmöglichkeit für Emotionen ist die Bestimmung ihrer grundlegenden Dimensionen im Kreismodell (Abbildung 4.5).

Abbildung 4.5: Das Circumplex-Modell der Emotionen[109]

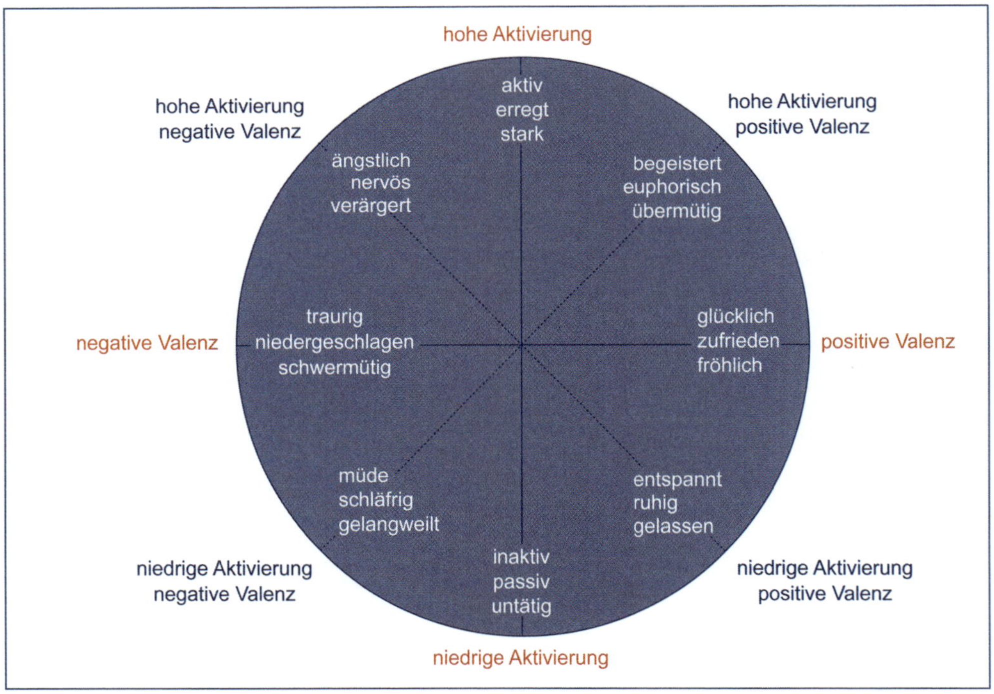

… und als Matrix

Auch wenn dieses Modell in dieser Form eine breite Akzeptanz findet, hat es allerdings ein didaktisch-konzeptionelles Problem: Es suggeriert acht verschiedene Ergebnisse, wenngleich es in Wirklichkeit nur zwei Dimensionen und vier Zellen impliziert. Aus diesem Grund soll hier eine modifizierte Form verwendet werden, die explizit auf einer Matrixlogik basiert (Abbildung 4.6).

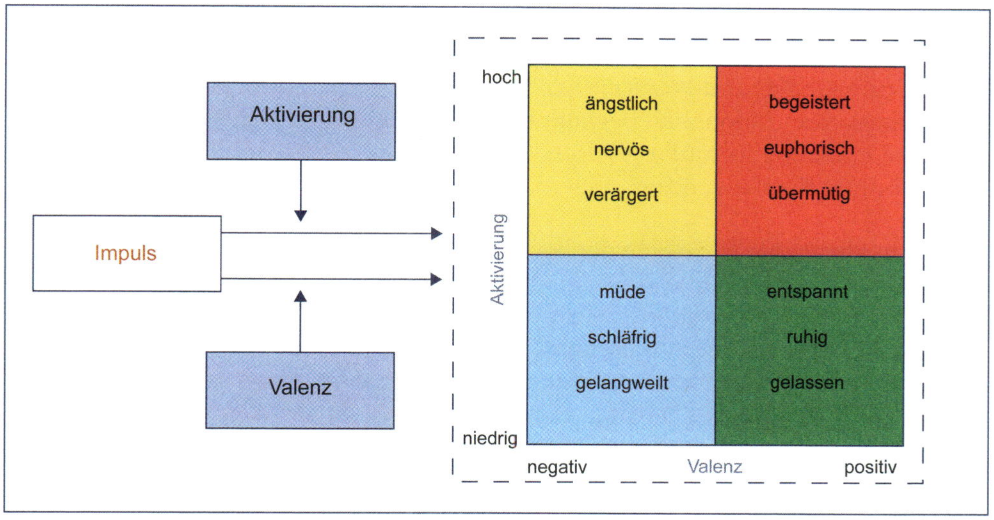

Abbildung 4.6: Ein modifiziertes Aktivierungs-Valenz-Modell

Das modifizierte Modell zeigt, dass der Impuls von Außen zunächst durch die Aktivierung und Valenz des Betroffenen bewertet wird. Anhand dieser Bewertung ergibt sich die endgültige Emotion als Gefühlszustand, der von der jeweiligen Ausprägung von Aktivierung und Valenz abhängig ist. So führt etwa eine niedrige Aktivierung gepaart mit einer positiven Valenz (zum Beispiel bei der Lektüre eines schönen Buches) zu einem Gefühl der Entspanntheit.

Auslösung von Emotionen

Übung 4.2

Als Sie hören, welch weitreichende Mitbestimmungsrechte der Betriebsrat hat, empfinden Sie Überraschung und auch Wut. *Schließlich haben Sie die Strawberry Cake & Bakeries AG ganz alleine aufgebaut und jetzt sollen andere einfach mitbestimmen dürfen!?* Eine Kollegin, die bemerkt, dass Sie gerade „rot sehen", erklärt Ihnen, wie Emotionen ausgelöst werden und welche Grundemotionen es gibt. Nach dem Gespräch fühlen Sie sich schon etwas besser, da Sie nun die Mechanismen, die hinter Ihren Emotionen stecken, verstehen. Sie erstellen für sich noch einmal eine Übersicht zur Erinnerung.

4.3 Konzeptionalisieren: Wozu kann man Emotionen nutzen?

Wie die bisherigen Modelle gezeigt haben, bildet die Emotionsforschung ein breites und komplexes Feld. Wichtig für den Arbeitsalltag und die tägliche Praxis ist es jetzt allerdings zu wissen, wie man mit Emotionen umgehen soll und sie sinnvoll einsetzen kann.

Emotionalisierung akzeptieren: Beispiel Entscheidungen

Nach *Jürgen Weibler* und *Wendelin Küpers*[110] sind in Organisationen nur wenige Entscheidungen rein rational zu bewältigen, weil es selten ein widerspruchfreies, stabiles und eindeutig formuliertes Zielsystem gibt. Es müssen immer auch emotional mitbestimmte Kontexte, Beziehungen und Folgen beachtet werden.

Emotionen haben nach Ansicht der beiden Autoren Einfluss auf Entscheidungen, da
- Entscheidungsträger nie frei von Emotionen sind, sondern ihre aktuelle Emotionslage durchaus mitberücksichtigt werden muss und
- in Organisationen selten Entscheidungen von einzelnen Personen getroffen werden, sondern in emotional aufgeladenen Prozessen meistens in Gruppen.

Emotionen helfen dabei allerdings Situationen einzuschätzen, da aufgrund bereits gemachter Erfahrungen manche Ereignisse schneller und genauer bewertet werden können und dadurch eine Entscheidung herbeigeführt werden kann. Dies kann bewusst, aber auch unbewusst ablaufen.

Rationalität impliziert immer auch Emotionalität

Emotionen erfüllen dennoch zwei Funktionen:
(1) Sie füllen durch eine *interpretative Neuausrichtung* von Wahrnehmungen und Aufmerksamkeiten Lücken, die die reine Rationalität in der Bestimmung von Handlungen und Glaubensvorstellungen offen lässt.
(2) Emotionen *bewahren uns so vor einer Lähmung*, die durch eine ständige rationale Kontrolle der Wahrnehmung und Aufmerksamkeit erfolgen würde.

Auf diese Weise wird klar, dass auch vermeintlich rein rationale Entscheidungen immer mit Emotionen verbunden sind.

Entscheidend ist damit, die Existenz von Emotionen zu akzeptieren – und zwar nicht nur als ein notwendiges Übel, sondern als einen zentralen Erfolgsfaktor im Unternehmen.

Emotionalisierung verstehen: Beispiel Angst

Nach Ansicht von *Winfried Panse* und *Wolfgang Stegmann*[111] ist Angst als negativ belegtes und kontraproduktives Element in Betrieben allgegenwärtig und deshalb Auslöser sowie Ergebnis von Emotionen. Sichtbar wird diese Angst häufig in Signalen wie:
- beschleunigte Atmung,
- feuchte Hände,
- leicht zitternde Hände,
- veränderte, höhere, eventuell heisere Stimme,
- Schweißperlen auf der Stirn, die nicht durch die Umgebungstemperatur erklärbar sind,
- verkrampfte Haltung und
- reduzierte Aufmerksamkeit auf die Umgebung, da weniger Blickbewegungen.

Diese Signale sind natürlich nur in Verbindung mit der Situation zu bewerten, da feuchte Hände auch bedeuten können, dass sich jemand gerade die Hände gewaschen hat.

In unserer schein-rationalen und emotionen-verdrängenden Arbeitswelt werden Bedeutung und Unterschiedlichkeit von Angst leicht unterschätzt. Dabei gibt es gerade im betrieblichen Kontext drei wichtige und klar differenzierbare Arten von Angst[112]:

(1) *Existenzangst* ist jede Form von Angst, die sich bei Bedrohung der körperlichen und beruflichen Existenz ergibt. Dazu gehört die Angst vor Arbeitsplatzverlust und Verarmung sowie Alters- und Krankheitsangst.

(2) *Soziale Angst* ist jede Form von Angst, die sich auf den Umgang mit anderen Menschen und die Furcht vor Verhaltensweisen bezieht, mit denen man bei anderen auf Ablehnung stoßen könnte. Dazu gehört die Angst vor Führungskräften, vor Mitarbeitern, vor Kollegen, vor offener Meinungsäußerung und vor Publikum.

(3) *Versagensangst* ist jede Form von Angst, die sich auf die Arbeit und die Erwartungen der Kollegen in der Zusammenarbeit bezieht. Dazu gehört die Angst vor Beurteilung und Prüfung, vor Neuerungen, vor Beförderung, vor Versetzung und vor internationaler Zusammenarbeit.

Emotionsmanagement als bewusster Umgang mit Ängsten

Emotionsmanagement bedeutet nun, sich die Beweggründe der auftretenden Ängste bewusst zu machen und Gegenmaßnahmen einzuleiten. So kann beispielsweise gegen die Angst vor Krankheit in den Unternehmensleitlinien festgehalten werden, dass „normale" Krankheiten keine beruflichen Nachteile für die Mitarbeiter bedeuten und die Mitarbeiter nicht krank zur Arbeit erscheinen sollen. Gegen die Angst, die Anerkennung zu verlieren, hilft es, den Mitarbeiter häufiger zu loben und ihm damit Anerkennung und Wertschätzung seiner Arbeit zu zeigen.

Zu Tode gearbeitet

Raluca Stroescu gilt als Rumäniens erste Kamikaze-Managerin. Ihr Chef hat die 32 Jahre alte Unternehmensberaterin im Sommer 2007 tot in ihrer Wohnung gefunden, nachdem sie nicht zur Arbeit erschienen war. Ihren Kollegen zufolge sah sie in den Wochen vor ihrem Tod aus wie ein Gespenst, abgemagert, mit großen Augenringen. Sie war ständig unterwegs, arbeitete auch am Wochenende. Pausen machte sie nicht, zum Plausch blieb sie nie stehen. Sie hat sich zu Tode gearbeitet, berichteten ihre Kollegen. Der mit dem Fall beauftragte Untersuchungsrichter schloss sich dieser Meinung an. Sein Urteil lautete, der Tod sei durch Stress in Kombination mit Schlafmangel und Erschöpfung eingetreten.[113]

Emotionalisierung messen: Beispiel Konsumentenforschung

Emotionen lassen sich präzise messen

Genauso wie das vorliegende Buch ein verhaltensorientiertes Personalmanagement propagiert, gibt es im Konsumgütermarketing eine stark verhaltensorientierte Denkrichtung. In dieser auf *Werner Kroeber-Riel* zurückgehenden Denkschule der Konsumentenforschung[114] spielt Emotion eine wichtige Rolle. Emotionen sind demnach innere Erregungen, die als angenehm oder unangenehm empfunden und mehr oder weniger bewusst erlebt werden.

Anders als die oft publizierte trivial-naive Intuition im Umgang mit Emotionen (nach dem Motto „ich habe ein gutes Gefühl für Gefühle") steht bei diesem Ansatz[115] die exakte Messung im Mittelpunkt, die auf den drei Messebenen

(1) *psychobiologisch* (zum Beispiel die Messung der Herzrate oder des Blutdrucks, um die Intensität der emotionalen Erregung feststellen zu können),
(2) *subjektiv* (verbale Messungen durch Auswertung von sprachlichen Äußerungen oder nonverbal mittels Fragebogen) und
(3) *ausdrucksbezogen* (über die Beobachtung der Mimik oder der Körpersprache)
stattfindet. Letztlich kann man dabei über entsprechende Bilddatenbanken vorhersagen, welche Emotionen produziert werden (Input), über Fragebögen (und direkte Testverfahren) messen, welche Emotionen produziert wurden (Zustand) und durch Mimikanalysen erkennen, welche Emotionen nach Außen kommuniziert werden (Output). Das Ergebnis ist umfangreiches Wissen dazu, wie Emotionen entstehen und wirken.

Basierend auf diesen emotionspsychologischen Erkenntnissen lassen sich dann emotionale Konsumerlebnisse schaffen. Sie umfassen die Erlebnisvermittlung[116] durch
- Töne,
- Farben,
- Bilder,
- Worte,
- Düfte,
- Geschmacksvarianten und
- Haptik,

was vor allem beim erlebnisbetonten Konsumenten in gesättigten Märkten eine wichtige Rolle spielt. Zudem kann eine emotionale Produktdifferenzierung auch ohne Information – also nur durch Emotion – die Positionierung eines Produktes schärfen.

Hier spielt die Kraft einer Marke (wie Coca-Cola, Sony, Apple oder Porsche) eine interessante Rolle. Aus dem Neuromarketing weiß man aufgrund von Hirnscans, dass starke Marken unabhängig von der Produktgruppe immer die gleichen Regionen im Gehirn ansprechen und diese dort aktivieren. Vergleicht man starke und schwache Marken einer Produktkategorie, werden deutliche Unterschiede klar. Es scheint so, als ob die Marke einen bestimmten Wert im Gehirn erreichen muss, um in der Gunst des Kunden ganz oben zu stehen. Einmal in der Präferenzenliste oben angekommen, verlangen diese starken Marken weniger Aktivität vom Gehirn als schwache Marken. Starke Marken zeichnen sich durch ihre intuitive Erfassung aus, sie vermitteln Sicherheit und Vertrauen, lösen bildliche und begriffliche Assoziationen aus und werden emotional positiv bewertet.[117]

Arbeitgeberimage als Anwendung von Emotionsarbeit

Diese Überlegungen lassen sich zwangsläufig auch im Personalmanagement nutzen. Übertragen auf die Arbeitgebermarke bedeutet dies, dass ein Arbeitgeber mit starker Markenwirkung bei den Bewerbern anerkannter und beliebter ist als ein scheinbar schwächerer Arbeitgeber. Dies erreicht man durch emotionalisierende Slogans und Bilder in Stellenanzeigen, auf Plakaten oder sonstigen Werbematerialien oder bei Auftritten auf Jobmessen. Statt mühsamer verbaler Verkrampfung reichen Bilder von zwei erfolgreichen und glücklichen (Nachwuchs-)Managern in Shanghai oder Barcelona. Beide strahlen im flotten 2.000-Euro-Anzug, politisch passend ein junger Mann und eine junge Frau, im Hintergrund das Firmengebäude, der Firmenwagen, die goldene Uhr gut sichtbar. Auch wenn man über diese Botschaft streiten kann: High Potentials fühlen sich davon angezogen. Zumindest in der externen

Kommunikation sind derartige Bilder aber ein gutes und zielorientiertes Instrument.[118]

Messung von Emotionen

Übung 4.3

Jetzt, da Sie sich gerade mit Emotionen beschäftigen, fällt Ihnen ein, dass Ihnen vor zwei Wochen ein Bekannter, der im Marketing arbeitet, von den Möglichkeiten der Emotionsmessung erzählt hat. Sie versuchen sich zu erinnern: Wie war das noch mal mit der Emotionsmessung und wie kann diese im Personalmarketing genutzt werden?

Emotionalisierung positionieren: Beispiel Personalarbeit

Wo aber ist im Unternehmen das Thema Emotion angesiedelt und wer beschäftigt sich damit? Eine sich unmittelbar aufdrängende Antwort deutet natürlich auf die Personalabteilung als Institution, die – will sie ihren Auftrag ernst nehmen – sich zwangsläufig auch dieses Themas annehmen muss.

Doch wie wirkt die Personalabteilung und was bewirkt sie? Um hier etwas Klarheit zu schaffen, wurde im Frühjahr 2009 in Österreich eine Befragung[119] bei 60 Managern durchgeführt, die zum Teil aus der Personalabteilung, aber auch aus anderen Abteilungen kamen. Die Ergebnisse zeigen, dass die Personalarbeit klare Einflüsse auf Emotionen hat: Personalentwicklung wirkt auf die Motivation als positive Emotion. Gleiches gilt für die Mitarbeiterinformation und Feedbackgespräche. Personalfreisetzung dagegen produziert Angst.

Personalmanager mit rosaroter Brille?

Interessant ist aber auch der Vergleich der Aussagen von Personalmanagern mit denen von Nicht-Personalmanagern. So glauben Personalmanager viel eher als Nicht-Personalmanager, dass Personalbeschaffung „Zufriedenheit" produziert: Für Nicht-Personalmanager kommt wie beim Personaleinsatz die Emotion „Stress" dazu. Insgesamt sehen die Personalmanager die Arbeitswelt emotional wesentlich positiver als ihre Kollegen. So liegt der Verdacht nahe, dass Personalmanager die Arbeitswelt häufig durch eine rosarote Brille betrachten (Abbildung 4.7).

Eine hohe Prozentzahl der befragten Personalmanager glaubt, dass sie negative Emotionen wie Angst, Ärger und Frustration verringern können (Abbildung 4.8). Die Nicht-Personalmanager nehmen das Gegenteil wahr: Sie sind der Meinung, dass negative Emotionen durch die Personalabteilung verstärkt werden.

Personalarbeit ist tägliche Emotionsarbeit

Akzeptiert man diese Befunde, so bedeutet dies die verstärkte Notwendigkeit für Personalmanager zu lernen, wie man positive Emotionen weckt, mit ihnen umgeht und sie sorgsam pflegt, um eine motivierte Belegschaft im Unternehmen zu erhalten. Personalarbeit ist damit nicht nur einmalige Emotionsarbeit, sondern fällt jeden Tag aufs Neue an.

Abbildung 4.7: Einfluss von Personalaktivitäten auf Emotionen[120]

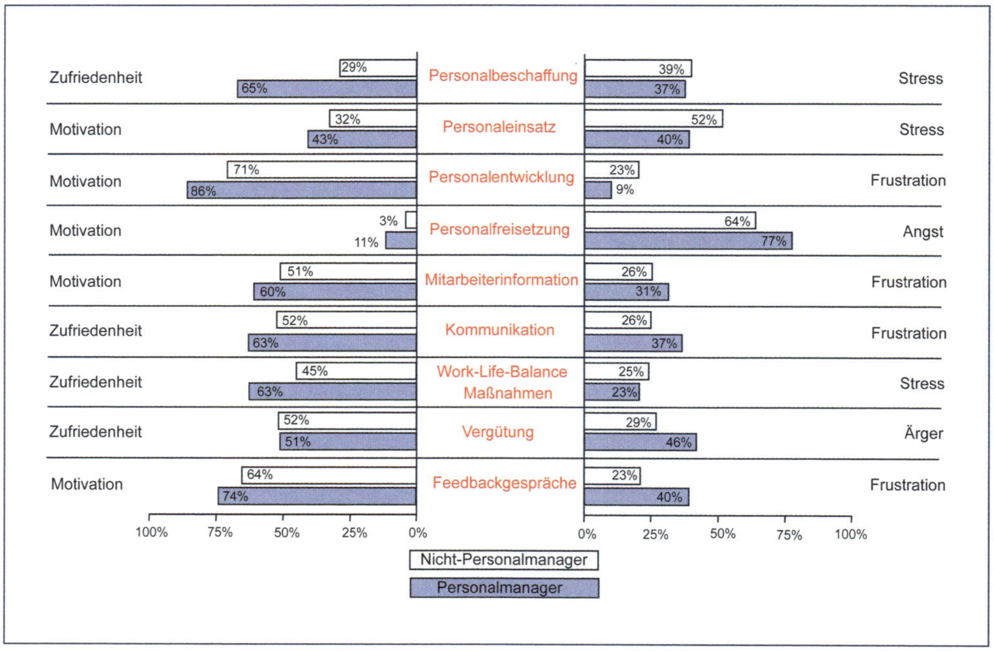

Abbildung 4.8: Einfluss der Personalabteilung auf Emotionen[121]

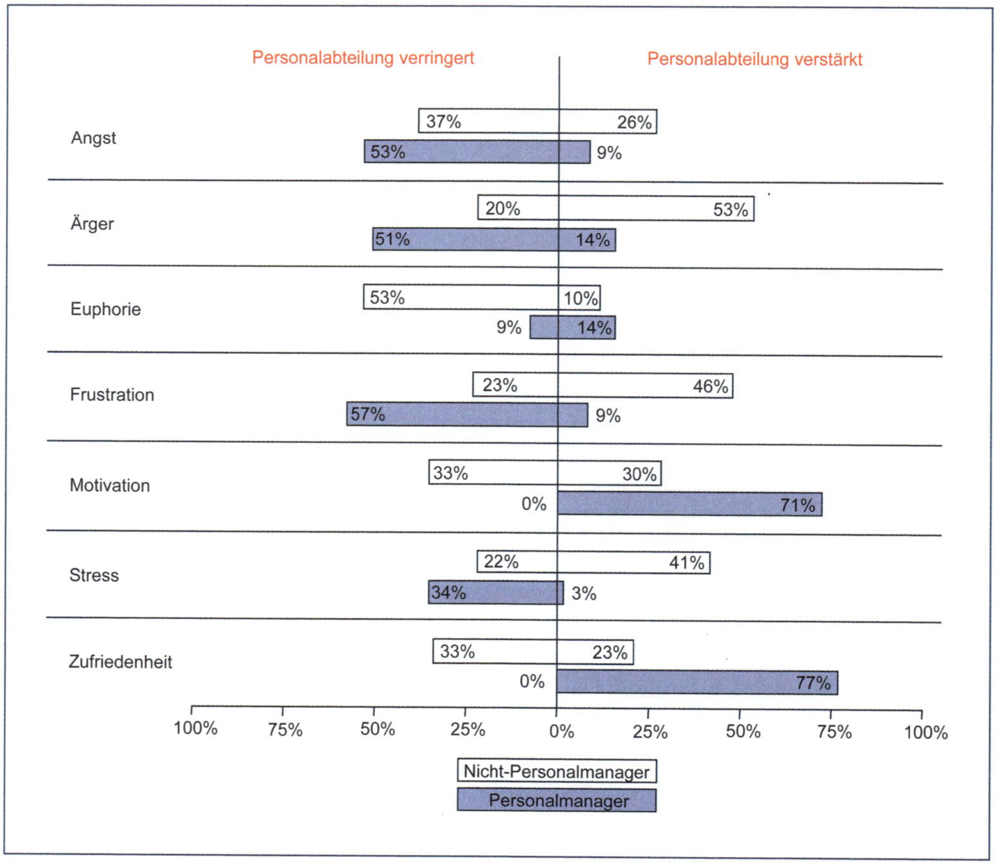

Emotionen in der Personalarbeit

Übung 4.4

Aus eigener Erfahrung wissen Sie, wie stark Emotionen Ihre Arbeit beeinflussen: Sie können eine völlige Blockade verursachen, aber auch zu Hochleistung motivieren. Eigentlich sollte dieses Potenzial ja auch bei der Strawberry Cake & Bakeries AG genutzt werden. Sie überlegen daher, ob und wie die Personalabteilung Emotionen bei den Mitarbeitern beeinflussen und nutzen kann.

4.4 Digitalisieren: Wie sehen virtuelle Emotionen aus?

Emotionen in der Digitalisierung sind schwierig, weil viele Mittel zur Kommunikation nicht so präzise sind wie ein persönliches Gespräch. Mitarbeiter können weniger erkennen, wie das Gegenüber reagiert. Dieser Effekt wird durch die Distanz und den fehlenden persönlichen Kontakt verstärkt und führt zu einer erhöhten Konfliktgefahr durch einfache Missverständnisse. Durch die Digitalisierung hat die Personalabteilung auch nicht immer direkten Zugriff auf Mitarbeiter und muss mit nur unscharf erkennbaren Emotionen arbeiten.

Virtuelle Emotionen

Gerade die Kommunikation über die „neuen" Medien führt dazu, dass Menschen in einem tendenziell emotionslosen Kontext kommunizieren, sei es per Mail, per Messenger, oder per Projektmanagementsoftware wie Slack. Auch betriebsinterne Social Media Plattformen wie Facebook Workplace reduzieren die Kommunikation auf das geschriebene Wort. Eine solche Kommunikation entfernt viele emotionale Informationen und lässt beiden Seiten gefährlich viel Spielraum für Interpretationen.

Selbst Technologien wie Video-Konferenzen, Virtual Reality oder Augmented Reality schneiden teilweise Hinweise auf den emotionalen Zustand der Person ab.

Diverse Studien[122, 123] untersuchten die Art, wie Mitarbeiter miteinander im digitalen Kontext kommunizieren, also beispielsweise wie die Begrüßung in einer E-Mail erfolgt oder sogar unterbleibt. Eine freundliche, persönliche Anrede wird als soziale Wertschätzung interpretiert und fördert die Harmonie im Unternehmen. Trotzdem bleibt eine derartige Kommunikation weiterhin auf einer persönlichen und professionellen Ebene. Dies ist etwas anders, wenn Emotionen durch die Nutzung von Smileys transportiert werden. Dabei führt die Nutzung von Smileys gerade in einem informellen Kontext dazu, dass die Kommunikation als warm bezeichnet werden kann. Aber diese wahrgenommene Kompetenz sinkt durch die Nutzung von Smileys, wobei generell die Interpretation derartiger Kommunikationselemente organisationskulturell und noch stärker länderkulturell geprägt ist[124].

Analoge Gefahren entstehen bei Konzepten wie Chatbots, Call-Center oder Assistenzsystemen, alles Konzepte, die einen hohen Fokus auf formale Kommunikation legen und auf virtuelle Emotionen verzichten.

Emotionale Roboter

Ein wegen weitreichender Implikationen besonders schöner Aspekt der Emotionen in der Digitalisierung sind Emotionen von Robotern. Grundsätzlich haben Roboter keine „echten Emotionen“. Sie werden jedoch so programmiert, dass sie Emotionen simulieren, um mit Menschen zu interagieren. Moderne Roboter haben schon heute starke Ähnlichkeiten mit Menschen und werden auch emotional trainiert, damit sie Small-Talk betreiben oder Emotionen wie Konfusion und Traurigkeit adaptieren, vor allem aber auf die Emotionen des Gegenübers reagieren können[125].

Durch dieses Verhalten bauen Roboter beim Menschen Emotionen auf. Dies kann dazu führen, dass der Staubsaugerroboter Roomba Teil der Familie wird. Die Firma hinter Roomba musste deshalb gewährleisten, dass ein eingesandter Roomba repariert und nicht ausgetauscht wird. Denn auch ein Familienmitglied wird gerettet und nicht ersetzt. In Unternehmen bekommen Roboter Namen und partizipieren an Unternehmensfesten.

Selbst wenn die Roboter emotionslos sind, die Reaktion des Menschen wird emotional sein.

Die Abbildung 4.9 zeigt auf, dass die modernen Roboter und vor allem die zukünftigen Roboter mehr als nur Anweisungen folgen werden, Diese Roboter werden mit den Menschen interagieren und auch als Führungskraft auftreten. Emotionen der Menschen werden erkannt und die Roboter können selbst Emotionen simulieren. Neue Technologien führen dazu, dass die Zusammenarbeit zwischen Mensch und Maschine emotionalisiert wird: Das Personalmanagement muss sich deshalb auf die Emotionen in solchen Human-Robot-Teams fokussieren.

Abbildung 4.9
Vier Facetten eines emotionalen Roboters

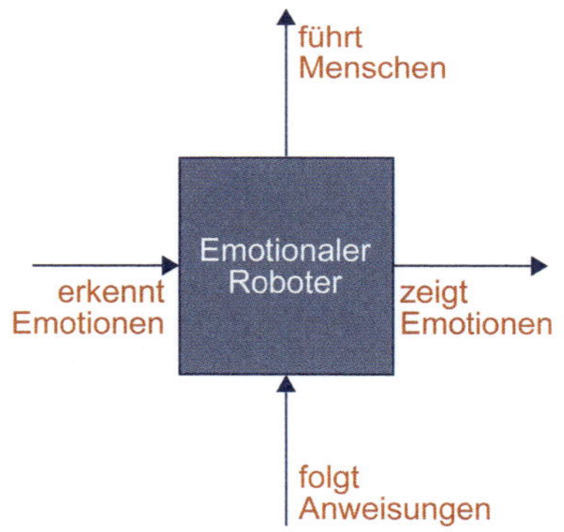

4.5 Instrumentalisieren: Wie kann man Emotionen in den Griff bekommen?

Um Emotionen sinnvoll einsetzen zu können, sind die Mechanismen interessant, die helfen, Emotionen in den Griff zu bekommen, also zu regulieren. Schließlich sollte man trotz aller Forderungen nach mehr Emotionalität der Situation entsprechend angemessen reagieren können.

Emotionale Stabilität

Emotionale Stabilität ist die Fähigkeit zur Kontrolle der eigenen Emotionen. Emotional stabile Personen zeigen ausgeglichene und wenig sprunghafte emotionale Reaktionen sowie die Fähigkeit zur raschen Überwindung von Misserfolgen und Rückschlägen.

Emotionale Stabilität: Fähigkeit zur Kontrolle der eigenen Emotionen

Die emotionale Stabilität wird in verschiedenen Persönlichkeitstests zur Feststellung der Persönlichkeitsmerkmale untersucht und ist das Gegenteil von emotionaler Labilität. Sie wird zu den fünf Grunddimensionen der individuellen Persönlichkeit gerechnet, die über alle Kultur- und Landesgrenzen hinweg vorhanden sind.[126]

Emotionale Intelligenz

Die wahrscheinlich gegenwärtig bekannteste Instrumentalisierung von Emotionen ist das Konzept der emotionalen Intelligenz. Ursprünglich auf *Peter Salovey* und *John Mayer*[127] zurückgehend, wurde es – in starker Anlehnung an seine Vorgänger – von *Daniel Goleman*[128] bekannt gemacht.

Daniel Goleman ist der Auffassung, dass der Intelligenz-Quotient als Messinstrument in der Personaldiagnostik nicht ausreicht, da dieser nichts über die sozialen Fähigkeiten der Menschen aussagt. Er stellt fest, dass es ebenso wichtig ist, dass die sozialen Kompetenzen gut ausgeprägt sind. In seiner ursprünglichen Arbeit verwendet *Daniel Goleman* fünf Hauptgebiete der emotionalen Intelligenz[129], nämlich

(1) *Selbstwahrnehmung* als Fähigkeit, die aktuellen Gefühle zu bestimmen und mit einem gesunden Selbstvertrauen zu verbinden,
(2) *Selbstregulierung* als Fähigkeit, mit den eigenen Emotionen so umzugehen, dass sie die Aufgabenerfüllung erleichtern,
(3) *Motivation* als Fähigkeit, sich selbst in Richtung auf eigene Ziele zu bewegen,
(4) *Empathie* als Fähigkeit, sich in die Gefühle anderer hineinzuversetzen,
(5) *Beziehungsmanagement* als Fähigkeit, in Beziehungen mit Emotionen umzugehen und soziale Situation zu erfassen.

Emotionale Intelligenz: alle Eigenschaften und Fähigkeiten einer Person im Umgang mit eigenen oder fremden Gefühlen

Da sich Motivation aber nur auf die Person selbst bezieht und nicht auf die Interaktion mit anderen, hat sie *Daniel Goleman* in seiner neuen Arbeit[130] gestrichen.

Gute Führung ist emotional

„Gute Führungskräfte sprechen unsere Gefühle an. Sie wecken unsere Leidenschaft und bringen uns dazu, unser Bestes zu geben. Wenn wir zu erklären versuchen, warum sie so effektiv sind, sprechen wir von Strategie, Vision oder überzeugenden Ideen. Doch in Wirklichkeit geht es um etwas viel Grundlegenderes: um emotional intelligente Führung."[131]

Daniel Goleman (geb. 1946; amerikanischer Psychologe und Wissenschaftsjournalist)

© Michael Wuertenberg

Unabhängig vom Erfolg seiner These, wonach gerade diese emotionale Intelligenz letztlich für den Erfolg von Führung im Speziellen und von Unternehmen im Allgemeinen verantwortlich ist, zeigen empirische Befunde[132], dass der einfache Intelligenz-Quotient tendenziell der bessere Indikator für Erfolg ist. Darüber hinaus gibt es lange Listen von Kritikpunkten am Konzept von *Daniel Goleman*. Exemplarisch zu nennen ist die Kritik von *Rolf Degen*.[133] Danach

- geht durch das Zusammenfassen der unabhängigen Dimensionen Fertigkeiten und Persönlichkeitsmerkmale die Einheitlichkeit der emotionalen Intelligenz verloren,
- liegt der Messung der emotionalen Intelligenz keine methodische Untersuchung zugrunde, wodurch die Wissenschaftlichkeit nur vorgetäuscht wird und
- ist der Glaube daran, dass die emotionale Intelligenz beim beruflichen Erfolg helfe, unbegründet.

Die Frage bleibt weiterhin, ob emotionale Intelligenz gelernt werden kann, denn spätestens im Erwachsenenalter haben sich die Wesenszüge eines Menschen zementiert. Zudem kann man Gefühlsintelligenz nicht von heute auf morgen lernen.

Emotionale Intelligenz: zentraler Bestandteil interkultureller Kompetenz

Synonym für emotionale Intelligenz steht der Ausdruck emotionale Kompetenz, der gerade im Zusammenhang mit der interkulturellen Kompetenz unbestreitbare Bedeutung erlangt hat.

Emotionale Dissonanz

Auch wenn im Regelfall die äußere Denkhaltung einer Emotion mit dem inneren, gefühlten Zustand übereinstimmt, so gibt es doch Fälle, in denen ein Unterschied zwischen

- dem öffentlichen Zeigen und
- dem subjektiven Erleben

auftritt.

Emotionale Dissonanz: Unterschied zwischen dem Fühlen einer Emotion und ihrem Vortäuschen

Diese Konstellation bezeichnet *Arlie Hochschild*[134] als emotionale Dissonanz, zu verstehen als Unterschied zwischen dem Fühlen einer Emotion und ihrem simplen Vortäuschen.

Dieses Konzept der emotionalen Dissonanz spielt als emotionale Arbeit vor allem bei Mitarbeitern mit direktem Kundenkontakt eine Rolle. Egal, was sie fühlen und denken: Dem Kunden gegenüber müssen sie Freundlichkeit, Anteilnahme und viele andere als positiv eingestufte Emotionen vortäuschen. Das zwangsläufige Ergebnis: Die Mitarbeiter sind unzufrieden, ihre Arbeitsleistung sinkt und das Selbstwertgefühl der Mitarbeiter wird beschädigt. Als Konsequenz daraus vergrößert sich die emotionale Dissonanz noch mehr (Abbildung 4.10).

Auch wenn dieses Phänomen empirisch schwer greifbar ist und zu widersprüchlichen Befunden führt[135], zeigt es doch deutlich auf Problemzonen eines mitarbeiter- und kundenorientierten Personalmanagements.

Als praktisches Ergebnis dieses Modells gibt es eine ganze Reihe von Ansatzpunkten[136], wovon das Abstellen auf die Idee der emotionalen Arbeit als interessantester Punkt erscheint. Danach gilt es, Mitarbeiter über Trainings- und Erklärungssysteme

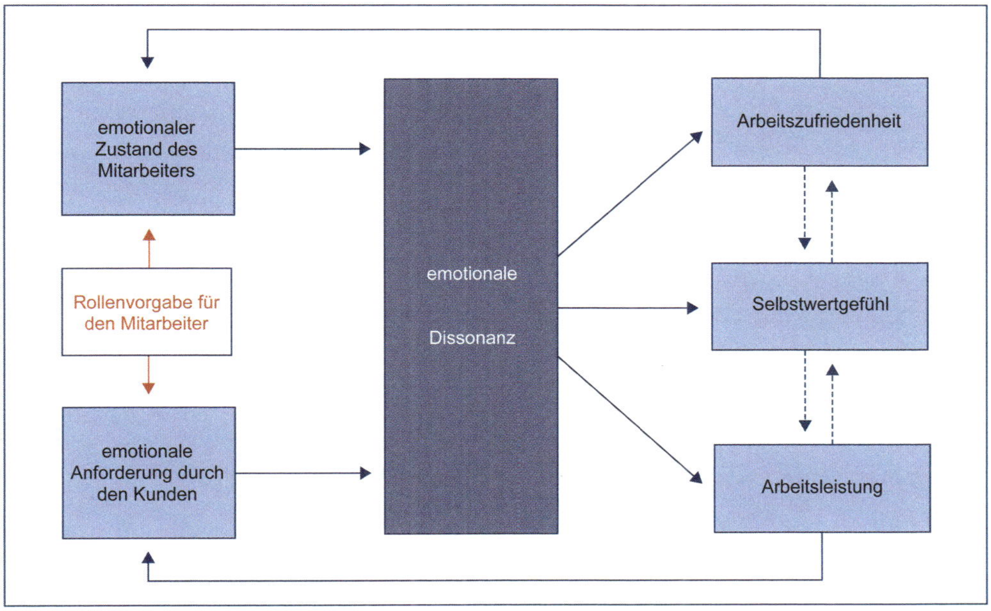

Abbildung 4.10: Emotionale Dissonanz als Schlüsselfaktor

auf das Auftreten von emotionalen Dissonanzen vorzubereiten. Dazu zählt auch der Wunsch, gezielt die Beziehungsarbeit mit dem Kunden zu einem zentralen Teil der Arbeit des Mitarbeiters mit Kundenkontakt zu machen – auch wenn er nicht immer mit positiven Emotionen verknüpft ist.

Produzieren positiver Gefühle

„Wissen Sie, wo ich bin, wo ich Ihnen diesen Brief schreibe? Ich habe mir ein kleines Tischchen herausgestellt und sitze nun versteckt zwischen grünen Sträuchern. Rechts neben mir die gelbe Zierjohannisbeere, die nach Gewürznelken duftet, links ein Ligusterstrauch …, und vor mir rauscht langsam mit ihren weißen Blättern die große, ernste und müde Silberpappel … Wie ist es schön, wie bin ich glücklich, man spürt schon beinahe die Johannisstimmung – die volle üppige Reife des Sommers und den Lebensrausch."

Diese Zeilen schrieb *Rosa Luxemburg* 1917 an ihre Schwester – aber aus dem Gefängnis, in dem sie zu diesem Zeitpunkt bereits seit zwei Jahren inhaftiert war. Die Belastungen des Gefangenenalltags, die Enge, das schlechte Essen, die fehlende Nähe zu Familie und Freunden haben ihr die gute Stimmung nicht nehmen können. *Rosa Luxemburg* bewies damit: Positive Gefühle können produziert werden! Eine Fähigkeit, die viele Führungskräfte durch den Stress und die Hektik des Alltags verloren haben und erst wieder neu erlernen müssen.[137]

Emotionale Regulation

Emotionale Regulation: Gesamtheit der Prozesse zur Verarbeitung emotionaler Zustände

Wenn Mitarbeiter eine hohe emotionale Stabilität aufweisen, dann ist das gleichermaßen ein Glücksfall wie die Existenz einer hohen emotionalen Intelligenz. Was aber sollte man tun, wenn dies nicht der Fall ist, also ausgeprägte emotionale Dissonanzen vorliegen? An dieser Stelle steht die emotionale Regulation, zu verstehen als die Gesamtheit der Prozesse zur Verarbeitung emotionaler Zustände.

Generell gibt es hierfür zwei Variablen:
(1) Zum einen kann der Veränderungsprozess im Sinne *mentaler Verarbeitung* in und durch die jeweils betreffende Person stattfinden. Eine Möglichkeit dazu ist die Verdrängung.
(2) Zum anderen wird die emotionale Regulation *durch andere Personen* ausgelöst, beispielsweise Partner oder Therapeuten.
Nachfolgend interessiert vor allem der letztgenannte Fall.

Emotionale Instabilität: durch emotionale Dissonanz hervorgerufene Persönlichkeitsstörung

Menschen mit extrem ausgeprägten emotionalen Dissonanzen leiden häufig an einer Borderline-Persönlichkeitsstörung, auch „emotional instabile Persönlichkeitsstörung“ genannt. Die Betroffenen leben in einer extremen und labilen Stimmungswelt. Ihre Stimmungslage kann in einem Moment von einem Extrem ins andere wechseln, zum Beispiel von aufgedreht fröhlich in tieftraurig. Dies kann zu längeren Stimmungskrisen führen oder nur kurzfristig sein.[138] Bei einer solchen Störung sind bestimmte Bereiche von Gefühlen, des Denkens und des Handelns beeinträchtigt, was sich durch negatives und teilweise paradox wirkendes Verhalten in zwischenmenschlichen Beziehungen sowie im gestörten Verhältnis zu sich selbst äußert. Die Fähigkeit, Gefühlsschwankungen auszugleichen, fehlt. Die Betroffenen haben ein Schwarz-Weiß-Denken entwickelt. Sie wechseln zwischen der Idealisierung ihrer Mitmenschen und deren Entwertung. Sie können jedoch keine konstante Vorstellung von ihnen über längere Zeit behalten. Ihr eigenes Selbstbild wechselt dabei ebenfalls von Minderwertigkeitsvorstellung bis zu Größenwahn.

Bei der Therapie von emotionalen Dissonanzen kommt vor allem die Dialectical Behavioral Therapy zum Einsatz. Hier geht es um das Erlernen von neuen Verhaltensmustern, um bisher stressauslösende Situationen besser bewältigen zu können. Im Einzelnen kommt es auf das Erlernen von vier Fertigkeiten[139] an:
(1) Die *innere Achtsamkeit* soll dem Betroffenen helfen, sich selbst wieder mehr zu vertrauen mit dem Ziel, im Alltag Gefühle und Verstand besser vereinen zu können.
(2) Die *zwischenmenschlichen Fertigkeiten* helfen, Beziehungen zu knüpfen und auch zu pflegen. Das Ziel ist es, die eigenen Bedürfnisse wahrzunehmen und sich dennoch auch von anderen abgrenzen zu können, um ein eigenes Gefühl für Nähe und Distanz entwickeln zu können.
(3) Im *Umgang mit Gefühlen* lernen die Betroffenen ihre Gefühle als Signale für eine Orientierung zu erkennen und zu benennen. So soll die Verwundbarkeit verringert werden und das Vertrauen in die eigenen Gefühle gestärkt werden.
(4) Mit der *Erhöhung der Stresstoleranz* soll der Betroffene lernen, den Stress zu akzeptieren, auszuhalten und so leichter ertragen zu können.

Emotionen wirken im ganzen Unternehmen

„Emotionen spielen für die Organisations- und Führungspraxis in Unternehmen eine grundlegende Rolle. Maßgeblich beeinflussen und bestimmen sie die Gefühlslage des Einzelnen sowie die Qualität des Mit- und manchmal auch Gegeneinanders in Organisationen. So sind Emotionen sowohl für die Entwicklung und Gestaltung von Organisationsprozessen, wie zur Durchführung und Interpretation von Führungspraktiken oft entscheidend. Als einflussreicher, aber oft unterschätzter ‚energetischer' Zusammenhang ist die Wirkungsbreite von Emotionen immens."[140]

Univ.-Prof. Dr. Jürgen Weibler (geb. 1959; Professor für Personalführung und Organisation) und *Dr. Wendelin Küpers* (geb. 1965; Managementforscher, Professor für Leadership und Organisation Studies)

Mit Langzeitstudien konnte der Erfolg dieser Form emotionaler Regulation nachgewiesen werden. Dies zeigt, dass es auch für das Personalmanagement möglich sein muss, emotionale Dissonanzen in der aktuellen Arbeitswelt zumindest ansatzweise zu bewältigen und Emotionen als positive Kraft wirken zu lassen.

4.6 Ausblick

Bereits *Alice Isen* und *Johnmarshall Reeve* haben nachgewiesen, dass Arbeitnehmer mit positiven Gefühlen in der Arbeit produktiver, leistungsfähiger, belastbarer sowie zufriedener sind und ein größeres Durchhaltevermögen haben.[141] Die positiven Gefühle wirken sich auch positiv auf die eigene Karriere aus: Mit positiven Gefühlen werden die Beurteilungen der Führungskräfte besser und Einkommen höher.

Wie jedoch positive Emotionen bewusst geweckt werden können, dazu gibt es wenig empirische Studien oder theoretische Ansätze. Diese Emotionsarbeit kommt nicht nur auf die Personalabteilung zu, sondern auch auf jede Führungskraft. Sie ist der tägliche und unmittelbare Ansprechpartner für die Arbeitnehmer und sollte sich in dieser Rolle ihr Verhalten gegenüber dem Mitarbeiter bewusst machen. Wenn sie es nicht schafft, positive Emotionen zu wecken beziehungsweise negative Emotionen wieder in positive zu verwandeln, wird die Motivation der Mitarbeiter sinken, was sich zum Beispiel durch geringere Leistungen oder in einer hohen Fluktuationsrate bemerkbar machen kann.

Positive Emotionen sind wichtig, aber schwer realisierbar

Aufgaben und Fragen zur Selbstüberprüfung

1. Wie heißen die zehn Grundemotionen nach *Caroll Izard*?
2. Vergleichen Sie den Prozess der Emotionskonzepte von *Caroll Izard* und *Robert Plutchik* und diskutieren Sie die Unterschiede!
3. Erklären Sie, wie das Marketing gezielt Emotionen bei einem Käufer wecken kann!
4. Welche Arten von betrieblicher Angst gibt es und wie definieren sie sich?
5. Worauf müssen Sie in der Digitalisierung im Umgang mit Emotionen achten?
6. Welche Kritik wird im Zusammenhang mit dem Konzept der emotionalen Intelligenz von *Daniel Goleman* geäußert?
7. Zeichnen Sie das Konzept der Emotionalen Dissonanz und erklären Sie es!
8. „Verkäufer müssen besonders gut mit emotionaler Dissonanz umgehen können.“ Erklären Sie diese Aussage!

Endnoten

90 *Badura/Ducki/Schröder/Klose/Meyer* 2017.

91 *EY* 2017.

92 *Gallup* 2013, 1.

93 *Meyer* 1933, 300.

94 vgl. *Küpers/Weibler* 2005.

95 *Maier* 1908.

96 vgl. *Izard* 1981.

97 vgl. *Darwin* 1900.

98 vgl. *Ortony/Turner* 1990, 315–316.

99 *Plutchik* 1980.

100 *Lewis/Haviland* 1993, 56.

101 vgl. *Plutchik* 1980.

102 vgl. *Plutchik* 2003.

103 vgl. *Kroeber-Riel/Weinberg/Gröppel-Klein* 2009, 160–161.

104 *Howard* 2000.

105 *Darwin* 2002, 43.

106 *Howard* 2000, 40–47.

107 vgl. *Küpers/Weibler* 2005.

108 vgl. *Watson/Tellegen* 1985, 221.

109 in Anlehnung an *Watson/Tellegen* 1985, 221.

110 vgl. *Weibler/Küpers* 2008.

111 vgl. *Panse/Stegmann* 1996.

112 vgl. *Panse/Stegmann* 1996, 45–66.

113 *Martens* 2008, 37.

114 vgl. *Forschungsgruppe Konsum und Verhalten* 1994.

115 vgl. *Kroeber-Riel/Weinberg/Gröppel-Klein* 2009, 120–131.

116 vgl. *Kroeber-Riel/Weinberg/Gröppel-Klein* 2009, 147–148.

117 vgl. *Schleier* 2008.

118 vgl. *Kroeber-Riel/Weinberg/Gröppel-Klein* 2009, 142–145.

119 vgl. *Scholz/Lechner/Jorzyk* 2009.

120 vgl. *Scholz/Lechner/Jorzyk* 2009, 8.

121 vgl. *Scholz/Lechner/Jorzyk* 2009, 5.

122 *Waldvogel* 2007, 456–477.

123 *Glikson/Cheshin/van Kleef* 2017.

124 *Park/Baek/Cha* 2012, 333–354.

125 *Hall, Louisa,* How We Feel about Robots that Feel, 24.10.2017, online unter: https://www.technologyreview.com/s/609074/how-we-feel-about-robots-that-feel/, abgerufen am 25.5.2018.

126 vgl. *Costa/McCrae* 2000.

127 vgl. *Salovey/Mayer* 1989–90.

128 vgl. *Goleman* 1996.

129 *Goleman/Boyatzis/McKee* 2002, 19.

130 vgl. *Goleman* 1999, 388.

131 vgl. *Goleman/Boyatzis/McKee* 2002.

132 vgl. *Van Rooy/Viswesvaran* 2004.

133 vgl. *Degen* 2001.

134 vgl. *Hochschild* 1983, 90.

135 vgl. *Côté* 2005.

[136] vgl. *Phillips/Tsu Wee Tan/Julian* 2006.

[137] *Eichhorn* 2008, 29.

[138] vgl. *Linehan* 1996, 50.

[139] vgl. *Linehan* 1996, 50–51, 76.

[140] *Küpers/Weibler* 2005, 7.

[141] *Isen/Reeve* 2005.

5

Kalkulation: Wie bestimmt man den wirklichen Personalbedarf?

Inhalt

Fakten

92 % der Personalexperten nutzen Big Data nicht strategisch für ihre Tätigkeiten.[142]

71 % der Personalmanager sind der Meinung, dass sich der demographische Wandel in den nächsten drei Jahren stark bis sehr stark auf das Personalmanagement im Unternehmen auswirken wird.[143]

Durch den technologischen Wandel werden bis zu 14 % der globalen Arbeiterschaft ihre Tätigkeit wechseln müssen.[144]

Lernziele

- Sie erfahren, welche Grundlogik hinter einer zeitgemäßen Personalbedarfskalkulation steckt.
- Sie erleben den Umgang mit Kennzahlen.
- Sie wissen den Unterschied zwischen der qualitativen und quantitativen Personalbedarfskalkulation.
- Sie verstehen den Unterschied zwischen Brutto- und Nettopersonalbedarf.
- Sie lernen die Methoden zur Personalbedarfskalkulation.

5.1 Überblick

Betrachtet man das Personalmanagement als Planungsprozess, steht die Bestimmung des Personalbedarfs am Anfang der Prozesskette.

Diese Kalkulation des Personalbedarfs bildet auch insofern einen wichtigen Bestandteil der Unternehmenspolitik, als qualifizierte Arbeitskräfte zwangsläufig in einer globalisierten, wettbewerbsorientierten Arbeitswelt überlebenskritisch sind. Zudem hilft die richtige und zeitnahe Bestimmung des Personalbedarfs, Störungen im Betriebsablauf zu vermeiden, die durch fehlende oder falsch qualifizierte Mitarbeiter hervorgerufen werden können.
Die Kalkulation des Personalbedarfs legt dabei fest

- wie viele Mitarbeiter (quantitativ),
- welcher Qualifikation (qualitativ),
- zu welchen Zeitpunkten (zeitlich),
- an welchen Orten (räumlich) und
- mit welchem Wert (wertmäßig)

zur Realisation des geplanten Produktions- und Leistungsprogramms erforderlich sind.

Kalkulation: Festlegung des zur Realisation des Produktions- und Leistungsprogramms erforderlichen Personalbedarfs

Nach dem Aufzeigen der Grundlogik, die hinter der Personalbedarfskalkulation steckt (Abschnitt 5.2), werden genau diese fünf Aspekte abgearbeitet: Zunächst geht es mit diversen Kennziffern um das reine mengenmäßige Gerüst (Abschnitt 5.3), das dann durch Anforderungsmerkmale als qualitative Manifestation erweitert wird (Abschnitt 5.4). Neben Kennziffern sind Studien zum Zeitbedarf eine wichtige Basis für die Bedarfskalkulation (Abschnitt 5.5). Stellvertretend für verschiedene Fragen der räumlichen Konkretisierung stehen Modelle zur internationalen Ausrichtung (Abschnitt 5.6). Danach folgt eine kurze Überlegung zum erforderlichen Budget, das für die durch die Mitarbeiter verursachten Kosten benötigt wird, als wertmäßiger Aspekt (Abschnitt 5.7).

5.2 Grundlogik

Die Personalbedarfskalkulation führt als Inputfaktoren Informationen aus dem Leistungsprogramm zusammen, die dann vor dem Hintergrund eines spezifischen Umfeldes (Kontext) den Personalbedarf ergeben (Abbildung 5.1).

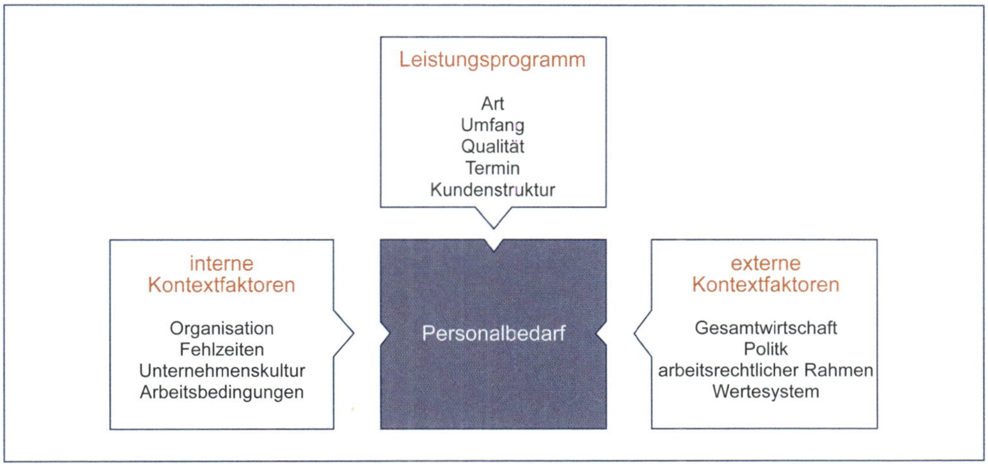

Abbildung 5.1: Kontextfaktoren der Personalbedarfsbestimmung

Bruttopersonalbedarf versus Nettopersonalbedarf

Theoretische wie praxisorientierte Veröffentlichungen belegen gleichermaßen den Ausdruck „Personalbedarf" mit zwei unterschiedlichen Inhalten. Dabei geht es auf der einen Seite darum, festzustellen, wie viele Personen überhaupt erforderlich sind („Bruttopersonalbedarf"), auf der anderen Seite darum, wie viele Personen aufgrund von bereits feststehenden Veränderungen zusätzlich einzustellen sind („Nettopersonalbedarf").[145]

Personalbestand
+ Nettopersonalbedarf
= Bruttopersonalbedarf

Während ältere Arbeiten überwiegend Personalbedarf mit dem Nettopersonalbedarf gleichsetzen, setzt sich immer mehr die konzeptionell saubere (exaktere) Variante durch, bei der man unter Personalbedarf ausschließlich den Bruttopersonalbedarf versteht. Dieser ist der gesamte Arbeitskräftebedarf, der nötig ist, um die im Produktions- und Absatzplan bestimmten Vorgaben zu realisieren.
Dieser Bruttopersonalbedarf besteht aus
- dem Einsatzbedarf, der sich im Wesentlichen aus der Arbeitsmenge ergibt, und
- dem Reservebedarf, der eine Konsequenz aus Fehlzeiten, Urlaub und Abwesenheit aufgrund der Teilnahme an Weiterbildungsmaßnahmen ist.

In diesem Kapitel dreht es sich ausschließlich um diesen Bruttopersonalbedarf.

Später wird dann der (Brutto-)Personalbedarf mit dem Personalbestand verglichen, wobei es auch hier zwei Unterformen gibt, nämlich
- die Differenz aus bereits feststehenden Abgängen und bereits feststehenden Zugängen, die als „Ersatzbedarf" angibt, wie viele Mitarbeiter nötig sind, um die ausgeschiedenen Mitarbeiter im Unternehmen auszugleichen sowie
- als Vergleich zwischen Personalbestand und Personalbedarf den „Neubedarf", der durch die Veränderung der Aufgabenstruktur beziehungsweise der Form der Aufgabenerledigung entsteht.

Neubedarf und Ersatzbedarf ergeben zusammen den Nettopersonalbedarf. Dieser Nettopersonalbedarf kann auch negativ sein: In diesem Fall signalisiert der Vergleich zwischen Personalbedarf und Personalbestand einen Personalüberhang, den es abzubauen gilt (Abbildung 5.2).

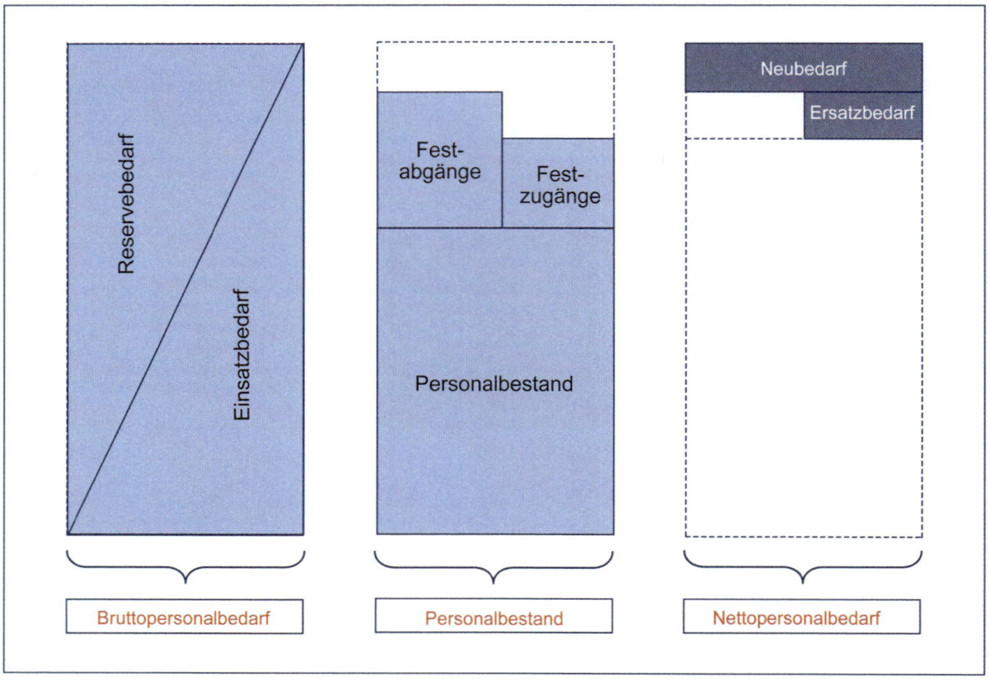

Abbildung 5.2: Bruttopersonalbedarf und Nettopersonalbedarf im Zusammenhang

Fortführungsbasis versus Nullbasisplanung

Um den Personalbedarf zu bestimmen, gibt es eine ganze Reihe von Verfahren, die sich mit einer Grundlogik aus zwei Differenzierungen hinterlegen lassen.

Bezugsbasis!

Die erste Differenzierung betrifft die Bezugsbasis, die für die Kalkulation zugrunde gelegt wird:

- Bei der Planung auf *Fortführungsbasis* geht man davon aus, dass der bisherige Personalbestand genau dem entspricht, was das Unternehmen heute und in Zukunft braucht. Würde sich also im Leistungsprogramm nichts ändern, wäre auch kein zusätzlicher Personalbedarf erforderlich.
- Im Gegensatz dazu geht die *Nullbasisplanung* davon aus, dass das gesamte aufkommende Arbeitsvolumen in eine entsprechende Personalbedarfsstruktur umzurechnen ist. Es wird also quasi „am grünen Tisch" alles neu durchgerechnet, ohne dass Vergangenheitsdaten automatisch als „richtig" in die Planung eingehen.

Die Planung auf Nullbasisplanung ist richtiger, allerdings aufwändiger.

Datenart!

Die zweite Differenzierung betrifft die zur Planung verwendeten Daten:

- Bei der Planung *mit Vergangenheitsdaten* (Typ I) geht das Unternehmen von bestehenden Zusammenhängen aus vorangegangenen Produktionsschritten aus. Es wird also beispielsweise zugrunde gelegt, wie viele Mitarbeiter in der Vergangenheit für die Erledigung einer bestimmten Aufgabe erforderlich waren.
- Bei der Planung *ohne Vergangenheitsdaten* (Typ III) führt man für die zu realisierende Aufgabe eine vollständig neue Analyse durch, die sich unmittelbar an der Aufgabe orientiert. Hierzu verwendet man unter anderem diverse Formen der Expertenbefragung.

- Dazwischen steht eine *Mischform* (Typ II), bei der nur einige Zusammenhänge mit Vergangenheitsdaten bestimmt werden.

Bei der Personalbedarfsplanung vom Typ I wird auf Fortführungsbasis mit Vergangenheitsdaten gearbeitet. Beim Typ II wird zumindest der zusätzliche Aufgabenanfall neu bewertet. Ideal – aber nur in Ausnahmefällen realisierbar – ist die Personalbedarfsplanung vom Typ III, bei dem für den gesamten Arbeitsanfall eine vollkommene Neubewertung ohne Zugrundelegung von vergangenen Relationen durchgeführt wird (Abbildung 5.3).

Grundsätzlich gibt es also drei Typen der Personalbedarfsplanung, wobei die Fortführungsbasis mit Vergangenheitsdaten das übliche Verfahren, die Nullbasisplanung das sinnvollste Verfahren ist. Egal in welcher Form man den Personalbedarf plant: Zumindest die Einschränkung, die sich durch das jeweils gewählte Verfahren ergibt, sollte man kennen.

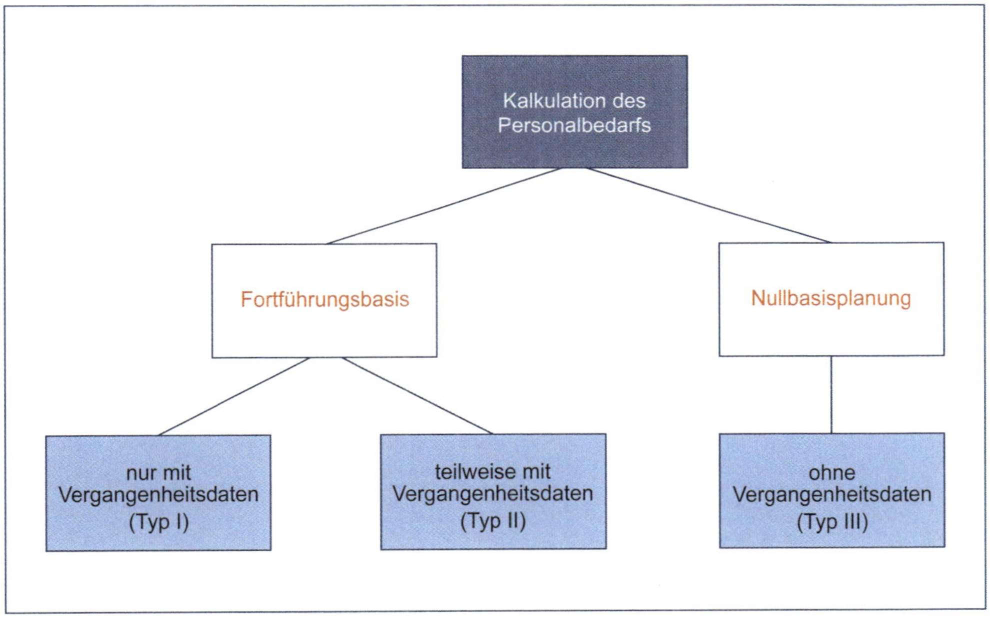

Abbildung 5.3: Typen der Personalbedarfsplanung

Erstellen einer Nullbasisplanung

Übung 5.1

Sie haben einen lukrativen Vertrag mit der BigMall GmbH, dem Betreiber eines großen Einkaufszentrums, geschlossen. Nun steht die Planung der neuen Filiale zum Verkauf von Erdbeerkuchen in diesem Einkaufszentrum an. Sie führen dazu zunächst einmal eine reine Nullbasisplanung ohne Vergangenheitsdaten durch. Dazu gehen Sie wie folgt vor: Als erstes zeichnen Sie einen Plan für die Filiale. Dann tragen Sie die Funktionen ein – beginnend beim „Füllen der Ladentheke“ bis hin zu „Kassieren des Verkaufspreises“ und überlegen sich, welche Arten von Mitarbeitern (qualitativer Aspekt) und wie viele Mitarbeiter (quantitativer Aspekt) Sie für die Filiale benötigen.

5.3 Quantitativer Aspekt: Wie viele Mitarbeiter braucht man?

Um die erforderliche Zahl von Mitarbeitern zu bestimmen, bieten sich vor allem Kennzahlen und Trendextrapolationen an. Zudem lassen sich aus dem weiter unten behandelten zeitlichen Aspekt quantitative Bedarfswerte ableiten.

Personalbedarfsbestimmung: Kritischer Engpass in der Digitalisierung

Die Personalbedarfskalkulation ist gerade in der Digitalisierung überlebenskritisch: Denn entweder können bei Unterdeckung wichtige Aufträge nicht angenommen beziehungsweise nicht in der geforderten Qualität durchgeführt werden, oder aber das Unternehmen arbeitet bei Überdeckung durch die viel zu hohen Personalkosten so unwirtschaftlich, dass auf diese Weise die Existenz gefährdet ist.[146] Die vereinfachte grobe und intuitive Schätzung des Personalbedarfs steht also in keiner Relation zu ihrer Relevanz. Im Zeitalter Digitalisierung sollte der Personalbedarf vorausgeplant werden. Veränderungen können schnell und dynamisch passieren. Programmierer zum Beispiel können nicht bei akutem Bedarf schnell auf dem Arbeitsmarkt rekrutiert werden und fordern zudem sehr hohe Gehälter. Eine Personalbedarfsplanung ist also unbedingt notwendig.

Kennzahlen

Immer wenn man eine Personalbedarfskalkulation auf Vergangenheitsdaten aufbaut, spielen Kennzahlen eine wichtige Rolle. Eine solche Kennzahl drückt aus, wie viele Mitarbeiter in der Vergangenheit für das Erbringen eines vorgegebenen Arbeitsvolumens erforderlich waren und deshalb als Schätzwert für den zukünftigen Personalbedarf dienen können. Die Grundformel für eine Personalbedarfskennzahl lautet dann:

$$\text{Bruttopersonalbedarf} = \frac{\text{Mitarbeiterzahl (alt)}}{\text{Arbeitsmenge (alt)}} \times \text{Arbeitsmenge (neu)}.$$

Der Bruch in dieser Gleichung ist dabei die historische Kennziffer, die in die Berechnung des neuen Personalbedarfs eingeht.

Beispiel Personalbedarf (1)

Die Logik von Personalbedarfskennziffern lässt sich an einem einfachen Beispiel erläutern. Ein Lebensmittelgeschäft hat eine vier Meter lange Theke. Da sich immer mehr Kunden um diese Theke drängen, teilweise ohne Kaufaktion abwandern und platzmäßig nicht mehr als die zwei bisherigen Verkäufer tätig werden konnten, soll diese Theke um zwei Meter erweitert werden. Eine einfache Möglichkeit zur Beantwortung der Frage nach dem sich ergebenden Personalbedarf besteht darin, die alte Kennziffer (also alte Mitarbeiterzahl dividiert durch Länge der alten Theke) mit der neuen Thekenlänge zu multiplizieren.

$$\text{Bruttopersonalbedarf Theke} = \frac{\text{Mitarbeiter (alt)}}{\text{Thekenlänge (alt)}} \times \text{Thekenlänge (neu)}$$

$$= \frac{2}{4} \times 6 = 3$$

In diesem Beispiel ergibt eine Verlängerung der Theke um zwei Meter einen Zusatzbedarf von einer Person.

Kennzahlen als zentrales Element der Personalbedarfskalkulation

Derartige Personalkennzahlen sind in der Praxis beliebt und beziehen sich beispielsweise auf die Relation zwischen einerseits
- Umsatz,
- Kilometer und
- Produktionsvolumen sowie
- andererseits Anzahl der Mitarbeiter.

Vor allem im Handel und der Dienstleistungsbranche sind Bedarfskennziffern üblich. Wurde beispielsweise in der Vergangenheit ein bestimmter Umsatz mit einer bestimmten Anzahl von Vertriebsmitarbeitern erwirtschaftet, so lässt sich daraus der zukünftige Personalbedarf bestimmen:

$$\text{Personalbedarf} = \frac{\text{Zahl Vertriebsmitarbeiter}}{\text{Umsatz (alt)}} \times \text{Umsatz (neu)}.$$

Beispiel Personalbedarf (2)

In der Vergangenheit haben 30 Mitarbeiter 1,5 Millionen Euro Umsatz erwirtschaftet. Jetzt erwartet man 2 Millionen Euro.

$$\frac{\text{30 Mitarbeiter}}{\text{1,5 Mio €}} \times \text{2 Mio €} = \text{40 Mitarbeiter}$$

Man würde hier also zusätzlich zehn Mitarbeiter benötigen, um den Umsatz von 1,5 Millionen auf zwei Millionen Euro zu erhöhen.

Vier Annahmen müssen zutreffen

Diese scheinbare Einfachheit der Anwendung darf allerdings nicht darüber hinwegtäuschen, dass derartige Kennziffern auf vier Annahmen basieren:

(1) Das *Leistungsprogramm* muss konstant bleiben. Dies bedeutet beispielsweise, dass nicht plötzlich beratungsintensivere oder arbeitsintensivere Produkte verkauft werden.

(2) Die *Produktivität* muss konstant bleiben. Werden die Mitarbeiter beispielsweise geschult oder neue Maschinen eingesetzt, so macht die alte Kennziffer wenig Sinn.

(3) Die übrigen *Bedarfsdeterminanten* müssen konstant bleiben. Wenn durch eine Vergrößerung einer Theke nicht mehr Kunden kommen, braucht keine Erweiterung des Personalbestands zu erfolgen.

(4) Die Kennzahlen müssen auf *soliden Basisdaten* basieren. Die Kennziffer wäre aussagelos, wenn sich die Zahlen nur aus einem Mittelwert einer stark schwankenden Belegschaft ergeben.

Wenn diese Bedingungen nicht erfüllt sind, müssen entweder andere Kennzahlen verwendet oder die bestehenden Kennzahlen entsprechend modifiziert werden.

© R+V Versicherung AG

Der Zukunft ein Gesicht geben

Für ein optimiertes Demografie- und Nachfolgemanagement entwickelte die R+V Versicherung ein vierphasiges Vorgehensmodell, um die Personalstruktur zukünftig besser analysieren und steuern zu können. In der ersten Phase wurden die Personal-Rohdaten auf ihre Vollständigkeit, Stimmigkeit, Vergleichbarkeit und auf Zuordnungskriterien hin untersucht und zu Jobfamilien zusammengefasst. Sie bilden die Grundlage für die anschließende Simulation des Personalbedarfs und der Identifikation von Risiken. In der zweiten Phase wurden die zukünftigen Jahre realitätsnah simuliert. Das Ergebnis war eine jahresgenaue Abbildung des Personalbedarfs mit sämtlichen Zu- und Abgängen. Darauf aufbauend wurde ein Risiko-Cockpit entwickelt, das für bestimmte Indikatoren mittels Farbcode die Handlungsnotwendigkeit aufzeigt. Ein roter Punkt besagt dringenden Handlungsbedarf, orange einen mittelfristigen und grün keinen aktuellen Handlungsbedarf. So wurde festgestellt, dass für die Karrieremöglichkeiten dringender und bei der Fluktuation ein mittelfristiger Handlungsbedarf besteht. In der letzten Phase wurde ein Maßnahmenplan entwickelt, der als Basis für die HR-Strategie gilt. So hat die R+V Versicherung ein Paket an HR-Instrumenten, mit deren Hilfe sich frühzeitig Entwicklungen erkennen und entgegen steuern lassen.[147]

Trendextrapolation

Der vorangegangene Abschnitt unterstellte konstante Input-Output-Relation. Diese Annahme gilt allerdings nicht bei Lerneffekten und technischem Fortschritt.

Trendextrapolation: Hilfsmittel zur Prognose zukünftiger Entwicklungen

Die Trendextrapolation prognostiziert, mit in der Vergangenheit festgestellten Strukturen, die zukünftige Entwicklung des Personalbedarfs. Man berechnet also die historische Veränderung der Produktivitätskennziffern und schließt daraus auf den zu einem zukünftigen Zeitpunkt gültigen Wert.

Der Wert des Personalbedarfs, der sich aus dieser Trendextrapolation ergibt, beinhaltet das Ergebnis des Zusammenwirkens mehrerer Einflussfaktoren über einen längeren Zeitraum hinweg (Abbildung 5.4). Hier können – ohne dass man sich der einzelnen Bestimmungsfaktoren bewusst ist – beispielsweise Umsatzsteigerungen, Lerneffekte und Organisationsanpassungen zusammenspielen.

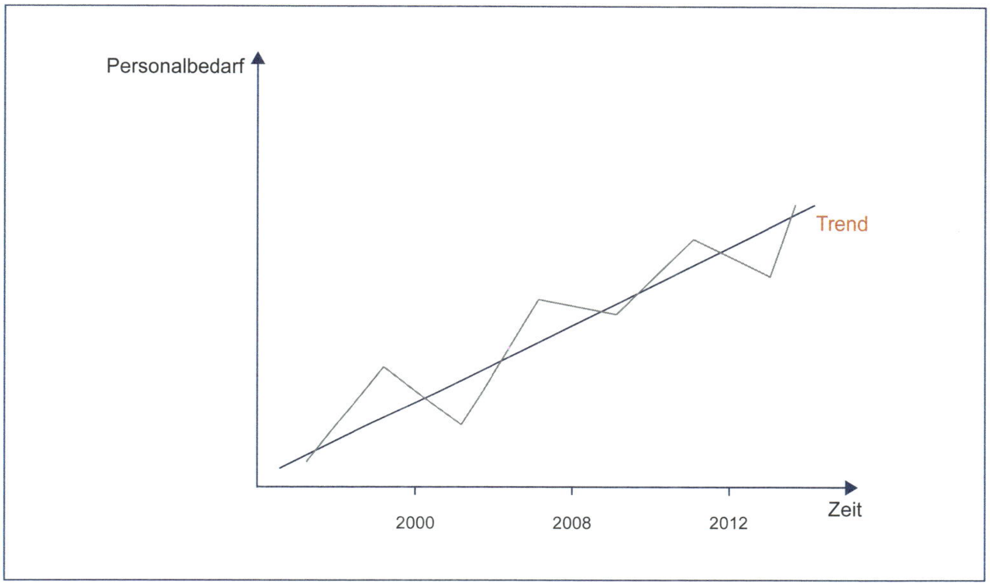

Abbildung 5.4: Darstellung Trendextrapolation

Berechnen einer Kennzahl der Personalplanung

Übung 5.2

In Ihren regionalen Backzentren produzieren Sie Erdbeerkuchen. Trotz teilweiser Automatisierung wird der perfekte Erdbeerkuchen jedoch nach wie vor mit der Hand belegt. Hierfür arbeiten Sie mit Teilzeitkräften. Die Produktionsergebnisse der letzten Woche waren:

Montag:	43 Kuchen	1 Person mit 2 Stunden
Dienstag:	60 Kuchen	2 Personen mit jeweils 1,5 Stunden
Mittwoch:	50 Kuchen	1 Person mit 2,5 Stunden
Donnerstag:	55 Kuchen	1 Person mit 3 Stunden
Freitag:	70 Kuchen	2 Personen mit jeweils 2 Stunden

Am nächsten Montag sollen 2 Personen 66 Kuchen produzieren. Nun müssen Sie für die Personalplanung berechnen, wie viele Minuten sie brauchen werden.

Predictive Analytics

Die Idee hinter Predictive Analytics ist es, mithilfe von Daten eine Analyse für die Zukunft durchzuführen. Dieses Verfahren nutzt dabei statistische Methoden und empirische Daten, um auf dieser Basis die Wahrscheinlichkeiten von zukünftigen Ereignissen herauszufinden[148] und Risiken zu minimieren. Dieses Konzept hat in den letzten Jahren durch die ansteigende Nutzung von Big Data verstärktes Interesse gefunden. Unternehmen haben eine umfangreiche Datenmenge: über den Markt, über die Mitarbeiter, über die Konkurrenz und über viele andere Themen, die einen Einfluss auf das Unternehmen oder die Mitarbeiter haben könnten.

Predictive Analytics als Teil der generellen Business Intelligence versucht also die Entwicklung des Unternehmens vorherzusehen und Probleme in der Zukunft zu antizipieren. Entscheidungen auf der Basis von Predictive Analytics sind von Proaktivität geprägt[149].

Die mathematischen Verfahren sind nicht neu und basieren vor allem auf bei Predicitive Analytics verwendeten statistischen Methoden vom Typ Regression (oft), Faktorenanalyse (manchmal) und Mehrdimensionale Skalierung (selten). Was neu ist: Unternehmen könnten durch den Zugriff auf eine große Menge von Daten die Vorhersagen präziser machen – entsprechende Datenqualität vorausgesetzt. Dadurch lassen sich im Idealfall Auftragslagen im Unternehmen vorhersehen oder die Wahrscheinlichkeiten von Wartungsarbeiten kalkulieren. Dementsprechend lässt sich nicht nur der qualitative, quantitative sowie orts- und zeitbezogene Personalbedarf, sondern auch der qualitative, quantitative sowie orts-und zeitbezogene Personalbestand bestimmen. Trotzdem ist Predictive Analytics nur eine Wahrscheinlichkeit auf Basis von vorhandenen Daten. Unvorhersehbare Risiken werden nicht einkalkuliert. In einem stabilen Umfeld jedoch kann Predictive Analytics genaue Zukunftsvoraussagen treffen.

Aber auch das Kündigungsverhalten von Mitarbeitern, ihre Motivation, ihr Krankenstand und diverse andere heikle Zielgrößen könnten zum Gegenstand einer digitalen Personalsteuerung über Predicitive Analytics werden.

Abbildung 5.5: Beispiel für Predictive Analytics

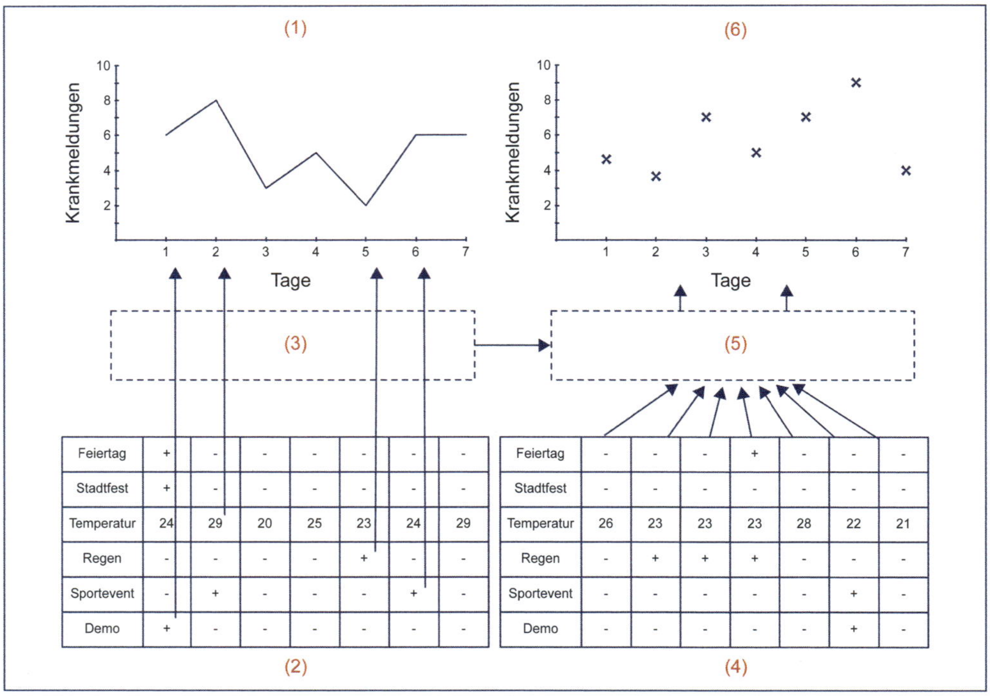

In Abbildung 5.5 erkennt man die Logik von Predictive Analytics anhand eines Beispiels, welches genutzt wird, um die Krankheitstage mit hoher Wahrscheinlichkeit wochentag-spezifisch vorherzusagen.

- Im *Schritt 1* werden die Krankheitstage gemessen.
- In *Schritt 2* werden weitere Daten erhoben, die eventuell mit Krankheitstagen zusammenhängen könnten. Dies kann explorativ sein und Daten umfassen, die nicht direkt mit Krankheitstagen assoziiert werden.
- Danach werden diese Daten in *Schritt 3* mit den Krankheitstagen in Korrelation gebracht und geschaut, ob man einen Zusammenhang herstellen kann.
- In *Schritt 4* wird eine zukünftige Prognose erstellt.
- In *Schritt 5* findet das eigentliche Predictive Analytics statt.
- Auf dieser Basis werden dann in *Schritt 6* die voraussichtlichen Krankheitstage prognostiziert.

Der Prozess der Predictive Analytics muss über die Zeit weiterentwickelt werden und fehlerhafte Zusammenhänge durch neue Daten müssen ersetzt werden. Trotz aller Faszination: Predictive Analytics kann nur mit bekannten Daten arbeiten, unbekannte Daten sind aber, wie der Name impliziert, nicht berücksichtigt.

Außerdem ist auf die rechtlichen Implikationen hinzuweisen, wenn beispielsweise ein Big-Data-basiertes Predicitive Analytics die Ausfallwahrscheinlichkeit von einzelnen Mitarbeitern durch Krankheit ermittelt, für diese Mitarbeiter die treibenden Kräfte für eine Eigenkündigung errechnet und dann ein digitales Personalmanagement automatisch versucht, den einzelnen Mitarbeiter durch Veränderung von Personaldaten (wie Arbeitszeit) zur Kündigung zu bewegen.

5.4 Qualitativer Aspekt: Welche Mitarbeiter braucht man?

Für den qualitativen Aspekt der Personalbedarfskalkulation beschäftigt man sich mit den Anforderungen an eine konkrete Stelle oder Position. Diese Anforderungsmerkmale und ihre Ausprägungen führen zu einem Anforderungsprofil, das später dem Fähigkeitsprofil der Mitarbeiter gegenüber gestellt werden kann. Diese Anforderungsprofile sind unabhängig von der Person und beziehen sich lediglich auf eine Stelle oder Position.

Systematiken für praktikable Anforderungsmerkmale

Anforderungsprofile sind Fähigkeiten und Kenntnisse, die zur Erfüllung bestimmter Stellenarten erforderlich sind. Die wohl bekannteste Systematik mit Aussagen dazu, welche Merkmale in ein Anforderungsprofil aufzunehmen sind, ist das REFA-Schema. Der REFA-Verband wurde 1924 als Reichsausschuss für Arbeitszeitermittlung gegründet und mittlerweile in REFA Bundesverband e.V. umbenannt. Er gilt als der älteste und bedeutendste deutsche Verband für Arbeitsgestaltung, Betriebsorganisation und Unternehmensentwicklung. Danach lassen sich vier Arten von Merkmalen unterscheiden[150]:

(1) *Können,*
(2) *Verantwortung,*
(3) *Belastung* und
(4) *Umgebungseinflüsse.*

Diese Merkmalsgruppen werden durch zusätzliche Untermerkmale konkretisiert, durch entsprechende Skalen operationalisiert und anschließend im unternehmerischen Alltag eingesetzt.

Die Kategorie „Können" lässt sich beispielsweise auf die Unterkategorien
- *fachliche Kompetenzen* (zum Beispiel Ausbildung, Zusatzqualifikation),
- *methodische Kompetenzen* (zum Beispiel Präsentationstechniken, Organisationskompetenz),
- *Berufserfahrung* (internationale Erfahrung, Projekterfahrung),
- *Unternehmens-* beziehungsweise *Branchenkenntnisse,*
- *soziale Kompetenzen* (Teamfähigkeit, Einfühlungsvermögen),
- *Führungserfahrung* und
- *kognitive Fähigkeiten* (zum Beispiel Lernfähigkeit, Kreativität)

aufteilen (Abbildung 5.6).

Abbildung 5.6: Anforderungsmerkmale

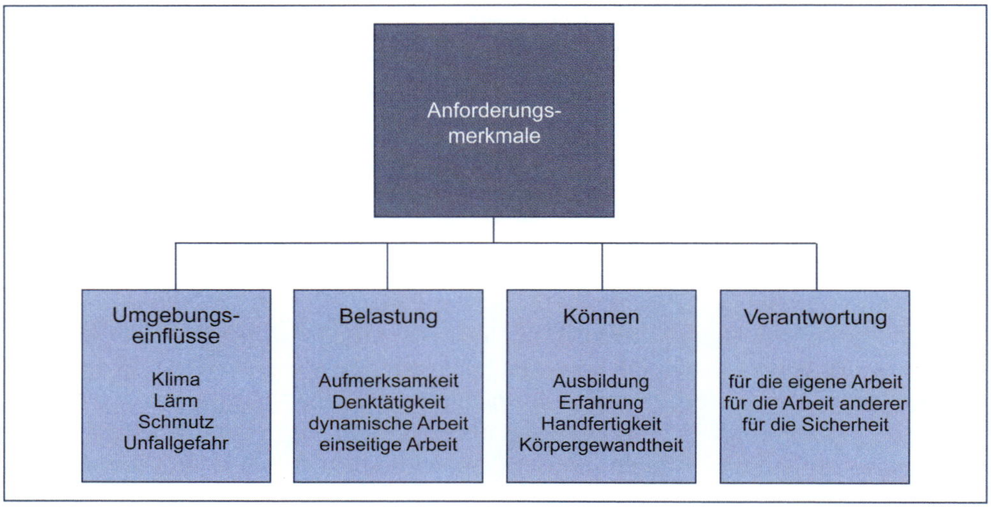

Anforderungsprofil: auf eine konkrete Stelle/Position bezogene Zusammenstellung von Anforderungsmerkmalen

Um ein Anforderungsprofil zu erstellen, benötigt man also genaue Informationen darüber, welche spezielle Tätigkeit mit der entsprechenden Position verbunden ist. Diese Informationen kann man anhand unterschiedlicher Methoden beschaffen:
- *Beobachtung* der Tätigkeit von Personen, die eine ähnliche Position besetzen,
- *Interviews* zu den Anforderungen bei Personen, die eine ähnliche Position besetzen,
- *Einsatz* von strukturierten Fragebögen bei Personen, die eine ähnliche Position besetzen,
- *Sichtung* von Arbeitsprotokollen und Tagebüchern von Personen, die eine ähnliche Position besetzen.

Hinzu kommt als universell einsetzbares Verfahren die Befragung von Experten wie Abteilungsleiter oder Sachverständige für Arbeitsplatzbewertungen.

Kriterien für sinnvolle Anforderungsmerkmale

Auch wenn es verlockend erscheint, für jede Stelle alle Anforderungsmerkmale im Detail zu erheben, so spricht einiges für eine Konzentration auf einige wenige aussagefähige und gut erhebbare Merkmale.

Diese Reduktion auf einige wenige Merkmale ist eine Konsequenz daraus, dass man sich explizit oder implizit von folgenden Entwurfsprinzipien leiten lässt:

- Nur die wesentlichen Merkmale der Stelle sind zu berücksichtigen (*Relevanz*).
- Die charakteristischen Merkmale der Stelle müssen erfasst sein (*Vollständigkeit*).
- Ähnliche Tatbestände dürfen nicht mehrfach erhoben werden (*Überschneidungsfreiheit*).
- Die Erhebung der Merkmale soll interpersonell nachprüfbar sein (*Objektivität*).
- Die Merkmalsausprägung soll leicht erhebbar sein (*Einfachheit*).
- Die Merkmalserhebung soll zuverlässig sein (*Reliabilität*).
- Das Messergebnis soll die tatsächliche Anforderungshöhe widerspiegeln (*Validität*).
- Die Merkmalsanzahl hat Kosten-/Nutzenüberlegungen zu folgen (*Effizienz*).

Nur durch derartige abgesicherte Profile lässt sich später in den computergestützten Personalinformationssystemen ein aussagefähiger Abgleich mit den Fähigkeitsmerkmalen der Mitarbeiter realisieren.

Anforderungen in der Zukunft

Mit der Zeit verändern sich die Anforderungen an die Mitarbeiter und ebenso viele der Fähigkeiten. Aus diesem Grund analysierte das World Economic Forum (Tabelle 5.1), welche Fähigkeiten in Zukunft für Mitarbeiter und Führungskräfte relevant sein werden, um mit der Digitalisierung und Automatisierung umzugehen.

Im Jahr 2015	Im Jahr 2020	Optimistische Prognose 2025	Pessimistische Prognose 2025
1. Lösen komplexer Probleme	1. Lösen komplexer Probleme	1. Ethisches Denken	1. Fremdbestimmung
2. Sich mit anderen koordinieren	2. Kritisches Denken	2. Kritisches Denken	2. Alternativlosigkeit
3. Menschen führen	3. Kreativität	3. Kreativität	3. Serviceorientierung
4. Kritisches Denken	4. Menschen führen	4. Innovatives Lösen komplexer Probleme	4. Qualitätskontrolle
5. Verhandlungsgeschick	5. Sich mit anderen koordinieren	5. Menschen und Roboter gemeinsam führen	5. Steuerung durch Assistenzsysteme
6. Qualitätskontrolle	6. Emotionale Intelligenz	6. Fähigkeit mit Menschen und Robotern zu verhandeln	6. Digitales Konfliktmanagement
7. Serviceorientierung	7. Urteilsfähigkeit und Entscheidungsfähigkeit	7. Emotionale Intelligenz	7. Zeitliche und räumliche Flexibilität
8. Urteilsfähigkeit und Entscheidungsfähigkeit	8. Serviceorientierung	8. Konfliktmanagement	8. Unterstützung der Roboterkollegen
9. Aktives Zuhören	9. Verhandlungsgeschick	9. Urteilsfähigkeit und Entscheidungsfähigkeit	9. Delegieren von Aufgaben
10. Kreativität	10. Geistige Flexibilität	10. Geistige Flexibilität	10. Lösen administrativer oder technischer Probleme

Tabelle 5.1: Kompetenzen, die in der zukünftigen Arbeitswelt wichtig werden können (die beiden linken Spalten stammen von *Alex Gray*[151], die beiden rechten Spalten von den Autoren)

5.5 Zeitlicher Aspekt: Wann braucht man die Mitarbeiter?

Zeitstudien eruieren den Zeitbedarf für eine gegebene Tätigkeit, sind also wie Kennzahlen eine quantitative Berechnungsmethode. Sie dienen dazu, den Zeitbedarf zu ermitteln, den die Durchführung einer vorgegebenen Tätigkeit mit sich bringt. Aus diesem Zeitbedarf der Tätigkeit lässt sich dann die Anzahl der erforderlichen Stunden beziehungsweise Mitarbeiter bestimmen. Zur Durchführung der Zeitstudien gibt es drei Verfahren, nämlich die direkte Zeitmessung, das Multimomentverfahren und das Elementarzeitverfahren.

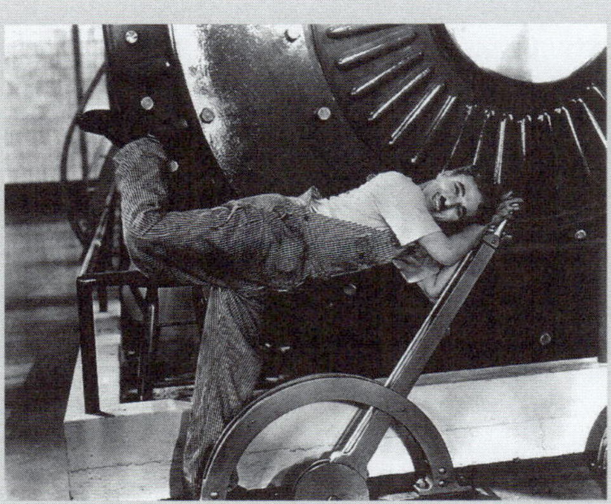

„Modern Times", USA 1936 (von und mit *Charlie Chaplin*)

Die negative Variante der Zeitstudien demonstriert *Charlie Chaplin* im Film „Modern Times". Hier gibt es „prozessoptimierte Abläufe" und den tragikomischen Kampf des menschlichen Individuums gegen Fließband und Technik. Bekannt ist die zentrale Szene: Der Tramp, der für kurze Zeit Fließbandarbeiter geworden ist, wird von der Maschine tatsächlich verschlungen, arbeitet aber dennoch verbissen weiter. *Charlie Chaplin* ging es bei diesem Film nicht so sehr darum, kapitalistische Produktionsverhältnisse zu geißeln, sondern um die durch die Automatisierung vorangetriebene „Entindividualisierung". Das Zeitdiktat der Prozesssteuerung dominiert, der Mitarbeiter hat sich zu fügen.

Direkte Zeitmessung

Normalleistung: von einem geeigneten, geübten und voll eingearbeiteten Mitarbeiter über einen längeren Zeitraum erbringbare Leistung

Dieses Verfahren basiert auf dem Konzept der Normalleistung. Die Normalleistung ist diejenige Leistung, die von einem geeigneten, geübten und voll eingearbeiteten Mitarbeiter über einen längeren Zeitraum erbracht werden kann. Bei diesem Verfahren geht es nicht nur darum, die benötigte Zeit zu messen, sondern auch das Ausmaß, in dem sich ein Mitarbeiter bei der Leistungserbringung anstrengt. Deshalb werden die *Zeiten* für das Ausüben einer Tätigkeit bei verschiedenen Mitarbeitern *erhoben* und die dazugehörigen *Leistungsgrade geschätzt*. Aus diesen Istzeiten und der verbundenen Leistungsanstrengung (Leistungsgrad) lässt sich dann für jeden Mitarbeiter eine individuelle Normalzeit bestimmen. Daneben müssen noch Erholungszeiten berücksichtigt werden (Erholungsfaktor).

Eine Erweiterung dieses (einfachen) Zeitmesssystems um Einflussgrößen und Bezugsmengen ist das REFA-Zeitschema (Abbildung 5.7), das seit Langem und immer noch in Industriebetrieben Verwendung findet.[152]

Will man als Auftragszeit die Vorgabezeit für einen Auftrag bestimmen, so wird unterschieden zwischen

- der *Rüstzeit*, die erforderlich ist, um den eigentlichen Produktionsvorgang einzuleiten und
- der *Ausführungszeit*, die proportional zu der Anzahl produzierter Einheiten ist.

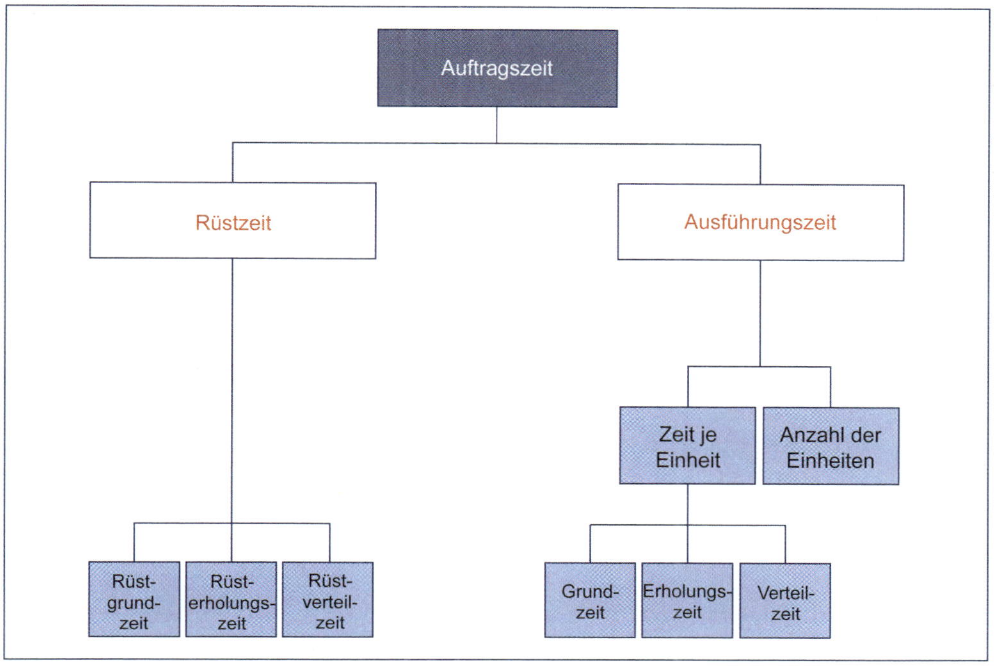

Abbildung 5.7:
Das REFA-Schema[153]

Die Ausführungszeit für diesen Auftrag ergibt sich aus der Vorgabezeit (Zeit je Einheit) multipliziert mit der Auftragsmenge. Die Zeit je Einheit setzt sich zusammen aus Grundzeit, Erholungszeit und Verteilzeit (Zeit für „Sonstiges").

Multimomentverfahren

Die zweite Methode zur Zeitbestimmung und damit zur Kalkulation des quantitativen Personalbedarfs sind die Multimomentverfahren. Hier wird in unregelmäßigen Zeitabständen beobachtet und protokolliert, welche Tätigkeit der Mitarbeiter gerade durchführt. Das Ergebnis ist dann eine Stichprobenerhebung, bei der man aus einzelnen Beobachtungen auf die Grundgesamtheit schließt. Vor allem im Angestelltenbereich hat sich dieses System bewährt.

Stellt man bei einer Sekretärin mit einem 8 Stunden Arbeitstag bei 16 Überprüfungen einmal Kaffee kochen, zweimal telefonieren, dreimal Unterlagen sortieren und zehnmal am Computer arbeiten fest, so würde (etwas vereinfacht) daraus geschlossen, dass die Sekretärin 30 Minuten am Tag Kaffee kocht, eine Stunde am Tag telefoniert, 90 Minuten Unterlagen sortiert und fünf Stunden am Computer arbeitet.

Elementarzeitverfahren

Die dritte Gruppe von Zeitstudien sind die Elementarzeitverfahren, auch bezeichnet als Systeme vorbestimmter Zeiten. Sie basieren auf der Annahme, dass alle Tätigkeiten eine Kombination von wenigen Einzelbewegungen darstellen. Für diese Elementartätigkeiten gibt es entsprechende Kataloge, die den Zeitbedarf pro Elementarzeit angeben. Der Ablauf des Elementarzeitverfahrens sieht somit zunächst die Zerlegung der Tätigkeiten in Einzelbewegungen vor, danach wird der Zeitbedarf pro Einzelbewegung aus den Tabellen abgelesen und zusammengeführt zur Gesamtvorgabezeit.

Elementarzeitverfahren: Zerlegung von Tätigkeiten in zeitlich bewertbare Einzelbewegungen

Bei den Elementarzeitverfahren sind vor allem zwei Systeme üblich, nämlich
- das *Work-Factor-System* (WFS) und
- das *Methods-Time-Measurement* (MTM).

Im Rahmen des Work-Factor-System werden Bewegungen weitgehend aufgegliedert und zeitlich erfasst. Da diese Aufgliederung einen erheblichen Arbeitsaufwand für den Arbeitsstudiendurchführenden bedeutet, wird das Verfahren verstärkt in der Großserien- und Massenfertigung bei kurzen Arbeitszyklen angewandt.[154] Das Methods-Time-Measurement differenziert nach neun Grundbewegungen, für die eine Durchführungsdauer ermittelt wurde. Zu den Grundbewegungen gehören zum Beispiel Hinlangen, Drehen, Kurbelbewegung oder Greifen. Dazu kommen noch zwei Blickfunktionen (Augen richten und bewegen) sowie diverse Körper-, Bein- und Fußbewegungen.

Mit einer zunehmenden Verzahnung von Betrieben und mit einer zunehmenden Prozesskettenoptimierung nimmt auch der Bedarf an Zeitstudien zu. Auf der anderen Seite werden aber durch Automatisierung die monotonen Tätigkeiten in der Produktion weniger, bei welchen sich der Einsatz dieser Systeme anbietet.

Übung 5.3 Aufstellen einer zeitlichen Personalbedarfskalkulation

Die fortschreitende Automatisierung der Produktion wurde bereits angesprochen. Brötchenanlagen haben hierbei höchste Rationalisierungspotenziale für die regionalen Produktionszentren.
Gerade Mengenprodukte wie Kaisersemmeln lassen sich maschinell schneller, kostengünstiger und mit vergleichsweise geringem Personalaufwand in konstanter Qualität herstellen. Deshalb haben Sie sich schon vor einiger Zeit entschlossen, neben Erdbeerkuchen auch Brötchen anzubieten. Im Produktionszentrum Südwest Ihrer Strawberry Cake & Bakeries AG backen Sie derzeit 3.000 Brötchen pro Tag und brauchen (bei einer Person) mit der alten Maschine zwei Stunden dafür. Eine neue Maschine schafft 6.000 Brötchen pro Stunde. Um zu entscheiden, ob Sie die neue Maschine anschaffen, stellen Sie folgende Überlegung an: Welche Konsequenzen hat eine neue Brötchenanlage für den Personalbedarf (bei Fortführungsbasis), wenn man von einer sechstägigen Arbeitswoche ausgeht?

Echtzeitverfahren

Konzepte wie just-in-time sowie der Wunsch nach variablen Arbeitszeiten führen dazu, dass Mitarbeiter nur zu den nötigen Zeiten im Betrieb sein müssen. Hier lässt sich eine Personalsteuerung in Echtzeit ermöglichen. Schon heute kann man Schichtpläne digital und per App organisieren. In Echtzeit können die Mitarbeiterdaten erhoben und ausgewertet werden (Abbildung 5.8). Dadurch ist keine Zeitverschiebung mehr zwischen der Erfassung und der Auswertung der Daten vorhanden und man kann direkt mit den ausgewerteten Erkenntnissen arbeiten.

Diese Verfahren können auch dazu verwendet werden, „Transparenz" zu schaffen. Der Arbeitgeber erfährt durch Kameras mit Gesichtserkennung, durch RFID-Chips, durch Handy-Ortung, durch Login-Daten und durch „Bewegungsprofile" in Intra- sowie Internet, durch Nutzung von Peripheriegeräten (Maus) in Echtzeit, wann und wo Herr Müller ist, aber auch ob er arbeitet. Darauf aufbauend lassen sich Entscheidungen fällen. Diese neuen Technologien sind jedoch im Kontext Datenschutz und Work-Life-Balance problematisch, da sie schnell zu einer „Echtzeit"-Überwachung und einer Work-on-Demand führen könnten.

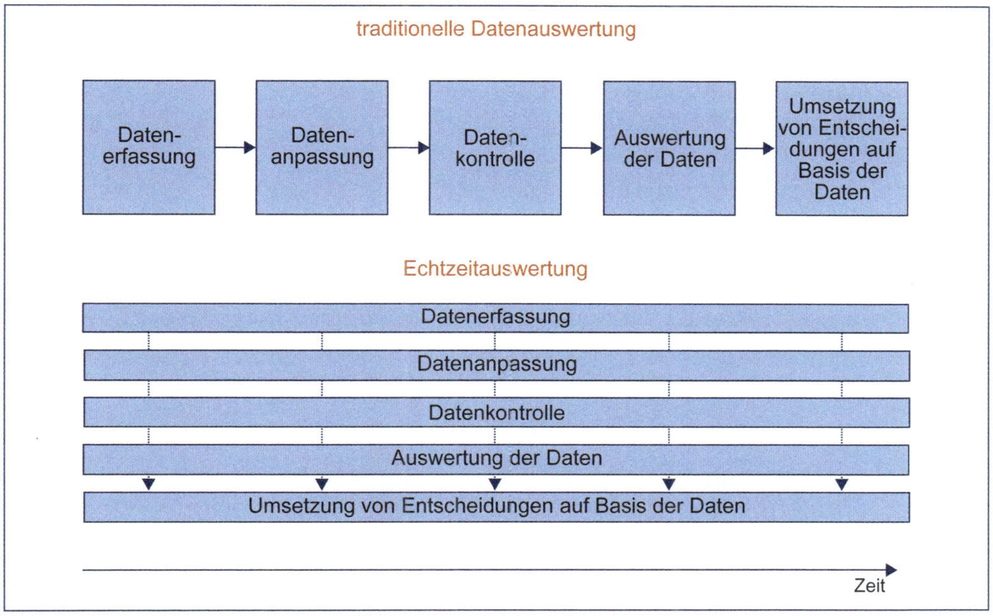

Abbildung 5.8
Varianten der Datenauswertung

Echtzeitverfahren können aber auch vollkommen legal und ethisch unproblematisch mit bestehenden Bestandsdaten arbeiten. So wäre es im Rahmen des Reportingstandards HCR10 möglich, folgende Daten präzise und nachvollziehbar aufzuzeigen[155]:
- Mitarbeiterzahl nach Köpfen
- Mitarbeiterzahl nach Full-Time-Equivalent
- External Workforce
- Teilzeitquote (in Köpfen)
- FTE Zugänge
- Anteil unbefristeter Verträge
- Anteil (un)befristeter Verträge an Einstellungen
- Beschäftigungsstruktur (Tarif, AT, etc.)

Durch derartige Echtzeitverfahren lassen sich darüber hinaus auch Veränderungen im Zeitablauf darstellen.

5.6 Räumlicher Aspekt: Wo braucht man die Mitarbeiter?

Zu Beginn des Kapitels Kalkulation wurde definitorisch festgehalten, dass auch der räumliche Aspekt (regional) eine Rolle bei der Bedarfskalkulation spielt. Dies gilt vor allem dann, wenn Unternehmen international tätig sind, also auch Standorte im Ausland besitzen. Im Rahmen dieser Auslandsaktivitäten müssen Führungskräfte in den ausländischen Niederlassungen dafür Sorge tragen, dass die Geschäfte im Sinne des Mutterunternehmens geführt werden.

Ein wichtiger Teilbereich der Personalbedarfsbestimmung befasst sich daher mit der Entscheidung, wer die geeigneten Führungskräfte für eine gegebene internationale Aufgabe sind. Dieser Typ von Frage soll im Rahmen dieses Buches anhand folgender Frage behandelt werden: Welche Führungskräfte braucht man, um im Ausland erfolgreich zu agieren?

Die hierfür vorliegenden Vorschläge lassen sich zu vier Leitbildern zusammenfassen: Sie reichen von einer weitgehend standardisierten und damit unternehmensübergreifenden sowie globalen Einsetzbarkeit (Global-Manager), eine Anwendung in der digitalen und grenzenlosen Welt (Digital-Manager), über eine landesbezogene Ausrichtung ohne regionale Transfermöglichkeit (Country-Manager) bis zu einer unternehmensspezifischen Realisierung, bei der die Führungskraft nur im jeweiligen Unternehmen einsetzbar ist (Company-Manager).

Der Global-Manager

Global-Manager: landeskultureller Universalist

Nahezu alle Arbeiten im Bereich des internationalen (Personal-)Managements, die sich mit den Anforderungen an international tätige Mitarbeiter befassen, fokussieren auf Anforderungen, die losgelöst von spezifischen Ländern oder Unternehmen für alle internationalen Führungskräfte als allgemeingültig angesehen werden.[156] Diese Anforderungen an den Global-Manager betreffen drei Merkmalsgruppen:

Die erste Gruppe sind generelle *Persönlichkeitsmerkmale*. Hierzu gehören unter anderem:
- Autonomie im Sinne von Selbstständigkeit und Selbstdisziplin, wegen der geografischen Entfernung zur Muttergesellschaft,
- Unsicherheitstoleranz um trotz Näherungsprozesse, bei unvollkommener Information, Unklarheit und Unsicherheit sinnvolle Entscheidungen treffen zu können,
- Flexibilität als Verbindung von Kreativität mit ausreichendem Improvisationstalent, da beim Auslandsengagement vieles noch nicht im Detail vorstrukturiert ist,
- Teamfähigkeit, was vor allem die Bereitschaft und Fähigkeit zur Kommunikation und Kooperation voraussetzt,
- Motivationsfähigkeit, wozu auch bei oberen Führungskräften eine visionäre Kraft und Begeisterungsfähigkeit gehört,
- Eigenmotivation, da die institutionalen Rahmen fehlen, die in der Muttergesellschaft für Motivation sorgen (sollen) und

- die Fähigkeit zur Stressbewältigung und eine hohe Frustrationstoleranz, letztlich also ein stabil ausbalanciertes emotionales Gleichgewicht, da auch bei bester Planung sich (temporäre) Rückschläge nicht ausschließen lassen.

Streng genommen sind dies Anforderungen, die immer an alle Führungskräfte zu stellen sind. Sie sind aber besonders stark im internationalen Kontext gefragt und dort überlebenskritisch.

Die zweite Gruppe von Merkmalen betrifft die konkrete *Qualifikation*, wie beispielsweise in

- Projektmanagement,
- Personalmanagement oder
- IT und Medien.

Diese Anforderungen sind nicht zwangsläufig nur für den internationalen Kontext relevant.

Die dritte Gruppe von Merkmalen bezieht sich auf die *interkulturelle Kompetenz* und umfasst

- interkulturelle Sensibilität als intuitiv-emotionale Aufnahme von Informationen und Fähigkeit, sich in andere Denkmuster hineinzufühlen,
- interkulturelles Wissen über andere länderspezifische Bedeutungen von Pünktlichkeit, Exaktheit und Direktheit sowie unterschiedlich strukturierte Rituale von Begrüßung, Gesprächseröffnung und Kritik,
- interkulturelle Kommunikationsfähigkeit, die über die kindlich-naive Kommunikation hinausgehend die konkrete Fähigkeit umschreibt, sich mit völlig anderen Kulturen zieladäquat auszutauschen und
- interkulturelles Perzeptionsvermögen als die Fertigkeit, Ausdrucksmerkmale zu erfassen und zu deuten, beispielsweise zum Erkennen von Missbilligung aus dem Mienenspiel oder von Differenzierungen des individuellen Verhaltens in Raum und Zeit.

Von den Facetten der interkulturellen Kompetenz sind Perzeption und Wissen durchaus erlernbar, Kommunikationsfähigkeit und vor allem Sensibilität dagegen nur teilweise. Interkulturelle Kompetenz muss aber nicht nur im Ausland gegeben sein, sondern ist auch für solche Mitarbeiter erforderlich, die im nationalen Kontext mit ausländischen Geschäftspartnern zusammenarbeiten sollen.

Die Anforderungen an den Global-Manager gelten unabhängig vom konkreten Einsatzort und beziehen sich generell auf alle ins Ausland zu entsendenden Führungskräfte. Das Leitbild für den Global-Manager ist damit das eines landeskulturellen Universalisten, der unabhängig vom konkreten Einsatzort handelt und sich auf alle zu entsendenden Führungskräfte bezieht.

Der Digital-Manager

Wenn man den Medien Glauben schenkt, dann wird ja alles immer westlicher. Daher könnte die Digitalisierung kulturelle Unterschiede vernachlässigen. Das mag vielleicht im Kontext der Popkultur der Fall sein, aber selbst da erkennt man zunehmend tiefgehende Unterschiede. Exemplarisch ist der Videofilm „Warcraft“ zu nennen, der in den U.S.A. zum Flop und in China zum Erfolg wurde. Viel mehr führt die Digitalisierung zu einer Heterogenisierung über die Landeskultur hinaus. So gibt es immer noch Menschen, die von mehreren Kulturen geprägt sind. Dann identifizieren sich Personen auch immer mehr mit kulturellen Eigenheiten, die nicht mit einer stereotypischen Landeskultur übereinstimmen. Und schließlich identifizieren sich Personen über Gruppenzugehörigkeiten wie Hippie, Yuppie, Hipster oder Nerd.

NETFLIX

Weg von der Landeskultur

Den Trend weg von der Landeskultur erkennt man an der Verhaltensänderung von Netflix. Netflix ist bekannt für die umfangreiche Analyse der Daten über das Verhalten der Zuschauer. Allerdings wurde die Kategorie „Nation" zur Einordnung von Zuschauerverhalten immer irrelevanter[157]. Es wird zwar weiterhin Analysen speziell für Deutschland und andere Länder geben, um Inhalte in deutscher Sprache und mit deutschen Gesichtern zu produzieren. Die Inhalte werden jedoch auf Basis der Datenanalyse unabhängig von der Kultur determiniert.

Die Personen werden unabhängig von der Landeskultur in eine digitale Kulturgruppe eingeordnet.

Wie man in der Abbildung 5.9 erkennt, ist es die Aufgabe des Digital-Managers sich mit den Besonderheiten einer Landeskultur auseinanderzusetzen und zugleich auch gruppenspezifisch sich auf die Mitarbeiter einzustellen, also Kriterien und Besonderheiten, die über die Landeskultur hinausgehen, zu berücksichtigen. Der Digital-Manager muss sich also beispielsweise mit den landeskulturellen Unterschieden zwischen Deutschland und England auseinandersetzen und zeitgleich auf die gruppenspezifischen Besonderheiten der Teammitglieder einstellen. Ziel ist es nicht Kulturen zu ignorieren und nicht zu berücksichtigen, sondern tatsächlich die jeweiligen Landeskulturen sowie jeweiligen Gruppenkulturen zu verstehen und nutzbar zu machen.

Abbildung 5.9
Orientierung des Digital-Managers zur Landeskultur und Gruppenkultur

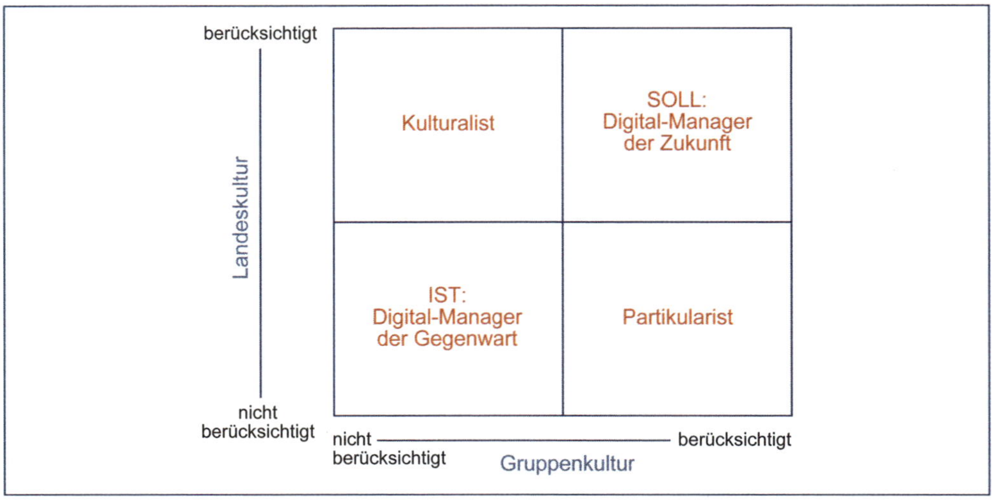

Dementsprechend ist eine intensive Auseinandersetzung mit den jeweiligen Mitarbeitern und der Form ihrer Zusammenarbeit notwendig. Die Digitalisierung verschärft die Situation noch weiter, denn Mitarbeiter können überall auf der Welt verstreut sein und atypische Arbeitsrhythmen haben.

Digital-Manager: Verbindungsspezialist

Für den Digital-Manager entsteht ein völlig neues personalwirtschaftliches Handlungsfeld (Abbildung 5.10): Die Aufgabe eines Digital-Manager ist es, dass Wissen über eine Landeskultur und über eine Gruppenkultur zu kombinieren. Beispielsweise ist zu analysieren, wie das Stereotyp Deutscher aussieht und wie das Stereotyp Programmierer beschrieben werden kann. Dementsprechend weiß der Digital-Manager, wie der deutsche Programmierer in einem bestimmten Team arbeitet können und welche Herausforderungen auf ihn zukommen. Gleichzeitig können die Erkenntnisse auch wieder zu den Big „Culture" Data zurückgespielt werden und die Wissensbasis erweitern.

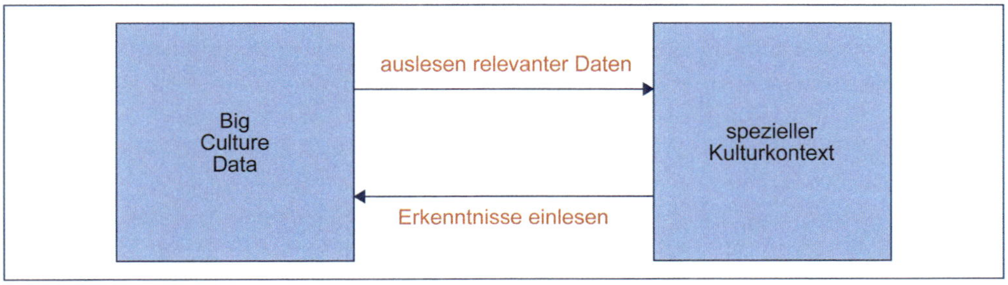

Abbildung 5.10: Unterstützung der Arbeit des Digital-Manager durch Daten

Der Country-Manager

Country-Manager: landeskultureller Spezialist

Die Anforderungen an den Country-Manager fokussieren auf ein konkretes Einsatzland. Das Leitbild für den Country-Manager ist also der landeskulturelle Spezialist, der sich genau auf ein spezifisches Land einstellt und entsprechend agiert. Hier sind vor allem zwei Gruppen von Anforderungsmerkmalen wichtig:

Die erste Gruppe aus Anforderungen an den Country-Manager ergibt sich als *intellektuelle Anforderung* unmittelbar aus dem jeweiligen Land. Beispiele hierfür sind
- Sprache,
- Landeskunde sowie
- Kenntnis der jeweiligen Rechts-, Wirtschafts- und Sozialsysteme.

Diese Anforderungen lassen sich relativ leicht konkretisieren.

Die zweite Gruppe der Anforderungen an den Country-Manager sind *Verhaltens- und Persönlichkeitsmerkmale*. Sie bereiten erhebliche Schwierigkeiten, beispielsweise im Hinblick auf Merkmale wie Unsicherheitstoleranz, Improvisationstalent, Kommunikationsfähigkeit und psychische Belastbarkeit. Zum Teil lässt sich dazu auf Studien wie die von *Geert Hofstede*[158] zurückgreifen. Er unterscheidet danach Landeskulturen entlang folgender Dimensionen:

- Die *Machtabstandstoleranz* gibt an, in welchem Ausmaß eine Gesellschaft ungleiche Machtverteilungen akzeptiert. In südlichen beziehungsweise tropischen Ländern ist sie höher als in gemäßigten oder kalten Klimazonen, außerdem in Ländern mit hoher Bevölkerungsdichte. Individualistisch orientierte Länder erwarten eine emotionale Unabhängigkeit des Individuums von einer Organisation. Eine kollektive Orientierung drückt sich dagegen in einer hohen Bedeutung inner- und außerorganisatorischer Beziehungen aus. Vom Organisationsmitglied wird moralisches Engagement in der Organisation sowie Wertschätzung von Gruppenentscheidungen erwartet.

- Die *Maskulinität* drückt aus, wie stark in einer Gesellschaft die als „maskulin" bezeichneten Werte wie Selbstbehauptung, Leistung, Ehrgeiz, Wettbewerb und materieller Erfolg im Vordergrund stehen. Bei einem niedrigen Maskulinitätsindex richtet man sich dagegen mehr an Werten wie zum Beispiel die Präferenz für berufliche Sicherheit, Aufrechterhaltung von sozialen Kontakten und Lebensqualität aus. Typisch für maskuline Kulturkreise sind eine starke Karriereorientierung sowie der berufsbedingte Einfluss auf die Privatsphäre.
- Kulturen mit hoher *Individualität* haben meist eine hohe Arbeitsmobilität, ein hohes Ich-Bewusstsein und eine Präferenz für Individualentscheidungen. Genau das Gegenstück ist bei kollektivistischen Ländern der Fall, die durch eher geringe Arbeitsmobilität, ausgeprägtes Wir-Bewusstsein und Präferenz für Gruppenentscheidungen charakterisiert sind. In individualistisch orientierten Ländern entscheidet man sich für ein Unternehmen, weil der „Job" dort gerade interessant erscheint, sieht aber auch gar kein Problem darin, den Arbeitsplatz bei erstbester Gelegenheit wieder zu wechseln.
- In Ländern mit einer hohen *Langfristorientierung* dominieren Ausdauer, Beharrlichkeit, Sparsamkeit und Tugend, um auch in der Zukunft einen konstanten Nutzen zu erhalten. Traditionen spielen in diesen Ländern eine große Rolle.
- *Unsicherheitsvermeidung* beschreibt das Ausmaß, mit dem eine Gesellschaft versucht, die Unsicherheit aus dem täglichen Leben zu nehmen. Die Zukunftssicherung ist ein Grundbedürfnis menschlichen Lebens. Unsicherheit erzeugt Angst. Beispielsweise dienen gesellschaftliche Regelungen, Verordnungen und Verhaltensregeln dazu, diese Unsicherheit zu reduzieren.
- Die noch relativ neue Kulturdimension *Genuss und Ausgelassenheit* drückt aus, inwieweit sich Vertreter der Kultur den „schönen Dingen" des Lebens hinwenden und wie offen sie dies ausleben, sich also nicht zurückhalten.

Entsprechend der jeweiligen Einordnung der Landeskultur anhand dieser Dimensionen kann der zu entsendende Mitarbeiter anhand ähnlicher Persönlichkeitsmerk-

Jede Kultur muss entschlüsselt werden

„Jede Kultur ist für einen Außenstehenden wie durch einen Geheimcode verschlüsselt. Wenn man nicht den passenden Schlüssel hat, um den Code der fremden Kultur zu ‚brechen', kann man sie niemals richtig verstehen."[159]

Edward T. Hall (1914–2009; Begründer der Interkulturellen Kommunikation) male ausgewählt oder auf die spezifischen Kulturmerkmale im Vorfeld vorbereitet werden.

Der Company-Manager

Company-Manager: unternehmenskultureller Spezialist

Beim Company-Manager wird eine vollkommen andere Idee verfolgt: Hier ist die zu entsendende Führungskraft weder generell auf Internationalisierung noch auf ein spezifisches Zielland ausgerichtet, sondern bleibt ausschließlich auf das eigene Unternehmen und speziell die Zentrale fokussiert. Dies hat den Vorteil, dass ein Manager, der sich seiner eigenen kulturellen Prägung und Identität voll bewusst ist, auch im Umgang mit anderen Kulturen einen sicheren Stand hat und weniger unter Orientierungslosigkeit leidet. Zudem kann gerade die explizite Vermittlung von unternehmens- und landeskulturellen Werten ein wichtiger Impuls in Richtung auf Akquisition und Motivation von Mitarbeitern sein.

Die Anforderungen an den Company-Manager entstehen vollkommen losgelöst von irgendeinem internationalen Kontext ausschließlich aus den Spezifika des Mutterunternehmens. Das Leitbild vom Company-Manager geht also davon aus, dass eine ins Ausland entsandte Führungskraft kein Kulturneutrum darstellt, sondern vielmehr ganz bewusst ihre Wurzeln in der eigenen Unternehmenskultur hat und ausschließlich den Spezifika des Mutterunternehmens entsprechend handelt. Personalbedarfskalkulation im internationalen Kontext bedeutet die Definition von Anforderungsprofilen für Führungskräfte.

Erstellen einer globalen Personalbedarfsplanung

Übung 5.4

Sie wollen mit der Strawberry Cake & Bakeries AG expandieren. Die Marktforschung hat England als attraktiven Markt identifiziert und daher planen Sie, in England zwei Backzentren und einige Verkaufsstellen einzurichten. Jetzt steht die Frage an, mit wem Sie die Spitze der englischen Niederlassung besetzen wollen. Sie haben die Wahl zwischen dem Typ Global-Manager, Country-Manager und Company-Manager. Die Frage ist nun, welcher dieser drei generellen Typen von Managern für diese Aufgabe in Frage kommt und wofür Sie sich entscheiden. Außerdem ruft Sie Ihr Schwager an und erzählt Ihnen, dass er plant, sich für den Job zu bewerben. Erzählen Sie ihm, welchen Managertyp Sie sich für den Job vorstellen.

5.7 Wertmäßiger Aspekt: Welches Budget braucht man für die Mitarbeiter?

Die Kalkulation des Personalbedarfs erfordert auch eine Aussage dazu, welches Budget für die von Mitarbeitern verursachten Kosten eingeplant werden muss. Ein Personalbudget ist ein auf konkrete Leistungsziele abstellender Plan, der die Obergrenze des Personalaufwandes (Kosten) eines Bereichs oder einer Abteilung in der Regel für den Zeitraum eines Jahres festlegt.

Analog zum quantitativen Aspekt der Personalbedarfskalkulation lassen sich zwei Methoden unterscheiden, nämlich die Budgetierung auf Fortführungsbasis und auf Nullbasis.

(1) Die Budgetierung auf *Fortführungsbasis* geht vom Budget der Vorperiode aus und ermittelt als Mengenkomponente die erwartete Veränderung des Personalbedarfs (quantitativer Aspekt). Als Preiskomponente wird die Veränderung der erwarteten Lohnkosten berücksichtigt (wertmäßiger Aspekt). Hinzu kommen noch die Finanzrestriktionen als Beziehung zu anderen Budgets des Unternehmens. Aus diesem Personalbudget leitet sich dann der Planpersonalbestand ab, der nach Gegenüberstellung mit dem Ist-Personalbestand in entsprechende Personalveränderungsmaßnahmen mündet. Dies ist beispielsweise dann der Fall, wenn das eingeplante Budget nicht ausreicht, den bestehenden Mitarbeiterbestand zu finanzieren und aus diesem Grund Personalreduktionsmaßnahmen zum Einsatz kommen müssen. Zu beachten ist in solchen Fällen aber, dass auch diese Veränderungsmaßnahmen Kosten verursachen. Bestandsreduktionen verursachen beispielsweise Kosten in Form von Abfindungen.

(2) Die Budgetierung über *Nullbasisplanung* baut nicht auf Vergangenheitsdaten auf, sondern verwendet den quantitativen und qualitativen Personalbedarf der Zukunft und multipliziert dann die Zahl der Beschäftigten je Gruppe mit den entsprechenden (zu erwartenden) Lohnkosten.

Da eine Nullbasisplanung einen großen Aufwand erfordert, wird sie vor diesem Hintergrund in der Praxis eher selten angewandt.

Neben der Festlegung des Budgets gehört auch eine Überprüfung beziehungsweise Kontrolle mit zum Prozess. Die einfachste Kontrollmöglichkeit ist die ex post-Kontrolle vorgegebener Budgets und der tatsächlich realisierten Ausgaben. Diese Form der Budgetüberwachung lässt aber außer Acht, dass bereits während der laufenden Budgetperiode Abweichungen erkannt und durch Gegensteuerung korrigiert werden müssen.

5.8 Ausblick

Die Kalkulation des Personalbedarfs stellt unabhängig von der Verfügbarkeit leistungsfähiger Methoden in der betrieblichen Praxis insofern eine substanzielle Schwachstelle dar, als der Personalbedarf weitgehend als Versuchs-und-Irrtums-Methode über eine spezifische Planung auf Fortführungsbasis bestimmt wird: Danach gilt solange eine Gleichheit von Personalbedarf und Personalbestand, bis neue Aufträge oder aber über zu viel Belastung stöhnende Mitarbeiter einen Zuatzbedarf signalisieren. Auf der anderen Seite wird der Personalbedarf immer dann als deutlich „niedriger eingestuft", wenn sich der wirtschaftliche Erfolg beziehungsweise die Konjunktur verschlechtern.

Bedarfsbestimmung: absolute Schwachstelle der aktuellen Personalarbeit

Die geringe Professionalität, mit der die Praxis Personalbedarfsplanung betreibt, hängt eng zusammen mit der mangelhaften Unterstützung durch die gegenwärtig angebotenen Informationssysteme. Hier findet man im Regelfall allenfalls einfache, kurzfristige und wenig flexible Planungsmethoden. Dagegen herrscht ein großer

Mangel bei komplexen und nicht auf Fortführungsbasis basierenden Methoden, die eine weitreichende Planung erlauben. So stützen einer entsprechenden Studie[160] zufolge 45 % der Unternehmen ihre Planung ausschließlich auf Tabellenkalkulationsprogramme und bezeichnen diese Lösung allenfalls als „befriedigend". Auch die Verwendung von SAP ändert nichts an dieser Einstufung. Dies macht deutlich, dass komplexere Systeme fehlen und erklärt, warum allenfalls der komplementäre Einsatz mehrerer Instrumente mit „gut" bewertet wird.

Diese Schwachstelle bei der Personalbedarfsplanung wird durch die Digitalisierung paradoxerweise noch weiter verstärkt. Denn obwohl man mit verbesserter Datenbasis und künstlicher Intelligenz, Personalbedarf exakter antizipieren kann, setzt man weniger auf Bedarfsbestimmung und mehr auf Bedarfsflexibilität. So geht man beim Konzept der „Liquid Workforce"[161] geht davon aus, dass eine optimierte Personaldecke nicht mehr notwendig ist, weil man die flexibilisierten Mitarbeiter einfach jederzeit akquirieren könne. Dieser Glaube erweist sich aber als Illusion, da die Flexibilisierung dazu führt, dass Mitarbeiter sich ihrerseits „flexibilisieren" und nicht jederzeit abrufbar sind. Sei es der digitale Nomade, der auf die andere Seite der Welt reist, oder seien es die Mitarbeiter, die an einem anderen Ort arbeiten und von der Katze zuhause oder dem Hund im Co-Working Space abgelenkt werden. Hierüber hat das Unternehmen keine Kontrolle. Dementsprechend ist eine vorausschauende Personalbedarfsanalyse unabdingbar.

Die Aufgabe der Personalbedarfskalkulation darf nicht im Sinne eines Feuerwehreinsatzes betrachtet werden, nämlich erst dann auszurücken und zu löschen, wenn es bereits brennt. Dies ist in der Regel mit Mehrkosten verbunden und kann auch die Unternehmensentwicklung bremsen.

Hier ist eine präzise und vorausschauende Planung gefragt, die sich mit externen und internen bedarfsbeeinflussenden Faktoren beschäftigt, unterschiedliche Szenarien und alle Eventualitäten berücksichtigt, um daraus einen exakten Personalbedarf abzuleiten, der allen fünf genannten Aspekten gerecht wird. Hilfestellungen sind hier vor allem von intelligenter Informationstechnologie zu erwarten, die dazu beiträgt, einen konsistenten, automatisierten Prozess für die Bedarfsprognose zu implementieren, um schnellere Entscheidungen und den Entwurf von Szenarien zu unterstützen.

Gerade aber weil Personalanpassungen teuer sind, wird es im Zuge der Professionalisierung des Personalmanagements auch zu einem Forcieren der Bedarfskalkulation kommen.

Aufgaben und Fragen zur Selbstüberprüfung

1. Erläutern Sie den Unterschied zwischen Brutto- und Nettopersonalbedarf!
2. Nennen Sie Beispiele für Bezugsbasen, die bei Personalbeschaffungskennzahlen verwendet werden können!
3. Welche Kriterien sind bei der Erstellung von Anforderungsmerkmalen zu beachten? Erläutern Sie diese Kriterien und ihre Anwendung anhand jeweils eines Beispiels!

4. Zeichnen und erläutern Sie das REFA-Zeitschema!
5. Erläutern Sie Möglichkeiten und Grenzen der qualitativen und räumlichen Bedarfskalkulation!
6. Diskutieren Sie die drei unterschiedlichen Managertypen, die Unternehmen im Rahmen einer Entsendung internationaler Führungskräfte einsetzen können!
7. Welchen Einfluss hat die Digitalisierung auf Notwendigkeit und Ausbaustand der Personalbedarfsbestimmung?

Endnoten

142 *2b AHEAD tomorrowing your business* 2017.

143 *Spallek* 2013, 4.

144 *McKinsey Institute* 2017.

145 vgl. *Drumm* 2008, 203.

146 vgl. *Claaßen* 2008, 29–30.

147 vgl. *Schneider/Heim/Geke* 2009.

148 *Shmueli/Koppius* 2011, 553–572.

149 *Schmarzo, Bill,* Business Analytics: Moving from Descriptive to Predictive Analytics, 9.1.2014, online unter: https://infocus.dellemc.com/william_schmarzo/business-analytics-moving-from-descriptive-to-predictive-analytics/#prclt-tScy18Ip, abgerufen am 25.5.2018.

150 vgl. *Gehle* 1950; *Böhrs* 1980; *REFA* 1985.

151 *Gray, Alex,* The Top 10 Skills You Need to Thrive in the Fourth Industrial Revolution, 19.1.2016, online unter: https://www.weforum.org/agenda/2016/01/the-10-skills-you-need-to-thrive-in-the-fourth-industrial-revolution/, abgerufen am 25.5.2018.

152 vgl. *REFA* 1997, 10.

153 in Anlehnung an *REFA* 1997, 42.

154 *Work-Factor-Gemeinschaft Deutschland e.V.,* Work-Faktor-Grundverfahren, online unter: http://www.work-factor.de/index.php?action=procedure#, abgerufen am 30.07.2009.

155 *Scholz/Sattelberger* 2012.

156 *Briscoe/Schuler* 2004, 229–260.

157 *Morris, David Z.,* Netflix Says Geography, Age, and Gender Are 'Garbage' for Predicting Taste, 27.3.2016, online unter: http://fortune.com/2016/03/27/netflix-predicts-taste, abgerufen am 25.5.2018.

158 *Hofstede* 1980; *Hofstede/Hofstede/Minkov* 2010.

159 *Hall/Hall* 1984.

160 *Miebach Consulting* 2009, 25–26.

161 *Accenture* 2016.

(E)valuation: Wie analysiert man den tatsächlichen Personalbestand?

6

Inhalt

Fakten

Europaweit variieren Arbeitszeiten stark: In Griechenland werden 44,6 Stunden in der Woche gearbeitet, in Dänemark 38,7 Stunden. Deutschland liegt bei 41,3 Stunden.[162]

Die Bundesanstalt für Arbeitsschutz und Arbeitsmedizin beziffert die ausgefallene Bruttowertschöpfung aufgrund von Krankheitstagen auf 133 Milliarden Euro im Jahr 2016.[163]

Für 20 % der Personalmanager wird das Human Capital Management in den nächsten Jahren an Bedeutung gewinnen.[164]

Lernziele

- Sie erfahren die wichtigsten Grundüberlegungen für die Personalbestandsevaluation.
- Sie erleben, welchen Wert die Belegschaft besitzt.
- Sie wissen den Unterschied zwischen der qualitativen und quantitativen Personalbestandsevaluation.
- Sie verstehen die zentralen Begriffe der Personalbestandsevaluation.
- Sie lernen die Methoden für die Personalbestandsevaluation.

6.1 Überblick

Eigentlich klingt die Aufgabe ziemlich trivial: Bestimmen Sie den aktuellen Personalbestand! Noch relativ einfach lässt sich die aktuelle Zahl der Mitarbeiter erheben („Headcount"). Wenngleich es bereits dabei Abweichungen gibt, wenn Arbeitsverträge vor- oder zurückdatiert werden, früher oder später in die IT-Systeme eingegeben beziehungsweise in ihrer terminlichen Ausgestaltung erst arbeitsgerichtlich geklärt werden. Auch wenn man es sich schwer vorstellen kann: In der Praxis gibt es regelmäßig bereits dann Probleme, wenn es um die zahlenmäßige Verteilung der Personen auf Bereiche beziehungsweise Abteilungen geht: Hier weichen „offizielle" Stellenpläne regelmäßig von „wirklichen" ab, viele Zuordnungen werden in der Unternehmensrealität nicht systematisch erfasst.

Trotzdem ist auch das alles nur der Anfang: Denn schließlich wollen Sie nicht nur wissen, wie viele Mitarbeiter (quantitativer Aspekt) Sie haben (Abschnitt 6.2). Sie interessieren sich aus gutem Grund auch für die Qualifikationen, Fähigkeiten und Leistungsdaten (qualitativer Aspekt) Ihrer Mitarbeiter (Abschnitt 6.3).

Noch komplexer stellt sich das Thema dar, wenn nicht nur „Köpfe" gezählt und zugeordnet, sondern zusätzlich auch noch die geleistete oder die zu leistende Arbeitszeit berücksichtigt werden soll. Das Ergebnis sind dann die Vollzeitäquivalente („Full-Time-Equivalents", FTE). Kommt neben die zeitliche (Abschnitt 6.4) noch die regionale Verteilung (Abschnitt 6.5) auf Bereiche oder Länder dazu oder gar eine Projektion in die Zukunft, offenbart sich die zunächst triviale Aufgabe der Bestandsanalyse als zentrale, aber massiv unterschätzte Aufgabe.

Personalbestandsevaluation: quantitative und qualitative sowie zeit- und raumbezogene Analyse der Mitarbeiterstruktur, ergänzt um eine wertmäßige Beschreibung

Diese vier Aspekte der Personalbestandsanalyse sind als Evaluationsaufgaben spiegelbildlich zu den vier Teilaufgaben der Kalkulation des Personalbedarfs zu sehen. Hinzu kommt auch im Rahmen der (E)valuation die wertmäßige Fixierung: Bei dieser Bewertung („Valuation") ist in Analogie zum materiellen Anlagevermögen die Frage zu beantworten: Wie hoch ist der Wert der „Belegschaft"? (Abschnitt 6.6). Diese Überlegungen stellen dann den Anschluss zur generellen Unternehmensbewertung her.

6.2 Quantitativer Aspekt: Wie viele Mitarbeiter hat man?

Diese Frage bezieht sich zum einen auf den aktuellen Zeitpunkt und führt zu den Full-Time-Equivalents. Zum anderen geht es um die zu erwartende Entwicklung im Zeitablauf, wozu sich die Skontrationsrechnung eingebürgert hat.

Full-Time-Equivalents als numerische Basis

Um den tatsächlich zur Verfügung stehenden Personalbestand zu ermitteln, ist die Arbeitszeit in die Berechnung einzubeziehen. Die hierfür übliche Kennzahl ist die so genannte effektive Arbeitszeit: Diese ergibt sich aus der Differenz der vertraglich festgelegten Arbeitszeit (Soll-Arbeitszeit) und der tatsächlichen Arbeitszeit (Ist-Arbeitszeit). Die Ist-Arbeitszeit wird dabei beeinflusst durch unterschiedliche Ausfallzeiten, wie Krankheit oder Abwesenheit von Mitarbeitern, die an Weiterbildungsveranstaltungen teilnehmen.

Üblich und wichtig ist auch der Ausweis von Vollzeitäquivalenten, also das Full-Time-Equivalent (FTE). Die vertraglichen Arbeitszeiten aller Mitarbeiter werden hierbei auf eine Vollzeitbeschäftigung umgerechnet.

Full-Time-Equivalent: Umrechnung aller Mitarbeiter auf Vollzeitstellen

Mithilfe dieser Vergleichsgröße kann man die Mitarbeiterzahlen verschiedener Unternehmen besser vergleichen, da die verschiedenen Beschäftigungsverhältnisse wie Teil-, Voll- oder Leiharbeitszeit außer Acht gelassen werden.[165]

Berechnungsbeispiel

Arbeiten in einem Unternehmensbereich 15 Mitarbeiter Vollzeit (100 %) und 10 Mitarbeiter halbtags (50 %), erhält man 20 FTE, obwohl 25 Mitarbeiter in dem Unternehmen arbeiten.

Skontrationsrechnung als zeitbezogene Ergänzung

Führt die Analyse des Personalbestands über den aktuellen Zeitpunkt hinaus in eine zukunftsbezogene (E)valuation, so führt dies zur Skontrationsrechnung. Sie schreibt den Personalbestand unter Berücksichtigung von Zugängen und Abgängen in die Zukunft fort. Bezugsbasis hierfür ist die Gesamtbelegschaft des Unternehmens oder die Belegschaft eines Bereichs beziehungsweise einer Abteilung.

Die Skontrationsrechnung beginnt mit dem Personalbestand und schreibt diesen in die Zukunft fort

Die Skontrationsrechnung besteht immer aus vier Schritten, denen vier Funktionen zugeordnet sind (Tabelle 6.1).

(1) Als *Diagnosefunktion* wird zunächst festgestellt, welcher Personalbestand zum gegenwärtigen Zeitpunkt im Unternehmen vorhanden ist. Im einfachsten Fall wird dieser Wert aus der Gehaltsliste entnommen, also geprüft, welche Mitarbeiter gegenwärtig im Unternehmen beschäftigt sind.

(2) Als Bestandteile der *Projektionsfunktion* werden alle diejenigen Veränderungen berücksichtigt, die bereits feststehen beziehungsweise von deren Eintreffen

Gegenwärtiger Bestand		Diagnosefunktion
–	feststehende Abgänge (Pensionierung, Kündigung)	**Projektionsfunktion**
–	statistisch zu erwartende Abgänge (unerwartete Fluktuation)	
+	Zugänge durch bereits feststehende Neueintritte	
=	**projektierter Bestand für den Zeitpunkt t**	
+/–	erforderliche Veränderungen	**Handlungsfunktion**
=	**Planbestand für den Zeitpunkt t**	
+/–	vermutlich nicht realisierbare Veränderungen	**Prognosefunktion**
=	**prognostizierter Bestand für den Zeitpunkt t**	

Tabelle 6.1: Skontrationsrechnung

man grundsätzlich ausgeht. Feststehende Veränderungen sind beispielsweise Entlassungen und Kündigungen, Zugänge stellen bereits feststehende Neueintritte dar. Hinzu kommen geschätzte Werte, wie beispielsweise Sterberaten oder Fluktuationsraten. Das Ergebnis aus Schritt 2 ist ein projektierter Bestand für den Zeitpunkt t.

(3) Die *Handlungsfunktion* resultiert aus der Differenz zwischen dem ermittelten Personalbestand und dem benötigten Personalbedarf und führt zu Personalfreisetzungsentscheidungen oder Beschaffungsmaßnahmen. Diese Personalveränderung ist nicht Teil der Personalbestandsanalyse, wird aber dort berücksichtigt. Das Ergebnis von Schritt 3 ist ein Planbestand für den Zeitpunkt t.

(4) Die *Prognosefunktion* schließlich trägt der Tatsache Rechnung, dass es selten möglich ist, alle geplanten Maßnahmen durchzuführen. Gründe hierfür sind entweder Verzögerungen im administrativen Ablauf oder aber die schlichte Schwierigkeit, Stellen adäquat zu besetzen. Das Ergebnis aus Schritt 4 ist der prognostizierte Bestand für den Zeitpunkt t.

Eine professionelle Bestandsanalyse muss alle vier Werte liefern.

Die Skontrationsrechnung soll dem Unternehmen (kostspielige!) Situationen ersparen, in denen zu viel oder aber zu wenige Mitarbeiter vorhanden sind. Hierfür gibt es bereits IT-Lösungen in denen die Bestandsanalyse übersichtlich dargestellt wird (Abbildung 6.1).

Abbildung 6.1: Prognose des Personalbestands

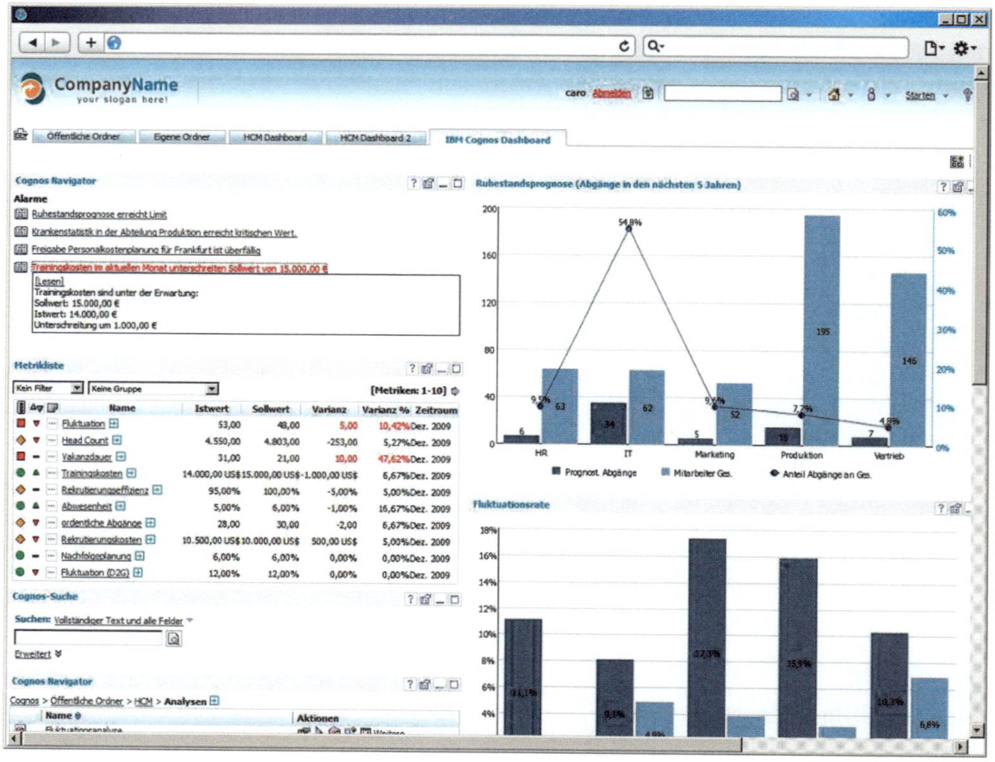

Personalbestand prognostizieren

Übung 6.1

Neben Ihren Expansionsplänen müssen Sie sich auch noch um Ihre bestehenden Filialen kümmern. In dieser Woche interessieren Sie sich insbesondere für den Personalbestand Ihres Stammhauses „Alte Backstube“. Daher berechnen Sie den prognostizierten Personalbestand der Bäckerei-Fachverkäuferinnen in einem Jahr unter Berücksichtigung der folgenden Informationen:

- Personalbestand laut Gehaltsliste: aktuell 10 Fachverkäuferinnen.
- Verkäuferin Meyer ist 64 Jahre alt und wird in den Ruhestand gehen.
- Verkäuferin Bauer kommt trotz mehrfacher Verwarnung immer zu spät und soll aufgrund dessen gekündigt werden.
- Die Fluktuationsrate beträgt für Bäckereifachverkäuferinnen 10 %.
- Außerdem würden Sie gerne ein Zweischichtsystem einführen, in dem jeweils 6 Verkäuferinnen arbeiten.

External Workforce als aktuelle Herausforderung

Spricht man bei einem Unternehmen wie SAP eine Person an und fragt sie, ob diese Person bei SAP arbeitet, dann sind die Chancen hoch, dass es sich um einen Berater oder einen Projektmitarbeiter von einem Zulieferer oder Kunden handelt. Selbst der Hausmeister ist in den meisten Fällen nicht bei dem Unternehmen eingestellt.

Hier stellt sich dann wieder die Frage: Wie viele Mitarbeiter hat man? Gehört der Leiharbeiter dazu, oder der Hausmeister in diesem Fall? Was ist mit den Projektmitarbeitern, die seit Jahren für den Kunden SAP arbeiten? Durch die Digitalisierung wird es zugleich immer einfacher, kurzfristig Mitarbeiter per Werkvertrag oder ähnliches einzustellen. Manchmal ist selbst ein formales Einstellen nicht mehr notwendig. In der Abbildung 6.2 sieht man verschiedene Möglichkeiten, die Belegschaft immer weitergehender zu externalisieren, diese Externalisierung geht einher mit einem Verlust an Kopplung an das Unternehmen, man fühlt sich immer weniger Teil des Unternehmens.

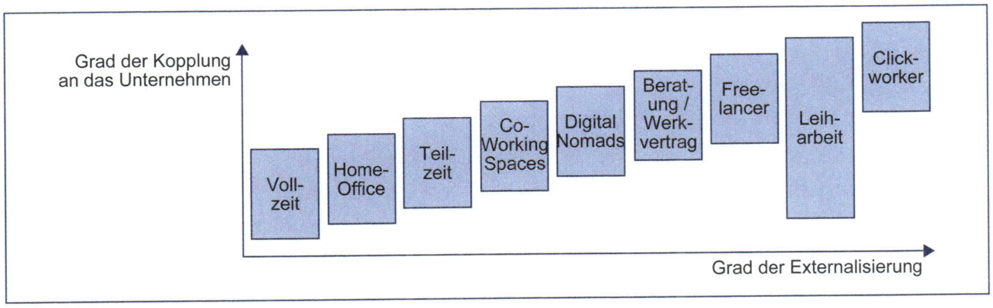

Abbildung 6.2: Möglichkeiten zur Externalisierung der Belegschaft

Folgt man der Definition, wonach Personen, die Gehalt beziehen, Mitarbeiter sind, dann wird die Zahl bei Unternehmen mit einer hohen Externalisierung geringer sein, als wenn man alle Personen miteinbezieht, die eine Wertschöpfung für das Unternehmen betreiben. Das führt dazu, dass die Bestimmung des Personalbestands dann eine extreme Herausforderung für das Personalmanagement darstellt, wenn der Personalbestand den Personenkreis umfasst, der aktiv an der Wertschöpfung beiträgt. Aber: Auf die Frage „Wie viele Mitarbeiter hat ein Unternehmen?“ kommt nicht mehr eine Zahl als Antwort, sondern zurecht ein differenziertes „Es kommt darauf an“. Die External Workforce ist Teil der Arbeitswelt; wie man damit als Personalmanagement umgeht, ist jedoch aktuell noch schwankend, ähnlich schwankend wie die Anzahl dieser External Workforce.

6.3 Qualitativer Aspekt: Welche Qualifikation haben die Mitarbeiter?

Neben einer Bestimmung der Anzahl der vorhandenen Mitarbeiter muss man ebenso wissen, mit welchen Kompetenzen/Fähigkeiten die Mitarbeiter ausgestattet sind und zu welcher Arbeitsleistung sie in der Lage sind. Grundlage der quantitativen Planung bilden vor diesem Hintergrund das Leistungspotenzial sowie die Fähigkeitsmerkmale der Mitarbeiter.

Leistungspotenzial und Leistungsbeurteilung

Die Basis der qualitativen Personalbestandsevaluation ist das individuelle Leistungspotenzial, also die körperlichen und geistigen Anlagen sowie die erworbenen Kenntnisse und Erfahrungen des Mitarbeiters. Dieses individuelle Leistungspotenzial hat zwei Segmente:

(1) Das *eingesetzte* Leistungspotenzial ist der Teil der Fähigkeiten, die der Mitarbeiter auf der gegenwärtigen Position zum gegenwärtigen Zeitpunkt verwendet.

(2) Das *sofort einsetzbare* Leistungspotenzial ist der Teil der Fähigkeiten, über die der Mitarbeiter zwar verfügt, die vom Unternehmen aber gegenwärtig nicht abgerufen werden.

Nimmt man lediglich das eingesetzte Potenzial als Indikator für die Leistung, so fällt dieses zwangsläufig niedriger aus, als wenn man das sofort einsetzbare Potenzial berücksichtigt. Deshalb ist die Schlussfolgerung „einsetzbares Potenzial“ = „eingesetztes Potenzial“ zwar ein in der Praxis verbreiteter Fehler, der allerdings zu Lasten des Mitarbeiters geht.

Individuelle Leistungserbringung als ultimatives Ziel

Ziel der Personalarbeit ist die Optimierung der individuellen Leistungserbringung. Diese individuelle Leistung hängt dann nicht nur davon ab, welches Leistungspotenzial der Mitarbeiter konkret einsetzt, sondern auch von den Leistungsanforderungen (Nachfrage des Unternehmens), von den Leistungsbedingungen (Umfeld) und von der Leistungsbereitschaft. Die beiden letztgenannten Aspekte werden unter anderem näher in den Abschnitten Allokation sowie Qualifikation und Direktion diskutiert. Das individuelle Leistungspotenzial ist das Objekt der Bestandsanalyse, aus dem heraus sich die individuelle Leistung ergibt (Abbildung 6.3).

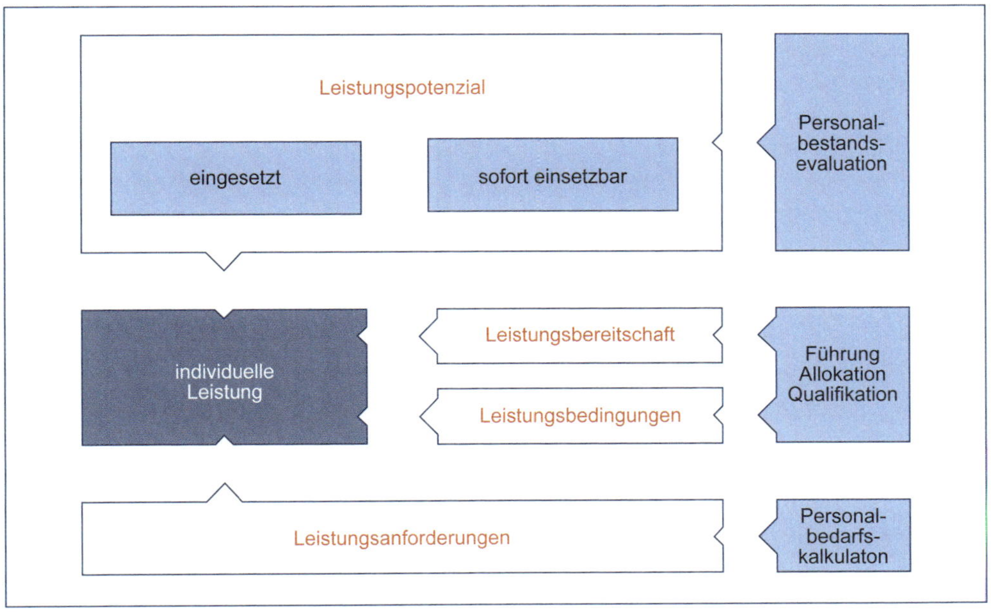

Abbildung 6.3: Individuelle Leistung und ihre Abhängigkeiten

Fähigkeitsmerkmale problematisch als Analysegrundlage

In der Literatur gibt es inzwischen einen breiten Konsens darüber, welche Merkmale von Mitarbeitern erhoben werden können beziehungsweise erhoben werden sollen. Im Wesentlichen sind dies vier Kategorien:

(1) *Identifizierende* Merkmale sind im Regelfall Name und Personalnummer.

(2) *Kenntnisbezogene* Merkmale beziehen sich auf die Ausbildung des Mitarbeiters, also auf diejenigen akademischen Grade, Kurse und Lehrgänge, die der Mitarbeiter erworben oder durchlaufen hat. Ferner gehört hierzu auch der berufliche Werdegang, da auch daraus auf konkrete Fähigkeiten und Fertigkeiten geschlossen werden kann.

(3) *Physische* Merkmale betreffen den Zustand des Mitarbeiters, seine körperlichen Fähigkeiten und vor allen Dingen seine körperliche Beanspruchbarkeit. Physische Merkmale sind primär bei mechanischen Tätigkeiten wichtig.

(4) *Psychische* Merkmale messen die geistige Leistungsfähigkeit, das aufgaben- und personenbezogene Arbeitsverhalten sowie die psychische Beanspruchbarkeit. Die psychischen Merkmale sind gerade auch für Führungsfunktionen wichtig. Die Speicherung dieser Daten ist aufgrund der deutschen Bestimmungen zum Datenschutz jedoch nur zulässig, wenn der Betroffene schriftlich zugestimmt hat.

Je differenzierter die individuellen Fähigkeiten erfasst sind, desto besser ist die informatorische Grundlage für das Personalmanagement.

Im Wesentlichen sind diese Merkmale spiegelbildlich zu den Anforderungsmerkmalen, die im Zusammenhang mit der Bedarfskalkulation beschrieben wurden. Aufgrund dieser Spiegelbildlichkeit soll es dann auch möglich sein, Anforderungs- und Fähigkeitsprofil konkret miteinander zu vergleichen. Dieser Vergleich ist Teil der Personalallokation.

Fähigkeitsmerkmale sind normalerweise in der Personalakte ausgewiesen beziehungsweise in IT-Systeme abgespeichert („elektronische Personalakte"). Im Extremfall sind sie als verteiltes System „irgendwo in der cloud".

Bei aller Euphorie, die gerade auch eine computergestützte Personalplanung mithilfe von Fähigkeitsprofilen verbreitet, sind aber gerade – vor allem im Interesse des Mitarbeiters! – bei derartigen Fähigkeitsmerkmalen Fragezeichen anzubringen: So ist bereits die Erhebung von Fähigkeitsmerkmalen relativ problematisch, da oft aus der gezeigten Leistung auf Leistungspotenzial geschlossen wird, obwohl die gezeigte Leistung im Regelfall unter dem sofort einsetzbaren Leistungspotenzial liegt.

Unterschätztes Gefahrenpotenzial computergestützter Personalplanung

Zudem ist eine unreflektierte Verwendung von derartigen Daten in IT-Systemen gefährlich, da wichtige Zusatzinformationen verloren gehen können. So kommen unterschiedliche Beurteiler teilweise zu unterschiedlichen Ergebnissen. Deshalb wäre es eigentlich immer nötig zu wissen, von wem eine Beurteilung stammt. Zudem geht in vielen Fällen der Kontext der Beurteilung verloren: So hängt die Bedeutung einer entsprechenden Beurteilung in der Personalakte von der konkreten Situation und bei internationalen Unternehmen vom Land ab, in der und in dem sie erhoben wurde. Die Tatsache, dass in der Praxis im Regelfall relativ unkritisch mit derartigen Bewertungen umgegangen wird, ändert allerdings nichts an ihrer Problematik.

Die Digitalisierung hat dazu geführt, dass diese Beurteilung der qualitativen Kriterien immer relevanter geworden ist. Dadurch, dass die Tätigkeiten der Mitarbeiter hauptsächlich digital stattfinden, sind diese messbar geworden. Selbst Tätigkeiten in der Produktion sind durch Sensoren in den Maschinen transparent geworden Alle Daten können somit in die Bewertung der individuellen Leistung einfließen.

Dies ist problematisch, wenn diese personalwirtschaftlich genutzten Daten ursprünglich für einen anderen Zweck erhoben wurden. Nehmen wir die Sensoren von Maschinen: Diese messen Bewegungen, damit der Mensch nicht gefährdet wird. Somit wurden sie nicht geschaffen, um die Leistung der Mitarbeiter zu messen. Hier können unzureichende Daten kreiert und Mitarbeiter falsch bewertet werden. Zwar wird der Kontext der Messungen in den sogenannten Meta-Daten (also Informationen über die Daten) vermerkt. Diese Meta-Daten gehen aber oft in der Auswertung verloren. Plötzlich sind Daten zur Sicherheit des Menschen Daten zur Bewertung dieses Menschen.

Die Meta-Daten geben Hinweise auf den Kontext

Noch weitergehend in der Bewertung ist die Übersetzung dieser Daten in sogenannte Scores. Die Idee solcher Scores stammt aus Videospielen, wo Spieler im Laufe des Spiels Punkte sammeln. Derartige Scores sind Teil der Gamification als Anwendung von Spielmechaniken in einem Nichtspielkontext[166]. Mitarbeiter werden anhand von Daten bewertet und erhalten einen Score. Dieser Score kann dann auch sofort in Rankings überführt werden – eine Anwendung, die problematisch sein kann, wenn das System nicht fair bewertet.

Messungen können negative Konsequenzen haben

In dem Unternehmen Wuppermann Staal Nederland wurde darüber nachgedacht, wie man die Sicherheit in der Stahlfabrik verbessern könnte. Dazu wurde ein Dashboard aufgehängt. Es zeigte Informationen über die Arbeitsleistung und Sicherheitssituation, um die Mitarbeiter spielerisch zu motivieren, sicher zu arbeiten. Mitarbeiter wurden anhand der Unterbrechungen und der Sicherheitsvorfälle bewertet. Diese Transparenz klingt sinnvoll, hat aber dazu geführt, dass die Mitarbeiter wegen der konstanten Überwachung unter Stress gesetzt und teilweise auch depressiv wurden. Zudem kam es zu Wettbewerb zwischen den jeweiligen Schichten, der bis zur Sabotage reichte. Anstatt Probleme zu melden, wurden diese nicht gemeldet und der nächsten Schicht überlassen. Die Arbeitsleistung wurde zwar präzise gemessen, die Messung hatte jedoch deutlich negative Konsequenzen.[167]

Safety first: Sicherheit als Arbeitsleistung

6.4 Zeitlicher Aspekt: Wann sind die Mitarbeiter da?

Im Rahmen der zeitlichen Bestandsevaluation wird überprüft, ob die Mitarbeiter zu den vertraglich festgelegten Arbeitszeiten tatsächlich an ihrem Arbeitsplatz sind.

Hier sind vor allem Fehlzeiten der Mitarbeiter, die aufgrund von krankheitsbedingten Ausfällen zustande kommen können, ein wichtiger Indikator. Beim Management genießt das Fehlzeitengeschehen deshalb besondere Aufmerksamkeit, weil erhöhte Fehlzeiten mit unerwünschten, möglichst zu vermeidenden Personalkosten einhergehen (zum Beispiel wenn durch das Fehlen eines Mitarbeiters ein Auftrag nicht fristgerecht abgewickelt werden kann).[168]

Die zeitliche Bestandsevaluation konzentriert sich also auf die Menge und die Verteilung von Fehlzeiten sowie die Entwicklung von Vermeidungsstrategien, um Fehlzeiten zu reduzieren beziehungsweise gar nicht erst entstehen zu lassen.

Die Ursachen für Fehlzeiten können durch vielfältige Faktoren beeinflusst werden:
- konjunkturelle Lage am Arbeitsmarkt,
- regionale Einflüsse,
- Wirtschaftsbranche und Betriebsgröße,
- periodische Einflüsse (zum Beispiel Jahreszeit, Wochentag) sowie
- persönliche Faktoren wie Alter, Geschlecht, Qualifikationsgrad.

Warum fehlen Mitarbeiter?

Für die Bestandsevaluation ist also wichtig zu wissen, wann mit Fehlzeiten der Mitarbeiter tendenziell zu rechnen ist, um frühzeitig planen zu können. Die Fehlzeitenstatistik zeigt Unternehmen dabei auf, wie sich die Ausfalltage in der Vergangenheit entwickelt haben, wodurch Prognosen für die Zukunft abgegeben werden können. Generell ist beispielsweise zu beobachten, dass die meisten Krankschreibungen am Wochenanfang zu verzeichnen sind.[169] Das Wissen über Fehlzeitenentwicklungen stellt ein wichtiges Instrument im Rahmen der Personalbestandsevaluation dar.

Mit dem technologischen Fortschritt lässt sich die zeitliche Arbeitsleistung sekundengenau evaluieren. Technologien wie ein RFID-Chip ermöglichen es, den Ort einer Person, alle Bewegungen und die Ankunft im sowie das Verlassen des Unternehmens präzise aufzuzeigen. Es geht schon so weit, dass Mitarbeiter einen Chip unter die Haut implementiert bekommen können[170, 171]. Kaffeepausen, Raucherpausen, Toilettenbesuche, Mittagszeit, alles ist jetzt auf die Sekunde genau messbar. Auch beim Homeoffice lassen sich die Arbeitszeiten messen: Wann loggen sich die Mitarbeiter in das Arbeitssystem ein? Über die Kamera kann man überprüfen, ob die Person überhaupt vor dem Arbeitsrechner sitzt und was sie tut. Schon heute lassen sich die Gesichter durch Gesichtserkennung über handelsübliche Überwachungskameras identifizieren, ohne dass es ein Mitarbeiter mitbekommt. Es ist nicht verwunderlich, dass auch Facebook-CEO Mark Zuckerberg die Kamera an seinem Laptop abklebt[172].

(© OVG Real Estate)

Little Brother is Watching You: Gläserner Mitarbeiter

Wie viele Schritte sind es bis zur totalen Überwachung?

Auch Architekten versuchen, diese neuen Technologien in die Planung von Bürogebäuden zu integrieren. Ein bekanntes Beispiel dafür ist das Bürogebäude „The Edge" in Amsterdam[173]. Komplett vernetzt kann man schon nach dem Aufstehen die aktuellen Termine per App checken; diese App öffnet auch die Tiefgarage und hilft beim Finden eines Parkplatzes. Auch der Schreibtisch wird damit lokalisiert, denn es gibt keinen festen Arbeitsplatz mehr. Toilettenbesuch und Handtuchhalter werden ebenso über das Internet kontrolliert. Ähnliches gilt bestimmt auch für die Kaffeemaschine und andere technologische Elemente. Alles zum Wohle des Mitarbeiters! Das ist bestimmt auch initial der Fall gewesen, aber der Schritt zur vollständigen Überwachung ist mit dieser umfassenden Infrastruktur nur ein sehr kleiner.

6.5 Räumlicher Aspekt: Wo sind die Mitarbeiter?

Gerade in Zeiten der zunehmenden Globalisierung spielt der geografische Aspekt im Rahmen der Bestandsevaluation eine wesentliche Rolle. Ein international agierendes Unternehmen hat seine Mitarbeiter über die ganze Welt verteilt – je nach Standortwahl.

International tätige Unternehmen müssen länderspezifische Gegebenheiten berücksichtigen, die Auswirkungen auf den quantitativen, den qualitativen, den zeitlichen sowie den wertmäßigen Aspekt der Personalbestandsevaluation nach sich ziehen können:

- *Quantitativ:* Andere Länder haben beispielsweise im Vergleich zu Deutschland eine andere FTE-Bezugsbasis. Dort liegt aufgrund von tariflichen und/oder gesetzlichen Regelungen eine andere Wochenarbeitszeit zu Grunde.
- *Qualitativ:* In anderen Ländern liegen im Vergleich zu Deutschland andere kulturelle Systeme vor, die ebenso Auswirkungen auf das lokale Bildungssystem haben. Die kulturellen Unterschiede spiegeln sich in der individuellen Leistung wider,

die im Vergleich zu der deutschen Leistungsmentalität variieren kann. Aufgrund der unterschiedlichen Bildungssysteme kann man in den diversen Ländern keinen einheitlichen Standard an Fähigkeiten voraussetzen. Diese Abweichungen gilt es, im Rahmen der Bestandsevaluation zu berücksichtigen.

- *Zeitlich:* Auch im Hinblick auf Fehlzeitenstatistik sind räumliche Unterschiede auszumachen: Der Krankenstand in Deutschland beträgt 2009 drei Prozent der Soll-Arbeitszeit[163], in Norwegen waren es im gleichen Zeitraum acht Prozent.[164]
- *Wertmäßig:* Bewertet man das vorhandene Humankapital zu Marktpreisen, ergeben sich beispielsweise Unterschiede für die Marktentlohnung. Im Durchschnitt verdienen Angestellte in Bangkok weniger als Arbeitskräfte in New York.

Insgesamt wird die geografische Verteilung der Mitarbeiter gerade für sehr große Unternehmen immer komplexer und undurchsichtiger – vor allem dann, wenn die länderspezifischen Gegebenheiten in der Personalarbeit berücksichtigt werden sollen.

Aber durch die Digitalisierung wird auch über den räumlichen Aspekt vieles dynamischer: Mitarbeiter können zu digitalen Nomaden werden; Unternehmen können Mitarbeiter dazu ermutigen zuhause zu arbeiten, um Platz einzusparen.

Länderspezifische Besonderheiten

Übung 6.2

Im Hinblick auf Ihre englischen Filialen wollen Sie Besonderheiten des englischen Arbeitsmarktes recherchieren. Sie begeben sich daher auf die Internetseite des Statistischen Amtes der Europäischen Gemeinschaften (EUROSTAT): http://ec.europa.eu/eurostat und recherchieren, welche Unterschiede zwischen dem englischen und dem deutschen Arbeitsmarkt bestehen. Nun müssen Sie nur noch überlegen, welche Unterschiede Sie in Ihren Bäckereien für besonders relevant halten.

6.6 Wertmäßiger Aspekt: Wie viel sind die Mitarbeiter wert?

Nachdem man nun weiß, wie der Personalbestand
- quantitativ,
- qualitativ,
- zeitlich und
- räumlich

verteilt ist, stellt sich die Frage, wie viel sind diese Mitarbeiter eigentlich wert? Obwohl man Menschen nicht mit Anlagevermögen gleichsetzen kann und darf, bleibt die Frage wichtig. Denn der Wert eines Unternehmens ergibt sich nicht nur aus dem Wert der Maschinen und aus dem Guthaben bei der Bank. Er ergibt sich letztlich aus seinen Mitarbeitern.

Mitarbeiter als Teil des Unternehmenswertes

Sicherlich gilt diese Analogie nur begrenzt, weil das Unternehmen – anders als bei Maschinen und bei Geld – keine unmittelbaren Besitz- beziehungsweise Verfügungsrechte über „seine“ Mitarbeiter hat. Trotzdem ist eine wertmäßige Berichterstattung einschließlich der daran ansetzenden Maßnahmen wichtig für
- Anteilseigner und Investoren,

- Mitarbeiter und Bewerber,
- Vorstand und Aufsichtsrat sowie
- Öffentlichkeit und Medien.

Letztlich kann es nicht gleichgültig sein, ob Unternehmen in großem Stil Humankapital vernichten oder ob sie in betriebswirtschaftlich vertretbarer Form sinnvoll mit ihrem Humankapital umgehen. Vor diesem Hintergrund soll nachfolgend aus der Fülle – gerade auch in Deutschland – inzwischen vorliegender Methoden[176] auf die drei grundsätzlichen Varianten näher eingegangen werden.

© SØR Rusche GmbH

Die Wissensbilanz bei SØR

Da im Einzelhandel oft Wissenspotenziale brachliegen, interessierte sich die SØR, ein führender Herrenausstatter im oberen Marktsegment, auch für die immateriellen Werte des Unternehmens. Die fünfstufige Erstellung der Wissensbilanz begann mit dem Festlegen der Ziele. Als nächstes wurden 14 Faktoren als erfolgskritisch definiert und darauf aufbauend deren gegenseitige Beeinflussung ermittelt. Bei den Faktoren, die als Werthebel anzusehen sind, stellte man fest, dass der Wissensaustausch einen starken Einfluss auf die Kollektion hat, denn je mehr Ideen und Trendbeobachtungen der Mitarbeiter in die Gestaltung einfließen, umso höher sind die Erfolgschancen dieser Kollektion. Da auch die Führungskultur als Werthebel identifiziert wurde, beschloss man im fünften Schritt als konkrete Maßnahme die Führungskultur dahingehend zu verändern, dass sie mehr Wissensaustausch, eine höhere Kommunikationsdichte und die Stärkung der Durchsetzungsfähigkeit ermöglicht.[177]

Kostenverrechnung: Human Resource Accounting (HRA)

Kostenverrechnungslogik: Bewertung des Humankapitals nach getätigten Ausgaben

Die Kostenverrechnungslogik bewertet Humankapital nach getätigten Ausgaben, will also anfallende Personalkosten auf Kostenträger verteilen. Im Human Resource Accounting (HRA) beziehungsweise Human Asset Accounting[178] wird mit dem Personalinvestitionskonto gearbeitet. Bei der Bewertung mit historischen Kosten (Kostenwertmethode) entspricht der Wert des Humankapitals den in der Vergangenheit für dessen Beschaffung und Entwicklung angefallenen (Anschaffungs-)Kosten.[179]

Humankapital: mehr als Personalkosten

Das Personalinvestitionskonto[180] gestaltet sich folgendermaßen: Auf der linken Seite stehen die Investitionen. Diese ergeben sich aus Beschaffungs-, Einarbeitungs- sowie Fortbildungskosten. Auf der rechten Seite werden die Abschreibungen (sie mindern die Investitionen) vermerkt. Der Abschreibungsbetrag der Akquisition (Erwerb) ergibt sich aus der Summe der Beschaffungs- und Einarbeitungskosten dividiert durch die Jahre der voraussichtlichen Betriebszugehörigkeit. Der Humankapitalwert ergibt sich bei diesem Ansatz aus dem Schlussbestand.

Humankapital ist mehr als Personalkosten

„[…] dass in Rechnungswesen der Produktionsfaktor ‚Humankapital' nur als Personalaufwand p.a. erfasst wird. Diese Behandlung kann leicht zu einer systematischen Vernachlässigung der Entwicklungspotenziale von Humankapital […] führen und somit zu einer systematischen Überbetonung des reinen Kostenaspekts."[181]

Dr. Theo Siegert (geb. 1947; Geschäftsführer der de Haen-Carstanjen & Söhne KG)

Grundsätzlich stellt dieser Ansatz ein durchaus interessantes Verfahren dar, wenngleich es sich – soweit erkennbar – zumindest in der deutschsprachigen Praxis nicht etabliert hat.

Personalinvestitionskonto

Übung 6.3

Sie wollen das Personalinvestitionskonto für Ihren Abteilungsleiter Siegfried Schnelldenker erstellen. Sie kennen Beschaffungs-, Einarbeitungs- und Fortbildungskosten, wobei diese auf drei Jahre zu verteilen sind. Das entsprechende Personalinvestitionskonto ist schnell erstellt.

Personalinvestitionskonto eines Abteilungsleiters (in €)

Beschaffung	22.000,–	Abschreibung der Beschaffung und Einarbeitung (entsprechend der Betriebszugehörigkeit, 1/10, da 10 Jahre Betriebszugehörigkeit prognostiziert)	3.600,–
Einarbeitung	14.000,–		
Fortbildung	6.000,–		
		Abschreibung der Fortbildung (entsprechend der Nutzung, 1/3, da 3 Jahre Nutzung)	2.000,–
		Humansammelkonto Ergebnis (Verbuchung auf Vermögen)	**36.400,–**
	42.000,–		42.000,–

Doch jetzt überlegen Sie, was Ihnen dieses Konto sagt.

Gewinnverteilung: Human Capital Return on Investment (HCRoI)

Die zweite Bewertungsvariante folgt der Gewinnverteilungslogik. Sie bewertet Humankapital danach, wie viel die Mitarbeiter erwirtschaftet haben. Der Humankapitalwert ergibt sich aus denjenigen Restgrößen des Cashflows (Zahlungsüberschuss), die noch nicht auf andere Gewinnverursachungsfaktoren wie das Finanzkapital verteilt wurden.

Gewinnverteilungslogik: Bewertung des Humankapitals vor Erträgen auf Mitarbeitergruppen

Vertreter der Gewinnorientierung wollen den Wert des Humankapitals am fallspezifischen Unternehmenswert festmachen[182]:

- Gesucht wird ein irgendwie gearteter „Return" – sei es ein discounted Cashflow, ein „Übergewinn", ein Aktienkurs oder selbst nur ein Umsatzwert. So könnte sich dieser „Return" bei der Deutschen Lufthansa beispielsweise aus dem Aktienkurs ableiten oder aber aus einem Abschätzen und Abdiskontieren von Jahresüberschüssen aus den Geschäftsfeldern Passage oder Logistik.
- Dieser „Return" wird dann aufgeteilt, und zwar auf die Kategorien „Ertragswert, verursacht durch das Humankapital" und „Ertragswert, verursacht durch das Nicht-Humankapital". Im Fall der Deutschen Lufthansa würde man hier einen Teil des „Returns" dem Marktwert zuschreiben, einen anderen Teil der Flugzeugflotte und einen Teil dem Humankapital.
- Innerhalb des Humankapitals wird der „Return" einzelnen Teams, Projekte und einzelne Mitarbeiter zugeordnet – sofern sich der Betriebsrat hier nicht wehrt. Wieder bezogen auf die Deutsche Lufthansa wären dies Beschäftigtengruppen wie Piloten, Flugbegleiter und Bodenpersonal.

Diese Methodik ist zumindest vom Grundansatz sinnvoll, solange man auf der aggregierten Ebene des Gesamtunternehmens bleibt und auf weitergehende Aufschlüsselung und Schlussfolgerung verzichtet.

Dieser von *Jac Fitzenz*[183] vorgestellte Ansatz des Human Capital Return on Investment (HCRoI) basiert auf Ideen zur wertschöpfungsorientierten Ausgestaltung des Personalmanagements. In Anlehnung an die betriebswirtschaftliche Kennzahl Return on Investment (RoI), die die Rendite des eingesetzten Kapitals misst, ermittelt der HCRoI die Rendite des Faktors Personal. Der HCRoI-Ansatz wird auf der Ebene des Gesamtunternehmens angewendet und greift dazu auf vorhandene finanzwirtschaftliche Kennzahlen des Unternehmens zurück.

Der HCRoI berechnet sich dann über folgende Formel:

$$\text{HCVA} = \frac{\text{Ertrag} - (\text{Aufwand} - \text{Löhne und Gehälter})}{\text{Löhne und Gehälter}}.$$

Dieser HCRoI nimmt Werte „größer als 0" („kleiner als 0") an, wenn der Ertrag den um die Personalkosten reduzierten Aufwand übersteigt (der um die Personalkosten reduzierte Aufwand den Ertrag übersteigt). Wichtig ist, dass der HCRoI keinen monetären Humankapitalwert liefert, weil er lediglich eine Relativzahl ist. Sie sagt aus, dass man für jeden investierten Euro in die Mitarbeiter einen Wert in Höhe des HCRoI erhält. Bei einem negativen HCRoI ist auch der Humankapitalwert negativ.

Ein weiterer Ansatz der Gewinnverteilungslogik ist der von der Unternehmensberatung Boston Consulting Group entwickelte Workonomics-Ansatz. Der Cash Value Added (CVA) bildet den Wertbeitrag einer Investition ab, der über die dafür notwendigen Kapitalkosten hinausgeht.

$$\text{HCVA} = \frac{\text{Ertrag} - (\text{Aufwand} - \text{Löhne und Gehälter})}{\text{FTE}}$$

Diese HC-Kennzahl liefert auf Bereiche beziehungsweise Abteilungen heruntergebrochene Ergebnisgrößen („Übergewinn pro Mitarbeiter"). Ähnlich wie Workonomics gehen auch zwischenzeitlich angebotene Derivate wie die „Mehrgewinnmethode" von PriceWaterhouseCoopers vor.

Ertragspotenzialanalyse: Saarbrücker Formel (SFo)

Die Ertragspotenziallogik[184] ist eine aktuelle Variante der Humankapitalbewertung. Als Humankapital wird hier ausschließlich das bewertet, was die Belegschaft im Sinne einer Ertragsuntergrenze zu erwirtschaften in der Lage wäre – unabhängig vom gegenwärtigen Unternehmenserfolg auf dem Absatzmarkt.

Ertragspotenziallogik: Bewerten des Humankapitals als prinzipiell nutzbares Humanvermögen

Humankapital als Eurozahl

„Als Personalmanager müssen wir in den Unternehmen in die Lage kommen, monetäre Aussagen über das Humankapital zu treffen."[185]

Prof. Dr. Heinz Fischer (geb. 1948; ehemaliger Personalvorstand von Hewlett Packard GmbH sowie ehemaliger Bereichsvorstand der Deutschen Bank AG)

Gesucht ist – folgt man zunächst einem sich intuitiv erschließenden mentalen Modell – das Wirkpotenzial aus den Mitarbeitern, das selbst dann einen Wert darstellt, wenn das Unternehmen diesen Wert nicht nutzt. Eingang in eine entsprechende Grundüberlegung finden die zentralen Wert- und Steuerungshebel der Personalarbeit. So ergibt sich über das beschaffte Personal und seine Marktvergütung die Wertbasis. Hat die Belegschaft veraltetes Wissen, so muss ein entsprechender Abschlag vorgenommen, die Wertbasis also reduziert werden. Als Ausgleich kann Personalentwicklung das Ertragspotenzial wieder erhöhen. Schließlich verändert sich das Humankapital in Abhängigkeit von der motivationalen Bereitschaft der Mitarbeiter zur Leistungserbringung, von ihrem Arbeitsumfeld sowie – als Risikoindikator – von ihrer Neigung, im Unternehmen zu bleiben.

Während für rein konzeptionelle Überlegungen dieses mentale Modell (Abbildung 6.4) ausreicht, erfordert die tatsächliche wertmäßige Bestimmung als Euro-Zahl eine exakte mathematische Verknüpfung. Sie ergibt sich unmittelbar aus dem mentalen Modell, wobei eine Aggregation über unterschiedliche Beschäftigtengruppen vorgesehen ist. Wie aus der unten dargestellten Formel ersichtlich, setzt sich das Humankapital aus den folgenden Gruppen von Komponenten zusammen:

- Die *Wertbasis* ergibt sich aus der Mitarbeiterzahl (*Menschen*) umgerechnet in Vollzeitarbeitskräfte (Full-Time-Equivalents, FTE_i) und dem *Marktgehalt* (l_i), das ausdrückt (*Geld*), welchen Wiederbeschaffungswert die Mitarbeiter am Arbeits-

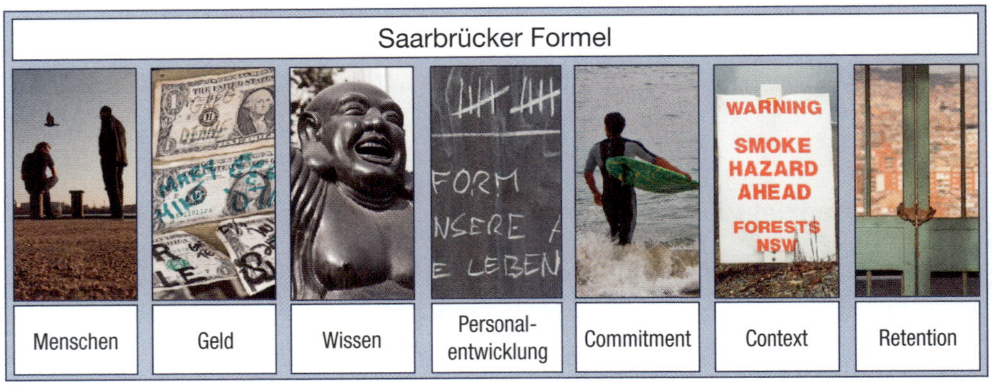

Abbildung 6.4: Komponenten der Saarbrücker Formel

markt hätten. Dadurch lässt sich eine einheitliche Bewertungsbasis zwischen den Unternehmen schaffen.

- Der *Wertverlust* bezieht sich auf die Erosion an Wissenssubstanz im Unternehmen. Rein rechnerisch werden dazu die Wissensrelevanzzeit w_i (Zeit, in der der Mitarbeiter von seinem erlernten Ausbildungswissen voll profitieren kann) und die Betriebszughörigkeitsdauer b_i in Relation gesetzt. Je länger also ein Mitarbeiter in einem Unternehmen tätig ist, desto höher ist seine Wissenserosion beim Fachwissen. Das Erfahrungswissen steigt dagegen mit der Betriebszugehörigkeit.
- Unter anderem um einer Wissenserosion zu begegnen, tätigen die Unternehmen Investitionen in die *Personalentwicklung* (Personalentwicklungskosten, PE_i) und bilden ihre Mitarbeiter entsprechend weiter. Dadurch können sie den Wertverlust ausgleichen.
- Mit steigender *Mitarbeitermotivation* (M_i) ist das Humankapital höher, bei sinkender Motivation niedriger zu bewerten. Die Mitarbeitermotivation wird im Rahmen der Saarbrücker Formel über einen Motivationsindex berechnet, der Werte zwischen 0 und 2 einnehmen kann. Danach steigern Werte über 1 das Humankapital, der Wert 1 wirkt humankapitalneutral und Werte unter 1 vermindern das Humankapital. Die Motivation setzt sich zusammen aus Leistungsbereitschaft (*Commitment*), Arbeitsumfeld (*Context*) und Verbleibetendenz (*Retention*).

Der Index (i) steht für die einzelnen Beschäftigtengruppen (1 bis g), die im günstigsten Fall gemeinsam mit der Unternehmensstrategie festgelegt werden und sich an strategischen Kriterien orientieren. Ein Beispiel wäre die Einteilung der Mitarbeiter nach Hierarchieebenen oder nach Unternehmensbereichen beziehungsweise Segmenten.

Die Ergebnisse der einzelnen Gruppen werden später aufsummiert und ergeben einen HC-Gesamtwert. Dies führt zu folgender formelmäßigen Darstellung:

$$HC := \sum_{i=1}^{g} \left\{ \left[FTE_i \cdot l_i \cdot f(w_i, b_i) + PE_i \right] \cdot M_i \right\}$$

Die Grundlogik der Saarbrücker Formel besagt, dass eine fähige, hoch motivierte Belegschaft, die über möglichst aktuelles wertschöpfungsrelevantes Wissen verfügt und durch Personalentwicklung weitgehend auf diesem Wissensstand gehalten wird, zu hohen HC-Werten führt. Dementsprechend wird der Humankapitalwert unabhängig vom Personalaufwand und unabhängig von zeitpunktbezogenen Umsatzentwicklungen bestimmt.

Zur Vereinfachung lässt sich der Funktionsverlauf in oben genannter Bestimmungsgleichung durch eine Division von Wissensrelevanzzeit durch Betriebszugehörigkeit (und eine Normierung im Intervall zwischen 0 und 1) ausdrücken, was dann zu folgender Grundform der Saarbrücker Formel führt:

$$HC := \sum_{i=1}^{g} \left\{ \left[FTE_i \cdot l_i \cdot \tfrac{w_i}{b_i} + PE_i \right] \cdot M_i \right\}$$

Auf dieser Variante der Formel basiert auch die Schulungssoftware, die Hochschulen und Studierenden kostenlos zur Verfügung gestellt wird.[186]

Anwendung der Saarbrücker Formel

Übung 6.4

Neuigkeiten von der Konkurrenz: Bei der „Großmutters Zwetschgenkuchen KG" – Ihrem härtesten Konkurrenten – kam es in letzter Zeit vermehrt zu Schwierigkeiten. Die Spezialisierung auf Zwetschgenkuchen erwies sich als Fehler. Die Qualität und der Geschmack dieses Kuchens haben jedoch einen überdurchschnittlichen Ruf, so dass der Insolvenzverwalter nun versuchen wird, einen Käufer für die Fabrik zu finden. Sie überlegen, den Konkurrenten zu übernehmen und recherchieren daher nach Feierabend Informationen anhand der Tagespresse und Geschäftsberichten und erfahren unter anderem: Die Mitarbeiter haben zur Rettung des Unternehmens schon vor Längerem beschlossen, auf 30 % ihres Gehaltes zu verzichten. Weiterhin schätzen Sie einige Werte: Die hohen Verluste ergeben sich aus der Differenz von Aufwendungen und Erträgen. Die Schwierigkeiten in der Vergangenheit und die Unsicherheit für die Zukunft ließen jedoch bei der Belegschaft der Fabrik die Motivation stark sinken. Hier kann man davon ausgehen, dass die Motivation auf 50 % gesunken ist. Der Motivationsindex kann daher mit 0,5 angenommen werden.
Gleichzeitig ist bekannt, dass die 100 Mitarbeiter Vollzeit arbeiten und sich auf die Bereiche Produktion (70 %), Verpackung (11 %) und Verwaltung (19 %) verteilen. Somit findet man Berufe im Bereich Bürokommunikation ebenso wie technische Berufe. Daraus ermitteln Sie mittels einer Gehaltsstudie eine marktübliche durchschnittliche Entlohnung pro Vollzeitarbeitskraft in Höhe von 32.000 Euro für alle Mitarbeiter – unabhängig von der derzeitigen tatsächlichen Entlohnung im Unternehmen. Die Wissensrelevanzzeit beträgt für die Mitarbeiter in der Produktion und in der Verpackung 7 Jahre. Mitarbeiter in der Verwaltung können länger von ihrem erworbenen Wissen zehren: Daher gehen Sie hier von 13 Jahren aus. Die Mitarbeiter der Großmutters Zwetschgenkuchen KG weisen im Durchschnitt eine zehnjährige Betriebszugehörigkeit auf. Sie gehen nicht davon aus, dass die Mitarbeiter in letzter Zeit weitergebildet wurden.
Nun berechnen Sie mit der Saarbrücker Formel, welchen Wert die verbleibenden 100 Mitarbeiter zum Zeitpunkt der Insolvenz haben.

6.7 Ausblick

Die Personalbestandsevaluation erfolgt spiegelbildlich zur Personalbedarfskalkulation. Wie aber vor allem in Zusammenhang mit den Fähigkeitsmerkmalen illustriert, ist gerade die qualitative Bestandsanalyse ein hochproblematischer, aber trotzdem wichtiger Vorgang.

Auch wenn die vorgestellten Ansätze den Eindruck erwecken, dass sie lediglich für die Anwendung in größeren Unternehmen gedacht sind, bietet Human Capital Management auch für kleine und mittelständische Unternehmen sinnvolle Handlungs-

Humankapitalbestimmung auch und gerade in KMU!

und Steuerungsimpulse.[187] Geht man von der These aus, dass in kleinen und mittelständischen Unternehmen Mitarbeiter und deren Kreativität, Wissen und Können eine noch größere Rolle spielen als in großen Unternehmen, wird deutlich, dass ein systematischer Umgang mit der Ressource Mensch zwingend notwendig ist. Nur wenn diese Ressource bewertet wird, können für kleine und mittelständische Unternehmen wichtige Steuerungsimpulse in den Bereichen Qualifikation, Motivation und Retention gezielt im Sinne einer anzustrebenden Wertsteigerung gesetzt werden.

Seit jeher besteht bei der Personalbestandsanalyse ein enger Zusammenhang zu den Möglichkeiten, die eine moderne Informations- und Kommunikationstechnologie bietet. Auch wenn sie vordergründig-pragmatisch meist auf eine simple Abfrage von Bestandsdaten im Sinne von Mitarbeiterdatensätzen beziehungsweise auf „Headcounts" hinausläuft, steckt hier ein großes Potenzial.

Vor allem die neuen Mobilfunkgeräte eröffnen eine Fülle neuer Perspektiven. Für das iPhone gibt es mittlerweile eine Applikation, bei der für ein Unternehmen (bei entsprechender Messung) Veränderungen im Humankapital angezeigt werden. Erkennbar ist auf diese Weise,

- in welcher Relation das Humankapital zu EBIT (Gewinngröße) und Personalkosten steht,
- wie sich die diversen Bestimmungsfaktoren (beispielsweise Commitment und Personalentwicklung) entsprechend der Saarbrücker Formel verhalten und
- ob im Sinne eines innerbetrieblichen Benchmarks relevante Unterschiede zwischen einzelnen Bereichen existieren.[188]

Diese Informationen werden in Echtzeit weitergeleitet und bieten zentrale Aktionspunkte innerhalb kurzer Zeit (Abbildung 6.5).

Abbildung 6.5: iPhone-Applikation zur Saarbrücker Formel

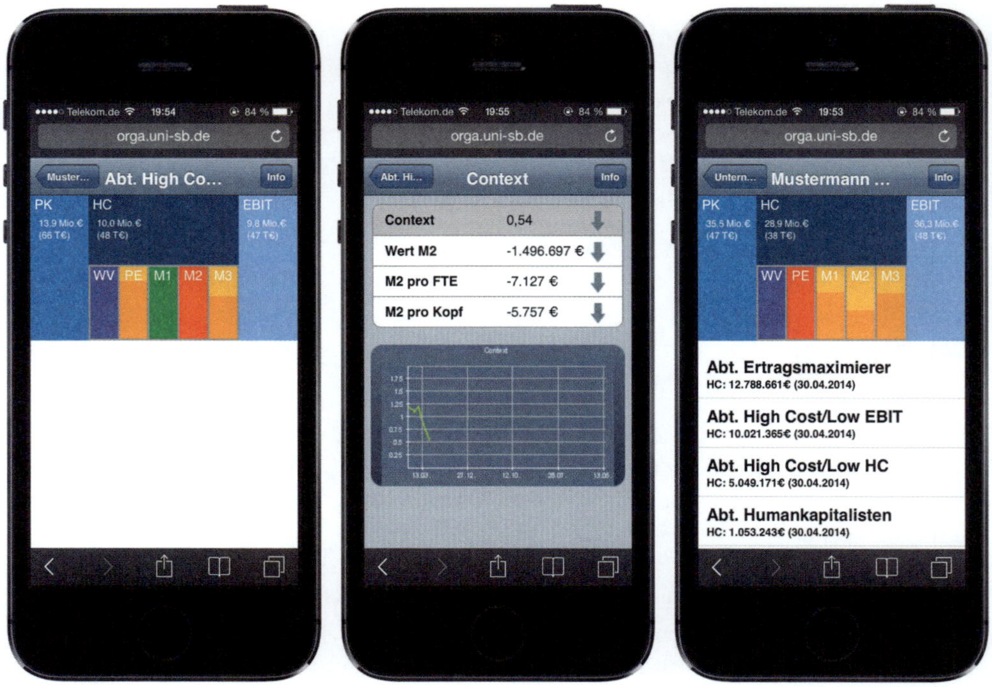

Derartige Systeme erlauben letztlich eine Bestandsevaluation, bei der Veränderungen im Realsystem automatisch ein Signal via Vibrationsalarm auf dem Handy des Personalmanagers auslösen.

Mit Augmented Reality lassen sich auch neuartige Lösungen überlegen. Diese Lösungen können direkt in das Sichtfenster implementiert werden und Veränderungen noch schneller registrieren. So kann der Chef ein Gruppenfoto seines Teams machen und über eingeblendete kleine Ampelsymbole sofort seine Schwachstellen erkennen oder während der Sitzung dessen Bewegungsverhalten personengenau ablesen.

Aufgaben und Fragen zur Selbstüberprüfung

1. Welche Aspekte in der Bestandskalkulation finden ihre formale Entsprechung in der Bedarfsevaluation?
2. Erläutern Sie grafisch den Zusammenhang zwischen Leistungspotenzial, Leistung und Leistungsanforderung!
3. Welche Teile der Personalbestandsanalyse finden Sie in Ihrer Personalakte?
4. Welche drei Logiken unterscheidet man bei der Humankapitalbewertung? Erklären Sie diese genauer.
5. „Auch das Humankapital muss in einer Bilanz ausgewiesen werden." Nehmen Sie Stellung zu dieser Aussage!

Endnoten

[162] *Statista*, Durchschnittliche Wochenarbeitszeit bei Vollzeitbeschäftigten in den Ländern der Europäischen Union (EU-28) im Jahr 2016 (Stunden), 2016, online unter: https://de.statista.com/statistik/daten/studie/75864/umfrage/durchschnittliche-wochenarbeitszeit-in-den-laendern-der-eu/, abgerufen am 25.5.2018.

[163] *Bundesanstalt für Arbeitsschutz und Arbeitsmedizin (BAUA)*, Volkswirtschaftliche Kosten durch Arbeitsunfähigkeit 2016, Stand Februar 2018, online unter: https://www.baua.de/DE/Themen/Arbeitswelt-und-Arbeitsschutz-im-Wandel/Arbeitsweltberichterstattung/Kosten-der-AU/pdf/Kosten-2016.pdf?__blob=publicationFile&v=4, abgerufen am 25.5.2018.

[164] *Capgemini* 2009, 37.

[165] vgl. *Bechtel* 2009.

[166] *Deterding/Sicart/Nacke/O'Hara/Dixon* 2011, 2425–2428.

[167] *Van den Berg, Chris*, Gamification: 8 voorbeelden van hoe het vooral níet moet,3.2.2015, online unter: https://www.frankwatching.com/archive/2015/02/03/gamification-8-voorbeelden-van-hoe-het-vooral-niet-moet/, abgerufen am 25.5.2018.

[168] vgl. *Walter/Münch* 2008.

[169] vgl. *Heyde/Macco/Vetter* 2008, 226.

[170] *Astor, Maggie*, Microchip Implants for Employees? One Company Says Yes, 25.07.2017, online unter: https://www.nytimes.com/2017/07/25/technology/microchips-wisconsin-company-employees.html, abgerufen am 25.5.2018.

[171] *Kessler, Sarah*, A Company Implanting Microchips in its Employees Says it's not to Track Them, 25.07.2017, online unter: https://qz.com/1038152/a-wisconsin-company-is-implanting-microchips-in-its-employees-fingers abgerufen am 25.5.2018.

[172] *Business Insider*, Vor 2 Jahren postete Zuckerberg dieses Foto – ein Detail darauf wirkt heute wie ein düsteres Vorzeichen, 15.4.2018, online unter: https://www.businessinsider.de/mark-zuckerberg-facebook-chef-ueberklebt-seine-laptop-kamera-2018-4, abgerufen am 25.5.2018.

[173] *von Schoenebeck* 2017, 24–25.

[174] vgl. *Handelsblatt.com*, Krankenstand wegen Jobangst auf Rekordtief, online unter: http://www.handelsblatt.com/politik/deutschland/krankenstand-wegen-jobangst-auf-rekordtief%3B2234989, abgerufen am 14.09.2009.

[175] vgl. *Statistics Norway,* Increase in Sickness Absence, online unter: http://www.ssb.no/vis/english/subjects/06/02/sykefratot_en/arkiv/art-2009–06–30–01-en.html, abgerufen am 14.09.2009.

[176] vgl. *Scholz/Stein/Bechtel* 2006; *Stein* 2007.

[177] vgl. *Gloger* 2005.

[178] vgl. *Brummet/Flamholtz/Pyle* 1968.

[179] vgl. *Fischer-Winkelmann/Hohl* 1982.

[180] vgl. *Fischer-Winkelmann/Hohl* 1982, 2640.

[181] *Bühler/Siegert* 1999.

[182] vgl. *Scholz/Stein/Bechtel* 2006, 202–206.

[183] vgl. *Fitzenz* 2000.

[184] *Scholz/Stein/Bechtel* 2018.

[185] *Fischer, Heinz,* Über die Bewertung von Humankapital, online unter: www.saarbruecker-formel.net/dialog/verwertbare-zitate/, abgerufen am 29.09.2009.

[186] online unter: http://www.saarbruecker-formel.net

[187] vgl. *Wolters* 2008.

[188] *Scholz/Stein/Müller* 2008, 33.

Akquisition: Wie beschafft man Mitarbeiter?

7

Inhalt

Fakten

Trotz extrem dynamischen Umfeldes passt nur eins von zehn Unternehmen seine Strategien an, um neue Gruppen von Bewerbern anzusprechen.[189]

Digitale Akquisition ist in den Unternehmen noch nicht umfassend vertreten. Laut einer Studie nutzen nur 10 % der Unternehmen Active Sourcing.[190]

31 % der Arbeitnehmer sehen den Ruf eines Unternehmens als einen sehr wichtigen Faktor an.[191]

Lernziele

- Sie erfahren die wichtigen Kernaspekte im Personalbeschaffungsprozess.
- Sie erleben, welche Rolle die Medien bei der Akquisition von Mitarbeitern spielen.
- Sie wissen, welche Methoden zur Mitarbeiteransprache genutzt werden können.
- Sie verstehen das LAMBDA-Modell, die AIDA- sowie CUBE-Formel und deren Implikationen.
- Sie lernen den strategischen Gesamtpersonalbeschaffungsprozess.

7.1 Überblick

Personalbeschaffung ist eine Funktion des Personalmanagements und trägt entscheidend dazu bei, dass ein Unternehmen überhaupt als lebensfähiger Organismus funktioniert und erfolgreich seine Leistungen erbringt. Ohne die notwendige Zahl an Mitarbeitern mit der notwendigen Qualifikation lassen sich auch die beste Vision und die tragfähigste Strategie nicht realisieren.

Akquisition: Aktivitätsbündel zur Beschaffung von geeigneten Mitarbeitern

Die Personalakquisition (Personalbeschaffung) beginnt mit dem Abgleich von Personalbedarf (Soll) und Personalbestand (Ist). Sie legt fest,
- wie viele Mitarbeiter,
- welcher Qualifikation,
- über welchen Zeitraum und/oder zu welchem Zeitpunkt,
- über welche Wege beziehungsweise an welchen Orten und
- mit welchem Wertbeitrag

zu beschaffen sind.

Bei der Personalakquisition geht es zum einen darum, eine mehr oder weniger akute Lücke in der Belegschaft des Unternehmens zu schließen und dadurch die Leistungsfähigkeit des Unternehmens sicher zu stellen. Zum anderen werden in der konkreten Beschaffung Aspekte des Marketings und des Medieneinsatzes relevant.

Hinzu kommt, dass der Ende der 1990er Jahre proklamierte „War for Talents“ als Krieg um Talente bis heute anhält.[192] Zusätzlich wird der demografische Wandel (die Belegschaften werden immer älter und junge Nachwuchskräfte werden weniger) in den nächsten Jahren dazu beitragen, dass der Kampf um qualifiziertes Personal immer härter wird. Aus diesen Gründen wird die Personalakquisition jetzt und in Zukunft eine immense Bedeutung für die Wettbewerbs- und Überlebensfähigkeit von Unternehmen haben.

Vor diesem Hintergrund befasst sich das vorliegende Buch mit den Kernaspekten als Grundlogik der Akquisition (Abschnitt 7.2), mit den zentralen Methoden und Konzepten (Abschnitt 7.3), die es im Hinblick auf den Aufbau einer Arbeitgebermarke zu verstehen gilt, sowie den zentralen Kommunikationswegen und Möglichkeiten der Mediennutzung im Rahmen der Akquisition (Abschnitt 7.4).

7.2 Kernaspekte

Die Personalakquisition muss zunächst ihre zentralen Kernaspekte abdecken, wie sie bereits oben definiert wurden.

Quantitativ: Beschaffungsumfang

Der erste Schritt der Personalakquisition liegt im Abgleich von Personalbedarf und Personalbestand. Die Personalakquisition kommt also dann zum Tragen, wenn zwischen den ermittelten Soll- und Istwerten eine Lücke besteht, die es auszugleichen gilt. Stehen nicht genügend Mitarbeiter mit den „richtigen" Kompetenzen zum „richtigen" Zeitpunkt am „richtigen" Ort zur Verfügung, muss (neues) Personal beschafft beziehungsweise akquiriert werden.

Die Gründe für einen quantitativen Personalbedarf können
- in der Planung *neuer Stellen* (beispielsweise Schaffung einer neuen Abteilung oder Einrichtung einer neuen Produktlinie) oder
- in der Wiederbesetzung bereits *vorhandener Stellen* (beispielsweise aufgrund von Kündigung, Elternzeit, Zivil- beziehungsweise Wehrdienst oder Ruhestand des bisherigen Stelleninhabers)

liegen. Ziel der Personalbeschaffung ist somit die Anpassung des Personalbestands (Bestandsänderung) an den aktuellen Personalbedarf durch Neueinstellung oder interne Rekrutierung.

Qualitativ: „War for Talents"

Der Mangel an hoch qualifizierten Arbeitskräften spitzt sich zu, eine Tendenz, die durch den Finanzcrash 2008 sogar noch verstärkt wurde. Die Gründe hierfür liegen im verstärkten globalen Wettbewerb, in der verunglückten Bildungspolitik, in der Abwanderung von Spitzenkräften sowie darin, dass die Gesellschaft und damit die Wissensträger älter werden, aus dem Berufsleben ausscheiden und nicht mehr genügend „Ersatz" zur Verfügung steht. Deshalb werden zunehmend hoch qualifizierte Wissensarbeiter gesucht, da primär diese zum alles entscheidenden Wettbewerbsfaktor für die Unternehmen werden.

Wer ihn führt, ihn stets verliert

Diese für Unternehmen schwierige Herausforderung wird als „War for Talents" oder „Talente-Krieg"[193] bezeichnet: Vor allem diejenigen Unternehmen rufen den „War for Talents" aus, die in den letzten Jahren den Aufbau einer starken Arbeitgebermarke verschlafen haben und die jetzt schlagartig reagieren müssen. Diese Unternehmen haben diesen Krieg allerdings bereits mit der Kriegserklärung verloren, denn die Fehler aus der Vergangenheit lassen sich nicht innerhalb kürzester Zeit bereinigen.

Für Unternehmen geht es also im Rahmen der Akquisition darum, wie man die besten Mitarbeiter beziehungsweise Absolventen für sich gewinnen kann. Da Unternehmen aber als Arbeitgeber zunehmend austauschbar erscheinen, ist es gerade im Kampf um die hoch qualifizierten Arbeitskräfte wichtig, eine unverwechselbare Identität des Unternehmens am Arbeitsmarkt zu kommunizieren und zu realisieren.

Räumlich: Externe versus interne Beschaffung

Sind in einem Unternehmen Stellen zu besetzen, stehen die Personalverantwortlichen vor der Wahl, von welchen Märkten sie die Mitarbeiter für die zu besetzenden Positionen rekrutieren wollen. Es ist also zu entscheiden, ob der Bedarf intern oder extern gedeckt werden soll. Soll die Lücke intern geschlossen werden, kommen gegebenenfalls zusätzliche Maßnahmen zur Personalentwicklung in Frage. Soll der Bedarf durch externe Beschaffung gedeckt werden, stehen mit dem Internet,

Stellenanzeigen, Kontakten von Betriebsangehörigen, Bildungsinstitutionen, der Bundesagentur für Arbeit sowie Personalberatern diverse Optionen zur Verfügung.

Interne Beschaffung

Wenn ein Arbeitsplatz frei oder neu geschaffen wird, so liegt zunächst die interne Besetzung nahe. Die freie Stelle kann über interne Stellenausschreibungen an „Schwarzen Brettern", in E-Mails, in Firmenzeitungen oder im Intranet des Unternehmens ausgeschrieben werden.

Durch Betriebsrat erzwingbar

Der Betriebsrat kann nach §93 BetrVG im Rahmen der Personalbeschaffung die interne Ausschreibung frei werdender oder neu geschaffener Arbeitsplätze im Unternehmen verlangen. Der Arbeitgeber darf darüber hinaus diese Stellen zusätzlich auf anderen Wegen wie etwa in Zeitungsinseraten oder durch Meldung beim Arbeitsamt ausschreiben. Dabei besteht kein Zwang, die internen Bewerber bevorzugt zu berücksichtigen – außer eine entsprechende innerbetriebliche Auswahlrichtlinie schreibt dies vor.

Vorteile der internen Beschaffung für den Arbeitgeber sind unter anderem (Tabelle 7.1):

- Der „neue" *Mitarbeiter kennt das Unternehmen* bereits, wodurch sich die Einarbeitungszeit tendenziell verkürzt.
- Die *Kosten der Personalbeschaffung fallen geringer aus* als bei einer externen Beschaffung, da beispielsweise die Kosten für Stellenanzeigen entfallen.
- Das *Risiko einer Fehlentscheidung ist geringer,* da die Stärken und Schwächen des Mitarbeiters bereits bekannt sind, also seine Eignung für die zu besetzende Position besser eingeschätzt werden kann.

Allerdings hat die interne Beschaffung möglicherweise Nachteile aufgrund von Qualifizierungskosten und von Demotivationsaspekten durch eine unterstellte Beförderungsautomatik. Zudem kann sie nachteilig sein, wenn das Unternehmen nach Innovationen und neuen Impulsen sucht: Hier bringen extern rekrutierte Mitarbeiter tendenziell eher neue Handlungsroutinen und neues Handlungswissen in das Unternehmen ein.

Tabelle 7.1: Vor- und Nachteile der internen Personalbeschaffung für das Unternehmen

Vorteile	Nachteile
Es besteht ein geringeres Auswahlrisiko.	Die Auswahlmöglichkeiten sind geringer.
In der Regel kann der Beschaffungsprozess vergleichsweise schnell ablaufen.	Eventuell entstehen zusätzliche Personalentwicklungskosten.
Die Beschaffungskosten sind vergleichsweise gering.	Es kann zu Spannungen und Rivalität innerhalb der Belegschaft kommen.
Der Mitarbeiter kennt das Unternehmen und hat bereits Betriebskenntnisse.	Es kann zu nachlassender Mitarbeiterinitiative wegen einer Beförderungsautomatik kommen.
Es entsteht eine positive Signalwirkung für die Mitarbeiter.	

Für den Arbeitnehmer können bei einem internen Wechsel umgekehrt
- der Erhalt des Kündigungsschutzes,
- eine finanzielle, hierarchische oder inhaltliche Verbesserung seiner Position sowie
- die geringere Umgewöhnung als bei einem Wechsel zu einem fremden Unternehmen

von Vorteil sein.

Mitarbeiter empfehlen neue Kollegen

Bei Cisco Deutschland werden nach eigenen Angaben mehr als die Hälfte der Bewerbungen von Kollegen vermittelt. Den Mitarbeitern wird ein Bonus gezahlt, wenn sie potenzielle Mitarbeiter werben und die Empfehlung erfolgreich war. Damit das Programm erfolgreich läuft, müssen die Empfehlungen schnell bearbeitet werden und potenzielle Mitarbeiter innerhalb kurzer Zeit von der Personalabteilung angesprochen werden.[193]

Externe Beschaffung

Externe Beschaffungsaktivitäten zielen auf interessierte potenzielle Mitarbeiter außerhalb des Unternehmens. Die Maßnahmen der externen Personalbeschaffung können durch das Unternehmen selbst oder durch Dritte durchgeführt werden. Daher sind folgende Orte und Wege der Beschaffung zentral:

- Die Personalsuche im *Internet* ist unumgänglich. Unternehmen veröffentlichen Anzeigen in Jobbörsen oder haben eine eigene Seite für Stellenangebote auf ihrer Homepage. Bei Jobbörsen (wie monster, stepstone oder vielen Tageszeitungen) können Stellensuchende interaktiv suchen. Auf der anderen Seite kann das Unternehmen auf diese Weise den Kontakt zu neuen Mitarbeitern kostengünstig, gezielt und flexibel herstellen. Weiterhin können Algorithmen versuchen, Unternehmen und potenzielle Mitarbeiter zusammenzubringen.
- Stellenanzeigen werden in vielen *Werbemedien* geschaltet. Das Zeitungsinserat ist hier das klassische Instrument. Es sollte informative Aussagen sowie konkrete Anforderungen über die zu besetzende Stelle sowie den Bewerbungsvorgang enthalten, gleichzeitig inhaltlich und visuell die Aufmerksamkeit der Zielgruppe wecken.
- Unternehmen nutzen auch *Kontakte von Betriebsangehörigen*, ermutigen also ihre Mitarbeiter, geeignete Kandidaten aus ihrem persönlichen Umfeld vorzuschlagen.
- Eine spezielle Form der Personalbeschaffung ist das *Hochschul-Recruiting* oder allgemein die Personalbeschaffung an Bildungsinstitutionen. Ein gezieltes frühzeitiges Ansprechen potenzieller Mitarbeiter über so genannte Recruiting-Events ergibt sich durch (in-)direkte Anwerbung in Universitäten und Fachhochschulen. Auch im Rahmen von Firmenkontaktmessen und Absolventenkongressen präsentieren sich Unternehmen potenziellen Bewerbern.
- Die *Bundesagentur für Arbeit* in Nürnberg und die ihr untergeordneten Arbeitsagenturen unterstützen die Personalbeschaffung durch Auswahl und Vermittlung der geeigneten Bewerber, Beratung des Arbeitnehmers und des Arbeitgebers. Für besonders qualifizierte Fach- und Führungskräfte stehen überregionale Fachver-

mittlungsstellen zur Verfügung, ebenso für besondere Berufsgruppen, Aufgaben oder für eine europäische Stellensuche.

- Unternehmen lassen Stellen auch durch *Personalberater und -vermittler* besetzen. Diese führen Gespräche mit Auftraggebern und Stellenbewerbern, bauen einen Bewerberpool auf, erstellen Anforderungsprofile, haben einen Überblick über Löhne und Gehälter, treffen eine Bewerbervorauswahl, begleiten das Bewerbergespräch und betreuen Arbeitgeber sowie Bewerber. Für High Potentials werden oft auch Headhunter aktiviert, die geeignete Kandidaten gegebenenfalls auch von anderen Unternehmen abwerben.

Situativ passenden Beschaffungsweg wählen

Die Orte und Wege zur Personalbeschaffung sollten zielgruppengenau ausgewählt werden, um die möglichen neuen Mitarbeiter mit dem richtigen Medium auch zu erreichen. Der externe Beschaffungsweg muss ebenso wie eine interne Beschaffung situationsgerecht ausgewählt werden, um die jeweiligen Vorteile des Beschaffungswegs auszunutzen (Tabelle 7.2).

Tabelle 7.2: Vor- und Nachteile der externen Personalbeschaffung

Vorteile	Nachteile
Durch einen größeren Bewerberpool entsteht eine breite Auswahlmöglichkeit.	Die Beschaffungskosten sind vergleichsweise hoch.
Mögliche Betriebsblindheit kann verringert werden.	Es kann zu erhöhter Fluktuation kommen.
Es kommen neue Ideen in das Unternehmen.	Das Risiko einer Fehlentscheidung ist vergleichsweise hoch.
Die Personalenwicklungskosten können eventuell geringer ausfallen.	Der neue Mitarbeiter kennt das Unternehmen noch nicht und hat keine Betriebskenntnisse.
	Es kann zu Demotivation bei den internen Bewerbern kommen.

Übung 7.1 Interne und externe Beschaffung

Bei den Verkäuferinnen in Ihren Bäckereien haben Sie eine relativ hohe Fluktuation. Aus diesem Grund entschließen Sie sich – neben anderen Maßnahmen, die die Fluktuation reduzieren sollen – dazu, ein standardisiertes Ablaufschema zu entwickeln, mit dem Sie die Personalbeschaffung optimieren. Ein wichtiger Teil davon ist die Festlegung des Beschaffungsmarktes, die jedoch gar nicht so einfach ist, wie es auf den ersten Blick scheint. Daher erstellen Sie eine Übersicht, die Ihnen die unterschiedlichen Beschaffungsmärkte und deren Vor- und Nachteile in einen sinnvollen Zusammenhang bringt.

Zeitlich: Time to hire

In zeitlicher Hinsicht sind im Rahmen der Akquisition vier Aspekte zu berücksichtigen:

- *Zeitpunkt des zusätzlichen/neuen Bedarfs an Personalressourcen*, als Ergebnis des Abgleichs zwischen Personalbedarfskalkulation und -bestandsevaluation,
- *Dauer des Beschaffungsvorgangs*, der mit der Feststellung der Bedarfslücke beginnt und so lange dauert, bis die neue Arbeitskraft zur Verfügung steht,

- *Zeitpunkt des Beginns des aktiven Beschaffungsvorgangs*, der sich rückwärts aus dem Zeitpunkt der Bedarfsfeststellung und der Dauer des Beschaffungsvorgangs errechnet,
- *Zeitverständnis zur Erledigung des Vorgangs*, wobei zwischen einem sukzessiven Abarbeiten der Akquisitionsschritte (monochron) und einer gleichzeitigen beziehungsweise parallelen Verfolgung mehrerer Schritte (polychron) unterschieden wird.

Die zeitlichen Aspekte sind insofern relevant, als die angestrebte Leistungserbringung des Unternehmens ohne die akquirierten Ressourcen nicht (mehr) erbracht werden kann.

Wertmäßig: Wertschöpfung durch Alleinstellung

Die Akquisition gestaltet sich umso leichter, je mehr sich ein Unternehmen als attraktiver Arbeitgeber auf dem Markt positioniert. Diese Positionierung ist zentrale Aufgabe für ein Personalmarketing, das sich aber nicht nur an potenzielle, sondern auch an die aktuellen Mitarbeiter richten sollte. Das ultimative Ziel: Bildung einer Arbeitgebermarke (Employer Brand).

Personalmarketing als Aufgabe

Marketing bedeutet, die unternehmenspolitischen Maßnahmen an den Bedürfnissen der aktuellen und potenziellen Nachfrager zu orientieren und diesen Bedürfnissen aktiv anzupassen. Unternehmen, die Marketing bewusst einsetzen, wollen nicht nur objektive Produktvorteile möglichst attraktiv herausstellen, sondern vor allem die Produktwahrnehmung positiv beeinflussen. Personalmarketing ist demnach die bewusste und vor allem zielgerichtete Anwendung personalwirtschaftlicher Instrumente zur Akquisition von zukünftigen und zur Motivation von gegenwärtigen Mitarbeitern.

Personalmarketing: drei Funktionen

Das Personalmarketing hat drei zentrale Funktionen zu erfüllen:

(1) Im Rahmen der *Akquisitionsfunktion*[195] soll bei externen Bewerbern Interesse für das Unternehmen und die von ihm angebotenen Arbeitsplätze geweckt werden. Hier kommt das Unternehmensimage mit seiner emotionalisierenden Wirkung ins Spiel. Besonders auf dem Facharbeitermarkt und beim Führungskräftenachwuchs befinden sich die Unternehmen als Arbeitsplatzanbieter auf einem hart umkämpften Markt.

(2) Als *Motivationsfunktion*[196] soll das Personalmarketing dazu dienen, derzeitige Mitarbeiter für ihr Unternehmen zu begeistern. Sie sollen rational verstehen und emotional spüren, was das Besondere an ihrem Unternehmen und an ihrem Arbeitsplatz ist. Dieses positive Gefühl soll sich dann in eine entsprechende Leistungsbereitschaft übertragen.

(3) Die *Profilierungsfunktion*[197] soll das Unternehmen dabei unterstützen, Merkmale zu entwickeln, durch die sich das Unternehmen in seinen Charakteristiken deutlich von der Konkurrenz unterscheidet. Dahinter steckt die Suche nach einer „zentralen Botschaft".

Um diese drei Funktionen zu erfüllen, greift das Personalmarketing auf Instrumente zurück, die auch in der klassischen Personalarbeit bekannt sind: Diese reichen von der Stellenanzeige bis zum Einstellungsinterview. Wichtiger als diese Techniken ist aber die zugrunde liegende Philosophie: Denn auch wenn diese Instrumente nicht unbedingt neu sind, werden sie durch die Grundphilosophie modernen Personalmarketings mit neuer Qualität belegt.

Werbung ist kein Bauchgefühl, sondern gezielter Einsatz von Emotion

„Nicht der dargebotene emotionale Reiz bestimmt die Wirkung der Werbung, sondern was die Empfänger innerlich aus diesem Reiz machen: Ihre subjektiven Gefühle sind ausschlaggebend! Die Vermittlung von emotionalen Ergebnissen setzt also stets zielgruppenspezifische Einsichten in das emotionale Verhalten der Empfänger voraus."[198]

Univ.-Prof. Dr. Werner Kroeber-Riel (1934–1995; Professor für Konsum- und Verhaltensforschung)

So dienten Einstellungsinterviews bisher häufig lediglich dazu, aus einer Gruppe von Bewerbern den Geeignetsten herauszufinden. Übersehen wurde dabei, dass Unternehmen sich damit unbewusst selbst präsentieren: Bewerber sollen das Unternehmen in positiver Erinnerung behalten, entweder als zukünftiger Mitarbeiter oder als potenzieller Kunde, der das erlebte Image weitergibt.

Kennzeichen des Produktmarketings ist es, sich an den Bedürfnissen der aktuellen und potenziellen Nachfrager zu orientieren. Setzt man dies in Analogie zum Personalmarketing, so ist die grundsätzliche Denkhaltung des Personalmarketings die Orientierung an den Bedürfnissen der aktuellen und potenziellen Mitarbeiter (Kunden).

Personalmarketing: zwei Phasen

Deshalb agiert das Personalmarketing in zwei Phasen:
(1) In der *Informationsphase* werden die Bedürfnisse und Interessen von aktuellen und potenziellen Mitarbeitern erfasst.
(2) In der *Aktionsphase* wird die Erfüllbarkeit dieser Bedürfnisse seitens des Unternehmens signalisiert.

Einige Instrumente decken bei richtiger Umsetzung beide Seiten ab: Gut geführte Mitarbeitergespräche zum Beispiel dienen zur Information, haben aber auch eine gestaltende und motivierende Wirkung.

Vom Personalmarketing wird verlangt, den Blick auf die relevanten Zielgruppen unter Berücksichtigung ihrer Bedürfnisse und Interessen zu richten. Dies bedeutet, das Unternehmen und den speziellen Arbeitsplatz an gegenwärtige und künftige Mitarbeiter zu „verkaufen". Personalmarketing zielt jedoch nicht primär auf eine simple „Vermarktung" von Arbeitsplätzen ab, sondern hat stets auch die Grundbedürfnisse der Kunden vor Augen (Abbildung 7.1).

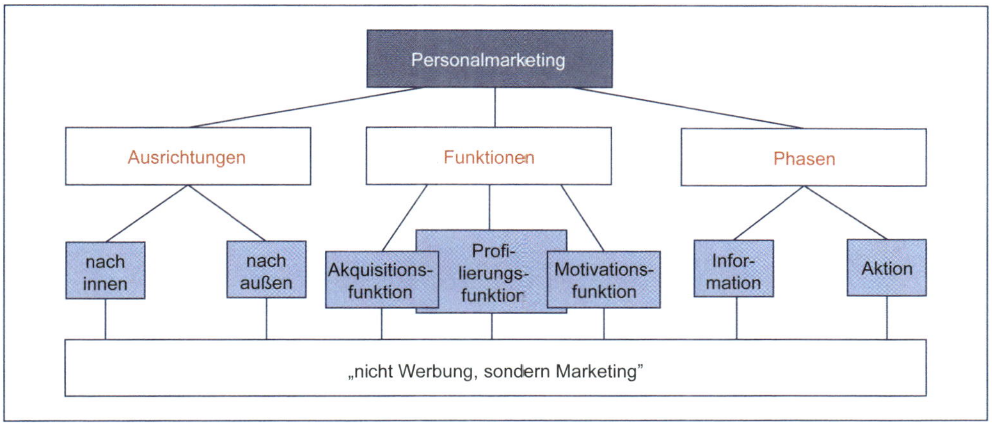

Abbildung 7.1: Personalmarketing als Personalmanagementaufgabe

Personalmarketing darf auch nicht unternehmensbezogene Schönfärberei betreiben oder eine heile Unternehmenswelt vorgaukeln, denn gegenwärtige und zukünftige Mitarbeiter erkennen sehr schnell, wenn Unternehmensanspruch, Werbung und Unternehmensrealität auseinanderklaffen.

Gesucht. Führungskräfte

Wie kreativ und vor allem emotionalisierend ein wohlüberlegtes Personalmarketing sein kann, zeigt das Unternehmen Moderne Industrietechnik (MIT) aus Vlotho in Ostwestfalen-Lippe:[199] Hier werden Kleinkinder auf Großplakate in Bahnhöfen präsentiert und auf Postkarten gedruckt. Gezeigt werden zukünftige Fachkräfte, wobei es vor allem darum geht, das Image von technischen Berufen zu verbessern und – in diesem Fall offenbar erfolgreich – beispielsweise Ingenieure zu finden.

Gleichzeitig sieht man, dass gerade mittelständische Unternehmen durch intelligente Lösungen professionelles und kostengünstiges Personalmarketing praktizieren können: Denn durch den Bahnhof in Bielefeld fahren jede Menge Züge, von denen aus die Plakate gesehen werden können. Wichtig dabei auch ist das konsequente Durchspielen einer einzigen guten Idee mit Wiedererkennung, also mit unterschiedlichen Motiven in unterschiedlichen Medien.

© MIT Moderne Industrietechnik GmbH & Co. KG

Employee Value Proposition als Merkmal

Unique Selling Proposition: Alleinstellung zum Erzielen von Wettbewerbsvorteilen

Unter Unique Selling Proposition versteht man das Alleinstellungsmerkmal eines Produkts, durch das man sich von allen anderen Wettbewerbern abhebt und dadurch einen Wettbewerbsvorteil erlangt.

Unique Selling Proposition ist bisher vor allem aus dem Produktmarketing bekannt: Hier kann ein Alleinstellungsmerkmal nicht nur im Preis liegen, sondern auch in guten Serviceangeboten oder besonderen Produkteigenschaften. Wichtig ist dabei vor allem, dass dieses Alleinstellungsmerkmal klar, deutlich und nachprüfbar kommuniziert wird.

Die Employee Value Proposition drückt in spezialisierender Weiterführung zur Unique Selling Proposition aus dem Produktmarketing die ganzheitliche Ansprache des (potenziellen beziehungsweise aktuellen) Mitarbeiters durch eine zentrale Botschaft aus.

Die Akquisition von neuen Mitarbeitern (aber auch das Halten gegenwärtiger Mitarbeiter) hängt danach vom wahrgenommenen Austauschverhältnis zwischen den

Leistungen des Unternehmens und des Mitarbeiters ab. Dieses Austauschverhältnis wird mit dem Terminus „Employee Value Proposition" beschrieben.

Employee Value Proposition: ganzheitliche Ansprache des (potenziellen beziehungsweise aktuellen) Mitarbeiters durch eine zentrale Botschaft

Ein Unternehmen kann seine Employee Value Proposition durch drei Aktivitäten stärken[200]:

(1) Die erste Aktivität ist das personalwirtschaftliche *Branding*. Gerade weil Unternehmen in der Wahrnehmung zunehmend ähnlich wirken, müssen sie dringend eine Markenidentität entwickeln. Der formale Aspekt bezieht sich dabei auf die Darstellung im Sinne von Einheitlichkeit und Unverwechselbarkeit. Hier geht es um konsistente Farben, Schrifttypen, Symbole, Bilder. Gleichzeitig aber auch darum, alles wiedererkennbar und deutlich anders zu machen als die Konkurrenz. Der inhaltliche Aspekt bezieht sich auf die Schaffung einer klaren, unverwechselbaren Botschaft.
(2) Zur Employee Value Proposition gehört zweitens das *Tätigkeitsfeld*, ausgestattet mit Autonomie, Selbstständigkeit und herausfordernden Tätigkeiten. Gegenwärtig nimmt zwar oft der Verantwortungsbereich zu, gleichzeitig jedoch der Gestaltungsspielraum ab. Immer häufiger wird von den Mitarbeitern auch Personalentwicklung gewünscht, wobei aber die Verantwortung für Karriere, Laufbahnplanung und persönliches Fortkommen in den Verantwortungsbereich des Einzelnen rückt. Dies bedeutet für die Unternehmen das Schaffen von adäquaten Lernwelten für die Mitarbeiter. Damit eng verknüpft ist die Arbeitszeitgestaltung, denn sie spiegelt den Trend zur Verzahnung unternehmerischer Interessen mit individueller „Lifestyle-Gestaltung" wider.
(3) Drittens bedeutet Employee Value Proposition auch eine angemessene und zunehmend leistungsorientierte *Entlohnung*. Dazu gehört das offensive Verwenden des „Hot Skill Bonus" (variabler Zuschlag für besonders gesuchte Qualifikationen) ebenso wie das Verschieben von fixen zu variablen Bezügen. Sicherlich geht es bei der Employee Value Proposition immer auch um die absolute Entgelthöhe – zunehmend werden aber auch Zusammensetzung und Beeinflussungsmöglichkeit wichtig.

Egal, ob sich die Mitarbeiter durch aufopfernde Loyalität auszeichnen oder pure Egoisten sind: Sie brauchen eine klare Aussage, warum es für sie Sinn macht, im betreffenden Unternehmen zu arbeiten. Also: Ohne eine Employee Value Proposition wird jedes Unternehmen Probleme bekommen (oder bereits haben).

Employer Brand als Ergebnis

Unternehmen müssen eine klare Identität aufbauen und ihre eigene Arbeitgebermarke kreieren. Dieses Branding ist erfolgreich, wenn man das Unternehmen bereits auf den ersten Blick erkennt, es mit einem bestimmten, unverwechselbaren Vorstellungsbild verknüpft wird und im Idealfall beim Einzelnen mit positiven Emotionen besetzt ist. Diese Emotionen werden durch den „Spirit" des Unternehmens vermittelt. Dieser „Spirit" drückt aus, wofür das Unternehmen steht, was es bereits bewegt hat und was es bewegen will.

Employer Branding ist die Aktivität, Employer Brand das Ergebnis

Employer Branding beziehungsweise die Entwicklung einer Arbeitgebermarke ist ein Prozess, der systematisch und zielgerichtet verfolgt werden sollte. Wichtig ist dabei eine konsistente und authentische Kommunikation[201] der Arbeitgebermarke, sowohl außerhalb als auch innerhalb des Unternehmens, um Unglaubwürdigkeit und eine Verwässerung des Images zu vermeiden. Denn die Mitarbeiter des Unternehmens fungieren letztendlich auch als Markenbotschafter, die die Arbeitgebermarke außerhalb des Unternehmens repräsentieren. Aus diesem Grund befinden sich Unternehmen, denen das Employer Branding gelungen ist, auch meist auf den oberen Plätzen eines Arbeitgeber-Rankings. Das Branding wirkt sich nicht nur auf Bewerber und zukünftige Mitarbeiter aus. Auch die langjährigen Mitarbeiter müssen die Marke und den „Spirit“ verstehen, leben und natürlich weitertragen. Nur durch ein solches Employee Branding lässt sich eine erfolgreiche Positionierung der Arbeitgebermarke erreichen.

Das bedeutet gleichzeitig, dass dieser Brand aktiv gemanagt wird. Dies betrifft den Social Media Auftritt, eine Aufgabe, die nicht von Praktikanten durchgeführt werden sollte, nur weil diese die Zielgruppe darstellen: Procter & Gamble lässt die Werbung für Pampers-Windeln auch nicht von Babys produzieren. Zudem muss der Umgang mit möglichen Shitstorms durchdacht werden. Ebenso werden Erfahrungsberichte von ehemaligen Mitarbeitern auf Plattformen wie kununu und Xing immer wichtiger für die Arbeitgebermarke.

7.3 Methoden

Im Rahmen der Akquisition und hier insbesondere dem Personalmarketing zugeordnet gibt es drei zentrale Konzepte: Die AIDA-Formel als grundlegendes Konzept des Marketings zur Optimierung der Kommunikationswirkung, die CUBE-Formel als normatives Analyse- und Gestaltungskonzept für Internetseiten sowie das LAMBDA-Modell zur Systematisierung des Personalmarketings.

Die AIDA-Formel

AIDA-Formel: Anleitung aus dem Marketing

Grundsätzlich gilt für die Personalakquisition die gleiche Logik, wie sie auch im Marketing Anwendung findet. Dort stellt die Optimierung der Kommunikationswirkung auf die AIDA-Formel[202] ab. Danach durchläuft man im Kontakt einer Werbebotschaft die Stadien

- Aufmerksamkeit (Attention),
- Interesse (Interest),
- Wunsch (Desire) und
- Handlung (Action).

Diese Wirkungsstadien gilt es auch im Personalmarketing zu berücksichtigen.

Ein Ansatzpunkt für die AIDA-Formel ist die Formulierung von Stellenanzeigen. Diese soll auffallen, was durch bestimmte Reiz- und Schlüsselworte sowie den gezielten Einsatz von Farben, Logos und Bildern erreicht werden kann. Sie soll Interesse schaffen und neugierig machen, Wünsche wecken und letztlich den potenziellen Bewerber dazu bewegen, sich zu bewerben.

Umgestaltung einer Personalanzeige

Die Zielsetzung von Hanjin Shipping war ein verbesserter Auftritt am Personalmarkt. Bisher hatte man als Personalanzeige eine schwarz-weiße Textversion im Einsatz. Man wollte frecher, jünger und auffälliger werden. Die Aufmerksamkeit (Attention) des potenziellen Bewerbers wird über zwei Kanäle erzielt:

(1) Farbigkeit (großflächiger Einsatz eines aufmerksamkeitsstarken Cyan-Tons mit weißer Schrift) und

(2) Key Visual (Papierboot, bekannt aus Kindertagen mit einem Scherenmotiv als Aufforderung zum „Basteln“).

Interesse bei der Zielgruppe (Berufseinsteiger) erweckt Hanjin mit dem frechen Slogan „Basteln Sie lieber an Ihrer Karriere.“[203] In Verbindung mit dem Key Visual (Papierboot) wird ein Aha-Effekt erzielt und bei den meisten Betrachtern zumindest ein Schmunzeln – dies weckt Sympathien und positive Emotionen, die auf Hanjin als Arbeitgeber abstrahlen.

Mit einem solch sympathischen Arbeitgeber kann man sich identifizieren. Es ist daher zu erwarten (die Bewerbungszahlen bestätigen dies), dass beim Bewerber durch die Anzeige der Wunsch (Desire) geweckt wird, bei Hanjin zu arbeiten und diesem Wunsch in Form einer Bewerbung (Action) Nachdruck verliehen wird.

Die CUBE-Formel

CUBE-Formel: Hilfsmittel zur Beurteilung von Internet-Auftritten

Im zunehmenden Kampf um qualifizierte Bewerber spielt die Präsentation des Unternehmens als attraktiver Arbeitgeber auf den eigenen Unternehmensseiten im Internet eine immer wichtigere Rolle. Nur: Wie hat eine funktionierende HR-Website auszusehen? Worauf ist zu achten? Was kann man lernen, was sollte man vermeiden? Wie lockt man High Potentials an? Antworten auf diese Fragen liefert die speziell für die Beurteilung von Personal-Websites entwickelte CUBE-Formel[204] (Abbildung 7.2), die jedoch auch grundsätzlich zur Beurteilung von Internet-Auftritten jeglicher Art dienen kann. Ihre Analyse im Hinblick auf

- Content,
- Usability,

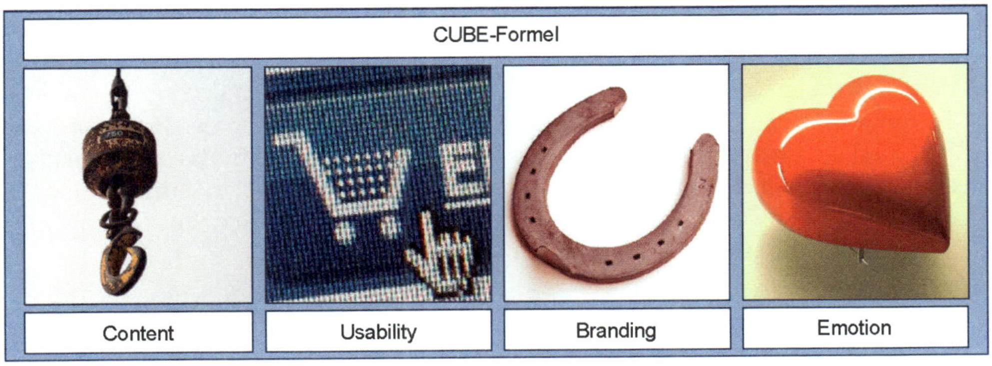

Abbildung 7.2: Die Komponenten der CUBE-Formel

- Branding und
- Emotion

dient dazu, den Erfolg der Website beim Zielpublikum zu maximieren.

„C“ wie Content

Nutzbar!

Oberste Priorität für eine Stellenangebots-Website ist die informatorische Unterstützung des Such- und Bewerbungsprozesses für den Bewerber. Dies bedeutet zunächst, dass Bewerber alle Informationen, die sie brauchen, auch tatsächlich auf der Firmenhomepage finden: Sie reichen von genauen Anforderungen der jeweiligen Stelle über die verschiedenen Arbeitsmodelle bis hin zu umfangreichen Informationen zu den unterschiedlichen Einsatzorten.

Diese Fülle an Informationen ist jedoch wertlos, solange sie nicht ständig aktualisiert wird. Nichts vermittelt einen schlechteren Eindruck und dämpft die Motivation der Bewerber mehr als veraltete Informationen oder auf Nachfrage bereits besetzte Stellen.

„U“ wie Usability

Anwendbar!

Die „Handhabbarkeit“ ist erfolgsentscheidend für die Personalhomepage, da ein Bewerber, der sich nicht sofort auf der Website zurechtfindet, sich meist auch sofort wieder verabschiedet. Das Interface, die Schnittstelle zwischen Information (Stellenangeboten) und User (Bewerber), muss möglichst intuitiv erschließbar sein:

- Eine *durchgehende Anordnung von Stellenangeboten*, wie man sie meist samstags in den Printmedien findet, ist für den Bewerber im Internet – besonders im Hinblick auf Ladezeiten – ungeeignet.
- Zudem sind diese zu unübersichtlich auf dem *verhältnismäßig kleinen Bildschirm*. Die Stellenangebote sollten in viele Bestandteile fragmentiert werden, die sich der Bewerber mithilfe eines Oberverzeichnisses oder einer Suchmaschine selbst anordnen kann. So hat er direkt Zugriff auf die für ihn relevanten Stellen.
- Auch die *Barrierefreiheit* der Internetseite für beispielsweise Sehgeschädigte spielt eine ebenso wichtige Rolle. Diese erleichtert die Anpassung an die individuellen Bedürfnisse. Das Allgemeine Gleichbehandlungsgesetz schreibt die Barrierefreiheit zudem vor. Hierzu zählen beispielsweise per Ton abspielbare Beschreibungen von Bildern, die Veränderung der Schriftgröße, der Einsatz von Screenreadern (Bildschirmleseprogramme) oder die Möglichkeit, die Texte mittels Audiodatei vorgelesen zu bekommen.
- Zudem müssen auch *Design und Technik* stimmen. Hier begeben sich viele Firmen auf dünnes Eis, indem sie versuchen, ihren vermeintlich innovativen Charakter dem Bewerber durch eine besonders innovative Anwendung von Design und Technik zu vermitteln. Deshalb sollte der Nutzer (also hier der Bewerber) die Wahl haben, ob er die Stellenanzeigen in gewohnter Interaktivität sehen möchte, oder ob er sich in ein Abenteuer mit sich wild öffnenden Fenstern stürzen möchte.

Gerade beim Stichwort Usability kann sich das Personalmanagement offensiv einbringen und nicht nur auf IT-Beratungen verlassen.

„B“ wie Branding

Unterscheidbar!

Branding ist das eigentliche Ziel eines Internet-Auftritts, wenngleich oft sträflich vernachlässigt. In Zeiten des absoluten Mangels an Fachkräften und des „War for Talents“ gibt es immer ein Unternehmen, welches mehr zahlt und/oder die besseren Zusatzleistungen anbietet. Unternehmen stehen also vor der Frage, wie man diese Fachkräfte erst zur Bewerbung und dann zum Bleiben motivieren kann.

Gerade diese „Employee Value Proposition“ lässt sich über den Internetauftritt realisieren. Hier müssen Unternehmen eine klare Identität aufbauen, eine Marke kreieren, also ein „Branding“ schaffen. Dies beginnt mit der richtigen Corporate Identity, also dem medienübergreifenden Einsatz von gleichen Schrifttypen, Farben und Logos und geht bis zur Herausstellung sichtbarer und kommunizierbarer Alleinstellungsmerkmale. Branding betrifft somit das gesamte Erscheinungsbild nach innen und nach außen.

„E“ wie Emotion

Fühlbar!

Eine Personalhomepage ist ein Medium, das sich leicht zum reinen Datenlieferanten degenerieren lässt. Das Ergebnis: Man hat viele offene Stellen, inhaltlich breit präsentiert, unterstützt durch eine durchdachte Navigation und abgerundet durch eine klare Employee Value Proposition. Aber: Wenn die Emotion fehlt, werden sich die Bewerber zurückhalten.

Wie kann man einem Unternehmen abkaufen, es würde eine freundschaftliche, familiäre, „superproduktive“ Atmosphäre haben, wenn die Website eine kühle, distanzierte Stimmung verbreitet? Der Besuch einer Website muss Spaß machen. Spaß muss nicht unbedingt „alberne“ Spielerei voraussetzen, Spaß ist durchaus auch in einem ernsten Kontext möglich. Denkbar sind auch verspielte Interfaces, die starre Hierarchien auflockern oder witzige Anspielungen auf die Produkte des Unternehmens; der Kreativität sind hier keine Grenzen gesetzt. Vorteil der eigenen Personal-Website ist gerade die Gestaltungs- und Formulierungsfreiheit, die über die Restriktionen der Printmedien hinausgehen. Dieser „emotionalen“ Gestaltungsfreiheit im Internet sollte man sich also nicht selbst verweigern.

Analyse mit der CUBE-Formel

Übung 7.2

Ihr 14jähriger Neffe, Computergenie und „Systemadministrator“ der gesamten Familie, lässt bei einer Familienfeier ganz beiläufig die Bemerkung fallen, dass die Internetseite Ihrer Strawberry Cake & Bakeries AG total veraltet sei. Am Abend schauen Sie sich die Seite noch einmal an. Erst denken Sie: *So schlecht sieht die doch gar nicht aus!* Schließlich haben Sie die Seite vor acht Jahren mühsam selbst mit HTML programmiert. Aber ein Vergleich kann ja nichts schaden. Daher gehen Sie ins Internet und untersuchen die Internetauftritte einiger Konkurrenten mittels der CUBE-Formel.

Das LAMBDA-Modell

LAMBDA-Modell: nach einem griechischen Buchstaben benannte Analysetechnik

Will sich ein Unternehmen mit seinem Personalmarketing an zukünftige und gegenwärtige Kunden wenden, so braucht es eine zu vermittelnde Botschaft. Diese lässt sich im LAMBDA-Modell[205] positionieren. Das LAMBDA-Modell betrachtet grundsätzlich kommunizierbare Inhalte, die Rückschlüsse auf die Unternehmenskultur zulassen. Hierzu gehören Elemente, die als „besonders" für ein Unternehmen gelten, wie beispielsweise die systematische Weiterbildung der Mitarbeiter, die Erlaubnis der privaten Nutzung von Firmenwagen beziehungsweise Firmenhandys oder die Unterstützung von Mitarbeitern mit Kindern durch Betriebskindergärten, und sich in eine überzeugende Arbeitgebermarke transformieren lassen.

Das LAMBDA-Modell (Abbildung 7.3) basiert auf einer konzeptionellen Trennung zwischen der intern ausgerichteten Unternehmenskultur und dem extern ausgerichteten Unternehmensimage sowie zwischen sichtbarer und unsichtbarer Ebene. Dementsprechend besteht das LAMBDA-Modell aus drei Hauptbereichen:

(1) *LAMBDA 1* ist der unsichtbare unternehmensinterne Bereich der Unternehmenskultur. In ihrem unsichtbaren Kulturkern entwickeln Unternehmen im Laufe der Zeit ihre eigene Persönlichkeit. Hier unterscheiden sie sich oft deutlich von Konkurrenten, beispielsweise hinsichtlich ihrer Innovationsbereitschaft oder ihrer Kundenorientierung.

(2) *LAMBDA 2* umfasst die Unternehmenserscheinung aller markanten Objekte und Verhaltensweisen, mit denen sich das Unternehmen nach innen und/oder nach außen sichtbar präsentiert. LAMBDA 2 setzt sich dabei zusammen aus dem Unternehmensverhalten und der Unternehmensarchitektur.

(3) *LAMBDA 3* ist der unsichtbare externe Bereich und damit als Unternehmensimage das Bild, das sich Externe von der Unternehmenskultur machen. Diese Kulturwahrnehmung muss jedoch nicht der tatsächlichen Unternehmenskultur entsprechen.

Das LAMBDA-Modell dient als konzeptioneller Rahmen zur Integration der verschiedenen Teilaspekte eines Personalmarketings in ein operables und den jeweiligen Anforderungen gerecht werdendes Konzept.

Abbildung 7.3: Das LAMBDA-Modell

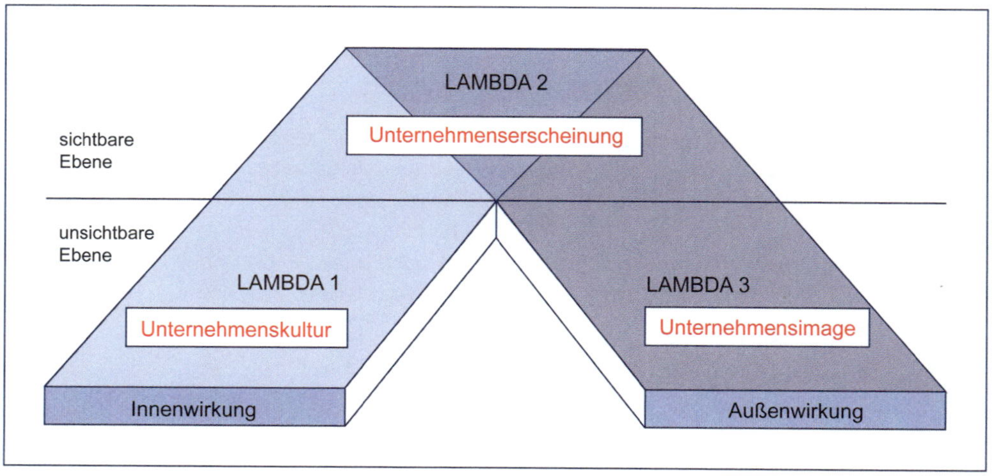

Werden (interne) Unternehmenskultur und (externes) Unternehmensimage aufeinander abgestimmt, so hat dies positive Effekte hinsichtlich Akquisition, Motivation und Retention, also auch für das gesamte Personalmarketing und damit letztlich auch für den Unternehmenserfolg.

Stimmigkeit von Unternehmenskultur und Unternehmensimage wirken auf Unternehmenserfolg

Erfolgreiches Personalmarketing bedarf fundierter informatorischer Basisdaten, um die geplanten Maßnahmen erfolgreich durchführen zu können und dabei die jeweiligen Unternehmensspezifika zu berücksichtigen. Zu diesem Zweck sind in den drei LAMBDA-Bereichen jeweils spezifische Analyse- und Gestaltungstechniken erforderlich, die derartige Informationen liefern. So ist die Aufwärtsbeurteilung von Führungskräften expliziter Bestandteil von LAMBDA 1, die Imagestudie des Unternehmens Teil von LAMBDA 3. In LAMBDA 2 findet zum Beispiel das Mitarbeitergespräch statt.

Auflösung der Grenzen: Der Fall von Apple

Unternehmen produzieren in der heutigen globalen Welt nicht mehr allein. Apple lässt die Smartphones komplett von Zulieferern zusammenbauen. Deshalb steht auch auf ihren Produkten „Designed in California“ und nicht „Made in California“. Das bedeutet aber auch, dass Apple das Gesicht für die Produkte ist und somit auch der Hauptakteur in dieser virtuellen und globalen Wertschöpfungskette. Das führt zu einer interessanten Auflösung der Unternehmensgrenzen. Zum einen ist Samsung ein direkter Konkurrent und zum anderen ein wichtiger Zulieferer. Apple und Samsung gehören zueinander, aber gleichzeitig bekämpfen sie sich vehement. Foxconn wiederum beliefert alle großen Unternehmen (Amazon, Intel, Sony, Dell, Microsoft und auch Samsung). Es ist auch allen bekannt, dass die Arbeitssituation für die Foxconn-Mitarbeiter menschenunwürdig ist. In den Medien steht jedoch meistens eine Überschrift im folgenden Stil: „Apple-Zulieferer: Foxconn gesteht Arbeitsrechtverletzungen in China“. Auch wenn Apple ähnliche Mitschuld trägt wie die anderen Unternehmen, werden diese selten genannt, weshalb sich vor allem Apple um Foxconn kümmern muss, damit seine Arbeitgebermarke nicht darunter leidet. Die Unternehmenskultur von Foxconn wirkt sich auf die Unternehmenserscheinung sowie das Unternehmensimage von Apple aus.

Analyse mit dem LAMBDA-Modell

Übung 7.3

Starbucks ist ein harter Konkurrent Ihrer Bäckereifilialen mit dazugehörigem Café, in denen die Kunden von Kellnerinnen bedient werden. Aus diesem Grund interessiert es Sie natürlich, wie andere Unternehmen mit ihren Mitarbeitern umgehen. Deshalb besuchen Sie Starbucks und führen dort aus Sicht des Kunden eine LAMBDA-Analyse durch. Sie versuchen also herauszufinden, worin die spezifische Unternehmenskultur von Starbucks besteht, beobachten die äußeren Artefakte und beschäftigen sich mit dem Image von Starbucks – letztlich auch als Arbeitgeber.

7.4 Kommunikation und Medien

Der Erfolg der Personalakquisition und insbesondere des Personalmarketings hängt von den gewählten Kommunikationswegen ab. Dabei sind der gezielte Einsatz und die Nutzung unterschiedlicher Medien ebenso zu berücksichtigen, wie auch die Gestaltung der Kommunikationsinhalte. Es geht also um die zielgruppenspezifische Medienwahl sowie um eine spezifische Aufbereitung der Inhalte.

Medienmix als ultimatives Ziel

Um Personal zu beschaffen, stehen den Unternehmen verschiedene Möglichkeiten beziehungsweise Kanäle zur Verfügung. Hierzu gehören unter anderem die Printmedien wie Zeitungen oder Zeitschriften, in denen nicht nur die Unternehmen Stellenanzeigen, sondern umgekehrt auch Bewerber Stellengesuche veröffentlichen können. Die Auswertung solcher Stellengesuche, in denen sich Kandidaten als potenzielle Mitarbeiter auf dem Arbeitsmarkt präsentieren, ist eine Möglichkeit der Personalbeschaffung. In der Regel veröffentlichen Unternehmen jedoch zusätzlich selbst Stellenanzeigen, um aus einer größeren Anzahl an Kandidaten auswählen zu können. Die modernen elektronischen Medien bieten darüber hinausgehend eine Vielzahl von neuen und innovativen Möglichkeiten, den Personalbeschaffungsprozess zu unterstützen und zu gestalten. Auch hier ergibt sich sowohl für Unternehmen als auch für Bewerber die Möglichkeit, sich als attraktiver Arbeitgeber beziehungsweise geeigneter Bewerber zu präsentieren.

Printmedien

Stellenanzeigen können über Printmedien entweder intern durch Aushänge an „Schwarzen Brettern“ und durch Stellenanzeigen in Mitarbeiterzeitungen oder extern durch Anzeigen in Zeitungen und Zeitschriften erfolgen. Bevor auf Fragen des Anzeigeninhalts und der Anzeigengestaltung eingegangen werden muss, sind in einem ersten Schritt Entscheidungen hinsichtlich der Kriterien Anzeigenträger, Anzeigentermin und Anzeigenart zu treffen.

Differenzierte Auswahl der Printmedien

Je nach geforderter Qualifikation und damit Zielgruppe der Anzeige muss eine Entscheidung über den Anzeigenträger getroffen werden:

- *Mitarbeiterzeitungen* kommen bei Stellen in Frage, die – zunächst unabhängig von der Qualifikation – intern ausgeschrieben werden müssen.
- *Regionale Tageszeitungen* eignen sich in der Regel für die Suche nach Arbeitskräften der unteren und mittleren Hierarchieebene.
- *Überregionale Tages- und Wochenzeitungen* werden bei der Suche nach Arbeitskräften höherer Hierarchieebenen genutzt.
- *Fachzeitschriften* werden als Medium eingesetzt, wenn es um Arbeitskräfte mit (technischen) Spezialkenntnissen geht.

Stellenanzeigen: weniger ist mehr, vieles ist falsch

Bei der Formulierung einer Stellenanzeige sollte auf folgende Punkte geachtet werden:

- Um bereits im Vorfeld Bewerbungen ungeeigneter Kandidaten auszuschließen, muss das Sollprofil, also die gewünschten Qualifikationen und Fähigkeiten (hinsichtlich Ausbildung, Berufserfahrung, fachliche und soziale Kompetenzen), *präzise formuliert* sein. Dies gilt ebenso für die Informationen über die zu besetzende Stelle (Aufgabenbeschreibung, Verantwortungsbereich oder hierarchische Ein-

IKEA inseriert

„IKEA sucht 200 neue BOSSE mit KARISMA und FORMAT für die Bereiche Kommunikation & Gestaltung, Verkauf und Logistik. OPTIMAL wäre eine MIXTUR aus IDEALISK und FANTAST." So lauten die ersten Sätze in einem Stelleninserat, das der Möbelkonzern IKEA geschaltet hat, um Mitarbeiter für seine Einrichtungshäuser zu finden. Die eigenwillige Orthografie war jedoch nicht darauf zurückzuführen, dass die Schweden die deutsche Rechtschreibung nicht beherrschen würden. Die scheinbar falsch geschriebenen Wörter sind nämlich Produktnamen aus dem IKEA-Sortiment – was beim Betrachten der Anzeige auch deutlich wird, weil Abbildungen der entsprechenden Produkte in den Text eingeflochten sind. Wer sich die Mühe machte, die Anzeige bis zum Schluss zu entschlüsseln, hatte immerhin schon mal Geduld bewiesen![206]

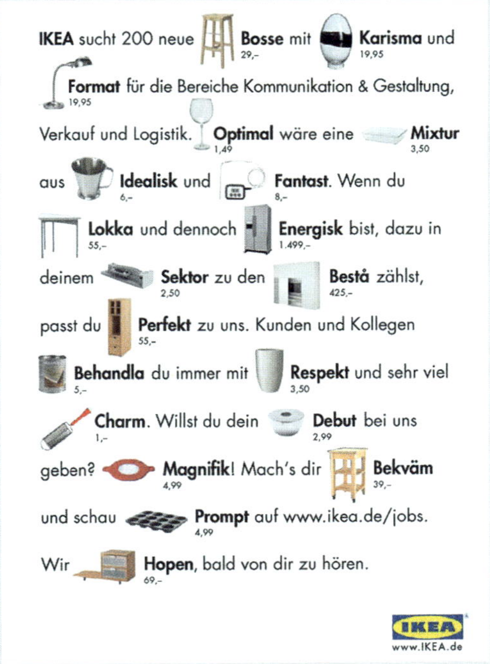

stufung) wie auch für die Informationen über das Unternehmen (zum Beispiel Name, Branche oder Größe).

- Unternehmen steigern ihre Attraktivität als Arbeitgeber, wenn sie die *Vorzüge* einer Anstellung in ihrem Unternehmen nennen: Bieten sich dem Bewerber langfristige Karriere- und Entwicklungsmöglichkeiten, bestehen Möglichkeiten der Kinderbetreuung oder werden den Mitarbeitern zusätzliche Sozialleistungen gewährt?
- Des Weiteren muss bei der Formulierung einer Anzeige auf die rechtlichen Aspekte geachtet werden. Das *Allgemeine Gleichbehandlungsgesetz* (AGG) verbietet die Diskriminierung von Menschen aufgrund ihrer Rasse beziehungsweise ethnischen Herkunft, ihres Geschlechts, ihrer Religion oder Weltanschauung, ihres Alters, ihrer sexuellen Identität oder einer Behinderung (§1 AGG). Hierauf muss bei der Formulierung von Anzeigen geachtet werden (außer die Position verlangt ein bestimmtes Geschlecht oder Alter, was im Zweifelsfall jedoch vor Gericht bewiesen werden muss), beispielsweise durch geschlechtsneutrale Formulierungen oder die Verwendung ausschließlich tätigkeitsbezogener statt personenbezogener Anforderungskriterien.
- Nicht vergessen werden darf, dass die Stellenanzeige gleichzeitig auch eine Visitenkarte des Unternehmens ist. Deshalb muss darauf geachtet werden, dass sie sich in die *Corporate Identity* (Unternehmensidentität) des Unternehmens einfügt und mit ihr auch die entsprechende Unternehmensphilosophie vermittelt wird.

Weiterführende Anforderungen an Stellenanzeigen ergeben sich – wie oben geschrieben – aus AIDA-Formel, CUBE-Formel sowie dem LAMBDA-Modell.

Übers Ziel hinausgeschossen

Der britische Flughafen St. Mary's bietet auf der Suche nach einem Fluglotsen die Bewerbungsunterlagen auch in Blinden- und Großschrift sowie als Audiodatei an und nimmt die Gleichbehandlung bei Stellenausschreibungen ein bisschen zu genau. Gleichzeitig wird auf der Website des Flughafens nämlich darauf hingewiesen, dass ein Fluglotse sehr gute Augen brauche, da er Wetterwechsel mit bloßem Auge und ohne technische Geräte erkennen müsse.

Ein Verwaltungssprecher des Airports sagte, der Hinweis auf die Bewerbungsunterlagen für Blinde werde standardmäßig bei sämtlichen Stellenausschreibungen egal für welchen Posten angeführt, um Diskriminierungsvorwürfen vorzubeugen.[207]

Übung 7.4 Gestaltung einer Stellenanzeige

Es ist Monatsende und schon wieder haben mehrere Mitarbeiter der Strawberry Cake & Bakeries AG gekündigt. In den kommenden Monaten haben Sie daher unter anderem folgende Positionen zu besetzen: ein Fließbandmitarbeiter, der zuständig ist für die Belegung der Erdbeerkuchen mit Erdbeeren und ein leitender Mitarbeiter der Marketingabteilung, der verantwortlich ist für die Marketingstrategie des neu erschlossenen Absatzmarktes in England. Sie wissen, dass es bestimmte Gestaltungsempfehlungen für die Erstellung einer Stellenanzeige gibt, daher rufen Sie sich noch einmal die AIDA-Formel ins Gedächtnis und gestalten entsprechend Ihre Anzeige.

Elektronische Medien

Elektronische Medien auf unreflektiertem Vormarsch

Die Bedeutung der elektronischen Medien für die Rekrutierung neuer Mitarbeiter hat in den letzten Jahren mit der zunehmenden Verbreitung und Nutzung des Internets rapide zugenommen. So nutzen mittlerweile nach einer aktuellen Studie[208] 94 Prozent aller Unternehmen in Deutschland das Internet zur Rekrutierung neuer Mitarbeiter. Hierzu gehören Online-Jobbörsen, Job-Newsgroups, Job-Suchmaschinen, soziale Netzwerke und die Ausschreibung von Stellen auf der eigenen Firmenhomepage.

Die Vorteile[209] der Online-Rekrutierung liegen unter anderem in
- der breiten Ansprachemöglichkeit der relevanten Zielgruppen,
- der hohen Zeit- und Kostenersparnis,
- der längeren Nutzungsmöglichkeit und Unabhängigkeit von einem bestimmten Anzeigentermin,
- der schnelleren Abwicklungsmöglichkeit der Bewerbungen,
- der Möglichkeit der Bewerbervorauswahl durch Tests oder virtuelle Assessment Center,
- der Möglichkeit der multimedialen Darstellung von Informationen (Imagevideos oder virtueller Rundgang durch das Unternehmen) und
- der nahezu unbeschränkten Menge an vermittelbaren Informationen.

Diesen Vorteilen stehen aber auch Nachteile gegenüber. So erhalten wegen der geringen Transaktionskosten Unternehmen oft viel zu viele Bewerbungen ohne entsprechende Qualifikationen.

Der Einsatz moderner Medien darf nicht nach dem Motto „je mehr, umso besser" erfolgen. Vielmehr gilt es, die zentralen Komponenten des internetgestützten Personalmarketings – Unternehmenshomepage, Jobbörsen und Social Communities – sinnvoll zu verknüpfen und aufeinander abzustimmen.

Unternehmenshomepage als Basis-Instrument

In der Regel haben Unternehmen eine eigene Homepage und dort einen eigenen Bereich, um sich als Arbeitgeber vorzustellen. In diesen – oft unter „Karriere", „Jobs" oder „Jobs und Karriere" aufgeführten – Bereichen werden neben allgemeinen Informationen zum Unternehmen oftmals auch mittelbare Angaben zu möglichen Aufgabenbereichen und Karriereschritten vorgehalten. Auch aktuell vakante Positionen sind auf der Homepage ausgeschrieben.

Sowohl die Seite insgesamt als auch die dort eingestellten Stellenanzeigen sollten den Kriterien der bereits vorgestellten Methoden der AIDA- und der CUBE-Formel entsprechen. Es gelten also letztlich die gleichen Kriterien, die auch an Printanzeigen gestellt werden.

CUBE-Formel nutzen!

Insbesondere um Alleinstellungsmerkmale im Hinblick auf ein Employer Branding zu realisieren, sind die Aspekte der CUBE-Formel Branding und Emotion von besonderer Relevanz. Hier bieten sich neben dem generellen Einsatz von Farben und Bildern auch Imagevideos an. Nur über eine entsprechende Medienvielfalt können Unternehmen die Informationen authentisch gestalten.

Web 2.0 als Netzverständnis

Über den Einsatz von Technologien und Anwendungen, die seit 2003 dem „Netzverständnis Web 2.0" entsprechen, kann die Unternehmenskommunikation zudem interaktiv und partizipativ gestaltet werden. Der Begriff Web 2.0 steht für die Wandlung des Internetnutzers von einem passiven Konsumenten, der lediglich Informationen aufnimmt, zu einem aktiven Teilnehmer, der selbst aktiv Inhalte für das Internet produziert, pflegt und verbreitet. Potenzielle Bewerber sollen demnach unkompliziert mit dem Unternehmen in Kontakt treten können und umgehend Rückmeldung erhalten sowie bestimmte Inhalte der Homepage mitgestalten können.

Mögliche Anwendungen sind dabei
- *Weblogs*, als regelmäßig aktualisierte Webseite in Form eines Online-Tagebuchs oder -Journals, dessen Inhalte zeitlich datiert in umgekehrt chronologischer Reihenfolge erscheinen und von Lesern kommentiert werden können,
- *Wikis*, als offene webbasierte Wissensdatenbanken, die dem Anwender sowohl das Lesen als auch das Editieren der Informationen erlauben, wobei Änderungen dokumentiert werden sowie
- *Podcasts*, die als Audio- oder Videodateien (Vodcast) von den Webseiten heruntergeladen werden können.
- *Social Media* (Facebook, Instagram, Snapchat) dient als direkte Kommunikation und dem Ausbau der Arbeitgebermarke.

Auf Usability und Branding achten!

Gemeinsam ist diesen Technologien und Anwendungen, Inhalte durch Tags (Schlüsselbegriffe) zu strukturieren und per RSS-Feeds standardisiert wie plattformunabhängig automatisch (als Abonnement) zur Verfügung zu stellen. Dies erleichtert das Auffinden von Informationen und informiert den Nutzer beziehungsweise den Abonnenten des RSS-Feeds über Änderungen auf der Homepage.

Online-Jobbörsen als Standardinstrument

Das besondere Merkmal der Online-Jobbörsen ist, dass sowohl die Unternehmen als auch die (potenziellen) Bewerber jeweils entweder als Anbieter oder als Nachfrager aktiv werden können: Unternehmen treten als Anbieter von Stellen auf, indem sie Stellenanzeigen in den Jobbörsen veröffentlichen. Die Bewerber als Nachfrager von Arbeitsplätzen können die Datenbanken durchsuchen und sich gegebenenfalls bewerben. Umgekehrt besteht jedoch auch für die Bewerber als Anbieter von Arbeitskraft die Möglichkeit, Profile zu hinterlegen. Die Unternehmen haben als Nachfrager nach Arbeitskräften dann die Möglichkeit, den Pool an Profilen nach passenden Bewerbern zu durchsuchen und diese aktiv anzusprechen.

Neben generalistisch ausgelegten Online-Jobbörsen für alle Branchen und Berufsgruppen bilden sich auch zunehmend spezialisierte Angebote heraus, die entweder auf Branchenspezifik setzen oder sich auf bestimmte Berufsgruppen (zum Beispiel Top-Führungskräfte) spezialisieren.

Jobbörsen als standardisierte Massenware mit überschätzter Wirkung

Das Abrufen von Stellenanzeigen sowie das Einstellen eines Profils ist für Bewerber in der Regel kostenlos. Die Unternehmen hingegen zahlen für das Schalten beziehungsweise Einstellen von Anzeigen und für die Option, die Profile von Bewerbern einzusehen. Für die in Jobbörsen geschalteten Anzeigen gelten die auch für Printanzeigen bekannten inhaltlichen wie gestalterischen Anforderungen, wie sie sich aus AIDA-Formel und CUBE-Formel ergeben. Das (kostenpflichtige) Dienstleistungs- und Serviceangebot der Online-Jobbörsen wird derzeit immer stärker erweitert. Einige Anbieter übernehmen für Unternehmen den Abgleich von Bewerber- und Jobprofilen, machen eine Bewerbervorauswahl oder bieten Online Assessment Center an. Somit entwickeln sich Jobbörsen zunehmend zu umfassenden Dienstleistern für den gesamten Beschaffungsprozess als Akquisition plus Selektion.

Social Communities als bewerbergetriebene Innovation

Neben Weblogs, Wikis und Podcasts gehören die so genannten Social Networks oder Online Communities zu den Erscheinungsformen des Internets. Diese stellen Kommunikationsplattformen dar, die der Pflege und dem Aufbau persönlicher Kontakte dienen (beispielsweise Facebook oder Instagram). Für das Personalmarketing, insbesondere die Personalakquisition, sind Business Communities wie Xing oder LinkedIn von Interesse. Hier können Mitglieder Informationen über ihren beruflichen Werdegang, Positionen, Unternehmen, Qualifikationen, Kompetenzen, Fähigkeiten und sonstige Interessen zur Verfügung stellen und in Kontakt mit anderen Mitgliedern treten. Darüber hinaus haben sie meist Zugriff auf aktuelle Stellenangebote und die Möglichkeit zum Austausch in themenspezifischen Gruppen.

Social Communities als individualisiertes Massenphänomen mit unausgeschöpftem Potenzial

Der Personalakquisition bietet sich in solchen Communities, neben der Veröffentlichung von Stellenanzeigen, die Möglichkeit, über Positionen und Qualifikationen aktiv und gezielt nach potenziellen Kandidaten für eine vakante Position zu suchen und diese zu kontaktieren. Insbesondere von Headhuntern werden diese Netzwerke zur Akquisition interessanter Kandidaten genutzt.

Da man bei Bedarf die Kontakte der eigenen Kontakte nach bestimmten Qualifikationen durchsuchen kann, besteht die Chance, sich im Vorfeld bereits über einen potenziell geeigneten Kandidaten zu informieren und Referenzen einzuholen – so entsteht eine Vertrauenskette. Frei nach dem Motto „Ich kenne jemanden, der jemanden kennt ...“. Nach dem Psychologen *Stanley Milgram*[210] kennt jeder jeden Menschen über sechs bis sieben Ecken. Das „kleine Welt Phänomen“ machen sich auch die Social Networks zunutze.

Arbeitnehmer als Unternehmer in eigener Sache

Besonderes Merkmal der Communities ist, dass die Bewerber user-generiert den Informationsaustausch aktiv betreiben. Damit werden Arbeitnehmer zu Unternehmern in eigener Sache, die ihren eigenen „Brand“ aufbauen und pflegen müssen.

Gerade hier lassen sich neuartige Wege gehen, sei es bei der Nutzung von YouTube oder Instagram. Unternehmen können dabei auf Influencer aufmerksam werden oder neue Mitarbeiter aktiv ansprechen (Stichwort Active Sourcing). Aber auch Snapchat und ähnliche Plattformen sind interessant, um potenzielle Mitarbeiter zu finden. Hier wird eine Aktualität suggeriert, da der Inhalt nur temporär vorhanden ist und wieder verschwindet. Andere Applikationen wie Switch orientieren sich an Dating-Applikationen, bei denen Unternehmen sowie Bewerber nach einem „Match“ suchen.

Recruiting Games als Infotainment

Recruiting Games sind Online-Spiele zur Unterstützung des Akquisitionsprozesses und des Personalmarketings. Diese Spiele – bei denen es sich meistens um so genannte Browser Games handelt – werden von den Unternehmen entweder auf der eigenen Homepage oder auf Jobportalen angeboten. Teilweise richten die Unternehmen auch eine eigene Domain für diese Spiele ein.

Mit Recruiting Games verfolgen Unternehmen insbesondere zwei Zielsetzungen[211]: Zum einen dienen sie im Rahmen des Personalmarketings als Image fördernde Maßnahme. Unter Berücksichtigung der jeweiligen zielgruppenspezifischen Merkmale können Bewerber angesprochen werden, die über „normale“ Kanäle nicht hätten erreicht werden können. Über das Spiel ist das Unternehmen dann in der Lage, sowohl Information über das Unternehmen als auch Emotion unterhaltend zu transportieren. Zum anderen dienen Onlinespiele den Unternehmen als Informationsbeschaffungsinstrument. Da die Spiele in der Regel als Wettbewerbe im Lösen von Aufgaben gestaltet sind (in Form einer Schnitzeljagd mit Gewinnchancen), können Wissen und Kompetenzen der Bewerber beispielsweise in den Bereichen Kreativität, Teamfähigkeit, Lernfähigkeit, Kundenorientierung oder Leistungsorientierung erfasst werden.

Dies mag interessant sein und neue Zielgruppen ansprechen, birgt aber auch Risiken: So muss ein Fit zwischen Game und Unternehmen existieren. Das Game muss die Arbeit präzise widerspiegeln, ansonsten ist die Ernüchterung am ersten Arbeitstag groß.

Übung 7.5 Nutzung der (modernen) elektronischen Medien

Sie staunen nicht schlecht, als Ihr 14jähriger Neffe davon berichtet, in welchem Umfang Social Communities inzwischen genutzt werden. Möglicherweise könnten Sie ja hier auch Bewerber für freie Stellen in Ihrem Bäckereikonzern ansprechen. Sie überlegen sich daher, wie Sie die Nutzer der Social Communities am besten erreichen und für Ihr Unternehmen begeistern. Außerdem überlegen Sie, ob sich die Nutzung bestimmter Social Communities für bestimmte Berufsgruppen anbietet.

Generation Z: Wie ansprechen?

Im Kontext der Personalarbeit wird oft über die Digitalisierung als das Hauptthema und die scheinbar einzige Herausforderung geredet. Dabei sehen wir uns aber auch einem weiteren Generationenwechsel in der Arbeitswelt gegenüber. Generation Z (geboren Anfang der 1990er Jahre) strömt immer mehr auf den Arbeitsmarkt und unterscheidet sich grundlegend von der vorherigen Generation Y.

Gerade die Generation Z ist mit der Digitalisierung aufgewachsen und ist dementsprechend überwiegend über das Internet zu erreichen. Dies führt zur unmittelbaren Notwendigkeit, die Unternehmens-Homepage Z-kompatibel zu gestalten.

Zunächst sind dazu die Forderungen der Generation Z zu bestimmen[212]:
(1) Die Generation Z will sich im Unternehmen wohlfühlen. Deshalb benötigt sie genaue Informationen über den Arbeitsplatz, der zur Diskussion steht.
(2) Die Generation Z will Sicherheit. Sie will genau wissen, was auf sie zukommt.
(3) Die Generation Z will klare Strukturen. Dies gilt auch und gerade für den eigenen Karriereweg im Unternehmen.
Auf Basis dieser Anforderungen lassen sich Gestaltungshinweise mithilfe der CUBE-Formel erarbeiten (Tabelle 7.3).

	Content	Usability	Branding	Emotion
Wohlfühlen	Realistische und auf Generation Z abgestimmte Stellenausschreibungen	Zeiteffizienter Bewerbungsvorgang durch Alternativen zum Onlinesystem mit Registrierung (Papier, Mail, One-Click)	Langfristige Sicherheit und Trennung zwischen Beruf und Privat als Attraktivitätsmerkmale	Verwendung von authentischen Bildern, die Harmonie und jugendliches Gemeinschaftsgefühl transportieren
Sicherheit	Klare und verbindliche Informationen zum Bewerbungsprozess	Responsive Design (gleichartiges Erscheinungsbild und erkennbar identische Inhalte auf allen Geräten)	Authentische, professionelle, aber dennoch persönliche Employer-Brand-Kommunikation	Konkrete Ansprechpartner (Bild, Lebenslauf, Kontakt)
Struktur	Beschreibung möglicher Karrierewege	Einfach strukturierte Infografiken und kurze professionell produzierte Videos	Umsetzung der Corporate Identity über Verwendung vom Corporate Design auch auf der Karrierewebsite	Kommunikation der Unternehmenskultur (klares Gefühl für die Besonderheit der Kultur)

Tabelle 7.3: Gestaltung einer Karriere-Webseite für die Generation Z[213]

7.5 Ausblick

Wie kann die Versorgung des Unternehmens mit qualifizierten Mitarbeitern sichergestellt werden? Die Antwort auf diese Frage liegt insbesondere im Bereich der Akquisition. Hier die richtigen Entscheidungen hinsichtlich des Ortes und der Wege zu treffen sowie den Aufbau eines Employer Brands zu realisieren, sind die zentralen Herausforderungen, die es für einen Personalmanager zu meistern gilt.

Dabei gilt es, unter Berücksichtigung zentraler Methoden, die geeigneten Medien zur Kommunikation nicht nur auszuwählen, sondern gezielt zu gestalten. Insbesondere die zunehmende Relevanz des Internets und dort gerade der Social Communities erfordern eine zunehmende Beschäftigung mit diesem Medium.

Die Internet-Generation („Digital Natives") und Computerspieler („Gamer") als neues Zielpublikum für Unternehmen

Schließlich haben bereits über diesen Weg viele Unternehmen neue Mitarbeiter gefunden. In Zukunft wird sich das noch verstärken. Die zukünftigen Mitarbeiter, die so genannte Net Generation[214], verbringen von klein auf einen Großteil ihrer Freizeit im Internet und sind in zahlreichen Social Communities vernetzt. Um sie für das Unternehmen zu gewinnen, muss man dort auf sie zugehen und sie ansprechen.

Auch die ständig wachsende Spielergemeinschaft des Computerspiels „World of Warcraft" kristallisiert sich als interessante Zielgruppe heraus. Dabei liegt ein besonderes Augenmerk auf den Spielern, die zunehmend Verantwortung übertragen bekommen und in der Hierarchie aufsteigen. Durch die klare Ergebnisorientierung, die permanente Leistungssteigerung, die intrinsische Motivation, den Teamwork-Gedanken, die Verantwortungsteilung, das deutliche Feedback und die wechselseitige Belohnung trainieren sie wichtige Aspekte der Arbeitswelt. Ihnen wird dadurch auch eine hohe Kompetenz zur Übernahme von Führungsaufgaben zugeschrieben.[215]

Die Digitalisierung kann helfen, neue Mitarbeiter zu finden und für das Unternehmen zu gewinnen. Gleichzeitig bedeutet Digitalisierung aber auch, mit vielen anderen Unternehmen zu konkurrieren. Automatische Algorithmen sind kostengünstig und können eine Vielzahl von Personen ansprechen. Umgekehrt arbeiten auch Bewerber effizient über Mustererkennung. In diesem Spiel wird es zwar einfacher, Personen anzusprechen. Diese aber zu einer Bewerbung zu ermuntern, wird immer schwieriger. Deshalb werden Arbeitgebermarke und das Verständnis, wofür ein Unternehmen steht, immer wichtiger.

Erfolgreiches Personalmarketing hängt vor allem aber auch davon ab, dass es von allen Managementebenen getragen und mit der allgemeinen Unternehmensstrategie abgestimmt wird. Personalmarketing muss sich im Spannungsfeld zwischen Vermittlung der globalen Unternehmenskultur und Fokussierung auf Zielgruppen bewähren. Gerade deshalb kann aber Personalmarketing als treibende Kraft im Personalmanagement zu einem echten Wettbewerbsvorteil werden.

Aufgaben und Fragen zur Selbstüberprüfung

1. Was versteht man unter dem „War for Talents“?
2. Welche Vor- und Nachteile bietet die interne Personalbeschaffung?
3. Welche Funktionen soll das Personalmarketing erfüllen?
4. „Werbung ist einfach, weil man von seinem Bauchgefühl und dem eigenen Geschmack leicht auf die Zielgruppe schließen kann.“ Nehmen Sie bitte Stellung zu dieser Aussage!
5. Erklären Sie die CUBE-Formel und ihre Bestandteile!
6. „Unternehmen mit einem guten Personalmarketing meiden Auftritte auf externen Jobbörsen“. Diskutieren Sie diese Aussage!
7. Wie sollte Ihrer Meinung nach der optimale Medienmix bei der Rekrutierung eines Programmierers von iPhone-Applikationen aussehen?

Endnoten

189 *ManpowerGroup* 2015.

190 *Deller/Gotzian/Fortmeier* 2017.

191 *meinestadt.de* 2017.

192 vgl. *Chambers et al.* 1998; *von der Oelsnitz/Stein/Hahmann* 2007.

193 *von der Oelsnitz/Stein/Hahmann* 2007.

194 vgl. *Walther* 2008, 26.

195 vgl. *Simon et al.* 1995.

196 vgl. *Opaschowski* 1995.

197 vgl. *Kroeber-Riel/Weinberg/Gröppel-Klein* 2009, 150–153.

198 *Kroeber-Riel* 1993, 147.

199 online unter: http://www.systemarmaturen.de/neue-wege-gehen, abgerufen am 13.06.2014.

200 vgl. *Scholz* 2003a, 194–196.

201 vgl. *Barrow/Mosley* 2006, 167–188.

202 vgl. *Meffert* 2000, 696–698.

203 *Agentur AWS: pwu* 2014.

204 vgl. *Scholz/Scholz* 2000.

205 vgl. *Scholz* 1989b; *Scholz* 1992a.

206 vgl. *o.V.*, IKEA inseriert inspiriert, in: managerSeminare Heft 129 (12/2008), 15.

207 *SpiegelOnline*, Skurrile Mitarbeitersuche. Bewerbungsunterlagen für Fluglotsen in Blindenschrift, in: SpiegelOnline, 11.07.2008, online unter: http://www.spiegel.de/reise/aktuell/0,1518,565350,00.html, abgerufen am 24.07.2009.

208 *Bitkom* (Bundesverband Informationswirtschaft, Telekommunikation und neue Medien e.V.), Presseinformation vom 29.01.2009: 94 Prozent aller Unternehmen suchen Mitarbeiter im Internet, online unter: http://www.bitkom.org/de/presse/8477_57497.aspx, abgerufen am 04.08.2009.

209 vgl. *Schreiber-Tennagels* 2002, 72–73.

210 vgl. *Milgram* 1967.

211 vgl. *Stein* 2009a.

212 *Scholz* 2014a.

213 *Scholz/Hartig* 2016, 18–20.

214 vgl. *Bergel* 2008.

215 vgl. *Scholz* 2009a.

Selektion: Für wen soll man sich entscheiden?

8

Inhalt

Fakten

32 % der Unternehmen checken den Bewerber auf Facebook, 55 % der Unternehmen googeln den Bewerber.[216]

34 % der Top 1000-Unternehmen in Deutschland nutzen ihren eigenen Talent-Pool vorrangig, um offene Stellen zu besetzen.[217]

27 von den Dax30-Konzernen setzen Assessment Center sowohl für den externen wie auch den internen Auswahlprozess ein.[218]

Lernziele

- Sie erfahren, was ein Assessment Center ist und wie es abläuft.
- Sie erleben, welche Tests zur Bewerberauswahl zur Verfügung stehen.
- Sie wissen, welche Kriterien bei der Prüfung von Bewerbungsunterlagen berücksichtigt werden.
- Sie verstehen, welche Gespräche sich zur Auswahl von Mitarbeitern führen lassen und was dabei beachtet werden muss.
- Sie lernen die rechtlichen Rahmenbedingungen kennen, die es bei der Selektion zu beachten gilt.

8.1 Überblick

Berücksichtigt man die hohen Kosten sowie die fehlende Qualität der Mitarbeiter, die eine falsche Entscheidung mit sich bringt, ergibt sich die große Bedeutung der Bewerberauswahl von selbst

Durch eine gute Akquisitionsleistung haben sich beeindruckend viele Kandidaten beworben. Jetzt gilt es, die für die zu besetzenden Stellen „optimalen" Mitarbeiter auszuwählen. Hier setzt die Bewerberselektion an: Ihre Aufgabe ist es, die Anforderungen der zu besetzenden Stelle mit den Fähigkeiten der Bewerber abzugleichen und den am besten geeigneten Mitarbeiter zu identifizieren. Die dazu erforderlichen Informationen erhält man neben den Bewerbungsunterlagen durch unterschiedliche Auswahlverfahren wie Bewerbergespräche, Testverfahren oder Assessment Center.

Gute Mitarbeiter sind zwangsläufig ein Wettbewerbsvorteil für Unternehmen. Die Beiläufigkeit, mit der interne und externe Stellenbesetzungen in vielen Unternehmen vorgenommen werden, steht somit im Missverhältnis zu deren Bedeutung. Zudem können Unternehmen nur sehr begrenzt Persönlichkeitsstrukturen und Grundeinstellungen von Menschen ändern – eine Feststellung, die ebenfalls die Bedeutung der Auswahl richtiger Mitarbeiter hervorhebt.

In diesem Kapitel erfolgt zunächst ein Überblick über den Selektionsprozess (Abschnitt 8.2). Darauf aufbauend werden in den nachfolgenden Abschnitten unterschiedliche Auswahlverfahren vorgestellt: Als erstes kommt die Auswertung der schriftlichen Unterlagen (Abschnitt 8.3), danach das Führen von Auswahlgesprächen (Abschnitt 8.4). Ein umfangreicher Teil des Kapitels behandelt Testverfahren (Abschnitt 8.5) sowie automatisierte Testverfahren (Abschnitt 8.6). Zum Schluss folgt als kleines – aber wichtiges – Detail die formale Beendigung des Auswahlprozesses (Abschnitt 8.7).

8.2 Konzipieren des Gesamtprozesses

Nicht alles, was machbar ist, ist sinnvoll! Nicht alles, was sinnvoll ist, ist zulässig!

Gerade weil die Bewerberselektion ein in der Konsequenz finanziell äußerst riskantes Unterfangen ist, gibt es eine Vielzahl von Möglichkeiten, die richtigen Bewerber zu identifizieren. Sie reichen vom Einstellungsinterview bis hin zur Recherche im Internet und graphologischen Gutachten. Doch auch hier sind Rahmenbedingungen zu beachten, die einen großen Einfluss auf die Personalauswahl haben und symbolisieren, dass nicht alle zur Personalauswahl herangezogenen Verfahren auch immer machbar oder sinnvoll sind. Zuviel kann auch abschreckend wirken. Wenn für eine Einstiegsstelle ein mehrstufiges Assessment Center gefordert wird, könnten sich potenzielle Bewerber selbst ausselektieren und den Bewerbungsprozess freiwillig abbrechen.

Methodische Korrektheit

Die erste Möglichkeit, methodische Korrektheit zu gefährden, besteht im Verwechseln von Beobachten und Bewerten:

- *Beobachten* (beziehungsweise „Messen") bedeutet, möglichst exakt und korrekt einen Wert zu erheben, also beispielsweise die Intelligenz eines Bewerbers zu bestimmen.

- *Bewerten* (beziehungsweise „Beurteilen") bedeutet dagegen die Beantwortung der Frage, mit welchen Werten beim Bewerber man zufrieden ist. So könnte man sich überlegen, welchen Intelligenzwert man bei einem Bewerber akzeptieren möchte.

Deutlich wird der Unterschied zwischen Beobachten und Bewerten bei einem Bewerber, der zum Bewerbungsgespräch zu spät kommt. Die Minuten des Zuspätkommens können exakt beobachtet werden („20 Minuten"). Wie man diesen Umstand bewertet und ob man den Bewerber weiter im Verfahren hält, ist dann eine andere Frage.

Auseinanderhalten von Beobachtung und Bewertung

Alle Auswahlverfahren bergen zudem die Gefahr von Beobachtungs- und Beurteilungsfehlern[219]:

- So besteht bei Beobachtern die Tendenz, Bewerber besser zu bewerten, die einem in Verhalten und/oder Herkunft ähneln (*Ähnlichkeitsphänomen*).
- Beobachter laufen Gefahr, sich bei der Beurteilung von Persönlichkeitseigenschaften von einer anderen hervorstechenden Eigenschaft leiten zu lassen (*Halo-Effekt*).
- Es besteht die Neigung wie beim Einstellungsinterview, die Bewerber nach dem ersten Eindruck zu bewerten und Folgewertungen selektiv als Bestätigung der bereits getroffenen Bewertung zu treffen (*Primacy-Effekt*).
- Viele Beobachter bevorzugen bei der Verhaltenseinschätzung mittlere Skalenbereiche zum Teil aufgrund einer zu ungenauen Operationalisierung der relevanten Verhaltensweisen, zum Teil aber auch wegen einer mangelnden und unzureichenden Schulung der Beobachter (*Regression zur Mitte*).
- Bei der Verwendung von Schätzskalen erfolgt die Messung zumeist realnormorientiert, das heißt die einzelne Leistung bestimmt sich über den Gruppendurchschnitt, so kann dieselbe Leistung in einer „schwachen" Gruppe als stark und in einer „stärkeren" Gruppe als durchschnittlich eingestuft werden (*Realnormierte Messung*).
- Die Beobachter registrieren auch auf umfassenden Einschätzungsskalen meist lediglich das isolierte Auftreten singulärer Verhaltensweisen (*Fokussierung auf isolierte Verhaltensweisen*).

Hinzu kommt die Gefahr der Selbstüberschätzung der Beurteiler. Um diesem Fehler möglichst nicht zu erliegen, sollten die Beobachter und Beurteiler von Auswahlverfahren im Vorfeld trainiert werden, um in der Lage zu sein, Beobachtung und Bewertung zu trennen. Zudem können als Grundlage standardisierte Beurteilungsbögen dienen, die die Vergleichbarkeit unter den Bewerbern sicherstellen.

Messverfahren müssen objektiv, reliabel und valide sein.

- *Objektivität*
  Objektiv ist ein Messverfahren dann, wenn die Ergebnisse unabhängig von dem Messenden sind. Bei diesem Kriterium handelt es sich also um den Grad der intersubjektiven Unabhängigkeit der Messergebnisse vom jeweiligen Untersuchenden. Schätzen also beispielsweise zwei Personen die Temperatur, so ist dies nicht objektiv. Bei der Objektivität geht es somit nicht darum, (subjektive) Erfahrungen in die Beobachtung einzubeziehen.

Objektivität: Messergebnisse sind unabhängig von den Messenden

- *Reliabilität*
  Die Reliabilität eines Messverfahrens stellt die Messgenauigkeit dar. Man geht in der Testtheorie davon aus, dass jeder beobachtete Messwert sich aus einem wahren und einem Fehlerwert zusammensetzt. Das bedeutet, je besser die Reliabilität

Reliabilität: Messgenauigkeit des Messverfahrens

eines Tests ist, umso geringer ist der Fehler in der mit diesem Test vorgenommenen Erhebung.
Die Reliabilität bezeichnet somit den formalen Aspekt der Messung und bezieht sich auf die Frage, ob das, was gemessen wird, auch richtig erfasst wird. Nicht reliabel wäre beispielsweise die Reaktion einer Katze auf die Temperatur der Terrassensteine, da nicht sichergestellt ist, dass bei der Wiederholung dieser Messung unter gleichen Rahmenbedingungen auch das gleiche Messergebnis erzielt werden würde.

Validität: Messverfahren misst exakt, was es zu messen vorgibt

- *Validität*
  Validität bedeutet, dass ein Verfahren genau misst, was es zu messen vorgibt. Hierbei stellt sich die Frage, ob das, was erhoben wird, auch intendiertes Ziel des Untersuchungsprozesses ist. Nicht valide wäre beispielsweise die Messung des Wohlbefindens durch ein Thermometer.

Seit Juni 2002 besteht in Deutschland die DIN-Norm 33430 „Anforderungen an Verfahren und deren Einsatz bei berufsbezogenen Eignungsbeurteilungen", die eine Qualitätssicherung der Personalauswahl anstrebt. Betrachtet man die Validität verschiedener Auswahlverfahren als Fähigkeit zur Vorhersage eines Berufserfolgs, so zeigen sich die unterschiedlichen Validitätswerte (Tabelle 8.1). Diese liegen zwischen 0 und 1, wobei die Validität steigt, je näher der Wert gegen 1 geht. Vor allem Arbeitsproben als Auswahlproben haben eine hohe Validität. Danach folgen allgemeine kognitive Fähigkeitstests, das Einstellungsgespräch sowie der Fachkenntnistest und schließlich Integrity-Tests (Integritätstests), die vor allem in den USA angewandt werden und dazu dienen, ein mögliches „unehrenhaftes" Verhalten von potenziellen Mitarbeitern vorherzusagen.

Tabelle 8.1: Validität von Auswahlmethoden[220]

Auswahlmethoden	Validität
Arbeitsproben	.54
allgemeine kognitive Fähigkeitstests	.51
strukturiertes Einstellungsgespräch	.51
Fachkenntnistest	.48
Probezeit	.44
Integrity-Test	.41
unstrukturiertes Einstellungsgespräch	.38
Assessment Center	.37
biografische Daten	.35
Gewissenhaftigkeitstest	.31
Graphologie	.02

Korrelation: linearer Zusammenhang zwischen zwei Variablen

Auswahlverfahren sollen eine Vorhersage der zukünftigen Arbeitsleistung eines neu einzustellenden Mitarbeiters ermöglichen. Ihre Validierung erfordert die Messung des Ziel-(Außen)Kriteriums, nämlich der realisierten Arbeitsleistung zu einem späteren Zeitpunkt. Deshalb ist die Validierung auf die Prognosevalidität, die vorliegt, wenn eine signifikante Korrelation zwischen einem Testergebnis und einem zeitlich später auftretenden Kriterium besteht, auszurichten.[221] Ein Beispiel für die Prognosevalidität ist die Übereinstimmung einer Leistungseinschätzung im Auswahlverfahren und der späteren Leistungsbeurteilung des Mitarbeiters.

Als Validitätskriterium ist somit der tatsächlich realisierte Arbeitserfolg des eingestellten Mitarbeiters entscheidend. Die Bestimmung der „realisierten Arbeitsleistung" erfolgt mithilfe eindimensionaler Globalkriterien („Composite Criteria"[222]) wie beispielsweise die erreichte Gehaltsstufe oder Hierarchieebene. Allerdings wirken zahlreiche Beeinflussungsvariablen auf die Entgelt- und Beförderungspolitik eines Unternehmens, weshalb die eindimensionale Messung des Arbeitserfolgs allenfalls begrenzt sinnvoll ist.

Rechtlicher Rahmen

Auf Bewerberselektion und Einstellungsinterviews treffen eine Reihe von gesetzlichen Vorschriften zu. Sie reichen von Vorschriften zum Erstellen von Auswahlrichtlinien bis hin zur Unzulässigkeit von „persönlichen" Fragen. Zentral für die Selektionsphase ist das Mitbestimmungsrecht des Betriebsrats (nach § 95 I BetrVG), sofern der Bewerber (nach § 5 BetrVG) unter dieses Gesetz fällt.

Der Betriebsrat muss den *Richtlinien* über die personelle Auswahl bei Einstellungen, Versetzungen, Umgruppierungen und Kündigungen zustimmen. Sollten sich der Betriebsrat und der Arbeitgeber nicht einigen, entscheidet eine Einigungsstelle. In Betrieben mit mehr als 500 Mitarbeitern kann der Betriebsrat die Aufstellung von Auswahlrichtlinien im Hinblick auf fachliche, persönliche und soziale Gesichtspunkte verlangen (§ 95 II BetrVG). Zudem hat der Betriebsrat hinsichtlich der Auswahlrichtlinien und deren Anwendung ein durchsetzbares Initiativrecht zur Aufrechterhaltung von Auswahlrichtlinien (§ 95 II BetrVG).

Mitbestimmung des Betriebsrats als Einflussmaßnahme

Neben der Mitbestimmung hinsichtlich der Auswahlkriterien unterliegen auch *personelle Einzelmaßnahmen* der Mitbestimmung des Betriebsrates. Nach § 99 BetrVG gilt, dass der Arbeitgeber in Unternehmen mit in der Regel mehr als 20 wahlberechtigten Arbeitnehmern den Betriebsrat vor jeder Einstellung, Eingruppierung, Umgruppierung und Versetzung zu unterrichten, ihm die erforderlichen Bewerbungsunterlagen vorzulegen und Auskunft über die Person der Beteiligten zu geben hat. Zudem muss der Betriebsrat über die Auswirkungen der geplanten Maßnahme informiert werden und seine Zustimmung dazu geben. Bei Einstellung muss der in Frage kommende Arbeitsplatz und die vorgesehene Eingruppierung mitgeteilt werden. Verweigert der Betriebsrat die Zustimmung, so muss er dies dem Arbeitgeber unter Angabe von Gründen innerhalb einer Woche nach Unterrichtung durch den Arbeitgeber schriftlich mitteilen. Erfolgt die Einhaltung dieser Frist nicht, so gilt die Zustimmung als erteilt.

Ablauf des Selektionsprozesses

Die Bewerberselektion beginnt mit der Erhebung des Anforderungsprofils der Stelle. Hier wird der Grundstein für den restlichen Verlauf des Personalauswahlprozesses gelegt: Denn ohne genau zu wissen, welcher Mitarbeiter (mit welchen Qualifikationen) gesucht wird, ist dieser auch nicht zu finden. Zudem müssen Vorauswahlkriterien festgelegt sowie die internen und externen Ausschreibungen geplant und durchgeführt werden. Alles dies basiert auf den vorher fixierten Anforderungskriterien. Nur so können die einzelnen Bewerbungen direkt miteinander verglichen und vor demselben Anforderungshintergrund beurteilt werden. Exakt ausformulierte Anforderungsprofile haben noch einen weiteren Vorteil: Sie verhindern bei trennscharfer Formulierung von vornherein Bewerbungen mit nicht passender Qualifikation.

Erstes klärendes Telefoninterview sollte keine Selektion darstellen

Nach dem Eingang der Bewerbungen erfolgt die Eingangsbestätigung. Diese sollte ein Datum enthalten, wann mit einer Antwort zu rechnen ist. Danach werden anhand der vorformulierten Kriterien die interessanten Bewerber aus der Gesamtanzahl der eingesandten Bewerbungen herausgefiltert. An dieser Stelle können zudem Telefoninterviews oder Interviews per Video-Konferenz (beispielsweise via Skype) dazu dienen, Unstimmigkeiten in den Bewerbungsunterlagen zu klären und erste Fragen zu beantworten.

Bei der Vorauswahl hilft die ABC-Analyse: Mithilfe dieses Analyseverfahren lässt sich die Bewerbermenge in die Klassen A, B und C einteilen, die nach absteigender Eignung geordnet sind. B und C Bewerber erfüllen nicht alle geforderten Kriterien und werden aussortiert. Dies bedeutet für das Unternehmen, an die C-Kandidaten Absagen zu verschicken. B-Kandidaten sind nicht für die ausgeschriebene Stelle geeignet, aber durchaus für das Unternehmen interessante Bewerber. Sie können in den Bewerberpool aufgenommen werden.

Die A-Kandidaten werden zu einem Auswahlverfahren eingeladen. Zur Auswahl können Interviews, Assessment Center oder psychologische Testverfahren herangezogen werden. Ist ein Bewerber für die zu besetzende Stelle geeignet, so erfolgt die Einstellungs- beziehungsweise Besetzungsentscheidung. Ist er nicht geeignet, erfolgt die Absage und eine eventuelle Aufnahme in den Bewerberpool (Abbildung 8.1).

Grundsätzlich gelten Überlegungen zur Selektion gleichermaßen für externe als auch für interne Bewerber, abgesehen von der bei einer internen Besetzung wegfallenden Probezeit.

Sind im Rahmen einer Bewerberselektion Kandidaten aus unterschiedlichen Ländern oder Kulturkreisen involviert – handelt es sich also um eine internationale Bewerberauswahl – müssen die einzusetzenden Selektionsverfahren dahingehend überprüft werden, ob diese nicht per se ungleiche Ausgangsbedingungen und damit Chancen für Bewerber bestimmter Herkunft provozieren. Hierzu gibt es jedoch zwei konträre Sichtweisen:

- Die eine Position geht *optimistisch-generalisierend* davon aus, dass es keine Unterschiede macht, aus welchem Land ein Bewerber kommt. Die Annahme ist, dass

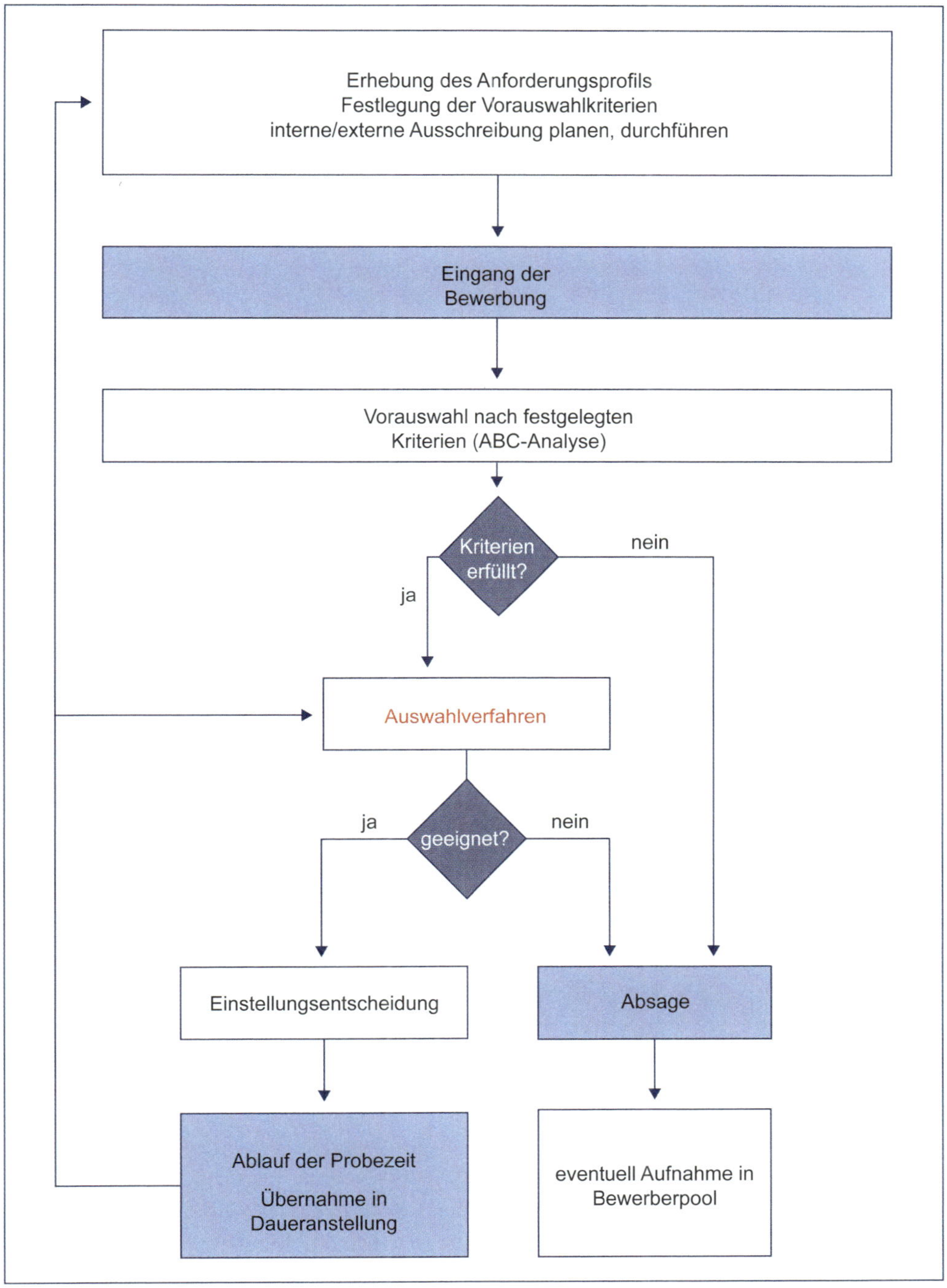

Abbildung 8.1: Überblick Selektionsprozess[223]

die Selektionsverfahren kulturinvariant sind, also beispielsweise eine Kandidatin aus Japan genauso auf eine Frage reagiert wie ein Amerikaner.

- Die andere Position argumentiert *kritisch-relativierend* und sieht Gefahren darin, dass bestimmte Testverfahren eher zu bestimmten Testpersonen passen als zu anderen. Danach ist ein Bewerber bei einer Gruppenübung, die auf „als Teamarbeit getarntes Durchsetzen" setzt, dann im Vorteil, wenn er dies bereits in seiner Landeskultur „gelernt" hat. Zudem sind grundsätzlich muttersprachliche Bewerber im Vorteil: Findet also die gesamte Auswahlprozedur in Englisch statt, so ist dies immer ein Vorteil für Bewerber aus England.

Auch wenn zu diesem Themenbereich umfangreiche empirische Studien offenbar fehlen, scheint die eher optimistisch-generalisierende (und möglicherweise unangebrachte) Denkhaltung in multinationalen Unternehmen zu dominieren: Man geht also davon aus, dass die Testverfahren zur Personalselektion kulturinvariant sind.

8.3 Auswerten schriftlicher Unterlagen

Das Auswerten von schriftlichen Unterlagen kann sehr zeitintensiv und mühevoll sein. Trotzdem legen Unternehmen mit einem professionellen Personalmanagement Wert darauf, schon in diesem Schritt sorgfältig vorzugehen, um den richtigen Mitarbeiter zu finden.

Bewerbungsunterlagen

Die Bewerbung findet heute fast ausschließlich digital statt. Selbst Initiativbewerbungen werden meistens über das Bewerbungssystem abgegeben. Für Unternehmen hat dies den Vorteil, den Bewertungsprozess systematisch und standardisiert durchführen zu können. In den USA werden 72 % der Bewerbungen nicht von einer menschlichen Person angeschaut[224]. Für Bewerber hat der Zwang zum Bewerbungssystem den Nachteil, die eigene Individualität nicht immer optimal zum Ausdruck bringen zu können. Vor allem die Generation Z präferiert die freie Wahl des Bewerbungswegs.

Zeugnisnoten sagen wenig, werden aber oft zur Selektion genutzt

Umstritten ist, ob Zeugnisnoten den späteren Berufserfolg vorhersagen. Trotzdem gelten sie als pragmatischer Indikator für die Anpassungsfähigkeit des Bewerbers. Die Examensnote wird in einer Befragung von 71 deutschen Unternehmen mit 49 Prozent als häufigstes Mindestkriterium zur Sichtung von Bewerbungsunterlagen genannt.

Wie extrem teilweise die Suche nach Mitarbeitern und die Anpassungsfähigkeit der Unternehmen an die Bedürfnislage ihrer Zielgruppe Z ist, zeigt die Deutsche Bahn: Zum einen verzichtet sie bei Auszubildenden – also bei der Generation Z – auf das Anschreiben, weil dies offenbar eine Einstiegshürde für Jugendliche darstellt und man seiner Validität als Auswahlkriterium wenig traut[225]; zum anderen organisiert sie für Quereinsteiger und diverse andere Gruppen Formate wie das Elektroniker-Casting, wo die Zusage noch am selben Tag erfolgt[226].

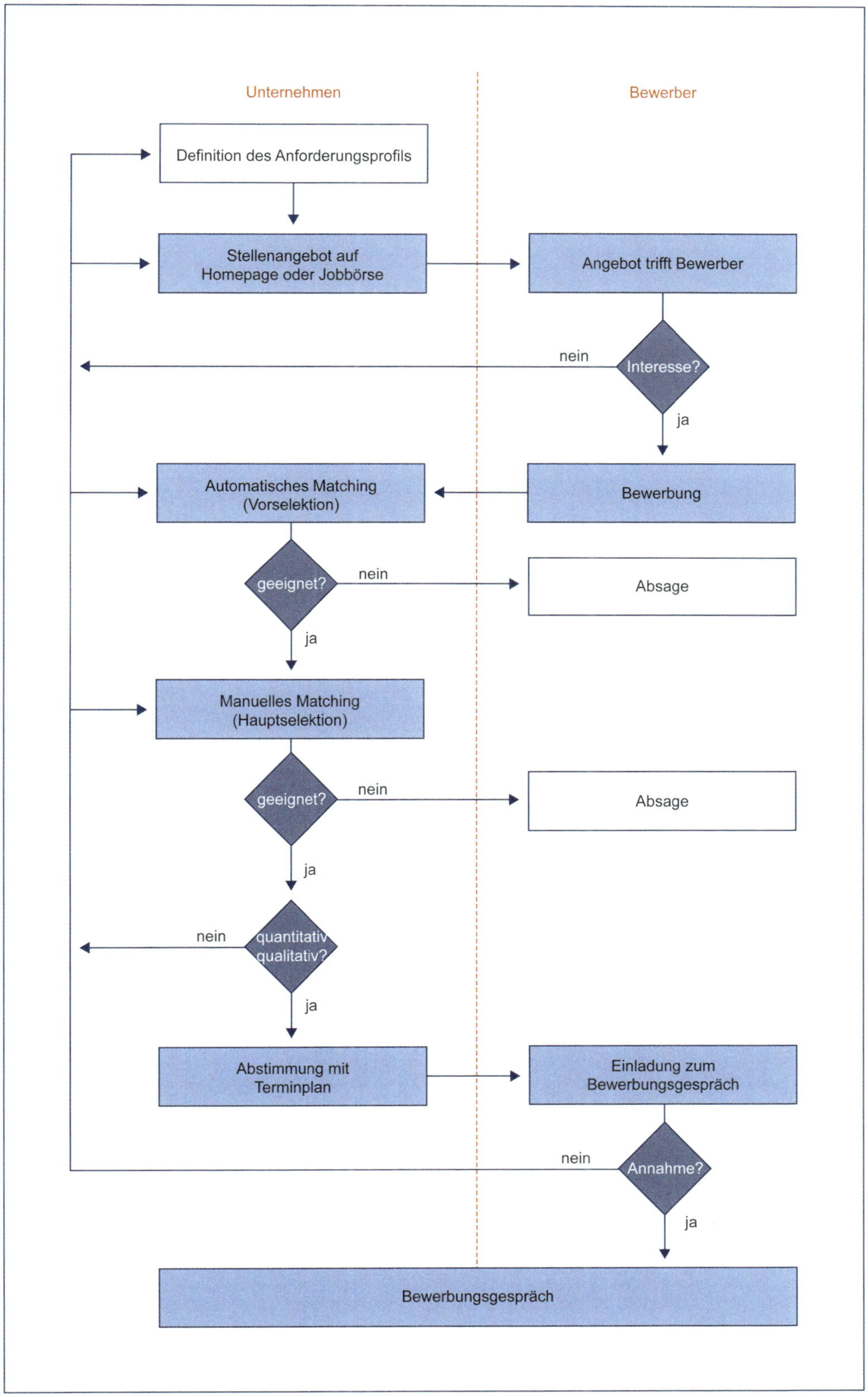

Abbildung 8.2:
Ablauf Online-Bewerbung

Übung 8.1 Bewertung von Bewerbungsunterlagen

Die Anzeige für die Stelle des Junior Managers mit Liebe zu Erdbeerkuchen, die Sie in dem Karrieremagazin „Der junge Aufsteiger" geschaltet haben, ist ein voller Erfolg! Sie haben eine große Anzahl von Bewerbungen erhalten. Wie jetzt aber die Spreu vom Weizen trennen? Zwar wissen Sie, dass es verschiedene Kriterien gibt, aber wie lauten die noch mal? Zur Übung holen Sie eine alte Bewerbung, die Sie selbst schon einmal verschickt haben, und überprüfen diese anhand der Kriterien.

Internetrecherche

Dass Internetnutzer Spuren hinterlassen, ist längst kein Geheimnis mehr. Einträge in Foren, aber auch die Mitgliedschaft in Online-Netzwerken lassen jeden Bewerber transparenter werden. Dies machen sich mittlerweile viele Personalverantwortliche zunutze.

Weitreichender als man denkt: das World Wide Web als unerschöpflicher Informant

Laut einer Studie des Bundesverbands Deutscher Unternehmensberater[227] nutzt fast jeder zweite Personalverantwortliche (46 Prozent)[228] das Internet, um Informationen über Bewerber zu sammeln. Und 15 Prozent der Personalverantwortlichen gaben an, dass sie aufgrund der Ergebnisse der Internetrecherche Bewerber nicht weiter berücksichtigt hätten.

Egal ob zulässig oder nicht: das Internet wird (verdeckt) immer mehr und immer cleverer genutzt

Wenn eine interessante Bewerbung auf dem Tisch liegt, wird im Netz nach dem entsprechenden Bewerber gesucht, Einträge in Foren gelesen, ins Netz gestellte Bilder angesehen und eventuell Gruppenmitgliedschaften überprüft.

© SONY

Vom Roboter eingestellt

Einige Konzerne testen bereits komplett elektronische Personalbeschaffungsverfahren. So hat Xerox für Mitarbeiter im Call-Center festgestellt, dass „treue" Mitarbeiter unter anderem in einem oder zwei sozialen Netzwerken tätig sind und in der Nähe der Arbeitsstelle wohnen. Die Bewerber müssen deshalb jetzt einen Online-Test absolvieren, in dem diese und andere gewünschten Eigenschaften abgefragt werden. Am Schluss entscheidet der Computer, ob der Kandidat eingestellt werden soll. Der Personaler braucht nur noch auf Okay zu klicken.

Immer mehr Firmen vertrauen dem Rechner. Big Data ist das Zauberwort: Man gräbt in wachsenden Datenbergen nach Erfolgsmustern und leitet daraus dann Profile für optimale Mitarbeiter ab.

Dies führt aber auch zu neuartigen Problemen. Algorithmen werden nach den besmöglichen Kandidaten suchen, können aber Fehler machen. Beispielsweise könnten sie „rassistisch" werden. Unternehmen im Silicon Valley scheinen eine Präferenz für weiße oder asiatische junge Männer zu haben. So werden asiatische Männer bei Beförderungen bevorzugt, asiatische Frauen signifikant seltener. Weiße Männer bekommen bis zu 72 % mehr Gehalt als der Durchschnitt im Silicon Valley[229]. Weiterhin scheint die Altersdiskriminierung im Silicon Valley schon mit 40 Jahren zu beginnen[230].

So kann es in einem Vorstellungsgespräch durchaus passieren, dass das Gespräch gezielt auf Informationen gelenkt wird, die der Personalmanager bei seiner Internetrecherche gefunden hat.

Die zunehmende Berücksichtigung von Informationen aus dem Internet und hier speziell aus Social Networks wirft Fragen nach der Zulässigkeit auf:

- Unbestreitbar zulässig dürfte das reine *Lesen* sein. Wenn jemand persönliche Hinweise auf Aktivitäten und Einstellungen ins Internet stellt, so darf sich sicherlich das rekrutierende Unternehmen diese Informationen anschauen.
- Wesentlich schwieriger ist die Beantwortung der Frage, ob man die Informationen *nutzen* darf. Wenn also eine Bewerberin einen Hinweis auf ihre Schwangerschaft gibt („Wir freuen uns auf …") oder wenn man bei einem Bewerber auf der last.fm-Seite Belege für ein „exzessives Freizeitverhalten" findet, wird es rechtlich kompliziert. Unabhängig von den rechtlichen Vorgaben werden Unternehmen aber diese Daten „im Hintergrund" nutzen – im Regelfall, ohne Mitarbeiter darüber zu informieren.

Andererseits gibt es Personen, die gerade über ihre Mitgliedschaft in großen Online-Netzwerken oder mit einem besonders aktiven „Networking" eine entsprechende Stelle gefunden, vielleicht sogar angeboten bekommen haben. Denn Personalmanager suchen im Internet nicht nur nach aktuellen Bewerbern, sondern sichten auch potenzielle neue Mitarbeiter. Sollte ein passendes Profil für eine gerade vakante Stelle dabei sein, so kann man denjenigen zu einer unverbindlichen Bewerbung ermutigen.

Für Studierende, Bewerber und Mitarbeiter bedeutet dies, sich genau darüber klar zu werden, wie und womit man sich im Internet positioniert.

Karriere-Tipp: sich selbst im Internet suchen

Obwohl Unternehmen nach § 4 Bundesdatenschutzgesetz (BDSG) für diese Erhebung von Social Media-Daten eine Einwilligung des Bewerbers benötigen, ist es so gut wie unmöglich, zu überprüfen, ob ein Personalverantwortlicher sich dieser Informationen bedient. Es ist zwar grundsätzlich nicht verboten, den Bewerber zu googeln, die Informationen dürfen aber keinen Einfluss auf den Bewerbungsprozess haben. Ob diese Differenzierung in der Realität überhaupt umsetzbar ist, muss bezweifelt werden. Erlaubt ist aber das Auswerten beruflicher Plattformen wie Xing und LinkedIn, da hier Daten mit dem Zweck des beruflichen Bezugs eingestellt wurden und die Mitglieder dieser Nutzung bei Registrierung eingewilligt haben. Und auch wenn teilweise anders argumentiert wird: Diese Öffnungsklausel nach § 26 Absatz 1 BDSG gilt nicht für eher privat orientierte Netzwerke.

Soziales Petzwerk

Eine Angestellte der Schweizer Versicherung Nationale Suisse verlor ihren Job, weil sie bei Facebook Kontakte gepflegt hatte, während sie krankgeschrieben war. Damals hatte die Angestellte sich wegen Migräne für einen Tag krankgemeldet und mitgeteilt, sie könne heute keinesfalls am Computer arbeiten. Wie die Schweizer Zeitung „20 Minuten" berichtet, sei sie eine Woche später zu ihrem Chef zitiert worden, der ihr fünf Minuten Zeit gegeben habe, um ihre Sachen zu packen und das Unternehmen zu verlassen. Seine Begründung: Eine Kollegin habe die Mitarbeiterin an ihrem Fehltag online bei Facebook gesichtet und beim Chef verpetzt. Und wer im Internet surfe, könne ja auch arbeiten.[231]

8.4 Führen von Auswahlgesprächen

Wurde die Hürde der Evaluierung der schriftlichen Unterlagen erfolgreich genommen, kommt es zu einem ersten Gespräch. Dabei kann bereits der erste (lockere) Kontakt am Telefon als ein erstes Auswahlgespräch dienen.

Telefoninterview

Telefonat folgt den Regeln des Bewerbungsgesprächs

Nicht zuletzt aus Kostengründen bietet es sich an, vor einem umfassenden Bewerbungsgespräch ein Telefoninterview[232] oder eines per Videokonferenz zu führen. Hierfür gilt: Das Gespräch muss dem Bewerber vorher durch einen Brief oder eine telefonische Terminvereinbarung angekündigt werden. Ebenso sollte die ungefähre Länge des Telefonats mitgeteilt werden (zum Beispiel circa 30 Minuten), damit sich der Bewerber darauf einstellen und Störungen während dieser Zeit vermeiden kann.

In diesem Telefongespräch können Kernkompetenzen geprüft und eventuelle Brüche oder Lücken im Lebenslauf geklärt werden. Zudem lassen sich am Telefon Fremdsprachenkenntnisse prüfen, indem die Sprache während des Gesprächs gewechselt wird. Das Telefongespräch zielt aber im Regelfall nicht darauf ab zu klären, ob der Bewerber ins Unternehmen passt.

Im Gegensatz zum Telefoninterview ist bei dem Videointerview auch die visuelle Komponente enthalten. Man sieht die andere Person und kann auf ihr Verhalten reagieren. Ähnlich wie in einem realen Gespräch ist also auch das Auftreten bewertbar.

Bewerbungsgespräch

Eine zentrale Informationsquelle für die Personalauswahl ist das Bewerbungsgespräch. Es liefert einen persönlichen Eindruck vom Bewerber und bietet die Möglichkeit, die vom Bewerber schriftlich gemachten Aussagen zu überprüfen und Differenzen zu klären.

Wie bei allen Interviews gibt es auch für ein Bewerbungsgespräch diverse Varianten:

- Beim *strukturierten Interview* sind die Fragen vor dem Interview festgelegt und werden allen Bewerbern mit gleichem Wortlaut sowie in gleicher Reihenfolge gestellt.
- Beim *halbstrukturierten Interview* kann der Interviewer anhand eines Leitfadens auf die besondere Situation des Bewerbers eingehen und den Bewerber individuell unterstützen.
- Beim *freien Interview* kann der Interviewer Fragen frei formulieren, auf beliebige Themen und die Antworten des Bewerbers spontan eingehen.
- Beim *Einzelinterview* (Einzelgespräch) sind nur Interviewer und Bewerber beteiligt; im Gegensatz dazu stehen *serielle Interviews* (mehrere Interviews in Folge), *Juryinterviews* (mehrere Interviewer) und *Gruppeninterview* (mehrere Bewerber).
- Beim *Stressinterview* versucht der Interviewer, den Bewerber unter Druck zu setzen, um dabei die psychische Beanspruchungsfähigkeit des Bewerbers zu testen und Widersprüche aufzudecken.

- Das *Tiefeninterview* dient dazu, ähnlich wie in der Psychoanalyse, die Persönlichkeitsstruktur des Bewerbers offen zu legen. Dabei sollen unbewusste Einstellungen, Werte oder Motive ans Tageslicht gebracht werden.

Strukturierte Interviews[233] haben eine deutlich höhere prognostische Validität als unstrukturierte Gespräche. Sie werden aber als Mittel der Personalauswahl kaum eingesetzt, weil sie vermeintlich zu wenig die Bedürfnisse des Interviewers berücksichtigen und ihre Autonomie einschränken. Zudem lässt sich relativ schlecht prüfen, ob der Bewerber zum Kollegenkreis und zum Unternehmen passt.

Stressinterview: definitiv nein!

Einen gesonderten Hinweis verdienen Stressinterviews, die manche Unternehmen für clever und chic halten. Hierzu gibt es eine klare Aussage: Stressinterviews sind höchst bedenklich. Zum einen kann ein provokantes Verhalten der Interviewer Bewerber zur Rücknahme ihrer Bewerbung veranlassen, zum anderen verschlechtert es das Arbeitgeberimage und die Unternehmenskultur. So zeigte eine Studie von *Michael Harris* und *Lawrence Fink*, dass Aggressivität bei studentischen Bewerbern zu einer Verringerung der empfundenen Attraktivität der Stelle führte.[234] Weiterhin sollte jedem Unternehmen bewusst sein, dass im Bewerbungsgespräch sich nicht nur der Bewerber präsentiert, sondern umgekehrt auch das Unternehmen. Nimmt man also die Idee des Personalmarketings ernst, so ist das Bewerbungsgespräch ein wichtiger Bestandteil der Unternehmenskommunikation und dementsprechend „positiv" zu gestalten.

Im Bewerbungsgespräch bewirbt sich auch das Unternehmen

Die gesamte Bewerberselektion, vor allem aber das Bewerbungsgespräch ist also zentraler Teil der Personalmarketingstrategie. Das Verhalten einem Bewerber gegenüber während des gesamten Bewerbungsprozesses gehört zum Personalmarketing. So kann es sich positiv auf das Unternehmensimage auswirken, wenn ohne große zeitliche Verzögerungen eine Eingangsbestätigung der Bewerbung, Rückmeldungen zur Bewerbung und eventuell sogar eine Terminvereinbarung zu einem Gespräch oder eine zeitnahe, aber freundliche Absage erfolgen.

Im Bewerbungsgespräch gibt es eine Vielzahl von Möglichkeiten, Gespräche zu steuern: Informationsfragen, Alternativfragen, Suggestivfragen, Erwartungsfragen, rhetorische Fragen, Gegenfragen, motivierende Fragen, Angriffsfragen, Provokationsfragen, Kontrollfragen sowie projektive Fragen. Damit stellt sich das Problem der Zulässigkeit von bestimmten Fragen. Grundsätzlich gilt:

Verbotene Fragen

- Es muss die *„Persönlichkeitssphäre des Bewerbers"* geschützt bleiben (Artikel 1 Absatz 1 GG, Artikel 2 Absatz 1 GG). Der Bewerber darf nicht zur Beantwortung von Fragen nach der seelischen Verfassung oder aus dem religiösen und familiären Bereich gezwungen werden; er dürfte in diesen Fällen sogar lügen.
- *Diskriminierende* Fragen nach verbüßten Haftstrafen, die in keinem Zusammenhang mit der betreffenden Stelle stehen, sind unzulässig.
- Weiterhin sind Fragen nach der *Schwangerschaft* einer Bewerberin unzulässig.

Früher stand die Rechtsprechung auf dem Standpunkt, dass die Frage nach der Schwangerschaft dann zulässig sei, wenn mutterschutzrechtliche Beschäftigungsverbote bestehen (zum Beispiel Anstellung in Nachtarbeit oder gesundheitsgefährdende Labortätigkeiten). Das Bundesarbeitsgericht hat aber entschieden[235], dass die Frage nach einer Schwangerschaft selbst dann unzulässig ist, wenn einer Beschäftigung der Frau von vornherein ein mutterschutzrechtliches Beschäftigungsverbot entgegensteht.

Um sich ein Bild von der Eignung eines Bewerbers zu schaffen, können in einem Interview unterschiedliche Ansatzpunkte[236] für Fragen herangezogen werden (Tabelle 8.2). Da vergangenes Verhalten als guter Prädikator für das zukünftige Verhalten gilt, können Fragen zu den beruflichen Wechseln gestellt werden. Dem gegenüber stehen zukunftsbezogene Fragen, die abfragen, wie sich ein Bewerber in einer gewissen Situation verhalten würde. Gleiches gilt für die Fragen nach tatsächlichem und hypothetischem Verhalten. Weiterhin können Fragen zu – durch Zeugnisse oder Dokumentationen – nachprüfbaren Aspekten genutzt werden. So können beispielsweise Schulnoten eine gute Prognose für zukünftige Leistungen (oder Anpassungsfähigkeit) sein. Im Gegensatz dazu stehen Aussagen des Bewerbers, die nicht verifizierbar sind und somit die Aussage des Befragten die einzige Quelle ist. In ähnlicher Form sollten zentrale Ereignisse angesprochen werden: Der Bewerber kann beispielsweise Stellung nehmen zu seinen vergangenen Kündigungen. Die damit verbundenen inneren Vorgänge, wie Gedanken oder Gefühle, sind allerdings nicht beobachtbar. Aktivitätsbezogene Fragen, wie die Frage nach dem Amt des Klassensprechers, geben Auskunft über die Leistungsorientierung des Bewerbers.

Tabelle 8.2: Ansatzpunkte im Interview[237]

Prinzip	Themenbeispiel
vergangenheitsbezogen (versus zukunftsbezogen)	Anzahl beruflicher Wechsel
tatsächliches Verhalten (versus hypothetisches Verhalten)	Vorgehen in erlebten Konfliktsituationen
nachprüfbar	Schulnoten
faktisch (versus interpretativ)	Anzahl der angestrebten Arbeitsstunden
äußere Ereignisse (versus innere Vorgänge)	Kündigung
aktivitätsbezogen	Klassensprecher
leistungsbezogen	erstes eigenes Einkommen
anforderungsbezogen	Führungserfahrung

Unproduktive Fragen

Ein gutes Bewerbungsgespräch liefert dem Interviewer für seine Entscheidung nützliche Informationen, sofern Fragefehler wie
- Negativfragen zu Beginn des Gesprächs,
- Mehrfachfragen und
- Fragen zum Selbstwertgefühl

vermieden werden.

Aus Bewerbersicht ist es ratsam, von sich aus auf Fakten wie etwa eine Schwerbehinderung hinzuweisen, wenn diese die vorgesehene Arbeitsleistung beeinträchtigen könnte. Natürlich muss auch der Interviewer auf Fragen des Bewerbers wie etwa zur Stelle, zum Unternehmen, zu persönlichen Entwicklungsmöglichkeiten oder zur Unternehmenskultur gefasst sein und sie beantworten können.

Als potenzieller Arbeitgeber sollte das Unternehmen dem eingeladenen Bewerber in vertretbarem Umfang die Kosten für Anfahrt, Verpflegung und eventuelle Übernachtung erstatten. Häufig schließen Unternehmen diese Verpflichtung jedoch bereits im Vorfeld im Einladungsschreiben aus. Der Bewerber muss die Kosten in diesem Fall selbst tragen.

Einstellungsgespräch als Ritual, das alle kennen sollten

Grundsätzlich hat sich ein „typischer" Verlauf von Einstellungsgesprächen herausgebildet (Tabelle 8.3). Danach steht am Anfang immer eine Kontaktphase („Haben Sie gut hergefunden?") und das Anbieten von Getränken (immer annehmen, müssen aber später nicht getrunken werden). Danach steht die Person des Bewerbers im Vordergrund, wenn nicht das Unternehmen den unmittelbaren Einstieg „Was wissen Sie schon von der ausgeschriebenen Position?" wählt.

Tabelle 8.3: Gesprächsphasen im Bewerbungsgespräch[238]

Phase	Inhalt
Eröffnung/Kontakt	Smalltalk (Wetter, Anreise) zur Entspannung des Bewerbers kurze Vorstellung von Unternehmen und Interviewer Übermittlung wertschätzender Grundhaltung Nennung von Ziel und Ablauf des Gesprächs
Vorstellung des Bewerbers	persönlicher Hintergrund (Ausbildung, Beruf, Werdegang, Erfahrung, Interessen)
Diagnosephase	offene Fragen aus Unterlagen und zur Selbstdarstellung (biografiebezogene Fragen, situative Fragen, offene Fragen) Fachfragen zu Verhaltensweisen, Einstellungen, Motiven (standardisierte und teilstandardisierte Fragen), W-Fragen (Wer? Wo? Was?) zu Situation-Aktion-Ergebnis
Vorstellung der Position	Aufgaben Verantwortungsrahmen hierarchische Einbindung Schnittstellen und Umfeld (Führungskräfte, Kollegen, Mitarbeiter)
Beantwortung der Fragen des Bewerbers	Fragen des Bewerbers Beantwortung der Fragen
Schlussphase	Zusammenfassung der Gesprächsergebnisse Details zu Kündigungsfrist Gehaltsvorstellung Fragen zum weiteren Vorgehen Kostenerstattung und Dankeschön für Vertrauen und Interesse

Übung 8.2 Erstellen eines Gesprächsleitfadens

Heute Nachmittag haben Sie Gespräche mit mehreren Bewerbern, die sich für die Stelle des Junior Managers bei der Strawberry Cake & Bakeries AG interessieren. Erstellen Sie eine Liste der Merkmale, die aus Ihrer Sicht besonders relevant sind, und überlegen Sie, durch welche Fragen Sie diese Merkmale im Gespräch abprüfen können.

8.5 Durchführen von Testverfahren

Führt das Unternehmen zur Bewerberselektion zusätzlich Auswahltests durch, finden diese in der Regel zeitnah zum eröffnenden Interview statt. Testverfahren dienen dazu, die Eigenschaften der Bewerber im Vorfeld einer Einstellungsentscheidung abzuschätzen und eine verfügbare Stelle „optimal" mit dem geeignetsten Bewerber zu besetzen.

Psychologische Testverfahren

Psychologische Testverfahren basieren auf psychologischen Kriterien als Instrument der Personalauswahl. Sie beziehen sich auf Persönlichkeitsmerkmale sowie auf Fähigkeiten und erfassen individuelle Verhaltensmerkmale, um daraus auf Eigenschaften oder Leistungen der betreffenden Personen zu schließen. In diesen Tests wird das Verhalten der Bewerber möglichst standardisiert erfasst und die Reaktionen bewertet. Im deutschsprachigen Raum existiert eine Vielzahl von psychologischen Tests, zu denen beispielsweise der Rorschach-Test zählt.

Rorschach-Test

Der Schweizer Psychiater *Hermann Rorschach*[239] (1884-1922) entwickelte einen Persönlichkeitstest, der Intelligenz, Einstellung gegenüber den Mitmenschen und Reaktionsverhalten erfassen soll. Der Test besteht aus mehreren Tafeln mit sinnfreien Tintenklecksen, die von der Versuchsperson frei gedeutet werden müssen.

Ein Psychologe wertet diese Deutungen nach vorgegebenen Richtlinien aus, wobei vor allem auf folgende Aspekte zu achten ist:

- Werden Ganz-, Halb- oder Detailfiguren erfasst? (*Erfassungsart*)
- Werden Schattierungen, Kontraste, Farben wahrgenommen? (*Erlebnisqualität*)
- Werden Tiere, Menschen, Pflanzen gesehen? *(Inhalt)*
- Sind die Antworten vulgär, angepasst, originell? *(Originalität)*

Bei Persönlichkeitstests wie dem Rorschach-Test gibt es keine „richtigen" oder „falschen" Antworten, sondern lediglich mehr oder weniger konsistent deutbare Aussagen.

Auf Einwilligungspflicht und Aufklärungspflicht achten!

Obwohl psychologische Testverfahren wie Persönlichkeitstests, Intelligenztests, Motivations- und Neigungstests und graphologische Gutachten rechtlich zulässig sind, bedarf es der Einwilligung des Bewerbers und der diesbezüglichen Aufklärung. Die Einwilligung darf nicht durch Täuschung oder rechtswidrige Drohung erzwungen werden. Wenn psychologische Tests im Verbund mit anderen Auswahlinstrumenten wie Assessment Centern eingesetzt werden, besteht ebenso Aufklärungspflicht über die benötigte Einwilligung des Bewerbers. Sensible personenbezogene Daten müssen in der Regel nach Abschluss des Auswahlverfahrens vernichtet werden.

Persönlichkeitstests erheben persönliche Merkmale des Bewerbers, die weitgehend zeitlich konstant sind. Der Bewerber versucht, während der Tests auf Reize zu reagieren; diese Reaktionen werden analysiert und daraus Rückschlüsse auf die Persönlichkeitsstruktur sowie auf die zugrunde liegenden Motive gezogen.

Fähigkeitstests

Fähigkeitstests verlangen eine klar vorgegebene Leistung, die dann entsprechend gemessen wird:

- Beim *Geschwindigkeitstest* sind in der vorgegebenen Zeit so viele Aufgaben wie möglich zu lösen, beim Niveautest möglichst viele Aufgaben mit zunehmender Schwierigkeit.
- *Allgemeine Fähigkeitstests* zielen auf Fähigkeiten wie Konzentration, Aufmerksamkeit, Willenskraft und Willenseinsatz.
- *Intelligenztests* ermitteln die intellektuelle Leistungsfähigkeit (Intelligenzquotient und Intelligenzstruktur), erlauben aber nur begrenzt Rückschlüsse auf die berufliche Eignung.
- *Spezielle Fähigkeitstests* zielen auf sensorische Fähigkeiten wie Sehschärfe, Farbwahrnehmung, Gehörsinn oder motorische Fähigkeiten wie Muskelkraft, Handgeschicklichkeit, Reaktionszeit.

Viele Tests sind zeit- und kostenintensiv, da sie nur individuell unter psychologisch geschulter Leitung durchgeführt werden können.

Situative Tests

Situative Tests, wie Plan- und Rollenspiele, konfrontieren die Bewerber mit realistischen Situationen aus dem Arbeitsleben und beobachten ihre Verhaltensweisen im künftigen Tätigkeitsfeld. Bei Gruppendiskussionen sollen mehrere Bewerber eine Aufgabe lösen, dadurch können sie direkt miteinander verglichen und ihre sozialen Verhaltensweisen beobachtet werden. Eine entscheidende Voraussetzung für den sinnvollen Einsatz von Testverfahren ist – wie bei der gesamten Personalselektion – die genaue Kenntnis der gewünschten Anforderungen.

Assessment Center

Eine besondere Form vom kombinierten Auswahlgespräch und Auswahltest ist das Assessment Center[240] als komplexes, standardisiertes Verfahren zur Ermittlung und Feststellung von Verhaltensleistungen. Dazu werden

- mehrere Kandidaten (meist acht bis zwölf),
- von mehreren geschulten Beobachtern (meist vier bis sechs Linienführungskräfte höherer Hierarchiestufen aber auch Psychologen oder externe Berater),
- in einer Vielzahl von Beurteilungssituationen,
- über einen längeren Zeitraum (meist zwei bis drei Tage),
- im Hinblick auf wichtige Zielkriterien des Managements,
- nach festgelegten Regeln

beurteilt. Der letztgenannte Punkt ist insofern wichtig, als gerade die Standardisierung von Inhalten, Ablauf und Bewertung helfen soll, spontane und subjektive Beurteilungsfehler auszuschließen.

Inzwischen gibt es für das Assessment Center eine (allerdings auch weitgehend) standardisierte Vielzahl von Methoden. Die wichtigsten davon sind:

- *In-Basket-Methode* („Postkorb"), bei der ein „zufällig" zusammengestellter Inhalt eines Posteingangskorbs sortiert und die daraus resultierenden Aktionen in eine Prioritätenfolge gebracht werden,
- führerlose *Gruppendiskussionen* mit oder ohne Rollenvorgabe,
- *Simulation von Interviews* als dialogorientierte Aufgabe, bei dem die Kandidaten wechselseitig unterschiedliche Gesprächsrollen einnehmen,
- Analysen von *Fallstudien*,
- *Präsentation* von Einzel- sowie Gruppenarbeit und
- *schriftliche Übungen* unterschiedlicher Art.

Besonders beliebt: Postkorb plus Gruppendiskussion

Jede dieser Aufgaben zielt auf spezifische Fähigkeitsmerkmale des Kandidaten und eignet sich so zur Überprüfung von bestimmten Anforderungsmerkmalen im Assessment Center (Tabelle 8.4). So lässt sich mithilfe eines Postkorbes die Planungs- und Organisationsfähigkeit eines Bewerbers testen. Für die Kommunikationsfähigkeit bieten sich dagegen Gruppendiskussionen an.

Nachteile sind vor allem der große Aufwand sowie die hohen Kosten. Daher wird ein Assessment Center in der Regel nur für Bewerber eingesetzt, die im Unternehmen eine zentrale Funktion übernehmen, wie beispielsweise Führungspositionen. Auch werden die im Assessment Center interessierenden interaktiven Prozesse in der Regel über einfache Einstufungsmethoden erhoben.

Feedback geben und Feedback nehmen!

Die in Assessment Centern erstellten Feedbacks sind für den Bewerber hinsichtlich zukünftiger Bewerbungen nützlich. Sie sind aber auch kritisch zu hinterfragen: Das Feedback hängt immer stark von den Beobachtern ab, zudem kann das, was für das eine Unternehmen positiv ist, im anderen Unternehmen nicht erwünscht sein.

Assessment Center sind nicht nur Bewährungsproben für den Bewerber, sondern auch für das Unternehmen: Denn der Bewerber kann sich überlegen, ob er in dieses Unternehmen passt und dort arbeiten möchte. Nicht zuletzt tragen deshalb Assessment Center in positiver wie negativer Hinsicht zur Imagebildung bei.

Tabelle 8.4: Assessment-Übungen und beobachtbare Merkmale[241]

Untersuchungsziel	**Untersuchungsverfahren**								
	Interview	Management-Spiel	Postkorb und Interview	Führerlose Gruppendiskussion (ohne Rollenvorgabe)	Führerlose Gruppendiskussion (mit Rollenvorgabe)	Daten sammeln und entscheiden	Analyse/Präsentation (falls Gruppendiskussion)	Interview-Simulation	schriftliche Übung
mündlicher Ausdruck	x	x	x	x	x	x	x	x	(x)
Problemanalyse	x	x	x	x	(x)	(x)	x	x	x
Energie/Tatkraft	(x)	x	(x)	x	x	x	x	x	
Sensibilität	x	x	(x)	x	x	x	x	(x)	
Beharrlichkeit	x	x		x	x	(x)	x	x	
Urteilsfähigkeit	x	x	(x)	x	(x)	(x)	x		x
planen/organisieren	x	x	(x)				x	x	x
Risikobereitschaft	x	(x)	x		x				
Initiative	x	x	x	x	x				
Unabhängigkeit	x	x		x	x	x			
Stresstoleranz		x		x	x	(x)	x		
zuhören können		x	x	x	(x)		x		
Kreativität	x		x	x					x
Flexibilität		x		(x)	x	(x)	x	(x)	
Entschlossenheit		x	(x)		(x)	(x)			
Führungsfähigkeit	x	(x)		(x)	(x)				
schriftlicher Ausdruck	x		(x)				(x)		(x)
mündliche Präsentation				(x)		x	(x)		
Arbeitsnormen	(x)								x
delegieren	x		(x)						
Interessenbereich	(x)								x
steuern/kontrollieren	x	(x)							
Karriereorientierung	(x)								
Motivation	(x)								

x starke diagnostische Qualität
(x) schwache diagnostische Qualität

In Zeiten der Digitalisierung werden Assessment Center zunehmend IT-gestützt durchgeführt. Solche „Virtual Assessment Center“ testen unter anderem anhand von Videospielelementen die Bewerber. Richtungsweisend war das Spiel „America's Army“ aus dem Jahre 2002. Die U.S. Armee hat das Spiel genutzt, um neue potenzielle Bewerber anzusprechen und sie gleichzeitig zu testen. Auch wenn sich hier ethische Fragen stellen, ist dieses Spiel das Vorbild für moderne Virtual Assessment Center.

Übung 8.3 Wahl des Auswahlverfahrens

Auch nach den Bewerbungsgesprächen haben Sie noch mehrere Favoriten. Sie überlegen sich, dass es gut wäre, diese auf ihre Fähigkeiten hin zu testen. So einfach ist die Sache allerdings nicht: Bestimmte Eigenschaften kann man nur mit bestimmten Verfahren prüfen. Eine Mitarbeiterin aus der Personalabteilung schlägt Ihnen vor, mit den Bewerbern zunächst eine Postkorbübung, dann eine Fallstudie und schließlich noch eine Kooperationsübung durchzuführen, um die Anforderungsmerkmale Überzeugungskraft, Kommunikationsfähigkeit und Intelligenz zu testen. Sie sind sich nicht ganz sicher, ob dies die richtigen Methoden sind, und überlegen, ob Ihnen eine bessere Kombination einfällt.

Basisrate und Selektionsrate

Bei der Bewerberselektion gibt es im Ergebnis zwei Varianten: Man kann den Bewerber
- ablehnen (weil man ihn für ungeeignet hält) oder
- akzeptieren (weil man ihn für geeignet hält).

Dies bedeutet aber nicht, dass die zugrunde liegenden Beurteilungen zutreffend sind.

Dazu müsste man die wahre Eignung kennen, wonach der Bewerber in Wirklichkeit
- objektiv geeignet oder
- objektiv ungeeignet

ist.

Fügt man diese 2x2-Kombinationen zusammen, so führt dies zu vier Varianten (Tabelle 8.5):

(A) Der *Bewerber ist geeignet*, das Unternehmen erkennt dies aber nicht und lehnt den *Bewerber als ungeeignet ab*. Dieses Fehlurteil ist unsichtbar, weil das Unternehmen nie erfahren wird, dass es einen Fehler („Fehler erster Art“) gemacht hat.
(B) Ein *geeigneter Bewerber wird richtigerweise akzeptiert*.
(C) Ein *ungeeigneter Bewerber wird richtigerweise abgelehnt*.
(D) Das *Unternehmen akzeptiert einen ungeeigneten Bewerber*, der sich aber bald als solcher herausstellt, wodurch das Unternehmen diesen Fehler („Fehler zweiter Art“) erkennt.

Professionelles Personalmanagement bedeutet daher, die beiden gegenläufigen Fehler erster und zweiter Art in der Summe zu minimieren.

Eignung	Entscheidung	
	Bewerber als ungeeignet abgelehnt	**Bewerber als geeignet akzeptiert**
Bewerber objektiv geeignet	fälschlich abgelehnter Bewerber „unsichtbares" Fehlurteil Fehler erster Art (A)	richtige Entscheidung, weil Bewerber zu recht akzeptiert (B)
Bewerber objektiv ungeeignet	richtige Entscheidung, weil Bewerber zu recht abgelehnt (C)	fälschlich akzeptierter Bewerber Fehlurteil/Fehlbesetzung Fehler zweiter Art (D)

Tabelle 8.5: Entscheidungslogik der Personalauswahl[242]

Basisrate als Qualität des Bewerberpools

Die Wahrscheinlichkeit, mit der man eine richtige oder eine falsche Bewerberselektions-Entscheidung trifft, hängt neben der bereits besprochenen Validität der Auswahlmethode auch von der Basisrate und Selektionsrate ab. Die *Basisrate* ist definiert als der Anteil einer nicht vorsortierten Bewerberpopulation, der a priori bei gegebenen Auswahlverfahren (und Anforderungen) als erfolgreich gilt. Die Basisrate spiegelt somit die Qualität des Bewerberpools[243] wider.

$$\text{Basisrate} = \frac{\text{objektiv geeignete Bewerber}}{\text{Gesamtzahl der Bewerber}}$$

Die Eignung eines Bewerbers wird durch die vorher festgelegten Anforderungen bestimmt. Hohe Anforderungen führen generell zu niedrigeren Basisraten, da weniger Bewerber existieren, die die Anforderungen erfüllen, niedrige Anforderungen hingegen zu hohen Basisraten. Bei einer Basisrate von 1 erfüllen alle Bewerber die gestellten Anforderungen. Bei einer extrem niedrigen Basisrate (die gegen 0 geht), hat das Unternehmen insofern ein Problem, als zur Personalselektion eine unrealistisch hohe Anzahl von (zusätzlichen) Bewerbern notwendig wäre, um den „Richtigen" zu finden.

Selektionsrate als Grad der Akzeptanz

Die *Selektionsrate* ist das Verhältnis der Anzahl einzustellender neuer Mitarbeiter zur Gesamtzahl der Bewerber.[244] Die Selektionsrate spiegelt somit den Grad der Akzeptanz von Bewerbern wider.

$$\text{Selektionsrate} = \frac{\text{akzeptierte Bewerber}}{\text{Gesamtzahl der Bewerber}}$$

Durch die Gegenüberstellung von Basisrate (Eignung oder Nichteignung) und Selektionsrate (Akzeptanz oder Ablehnung) kann der zu erwartende Erfolg der anstehenden Personalauswahl eingeschätzt werden.

Am einfachsten lässt sich der Zusammenhang zwischen Basisrate und Selektionsrate an einem Schaubild erklären (Abbildung 8.3). Dazu werden Basisrate und Selektionsrate als Linien über die übliche Verteilung von Bewerbern (blaue Fläche) gelegt.

Abbildung 8.3: Zusammenwirken von Basisrate und Selektionsrate im Hinblick auf die Auswahlentscheidung[245]

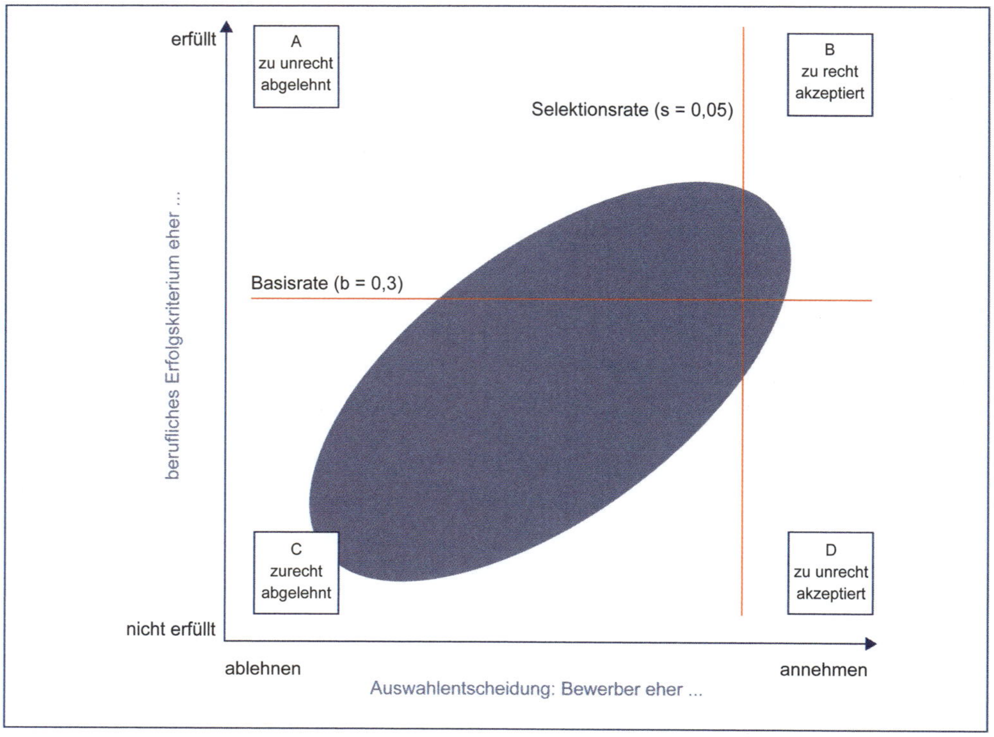

Welcher konkrete Bewerber sich wo innerhalb dieser Fläche befindet, weiß das Unternehmen nicht. Klar ist nur: Weiter oben innerhalb der Fläche werden die beruflichen Anforderungen eher erfüllt. Liegen hohe Anforderungen an die Bewerber vor (beispielsweise nur 300 der 1.000 Bewerber erfüllen die Anforderungen) ergibt sich eine niedrige Basisrate (hier b=0,3), da nur wenige Bewerber diese Anforderungen erfüllen. In unserem Beispiel befinden sich jetzt 30 % der Fläche über und 70 % unterhalb der Linie, es werden also 70 % der Fläche „abgeschnitten". Die 30 % über der Linie ist der Anteil der Bewerber, der grundsätzlich für die Position geeignet wäre.

Jetzt kann das Unternehmen über seine Auswahlentscheidung steuern, wie viele Bewerber es annehmen möchte. Bei niedrigen Selektionsraten befindet sich nur ein kleiner Teil der Fläche rechts von der vertikalen Linie. Stellt das Unternehmen beispielsweise 50 neue Mitarbeiter ein (Selektionsrate s=0,05) liegen 5 % der Fläche rechts und 95 % links von der vertikalen Linie.

Durch dieses Vorgehen teilt man die Fläche in die in Tabelle 8.5 beschriebenen vier Varianten auf. Im oben beschriebenen Fall werden sehr viele Bewerber zu recht abgelehnt (C) und einige zu unrecht abgelehnt (A). Unter den 50 akzeptierten Bewerbern befinden sich sowohl zu recht akzeptierte (B) als auch zu unrecht akzeptierte Bewerber (D).

Das unternehmerische Entscheidungskalkül erfordert eine Minimierung der Zahl der akzeptierten, jedoch ungeeigneten Bewerber. Hinsichtlich gesellschaftlicher Nutzenüberlegungen ist aber auch eine Minimierung der abgelehnten, gleichwohl geeigneten Bewerber zu fordern.

Ist man mit den (vermeintlich) entstehenden Fehlern der Auswahl unzufrieden – sind also die Fehler erster und/oder zweiter Art subjektiv zu hoch –, können aus der resultierenden Einteilung des Bewerberpools in die vier Felder konkrete Handlungsempfehlungen abgeleitet werden. Stellhebel sind die Basisrate und die Selektionsrate:

- Die Basisrate kann durch ein Überdenken und gegebenenfalls Variieren der Anforderungen verändert werden, wodurch sich die Einstufung in geeignete oder ungeeignete Bewerber verändert. Kommt man zu dem Ergebnis, dass man zu hohe, zu niedrige oder falsche Anforderungen für die Stelle zugrunde gelegt hat, und passt diese entsprechend an, ändert sich die Basisrate, was zu einer neuen Aufteilung der Punktwolke führt.
- Auf die Selektionsrate kann durch eine Veränderung der Anzahl der Bewerber (beispielsweise durch zeitliche Verlängerung der Ausschreibung der Stelle oder durch breitere Streuung der Stellenausschreibung) Einfluss genommen werden. Zudem kann die Entscheidung über die angestrebte Zahl der Einstellungen überdacht werden. So können bewusst mehr Bewerber akzeptiert werden. Dies ist sinnvoll, wenn sonst zu viele gute Bewerber abgelehnt würden. Umgekehrt kann man sich bewusst dazu entscheiden, weniger Bewerber als geplant zu akzeptieren, wenn also die Gefahr zu vieler zu unrecht eingestellter Bewerber besteht.

Alle Veränderungen können dazu genutzt werden, die Qualität der Auswahlentscheidung zu verbessern, indem sich Fehler erster und zweiter Art verringern lassen und sich die Zahl der zu recht akzeptierten Bewerber erhöht.

Erfolg der Personalauswahl

Übung 8.4

Sie haben sich für eine Bewerberin auf die Stelle der Junior Managerin in Ihrem Erdbeerkuchenkonzern entschieden. Im Vorfeld haben Sie fünf der 25 Bewerber/innen als eventuell erfolgreich eingestuft. Nun fragen Sie sich, ob die Art der Personalauswahl erfolgreich war, und berechnen Basisrate und Selektionsrate. Sie merken, dass Sie aus diesen beiden Zahlen alleine noch nicht schlauer werden. Daher nehmen Sie das Buch „Grundzüge des Personalmanagements" aus dem Regal und zeichnen Basis- und Selektionsrate in das Schaubild ein. Nun lichtet sich der Nebel und Sie merken, ob das Auswahlverfahren so gut ist wie Ihr Erdbeerkuchen und Sie überlegen, ob Sie etwas hätten anders machen können.

8.6 Automatisierte Testverfahren

Assessment Center sind teuer und benötigen viel Zeit. Die psychologischen Verfahren sind ebenfalls kostenintensiv und auch umfangreiche Bewerbungsgespräche verursachen entsprechenden Aufwand. Deshalb werben aktuell eine Vielzahl an Produkten damit, die Selektion vollautomatisch durchzuführen und am Ende den besten Kandidaten präsentieren zu können. Oder zumindest erscheint es so, dass der beste Kandidat ausgewählt wurde. Eine Vollautomatisierung des Prozesses bedeutet, dass wie in einer Black Box durch Magie irgendwie dieser eine Kandidat herausgefiltert wird. Woher weiß der Personalverantwortliche aber, dass dies in der Tat der beste Kandidat ist? Ist es so, weil der Algorithmus dies behauptet? Selbst wenn die Angaben des Personalverantwortlichen perfekt wären, kann man nicht davon aus-

Algorithmen sind nicht vorurteilsfrei

„Nur weil man beim maschinellen Lernen einen Algorithmus nutzt, um eine Vorhersage zu machen, heißt das noch lange nicht, dass man eine vorurteilsfreie Vorhersage bekommt. In einen Algorithmus fließen viele Annahmen ein, und die Vorhersage hängt auch davon ab, welche Worte und Bilder ich in den Algorithmus einspeise."[246]

Alexander Todorov (Professor für Psychologie)

gehen, dass der automatische Prozess auch den besten Kandidaten selektiert. Zudem ist am Schluss nicht der Algorithmus für die Entscheidung verantwortlich, sondern der Personalverantwortliche.

Predictive Policing vorauseilender „Big Brother"

Ein Algorithmus arbeitet mit Profilen und kategorisiert Menschen. Wenn der Algorithmus hier eigenständig und unbeobachtet lernt, kommt es zu Kategorien, die als diskriminierend angesehen werden können, sei es die Rasse oder das Geschlecht. Für einen Algorithmus ist es nur eine weitere Kategorie, die mit anderen Zahlen korreliert. Dass dies über die Zeit auch zu gravierenden Effekten führen kann, erkennt man bei „Predictive Policing", einer Methode, in der ein Algorithmus die Polizei unterstützt und an Orte schickt, an denen es mit hoher Wahrscheinlichkeit zu einem Verbrechen kommen könnte. Wenn jedoch eine Diskriminierung stattfindet, dann verstärkt sich der Effekt über die Zeit, da das System von den „Fehlern" lernt und gar keine Kontrolle existiert[247]. Ähnlich wie bei der Personalselektion kann man nicht überprüfen, ob ein anderer Kandidat eventuell besser arbeiten würde.

Aktuell wird Personalselektion auch im Bewerbungsgespräch durch einen Chatbot durchgeführt[248]. Der Chatbot soll dabei helfen, die Flut an Bewerbern zu meistern und die administrativen Tätigkeiten zu minimieren[249]. Fraglich ist jedoch, welche Aufgabe der Personalverantwortliche schließlich noch haben wird, wenn selbst das Bewerbungsgespräch automatisiert und ihm am Ende eine kurze Liste von „qualifizierten" Bewerbern zugestellt wird.

Automation Bias = blindes Vertrauen in Technologie

Bei der Nutzung von automatisierten Testverfahren findet ein psychologischer Prozess im Menschen statt, der als Automation Bias[250] bezeichnet wird: Irrationalerweise vertraut der Mensch generell einer Maschine mehr als anderen Menschen, da eine Maschine als neutral und somit objektiv angesehen wird. Das geht so weit, dass man einer Maschine vertraut, obwohl diese gegenläufige und fehlerhafte Entscheidungen trifft[251], selbst wenn die Technologie so komplex ist, dass man Entscheidungen gar nicht mehr nachvollziehen kann und sie scheinbar magisch entstehen. Automation Bias gepaart mit Nichtwissen führt zu einer Situation, in der der Mensch fast blind der Maschine vertraut – was gefährlich ist, wenn man bedenkt, dass die zugrunde liegenden Daten unvollständig, subjektiv und im Endeffekt manipulierend sowie beeinflussend sind[252]. Automatische Prozesse mögen zwar eine Flut von Daten bewältigen, aber ihre Ergebnisse sind nicht objektiver oder valider.

Anbieter derartiger Systeme geben eine Vielzahl von Versprechen ab, die nur schwer zu glauben sind. Ob man mit diesen Informationen zu akzeptablen Ergebnissen kommt, hängt von vielen Faktoren ab: beispielsweise davon, wo und wie die Vergleichsdaten erhoben und welche Personen als High Potentials klassifiziert werden. Zwingend ist daher immer der Blick auf die Belege zur Validität des Verfahrens und dazu, wie diese Studien zustande kamen. So wird zum Beispiel bei einer Sprachanalyse damit gearbeitet, dass High-Performer 40 % häufiger mit der ersten Person (z. B. Ich, Wir) antworten als Low-Performer[253].

Gesunden Menschenverstand und Validitätsstudien einsetzen!

Sprachanalyse ist nicht reliabel

„Die physikalischen Eigenschaften der Sprache variieren mit den Inhalten, über die gesprochen wird. Insofern ist es nicht unerheblich, welche Fragen gestellt werden und ob zum Beispiel den Probanden in der Referenzstichprobe dieselben Fragen gestellt wurden. Offenbar variieren die Fragen aber von Bewerber zu Bewerber (= mangelnde Durchführungsobjektivität). Bewerber, die kurze Antworten geben, erhalten zusätzliche Fragen, damit man auf eine Mindestredezeit kommt.

Die physikalischen Eigenschaften der Sprache variieren mit den aktuellen Emotionen des Sprechers. Für viele Bewerber dürfte das Interview eine Situation der Anspannung sein, die zu einem nicht-repräsentativen Spracheindruck führt (= mangelnde Reliabilität)."[254]

Prof. Dr. Uwe Peter Kanning (Professor für Wirtschaftspsychologie an der Hochschule Osnabrück)

Eine Automatisierung der Personalselektion ist problematisch und führt nicht zwangsläufig zu besseren Mitarbeitern. Die Digitalisierung kann zwar mehr potenzielle Kandidaten ansprechen. Wenn aber die Selektion von einem System durchgeführt wird, das niemand versteht, dann bringt dies nichts. Wenn Personen auf Basis von Elementen, die nachweislich fehlerhaft sind, aussortiert werden, kommt es zu

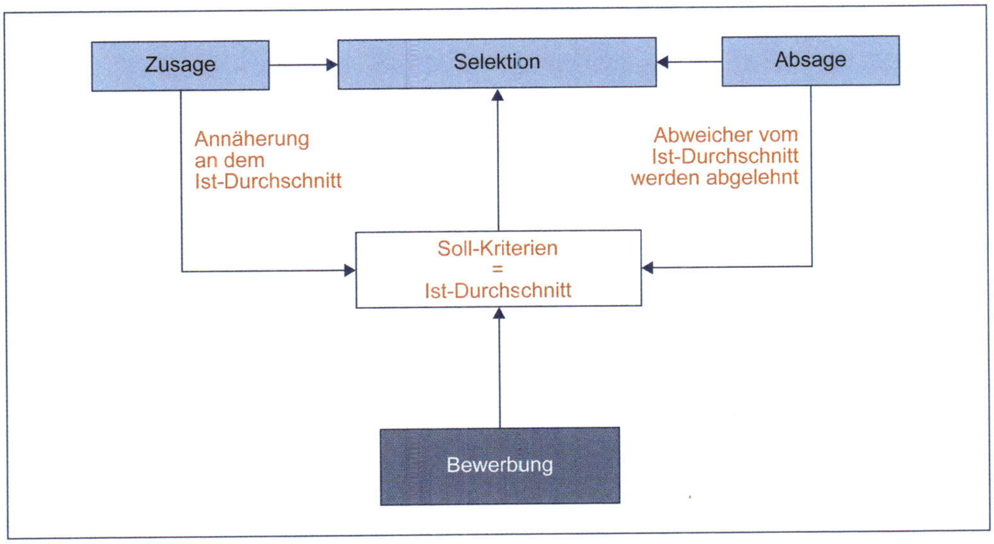

Abbildung 8.4: Standardisierungsproblematik in der Personalselektion

Psychologische Taschenspieltricks werden oft nicht hinterfragt

„Es ist immer wieder schockierend, wie Unternehmen und Personalmanager auf angebliche Experten, Top-Speaker und Berater hereinfallen und auf der Suche nach einfachen Lösungen selbst den abstrusesten Unsinn glauben. Ein paar Tricks aus der Kiste der Massenpsychologie, ein aufgeblasener oder gefälschter Lebenslauf, angebliche wissenschaftliche Belege, beeindruckende (aber oft falsche) Referenzen und Medienberichte, in denen die vermeintlichen "Experten" völlig kritiklos abgefeiert werden – und schon liegen selbst erfahrene Personalmanager auch den größten Scharlatanen völlig kritiklos zu Füßen."

Bärbel Schwertfeger (Diplom-Psychologin und Journalistin)

fatalen Ergebnissen. Diese Problematik durch eine Standardisierung erkennt man in der Abbildung 8.4. Hier werden die Personen auf Basis des Ist-Durchschnitts ausgewählt und die Auswahl führt zu einem noch strengeren Ist-Durchschnitt.

Digitalisierung: Ja, aber durchdacht!

Sicherlich können automatisierte Verfahren zu einer ersten ganz groben Vorselektion beitragen – ohne sie zu ersetzen. Wenn alle Unternehmen dieselben Daten und dieselben Algorithmen verwenden, werden alle dieselben Kandidaten suchen. Es entsteht also eine massive Homogenisierung auf dem Bewerbermarkt. Wenn die Algorithmen darüber hinaus noch diskriminieren und die Unternehmen dies nicht mitkriegen, können diese rechtlich belangt werden.

8.7 Beendigung des Auswahlprozesses

Achtung: Einspruchsmöglichkeit wegen Diskriminierung

Eine Rückmeldung aus dem Selektionsprozess an den Bewerber, vor allem im Falle einer Absage, ist heute eine diffizile Angelegenheit. Da das Allgemeine Gleichbehandlungsgesetz jegliche Diskriminierung verbietet, muss bei den Gründen für die Ablehnung einer Bewerbung sehr genau und korrekt argumentiert werden. Häufig geben die Unternehmen deshalb externen Bewerbern weder schriftlich noch telefonisch Auskunft, warum eine Bewerbung nicht erfolgreich war, um einer späteren Klage wegen Diskriminierung zu entgehen.

Keine Gründe gibt es dagegen für das Unternehmen, auf eine Controllingphase zu verzichten. Hierfür gibt es drei Ansatzpunkte:

(1) Das *prozedurale* Controlling prüft, ob die vorgesehenen Maßnahmen im geplanten Umfang und zum festgelegten Zeitpunkt stattfanden.
(2) Das *quantitative* Controlling prüft, ob die gewünschte Anzahl von Bewerbern eingestellt wurde. Es kann bei negativen Ergebnissen zu einer anderen Abgrenzung des Arbeitsmarktes, anderen Beschaffungsstrategien und/oder früheren oder späteren Startpunkten für die Personalbeschaffung führen.
(3) Das *qualitative* Personalcontrolling analysiert die Treffsicherheit des Auswahlprozesses und reicht bis hin zur Evaluation der Sinnhaftigkeit von verwendeten Anforderungsprofilen.

Zumindest das quantitative und in Grenzen auch das prozedurale Personalcontrolling lassen sich für die Personalselektion automatisieren und deshalb routinemäßig in die HR-Prozesse einbauen.

Auch wenn Bewerber nicht ausgewählt wurden, könnten sie in der Zukunft interessant sein. Deshalb ist es sinnvoll, die Bewerber in einen Bewerberpool aufzunehmen und den Kontakt aufrechtzuerhalten. Nach dem Bundesdatenschutzgesetz muss der Bewerber explizit dem Verbleib in einem Bewerberpool zustimmen. Problematisch ist jedoch der Wunsch nach einem Feedback durch die abgelehnte Person. Dies sollte unter allen Umständen vermieden werden, da ansonsten ein Grund genannt werden könnte, gegen den die Person rechtlich vorgehen könnte (beispielsweise Diskriminierung).

8.8 Ausblick

Der Nutzungsgrad des Internets zur Rekrutierung und (Vor-)Selektion von zukünftigen Mitarbeitern ist in der jüngeren Vergangenheit überproportional gestiegen. Gut sieben Millionen Deutsche haben sich bereits per Internet beworben und 94 Prozent der Unternehmen schreiben offene Stellen im Internet aus.[255]

Angesichts des Vordringens automatischer Internetbewerbungen, bei denen Kandidaten sich über adaptive Standardlebensläufe auf Knopfdruck bei hunderten Unternehmen bewerben können, sind für die Zukunft hinsichtlich der Personalselektion zwei Entwicklungen zu erwarten:

(1) Zum einen wird die Personalselektion *erfolgskritischer*, weil früher zumindest durch den Aufwand der Bewerbung auf Seiten des Bewerbers eine Selbstselektion stattfand. Jetzt bewirbt sich bald – als Extremszenario – Jeder auf jede Stelle, erst Recht bei ungünstiger Konjunktur und hoher Arbeitslosigkeit. Die Gefahr von Selektionsfehlern dürfte dabei steigen.

(2) Zum anderen wird die Personalselektion zunehmend *automatisiert* und auf *webbasierten* Systemen ablaufen.

Gleichzeitig entstehen Möglichkeiten zum „Screening“ der Bewerber, aber auch des Unternehmens im Internet.

Es ist für viele Unternehmen verlockend, die Personalauswahl zu automatisieren und Algorithmen selektieren zu lassen. Gerade die vielen Angebote auf dem Markt suggerieren eine effektivere und effizientere Selektion von Bewerbern. Doch gleichzeitig ähnelt die Personalauswahl einer Black Box. Bewerber bewerben sich, werden selektiert und am Ende hat das Unternehmen eine Liste mit fünf Namen. Wenn jedoch nicht nachvollziehbar ist, wie selektiert wird, dann könnten die Hidden Talents übersehen werden oder eine Diskriminierung stattgefunden haben. Man muss sich nur einmal die Frage stellen, ob Uni-Abbrecher wie Bill Gates, Steve Jobs oder Mark Zuckerberg an diesen Algorithmen vorbeigekommen wären.

Wie man am besten Bewerber selektiert und Mitarbeiter gewinnt

„Je mehr Wert man auf die Qualität der Personalaufnahme legt, desto mehr erspart man sich in Folge an so genannten „Reparaturmaßnahmen", Schulungen, Coachings und anderen HR-Maßnahmen, die letztlich manchmal nur dazu dienen, Fehler und Auslassungen im Zuge der Personalselektion im Nachhinein wieder gut zu machen."

Dr. Georg Horacek (ehemaliger Senior Vice President Human Resources, OMV AG)

Aufgaben und Fragen zur Selbstüberprüfung

1. Nennen und erklären Sie die drei Testgütekriterien!
2. Durch welche Fragen lässt sich die Leistungsorientierung des Bewerbers im Bewerbungsgespräch bestimmen?
3. Welche Formen von Tests gibt es, die bei der Personalselektion zum Einsatz kommen könnten beziehungsweise kommen sollten?
4. Was ist die zentrale Voraussetzung für den sinnvollen Einsatz von Testverfahren?
5. Erklären Sie, ob ein Unternehmen die Basisrate beeinflussen kann! Gehen Sie dabei auf mögliche Wirkungsrichtungen ein!
6. Erläutern Sie den Unterschied zwischen dem prozedualen Controlling und anderen Controllingformen bei der Personalauswahl!
7. Erläutern Sie, wie Sie den Auswahlprozess beenden! Worauf ist zu achten? Welche Maßnahmen können Sie ergreifen und welche sollten Sie vermeiden?

Endnoten

216 *Staufenbiel/Kienbaum* 2017.

217 *CHRIS/Monster* 2015.

218 *Meister, Gabriele,* Wozu gibt es eigentlich Assessment-Center?, 29.1.2018, online unter: http://www.zeit.de/campus/2018/s1/bewerbungsgespraech-assessment-center-tipps, abgerufen am 25.5.2018.

219 vgl. *Musolesi* 1996, 42–43.

220 *Schuler/Höft* 2001, 105.

221 vgl. *Ghiselli/Campbell/Zedeck* 1981, 270–271.

222 *Blum/Naylor* 1968, 184–187.

223 in Anlehnung an *Wickel-Kirsch/Janusch/Knorr* 2008, 48.

224 *Accesswire,* 72 % of Resumes are Never Seen by Employers, 16.02.2016, online unter: https://www.accesswire.com/436847/72-of-Resumes-are-Never-Seen-by-Employers, abgerufen am 25.5.2018.

225 *Kaufmann, Matthias,* Schluss mit dem Bewerber-Blabla, 25.06.2018, online unter: http://www.spiegel.de/karriere/bewerbung-ohne-anschreiben-warum-das-sinnvoll-ist-a-1214829.html, abgerufen am 02.07.2018.

226 *Spiegel Online,* Zusage noch am selben Tag, 04.06.2018, online unter: http://www.spiegel.de/karriere/a-1211168.html, abgerufen am 02.07.2018.

227 *Hohensee/Mai* 2006.

228 *Bitkom,* Jedes zweite Unternehmen überprüft Bewerber in Sozialen Netzwerken, 02.06.2015, online unter: https://www.bitkom.org/Presse/Presseinformation/Jedes-zweite-Unternehmen-ueberprueft-Bewerber-in-Sozialen-Netzwerken.html, abgerufen am 18.06.2018.

229 *Tiku, Nitasha,* Why Tech Leadership has a Bigger Race than Gender Problem, 10.03.2017, online unter: https://www.wired.com/story/tech-leadership-race-problem, abgerufen am 25.05.2018.

230 *Perry, Tekla S.*, Does Age Discrimination in Tech Start at 40, 20.10.2017, online unter: https://spectrum.ieee.org/view-from-the-valley/at-work/tech-careers/does-age-discrimination-in-tech-start-at-40, abgerufen am 25.05.2018.

231 *Leurs* 2009.

232 vgl. *Rohrschneider* 2001, 162.

233 vgl. *Weuster* 2004, 189–193.

234 vgl. *Harris/Fink* 1987.

235 vgl. *BAG*, Urteil vom 15.10.2009, 2 AZ 227/92 (Düsseldorf).

236 *Schuler* 1996, 95.

237 *Schuler* 1996, 95.

238 vgl. *Wickel-Kirsch/Janusch/Knorr* 2008, 54.

239 vgl. *Rorschach/Morgenthaler* 1992.

240 vgl. *Sarges* 1996.

241 vgl. *Byham* 1975; *Jeserich* 1981, 123.

242 Weuster 2004, 1; *Schuler/Höft* 2004, 289–343.

243 vgl. *Milkovich/Glueck* 1985, 306.

244 vgl. *Milkovich/Glueck* 1985, 284–286.

245 *Cascio* 1998, 213.

246 *Todorov* 2017, 174–179.

247 *Reynolds, Matt*, Biased Policing Is Made Worse By Errors in Pre-Crime Algorithms, 4.10.2017, updated 25.04.2018, online unter: https://www.newscientist.com/article/mg23631464-300-biased-policing-is-made-worse-by-errors-in-precrime-algorithms/, abgerufen am 24.05.2018.

248 *Kreuzmann, Lisa*, Vorstellungsgespräch bei einem Bot, 17.01.2018, online unter: https://www.zeit.de/2018/04/chatbot-vorstellungsgespraech-jobvermittlung-personalarbeit/komplettansicht, abgerufen am 24.05.2018.

249 *Prior, Ryan*, Your Next Job Interview Could Be with a Recruiter Bot, 16.05.2017, online unter: http://money.cnn.com/2017/05/16/technology/ai-recruiter-mya-systems/index.html, abgerufen am 24.05.2018.

250 *Mosier/Skitka/Heers/Burdick* 1998, 47–63.

251 *Cummings* 2004.

252 *Scholz, T.* 2017.

253 *Murphy, Mark*, These 3 Speech Patterns Will Immediately Reveal If a Candidate Is a Star or aLow Performer, 12.01.2017, in: https://business.linkedin.com/talent-solutions/blog/recruiting-tips/2017/these-3-speech-patterns-will-reveal-if-a-candidate-is-a-star-or-low-performer-immediately, abgerufen am 20.03.2018.

254 *Kanning* 2017, 21–26.

255 *Bitkom (Bundesverband Informationswirtschaft, Telekommunikation und neue Medien e.V.)*, Online-Bewerbungen liegen im Trend, Pressemitteilung vom 20.04.2009, online unter: http://www.bitkom.org/de/presse/8477–58860.aspx, abgerufen am 13.05.2009.

Integration: Wie realisiert sich eine erfolgreiche Gesamtbelegschaft?

9

Inhalt

Fakten

Die Anzahl der ausländischen Bevölkerung in Deutschland betrug 10,6 Millionen in 2017.[256]

In 22 von 30-Dax-Unternehmen gibt es einen zentralen Ansprechpartner für Diversity Management.[257]

Das Geschlecht ist in Deutschland (und auch in allen übrigen Ländern) die wichtigste Unterschiedlichkeitsdimension bei Diversity-Konzepten, gefolgt von Alter und Behinderung.[258]

Lernziele

- Sie erfahren, was sich hinter Diversity verbirgt.
- Sie erleben, wie vielfältig die Arbeitswelt von heute ist.
- Sie wissen, wie Integration umgesetzt werden kann.
- Sie verstehen, wie Mehrwert durch Diversity entsteht.
- Sie lernen, wie sich Diversity im Unternehmensalltag einsetzen und gestalten lässt.

9.1 Überblick

Im Unternehmen gibt es immer ein Nebeneinander von „Wir“ und „Ich“. Die Mitarbeiter sollen sich als eine Einheit verstehen, die dabei alle Mitarbeiter einschließt („Wir“). Es soll aber jeder Mitarbeiter auch den Freiraum haben, er selbst zu sein. Er soll also von allen als Individuum wahrgenommen und akzeptiert werden („Ich“).

Integration: Überbrückung des Spannungsverhältnisses zwischen Gleichheit und Vielfalt

- „Wir“ bezieht sich im Zusammenhang mit Integration auf das Bestreben, ein gewisses Maß an *Gleichheit* zu schaffen. Um einem neuen Mitarbeiter diese Anpassung zu erleichtern, organisieren deshalb manche Unternehmen systematische Integrationsprozesse: Diese sollen eine möglichst harmonische Eingliederung erleichtern.
- „Ich“ bezieht sich auf das Zulassen von *Vielfalt* und *Diversity*. Hier geht es um das Nebeneinander von Unterschiedlichkeit. Gemeint sind Ausländer, Frauen, Ältere und diverse andere Gruppen, deren Zugehörigkeit nicht so offensichtlich ist – oder auch sein soll – wie zum Beispiel die Religion.

Wichtig ist schließlich auch die Mischung aus beiden Aspekten, um die Chancen zu nutzen, die sich aus einer abgestimmten Vielfalt ergeben.

Ein Teilaspekt der Integration ist daher das Schaffen von Gleichheit und der dazu benötigten Instrumente (Abschnitt 9.2), ein anderer die Auseinandersetzung mit den Chancen, die sich durch Vielfalt ergeben, und wie man mit der Diversity umgeht (Abschnitt 9.3). Schließlich wird die Integration in Zeiten der Digitalisierung betrachtet (Abschnitt 9.4).

9.2 Integration als Einführung in das neue Arbeitsumfeld

Akkulturation (Zustand): Grad der Anpassung von Mitarbeitern an Kulturen

Akkulturation (Prozess): Vorgang der Anpassung

Das Unternehmen entscheidet sich dann für einen Bewerber, wenn dessen Fähigkeiten für die Stelle ausreichend sind. Eine erfolgreiche Personalarbeit will den Bewerber für das Unternehmen begeistern und in das „Wir“ des Unternehmens einbinden. Diese *Mitarbeiterakkulturation* beinhaltet eine doppelte Bedeutung:

(1) Als Grad der Anpassung gibt Akkulturation an, wie stark sich der Mitarbeiter an das Unternehmen anpasst und anpassen soll.
(2) Als Prozess der Anpassung ist Akkulturation der Vorgang, der dem Mitarbeiter die Anpassung erleichtern soll.

Beide Aspekte sind wichtig, damit alle Mitarbeiter auf einer gleichen Basis agieren können.

Gehaltsfindung

Vor der Einstellung müssen sich das Unternehmen und der Bewerber zunächst über das Gehalt einigen. Den Gehaltsverhandlungen liegen die Lohnpolitik des Unternehmens und branchenübliche Werte zugrunde. Festzulegen sind das genaue Gehalt sowie Zusatzleistungen und Sozialleistungen. Die Gehaltsfindung wird davon beeinflusst, wie dringend das Unternehmen die Stelle besetzen muss, wie viele andere Bewerber es gibt, wie die allgemeine Arbeitsmarktsituation ist, welchen akademischen Abschluss der Bewerber hat und schließlich wie der Bewerber auftritt.

Diese Gehaltsfestlegung ist ein erster Schritt zur mehr oder weniger klaren Anpassung des neuen Mitarbeiters in das Unternehmen: Er lernt Spielregeln kennen und muss sich darüber klar werden, ob er sie – bei überzeugender Argumentation des Unternehmens – akzeptieren will.

Arbeitsvertrag

Kritisch: formale Richtigkeit

Der Arbeitsvertrag als weitere Manifestation der Integration kann schriftlich oder mündlich geschlossen werden. Bei mündlicher Vertragsschließung verlangt das Nachweisgesetz binnen eines Monats das schriftliche Festlegen zentraler Vertragsbestandteile (§2 NachwG). Um Streitigkeiten aus dem Weg zu gehen, ist der schriftliche Vertrag der Regelfall.

Im Arbeitsvertrag (nach § 611 BGB) sollten folgende zentralen Punkte geregelt sein:
- Arbeitszeit, Stellenbeschreibung (Art der Tätigkeit und Stellung des Arbeitnehmers im Unternehmen), Urlaubsanspruch (§§1,3 BUrlG) und Kündigungsmodalitäten (Kündigungsfristen §622 BGB),
- Eintrittstermin, Dauer und Befristung der Anstellung oder Anstellung auf Probe (befristete Arbeitsverhältnisse nach TzBfG; Probezeit bis maximal sechs Monate §622 III BGB) sowie
- Gehaltsvereinbarungen.

Es können auch weitere Vereinbarungen wie Nebentätigkeiten, Vertraulichkeitsbestimmungen oder Wettbewerbsvereinbarungen für die Zeit nach Beendigung des Arbeitsverhältnisses in den Arbeitsvertrag aufgenommen werden.

Kritisch: Zeitspanne zwischen Vertragsunterzeichnung und Arbeitsbeginn

Selten fallen Vertragsabschluss und Einstellungstermin unmittelbar zusammen, wodurch im Regelfall dazwischen eine gefährliche zeitliche Lücke entsteht: Wie beim Kauf eines Autos können beim Fast-schon-Mitarbeiter Zweifel aufkommen, ob dieser Vertragsabschluss wirklich die richtige Entscheidung war. Hinzu kommt die nicht unbeträchtliche Gefahr, dass während dieser Zeit der Fast-schon-Mitarbeiter ein lukratives Gegenangebot bekommt, das – selbst wenn er es nicht annimmt – bei ihm eine innerliche Spannung („kognitive Dissonanz") aufbaut.

Aus diesem Grund tut das Unternehmen gut daran, sich bereits in dieser Phase umfassend um den Noch-nicht-Mitarbeiter zu kümmern, damit sich der Noch-nicht-Mitarbeiter bereits in das Unternehmen eingebunden fühlt und ein „Wir"-Gefühl entwickelt. Die Mitarbeiterbindung vor Aufnahme der Tätigkeit kann realisiert werden durch
- Zuschicken von Firmenbroschüren oder Firmenflyern,
- Aufnahme in den Verteiler für die Werkszeitung,
- Ankündigen des Mitarbeiters im Intranet,
- Gast-Zugang in „harmlosen" Teilen im Intranet,
- Einladen zu Betriebsfeiern und -ausflügen,
- persönliches Treffen mit Führungskraft und Kollegen,
- gelegentliche Telefonate,
- informelles „Vorbeischauen" des neuen Mitarbeiters in der neuen Abteilung oder
- die Einladung zu Sprachkursen oder Fachschulungen.

Bei allen diesen Aktivitäten kommt es auf die richtige Mischung an: Der Fast-schon-Mitarbeiter muss das Gefühl bekommen, dass das Unternehmen wirklich Interesse an ihm hat. Er darf sich aber nicht überrollt fühlen.

Arbeitseinführung

Kritisch: umfassende Einführung nicht der „operativen Hektik" opfern

Neue Mitarbeiter erhalten am ersten Arbeitstag üblicherweise Informationsmaterial und bekommen in einem Rundgang durch das Unternehmen erste Eindrücke vermittelt. Bei größeren Unternehmen sind Einführungsseminare oder Workshops üblich. In den Einstellungsprozess neuer Mitarbeiter ist die Personalverwaltung eingebunden: Sie legt eine Personalakte an, bereitet die Entgeltabrechnungsmodalitäten vor, meldet den Mitarbeiter bei den Sozialversicherungsträgern an und sorgt für die Umsetzung eventuell getroffener Vereinbarungen mit dem Mitarbeiter sowie für die vermögenswirksamen Leistungen oder die betriebliche Altersvorsorge.

Am ersten Arbeitstag wird der neue Mitarbeiter vor allem auch über informelle Regelungen informiert, wie im Unternehmen übliche Arbeitszeiten, Kleiderordnung, Umgang im Arbeitsteam, bestehende Gruppenstrukturen/Netzwerke sowie Art und Ausmaß des im Unternehmen üblichen Selbstmanagements.

Ein wichtiger Punkt ist auch, dass der neue Mitarbeiter am ersten Tag seine Zugangsdaten zum Arbeitsplatzrechner bekommt oder dass gegebenenfalls sein Firmennotebook bereitsteht. So kann sich „der Neue" mit den Inhalten des Firmenintranets und somit auch mit dem Unternehmen vertraut machen. Erfordert seine Arbeit den Zugriff auf verschiedene Informationssysteme, so sollen ihm auch gleich die dafür notwendigen Rechte und Zugangsdaten gegeben werden.

Mentoring

Dem neuen Mitarbeiter kann auch ein Mentor zur Seite gestellt werden. Dieser Mentor kann sowohl kurzfristig im Zusammenhang mit der Arbeitseinführung zum Einsatz kommen als auch unbegrenzt als Karrierehilfe.

Mentor: erfahrene Führungskraft, die individuelle Hilfestellung zur Karriereentwicklung leistet

Ein Mentor ist im Regelfall eine erfahrene Führungskraft, die bei organisatorischer Unabhängigkeit durch individuelle Beratung Hilfestellung bei der längerfristigen Karriereentwicklung leistet, sein „Schützling" wird als Mentee bezeichnet.

Der Mentor[259]

- hält eine anhaltende Beziehung über einen längeren Zeitraum aufrecht,
- organisiert informelle Treffen, die entsprechend dem persönlichen Bedarf des Mentees stattfinden,
- ermöglicht, längerfristig ein vielschichtiges Bild des Mentees darzustellen,
- ist gewöhnlich erfahrener und kompetenter als der Mentee und oft ein älterer Mitarbeiter, der Wissen und Erfahrung weitergibt und Türen zu sonst verschlossenen Möglichkeiten öffnen kann,
- hilft, den Fokus auf die berufliche Laufbahn und die persönliche Entwicklung des Mentees zu legen,

- steht dem Mentee bei der Planung unterstützend und beratend zur Seite und bereitet ihn auf spätere Aufgaben vor,
- hat die Aufgabe, den Mentee vorrangig beruflich weiterzuqualifizieren.

Der Mentor hat damit eine Vorbildfunktion für den Mitarbeiter und berät ihn in beruflichen Fragen, aber auch bei der Abstimmung zwischen Berufs- und Privatleben.

Hohe Anforderung an Mentoren

Mentoring lässt sich mit vergleichsweise geringem Aufwand realisieren, aber nur dann, wenn die involvierten Akteure ihre Rollen verstehen und sich entsprechend verhalten:

- Der Mentor darf *keinerlei berufliches Interesse* an seinem Mentee haben und darf in keiner akuten Stressphase stecken. Mentorentum als persönliche Therapie ist also abzulehnen. Ferner muss er die Fähigkeit zum Zuhören mit sich bringen: Ein Mentor, der nur selbst spricht, bringt nichts.
- Der Mentee muss bereit sein, *sich gegenüber dem Mentor zu öffnen*. Zudem ist es erforderlich, die zeitliche Beanspruchung des Mentors in Grenzen zu halten, schließlich soll aus der freiwilligen Aufgabe keine unfreiwillige Belastung werden.
- Ansonsten kommt Mentoring nicht in Frage, wenn es zur *Kreuzung der beruflichen Wege von Mentor und Mentee* kommt oder kommen dürfte, um eine Bevorzugung oder Absprachen zwischen Mentor und Mentee zu vermeiden. Mentoring scheidet immer aus, wenn es sich um eine extreme Krisenphase auf Seiten des Mentees handelt: Hier sind Psychologen oder andere Professionelle gefragt.

Obwohl das Mentoring im Rahmen dieses Buches das erste Mal bei der Personalintegration genannt wird, ist Mentoring ein generelles Konzept der Personalarbeit und kommt unter anderem auch bei der Karriereplanung vor.

Mentoring ist ein Konzept, welches in der Forschung tiefgehend untersucht wird. Damit ein Mentoring erfolgreich sein kann, ist eine Anpassung an den speziellen Kontext notwendig.[260] Es wird heutzutage auch oft als Buddy-Programm bezeichnet. Dieses Programm fokussiert sich aber hauptsächlich auf die Anfangsphase sowie das Onboarding.

Vorgehen bei der Integration neuer Mitarbeiter

Übung 9.1

Zum Ersten des kommenden Monats tritt die neue Junior Managerin als Ihre Assistentin ihre Stelle an. Sie stellen einen Plan zusammen, der beinhaltet, durch welche Maßnahmen die neue Mitarbeiterin nun mit ihren neuen Aufgaben in der Strawberry Cake & Bakeries AG vertraut gemacht und in das Team integriert wird. Außerdem haben Sie gehört, dass Mentoring sehr Erfolg versprechend sein soll. Sie überlegen daher, welche Vorteile ein Mentor bringt. Außerdem überlegen Sie, wer als Mentor in Frage kommen würde. Eigentlich wären Sie selbst ja am besten geeignet, oder?

Probezeit

Probezeit aktiv zur Personalselektion nutzen!

Jedes Arbeitsverhältnis beginnt mit der Probezeit. Während dieser überprüfen sowohl Arbeitgeber als auch Arbeitnehmer, ob sie zueinander passen. Die Probezeit ist gleichzeitig die Einarbeitungszeit für den Arbeitnehmer und dauert höchstens sechs Monate. Zunächst einmal ist die Probezeit jedoch ein juristischer Aspekt:

Denn die Probezeit gilt als ein befristetes Arbeitsverhältnis und während dieses Zeitraumes können Arbeitnehmer sowie Arbeitgeber den Vertrag mit verkürzter Kündigungsfrist kündigen – diese beträgt jedoch mindestens zwei Wochen (§ 622 III BGB). Gleichzeitig entfällt während dieser Zeit die Mitsprache des Betriebsrates: er hat lediglich ein Informationsrecht.

Kuratoren

Gerade für die Generation Z bietet es sich an, Vertreter eben dieser Generation als Unterstützung für die Integration neuer Mitarbeiter einzusetzen. Anders als Mentoren gehören sie der gleichen Generation an und anders als beim Buddy-Programm geht es nicht um eine kumpelhafte Unterstützung, sondern um eine klar strukturierte Hilfe (wie ein Museum) beim Begreifen der Komplexität der innerbetrieblichen Arbeitswelt.

9.3 Integration als Schaffen und Nutzen von Vielfalt

Die Vielfalt im Hinblick auf die Unterschiedlichkeit der Mitarbeiter geht diversen Fragestellungen nach: Welchen Mehrwert liefert die Vielfalt der Belegschaft? Welche gesetzlichen Grundlagen gilt es zu beachten? Welche Arten der Vielfalt lassen sich generell unterscheiden? Wie kann man diese Vielfalt integrieren?

Die Ambivalenz des Fremden

„Das Fremde macht neugierige Menschen neugierig, weil es sich sehr unterscheidet von ihren persönlichen Interessen und Empfindungen. Das ist das Stimulierende am Fremden. Wenn der Ausgangspunkt allerdings etwas anderes ist als Neugier, beinhaltet das Fremde oft auch etwas Beunruhigendes. Die Ambivalenz des Fremden besteht darin, dass man sich nicht ganz auf sicherem Boden fühlt. In manchen Fällen führt das zu der Neigung, sich soweit abzusichern, dass das Fremde gar nicht mehr auftritt – was eine Verarmung des Lebens mit sich bringt.“[261]

Univ.-Prof. Dr. Bernhard Waldenfels (geb. 1934; Professor für Philosophie)

Diversity als geplante Vielfalt: Mehrwert durch Inklusion

Im Umgang mit dem Thema Vielfalt gibt es unterschiedliche Positionen:

- Auf der einen Seite steht die *Einheitlichkeitsthese (Homogenitätsthese).* Nach ihr hat die Personalarbeit dafür zu sorgen, dass neue Mitarbeiter möglichst rasch und möglichst umfassend an die bestehende Unternehmenskultur angepasst werden. Dazu gehört im Vorfeld bereits eine entsprechende Personalselektion, die auf

„Kulturmärkte“ achtet, also die Auswahl eines Bewerbers, der möglichst gut in das Unternehmen passt und daher kaum weitere Anpassung notwendig ist. In diesem Fall steht also das „Wir“ im Vordergrund.
- Auf der anderen Seite steht die *Unterschiedlichkeitsthese (Heterogenitätsthese)*. Nach ihr ist gerade Vielfalt ein entscheidendes Ziel der Personalarbeit, weshalb bei der Personalselektion bereits darauf zu achten ist. Im Anschluss daran müssen Unternehmen dafür sorgen, dass die Vielfalt möglichst erhalten bleibt. Hier steht also das „Ich“ im Vordergrund.

Diese beiden Thesen gelten prinzipiell für alle Beschäftigtengruppen, Kulturen, Geschlechter sowie Altersgruppen.

Interessant ist jetzt aber, aus welchen Gründen sich ein Unternehmen explizit oder implizit für eine der beiden Sichten entscheidet:
- Nach der *fundamentalistisch-normativen Position* ist es Aufgabe der Unternehmen, für ein bestimmtes Mischungsverhältnis der Mitarbeiter zu sorgen – und zwar unabhängig davon, ob sie betriebswirtschaftlich sinnvoll ist.
- Nach der *streng betriebswirtschaftlichen Position* existiert kein optimales Mischungsverhältnis der Mitarbeiter, sondern das Unternehmen entscheidet sich in Abhängigkeit von der anstehenden Aufgabe und danach, welche Mitarbeiter auf dem Arbeitsmarkt verfügbar sind, für ein Mischungsverhältnis.

Führt man diese beiden Dimensionen zusammen, so erhält man vier Fälle: Danach ist man grundsätzlich (1) gegen Vielfalt oder (2) für Vielfalt, weil das persönliche politisch-normative Weltbild dies vorgibt. Man kann sich jedoch auch aus betriebswirtschaftlichen Gründen (3) gegen Vielfalt oder (4) für Vielfalt entscheiden (Tabelle 9.1).

Tabelle 9.1: Umgang mit Unterschiedlichkeit

	Einheitlichkeitsthese (Homogenitätsthese)	Unterschiedlichkeitsthese (Heterogenitätsthese)
fundamentalistisch-normativ	(1)	(2)
betriebswirtschaftlich	(3)	(4)

Diversity Management als Zusammenführung von Akkulturation und Integration

Die Zellen (3) und (4) bedeuten, dass ein Unternehmen Diversity Management aus betriebswirtschaftlichen Gründen betreibt. Diversity Management bedeutet deshalb die Bestimmung und Herstellung des optimalen Mischverhältnisses von „Wir“ und „Ich“, also von Gleichheit und Vielfalt, mit dem Ziel, einen Mehrwert für das Unternehmen zu erzeugen.

Man kann kaum berechnen, welchen Mehrwert das Zusammenführen von Vielfalt nun hat. Man kann also nicht sagen, dass eine bestimmte Unterschiedlichkeit den Erlös des Unternehmens um eine bestimmte Euro-Summe erhöht. *Robin Ely* und *David Thomas* führen jedoch drei Verhaltensweisen im Umgang mit Vielfalt an und nennen den daraus resultierenden Mehrwert für das Unternehmen[262]:

(1) Ziel ist das Erfüllen von Normen, also Gleichstellung und Gleichbehandlung der Mitarbeiter (*Diskriminierung-und-Fairness*). Vorteile des Unternehmens liegen hier in der Erfüllung gesetzlicher Normen und in positiven Imageeffekten.

(2) Ziel ist die Erschließung eines Marktsegments, indem die Mitarbeiterstruktur an die Kundenstruktur angepasst wird (*Marktzutritt-und-Legitimität*). Dies führt zu

besserer Akzeptanz durch die Kunden und zu einem besseren Verständnis der Kundenwünsche.

(3) Ziel ist die Förderung von Innovation. Es gilt also aus der Unterschiedlichkeit der Mitarbeiter zu lernen, zum Beispiel aus unterschiedlichen Verhaltensweisen in Bezug auf Arbeitsgestaltung, Aufgabenplanung und Problemlösung (*Lernen- und -Effektivität*). Der Vorteil des Unternehmens besteht hier in der Schaffung einer innovationsfreundlichen und -fördernden Arbeitsumgebung.

Hinzu kommt der verknappte Arbeitsmarkt, also der Mangel an qualifizierten Arbeitskräften. Indem sich Unternehmen besonders interessant für eine Gruppe von potenziellen Mitarbeitern machen – zum Beispiel für Frauen durch die Umsetzung eines umfangreichen Kinderbetreuungsangebotes – können sie aus einem Arbeitskräftepool schöpfen, zu welchem sie bisher im Rahmen der Akquisition keinen Zugang hatten.

Will man den Mehrwert durch Diversity bewerten, so muss man auch die Fristigkeit des Mehrwerts betrachten. So kann Diversity im Rahmen der Akquisition zwar Mehrwert generieren, dieser ist aber nur von kurzer Dauer. Die Förderung von Innovationen bedeutet auch einen hohen Mehrwert für das Unternehmen, der jedoch zudem auch lange Bestand hat.

Neben dem Begriff Diversity gibt es auch den Begriff „Inklusion". Er stammt ursprünglich aus dem pädagogischen Umfeld, wo er im engeren Sinne die gemeinsame Erziehung von Schülern mit und ohne Behinderung ausdrückt. Im Personalmanagement fokussiert er auf den bewussten Vorgang der Einbeziehung von Unterschiedlichkeit, letztlich aber auch vor dem Hintergrund der betriebswirtschaftlichen Nutzung.

Inklusion als Nutzen von Mehrwert durch Vielfalt

Diese Schaffung von Mehrwert durch Vielfalt wird also als Inklusion bezeichnet. Sie gibt an, inwieweit Vielfalt nicht nur akzeptiert, sondern auch genutzt wird. Während also Diversity zunächst nur eine quantitative Aussage möglich macht, zum Beispiel darüber, wie viele verschiedene Nationalitäten im Unternehmen beschäftigt sind, bietet Inclusion eine qualitative Aussage darüber, ob diese Vielfalt auch wirklich zur Generierung eines Mehrwerts durch das Unternehmen genutzt wird.[263]

Übung 9.2 Vorteile einer vielfältigen Belegschaft

Bei einem monatlichen Abteilungsleitertreffen berichtet der Kollege aus der Entwicklungsabteilung von einer Personalmarketingmaßnahme, genauer gesagt von einer umfangreichen Stellenanzeigenkampagne, auf die sich bis jetzt viele Bewerber im Alter von 50 Jahren und aufwärts gemeldet haben. Bis jetzt sind in der Entwicklung ausschließlich Mitarbeiter im Alter zwischen 24 und 35 beschäftigt. Sie überlegen nun, ob ältere Mitarbeiter in das Entwicklungsteam passen würden. Könnten sich durch das gemischte Team nicht sogar Vorteile ergeben? Außerdem steht auf Ihrem Schreibtisch eine Gesetzessammlung, die auch das AGG enthält. Sie fragen sich: Darf man einen Bewerber überhaupt aufgrund seines Alters ablehnen? Sie recherchieren zudem im Internet, welche Konsequenzen es für die Unternehmen hatte, die von Bewerbern aufgrund von Diskriminierung bei der Auswahl verklagt wurden.

SAP stellt Hunderte Autisten ein

Das Software-Unternehmen SAP will bis 2020 mindestens 650 Menschen mit Autismus einstellen und zu Softwaretestern, Programmierern und Spezialisten für Datenqualitätssicherung ausbilden.

Autisten sind Menschen mit einer Entwicklungsstörung. Informationen werden in ihrem Gehirn anders verarbeitet als gewöhnlich. Das führt zu Schwächen in der Kommunikation und psychomotorischen Auffälligkeiten. Dafür sind bei ihnen Wahrnehmung, Aufmerksamkeit und Gedächtnis stark ausgeprägt.

Für SAP sei das eine Chance, im weltweiten Kampf um talentierte Mitarbeiter besonders spezialisierte Menschen zu finden, sagt Anka Wittenberg, zuständig für Vielfalt und Integration.

Autisten brauchen klare Abläufe sowie klare Vorgaben und reagieren teilweise sensibel auf Geräusche. Aus diesem Grund will SAP Job-Coaches einsetzen, die helfen, die Arbeitsplätze richtig einzurichten.[264]

Diversity als gerechte Vielfalt: Gesetzliche Grundlagen

Diversity ist mehr als Frauenquote!

Das Grundgesetz legt fest, dass jeder Mensch vor dem Gesetz gleich ist (Artikel 3 GG). Außerdem schreibt es vor, dass Menschen nicht aufgrund von Abstammung, Geschlecht, Rasse, Sprache, Heimat und Herkunft, Glauben oder religiösen und politischen Anschauungen ungleich behandelt werden dürfen (Artikel 3 Absatz 3 GG). Aus juristischer Sicht gilt also der Grundsatz „Gleichheit trotz Vielfalt".

In Deutschland ist das Allgemeine Gleichbehandlungsgesetz die rechtliche Grundlage für die Akzeptanz der Individualität der Mitarbeiter. „Ziel des Gesetzes ist, Benachteiligungen aus Gründen der Rasse oder wegen der ethnischen Herkunft, des Geschlechts, der Religion oder Weltanschauung, einer Behinderung, des Alters oder sexuellen Identität zu verhindern oder zu beseitigen." (§ 1 AGG). Das Allgemeine Gleichbehandlungsgesetz verbietet unter anderem Benachteiligungen bei

- Auswahlkriterien und Einstellungsbedingungen,
- Arbeitsbedingungen,
- Entlohnung,
- Entlassungen,
- Aus- und Weiterbildung und
- der Mitwirkung in einer Beschäftigten- oder Arbeitgebervereinigung.

Die Kenntnis dieser Punkte ist insbesondere für Personalmanager von großer Wichtigkeit, denn für eine Klage aufgrund des Allgemeinen Gleichstellungsgesetzes reicht für den Arbeitnehmer bereits das Vorweisen von Indizien aus, während der Arbeitgeber dann beweisen muss, dass er nicht schuldhaft gehandelt hat (§ 22 AGG).

Gleichstellung ist mehr als Nicht-Diskriminierung

Über das Vermeiden von Diskriminierung hinaus geht das Prinzip der *Gleichstellung*. Dieses beinhaltet nicht nur die Verhinderung von Diskriminierung, vielmehr sollen benachteiligte Gruppen, wie zum Beispiel Behinderte, gleiche Chancen und Möglichkeiten erhalten, sich entsprechend ihrer Fähigkeiten zu entfalten.

Diversity als gelebte Vielfalt: Persönlich, demografisch, organisational

Um die Vielfalt konzeptionell zu erfassen, kann auf das Modell der vier Schichten von Diversity zurückgegriffen werden, das *Lee Gardenswartz* und *Anita Rowe*[265] entwickelt haben. Danach manifestiert sich Diversity in vier Bereichen:

(1) Die *Persönlichkeit* ist der innere Kern der Unverwechselbarkeit. Hier prägen individuelle und unveränderbare Persönlichkeitsmerkmale den Menschen.

(2) Die *interne Dimension* umfasst Alter, Geschlecht, sexuelle Orientierung ebenso wie physische Fähigkeit und die Hautfarbe. Sie gilt als unveränderbar.

(3) Die *externe Dimension* sind Merkmale wie Erziehung, Familienstand, Behinderung, Einkommensschicht und Religion.

(4) Die *organisatorische Dimension* wird unter anderem geprägt durch die Position im Unternehmen, durch die Arbeitsort- und die Betriebszugehörigkeit.

Die interne und externe Dimension lassen sich auch unter den Oberbegriff „Demografie" zusammenfassen.

Das Modell lässt sich erweitern um die *kulturelle Dimension*, beispielsweise mit Merkmalen[266] wie Unsicherheitsvermeidung, Machtabstandstoleranz, Maskulinität, Langfristigkeit und Individualismus (Abbildung 9.1).

Abbildung 9.1: Die 4+1 Schichten von Diversity[267]

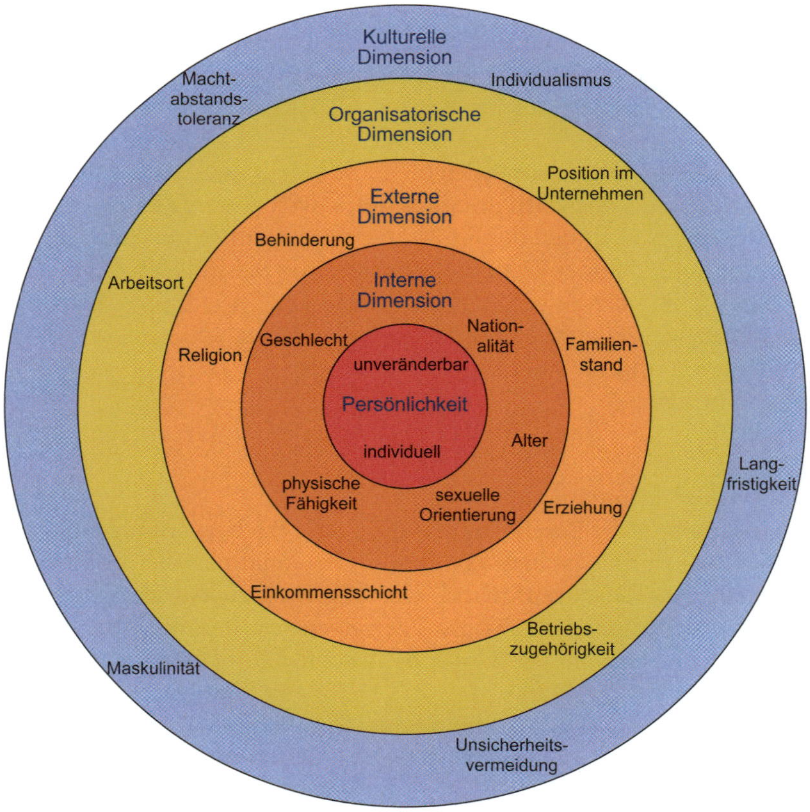

Es existieren verschiedene Ansichten darüber, welche dieser Dimensionen für die Erfassung der Vielfalt verwendet werden soll: Während Psychologen dazu tendieren, Menschen anhand ihrer Persönlichkeit zu differenzieren, nehmen Betriebswirte – oftmals aus Gründen der Komplexitätsreduktion – eine Unterscheidung anhand demografischer oder organisationaler Merkmale vor.

Im Normalfall vermischen sich also demografische und organisatorische Merkmale mit Persönlichkeitsmerkmalen. Die Ausprägung der Merkmale einer Kategorie alleine lässt also keine Rückschlüsse auf die Ausprägung der anderen Kategorie zu. Es muss ein Ansatz verwendet werden, der sowohl die Persönlichkeit, als auch die demografische und organisationale Dimension berücksichtigt.

Diversity als politische Vielfalt: Von gläsernen Decken und Reisepässen

Gläserne Decke als Grund für den mangelnden Aufstieg von Frauen?

Vor allem die US-amerikanische Literatur kennt das heiß diskutierte Thema der „glass ceiling": Diese gläserne Decke ist angeblich in fast alle Organisationen eingezogen und hindert als unsichtbare Schranke Frauen unabhängig von ihrer Qualifikation am Aufstieg. Hinter der gläsernen Decke steht das Phänomen, dass Frauen in Führungspositionen gegenüber Männern weit unterrepräsentiert sind und die Verweildauer von Frauen in Wartepositionen länger ist.[268]

Weibliche Mitarbeiter: Die Frage der gläsernen Decke

Eine Studie aus dem Jahr 2006[269] kommt zu dem Schluss, dass es für Frauen tatsächlich eine gläserne Decke gibt. Dies bestätigen in dieser Untersuchung zwei Drittel der befragten Chefs. Nur 30 Prozent der Managerinnen und 43 Prozent der Manager glauben, dass Frauen die gleichen Chancen am Arbeitsplatz haben wie Männer. Die meisten der befragten Frauen sehen die gesellschaftliche Akzeptanz als größtes Hindernis. Als Frau benötigt man laut dieser Studie ein größeres Selbstbewusstsein, eine höhere Einsatzbereitschaft und ein rascheres Aufstiegstempo, um die gläserne Decke zu durchbrechen. 70 Prozent der deutschen Managerinnen äußerten darüber hinaus, dass der überwiegende Teil der Entscheidungen im Unternehmen nach wie vor von ihren männlichen Kollegen getroffen werde.

Zur Erhöhung des Anteils weiblicher Mitarbeiter im Unternehmen gibt es zwei Mechanismen:

(1) *Fördermaßnahmen* dienen dazu, wahrgenommene Defizite bei Frauen durch entsprechende Schulungen (zum Beispiel Computerkurse für Mädchen oder Seminare für weibliche Führungskräfte) oder Aktionen (zum Beispiel „Girls-Day" oder „Generation CEO") auszugleichen.

(2) *Quotierungen* (einschließlich medienwirksamer „Selbstverpflichtungen") sollen unabhängig von der Qualifikation einen Mindestprozentsatz von Frauen im Unternehmen beziehungsweise in bestimmten Bereichen festlegen.

Auch wenn beide Maßnahmen sowohl in ihrer Förderwirkung für Frauen als auch wegen ihrer Benachteiligung von Männern umstritten sind, bleiben sie doch Bestandteil aktueller Personalarbeit.

Unabhängig davon, dass Frauen in Führungspositionen unterrepräsentiert sind, lässt sich – so zumindest eine große Studie des Instituts für Mittelstandsforschung – eine Benachteiligung von Frauen im Stellenbesetzungsprozess nicht erkennen, weshalb auch keine Hinweise generiert werden konnten, auf welche Weise man zu einer Förderung von Frauen in Führungspositionen beitragen kann.[270]

Ältere Mitarbeiter: Fiktion und Funktion

Unbestreitbar ist Deutschland eine „Aging Society". Das Statistische Bundesamt gibt auf seiner Homepage folgende Hochrechnung[271] an: Der Anteil der 65jährigen und Älteren wird sich von heute 34 Prozent (Stand: 2013) auf 65 Prozent im Jahr 2060 erhöhen. Gleichzeitig wird sich die Anzahl der Hochbetagten (80 Jahre und älter) auf 13 Prozent erhöhen und sich damit verdreifachen.

Empirisch nachweisen lässt sich das Phänomen der „Aging Workforce" allenfalls begrenzt. Als Begründung für die vielleicht auf den ersten Blick entstandene These gibt es durchaus plausible Überlegungen, wonach

- Produktivitätssteigerung und
- Verlagerung ins Ausland

dazu führen, dass die Nachfrage nach (älteren) Mitarbeitern weniger stark steigt als das Angebot an (älteren) Mitarbeitern. Auch wenn man den Anteil der Vollzeit-Arbeitskräfte unter den 60jährigen vergleicht, hat Deutschland noch Aufholbedarf. Während in Schweden beispielsweise über 70 Prozent der 55–64jährigen noch berufstätig sind, sind es in Deutschland nur 55 Prozent.[272]

Aging Society ohne Aging Workforce?

Unabhängig davon, ob sich die „Aging Workforce" mittelfristig als Fiktion herausstellt, ist sie aktuell teilweise Realität und führt nicht selten zu erheblichen Spannungen.

Damit die Integration älterer Mitarbeiter gelingt, gibt es unter anderem folgende personalpolitische Maßnahmen[273]:

- intergenerative Zusammenarbeit,
- altersgemischte Tandems (Zusammenarbeit eines älteren und jüngeren Mitarbeiters),
- flexible Arbeitszeitgestaltung und
- Verankerung von Age-Diversity in Führungsgrundsätzen.

Auf diese Weise lässt sich dann das Unternehmen als Generationenverbund realisieren.

Ausländische Mitarbeiter: Kultur statt Reisepass

Die Überschrift „Ausländische Mitarbeiter" wäre an dieser Stelle irreführend. Denn es geht weniger um die Staatsangehörigkeit eines Mitarbeiters, als vielmehr um dessen kulturelle Herkunft. So kann die viel zitierte muslimische Kopftuchträgerin durchaus einen deutschen Pass besitzen, trotzdem aber an der Ausübung von Berufen wie Kindergärtnerin oder Richterin gehindert werden.

Wie auch bei der politischen Debatte prallen im Personalmanagement zwei Denkrichtungen[274] aufeinander:

(1) Die eine geht von der *Monokultur* aus, sieht in der kulturellen Einheit die betriebswirtschaftliche Chance und verlangt deshalb eine Integration durch Anpassung.
(2) Die andere sieht Vorteile der *Multikultur* und strebt deshalb nach Integration durch abgestimmtes Miteinander kultureller Vielfalt.

Mit zunehmender Europäisierung und Globalisierung dürfte die zweite Denkrichtung immer mehr an Boden gewinnen.

Interkulturelle Anpassung

Wie schwierig sich selbst scheinbar harmlose Themen der interkulturellen Integration auch für kleinere Unternehmen darstellen, zeigt das Beispiel eines türkischen Ehepaares, dem für ihren Sohn die Vorzüge des dualen Ausbildungssystems in Deutschland beschrieben werden[275]: Das Wort „Berufsschule" kam gut an, weil es als „meslek okulu" dem angesehenen türkischen Ausbildungssystem entspricht. Die Verbindung mit der Ausbildung im Betrieb kam als „el sanatlari" schon nicht mehr so gut an, weil dies in der Türkei weniger gut angesehen ist. Ganz verspielt hatte der Ausbildungsberater, als er darauf hinwies, dass ihr Sohn nach der Ausbildung den Status eines Facharbeiters hätte – was die Eltern als entsprechend zum türkischen Arbeiter („isci") einstuften und deshalb auf Grund des schlechten Ansehens überhaupt nicht in Frage kam.

Diversity als prozeduale Vielfalt: Management & Kultur

Möchte man also Mehrwert durch Diversity erzeugen, so ist es unabdingbar, dass ein Diversity Management im Unternehmen eingeführt wird. Dieses hat nicht nur die Aufgabe, für Chancengleichheit zu sorgen, sondern sollte vielmehr als interner und externer (Voran-)Treiber der Thematik „Diversity" auftreten und Chancen, die durch Diversity entstehen, aufzeigen. Das Aufgabenfeld reicht also von der Sensibilisierung der Belegschaft bis hin zur Mitwirkung bei der strategischen Planung.

Die Einführung von Diversity ist in sechs Phasen zu unterteilen[276]:

(1) *Beseitigung von Diskriminierung und Schaffung von Chancengleichheit.* Hier muss sich der Personalmanager der Tatsache bewusst sein, dass die Diskriminierung oft nur durch den direkt betroffenen Personenkreis erkannt wird, für Außenstehende jedoch oft nicht wahrnehmbar ist.
(2) *Einbindung und Engagement von Führungskräften und Bewusstmachung der bestehenden Kultur.* Die Einbeziehung des Managements ist essenziell, da ein Changeprozess nur mit dem Commitment des Managements Erfolg versprechend ist. Grundlegend für die Einleitung eines Veränderungsprozesses ist zunächst das Verständnis der eigenen Ausgangslage.
(3) *Vorteile von Veränderungen erkennbar und erlebbar machen.* Wird Diversity nur als theoretisches Konstrukt vermittelt, so besteht die Gefahr, dass die Bemühungen ins Leere laufen, da oftmals nicht klar wird, was Diversity eigentlich genau bedeutet beziehungsweise wie in einem konkreten Fall mit diesem Konstrukt

gearbeitet werden kann. Hier bietet es sich daher an, Diversity in Workshops, durch Fallstudien oder Rollenspiele erlebbar zu machen und somit gleichzeitig Anwendungsszenarien zu vermitteln.

(4) *Förderung von Vielfalt in der Belegschaft und in bestimmten Gruppen sowie Förderung von partnerschaftlichem Umgang und Einbeziehung.* Hierbei wird auf konkrete Maßnahmen abgestellt, die sich aus der Strategie des Unternehmens ableiten. So bedeutet die Schaffung von Chancengleichheit auf operativer Ebene beispielsweise Schaffung von gemischten Teams (zum Beispiel Alter, Geschlecht, Nationalität).

(5) *Anpassung der Systeme eines Unternehmens.* Im Rahmen des Changeprozesses müssen im Unternehmen alle (Standard-)Prozesse (beispielsweise Akquisition) auf eventuelle Diversity-Inhalte überprüft und gegebenenfalls angepasst werden. Ansonsten bleibt Diversity stets eine kurzlebige Modeerscheinung, die dann schnell wieder in der Versenkung verschwindet.

(6) *Nutzung messbarer Vorteile* und *Verbesserungen durch die Integration von Diversity in vielfältige Bereiche des Geschäftsbetriebs.* Wird Diversity Mehrwert generierend genutzt, so weitet sich mit dem Verständnis des Konzepts Diversity und dem Verstehen von dessen Vorteilen auch seine Nutzung aus. Das gesamte Unternehmen versteht das Konzept Diversity, hat dessen Vorteile erlebt und setzt es daher wie selbstverständlich ein.

Mehrwert durch Diversity ist also nur durch professionelles Diversity Management zu erreichen. Das Diversity Management ist somit entscheidend dafür, wie und ob die Vielfalt der Mitarbeiter des Unternehmens positiv eingesetzt werden kann.

Übung 9.3 **Diversity Management**

Bei der Internetrecherche zum Thema AGG sind Sie auf einen Artikel über Diversity Management gestoßen. Vielfaltsmanagement – hört sich ja interessant an. Vielleicht sollte es so etwas bei der Strawberry Cake & Bakeries AG auch geben? Sie wollen dieses Thema mit einigen Kollegen diskutieren und bereiten daher eine Übersicht vor, aus der hervorgeht, welche Denkhaltungen es zum Thema Diversity gibt, was Diversity Management eigentlich bedeutet und welche Anspruchsgruppen im Hinblick auf das Thema es im Unternehmen gibt.

9.4 Integration in der digitalen Welt

1993 erschien im „New Yorker" ein Cartoon mit der Bildunterschrift: „Im Internet weiß niemand, dass du ein Hund bist." Digitalisierung bedeutet, dass mehr Diversity möglich ist und unterschiedliche Menschen miteinander zusammenarbeiten können.

Interaktion mit Algorithmen und Robotern wird einfacher. Schon heute reden Menschen wie selbstverständlich mit ihren persönlichen Assistenten namens Siri oder Alexa. Eine Firma, die mit einem Terminplanungsassistenten arbeitet, hat tatsächlich Blumen geschickt bekommen, weil die Kunden so zufrieden waren[277].

Dementsprechend ändert sich auch das Diversity Management. Auf der einen Seite ist es immer mehr möglich, Diversität zu maximieren und jeden Menschen sich frei entfalten zu lassen. Auf der anderen Seite ist es für Unternehmen verlockend, eine standardisierte Lösung zu erarbeiten und Diversität zu minimieren. Durch Digitalisierung wird also entweder Vielfalt umfassend gelebt oder Vielfalt umfassend vernichtet.

Gerade hinter Konzepten wie Echo Chamber oder Filter Bubble versteckt sich der Effekt, dass Menschen letztlich nur noch mit ähnlichen Menschen interagieren. Dementsprechend sehen wir hier eine Gefahr für Diversity, denn man lernt keine andersartigen Menschen mehr kennen. Das konnte man gut beim US-Wahlkampf zwischen Hillary Clinton und Donald Trump erleben: Beide Gruppierungen haben im Internet und auf Facebook gar keine anderen Meinungen mehr gesehen.

9.5 Ausblick

Integration beginnt mit dem ersten Arbeitstag und soll dafür sorgen, dass die neuen Mitarbeiter sich in ihrem neuen Unternehmen zurechtfinden. Bereits hier beginnt aber auch die Schwierigkeit der konkreten Zielsetzung:

- Auf der einen Seite haben sich Mitarbeiter „einzuordnen", durchlaufen also die Akkulturation. Sie lernen die Prozesse, die Systeme und die Kultur kennen. Hier geht es zwangsläufig um *Vereinheitlichung und Anpassung*.
- Auf der anderen Seite liegen aber gerade in *Unterschiedlichkeit und Vielfalt* interessante Wettbewerbsvorteile – unabhängig davon, dass prinzipiell Andersartigkeit keinen Diskriminierungsgrund darstellen darf.

Die Zusammenführung dieser Widersprüchlichkeit verlangt nach einem integrierenden Diversity Management. Sicherlich ist Diversity ein personalwirtschaftliches Thema, dem man sich – ähnlich wie Umweltschutz – teilweise nur dann annimmt, wenn man Zeit und Geld hat oder dazu gezwungen wird. Trotzdem wird Diversity sukzessive zu einer zentralen Aufgabe im Personalmanagement. Gleichzeitig ist es vor allem dann vielversprechend, wenn es aus streng betriebswirtschaftlichen Gründen institutionalisiert wird. Gerade dann wird Diversity Management nicht nur als Modewort verstanden, sondern vielmehr aus Überzeugung und daher auch nachhaltig betrieben. Vielfalt kann sich auch zu einem nachhaltigen Wettbewerbsvorteil entwickeln. Denn gerade Vielfalt führt zu Kreativität mit neuen innovativen Ideen[278].

Als neues Konzept wird in der Zukunft der Begriff der Total Workforce[279] an Bedeutung gewinnen. Hier geht es darum, alle Personen, die am Leistungserstellungsprozess des Unternehmens mitwirken, im Rahmen des Personalmanagements zu berücksichtigen. Dies betrifft dann sowohl Leihmitarbeiter als auch temporäre Projektmitarbeiter wie beispielsweise externe Consultants. Das Total Workface Management ist somit auch in die Personalmanagementaktivität Integration einzubinden.

Aufgaben und Fragen zur Selbstüberprüfung

1. Beschreiben Sie, was man unter Akkulturation und Integration versteht. Worin liegen die Unterschiede?
2. Was bedeutet Inklusion, was Diversity?
3. Welchen Mehrwert kann Diversity für ein Unternehmen haben?
4. Nennen Sie die sechs Phasen der Einführung von Diversity!
5. Diskutieren Sie folgende Aussage: „Das Konzept 'Diversity' beinhaltet bei konsequenter Umsetzung die Ungleichbehandlung der Mitarbeiter, indem auf die individuellen Eigenschaften und Bedürfnisse der Mitarbeiter eingegangen wird."
6. Beschreiben Sie die drei Ansätze Head, Heart und Hand und gehen Sie auf deren Anwendungsmöglichkeiten ein!

Endnoten

[256] *Destatis*, Ausländerzentralregister, 2018, online unter: https://www.destatis.de/DE/ZahlenFakten/Gesellschaft-Staat/Bevoelkerung/MigrationIntegration/Methoden/Auslaenderzentralregister.html, abgerufen am 25.5.2018.

[257] *Köppel* 2013, 3.

[258] *Köppel/Yan/Lüdicke* 2007a, 7.

[259] vgl. *Connor/Pokora* 2007, 13.

[260] *Stein, Volker*, Dekonstruktion und Rekontextualisierung von Mentoring: Die Zeit ist reif, in: *Stein, Volker/Carl, Mark-Oliver/Küchel, Julia* (Hrsg.), Mentoring – Wunsch und Wirklichkeit, Opladen (Budrich UniPress) 2017, 11-20.

[261] *Waldenfels* 2009, 85.

[262] vgl. *Ely/Thomas* 2001.

[263] vgl. *Andresen* 2009.

[264] *Hubschmied* 2013.

[265] *Gardenswartz/Rowe* 1993.

[266] vgl. *Hofstede* 1980.

[267] erweitert nach *Gardenswartz/Rowe* 1995.

[268] vgl. *Kephart/Schumacher* 2005.

[269] vgl. *Falk/Voigt* 2006.

[270] vgl. *Fischer et al.* 2009, 12.

[271] *Destatis* 2015.

[272] vgl. *OECD* 2006, 28–30.

[273] vgl. *Bender* 2007, 194–199.

[274] vgl. *Cox* 1991, 37–39.

[275] *Fehl* 2007, 47.

[276] vgl. *Stuber* 2009, 132.

[277] *Trunk, Alice*, 'You're a Real Sweetheart': The Surprisingly Human Ways People Respond to an AI Assistant, 29.2.2016, online unter: https://qz.com/626652/youre-a-real-sweetheart-the-surprisingly-human-ways-people-respond-to-an-ai-assistant/, abgerufen am 24.5.2018.

[278] *Scholz* 2012, 845–858.

[279] vgl. *Schweyer* 2004, 3.

Allokation: Wie werden Mitarbeiter und Stellen zusammengebracht?

10

Inhalt

Fakten

Etwa 28 % der sozialversicherungspflichtig Beschäftigten in Deutschland sind teilzeitbeschäftigt.[280]

Rund 1 Million Menschen sind in der Zeitarbeit sozialversicherungspflichtig beschäftigt.[281]

Im Jahr 2016 wurden über 1 Million Arbeits- und Wegeunfälle gemeldet.[282]

Lernziele

- Sie erfahren, welche Überlegungen im Vorfeld einer Stellenzuordnung gemacht werden müssen.
- Sie erleben, welche Gestaltungsmöglichkeiten der Arbeit in der Praxis häufig angewendet werden.
- Sie wissen, was bei der Einrichtung des Arbeitsplatzes beachtet werden muss.
- Sie verstehen, welche Ansätze es für die Zuordnung von Mitarbeitern zu Arbeitsplätzen gibt.
- Sie lernen, was Individualisierung und Flexibilisierung bedeuten.

10.1 Überblick

Die Aufgabe einer sinnvoll strukturierten Personaleinsatzplanung ergibt sich als Allokation aus der wechselseitigen Zuordnung von Mitarbeitern und Arbeitsaufgaben. In der Regel wird diese Fragestellung allerdings noch etwas umfassender aufgefasst, wodurch es dann um die Optimierung des „Systems Arbeit" geht. Dieses besteht aus folgenden Elementen[283]:

- Mitarbeiter, der die Arbeitsaufgabe bewältigen muss,
- Inputfaktoren, das sind Arbeitsgegenstände, Energie, Information, Material, die von den Mitarbeitern in einen Output transformiert werden,
- Arbeitsplatz, der Ort, an dem die Aufgabe durchgeführt wird,
- Arbeitsablauf, die Beschreibung der Tätigkeit am Arbeitsplatz als Teil des Transformationsprozesses,
- Betriebs- und Arbeitsmittel zur Ausgestaltung des Arbeitsplatzes und Durchführung der Arbeitsaufgabe sowie
- Arbeitssituation, das sind direkte Einflüsse aus der Arbeitsumgebung sowie der Umwelt,

wobei alle diese Elemente miteinander in Beziehung stehen und sich beeinflussen.

Allokation als wechselseitige Zusammenführung von Arbeitsplatz und Mitarbeiter

Die Managementaktivität „Allokation" führt Mitarbeiter und Stellen unter Berücksichtigung von Arbeitssituation und Arbeitsablauf zusammen: In der *konzeptionellen* Dimension stehen Entscheidungen, nach welchen Regeln gearbeitet werden soll und wie die Zuordnung zu einem konkreten Arbeitsplatz erfolgen soll, im Blickpunkt (Abschnitt 10.2). In der *zeitlichen* Dimension werden die Fragen nach dem wann und wie viel gearbeitet werden soll beantwortet (Abschnitt 10.3). In der *strukturellen* Dimension gibt es die diversen Fragen nach der Gestaltung des Arbeitsplatzes zu beantworten (Abschnitt 10.4). In der *optimierenden* Dimension werden Mitarbeiterfähigkeiten sowie Aufgabenanforderungen planerisch in Verbindung gebracht (Abschnitt 10.5). Quer über diesen Dimensionen liegt die *soziale* Dimension. Hier werden Mitarbeitererfordernisse und -interessen in die Überlegungen zur Ausgestaltung des Systems Arbeit einbezogen.

10.2 Wie arbeiten? Arbeitsphilosophie

Da sich die Allokationsaufgabe mit der Zuordnung von

- Aufgaben (aus Sicht des Unternehmens) und von
- Interessen (aus Sicht des Mitarbeiters)

befasst, gehören zur Personalarbeit Aussagen über die Regeln, nach denen diese Zuordnungen erfolgen.

Personalallokation folgt zwei zentralen betriebswirtschaftlichen Prinzipien[284]:

Effektivität ist nicht identisch mit Effizienz!

(1) *Effektivität* bedeutet Zielerreichung („Die richtigen Dinge tun."). Will man also beispielsweise in einer Stunde zehn Erdbeerkuchen produzieren, so braucht man zunächst einmal Mitarbeiter in bestimmter Anzahl und Qualität. Auch wenn die Kuchenproduktion nicht nur von der Personalallokation abhängt, so hängt der Zielerreichungsgrad als Prozentsatz der tatsächlich gebackenen Kuchen davon ab.

(2) *Effizienz* bedeutet Wirtschaftlichkeit („Die Dinge richtig tun."). Dazu wird versucht, den vorgegebenen Output mit möglichst geringem Input zu produzieren.

Effektivität und Effizienz zusammen sind weitestgehend auf ökonomische Aspekte ausgerichtet und wollen den Ressourceneinsatz, hier den Einsatz der Mitarbeiter, optimieren, maximieren oder minimieren.

Im Kontext der Personalallokation müssen neben den unternehmerischen Anforderungen aber auch soziale Aspekte berücksichtigt werden, da hier die Ressource Mensch mit seinen Bedürfnissen betrachtet wird. Dabei rücken zwei Ziele in den Vordergrund:

(1) Aus Unternehmenssicht ist gegenwärtig das vorrangige Ziel die Sicherstellung beziehungsweise die Erhöhung der *Flexibilität* des Unternehmens. Flexibilität bedeutet Bereitstellen von Potenzialen, um sich kurzfristig auf veränderte Umweltbedingungen einzustellen, und bezieht sich auf Art, Ort und Zeitpunkt der Leistungserstellung.

(2) Aus Sicht des Mitarbeiters rückt immer mehr das Ziel der *Individualisierung* in den Vordergrund. Individualisierung bedeutet, den Mitarbeitern Freiräume zur Erfüllung ihrer persönlichen Ziele zu lassen oder gar zu schaffen, und impliziert das Abrücken von kollektiven Regelungen. Danach sollen (im Idealfall) Entscheidungen darüber, was, wann und wo der Mitarbeiter arbeitet, primär von der Interessenlage des Mitarbeiters geleitet werden.

Individualisierung und Flexibilisierung beziehen sich zwar auf die gleichen Planungsobjekte (beispielsweise auf „Arbeitszeit"), können aber trotzdem in unterschiedliche und teilweise entgegengesetzte Richtungen laufen.

Sicherlich kann und wird man versuchen, Flexibilisierung und Individualisierung aufeinander abzustimmen, damit sowohl Unternehmen als auch Mitarbeiter ihren Nutzen daraus ziehen. Trotzdem ist das im Regelfall schwierig: So bedeutet Flexibilisierung der Arbeitszeit in einem Strandcafé (aus Unternehmenssicht), dass Mitarbeiter bei schönem Wetter zur Arbeit kommen müssen. Individualisierung (aus Sicht der Mitarbeiter) würde hingegen heißen, dass Mitarbeiter mit kleinen Kindern das schöne Wetter nutzen und zum Strand gehen können.

Flexibilität ist nicht identisch mit Individualisierung!

Spannungsverhältnis von Flexibilisierung und Individualisierung

Übung 10.1

Die Auftragslage der Strawberry Cake & Bakeries AG schwankt recht stark. So muss zwar jeden Tag eine Grundproduktion für die Ausstattung der Filialen abgearbeitet werden, durch Partyservice und große Bestellungen von Kunden – etwa zu Geburtstagen oder Firmenfeiern – kommt es aber auch zu kurzfristigen Auftragsspitzen, die Sie natürlich durch eine entsprechend erhöhte Mitarbeiterzahl abdecken müssen. Sie sind also daran interessiert, dass Ihre Mitarbeiter in Bezug auf ihre Arbeitszeiten, und – wenn man an den Partyservice denkt – Arbeitsorte sehr flexibel sind. Gleichzeitig können Sie als Elternteil natürlich verstehen, dass Ihre Mitarbeiter gerne individuelle Arbeitsbedingungen wollen, ihre Mitarbeiter also mitentscheiden möchten, wann und wo sie arbeiten. Wenn Sie jetzt versuchen, beiden Ansprüchen gerecht zu werden, stecken Sie schnell in einem Dilemma. Daher überlegen Sie fieberhaft, ob es ein innovatives Konzept gibt, das beiden Parteien gerecht wird.

Kind im Büro

Wenn der Kindergarten geschlossen bleibt oder schlicht die Kinderbetreuung ausfällt, bleibt vielen Eltern nichts anderes übrig, als dem Arbeitsplatz fern zu bleiben. Besser dran sind die Angestellten der Techniker Krankenkasse am Standort Stuttgart. Müssen sie die Kinderbetreuung selbst übernehmen, können sie sich in Zukunft in ein Eltern-Kind-Büro im Untenehmen einquartieren. Damit Mama und Papa in Ruhe arbeiten können und die Kleinen sich beschäftigen können, ist das Zimmer unter anderem mit einer Kinderspiel- und einer Schlafecke ausgestattet.[285]

10.3 Wann arbeiten? Arbeitszeit

Ein zentrales Instrument zur Individualisierung und Flexibilisierung ist die Gestaltung der Arbeitszeit. War sie früher eher als Rahmenbedingung eine Konstante, so ist sie jetzt ein substanziell gestaltbarer Faktor. Wichtige Planungsfelder bei der Arbeitszeitgestaltung sind zum einen die Aufteilung zwischen Arbeitszeit und Freizeit sowie zum anderen die sinnvolle Strukturierung der Arbeitszeit.

Die Festlegung der Arbeitszeit erfolgt durch zwei Planungsbereiche:

(1) Der eine Aspekt ist die *Festlegung des Volumens* (wie viel Zeit soll abgearbeitet beziehungsweise gearbeitet werden). Diesen Tatbestand bezeichnet man auch als das chronometrische Problem.

(2) Der zweite Aspekt ist der *verteilungsbezogene Gesichtspunkt*, bei dem es darum geht festzulegen, wie eine vorgegebene Arbeitszeit auf verschiedene mögliche Arbeitsintervalle verteilt wird. Diese Fragestellung bezeichnet man auch als die chronologische Fragestellung.

Beide Bereiche gemeinsam führen zur Festlegung der individuellen Arbeitszeit.

Volumenbezogene Arbeitszeitgestaltung („chronometrische Modelle")

Chronometrie: Erfassung der Zeit

Das Volumen der Arbeitszeit wird im Arbeitsvertrag unter der Berücksichtigung gesetzlicher und tarifrechtlicher Regelungen vereinbart. Abgesehen von der normalen Regelarbeitszeit gibt es vier Modelle, die Aussagen über die flexible oder individuelle Gestaltung des Arbeitszeitvolumens machen (Abbildung 10.1):

(1) Bei *Teilzeit* fällt die vereinbarte Arbeitszeit geringer aus als die Regelarbeitszeit. Entscheidend bei der Teilzeitarbeit ist, dass von vorneherein ein verkürztes Arbeitszeitvolumen pro Bezugszeitraum (Tag, Woche, Monat) vereinbart wird, beispielsweise Halbtagsarbeit oder nur zwei Tage pro Woche.

(2) Im Gegensatz dazu liegt der *Kurzarbeit* ein festgelegtes umfassendes Arbeitsvolumen zu Grunde, welches dann aber aus betrieblichen und wirtschaftlichen Gründen reduziert wurde. Im Ergebnis ist auch hier, über einen längeren begrenzten Zeitraum gesehen, ein kürzeres Arbeitszeitvolumen die Folge.

(3) *Sabbatical* ist ebenfalls eine Verkürzung des Arbeitszeitvolumens. Hier ist eine mehrmonatige oder im Extremfall sogar über ein Jahr hinausgehende Unter-

brechung der Berufstätigkeit vorgesehen. Für diesen Zeitraum wird somit die Arbeitszeit auf Null gesetzt.

(4) *Altersteilzeit* ist eine Regelung, bei der über einen längeren Zeitraum vor dem eigentlichen Ruhestand weniger gearbeitet wird. Bei der Variante des gleitenden Vorruhestands wird eine 50prozentige Beschäftigung vereinbart, während beim Blockmodell eine Freistellungsphase auf eine Phase der nicht reduzierten Arbeitszeit folgt. Individuelle Vereinbarungen sind auch möglich.

Chronometrische Modelle können sowohl ausgehend von der Interessenlage der Mitarbeiter gewählt werden – beispielsweise als Wunsch nach Teilzeit oder Sabbatical – als auch eine Konsequenz aus Unternehmensstrategie oder Konjunktur sein, wobei aber tendenziell eher das Interesse des Unternehmers im Vordergrund steht. Chronometrische Regelungen zur Arbeitszeit beziehen sich immer auf das Arbeitsvolumen.

Verteilungsbezogene Modelle („chronologische Modelle")

Chronologie: Erfassung des Ablaufs

Sobald die Arbeitszeit in ihrem Volumen festgelegt ist, gilt es dieses Arbeitszeitvolumen auf der Zeitachse zu positionieren. Hierfür gibt es die folgenden sechs Grundmodelle (Abbildung 10.1):

(1) *Feste Arbeitszeit* beschreibt das klassische Modell mit gleichmäßig verteilten Anfangs- und Endzeiten.

(2) *Gleitzeit* ist ein weit verbreitetes Modell, das im Regelfall von einer vorgegebenen Kernarbeitszeit ausgeht und um diese herum, Zeit zur Arbeit individuell eingeteilt werden kann.

(3) *Schichtarbeit* liegt dann vor, wenn produktions- oder markttechnisch bedingt eine höhere Auslastung von Produktionskapazitäten oder eine höhere Bereitstellung von Dienstleistungen dadurch realisiert wird, dass der „betriebliche" Arbeitstag länger ist als der tarifliche Arbeitstag. Gerade in industriellen Fertigungsbetrieben mit teuren Produktionsanlagen beziehungsweise bei Verfahren, die kontinuierlich laufen müssen, sind zwei beziehungsweise drei Schichtbetriebe mögliche Modelle.

(4) *Variable Arbeitszeit* ist ein Modell, das gerade in virtuellen, das heißt in zeitlich und/oder räumlich entkoppelten Strukturen sinnvoll ist. Hier liegt es im Ermes-

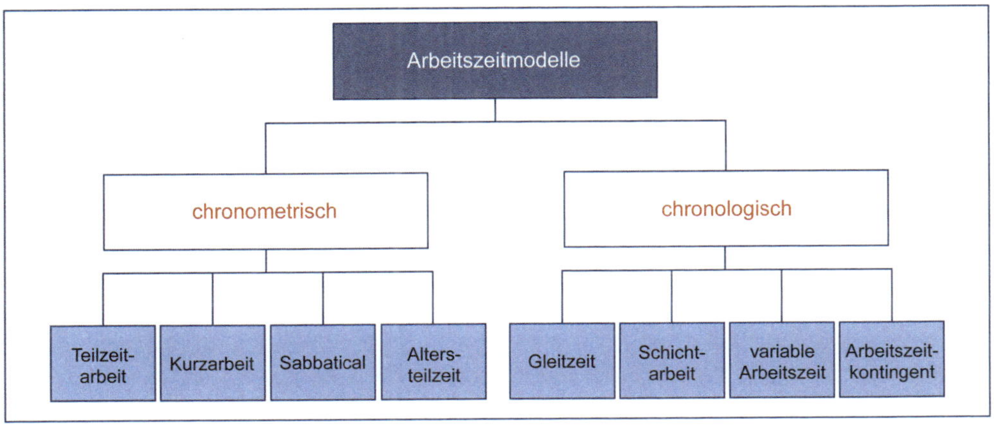

Abbildung 10.1: Systematik flexibler Arbeitszeitmodelle

sen des Mitarbeiters, zu entscheiden, wann er arbeitet. Dies gilt vor allem für Telearbeitsplätze mit hohem Autonomiespielraum und wird auch als Vertrauensarbeitzeit bezeichnet.

(5) Eine andere extreme Form der variablen Arbeitszeit ist die *Arbeit auf Abruf*, bei der mit dem Mitarbeiter ein Arbeitszeitkontingent vereinbart wurde, auf das das Unternehmen beliebig zurückgreifen kann.

(6) Bei einer *Jahresarbeitszeitvereinbarung* wird festgelegt, wie viele Stunden im Jahr gearbeitet werden soll, gleichzeitig aber auch, wie die Arbeit tendenziell zu verteilen ist. Ein Beispiel hierfür ist die kapazitätsorientierte variable Arbeitszeit („KAPOVAZ"), bei der die Arbeitszeiten in Tagesperioden mit starkem Arbeitsanfall gelegt werden.

In allen diesen Modellen geht es somit um die konkrete Festlegung, wann gearbeitet werden soll.

Chronometrische Regelungen zur Arbeitszeit beziehen sich immer auf das Arbeitsvolumen, chronologische Regelungen auf die zeitliche Verteilung des (gegebenen) Arbeitsvolumens.

Ausgestaltungsformen und -vorschriften

Vielfältige Flexibilisierungsmodelle

Aus den Grundmodellen, insbesondere der variablen Arbeitszeit, haben sich einige spezielle Formen entwickelt:

- Eine Variante ist die *Vertrauensarbeitszeit*[286], bei der neben der Arbeitszeit auch das Arbeitszeitvolumen zur Disposition steht. In der extremen Form kann beides vom Mitarbeiter bestimmt werden. Einzige Bedingung des Arbeitgebers ist die (rechtzeitige) Erfüllung von gestellten Aufgaben und Zielen.
- *Job-Sharing*[287] ist ein Arbeitszeitmodell, bei dem sich zwei oder mehrere Mitarbeiter die Verantwortung für eine Vollzeitstelle, deren Besetzung und gegenseitige Vertretung und auch weitestgehend die Arbeitsinhalte teilen. Nach der gesetzlichen Regelung handelt es sich hierbei um eine Teilzeitbeschäftigung, bei der im Gegensatz zu traditionellen Teilzeitarbeitnehmern die Job-Sharer die Aufteilung der Arbeitszeit unter sich selbst bestimmen. Durch die Selbstorganisation erhoffen sich Unternehmen Einsparungen beim Koordinationsaufwand und die Sicherung ständig besetzter Stellen. Job-Sharing ist in Deutschland nicht weit verbreitet, was an den gesetzlichen Regelungen liegen könnte. So ist in Deutschland nur eine eingeschränkte und keine automatische Vertretungsverpflichtung[288] vorhanden. Jede Vertretung bedarf einer gesonderten Vereinbarung.
- Eine weitere spezielle Form verteilungsbezogener Arbeitszeitmodelle ist der *Werkvertrag:* Hier wird lediglich eine vertragliche Regelung über ein Arbeitsvolumen hergestellt (nicht Zeitvolumen, sondern Arbeitsvolumen!). Ferner wird geregelt, bis zu welchem Zeitpunkt dieses Arbeitsvolumen abgearbeitet sein muss.
- Interessant bei *Gleitzeitmodellen*[289] ist vor allen Dingen das Verhältnis zwischen Kernzeit und Gleitkorridor sowie die Frage, wer darüber entscheidet, wann die Arbeitszeit zu leisten ist. Gerade wegen des letztgenannten Aspekts bedeutet Gleitzeit nicht unbedingt eine höhere Individualisierung für den Mitarbeiter, sondern kann genauso gut ausschließlich aus Flexibilisierungsgründen gewählt werden. Aber auch bei variablen Arbeitszeiten ist aus diesen Gründen zu prüfen, wer die Dispositionshoheit hat, wer also entscheidet, wann gearbeitet wird.

- Zur Flexibilisierung der Arbeitszeit wird auch das Instrument der *Arbeitszeitkonten* genutzt. Auf ihnen werden Abweichungen der tatsächlichen von der vereinbarten Arbeitszeit festgehalten, so dass sich ein Zeitguthaben oder ein Zeitdefizit aufbauen kann, das innerhalb einer bestimmten Frist ausgeglichen werden muss. Bei Sabbatical und Vorruhestand kann es darüber hinaus möglich sein, durch ein vorher angespartes Arbeitszeitkonto die Reduktion des Volumens ohne Reduktion der Bezüge zu realisieren.

Alle diese Modelle versuchen, Interessen von Arbeitnehmern und Arbeitgebern zu vereinbaren. Trotzdem ist das Verständnis von Flexibilität zwischen beiden Parteien grundlegend verschieden. Der Arbeitnehmer wünscht sich Flexibilität um das Privatleben herum, also Kinder von der Schule abholen oder jederzeit zu einem interessanten Event fahren zu können. Der Arbeitgeber dagegen möchte die Mitarbeiter flexibel einsetzen, jederzeit auf Abruf, auch am Sonntag. Hier entsteht ein Konflikt zwischen Arbeitnehmer und Arbeitgeber um die Deutungshoheit von „Flexibilität".

Arbeitszeitmodelle unterliegen einer Vielzahl von Regelungen und Vorschriften:

- Das *Arbeitszeitgesetz* (ArbZG) hat als Ziel, die Rahmenbedingungen für flexible Arbeitszeiten zu verbessern und die Sicherheit und den Gesundheitsschutz der Arbeitnehmer bei der Arbeitszeitgestaltung zu gewährleisten. Darüber hinaus legt es – von Ausnahmen abgesehen – die werktägliche Arbeitszeit auf acht Stunden fest und beinhaltet zudem, unter welchen Bedingungen diese auf maximal zehn Stunden verlängert werden kann. Ebenso macht es Vorgaben zu Anzahl und Dauer von Ruhepausen und -zeiten, Bedingungen für Nacht- und Schichtarbeit sowie Sonn- und Feiertagsregelungen.
- Das *Gesetz über Teilzeitarbeit und befristete Arbeitsverträge* (TzBfG) hat als Zielsetzung die Förderung der Teilzeitarbeit, die Festsetzung der Zulässigkeit befristeter Arbeitsverträge und die Verhinderung der Diskriminierung von teilzeitbeschäftigten und befristet beschäftigten Arbeitnehmern im Vergleich zu Vollbeschäftigten.
- Das *Betriebsverfassungsgesetz* (BetrVG) räumt dem Betriebsrat in Bezug auf die Arbeitszeitmodelle verschiedene Mitbestimmungsrechte ein, so beispielsweise bei
  - der Festlegung von Beginn und Ende der täglichen Arbeitszeit (einschließlich Pausen),
  - der Verteilung der Arbeitszeit auf die einzelnen Wochentage sowie bei
  - vorübergehender Verkürzung oder Verlängerung der betriebsüblichen Arbeitszeit.
- *Tarifverträge* können detaillierte Arbeitszeitregelungen enthalten, die jedoch den rechtlichen Vorschriften genügen müssen und nur für entsprechende Gewerkschaftsmitglieder gelten. Öffnungsklauseln in Tarifverträgen ermöglichen die Schaffung betriebsindividueller Lösungen im Rahmen von Betriebsvereinbarungen.

Wenig ist in Deutschland so umfassend geregelt wie die Arbeitszeit

All diese Regelungen sowie mit Mitarbeitern individuell getroffene vertragliche Vereinbarungen müssen bei der Personalallokation berücksichtigt werden.

Übung 10.2 Arbeitszeitmodelle

Bei der Abteilungsbesprechung der Buchhaltung in der Strawberry Cake & Bakeries AG kommt zur Sprache, dass die Mitarbeiter mit den starren Arbeitszeiten unzufrieden sind: Während die einen kleine Kinder versorgen müssen, möchten andere an bestimmten Sport- oder Freizeitaktivitäten teilnehmen. Ohne lange zu zögern, schnappen Sie sich einen Stift und geben Ihren Mitarbeitern auf dem Flipchart einen Überblick über die verschiedenen Arbeitszeitmodelle, die Sie einführen könnten.

Zur Arbeitszeiterfassung hat sich die elektronische Erfassung mit Chipkarten durchgesetzt, die neuerdings auch durch Fingerprint-Scanner oder Zeiterfassung per Handy ersetzt wird. Eine Kopplung der Zeiterfassungsterminals mit der EDV erlaubt die einfache Verwaltung von Arbeitszeitkonten und deren erleichterte Auswertung, beispielsweise zur Aufdeckung von Fehlzeiten. Bei der mobilen Zeiterfassung ist jedoch Vorsicht geboten, da hier schnell rechtliche Grenzen erreicht werden. Es ist nur ein kleiner Schritt, um bei der mobilen Eingabe die Zeiten mit GPS-Daten zu koppeln und somit zusätzlich eine räumliche Überwachung der Mitarbeiter zu ermöglichen. Wie wichtig die Zeiterfassung für viele Unternehmen ist, zeigt sich daran, dass Unternehmen eher die elektronische Personalakte oder Reportingfunktionen outsourcen als die Zeiterfassungssysteme.[290]

NETFLIX

Unbegrenzt Urlaub, das Beispiel Netflix

Gerade aus den U.S.A. kommen immer wieder radikale Beispiele für „moderne" Personalarbeit. So erlaubt Netflix Mitarbeitern, jederzeit und unbegrenzt Urlaub zu nehmen. Dies ist in den U.S.A. simpel umzusetzen, in Deutschland bedarf es einer Auseinandersetzung mit dem Arbeitsrecht, den Gewerkschaften, dem Betriebsrat und der Belegschaft. Trotzdem gibt es laut einer Studie Anfang 2018 schon über 130 Unternehmen, die unbegrenzte Urlaubstage anbieten[291]. Denn: Im Moment scheint es bei Netflix zu funktionieren. Führungskräfte sollen als Vorbild dienen und wer Leistung bringt, verdient Respekt. Trotzdem wird auch gesagt, dass schlechte Leistung zur Kündigung führen soll. Aktuell kann Netflix sich so ein Konzept leisten. Das Unternehmen kann sich zurzeit die Besten der Besten aussuchen und somit einen Leistungsdruck aufrechterhalten, ohne institutionelle Regeln einzuführen.

10.4 Wo arbeiten? Arbeitsplatz

Die Frage nach der (optimalen) Gestaltung des Arbeitsplatzes umfasst eine Fülle von Teilaspekten, wobei im Rahmen dieses Buches lediglich zwei besonders wichtige Punkte hervorgehoben werden sollen: Dies sind zum einen Aspekte der unmittelbaren Gestaltung des Arbeitsplatzes und zum anderen die Entscheidung darüber, wo die Arbeit stattfinden soll.

Arbeitsplatzgestaltung: Ergonomie

Unternehmen wollen das Arbeitssystem in der Regel so gestalten, dass möglichst wenige Störfaktoren die Transformationsprozesse nachteilig in ihrer Effektivität und Effizienz beeinflussen. Hierbei steht der Arbeitsplatz als Gestaltungsobjekt im Mittelpunkt. Zentrales Konzept der Arbeitsplatzgestaltung ist die Ergonomie[292]: Sie schafft die Voraussetzungen für eine Anpassung der Arbeit an den Menschen sowie (begrenzt) des Menschen an die Arbeit.

Ergonomie: Wissenschaft zur Optimierung der Arbeitsbedingungen

Zur Berücksichtigung von Wechselwirkungen zwischen Mensch und Arbeit braucht es eine Erfassung zentraler Belastungsgrößen wie
- Art der Arbeitsinhalte (von reiner Informationsverarbeitung bis körperlich schwerer Arbeit),
- Umgebungseinflüsse (Schall, Staub, Klima, Licht, chemische und biologische Stoffe) sowie
- objektiv quantifizierbare Belastungsfaktoren (beziehungsweise Umgebungseinflüsse) und
- subjektiv quantifizierbare Belastungsfaktoren (beziehungsweise Stress, Zeit- und Gruppendruck, Monotonie),

um dann den Einfluss auf den Mitarbeiter zu bestimmen.

Diese Überlegung führt zum Belastungs-Beanspruchungskonzept[293] mit seiner Differenzierung nach
- Belastung als nicht-personenspezifisches Konstrukt und
- Beanspruchung als individuelles Konstrukt.

Beide Werte gehen in die Einsatzentscheidung ein.

Die Gesamtbelastung ergibt sich dabei aus der Intensität und der Dauer der Belastungsfaktoren und -größen:

Belastung ist für alle gleich

$$\text{Belastung} = f(\text{Dauer und Intensität der Belastungsgrößen und Belastungsfaktoren})$$

Die Beanspruchung des einzelnen Mitarbeiters resultiert in Abhängigkeit individueller Faktoren (Eigenschaften, Fähigkeiten, Fertigkeiten und Bedürfnisse des Mitarbeiters) aus der individuellen Wirkung der Belastung auf den Menschen:

Beanspruchung fällt individuell unterschiedlich aus

$$\text{Beanspruchung} = f(\text{Belastung, Leistungsvoraussetzung, Bewältigung})$$

Folglich kann die gleiche Belastung bei verschiedenen Mitarbeitern zu unterschiedlichen Beanspruchungen führen. Die ergonomische Arbeitsplatzgestaltung setzt an der Beeinflussung der Belastungsgrößen und -faktoren an, um somit die Beanspruchung der Mitarbeiter zu verringern und ihre Einsetzbarkeit zu sichern.

Zur Erhebung der relevanten Belastungsgrößen und -faktoren werden Anforderungsanalysen der Arbeitsplätze durchgeführt, die auch eine teilweise Quantifizierung der Intensität und Dauer der Belastungen umfassen. Durchgeführt werden können diese Analysen beispielsweise mithilfe des REFA-Schemas[294]. Die Ergebnisse der Analysen sind Informationsgrundlage und können für die Gestaltung des Arbeitssystems und insbesondere des Arbeitsplatzes genutzt werden.

Als Ansatzpunkte für Gestaltungsmaßnahmen lassen sich fünf Disziplinen identifizieren[295]:

(1) Die *Anthropometrie* ist die Lehre von den Maßen, den Messverhältnissen und der Messung des menschlichen Körpers. Sie bildet die Grundlage für alle weiteren Disziplinen und insbesondere auch für eine den individuellen Körperverhältnissen der Mitarbeiter angepasste Arbeitsplatzgestaltung.

(2) Die *Physiologie* beschäftigt sich mit der Beanspruchung des menschlichen Körpers durch körperliche und geistige Belastung. Hier werden insbesondere Dauer und Intensität der Arbeit und der Umgebungseinflüsse betrachtet.

(3) Die *Psychologie* untersucht die Auswirkungen von Umgebungseinflüssen und der Aufgabengestaltung auf die Leistungsbereitschaft und Motivation der Mitarbeiter.

(4) Die *(Informations-)Technologie* verfolgt das Ziel einer effizienten Gestaltung der Arbeitsinhalte und Abläufe, beispielsweise durch eine Erleichterung der Informationsaufnahme mithilfe akustischer sowie visueller Signale.

(5) Die *Arbeitssicherheit* hat die Erhöhung des Arbeitsschutzes und die Verringerung beziehungsweise Vermeidung von Arbeitsunfällen zur Aufgabe. Vorgaben hierzu kommen aus Rechtsverordnungen (beispielsweise Arbeitsschutzgesetz „ArbSchG", EU-Rahmenrichtlinie 89/392/EWG „Arbeitsschutz") und aus autonomen Rechtsnormen (zum Beispiel von Berufsgenossenschaften).

Eine trennscharfe Betrachtung der einzelnen Disziplinen ist nicht immer möglich, da beispielsweise Änderungen an den Umgebungseinflüssen sowohl Auswirkungen auf die Physiologie als auch auf die Psychologie haben können.

Doch noch mehr geregelt: der Bildschirmarbeitsplatz

Am Beispiel des besonders im Dienstleistungssektor verbreiteten Bildschirmarbeitsplatzes lässt sich aufzeigen, welche Faktoren zu berücksichtigen sind. Ziel ist es, einen auf den Mitarbeiter abgestimmten, möglichst ermüdungs- und belastungsarmen Arbeitsplatz zu schaffen.[296] Hierzu gibt es eindeutige Gestaltungsvorschläge und Checklisten zur Ergonomie-Prüfung (Tabelle 10.1). Die beispielhaft aufgeführten Bereiche ergeben sich aus dem Anhang der Arbeitsstättenverordnung (ArbStättV). Zusammen mit der EU-Richtlinie 90/270/EWG („Bildschirmrichtlinie") bildet sie einen gesetzlichen Rahmen und beschreibt Rechte und Pflichten der Arbeitgeber und Arbeitnehmer. Die Komplexität der Gestaltungsmaßnahmen zeigt sich unter anderem in der Fülle konkreter Ausgestaltungsvorgaben, die durch Berufsgenossenschaftliche Informationen (BGI) sowie diverse andere Normen und Verordnungen verbreitet werden.

Gerade die Berufsgenossenschaften befassen sich umfassend mit Ergonomie. Exemplarische Empfehlungen sind[297]

- für den *Bürostuhl* die Einstellung der Sitzhöhe zwischen 400 und 530 Millimetern und Sitztiefe zwischen 37 und 47 Millimetern sowie eine in Höhe und Neigung verstellbare Rückenlehne,
- für die *Arbeitsfläche* eine Breite von 1.600 Millimetern und eine Tiefe von 800 bis 1.000 Millimetern sowie bei sitzender Tätigkeit eine Höhenverstellung zwischen 620 und 820 Millimetern,
- für den *Bildschirm* eine reflexionsarme Oberfläche, die so zum Betrachter geneigt ist, dass er senkrecht auf sie blickt, und eine in Abhängigkeit von der Auflösung zu wählende Bildwiederholfrequenz, um Flimmerfreiheit zu erreichen,
- für die *Software* die Verwendung von Symbolen, Berücksichtigung einer gewissen Fehlertoleranz bei der Bedienung, erwartungskonforme Dialoge sowie an die Erfordernisse und Vorlieben der Nutzer individuell anpassbare Einstellungen.

Normen wie beispielsweise DIN 4549, DIN 4551 oder DIN 4556 geben zusätzlich noch Maßzahlen zur optimalen Einstellung in Abhängigkeit von der Körpergröße vor (Abbildung 10.2).

Zur optimalen Einrichtung des Arbeitsplatzes gehört auch die Organisation des Greifraums. Hierbei soll sichergestellt werden, dass häufig benötigte Arbeitsmittel im kleinen optimalen Griffraum stehen (beispielsweise Tastatur oder Maus eines Bildschirmarbeitsplatzes), während weniger oft benötigte Arbeitsmittel im großen Greifraum oder auch außerhalb zu platzieren sind. Ziel ist es dabei, eine Übermüdung der Augen oder der Muskulatur zu vermeiden.[299]

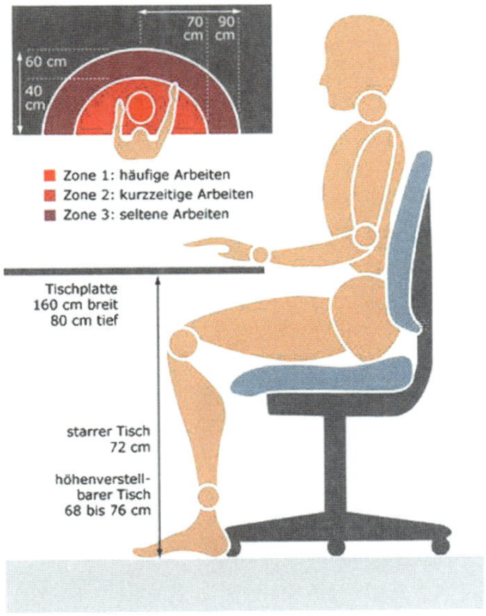

Abbildung 10.2: Ergonometrische Arbeitsplatzgestaltung[298]

Diese Gesetzmäßigkeiten hinsichtlich der Gesundheit gelten für jeden Arbeitsplatz, sei es im Homeoffice oder Open Space-Büro. Also muss auch hier immer ein richtiger Bürostuhl zur Verfügung stehen. Eine Couch zum Arbeiten genügt nicht.

Bereich	Schutzziele	Konkrete Ausgestaltungen
Arbeitsablauf und Pausen	Mischarbeit oder Kurzpausen	§§ 4, 5 ArbschG; BGI 650 Bildschirmarbeitsplätze und Büroarbeitsplätze (kurz BGI 650); DIN EN ISO 10075; DIN EN ISO 9241 Teil 2; DIN EN ISO 6385
Bildschirm	scharfe, ausreichend große, stabile, flimmerfreie, verzerrungsfreie Anzeige, Kontrast und Helligkeit regelbar, keine störenden Reflexionen und Blendungen, frei dreh- und neigbar	BGI 650; BGV A3; DIN EN ISO 9241 Teile 3, 7, 8
Tastatur	vom PC getrennte Tastatur, neigbar, variabel anordbar, Handballenauflagefläche, reflexionsfrei, ergonomische Tasten und Anschlag	BGI 650; DIN EN ISO 9241 Teil 4, 9; DIN 2137
Arbeitstisch	ausreichend groß, reflexionsarm, ausreichend Raum für ergonomische Haltung	BGI 650; DIN 4543 Teil 1; DIN EN 527 Teil 1; DIN 16510
Arbeitsstuhl	ergonomisch und standsicher	BGI 650; DIN 4550; DIN EN 1335 Teil 1, 2, 3; DIN EN 12529
Vorlagenhalter, Fußstütze	stabil, verstellbar, Fußstütze auf Wunsch	BGI 650; DIN 4556
Raum	ausreichend Raum für wechselnde Haltungen	ArbStättV Anhang 1.2, 1.7, 1.8, 3.1; ArbStättR 17/1.2; BGI 650; DIN 4543 Teil 1-2
Beleuchtung	anpassbar, angenehmer Kontrast im Blickfeld, keine störenden Blendungen und Reflexionen	ArbStättV Anhang 1.6, 3.4; ArbstättR 7/1, 7/3; BGI 650; BGI 856; DIN 5034; DIN 5035; DIN 5032 Teil 4; DIN 5040; DIN EN ISO 9241 Teil 6; BGR 131
Lärm	keine Beeinträchtigung der Konzentration und Sprachverständlichkeit	ArbStättV Anhang 3.7; BGI 650 DIN 4109; DIN EN ISO 3741; DIN EN ISO 7779; VDI 2569
Klima	keine erhöhte Wärmebelastung, ausreichend Luftfeuchtigkeit	ArbStättV Anhang 1.2, 1.6, 1.7, 3.5; ArbStättR 5, 6/1,3; BGI 650; BGI 827; BGI 5012; SP 2.9/1; DIN 33403; DIN EN ISO 15265
Strahlung	niedrige Strahlung, für Gesundheit unerheblich	Röntgenverordnung; Strahlenschutzverordnung; Gesetz über die elektromagnetische Verträglichkeit von Geräten (EMVG); BGI 650; DIN VDE 0848 (Sicherheit in elektromagnetischen Feldern), DIN VDE 0870; DIN 50360; Standard MPR II und Prüfsiegel TCO 03
Software	ergonomische Informationsverarbeitung, Benutzerfreundlichkeit, angepasst an Aufgaben und Benutzer, beeinflussbare Dialoge, Angaben über Abläufe, keine Kontrolle ohne Wissen der Benutzer	BGI 650; DIN EN ISO 9241 Teil 110
Augenvorsorge-untersuchung, Sehhilfe	regelmäßige Untersuchung der Augen, zur Verfügung stellen spezieller Sehhilfen	§ 11 ArbschG; BGV A 4; BGI 650; BGI 785 (Berufsgenossenschaftlicher Grundsatz G 37); BGI 786

Tabelle 10.1: Anforderungen an einen Bildschirmarbeitsplatz[300]

Arbeitsplatzwahl: Digitale Nomaden

Digitale Nomaden sind Personen, die nicht im Unternehmen arbeiten. In der Literatur wird in diesem Kontext oft noch von Telearbeit geredet.

Unter der Bezeichnung Telearbeit lassen sich alle Formen verteilter Aufgabenbewältigung unter Nutzung raum- und zeitüberbrückender Telemedien zwischen dezentral verteilten Aufgabenträgern, Organisationseinheiten und/oder Organisationen zusammenfassen.[301] Dabei gibt es vier Grundformen der Telearbeit[302]:

(1) *Homebased Telework* schließt alle Formen der Telearbeit am häuslichen Arbeitsplatz ein.

(2) *Centerbased Telework* beschreibt die Varianten der Telearbeit, die an dafür eingerichteten Telezentren (Teleservicezentralen oder Online-Labors) verrichtet werden – heutzutage auch als Co-Working Space bezeichnet.

(3) *On-site Telework* bezeichnet Telearbeit am Standort von Kunden oder Lieferanten, wobei die Telearbeiter via Telemedien mit dem eigenen Unternehmen verbunden sind.

(4) *Mobile Telework* umfasst alle ortsunabhängigen Arbeiten ebenso wie Außendiensttätigkeiten, die durch den Einsatz mobiler Informations- und Kommunikationstechnologien unterstützt werden.

In der Praxis ist häufig auch noch der Begriff der „alternierenden Telearbeit" zu finden, mit dem meist der Wechsel zwischen Heimarbeitsplatz und betrieblichem Arbeitsplatz verbunden wird.

Aufbauend auf den Grundformen der Telearbeit, die sich aus einer Klassifikation nach dem Arbeitsort ergeben, lassen sich weitere Formen mit entsprechender Differenzierung nach Arbeitszeit, Art der vertraglichen Regelung oder technischer Infrastruktur charakterisieren (Tabelle 10.2).[303] Unter dem Gesichtspunkt der Arbeitszeit ist unter anderem festzulegen, ob die Arbeit vollständig oder nur teilweise vom Telearbeitsplatz zu erbringen ist. Synchrone und asynchrone Arbeitszeit beschreiben die zeitliche (Ent-)Kopplung zu anderen Organisationseinheiten. Die Einteilung der vertraglichen Gestaltung der Telearbeit zwischen Telearbeitnehmer und Teleunternehmer (beispielsweise freie Mitarbeiter) hat vor allem rechtliche Auswirkungen durch die Festlegung auf den Status eines Arbeitnehmers, eines selbstständigen Unternehmers oder einer arbeitnehmerähnlichen Person. Online Telearbeit liegt vor, wenn die Mitarbeiter ständig über Telemedien (beispielsweise eine Internetverbindung) mit den restlichen Organisationseinheiten verbunden sind. Offline Telearbeit erfordert dagegen nur eine temporäre Verbindung, beispielsweise, um die lokalen mit den unternehmensseitigen Datenbeständen abzugleichen.

Tabelle 10.2: Formen der Telearbeit[304]

Arbeitsort	Arbeitszeit	vertragliche Regelung	technische Infrastruktur
homebased	Vollzeit/Teilzeit	Telearbeitnehmer	Offline Telearbeit
centerbased	festgelegt/variabel	Teleunternehmer	Online Telearbeit
on-site	synchron/asynchron		
mobile			

Wie die Telearbeit der Zukunft aussieht, beschreibt *Thomas Friedman* in seinem Buch „The World is Flat“[305]: Er erläutert dort das Prinzip „Homesourcing“ am Beispiel der amerikanischen Airline JetBlue. Wer die Reservierungshotline dieser Firma anruft, landet nicht etwa in einem Call Center, sondern wird mit einer Mitarbeiterin verbunden, die von zu Hause aus Anrufe annimmt, über den Computer direkt mit der Reservierungsdatenbank verbunden ist – und dabei etwa den Blick in den Garten genießt.[306]

In diesem Kontext der Telearbeit wird im Rahmen von New Work viel über die Flexibilisierung der Arbeitswelt diskutiert. Die Diskussion dreht sich vor allem über die Möglichkeiten zur Aufweichung der starren arbeitsrechtlichen Regelungen. Themen sind die Arbeitszeit- sowie die Arbeitsortsouveränität, um Gestaltungsspielräume zu schaffen und damit die Work-Life-Balance der Mitarbeiter zu verbessern[307].

Es ist aber zu unterscheiden, was diese gewonnene Freiheit genau bedeutet und für wen. Die Interessen der Arbeitgeber und der Arbeitnehmer unterscheiden sich umfangreich. Für die Arbeitgeberseite besteht durch die Arbeitszeit- und Arbeitsortsouveränität die Möglichkeit, potenzielle Arbeitsrisiken auf die Mitarbeiter auszulagern und gleichzeitig tiefgreifende Kontrollmöglichkeiten durch die Digitalisierung zu erhalten. Rechtlich gesehen ist diese Flexibilisierung folgenderweise durchführbar:

1. Eine Tätigkeit ist als selbstständig anzusehen, wenn sie per Werkvertrag (§631, 675 BGB) oder freien Dienstvertrag (§611, 675 BGB) vertraglich geregelt wird.
2. Der Fokus liegt auf der Tätigkeit oder dem Erfolg. Es liegt also eine Auftragsarbeit vor.
3. Durch die selbstständige Tätigkeit gehen die gesetzlichen Pflichten wie Arbeitsschutz auf den freien Mitarbeiter über.
4. Dieser freie Mitarbeiter ist nicht an das Unternehmen gebunden und deshalb entfallen auch Betriebsvereinbarungen.

Aktuell ist die Arbeitsortsouveränität noch eine gesetzliche Grauzone und erlaubt gesundheitsschädliches Verhalten. Laut dem Bundesministerium für Wirtschaft und Energie führt die Arbeitsortsouveränität zu einer Motivationssteigerung[308]. Dies soll im Zusammenhang mit der neuen Work-Life-Balance stehen und Nachteile scheinbar aufwiegen. Für die Arbeitgeberseite erscheint die Entwicklung, auf den ersten Blick, erfolgsversprechend.

Wenn man die Arbeitnehmerseite betrachtet, dann ist vor allem die Aussage der Motivationssteigerung zu hinterfragen. Die Arbeitgeber fordern und fördern nachhaltig das Work-Life-Blending. Beispielsweise hat eine Studie herausgefunden, dass die steigenden Flexibilitätsanforderungen zur Unzufriedenheit bei Mitarbeitern führen[309], auch geht es den Mitarbeitern gesundheitlich schlechter, wenn diese ständig erreichbar und immer auf Abruf sind[310]. Diese Form des Work-Life-Blending im New Work macht deutlich, dass Arbeitszeitsouveränität sowie Arbeitsortsouveränität nicht zu einer Motivationssteigerung führen, sondern die Motivation wegen Unzufriedenheit, gesundheitlichen Problemen, Stress und erhöhtem Burnout-Risiko senken. Deshalb ist ein Arbeitsumfeld mit geregelten Zeiten auch bei der Telearbeit notwendig.

Telearbeitsplätze implizieren eine Flut spezifischer Anforderungen. Das Bundesamt für Sicherheit in der Informationstechnik (BSI) verlangt beispielsweise für eine durch die Personalabteilung und die Führungskraft zu kontrollierende Regelung folgender Untersuchungsbereiche für Telearbeit[311]:

- Verteilung der Arbeitszeiten auf Tätigkeiten in der Institution und am häuslichen Arbeitsplatz sowie Festlegung fester Zeiten der Erreichbarkeit am häuslichen Arbeitsplatz (*Arbeitszeitregelung*).
- Abstände, in denen die Telearbeiter aktuelle Informationen wie beispielsweise ihre E-Mails lesen und beantworten (*Reaktionszeiten*).
- Schutz von analogen (Papierform) und digitalen Informationen vor unbefugtem Zugriff und anderen Sicherheitsrisiken sowie eine angemessene Absicherung des kompletten Lebenswegs geschäftskritischer Informationen (*Umgang mit vertraulichen Informationen*).
- Regelung, welche Arbeitsmittel Telearbeiter einsetzen und welche sie nicht nutzen dürfen (zum Beispiel nicht freigegebene Software). Beispielsweise kann ein E-Mail-Anschluss zur Verfügung gestellt werden, aber die Nutzung von anderen Internet-Diensten wird untersagt. Weiterhin könnte die Nutzung von Datenträgern, wie beispielsweise CDs, DVDs oder USB-Sticks untersagt werden, wenn der Telearbeitsplatz dies nicht erfordert (*Arbeitsmittel*).

Bei Telearbeit ist auf den Schutz von Kunden, Mitarbeitern und Daten zu achten

- Verpflichtung der Telearbeitnehmer, regelmäßig Datensicherungen der lokal gespeicherten Daten durchzuführen sowie die Vereinbarungen, dass jeweils eine Generation der Datensicherungen in der Institution zur Unterstützung der Verfügbarkeit hinterlegt wird (*Datensicherung*).
- Datenbestände, die sowohl in der Institution als auch an Telearbeitsplätzen bearbeitet werden sollen, müssen geeignet synchronisiert werden und erfordern eine genaue Planung, damit es nicht zu Konflikten und damit zu einem Datenverlust kommt (*Synchronisation von Datenbeständen*).
- Verpflichtung zur Einhaltung einschlägiger Datenschutzvorschriften sowie Hinweis auf die notwendigen Maßnahmen bei der Bearbeitung von personenbezogenen Daten am häuslichen Arbeitsplatz (*Datenschutz*).
- Festlegung, welche Daten auf welchem Weg übertragen beziehungsweise welche Daten nicht oder nur verschlüsselt elektronisch übermittelt werden dürfen sowie welche Dokumente zwischen Institution und häuslichem Arbeitsplatz transportiert werden dürfen und wie diese dabei geschützt werden (*Datenkommunikation*).
- Regelung von Art und Absicherung des Transports von Dokumenten und Datenträgern zwischen häuslichem Arbeitsplatz und Institution und Vereinbarung vertrauliche Daten auf digitalen Datenträgern nur verschlüsselt zu transportieren (*Transport von Dokumenten und Datenträgern*).
- Verpflichtung zur unverzüglichen Meldung sicherheitsrelevanter Vorkommnisse an eine im Vorfeld zu bestimmende Stelle in der Institution (*Meldeweg*).
- Vereinbarung eines Zutrittsrechts zum häuslichen Arbeitsplatz (gegebenenfalls mit vorheriger Anmeldung) zur Durchführung von Kontrollen und für die Verfügbarkeit von Akten und Daten im Vertretungsfall (*Zutrittsrecht zum häuslichen Arbeitsplatz*).
- Bestimmung von Vertretern, die über laufende Aktivitäten informiert sein müssen, zur kurzfristigen Übernahme der Vertretung. Diese erfordert eine sorgfältige Dokumentation und gegebenenfalls sporadische oder regelmäßige Treffen. Wichtig ist auch, wie im unerwarteten Vertretungsfall Zugriff auf die Daten auf den Telearbeitsrechnern gewährleistet oder wie auf am Telearbeitsplatz vorhandene Unterlagen zugegriffen werden kann (*Vertretungsregelung*).

Besonderes Augenmerk bei Telearbeitsplätzen ist auf die technische Ausstattung sowie die (sichere) Vernetzung mit dem Unternehmen zu legen, wobei verschlüsselte Verbindungen, virtuelle private Netzwerke sowie Authentifizierungsmechanismen zum Einsatz kommen können.

10.5 Was arbeiten? Arbeitszuordnung

Wie kann man aber jetzt die Mitarbeiter am besten auf die Stellen (Aufgaben) zuordnen? Für diese zentrale Aufgabe der Personalallokation gibt es zwei wichtige Basisinformationen:

(1) Aus der *Bedarfskalkulation* stammen die Anforderungsprofile als Aussagen dazu, welche Anforderungen an eine konkrete Stelle geknüpft sind.

(2) Aus der *Bestandsevaluation* kommen die Fähigkeitsprofile als Aussage dazu, durch welche Merkmale sich der jeweilige Mitarbeiter auszeichnet.

Diese beiden Informationen sind so miteinander in Verbindung zu bringen, dass eine möglichst optimale Zuordnung zwischen Mitarbeiter und zu besetzender Stelle erfolgt. Der Abgleich zwischen den Profilen soll Profilkombinationen mit geringer Diskrepanz zwischen Anforderung und Fähigkeit herausfiltern.

Der intuitiv-heuristische Ansatz

Heuristik: Methode zur Suche neuer Erkenntnisse

In vielen Unternehmen erfolgt Personalallokation über ein Verfahren, das man im weitesten Sinne als „intuitiv-heuristisch“ bezeichnen kann. Danach haben die Führungskräfte ein Gefühl dafür entwickelt, welche Mitarbeiter am besten welche Aufgaben übernehmen können. Sie greifen dazu auf die Informationen der Bedarfskalkulation und der Bestandsevaluation zurück und führen diese Ausgangsinformationen ohne eine systematische Hilfe zusammen.

Dieser intuitiv-heuristische Ansatz kann prinzipiell weder als besonders gut noch als besonders schlecht bezeichnet werden. Vielmehr hängt es von der Kompetenz der Führungskraft ab, ob dieses Vorgehen zu sinnvollen Lösungen führt. Auch können Sympathien für bestimmte Mitarbeiter oder böser Wille der Führungskraft das Ergebnis nachteilig beeinflussen.

Der mathematisch-formale Ansatz

In der Literatur zur Personalallokation[312] spielen die Verfahren zur Personalzuordnung eine historisch bedeutsame Rolle. Angelehnt an das Zuordnungsproblem der linearen Optimierung wird beim so genannten „Personnel-Assignment-Problem“ versucht, über ein mathematisches Zuordnungsmuster Anforderungen und Fähigkeiten aufeinander abzustimmen. Diese Zuordnung erfolgt in zwei Schritten:

e_{ij} als Eignung

Schritt 1 besteht aus der Bestimmung der Eignung eines Mitarbeiters i für eine Stelle j. Diesen Eignungswert e_{ij} erhält man durch Abgleich des Anforderungsprofils der

Stelle mit dem Fähigkeitsprofil des Mitarbeiters. Hohe Werte drücken dabei eine hohe Eignung für die jeweilige Stelle aus, niedrige Werte eine niedrige Eignung. Führt man die Berechnung für alle Mitarbeiter und alle Stellen durch, so erhält man eine Matrix, die angibt, wie geeignet die Mitarbeiter für die einzelnen Stellen sind.

Genutzte Eignungsmaximierung als Ziel

Schritt 2 berechnet die optimale Zuordnung der Mitarbeiter auf die Stellen. Formal lässt sich diese Zielfunktion wie folgt darstellen:

$$(1) \quad \sum_{i=1}^{m}\sum_{j=1}^{n}\left(e_{ij}\cdot x_{ij}\right)\rightarrow \max!$$

x_{ij} als Zuordnung

Die Variable x_{ij} gibt dabei an, ob ein Mitarbeiter i der Stelle j zugeordnet wird und führt zu folgender Nebenbedingung:

$$(2) \quad x_{ij}=\begin{cases}0 & \text{wenn Person i nicht auf Stelle j}\\ 1 & \text{wenn Person i auf Stelle j}\end{cases}$$

Jeder Mitarbeiter kann nur auf einer Stelle eingesetzt werden:

$$(3) \quad \sum_{j=1}^{n}x_{ij}=1 \quad \forall i=1,\ldots,m$$

Anderseits kann jede Stelle auch nur von einer Person belegt werden:

$$(4) \quad \sum_{i=1}^{m}x_{ij}=1 \quad \forall j=1,\ldots,n$$

n = m als Nebenbedingung

Die beiden letzten Nebenbedingungen stellen sicher, dass jeder Mitarbeiter genau einer Stelle und jede Stelle genau einem Mitarbeiter zugeordnet wird. Mitarbeiter und Stellen müssen folglich (in diesem vereinfachten Modell) in gleicher Anzahl in die Optimierung einbezogen werden:

$$(5) \quad n=m$$

Die Zielfunktion (1) und die Nebenbedingungen (2) bis (5) ergeben das so genannte *Zuordnungsproblem*.

Dieses Problem lässt sich mithilfe der Methoden der linearen Optimierung lösen. Bei einfachen Beispielen kann die Lösung auch häufig durch Ausprobieren erreicht werden.

Das Modell lässt sich um weitere Gesichtspunkte erweitern, beispielsweise durch
- Terminrestriktionen,
- Reihenfolgebeziehungen,
- Wegzeiten sowie
- Verfügbarkeit von Arbeitskräften im Planungszeitraum,

die auch durch Individualisierungs- und Flexibilisierungsbestrebungen beeinflusst werden.

Dienstplanung als Spezialaufgabe

Es lassen sich prinzipiell die folgenden drei Teilgebiete der Dienstplanung mit allgemeinem Anwendungsbereich unterscheiden[313]:

(1) *Shift Scheduling* verfolgt die Zuordnung von Schichten mit diversen Mustern, das heißt, es wird über Dauer und Lage von Arbeitszeit und Pausen entschieden.

(2) *Days off Scheduling* betrachtet die Zuordnung von freien Tagen und Arbeitstagen im Planungszeitraum.

(3) *Tour Scheduling* kombiniert die Entscheidungsprobleme von Shift und Days off Scheduling und beschäftigt sich mit der Zuordnung von Diensten mit differenzierten Beginn- und Endzeitpunkten.

Neben den allgemeinen Teilgebieten gibt es noch spezifische, meist auf kurzfristige Planung ausgelegte Modelle, die beispielsweise die Zuordnung von Arbeitskräften zu Maschinen oder Aufgaben (*Job Matching*), die spezifischen Anforderungen an die Besetzung in einer klinischen Abteilung (*Nurse Scheduling*), die Reihenfolge des Besuchs bei verschiedenen Kunden (*Traveling Salesman Problem*) oder auch die Zuweisung von Buslinien zu Busfahrern (*Bus Driver Scheduling*) betrachten. Alle diese Probleme erfordern zusätzliche Variablen und Nebenbedingungen in den mathematischen Modellen.

Die Arbeit eines Tages zu ordnen ist schwer

„Gegenüber der Fähigkeit, die Arbeit eines einzigen Tages sinnvoll zu ordnen, ist alles andere im Leben ein Kinderspiel."[314]

Johann Wolfgang von Goethe (1749–1832; deutscher Dichter)

Die Numerati von IBM

In seinem Buch „The Numerati – How they'll get my number and yours" beschreibt *Stephen Baker*, wie bei dem Unternehmen IBM die Fähigkeiten von 300.000 Mitarbeitern in komplexe Algorithmen eingehen, die letztlich das Thema Personalallokation unter Berücksichtigung unterschiedlichster Zielsetzungen optimieren.[315]

Mit derartigen Modellen beantwortet *Stephen Baker* folgende (komplexe) Allokationsfrage: Eine IBM-Managerin soll ein Team aus fünf Experten zusammensetzen, das nach Manila fliegen soll, um dort ein Call Center aufzubauen. Sie klickt sich durch ein Onlineformular, ähnlich einer Urlaubsplanung. Der Computer liefert ihr postwendend ein Team. Alles schaut gut aus, drei haben auch sehr harmonisch zusammengearbeitet, einer spricht Tagalo, alle haben gültige Pässe und wohnen in der Nähe von Flughäfen, mit Direktflug nach Manila. Doch der Computer signalisiert auch, dass diese Kombination zu teuer ist: Der Systemarchitekt passt zu 98,7 Prozent auf den Job, kostet aber 150 Dollar pro Stunde. Die Lösung? Er wird durch einen indischen Berater ersetzt, der nur 85 Dollar pro Stunde kostet, dafür nur zu 69 Prozent passt. Deshalb bekommt er noch rasch eine zweiwöchige Qualifikationsmaßnahme.

Zuordnung von Mitarbeitern auf Arbeitsplätze

Übung 10.3

Ein immer interessanter werdender Bereich bei der Strawberry Cake & Bakeries AG ist der Partyservice. Besonders Berlin hat sich aufgrund der hohen Politikerdichte inzwischen als absatzstärkste Stadt herauskristallisiert. Dort arbeiten die fünf Mitarbeiterinnen Frau Meier, Frau Müller, Frau Schmitt, Frau Schulze und Frau Weber Vollzeit für Ihren Partyservice. In Zusammenarbeit mit der Personalberatung „Wichtig & Partner“ haben Sie ermittelt, dass Ihre fünf Mitarbeiterinnen in unterschiedlicher Form für die anfallenden Aufgaben Planung, Einkauf, Aufbau, Buffet und Service geeignet sind. Die nachfolgende Eignungsmatrix zeigt diese e_{ij}-Werte.

	Planung	Einkauf	Aufbau	Buffet	Service
Meier	87	6	5	54	74
Müller	95	79	41	22	2
Schmitt	25	33	53	91	99
Schulze	26	51	0	74	23
Weber	56	76	64	5	73

Sie rätseln: Wer soll nun intuitiv-heuristisch welche Aufgabe wahrnehmen und welcher Gesamtwert ergibt sich daraus?
Nun sind Sie zu einer Lösung gekommen, sind sich jedoch nicht sicher, ob diese optimal ist. Daher bitten Sie Ihren Kumpel Klaus, der Mathematiklehrer ist, sich Ihre Lösung noch mal anzuschauen. Klaus grinst Sie jedoch nur überlegen an und sagt: „Ich verrate nur so viel: Der optimale Wert ist größer als 400.“

10.6 Ausblick

Die Allokationsaufgabe ist mehr als eine rein mathematische Zuordnung von Mitarbeitern auf Stellen und mehr als die Gestaltung von Arbeitsplätzen. Ihr größtes Potenzial liegt in der Berücksichtigung von unternehmensseitigen Flexibilisierungsbestrebungen und mitarbeiterseitigen Individualisierungswünschen. Durch den abgestimmten Einsatz dieser beiden Mittel ist es sowohl möglich, betriebliche Ziele zu erreichen als auch den Mitarbeitern eine bessere Vereinbarkeit von Beruf und Privatleben zu ermöglichen, was sich in einer Steigerung der Motivation der Mitarbeiter ausdrückt.[316] Können nicht alle Individualisierungswünsche berücksichtigt werden oder verlangt das Unternehmen immer mehr Flexibilität bei seinen Mitarbeitern, dann muss das Unternehmen den Mitarbeitern entsprechende Kompensationen zahlen, um ein unerwünschtes Verlassen des Unternehmens zu verhindern.

Die heutige Arbeitswelt wird schon jetzt von einer Auflösung jeglicher Grenzen nachhaltig beeinflusst. Diese neue Arbeitswelt kann zu komplett virtuellen Organisationen führen, was man an Unternehmen ohne feste Arbeitsplätze und ohne fest zugeteilte Schreibtische sieht. Das Entwicklerteam von Wordpress zum Beispiel hat seinen Hauptsitz verkauft, da keine Mitarbeiter mehr aufgetaucht sind und woanders gearbeitet haben. Diese Auflösung führt zu einem massiven Anstieg an Work-Life-Blending.

Unter Work-Life-Blending versteht man einen Gegenentwurf zu Work-Life-Balance und zu Work-Life-Separation. Work-Life-Blending bezeichnet den fließenden Übergang von Job und Privatleben; Arbeitszeit, Arbeitsort und Arbeitsverhältnis lassen sich nicht vom Privaten trennen.[317] Mitarbeiter sind überall erreichbar, weil sie ja auch überall arbeiten können. Das klingt zwar nach umfangreicher Flexibilisierung, aber gleichzeitig auch nach der Unmöglichkeit, Arbeit vom Privatleben zu trennen. Das Konzept des Abschaltens ist gar nicht mehr möglich. Mitarbeiter können schneller im Burnout landen. Die Unternehmen haben auch in Zeiten der digitalen Arbeitswelt eine Fürsorgepflicht und dürfen den Mitarbeitern nicht misstrauen (durch Überwachung), sondern müssen sie schützen. Denn schnell kann die Freiheit und Vertrauensarbeitszeit zu einem massiven Druck führen.

In der Spieleindustrie gibt es das Konzept der Crunch-Time. Dies bedeutet, dass zum Ende der Fertigstellung die Mitarbeiter quasi im Unternehmen leben müssen, um das Produkt fertigzustellen: Die Mitarbeiter arbeiten 24/7. Dies ist ein Zeichen für schlechtes Projektmanagement. In den letzten Jahren hat sich die Crunch-Time in vielen Unternehmen verbreitet und manche nehmen dieses Konzept sogar in die Projektmanagement-Planung auf. Diese Entwicklung verstößt gegen die Fürsorgepflicht des Unternehmens und legt ein Missmanagement in der Allokation offen.

Aufgaben und Fragen zur Selbstüberprüfung

1. Diskutieren Sie den Zusammenhang zwischen den zwei Zielen Individualisierung und Flexibilisierung im Rahmen der Personalallokation.
2. Welche Vorschläge gibt es für die chronometrische beziehungsweise für die chronologische Arbeitszeitgestaltung?
3. Was spricht für beziehungsweise gegen den „intuitiv-heuristischen Ansatz“ zur Arbeitszuordnung? Welche Argumente (pro und contra) gibt es im Hinblick auf den mathematisch-formalen Ansatz?
4. Nehmen Sie Stellung zu folgender Aussage: „Ein hoher Individualisierungsgrad von Arbeitszeiten hat für die Arbeitnehmer ausschließlich positive Konsequenzen und ist daher stets zu begrüßen.“

Endnoten

[280] *Statistisches Bundesamt* 2016.

[281] *Bundesagentur für Arbeit* 2018.

[282] *DGUV* 2016.

[283] vgl. *REFA* 1991, 22–28.

[284] vgl. *Drucker* 1968, 1–2; *Scholz* 1992b.

[285] vgl. o.V., Kind im Büro in: managerSeminare Heft 135 (6/2009), 8.

[286] vgl. *Wingen et al.* 2004.

[287] vgl. *Olmsted* 1979.

[288] vgl. *Linde* 2004.

[289] vgl. *Knörzer* 2002, 24.

[290] vgl. *Mülder* 2009, 16.

[291] *Joblift*, Unbegrenzter Urlaub im Trend: Stellenanzeigen von Arbeitgebern, die keine Urlaubstage mehr zählen, haben sich mehr als verdoppelt, 24.2018, online unter: https://joblift.de/Presse/unbegrenzter-urlaub, abgerufen am 24.5.2018

[292] ISO 6385: 2004–05.

[293] vgl. *Rohmert* 1984.

[294] vgl. *REFA* 1991.

[295] vgl. *Luczak* 1998, 15–16, 587–630.

[296] vgl. *Rundnagel, Regine,* Gestaltungsregeln für die Bildschirmarbeit, online unter: http://www.ergo-online.de/site.aspx?url=html/rechtsgrundlagen/bildschirmarbeitsverordnung/gestaltungsregeln.htm, abgerufen am 22.03.2009.

[297] *VBG* 2007, 35–48, 59, 66, 94–95.

[298] *VBG* 2007, 35–48, 59, 66, 94–95.

[299] vgl. *Strasser* 1993.

[300] vgl. *Rundnagel, Regine,* Gestaltungsregeln für die Bildschirmarbeit, online unter: http://www.ergo-online.de/site.aspx?url=html/rechtsgrundlagen/bildschirmarbeitsverordnung/gestaltungsregeln.htm, abgerufen am 22.03.2009.

[301] vgl. *Büssing/Aumann* 1996, 225.

[302] vgl. *Reichwald/Möslein* 1997.

[303] vgl. *Reichwald et al.* 2000, 85–90.

[304] vgl. *Reichwald et al.* 2000, 89.

[305] *Friedman* 2006.

[306] vgl. *Friedman* 2006, 36–38.

[307] *Deutscher Bundestag,* 17. Wahlperiode, Achter Zwischenbericht der Enquete-Kommission „Internet und digitale Gesellschaft". Wirtschaft, Arbeit, Green IT, 13.3.2013, hier 76, online unter: http://dipbt.bundestag.de/dip21/btd/17/125/1712505.pdf, abgerufen am 25.5.2018.

[308] *Bundesministerium für Wirtschaft und Energie* 2013.

[309] *IG Metall* 2017.

[310] *baua* 2017.

[311] vgl. *Bundesamt für Sicherheit und Informationstechnik* 2008.

[312] vgl. *Kossbiel* 1992.

[313] vgl. *Nanda/Browne* 1992; *Spengler* 2006, 15.

[314] *von Goethe, Wolfgang,* online unter: www.zitate-online.de/literaturzitate/allgemein/667/gegenüber-der-Fähigkeit-die-Arbeit-eines.html, abgerufen am 31.05.2009.

[315] vgl. *Baker* 2008.

[316] vgl. *Knauth* 2007, 157.

[317] *Scholz* 2018, 34–40.

11

Kompensation: Wie entlohnt man Mitarbeiter richtig?

Inhalt

Fakten

Ungefähr die Hälfte der Unternehmen sehen die Entlohnung als einen wichtigen Faktor zur Mitarbeiterbindung an.[318]

In 25 der 28 Mitgliedsstaaten der EU gibt es einen Mindestlohn.[319]

13 % der Unternehmen sehen zu hohe Gehaltsansprüche als einen Hauptgrund für den Fachkräftemangel an.[320]

Lernziele

- Sie erfahren, welche Möglichkeiten der Entlohnung existieren.
- Sie erleben, welche Rolle die Beurteilung des Mitarbeiters in der Entlohnung spielt.
- Sie wissen, was sich hinter dem Cafeteria-System verbirgt.
- Sie verstehen, worauf man bei der Entwicklung der Lohnpolitik achten muss.
- Sie lernen, die Formen der Entlohnung zu unterscheiden.

11.1 Überblick

Total Compensation: Überbegriff für alle finanziellen beziehungsweise geldwerten Leistungen des Unternehmens an seine Mitarbeiter

Kompensation entspricht dem in der US-amerikanischen Literatur üblichen Ausdruck von „Compensation", der teilweise noch eine Erweiterung in „Compensation and Benefits" findet. Ebenfalls aus dem US-amerikanischen Bereich stammt – inzwischen auch bei uns üblich – der Begriff „Total Compensation" als Überbegriff für alle finanziellen beziehungsweise geldwerten Leistungen des Unternehmens an seine Mitarbeiter. Hierzu zählen

- fixe Grundvergütung,
- variable Vergütungsbestandteile,
- erfolgsabhängige Vergütung (zum Beispiel Leistungs- und Ertragsbeteiligungen) und
- Mitarbeiterbeteiligungen (Fremd- oder Eigenkapitalbeteiligungen).

Gerade bei Führungskräften der oberen Hierarchieebenen macht das Grundgehalt im Vergleich zu den variablen Vergütungsbestandteilen nur einen kleinen Teil des Einkommens aus.

In diesem Zusammenhang stellt sich zwangsläufig die Frage nach der Entgeltgerechtigkeit (Abschnitt 11.2). Zur Festlegung der Entgelthöhe kommen Verfahren der Arbeitsbewertung sowie der Leistungsbeurteilung zum Einsatz (Abschnitt 11.3): Denn umso mehr die Entlohnung von der gezeigten Leistung abhängt, umso schwerer fallen die Leistungs- und zum Teil die Verhaltensbeurteilungen ins Gewicht, die schließlich maßgeblich als Berechnungsgrundlage für die „Compensation and Benefits" dienen. Unterschiede in der Höhe der Entlohnung lassen sich für den Bereich der Arbeiter und Angestellten (Abschnitt 11.4) sowie für die Führungskräfte (Abschnitt 11.5) lokalisieren. Die dort präsentierten Ansätze zur Entgeltfindung sind nicht nur für Entlohnungsspezialisten relevant, sondern für alle, die ihre eigene Gehaltsabrechnung verstehen beziehungsweise vielleicht so ihre Gehaltsstruktur optimieren können. Neben den grundlegenden Lohnformen spielen also auch im Hinblick auf die Total Compensation die einzelnen Komponenten eine Rolle, aus denen sich das Entgelt zusammensetzen kann (Abschnitt 11.6).

11.2 Entgeltgerechtigkeit als Basis

Entgeltgerechtigkeit ist ein zentrales Thema – nicht nur innerhalb von Unternehmen sondern auch auf einer gesellschaftspolitischen Ebene. Jeder kennt das Phänomen aus seinem eigenen Umfeld – sei es aus der Schule, dem Studium oder aus dem Job: Sobald man einen Lohn für etwas erhält – eine Note oder die monatlichen Gehaltszahlungen – vergleicht man sich mit Anderen. Entgeltgerechtigkeit hat neben einer unternehmenspolitischen auch eine ethische oder moralische, eine psychologische sowie eine rechtliche Dimension.

Unternehmenspolitische Dimension

Unternehmenspolitik als Rahmen

Professionelle Personalarbeit verlangt klare Aussagen zum vorgesehenen und praktizierten Entlohnungssystem. Dazu zählt unter anderem die Beantwortung folgender Fragen:

- Wie stark soll *Leistung zählen*?
- Orientiert man sich an *globalen Marktentwicklungen*?
- Welche *Relevanz* haben unternehmensinterne beziehungsweise lokale Gegebenheiten?
- Wie groß dürfen die *Unterschiede* zwischen Topmanagern und „normalen" Mitarbeitern im Gehalt sein?

Bezüglich dieser Fragen artikuliert eine Entgeltpolitik (als Teil einer Personalstrategie) in Regeln oder Gesetze gefasste Richtungsentscheidungen, um Willkür, Intransparenz und Instabilität zu vermeiden. Gleichzeitig ergibt sich hier der Zielbezug der Entgeltfestsetzung als Möglichkeit, Unternehmensziele in die Gestaltung der Entlohnungssysteme einzubringen.

Dabei fällt der gestalterische Spielraum für eine explizite Lohnpolitik relativ gering aus, da zwei Steuerungssysteme die Gehaltsstruktur weitreichend beeinflussen:

(1) Für einen großen Teil der Mitarbeiter regelt der *Tarifvertrag* sowohl das Lohngefüge als auch die Verfahren, nach denen der Mitarbeiter zur Lohnfestlegung bewertet wird. Die restlichen Freiräume werden weitgehend von Mitbestimmungsmöglichkeiten des Betriebsrats und der Betriebsvereinbarung geregelt.

(2) Für Führungskräfte, im Sinne von leitenden Angestellten, spielt dagegen der *Markt* eine wichtige Rolle – oft allerdings nur in eine Richtung: Werden Mitarbeiter einer bestimmten Kategorie knapp, so können sie höhere Gehälter durchsetzen. Gerade in dieser außertariflichen Situation ist es allerdings schwierig, die Gehälter im umgekehrten Fall wieder abzusenken.

Berichte über die praktizierte Lohnpolitik von Unternehmen lassen sich beinahe täglich in den Medien finden. Meist wird hier über Arbeitskämpfe, bei denen Gewerkschaften (stellvertretend für die Mitarbeiter) und Arbeitgebervertreter die Konditionen des Tarifvertrages aushandeln, berichtet. Den Arbeitnehmern steht hier vorrangig das Mittel des Streiks zur Verfügung, während die Arbeitgeber auf die Aussperrung zurückgreifen können (was jedoch selten genutzt wird). Letztlich findet sich die Lösung jedoch stets am Verhandlungstisch. Die Lohnpolitik ist also vor allem Ausdruck von Macht. Deshalb wird es immer wichtiger, dass Mitarbeiter die Zusammensetzung der Entlohnung, die dahinter liegende Logik und vor allen Dingen die damit angestrebte Steuerungslogik verstehen.

Ethische Dimension

Entgeltgerechtigkeit ist sehr schwer herzustellen, da in diesem Zusammenhang vor allem subjektiv-empfundene Kriterien bei den Mitarbeitern das Gerechtigkeitsempfinden steuern. Aus ethischen Gesichtspunkten sollen Anreiz- und Entlohnungssysteme vor allem eine Anforderungs-, Leistungs- und Sozialgerechtigkeit gewährleisten[321]:

- Die Entlohnung ist dann *anforderungsgerecht*, wenn der Lohn der Arbeitsschwierigkeit entspricht.

- Die Entlohnung ist dann *leistungsgerecht*, wenn der Lohn der Leistung des einzelnen Mitarbeiters entspricht.
- Die Entlohnung ist dann *sozialgerecht*, wenn sozial- beziehungsweise gesellschaftspolitische Maßnahmen, wie der Anspruch auf Krankengeld, berücksichtigt werden.

Spielt Ethik (noch) eine Rolle?

Durch die Entwicklung und tarifvertragliche Absicherung diverser Verfahren zur Arbeitsbewertung, unterschiedlicher Lohnformen sowie Kriterien zur Berücksichtigung sozialer Gesichtspunkte sind einige Lohnkonflikte inzwischen gelöst worden. Allerdings geht die Schere zwischen dem Lohnniveau der Arbeiter und der Angestellten im Vergleich zu dem Lohnniveau der oberen Führungsetagen immer weiter auseinander, was zu heftigen Diskussionen in der Öffentlichkeit führt.

Psychologische Dimension

Gerechtigkeit ist subjektiv

Das Gerechtigkeitsempfinden einer Person spiegelt sich in der psychologischen Dimension wider und wurde in den 1960er-Jahren von *Stacey Adams*[322] untersucht. Zentral für ihn ist das Gerechtigkeitsempfinden, das mit dem empfundenen Input und Output einer (Arbeits-)Beziehung einhergeht:

- *Input* sind die von einer Person eingebrachten Faktoren wie Erfahrung, Ausbildung, Intelligenz, Erziehung, Alter, Geschlecht, sozialer Status und Arbeitsanstrengung.
- *Output* sind die Konsequenzen für die betrachtete Person wie Entlohnung, Prestige, Sozialleistung und Status.

Aus diesen beiden Gruppen an Faktoren leitet sich ein subjektives Gefühl für Gerechtigkeit ab.

Nötig für eine Beurteilung ist allerdings der Bezug zum Input und Output einer Vergleichsperson. Die Austauschrelationen für beide Personen, also für die beurteilende Person P und die Vergleichsperson V werden dann miteinander verglichen. Entspricht der Wert des eigenen Austauschverhältnisses dem des Austauschverhältnisses der Vergleichsperson, so entsteht ein Gefühl der Gerechtigkeit. Umgekehrt fühlt sich die vergleichende Person ungerecht behandelt, wenn sich die Relationen nicht entsprechen.

$$\frac{O_p}{I_p} \langle \frac{O_v}{I_v} = \text{„ungerecht" für } P$$

$$\frac{O_p}{I_p} \rangle \frac{O_v}{I_v} = \text{„ungerecht" für } V$$

$$\frac{O_p}{I_p} = \frac{O_v}{I_v} = \text{„gerecht" für } P \text{ und } V$$

Empfindet P das Austauschverhältnis als ungerecht, so versucht sie einen als gerecht empfundenen Zustand herbeizuführen. Hierzu stehen folgende acht Anpassungsformen zur Verfügung[323]:

(1) Die Person kann ihren *Input erhöhen*. In diesem Fall steigt die Produktivität der Person, was vorteilhaft für das Unternehmen ist.

(2) Die Person kann ihren *Input verringern*, da sie das Gefühl hat, dass sich ein hoher Input nicht lohnt. Natürlich ist das aus Unternehmenssicht negativ zu bewerten.
(3) Die Person kann ihren *Output erhöhen*, was gleichbedeutend mit einer Lohn- oder Gehaltserhöhung ist.
(4) Die Person kann ihren *Output verringern*, was in der Realität eher selten vorkommen dürfte, da dies faktisch eine freiwillige Lohn- beziehungsweise Gehaltskürzung ist.
(5) Die Person kann *„das Feld verlassen"*, was gleichbedeutend mit einer inneren oder tatsächlichen Kündigung ist.
(6) Die Person kann ihren Input oder Output *psychologisch verzerren*. Es kommt also zu einer neuen Interpretation nach dem Motto „So schlecht ist mein Output gar nicht".
(7) Die Person kann den Input oder Output der Vergleichsperson *beeinflussen* beziehungsweise diese dazu bewegen, „das Feld zu verlassen". Hier droht akute Intrigen- und Mobbinggefahr.
(8) Die Person *wählt eine neue Bezugsperson*, mit der sie sich vergleicht und bei der die wahrgenommene Ungerechtigkeit geringer ausfällt.

Alle acht Handlungsmöglichkeiten haben nur ein Ziel: die wahrgenommene Ungerechtigkeit zu verringern.

Rechtliche Dimension

Auch der Gesetzgeber hat sich direkt und indirekt mit dem Thema Entgeltgerechtigkeit beschäftigt. Viele Gesetze enthalten Regelungen zur Entlohnung, wie zum Beispiel das Betriebsverfassungsgesetz, das Bundesurlaubsgesetz, das Bürgerliche Gesetzbuch, das Tarifvertragsgesetz oder das Sozialgesetzbuch.

Der Aspekt der Gerechtigkeit im Rahmen der Entgeltfindung bezieht sich beispielsweise auf Mindestnormen für soziale Sicherheit, Diskriminierungsverbot, bezahlbarer Jahres- oder Bildungsurlaub. So darf nach einer Richtlinie der EU keine Diskriminierung aufgrund des Geschlechts bei gleicher oder gleichwertiger Arbeit im Hinblick auf die Entlohnungsbestandteile und Bedingungen erfolgen.

Ebenso haben in Deutschland nach § 1 EntgFG alle Arbeitnehmer einen Anspruch auf Fortzahlung des Arbeitsentgelts im Krankheitsfall oder an gesetzlichen Feiertagen (§ 2 EntgFG). Krankheitsfall bedeutet nach § 3 EntgFG, dass der Arbeitnehmer aufgrund einer Krankheit, ohne dass ihn ein Verschulden trifft, arbeitsunfähig ist. Was unter „verschuldet" zu verstehen ist, hängt oftmals von der Auslegung des Gesetzestexts im individuellen Fall ab: So gilt Krankheit infolge der Ausübung einer Risikosportart im Allgemeinen etwa nicht als selbstverschuldet, während Krankheit, die auf Trunkenheit zurückzuführen ist, oftmals als selbstverschuldet betrachtet wird. Sofern ein Anspruch auf Fortzahlung besteht, wird diese für eine Dauer von sechs Wochen gewährleistet und umfasst nach § 4 I EntgFG die volle Höhe des Arbeitslohns.

11.3 Arbeitsbewertung und Leistungsbeurteilung als Methoden

Um zu einem anforderungsgerechten beziehungsweise leistungsgerechten Entgelt zu kommen, benötigt man Verfahren, mit deren Hilfe sich Leistungen beziehungsweise Anforderungen an eine Tätigkeit beurteilen lassen. Diese Beurteilungsverfahren folgen einem klar definierten Ablauf und münden somit in einer weitgehend akzeptierten Grundsystematik. Berücksichtigt werden muss zudem, dass Beurteilungen auch fehlerhaft sein können und aus diesem Grund die grundlegende Beurteilungsproblematik beachtet werden muss.

Systematik

Für die finale Einstufung der Leistung gibt es in der Personalwirtschaftslehre seit Langem eine ganze Reihe von Methoden, die im Wesentlichen aus der Arbeitsbewertung kommen:

Arbeitsbeurteilung versus Leistungsbeurteilung

- Bei der reinen *Arbeitsbeurteilung* wird der Lohn in Abhängigkeit von den Charakteristika des Arbeitsplatzes festgesetzt.
- Bei der *Leistungsbeurteilung* im engeren Sinne wird die Entgeltfestlegung in Abhängigkeit von der erbrachten Leistung durchgeführt.

Arbeitsbeurteilung und Leistungsbeurteilung unterscheiden sich somit im Betrachtungsobjekt: In einem Fall beurteilt man eine anonyme Stelle, im anderen Fall einen konkreten Mitarbeiter. Trotzdem sind die Verfahren in beiden Fällen die gleichen, nur die zugrunde gelegten Inhalte sind unterschiedlich.[324] Die eigentliche Beurteilung besteht aus zwei Teilen, nämlich aus der „Was-Komponente“ (qualitativer Aspekt) und aus der „Wie viel-Komponente“ (quantitativer Aspekt).

Bei der qualitativen Analyse gibt es folgende Möglichkeiten:

Analytisch versus summarisch

- Bei der *analytischen* Vorgehensweise wird das zu analysierende Objekt in einzelne Teilaspekte untergliedert, die dann für sich genommen bewertet werden. Um diese Einzelwerte zusammenzuführen, kann auf zwei Formen der Gewichtung zurückgegriffen werden:
  - Bei der *gebundenen* Gewichtung wird die Gewichtung durch die Anzahl der Punkte berücksichtigt, die pro Stufe vergeben werden. Höhere Punkte für ein Merkmal bedeuten auch stärkere Gewichtung.
  - Bei der *offenen* Gewichtung werden dagegen zunächst die tatsächlichen Merkmalsausprägungen erhoben und anschließend mit den entsprechenden Gewichten multipliziert.
- Bei der *summarischen* Vorgehensweise wird das Untersuchungsobjekt dagegen als Ganzes bewertet, alle Anforderungsarten gleichzeitig mit einbezogen.

Der Unterschied zwischen analytisch und summarisch bezieht sich also darauf, was in welcher Aufspaltung in die Beurteilung eingeht.

Für die quantitative Analyse bieten sich zwei Verfahren an:

Reihung versus Stufung

- Bei der *Reihung* wird, unabhängig von einer Skala, eine Reihenfolge zwischen den verschiedenen Untersuchungsobjekten (also Arbeitsplätze oder Mitarbeiter) hergestellt. Beispielsweise lassen sich Arbeitsplätze entsprechend ihrer Schwierigkeiten in eine mit dem höchsten Schwierigkeitsgrad beginnende und mit dem niedrigsten Schwierigkeitsgrad endende Rangordnung einsortieren.

- Bei der *Stufung* dagegen werden Arbeitsplätze beziehungsweise Mitarbeiter auf einer vorgegebenen Skala positioniert. Für das obige Beispiel würde das bedeuten, dass Anforderungsklassen gebildet werden, die unterschiedliche Schwierigkeitsbereiche darstellen. Die einzelnen Arbeitsplätze werden entsprechend ihres Schwierigkeitsgrads diesen Klassen zugeordnet.

Der Unterschied zwischen Reihung und Stufung bezieht sich damit auf das Verfahren, wie die zu beurteilenden Objekte verglichen beziehungsweise beurteilt werden.

Im Ergebnis lässt sich aus beiden Dimensionen eine Matrix erstellen, die zu vier Grundformen führt (Tabelle 11.1).

Tabelle 11.1: Beurteilungsformen[325]

Methode der Quantifizierung	Methode der qualitativen Analyse		
	Analytisch		**Summarisch**
	Zerlegung der Aufgabe in einzelne Anforderungen		Erfassung der an den Arbeitnehmer gestellten Anforderungen als Ganzes
	gebundene Gewichtung	offene Gewichtung	
Reihung Quantifizierung durch skalenunabhängige Reihenfolge	Rangreihenverfahren		Rangfolgeverfahren
Stufung Quantifizierung durch Zuordnung auf eine Skala	Stufenwertzahlverfahren		Lohngruppenverfahren

Die Ausdrücke Rangreihenverfahren und Rangfolgeverfahren werden in identischer Form bei der Arbeitsbewertung wie bei der Leistungsbewertung verwendet, die Ausdrücke Stufenwertzahlverfahren und Lohngruppenverfahren sind dagegen nur im Hinblick auf die Arbeitsbewertung üblich. Dies ändert nichts daran, dass alle vier Zellen mögliche Grundformen der Beurteilungssystematik im Hinblick auf die Leistungsbeurteilung verkörpern.

Führungskräftebeurteilung

Übung 11.1

Da Sie den Gedanken einer Leistungsbeurteilung spannend finden, möchten Sie nun auch Ihre Führungskräfte in der Strawberry Cake & Bakeries AG beurteilen. Da Sie sich noch nicht sicher sind, welches Vorgehen Sie einsetzen möchten, überlegen Sie nun, welche Möglichkeiten der qualitativen und quantitativen Analyse es gibt und welche Verfahren aus der Verknüpfung der beiden Aspekte resultieren.

Ablauf

Die Leistungsbeurteilung folgt einem festen Schema und umfasst die gesamte Prozesskette von der Auswahl der Objekte bis hin zur Messung und Bewertung. Sie besteht aus sieben Schritten[326]:

(1) Für die *Auswahl der Objekte* bedarf es einer Entscheidung darüber, was letztlich bei der Leistungsbeurteilung überhaupt beurteilt werden soll. Dabei kann sich eine Beurteilung zum einen auf die Potenziale des Mitarbeiters beziehen, zum anderen auf Leistungen.

(2) Im Anschluss daran wird ein *Verfahren* ausgewählt, das zur Leistungsbeurteilung herangezogen wird. Hier gibt es objektive Verfahren (wie Umsatz- oder Ressourcenverbrauch), aber auch subjektive Verfahren (wie Beurteilung durch Führungskräfte, Kollegen oder Kunden).

(3) Es folgt die *Spezifikation der Bezugsgrößen* für die Beurteilung, wie sie sich aus der zuvor realisierten Wahl der Beurteilungsobjekte ableitet. Würde beispielsweise in Schritt 2 der Gewinn als Kriterium für die Leistungsbeurteilung definiert werden, so kann in Schritt 3 der Jahresüberschuss als Bezugsgröße eingesetzt werden.

(4) Bei der *Objektrepräsentation* gilt es, konkret zu erfassende Einzeltatbestände zu lokalisieren. Nimmt man beispielsweise als Kriterium die Frage, wie stark eine Führungskraft ihre Mitarbeiter motiviert, so ist diese Motivation durch diverse Indikatoren zu erheben. Sie reichen von einer Befragung in Fragebögen bis hin zu subjektiven Schätzungen durch die Führungskraft.

(5) Anschließend wird die *Beurteilungsmethode* ausgewählt. Zur Methodenauswahl gehört auch die Festlegung des Messverfahrens und der entsprechenden Skalierung.

(6) Danach wird die *Beurteilungsmethode* angewandt, also eine Erhebung, eine Beobachtung, eine Dokumentation oder eine schlichte Ergebnisfeststellung durchgeführt. Dazu werden die jeweiligen Messgrößen numerisch beziehungsweise verbal erfasst.

(7) Am Ende werden die *Beurteilungsergebnisse* analysiert und einer Bewertung unterzogen. Eine in diesem Zusammenhang auch sinnvolle Ergänzung bietet das Beurteilungsgespräch, in dem die betroffenen Personen eine Rückkopplung erhalten und gleichzeitig der Beurteilungsvorgang evaluiert und gegebenenfalls verbessert werden kann.

Trotz aller methodischer Möglichkeiten gibt es in der Praxis immer noch die „Leistungsbeurteilung über den Daumen"

Auch wenn es im Prinzip immer eine klare Struktur entlang dieser sieben Schritte geben sollte, so existieren in der Praxis immer noch Fälle, in denen mit Schritt sieben begonnen wird, also in einem lockeren Gespräch die Leistung festgestellt wird. Im Zweifel entbehrt diese Leistungsbeurteilung einer gesicherten Grundlage – es wird nur die Qualität des Gesprächs beurteilt.

Daten zur Leistungsbewertung nutzen

Übung 11.2

Durch die Einführung einer neuen Softwarelösung erhalten Sie mehr Daten über Ihre Mitarbeiter. Deshalb überlegen Sie, wie Sie die Daten zur Leistungsbewertung nutzen können. Folgende Daten stehen Ihnen zur Verfügung:

- durchschnittliche verkaufte Erdbeerkuchen pro Mitarbeiter und Tag in Erdbeerkuchen (bis zu 100 Kuchen pro Tag)
- durchschnittliche Zeit zur Betreuung von Kunden in Sekunden (bis zu 500 Sekunden)
- Bewertung der Kundenzufriedenheit auf einer Skala von 0 (sehr unzufrieden) bis 10 (sehr zufrieden)

Sie überlegen, wie Sie daraus ein faires und nachvollziehbares System zur Leistungsbewertung machen können.

Problematik

Bei der Leistungsbeurteilung kommen umfangreiche und detaillierte Verfahren zum Einsatz. Trotzdem bleibt die Gefahr der fehlerhaften Beurteilung. Diese Fehler[327] können auftreten, weil

- die Anzahl der verwendeten Beurteilungskriterien nicht zwingend mit der Beurteilungsqualität zusammenhängt (eine höhere Zahl falscher Kriterien kann danach zu schlechteren Ergebnissen führen als die geringere Zahl richtiger Kriterien) und
- auch nicht grundsätzlich einer der beiden qualitativen Ansätze (also summarisch oder analytisch) überlegen ist.

Vorteile der analytischen Arbeitsbewertung liegen beispielsweise in einem genaueren Maßstab für die Einstufung; dagegen sind die summarischen Verfahren mit geringerem Aufwand einsetzbar.

Insgesamt bestehen jedoch drei Gefahrenzonen im Rahmen der Beurteilung:

(1) Der gravierendste Fehler, der bereits bei der *Konzepterstellung* gemacht werden kann, besteht in der nicht klaren Festlegung des Untersuchungsziels. Soll zum Beispiel die Leistung eines Mitarbeiters im Vertrieb bestimmt werden, so macht es wenig Sinn, Merkmale aufzunehmen, die vom Mitarbeiter überhaupt nicht beeinflusst werden können. Ebenso wenig ist es sinnvoll, Beurteilungsziele zu bestimmen, für die es keine Beurteilungsverfahren gibt. Verwendet man also das Kriterium der „Begeisterungsfähigkeit“, so gehört dieses sicherlich in die Rubrik der schwer erhebbaren Merkmale. Ebenfalls konzeptionelle Probleme liegen dann vor, wenn die Erhebung des Merkmals von der Fristigkeit her schwer zugeordnet werden kann. So ist das Kriterium „Kundenbindung“ nur über einen längeren Zeitraum erhebbar. Ähnlich gelagert ist der Fall bei der Zuordnungsproblematik: Danach müssen die erhobenen Tatbestände zeitlich und sachlich tatsächlich auf die Person zuordbar sein, die einer Leistungsbeurteilung unterzogen wird.[328]

(2) Besonders umfangreich ist die Literatur zu den reinen *Beurteilungsfehlern*. Die Schwierigkeiten, die hier auftauchen, reichen von Problemen im „Können“ (fachliche Qualifikation) bis hin zu Problemen im „Wollen“ (zum Beispiel Bereitschaft des Mitarbeiters zur Leistungserbringung). Dabei sind die Wollen-Probleme insofern noch relativ leicht in den Griff zu kriegen, da hier nur Überzeugungsarbeit geleistet werden muss. Wesentlich schwieriger sind die Können-Probleme, da Mitarbeiter im Regelfall schwer davon zu überzeugen sind, dass Probleme existieren.

(3) Langfristig gefährlich ist es bei der Leistungsbeurteilung, sich nicht von vornherein klar darüber zu werden, was mit den *Ergebnissen* eigentlich gemacht werden soll. Das klingt trivial, ist es allerdings nicht: So kann beispielsweise eine Leistungsbeurteilung zum einen dazu dienen, Entgelt zu definieren. Zum anderen kann die Leistungsbeurteilung Bestandteil des Fördergesprächs sein, um Leistungsdefizite festzustellen und auszugleichen. Hier sieht man deutlich, dass das gleiche Instrument sich durchaus für unterschiedliche Ziele eignet, dann aber anders angewandt und vor allem anders umgesetzt werden muss. So hat eine Leistungsbeurteilung mit Zielsetzung der Entgeltfestlegung eine ganz andere Gesprächsbasis: Hier wird der Mitarbeiter zweifelsohne versuchen, falls es darüber zu einem Gespräch kommt, die eigene Leistung möglichst hoch zu bewerten. Umgekehrt sollte es bei einer Leistungsbeurteilung, die als Teil eines Karrieregespräches stattfindet, durchaus auch im Interesse des Mitarbeiters sein, sich sehr rasch auf ein gemeinsames realistisches Gesprächsniveau zu verständigen. In ähnlicher Form wird ein Mitarbeiter bei einer Leistungsbeurteilung zur Entgeltfestsetzung kaum selbst auf Leistungsdefizite hinweisen, was er allerdings im eigensten Interesse bei einer Leistungsbeurteilung zur Bestimmung von Personalentwicklungsmaßnahmen machen wird.

Entwicklungsgespräch vom Gehaltsgespräch entkoppeln!

Diese Gefahrenzonen gilt es einzudämmen, damit die Beurteilungsergebnisse nicht verfälscht werden. Wichtig ist, dass Beurteilungsverfahren nicht nur im Rahmen der Entgeltfindung zum Einsatz kommen, sondern ein zentrales Instrument von Führungskräften und Personalmanagern darstellen und auch bei anderen Aktivitätsfeldern wie Akquisition, Selektion oder Qualifikation eine Rolle spielen.

Übung 11.3 Leistungsbeurteilung

Auch die Mitarbeiter des Bereichs Partyservice in der Strawberry Cake & Bakeries AG fordern aufgrund der großen Arbeitsbelastung und der ungewöhnlichen Arbeitszeiten mehr Lohn. Als routinierter Personalexperte wissen Sie natürlich, dass zur Festlegung des Lohns zunächst eine Leistungsbeurteilung erfolgen muss. Ihre Mitarbeiter sind diesbezüglich allerdings weniger versiert. Daher erstellen Sie für Ihre Mitarbeiter eine Übersicht, die einen Überblick über den Ablauf der Beurteilung und die zur Verfügung stehenden Beurteilungssystematiken gibt.

11.4 Entgeltbestimmung bei Arbeitern und Angestellten

Gerade in Deutschland bestimmen Tarifverträge die Entlohnungspolitik vieler Unternehmen. Für die Entgeltbestimmung sind vor allem drei Arten von Tarifverträgen relevant:

(1) *Lohn- und Gehaltstarifverträge* regeln die Höhe der tariflichen Grundvergütung (Grundlohn). Die Laufzeit beträgt in der Regel ein bis zwei Jahre.

(2) *Rahmentarifverträge* legen die Lohn- beziehungsweise Gehaltsgruppen fest, definieren Gruppenmerkmale und treffen Regelungen zur Leistungsentlohnung.

(3) Daneben lassen sich noch *Manteltarifverträge* unterscheiden, die Aussagen zu sonstigen Arbeitsbedingungen wie Einstellungs- und Kündigungsbestimmungen oder Arbeitszeit beinhalten.

Für diesen Tarifbereich ergibt sich daraus eine klar strukturierte Systematik (Abbildung 11.1): Danach gibt es als Basis den Grundlohn, der im Wesentlichen von den Qualifikationen abhängt. Hinzu kommen Lohnbestandteile, zum Beispiel das Alter oder die Betriebszugehörigkeit, die sich aus dem Sozialstatus ableiten. Die nächste Komponente besteht aus subventionierten Lohnbestandteilen, die politischen Vorgaben folgen.

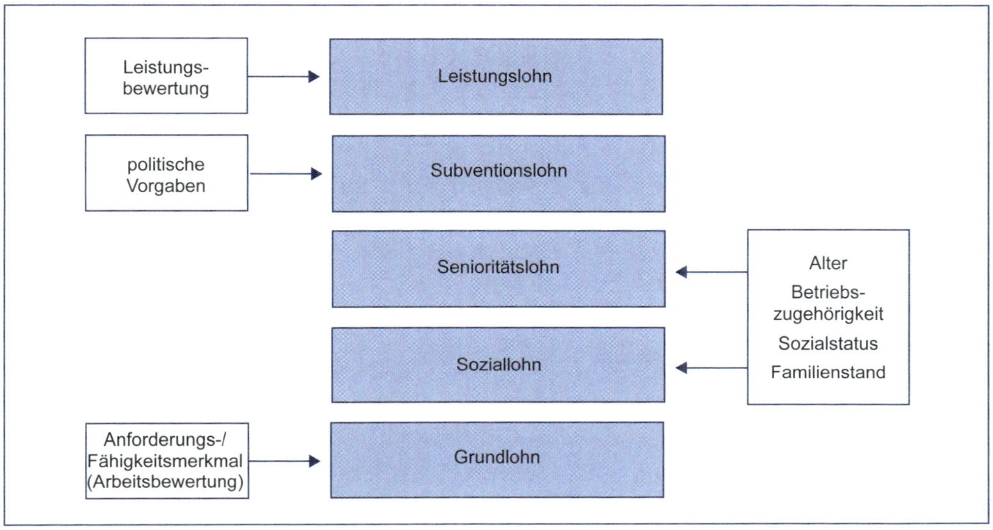

Abbildung 11.1: Entlohnungsformen bei Arbeitern und Angestellten

In Deutschland wurden im Jahr 2006 rund die Hälfte der vollzeitbeschäftigten Arbeitnehmer nach Tarifvertrag bezahlt.[329] Der Einfluss von Tarifverträgen ist relativ groß, da auch viele nichttarifgebundene Arbeitgeber sich aufgrund der zuvor diskutierten Gerechtigkeitsaspekte an den jeweiligen Tarifverträgen orientieren.

Keine alleinige Motivation durch Entlohnung

„Although economic rewards play an important part in securing adherence to organizational goals and management authority, they are limited in their effectiveness. Organizations would be far less effective systems than they actually are if such rewards were the only means, or even the principal means, of motivation available."[330]

Univ.-Prof. Dr. Herbert A. Simon (1916–2001; amerikanischer Sozial- und Wirtschaftswissenschaftler, Nobelpreisträger für Wirtschaftswissenschaften)

Grundlohn

Die erste Komponente einer jeglichen Entlohnung ist der Grundlohn als fixe Basis, der aus zwei Bestimmungsfaktoren besteht:

(1) Zum einen ergibt sich der Grundlohn aus der jeweils ausgeübten *Tätigkeit*. Hier ist der Grundlohn eine Konsequenz aus der Bedarfskalkulation und folgt aus den Stellen- beziehungsweise Anforderungsmerkmalen.

(2) Auf der anderen Seite ergibt sich der Grundlohn aus den *Fähigkeitsmerkmalen* von Mitarbeitern, wie sie in der Bestandsevaluation ermittelt wurden. So gibt es in manchen Unternehmen beispielsweise Zuschläge, die unabhängig von der konkreten Aufgabe dafür gezahlt werden, dass der betreffende Mitarbeiter über bestimmte Bildungsabschlüsse verfügt.

Der Grundlohn ergibt sich als „Tarifgruppe" aus Tätigkeit und/oder Qualifikation

Für Mitarbeiter, die nach Tarif entlohnt werden, ergibt sich der Grundlohn aus der Arbeits- beziehungsweise Leistungsbewertung und der entsprechenden Zuordnung in eine Lohn- beziehungsweise Gehaltsgruppe. Dieser Grundlohn stellt traditionsgemäß den zentralen Bestandteil der Entlohnung dar.

© dm-drogerie markt GmbH + Co. KG

Entlohnung über Fixgehalt

Allgemein gilt dm als Wohlfühlfirma unter den Einzelhändlern, wächst rasant und ist erfolgreich. Radikaler Wettbewerb ist out, dafür wird von Spitzenkräften Demut erwartet.

Um jegliche Gier und Eitelkeiten im Keim zu ersticken, wurden Bonuszahlungen abgeschafft. Es gibt ein Fixgehalt, das sich am branchenüblichen Durchschnitt orientiert. Ein Gebietsleiter verdient – je nach Berufserfahrung und Bezirksgröße – zwischen 50.000 und deutlich über 100.000 Euro.

Dazu gibt es bei dm als Dienstwagen in der Regel einen VW Passat oder einen Audi A4[331].

Leistungslohn

Während der Grundlohn im Prinzip unabhängig von einer konkret realisierten Leistung gezahlt wird, hängt der Leistungslohn von der individuellen oder kollektiven Aufgabenerfüllung ab. Leistungslohn wird als variabler Lohnanteil bezeichnet, da er – wie der Name schon sagt – aufgrund der erbrachten Leistung variieren kann. Hier gibt es vier Formen[332]:

(1) Der *Mehrarbeitslohn* bezieht sich auf den Input im Sinne von geleisteten Stunden. Beträgt die wöchentliche Arbeitszeit beispielsweise 38,5 Stunden, werden aber 40,5 Stunden gearbeitet, so sind – falls vertraglich so festgelegt – zwei Überstunden zusätzlich zu vergüten.

(2) Der *Akkordlohn* ist eine Vergütung, die für eine bestimmte quantitative Leistung bezahlt wird. Beim Akkordlohn wird von einer klar festgelegten Arbeitszeit ausgegangen, aber der Lohn hängt letztlich davon ab, wie viel der Mitarbeiter in dieser Zeit tatsächlich produziert. Voraussetzung für Akkordlohn ist eine Zeitstudie, die Aussagen über eine Soll-Arbeitszeit macht.

(3) Beim *Prämienlohn* wird für das Erreichen bestimmter Ziele (beispielsweise Qualität oder Ausschuss) eine zusätzliche Vergütung bezahlt. Er kann sowohl individuum- wie auch gruppenbezogen sein.
(4) Eine weitere Gruppe, die sich mindestens vom Prinzip her zum Leistungslohn zählen lässt, ist die *Gewinnbeteiligung*. In diesem Fall wird der Mitarbeiter an dem Gewinn der Abteilung, des Bereichs oder des Unternehmens beteiligt.

Der Leistungslohn hängt unmittelbar mit der erbrachten Leistung zusammen, wobei diese Leistung sowohl vom Einzelnen als auch von der Gruppe erbracht werden kann.

Auf die Berechnung des Akkordlohns soll an dieser Stelle genauer eingegangen werden. Allgemein besteht der Akkordlohn aus einem garantierten Mindestlohn pro Stunde und dem Akkordzuschlag, der etwa 15 Prozent bis 25 Prozent des Mindestlohns beträgt. Der Akkordrichtsatz ergibt sich, wenn man diese beiden Lohnbestandteile addiert. Er ist der Stundenlohn eines im Akkord arbeitenden Mitarbeiters bei Normalleistung.

Der Akkordrichtsatz wird durch 60 dividiert, um den Minutenfaktor, also den Verdienst pro Minute, zu erhalten:

$$\text{Minutenfaktor} = \frac{\text{Akkordrichtsatz}}{60 \text{ Minuten/Stunde}}$$

Der Stundenverdienst lässt sich dann berechnen als:

Stundenverdienst =
Stück pro Stunde x Minutenfaktor x Vorgabezeit in Minuten je Stückzahl

Dieser Stundenverdienst wird auch als Zeitakkord bezeichnet. Das folgende Beispiel zeigt die Berechnung des Akkordlohns.

Berechnungsbeispiel Akkordlohn

In der Verpackungsabteilung bezahlen Sie Ihre Mitarbeiter nach Akkord, das heißt, je mehr pro Zeiteinheit verpackt wird, desto mehr verdienen Ihre Angestellten. Tariflich müssen Sie einen Mindestlohn von 12 Euro pro Stunde zahlen. Als Akkordzuschlag zahlen Sie Ihren Mitarbeitern 25 %. Im Rahmen der Normalleistung erwarten Sie von Ihren Verpackungsmitarbeitern, eine Stückzahl von 60 in der Stunde. In einer Minute müssen die Mitarbeiter demnach 1 Stück Erdbeerkuchen ordnungsgemäß verpacken.

Tariflicher Mindestlohn	12 Euro/Stunde
+ 25 % Akkordzuschlag	3 Euro/Stunde
= Akkordrichtsatz	15 Euro/Stunde

Somit verdient ein Mitarbeiter 15 Euro pro Stunde bei Normalleistung.

Es interessiert Sie aber auch, wie hoch der Minutenfaktor ausfällt und Sie rechnen weiter …

$$\text{Minutenfaktor} = \frac{\text{15 Euro/Stunde}}{\text{60 Minuten/Stunde}} = \text{0,25 Euro/Minute}$$

Nun haben Sie alle Daten zusammen, um den Stundenverdienst bei Normalleistung zu berechnen:

Stundenverdienst = Stückzahl pro Stunde × Minutenfaktor × Vorgabezeit in Minuten pro Stück

= 60 Stück/Stunde × 0,25 Euro/Minute × 1 Minute/Stück

= 15 Euro/Stunde

Wenn Ihr Mitarbeiter nun anstatt der 60 Verpackungsstücke 80 Stück pro Stunde schafft, beträgt der Stundenverdienst:

= 80 Stück/Stunde × 0,25 Euro/Minute × 1 Minute/Stück

= 20 Euro/Stunde

Geldakkord als alternative Berechnungsform

Auch der Geldakkord ist ein Akkordlohn. Hierbei wird für eine Arbeitsleistung ein bestimmter Geldsatz festgelegt. Beide Verfahren kommen zum gleichen Entlohnungsergebnis. Der Vorteil des Zeitakkords liegt jedoch darin, dass bei Änderungen des Tariflohns lediglich mit dem veränderten Geldfaktor gerechnet wird und die Vorgabezeiten unverändert bleiben. Beim Geldakkord ändern sich in diesem Fall alle Stücklohnsätze.

Generell eignet sich der Akkordlohn für stark standardisierte Arbeitsabläufe, bei denen Erfolg und Geschwindigkeit vom Mitarbeiter selbst und nicht von externen Faktoren beeinflusst werden.

Übung 11.4 **Vergütung mit einem Prämienlohn**

Sie möchten in Ihrem Unternehmen Strawberry Cake & Bakeries AG vermehrt auf Prämienlöhne setzen. Insbesondere im Verkaufsraum sei der Einsatz dieser Lohnform vielversprechend, bestätigt Ihnen auch die Personalberatung „Wichtig & Partner". Nun grübeln Sie: Wo und wie würde das sinnvoll sein?

Soziallohn

Soziallohn hängt nicht von Leistung ab

Soziallöhne werden unabhängig von Arbeitsleistungen gezahlt und sind nicht mit ökonomischen Zielen verbunden. Sie sind zum Teil gesetzlich vorgeschrieben, entstehen aus tariflichen Vereinbarungen oder werden seitens der Arbeitgeber freiwillig gezahlt:

- *Tarifliche soziale Leistungen* sind beispielsweise Vereinbarungen zur Entgeltfortzahlung im Krankheitsfall oder bei Urlaub.
- *Freiwillige soziale Leistungen* werden den Mitarbeitern zusätzlich gewährt, beispielsweise in Form betrieblicher Altersversorgung oder Gratifikationen, zum Firmenjubiläum oder zur Hochzeit.

Darüber hinaus wird mit Soziallöhnen die familiäre Situation des Mitarbeiters berücksichtigt und beispielsweise Zuschüsse zu familiären Unterhaltspflichten gezahlt. Vor diesem Hintergrund ist es verständlich, dass der Soziallohn im Vergleich zwischen Unternehmen keine großen Schwankungen aufweist.

Senioritätslohn

Senioritätslohn als Auslaufmodell?

Ähnlich wie der Soziallohn hängt auch der Senioritätslohn nicht von der Leistung ab. Er ergibt sich vielmehr aus dem Lebensalter oder der Betriebszugehörigkeit. Typisch hierfür sind die Dienstaltersstufen im öffentlichen Dienst. Der Senioritätslohn stellt für den Mitarbeiter einen Anreiz dar, sich an das Unternehmen zu binden. Er erschwert jedoch den Wechsel zu einem anderen Unternehmen, da die Lohnforderungen des Mitarbeiters unter Umständen zu hoch sein könnten. Oftmals wird der Senioritätslohn als Begründung für die „Nichtvermittelbarkeit" älterer Mitarbeiter genannt.

Subventionslohn

Den bisherigen Lohnformen gemeinsam ist die simple Tatsache, dass die entsprechenden Lohnbestandteile ausschließlich vom Unternehmen gezahlt werden. Anders dagegen beim Subventionslohn: Hier zahlt der Staat einen Teil des Lohns, da dieser ansonsten so gering ausfällt, dass daraus kein Arbeitsanreiz entsteht.

Eine Form des Subventionslohns ist beispielsweise das Kurzarbeitergeld. Dieses durch die Konjunktur bedingte Kurzarbeitergeld wird gewährt, wenn in Betrieben oder Betriebsabteilungen die regelmäßige betriebsübliche wöchentliche Arbeitszeit infolge wirtschaftlicher Ursachen oder eines unabwendbaren Ereignisses vorübergehend verkürzt wird. Durch die Reduktion der Arbeitszeit können den Mitarbeitern Einkommensverluste entstehen. Die betroffenen Mitarbeiter erhalten in diesem Fall von der Bundesagentur für Arbeit das Kurzarbeitergeld als Entgeltersatzleistung. In der Regel sind dies 60 bis 69 Prozent der Nettoentgeltdifferenz.[333] Daneben gibt es noch das Saison-Kurzarbeitergeld, das zum Ziel hat, Arbeitnehmer bei saisonalen Arbeitsausfällen in der Schlechtwetterzeit nicht in die Arbeitslosigkeit entlassen zu müssen.

Subventionslohn: politisch diskutierbar?

Eine weitere Form des Subventionslohns sind Unterstützungen seitens der Bundesagentur für Arbeit für die Schaffung von Beschäftigungsverhältnissen. Sie beziehen sich auf die Einstellung von förderungsbedürftigen Arbeitnehmern wie Ältere oder Schwerbehinderte. Wenn beispielsweise ältere Arbeitnehmer ihre Arbeitslosigkeit durch Aufnahme einer geringer entlohnten versicherungspflichtigen Beschäftigung vermeiden oder beenden, erhalten sie einen Zuschuss zum Arbeitsentgelt. Dieser Zuschuss ergibt sich aus der Differenz zum ehemaligen Verdienst und beträgt bis zu 50 Prozent der monatlichen Bruttoentgeltdifferenz.

Mitarbeiter entwickeln Vergütungsstruktur

Ausgehend vom Scheitern der Verhandlungen der Betriebsparteien zur Einführung der ERA-Tarifverträge Bayern wollte die Geschäftsführung der Spinner GmbH, einem Hersteller hochfrequenztechnischer Produkte, einen anderen Weg einschlagen. Alle Interessengruppen des Unternehmens wurden in die Entscheidung über das zukünftige Vergütungssystem eingebunden. Man veranstaltete eine zweitägige Konferenz, in der eine Gestaltungsempfehlung erarbeitet werden sollte. In vier verschiedenen Workshops konnten sowohl Aufgabenschreibungen für Job-Profile gefunden werden, wie auch die Anzahl und Formulierung der Beurteilungsstufen, die der Vergütung zugrunde liegen sollen. Durch die Diskussion verschiedener Vergütungsstrukturen konnten die Teilnehmer am Ende mit Feedbackbögen ihren Favoriten auswählen.[334]

11.5 Entgeltbestimmung bei Führungskräften

Leitende Angestellte beziehungsweise Führungskräfte gehören in der Regel zu denjenigen Mitarbeitern, die nicht nach Tarif bezahlt werden. Aus diesem Grund kann es nicht nur deutliche Abweichungen in der Entlohnungshöhe geben, sondern vor allem auch Unterschiede in den Bestimmungsgrundlagen für die Entgeltfestlegung (Abbildung 11.2). Hier gibt es als Basis eine Vergütung, die sich vor allem aus der Funktion ableitet. Danach ergibt sich die Vergütung aus dem Wettbewerbsumfeld (Markt- und Machtlohn) sowie aus Beteiligungskomponenten (Unternehmerlohn). Hinzu kommt der Leistungslohn.

Abbildung 11.2: Entlohnungsformen bei Führungskräften

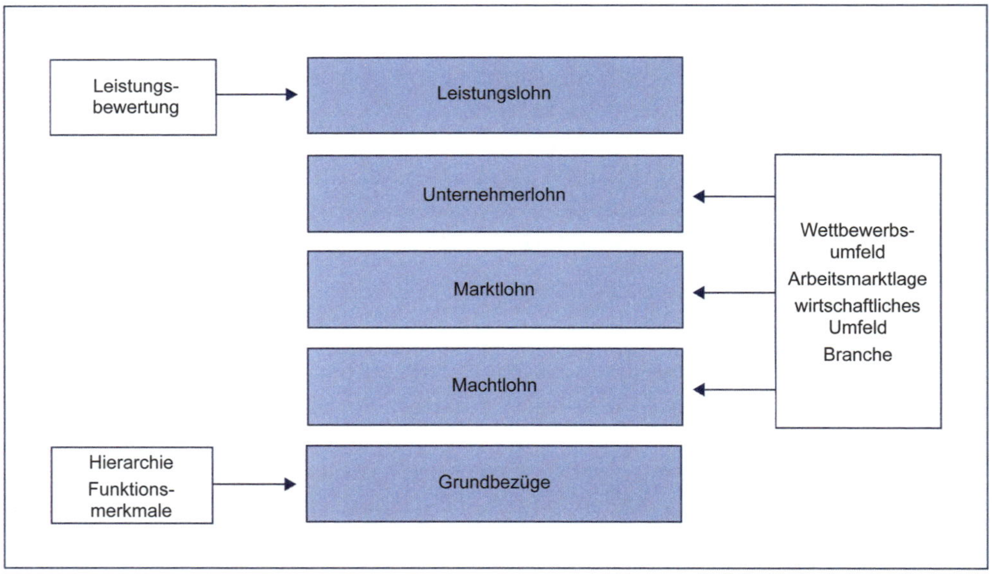

Grundbezüge

Die Grundbezüge werden nach den Anforderungen an die Stelle beziehungsweise auch nach den vorhandenen Fähigkeiten der Führungskraft bestimmt. Grundlage bilden auch hier Verfahren der Arbeitsbewertung. Hinzu kommt bei dieser Gruppe die Methode des Marktvergleichs beziehungsweise des Benchmarking. Danach werden die Positionen mit Äquivalenten bei anderen Unternehmen verglichen und das Gehalt in Abhängigkeit hiervon festgelegt.

Leistungsbezüge

Im Rahmen der Leistungsentlohnung von außertariflichen Mitarbeitern werden sehr oft Bonuszahlungen eingesetzt. Die Höhe des Bonus variiert mit der erbrachten Leistung. In der Regel werden derartige Bonuszahlungen mit Zielvereinbarungen verknüpft; sofern das Ziel erreicht wird, erhalten sie den eingeplanten Bonus. Wird das Ziel unter- beziehungsweise übertroffen, so müssen auch die Bonuszahlungen entsprechend herabgesetzt beziehungsweise erhöht werden. Eine Bonusobergrenze sorgt dafür, dass eine zu hohe Leistung zu keiner weiteren Verbesserung des Bonus mehr führt. Als Beurteilungskriterium dient also der Zielerreichungsgrad individueller, operativer oder strategischer Teilziele, die zwischen Unternehmen und Führungskraft vereinbart werden.

Unternehmerlohn

Eine weitere Komponente der Entlohnung kann man als „Unternehmerlohn" bezeichnen – ein noch nicht allgemein eingeführter Ausdruck. Der Unternehmerlohn beschreibt Lohnbestandteile, die aus unternehmerischen Tätigkeiten des Mitarbeiters resultieren. Hierfür gibt es zwei Varianten[335]:

(1) Eine Variante besteht aus *Kapitalbeteiligungen* am Unternehmen. Dies können unmittelbare Finanzeinlagen sein, aber auch Belegschaftsaktien.

(2) Eine zweite Variante sind diverse Formen der *Erfolgsbeteiligungen*, die – und das ist zentral für einen Unternehmerlohn – auch „negativ" und damit einkommensreduzierend sein können. Erfolgsbeteiligungen hängen dabei stark von den Einflüssen des Absatzmarkts ab.

Bei Führungskräften sind insbesondere Aktienoptionen beliebt. Diese erlauben den Erwerb von Aktien des eigenen oder eines verbundenen Unternehmens innerhalb eines zuvor festgelegten Zeitraums und Preises. Ziel ist es dabei – neben Mitarbeiterbindung und -motivation – einen Anreiz für Führungskräfte zur Steigerung des Aktienkurses zu schaffen. Kritik an den Stock Options-Programmen besteht vor allem darin, dass dadurch ein Anreiz gesetzt werden kann, kurzfristig den Aktienkurs zu manipulieren, um auf hohe Optionsgewinne zu spekulieren.

Die Idee des Unternehmerlohns ist also, dass der Mitarbeiter weniger eine produktive Tätigkeit „abliefert" und dafür entlohnt wird, sondern vielmehr als Unternehmer eine unternehmerische Investition tätigt. Beim Unternehmerlohn bringt der Mitarbeiter nicht „Arbeit", sondern „Kapital" ein.

Marktpreise als Lohn

Marktpreise ergeben sich aus Angebot und Nachfrage

Bereits bei der Bestimmung der Grundbezüge wurde auf Marktvergleiche hingewiesen. Marktpreise entstehen für bestimmte Dinge auf dem Arbeitsmarkt. Gibt es einen Engpass beispielsweise an bestimmten IT-Fachkräften oder Investment-Bankern, so können diese Experten ein höheres Gehalt aushandeln, da sie ein Knappheitsgut auf dem Arbeitsmarkt darstellen.

Ebenfalls überwiegend über Marktmechanismen lassen sich die Gehälter von Musikern wie *Madonna* oder *Bono* von *U2* erklären, aber auch die von Spitzendirigenten wie *Daniel Harding* und *Riccardo Muti*. Gleiches gilt für Sportler. Auch hier muss es Leute geben (zu denen wir alle zählen), die letztlich das Luxusleben von Fußballern wie *Bastian Schweinsteiger* oder *Cristiano Ronaldo* über Fernsehgebühren, Fußballtickets oder Trikotkäufe finanzieren. Deren Gehalt ergibt sich demnach nicht nur aus ihrer Leistung, die sicherlich nicht signifikant höher ist als die von vergleichbaren Fußballern vor 30 Jahren, sondern durch ihren Marktwert, auch wenn Summen wie 70 Millionen Euro Festgehalt (Lionel Messi) Höhen erreicht haben, die nicht mehr für den normalen Menschen greifbar sind.

Machtpreise als Lohn

Die Machtpreise ergeben sich als erfolgreiche Durchsetzungsstrategie bestimmter Mitarbeitergruppen innerhalb des Unternehmens.

Machtpreise entstehen aus der Durchsetzung individueller Interessen

Wenn die Gehälter von Fußballern Marktpreise sind, was sind dann die Gehälter von Top-Managern wie Vorständen? Zunächst einmal könnte man denken, dass auch ihre Gehälter durch ihre Leistungen bedingt sind. Betrachtet man jedoch entsprechende Berechnungen des Manager Magazins[336], wonach die variablen Vergütungsbestandteile – die angeblich leistungsorientiert sind – keinen deutlichen Bezug zur Vorstands- beziehungsweise Unternehmensleistung haben, wird schnell klar, dass dies nicht der Fall ist.

Vorstandsgehälter sind reine Machtpreise, die sich beispielsweise gegenüber einem schwachen Aufsichtsrat durchsetzen lassen. Beim Machtpreis geht es ausschließlich um ein erfolgreiches Durchsetzen eigener Verdienstinteressen gegenüber den sonstigen Mitarbeitern. Dabei darf jedoch nicht die Rolle der Arbeitnehmervertretung und Gewerkschaften übersehen werden.

Interessant ist die Gehaltsfestsetzung bei Bundestagsabgeordneten. Hier entscheiden fast ausschließlich Machtpreise. Denn Bundestagsabgeordnete – ein interessantes Politikum – sind gleichzeitig Zustimmende und Begünstigte, wenn sie über eine erneute Diätenerhöhung abstimmen (Tabelle 11.2).

Dass die Gehälter sich an Marktpreisen orientieren sollten, ist nachvollziehbar, jedoch ist dies kein perfekter Markt und fehlende Informationen führen zu nicht gerechten Marktpreisen. Hierfür gibt es eine Vielzahl an Beispielen: Exemplarisch kann man den ehemaligen Vorstandsvorsitzenden Martin Winterkorn mit einem Jahresgehalt von 20 Millionen Euro nennen, der im Endeffekt für die Manipulation der Dieselautos von Volkswagen verantwortlich zu sein scheint, aber trotzdem eine Pension von über 29 Millionen Euro erhält[337, 338]. Oder dass die Deutsche Bank in 2017 einen Verlust von einer halben Milliarde Euro ausweist und trotzdem 2 Milliarden Euro an Boni ankündigt, die Hälfte davon an Investmentbanker. Dies ist erstaunlich, da gerade die Deutsche Bank in den letzten Jahren in einer tiefen Krise steckt und die Investmentbanker durch dubiose Tätigkeiten in die Schlagzeilen geraten sind[339]. Ungefähr zur gleichen Zeit wurde auch bekannt gegeben, dass die Deutsche Bank rund 10.000 Stellen streichen will[340, 341].

Begünstigte	Zustimmender	Zahlender	Modell
Sportler	Konsument	Konsument	Markt
Top-Manager	Aufsichtsrat	Mitarbeiter	Macht
Politiker	Politiker	„Bürger“	Macht

Tabelle 11.2: Alternative Modelle zwischen Lohnfindung bei Spitzengehältern

Übung 11.5

Managergehälter

Wenn Sie sich so die Gehälter von anderen Top-Managern anschauen, fühlen Sie sich auf einmal unterbezahlt. Es ist eindeutig an der Zeit für eine nicht zu gering ausfallende Lohnerhöhung! Nun überlegen Sie: Wessen Zustimmung benötige ich hierfür als Vorstand einer Aktiengesellschaft, wie es die Strawberry Cake & Bakeries AG ist? Und wo kommt eigentlich das Geld her, das für meine Gehaltserhöhung benötigt wird? Gibt es hierbei einen Unterschied zur Bundesliga, in der ja auch Spitzengehälter gezahlt werden?

11.6 Entgeltzusammensetzung („Total Compensation“)

Die Total Compensation stellt die Gesamtvergütung der Mitarbeiter dar, die sich aus den zuvor genannten einzelnen Lohnformen ergibt (Abbildung 11.3). Dazu gehören

- die fixen Bestandteile,
- die variablen Bestandteile sowie
- die Zusatzleistungen.

Darüber hinaus kann man noch danach unterscheiden, ob die Komponenten monetär oder nicht-monetär vergütet werden. Entscheidend bei der Total Compensation ist, dass sich die jeweilige Gesamtvergütung unterschiedlich auf die drei Entgeltbestandteile aufteilt und sowohl monetäre als auch nicht-monetäre Komponenten beinhalten kann. Total Compensation im engeren Sinne ist ausschließlich die Summe, die sich aus der Addition aller direkt monetären und aller in Geld umwechselbaren Entgeltformen ergibt.

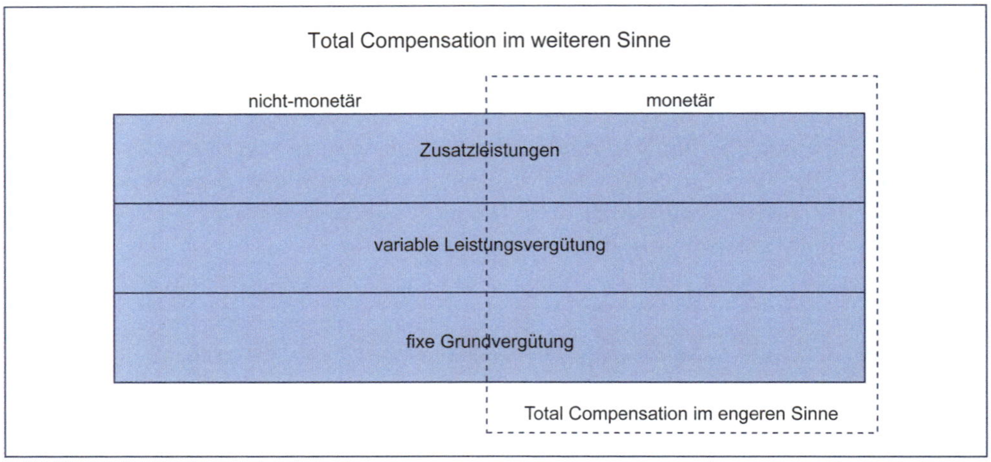

Abbildung 11.3: Zusammensetzung Vergütung

Das Entgelt beziehungsweise dessen Zusammensetzung kann dabei unterschiedliche Funktionen übernehmen[342]:

- Die *Motivationsfunktion* wird vor allem den variablen Entlohnungsbestandteilen zugesprochen. Da die Entlohnung in diesem Fall von der Leistung der Mitarbeiter abhängt, ist sie relativ gut zu beeinflussen.
- Die *Bindungsfunktion* tritt dann ein, wenn das Entlohnungssystem für den einzelnen Mitarbeiter interessant und transparent ist und dadurch Mitarbeiter animiert, im Unternehmen zu verbleiben.
- Die *Selektionsfunktion* kann als Signalwirkung im Rahmen der Personalakquisition eingesetzt werden. Gerade hohe variable Vergütungsbestandteile sprechen eher leistungsorientierte Kandidaten an.

Grundsätzlich dient die Entlohnung der finanziellen Grundversorgung der Beschäftigten.

In modernen Softwarelösungen (Abbildung 11.4) lässt sich die Gesamtvergütung aufgeschlüsselt in ihre Einzelbestandteile darstellen und dabei auch Vergleiche mit Beschäftigungsgruppen oder Mitarbeitern anstellen. Auf diese Weise hat die Personalabteilung immer einen aktuellen Blick auf die derzeitigen Personalkosten.

Wählbare Komponenten

Wie bereits aufgeführt, lassen sich die Entlohnungskomponenten in monetäre und nicht-monetäre einteilen:

- *Monetäre* Vergütungsbestandteile umfassen alle „in Euro" auszuzahlenden Komponenten. Dazu gehören beispielsweise das fixe Grundgehalt oder die variablen Bestandteile in Form von Leistungslohn oder Unternehmerlohn.
- *Nicht-monetäre* Vergütungsbestandteile verursachen für Unternehmen nicht zwangsläufig Ausgaben. Ihr Geldwert muss jedoch quantifizierbar sein. Zu den nicht-monetären Vergütungsbestandteilen gehören:
  - Sachleistungen (zum Beispiel kostenloses Kantinenessen, vergünstigter Bezug von Produkten),

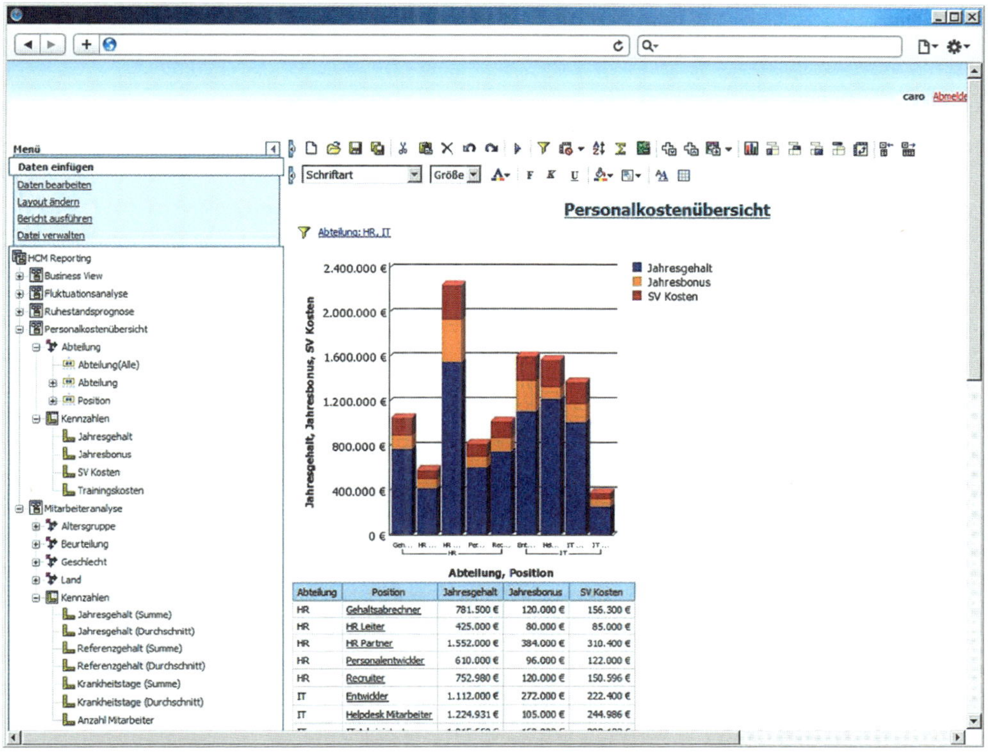

Abbildung 11.4: Personalkostenübersicht

- Nutzungsgewährung (zum Beispiel betriebliche Sport-, Freizeit-, Sozialeinrichtungen, Betriebswohnungen, private Nutzung der Firmenwagen, Handy),
- Beratungs-, Bank- und Versicherungsleistungen (zum Beispiel Steuer-, Rechts-, Anlageberatung) und
- Zusatzleistungen (zum Beispiel Spesenkonten).

Gerade bei der Führungskräfteentlohnung kommt auch den nicht-monetären Vergütungsbestandteilen und hier insbesondere den Zusatzleistungen eine wichtige Rolle zu. Sie sollen die Bindung der Führungskräfte an das Unternehmen stärken.

Cafeteria-System als Sonderform

Eine Antwort auf den Wunsch von Mitarbeitern, ihre Entlohnung in Abhängigkeit von individuellen Wünschen oder von Besonderheiten der Lebensphase zu gestalten, ist das Cafeteria-System. Dies bietet auch die Möglichkeit, nicht-monetäre Bestandteile in die Entlohnung aufzunehmen.

Dieses Cafeteria-System erlaubt jedem Mitarbeiter, innerhalb eines vorgegebenen Budgets zwischen verschiedenen Entgeltbestandteilen, wie bei der Menüwahl in einer Cafeteria, auszuwählen. Ziel des Cafeteria-Ansatzes ist es zum einen, ein auf die individuellen Bedürfnisse des Mitarbeiters zugeschnittenes Entgeltsystem bereitzustellen. Zum anderen soll es angesichts abnehmender Spielräume bei Entgelterhöhungen zu einer optimalen Aufteilung kommen. Ein Cafeteria-Plan ist allerdings für den einzelnen Mitarbeiter nur dann attraktiv, wenn entweder sein bisheriges Nettoeinkommen steigt oder sich der bisher wahrgenommene Nutzen erhöht.

Ein Cafeteria-System wird üblicherweise entlang von drei Parametern definiert[343]:
(1) Durch das *Wahlbudget* werden die Gestaltungsmöglichkeiten bei der Auswahl durch einen (finanziellen) Rahmen begrenzt. Das Wahlrecht erlaubt den Mitarbeitern in diesem Rahmen, die für sie mit dem größten Nutzen versehenen Komponenten oder Leistungen zu wählen.
(2) Das *Wahlangebot* beschreibt die angebotenen Komponenten und Leistungen, aus denen die Mitarbeiter wählen können. Neben der Barentlohnung können dies materielle Leistungen (beispielsweise Versicherungen, Dienstfahrzeug) oder Zeitleistungen (beispielsweise Urlaubstage) sein. Gleichzeitig müssen die Verrechnungs- und Austauschrelationen zwischen Alternative und Lohn geregelt werden.
(3) Über wiederkehrende *Wahlperioden* wird die Revidierbarkeit getroffener Entscheidungen geregelt. So können die Mitarbeiter nach einer gewissen Zeit ihre getroffenen Entscheidungen an geänderte Lebensbedingungen anpassen. Bei den Unternehmen hat eine gewisse Planungssicherheit bezüglich der Budgets zu herrschen. Zu beachten ist, dass aus sachlichen Gründen Entscheidungen für Versicherungen nicht in kurzen Fristen revidiert werden können.

Cafeteria-System als Chance zur Individualisierung

Durch das Cafeteria-System werden den Mitarbeitern Individualisierungspotenziale verschafft, durch die sie ihre Kompensation an ihre aktuelle finanzielle Situation anpassen können, indem sie gegebenenfalls nicht mehr benötige Leistungen gegen andere austauschen. Für Unternehmen bleiben die Personalkosten trotz individueller Leistungen über einen gewissen Zeitraum konstant.

Bei den Wahlmöglichkeiten von Cafeteria-Systemen gibt es drei Ausgestaltungsformen[344]:
(1) Beim *flexible-benefits-system* werden den Mitarbeitern Wahloptionen über bestimmte freiwillige Sozialleistungen (beispielsweise Versicherungen) eingeräumt.
(2) Beim *flexible-compensation-system* werden die Wahloptionen über die Sozialleistungen um Optionen über Entgeltkomponenten erweitert. In der Regel stehen hier die Verrechnung von Urlaubstagen, zeitliche Verlagerung von Entgeltzahlungen oder die Umwandlung variabler Gehaltsbestandteile in adäquate Alternativen (beispielsweise Dienstwagen, Aktien) zur Wahl.
(3) Beim *flexible-human-resources-system* werden den Mitarbeitern zusätzlich noch Optionen hinsichtlich der Lebensarbeitszeit sowie Aus- und Weiterbildungsalternativen angeboten.

Die Übergänge zwischen diesen drei Formen sind fließend.

Die einzelnen Komponenten des Systems sind in einer so genannten „Menükarte" zusammengefasst, aus der die Mitarbeiter ihre Wahl treffen können.

In Deutschland scheitert das Cafeteria-System bisweilen an der strengen Lohnpolitik, die durch gesetzliche Regelungen, Tarifverträge oder Betriebsvereinbarungen zementiert ist und an der mangelnden Bereitschaft der Arbeitgeber ein Cafeteria-System einzuführen.[345]

11.7 Ausblick

Ist Gerechtigkeit herstellbar?

Über Fragen der Kompensation sind philosophische ebenso wie betriebswirtschaftliche Arbeiten aus nahezu jeder Argumentationsrichtung verfasst worden. Ihre zentrale Botschaft: Eine absolute Lohngerechtigkeit ist überhaupt nicht möglich! Vielmehr hängt es vom konkreten Standpunkt des Betrachters ab, was man deutlich an der aktuellen Debatte um die Höhe der Vorstandsbezüge sieht: Aus der Sicht eines deutschen Vorstands sind 50 Millionen Euro pro Jahr legitim, aus Sicht der von diesem Vorstand entlassenen Mitarbeiter eher ungerecht.

Gerade an Spitzengehältern lässt sich die Logik der Lohnfindung und die Problematik der Lohngerechtigkeit festmachen:

- Bei *Marktgehältern* entscheiden Angebot und Nachfrage.
- Bei *Machtgehältern* ist das Gehalt eine Konsequenz aus dem Druck, den die „Begünstigten" ausüben können.

In beiden Fällen spielt die Leistung nur eine untergeordnete Rolle.

Trotzdem bleibt die Entlohnung auch in Zukunft ein wichtiges Element für die Motivation der Mitarbeiter. Die Berechnung des Entgelts kann schon heute per App abgebildet werden und die variable Vergütung kann sich damit fast in Echtzeit übersetzen. Gerade die Gamification erlaubt eine Abbildung der Leistung in einer Vergütung. Mitarbeiter sammeln Punkte, die sie dann jederzeit in einem Cafeteria-System nutzen können. Wenn man einen Firmenwagen haben will, dann muss man eine bestimme Anzahl an Punkten sammeln. Dadurch wird die Entlohnung scheinbar gerechter, aber greifbarer. Die Leistung hat einen direkten Effekt auf die Entlohnung der Mitarbeiter. Die Bewertung findet in Echtzeit statt und nicht Monate nach der erbrachten Leistung in einem Mitarbeitergespräch.

Inzwischen hat das Entgelt nicht nur etwas mit Gehaltszahlung zu tun, sondern umfasst auch „weiche" Faktoren, die die Bindungsbereitschaft und Motivation steigern sollen. Zudem werden derartige Total Compensation Konzepte zur Akquisition neuer Mitarbeiter eingesetzt, um sich als attraktiver Arbeitgeber zu präsentieren.

Aufgaben und Fragen zur Selbstüberprüfung

1. Erklären Sie die ersten fünf Schritte einer Leistungsbeurteilung am Beispiel der Leistung von Vertriebsmitarbeitern!
2. Was ist der Unterschied zwischen Leistungsbewertung und Arbeitsbewertung?
3. Wie setzt sich das Entgelt von Arbeitern und Angestellten zusammen?
4. Wie muss eine Arbeitssituation beschaffen sein, um einen Akkordlohn sinnvoll einsetzen zu können?
5. Was versteht man unter „Total Compensation"?
6. Diskutieren Sie die Aussage „Lohnpolitik ist weniger das Ergebnis einer Suche nach Lohngerechtigkeit, sie ist vielmehr Ausdruck von Macht" im Hinblick auf Tarifverhandlungen!

Endnoten

[318] *Hays* 2017.

[319] *WSI der Hans Böckler Stiftung*, WSI Mindeslohndatenbank, Version Januar 2017, online unter: https://www.boeckler.de/pdf/ta_mldb_v0117.pdf, abgerufen am 25.5.2018.

[320] *ManpowerGroup* 2015.

[321] vgl. *Jung* 2008, 563–564.

[322] vgl. *Adams* 1963.

[323] vgl. *Adams* 1963, 427–430.

[324] vgl. *Becker, F.* 1998, 152–157.

[325] *Wibbe* 1966.

[326] vgl. *Becker, F.* 1998, 152–157.

[327] vgl. *Becker, F.* 1998, 374–380.

[328] vgl. *Becker, F.* 1998, 380–388.

[329] vgl. *Bick* 2008, 1102.

[330] *Simon* 1991, 34.

[331] *Hage* 2014, 130.

[332] vgl. *Drumm* 2008, 493–503.

[333] *Bundesagentur für Arbeit* 2010, 12.

[334] vgl. *Kirchmann* 2009.

[335] vgl. *Drumm* 2008, 519–542.

[336] vgl. *Müller, H.* 2008.

[337] *o.V.*, Winterkorn bekommt 29 Millionen Euro Pension, online unter: https://www.focus.de/finanzen/boerse/vw-skandal-im-news-ticker-tausende-vw-manager-bekommen-boni-gekuerzt_id_5486427.html, abgerufen am 25.5.2018.

[338] *o.V.*, VW-Chef Winterkorn verdient 20 Millionen Euro, 18.01.2013, online unter: http://www.faz.net/aktuell/wirtschaft/unternehmen/gehaltsgrenze-bei-volkswagen-vw-chef-winterkorn-verdient-20-millionen-euro-12029545.html, abgerufen am 25.5.2018.

[339] *Votsmeier, Volker,* Deutsche Bank wickelte dubiose Aktiendeals ab, 29.03.2017, online unter: http://www.handelsblatt.com/finanzen/banken-versicherungen/cum-ex-geschaefte-deutsche-bank-wickelte-dubiose-aktiendeals-ab/19585264.html, abgerufen am 18.06.2018

[340] *o.V.*, Banker-Boni zehnmal so hoch wie Dividende der deutschen Bank, 16.3.2018, online unter: http://www.manager-magazin.de/unternehmen/banken/deutsche-bank-zahlt-2-3-milliarden-euro-boni-a-1198400.html, abgerufen am 25.5.2018.

[341] *Kanning, Tim,* Deutsche Bank will 10.000 Stellen streichen, 23.5.2018 online unter: http://www.faz.net/aktuell/wirtschaft/unternehmen/deutsche-bank-will-rund-10-000-stellen-streichen-15603616.html?utm_content=408639&utm_medium=email&utm_source=www.humanresourcesmanager.de_newsletter&utm_campaign=20180524-ps-hrm-8231, abgerufen am 25.5.2018.

[342] vgl. *Stock-Homburg* 2008, 328–329.

[343] vgl. *Edinger* 2002, 7–9.

[344] vgl. *Langmeyer* 1999, 15–16.

[345] *Bisani* 1995, 340.

Qualifikation: Wie entwickelt man Mitarbeiter?

12

Inhalt

Fakten

Bei der Hälfte der Unternehmen wird die Personalentwicklung als wichtige Maßnahme zur Mitarbeiterbindung angesehen.[346]

Der Bundesrepublik Deutschland gehen jährlich 4,5 Milliarden Euro an zusätzlicher Wertschöpfung durch fehlende Weiterbildung verloren.[347]

Nur 41 % der deutschen Unternehmen haben einen Schwerpunkt im Bereich Führungskräfteentwicklung, im Vergleich dazu liegt der Wert in China bei 59 %.[348]

Lernziele

- Sie erfahren, welche Rollen es in der Personalentwicklung gibt.
- Sie erleben, wie vielfältig Personalentwicklungsmaßnahmen sein können.
- Sie wissen, wie die sechs Entwicklungsmethoden heißen und wodurch sich jede Methode auszeichnet.
- Sie verstehen die Prinzipien der Methodenauswahl.
- Sie lernen die Schritte, die bei der Erstellung einer Personalentwicklungsmaßnahme vollzogen werden müssen.

12.1 Überblick

Weichen Personalbestand und Personalbedarf in qualitativer Hinsicht voneinander ab, so kommt es entweder zum Austausch von Mitarbeitern oder aber zur Personalentwicklung: Bei dieser Qualifizierung wird das Fähigkeitsprofil der Mitarbeiter an das Anforderungsprofil des Unternehmens angepasst. Es gibt aber auch noch einen anderen Auslöser, nämlich durch Personalentwicklung den Mitarbeiter zu höherer Leistung oder zum Verbleiben im Unternehmen zu motivieren. Dementsprechend werben Unternehmen gerne auch extrem mit ihren Angeboten zur Personalentwicklung.

Auslöser für Personalentwicklung

„Personalentwicklung wird erforderlich aufgrund veränderter Technologien und Wettbewerbssituationen, personeller Veränderungen, Arbeitsmarktsituationen, Höherqualifizierungstendenzen, neuer Organisationskonzepte und Internationalisierungstendenzen. [...] Ausgangspunkt der Personalentwicklung ist die Zielbestimmung, da nur auf Basis eines festgelegten Ziels die Einleitung und Durchführung einer Personalentwicklung sinnvoll ist."[349]

Univ.-Prof. Dr. Walter Oechsler (1947–2013; Professor für Personalwesen und Arbeitswissenschaft)

Qualifikation auch in der Rezession!

Sieht man Mitarbeiter primär als Kostenverursachungsfaktor, so reduziert sich allerdings bei rückläufiger Auftragslage die Bereitschaft, in Personalentwicklung zu investieren. Dies führt spätestens beim nächsten Aufschwung zu Problemen, weil nicht ausreichend qualifiziertes Personal zur Verfügung steht und möglicherweise auch das Image als attraktiver Arbeitgeber beschädigt wurde.

In diesem Kapitel geht es zunächst einmal um die verschiedenen Arten der Qualifikation (Abschnitt 12.2) und die zentralen Entwicklungsinhalte (Abschnitt 12.3). Interessant ist dabei auch die Beantwortung der Frage, wer denn für die Qualifikation zuständig ist (Abschnitt 12.4). Damit die Personalentwicklung nicht in Zufälligkeit abdriftet, braucht es klare Gestaltungsprinzipien, und zwar zielgruppenspezifische ebenso wie methodenspezifische (Abschnitt 12.5). Darauf aufbauend werden die unterschiedlichen Entwicklungsmethoden konkretisiert (Abschnitt 12.6). Am Ende des Kapitels wird die mit der Personalentwicklung verbundene Kostenfrage angesprochen (Abschnitt 12.7).

12.2 Entwicklungsarten

Personalqualifikation (synonym dazu Personalentwicklung) umfasst laut § 1 Berufsbildungsgesetz (BBiG)

- die *berufsvorbereitende* Bildung („Ausbildung"),
- die *berufserweiternde* und *-aktualisierende* Bildung („Fortbildung") sowie
- die *berufsverändernde* Bildung („Umschulung").

Unter beruflicher Weiterbildung werden Maßnahmen verstanden, die bereits absolvierte Ausbildungsstufen oder Qualifizierungsmaßnahmen erweitern oder vertiefen. Dies trifft besonders zu auf die Fortbildung, in Ausnahmefällen auch auf die Ausbildung (Abbildung 12.1).

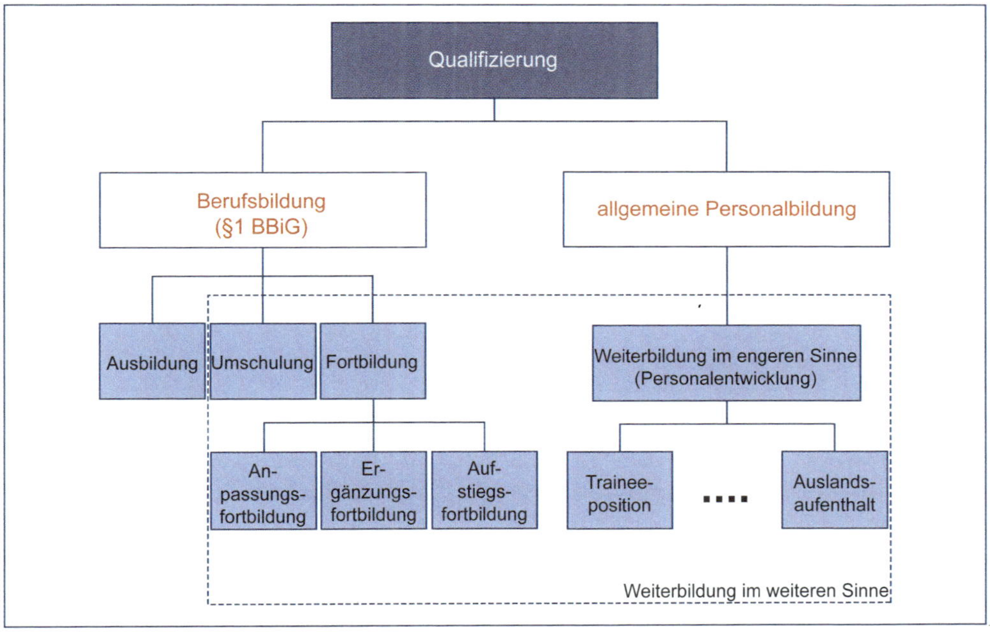

Abbildung 12.1: Entwicklungsarten

Zur Weiterbildung im weiteren Sinne zählt man auch alle Maßnahmen, die in der Personalentwicklung in einem Unternehmen stattfinden, wie beispielsweise Traineeprogramme, Sprachkurse oder Auslandsaufenthalte.

Berufsvorbereitende Bildung („Ausbildung")

Unter der berufsvorbereitenden Bildung versteht man eine Erstausbildung, deren Qualifizierungsmaßnahmen unmittelbar auf konkrete Tätigkeiten hinzielen. Die berufsvorbereitende Bildung besteht im Regelfall aus einer beruflichen Grundausbildung, welche Fertigkeiten vermittelt, die für einen relativ großen Bereich von Tätigkeiten geeignet sind, sowie der beruflichen Fachausbildung, die das Ausüben eines qualifizierten Berufes ermöglicht.

Notwendigkeit von Personalentwicklung

„Es ist unbestritten, dass erfolgreiche Unternehmen einen hohen Bedarf an qualifizierten und motivierten Fach- und Führungskräften haben. Eine systematische Personalplanung und -entwicklung ist daher für die kurz-, mittel- und langfristige Sicherung und den Ausbau des Unternehmenserfolgs unabdingbar. [...]Dies gilt sowohl für Führungskräfte mit umfangreicher Personalverantwortung beziehungsweise Führungskräftenachwuchs, besonders aber für Fachkräfte, bei denen eine hohe Sach- und Fachverantwortung überwiegt.“[350]

Univ.-Prof. Dr. Michel E. Domsch (geb. 1947; Professor für Personalwesen und Internationales Management)

Innerhalb der berufsvorbereitenden Bildung gibt es vier Varianten[351]:

(1) Die *Anlernausbildung* führt zu keinem staatlich anerkannten Abschluss. Sie dauert zwischen einigen Tagen und einigen Monaten. Ziel ist es, den Mitarbeiter auf einen konkreten Arbeitsplatz und dort anfallende Tätigkeiten vorzubereiten.

(2) Die *Berufsausbildung* umfasst im Regelfall drei Jahre und endet mit einem staatlich anerkannten Abschluss. Diese Berufsausbildung wird in Deutschland weitgehend durch ein duales System geregelt, bei dem Unternehmen beispielsweise mit Berufsschulen gemeinschaftlich die Qualifizierung übernehmen. Neben der Kombination zwischen Ausbildungsbetrieb und Berufsschule gibt es auch die Kombination Ausbildungsbetrieb und Berufsakademie.

Praktikum als kurzfristiger Einsatz

(3) Ebenfalls zur berufsvorbereitenden Bildung zählen *Praktika und Volontariate*, zu verstehen als befristete Arbeitseinsätze in Unternehmen. Im Idealfall werden Studierende, wenn sie solche Programme durchlaufen, mit Tätigkeiten und speziell strukturierten Programmen „versorgt“, bei denen ihnen konkrete Kenntnisse und Fähigkeiten vermittelt werden.

Traineeposition als langfristige Qualifikation

(4) Gerade bei Hochschulabsolventen wird manchmal die Praxisferne der Ausbildung kritisiert. Aus diesem Grunde finden ebenfalls als berufsvorbereitende Qualifizierung *Traineeprogramme* statt. Ihre Dauer reicht von mehreren Monaten bis hin zu zwei Jahren, wobei die Qualität dieser Programme hochgradig unterschiedlich ist. Der entscheidende Punkt bei Traineeprogrammen ist, dass die Mitarbeiter nicht primär „Wertschöpfung“ realisieren müssen, sondern dass ihre Tätigkeit überwiegend der Qualifizierung dient. Gute Traineeprogramme zeichnen sich dadurch aus, dass die Trainees mehrere Stationen und begleitende Kurse im Unternehmen durchlaufen sowie durch einen konstanten Ansprechpartner betreut werden. Der wesentliche Vorteil bei solchen Traineeprogrammen liegt darin, dass die Trainees einen größeren Überblick über das gesamte Unternehmen bekommen und gerade durch diese Vernetzung die betrieblichen Zusammenhänge besser verstehen lernen.

Unabhängig von den formalen und den inhaltlichen Zielen der Ausbildung kommt auch hier wieder der Personalmarketing-Gedanke zum Zuge: Danach ist es gerade bei derartigen Ausbildungsaktivitäten wichtig, die Employee Value Proposition in den Vordergrund zu rücken. Auf diese Weise geht es nicht mehr nur um Qualifikation, sondern langfristig auch um Motivation und Retention.

Berufserweiternde und -aktualisierende Bildung („Fortbildung")

Unter Fortbildung versteht man die Qualifizierungsmaßnahmen, die auf berufsfeldspezifischen Kenntnissen und Fähigkeiten aufsetzen. Hierfür gibt es drei Varianten[352]:

(1) Die *Anpassungsfortbildung* hat die Aufgabe, erworbenes Wissen und bestehendes Können zu aktualisieren, weil sich die Aufgabenstellung im Unternehmen geändert hat. In diesem Fall entsteht der Fortbildungsbedarf also dadurch, dass das Anforderungsprofil des Unternehmens sich im Laufe der Zeit verändert hat.

(2) Bei der *Aufstiegsfortbildung* dagegen haben sich die Anforderungsprofile nicht verändert, wohl aber zielt der Mitarbeiter darauf ab, einen neuen Tätigkeitsbereich einzunehmen.

(3) Als dritte Gruppe ist eine *Ergänzungsfortbildung* zu nennen, bei der kein unmittelbarer Bezug zu konkreten Anforderungsprofilen vorliegt.

Die grundsätzlichen Unterschiede zwischen diesen drei Formen der Fortbildung schlagen sich auch nieder in der Finanzierung entsprechender Maßnahmen: Die Anpassungsfortbildung ist primär im Interesse des Unternehmens und wird deshalb im Regelfall auch von diesem finanziert. Bei der Aufstiegsfortbildung dagegen – und erst recht bei der Ergänzungsfortbildung – wird immer mehr der Mitarbeiter selbst in die Pflicht genommen.

Alle Starbucks-Läden geschlossen

An zwei Tagen im Februar 2008 ruhten in sämtlichen US-amerikanischen Starbucks-Filialen die Kaffeemaschinen und Milchaufschäumer dreieinhalb Stunden lang. Die Läden wurden zwischen 17:30 Uhr und 21:00 Uhr geschlossen. Der Grund für die Arbeitspause war nicht etwa ein Streik, sondern eine landesweite Weiterbildungsmaßnahme für die 135.000 Shopmitarbeiter aus gut 7.100 Starbucks-Filialen unter dem Slogan „to Perfect the Art of Espresso", wie der Kaffee-Konzern werbewirksam verkündete.[353]

© Starbucks

Berufsverändernde Bildung („Umschulung")

Die Umschulung dient dazu, Mitarbeiter, die ihren ursprünglichen Beruf nicht mehr ausüben können, für neue Tätigkeitsfelder zu qualifizieren. Derartige Umqualifizierungen sind vor allem eine Folge des technischen Wandels und treten immer dann ein, wenn das Tätigkeitsfeld generell nicht mehr am Arbeitsmarkt vermittelbar ist.

Umschulungen bieten die Möglichkeiten[354],
- frühere Berufswahlentscheidungen zu korrigieren und damit eine Neuorientierung zu unterstützen beziehungsweise durchzuführen,
- Arbeitslose wieder in die Arbeitswelt zu integrieren und
- Menschen mit körperlichen, geistigen oder seelischen Behinderungen zu rehabilitieren,

und können daher auch als Zweitausbildung verstanden werden.

Die Mitarbeiter sind ein integraler Bestandteil des „lebenslangen Lernens (Selbstschulung)". Personalentwicklung betrifft jeden, und somit hat man heutzutage nie mehr ausgelernt.

12.3 Entwicklungsinhalte

Ziel der Personalentwicklung ist der Ausgleich eines Qualifikationsdefizits. Es geht also darum, gegenwärtige und zukünftige Arbeitsplatzanforderungen durch Qualifizierungsmaßnahmen zu erfüllen. Je nach Anforderungen können dabei ganz unterschiedliche Inhalte über Entwicklungsmaßnahmen vermittelt werden.

Kompetenzfelder als qualitativer Aspekt

Handlungskompetenz ist fachliche Kompetenz plus soziale Kompetenz plus methodische Kompetenz

Personalentwicklungsmaßnahmen dienen der Vermittlung oder Aktualisierung von Kompetenzen. Im Hinblick auf einzelne Mitarbeiter ist die Erhöhung der Handlungskompetenz anzustreben. Handlungskompetenz ergibt sich dabei aus drei Bereichen:[355]

(1) *Fachliche* Kompetenz, verstanden als Fähigkeiten und Fertigkeiten, die sich auf ein bestimmtes Aufgabengebiet beziehen (beispielsweise Waren- und Produktkenntnisse, Branchenkenntnisse, handwerkliche Geschicklichkeit).

(2) *Soziale* Kompetenz, als Voraussetzung des erfolgreichen Umgangs mit Führungskräften, Kollegen oder Kunden (beispielsweise Teamfähigkeit, Kommunikationsfähigkeit, Kooperationsfähigkeit) sowie generelle Verhaltensregeln und Verhaltensweisen.

(3) *Methodische* Kompetenz, im Sinne von Verfahren und systematischen Vorgehensweisen und somit Arbeits- und Managementmethoden (beispielsweise Planungsmethoden, Entscheidungsmethoden, Komplexitätsreduktion).

Nur wenn alle drei Bereiche berücksichtigt werden, spricht man von einer ganzheitlichen Qualifikation beziehungsweise Entwicklungsmaßnahme.

Eine weitere Konkretisierung von Kompetenzen ergibt sich aus der Prozesskette ihrer Anwendung:[356]

- Damit ein Mitarbeiter eine Tätigkeit im Unternehmen ausüben kann, muss er bestimmte Dinge wissen. Dieses *Wissen* hängt eng zusammen mit den Anforderungen, die vom Unternehmen an die entsprechende Stelle geknüpft sind. Es wird unterschieden zwischen tätigkeitsspezifischem Wissen, das nur bei ganz spezifischen Aufgaben und Tätigkeiten benötigt wird, und nicht tätigkeitsspezifischem

Wissen, also Grundkenntnisse und Anforderungen, die vom Unternehmen an seine Mitarbeiter gestellt werden. Im Beispiel eines Mitarbeiters der Personalabteilung, der für die Karrierehomepage des Unternehmens zuständig ist, wäre tätigkeitsspezifisches Wissen beispielsweise das Kennen der CUBE-Formel und deren Implikationen für die Gestaltung der Karrierewebseiten des Unternehmens. Nicht tätigkeitsspezifisches Wissen könnte im Bereich der Entwicklungen am Arbeits- und Bewerbermarkt liegen.

- Nur wenn man bestimmte Dinge (auch) anwenden kann, hat das erworbene Wissen einen Nutzwert für das Unternehmen. *Können* bedeutet demnach sowohl manuelles Können, also bestimmte „handwerkliche" Fähigkeiten und Fertigkeiten, als auch geistiges Können. Der für die Karriereseiten verantwortliche Mitarbeiter müsste beispielsweise bestimmte Programmiersprachen beherrschen und mit Bildbearbeitungsprogrammen und Web-Autorensystemen arbeiten können (manuelles Können) sowie Wissen über Usability Anforderungen oder die emotionale Wirkung von Bildern in sein Konzept einfließen lassen (geistiges Können).
- Um in einem Unternehmen seinen Platz zu finden, muss man sich stimmig zum Unternehmen und dessen unmittelbaren Umfeld verhalten. Dies heißt nicht, dass das *Verhalten* und die Einstellungen identisch sein müssen. Allerdings gibt es zumindest grundlegende Verhaltensweisen, die von der Unternehmenskultur geprägt und bei Nicht-Beachtung als Fehlverhalten zu interpretieren sind. Im Fall des für die Karrierehomepage verantwortlichen Mitarbeiters bedeutet dies, dass er sich permanent aus Eigeninitiative heraus über aktuelle Entwicklungen im Bereich der Online-Technologien informiert (Arbeitsverhalten) und mit seinem Kollegen zusammenarbeitet und Informationen austauscht (Sozialverhalten).

Mehrung des Wissens, Erweiterung des Könnens und Änderung der Einstellung und damit des Verhaltens kennzeichnen somit einen umfassenden Qualifkationsbegriff.

Ordnet man Wissen, Können und Verhalten den drei Kompetenzen (fachlich, sozial, methodisch) zu, ist beispielsweise die fachliche Kompetenz insbesondere in den Bereichen Wissen und Können verankert.

Die Inhalte von Weiterbildungsmaßnahmen dürfen sich demnach nicht immer nur auf einen Bereich konzentrieren, sondern auch immer im Blick haben, dass sich Kompetenz aus vielen Teilbereichen und Fähigkeiten ergibt. Ein kompetenter Mitarbeiter verfügt über Kenntnisse und Fähigkeiten in allen Kompetenzfeldern.

Kompetenzförderung durch Personalentwicklung

Übung 12.1

Sie planen Entwicklungsmaßnahmen für die Mitarbeiter der Abteilungen Produktentwicklung, Produktion und Verkauf Ihrer Strawberry Cake & Bakeries AG. Ihnen ist klar, dass hier unterschiedliche Kompetenzen gefördert werden müssen. Welche waren das und wie lassen sich die Kompetenzen den drei Bereichen am besten zuordnen? Außerdem überlegen Sie, wie Wissen, Können und Verhalten mit diesen Feldern verknüpft werden und was darunter in den konkreten Abteilungen zu verstehen ist.

Halbwertzeit des Wissens und Automatisierung der Arbeit

Insbesondere im Fall der berufserweiternden und -aktualisierenden Bildung („Fortbildung“) ist im Hinblick auf die Forderung nach lebenslangem Lernen bei der Notwendigkeit entsprechender Maßnahmen von einem gewissen Automatismus auszugehen. Dieser begründet sich aus den allgemeinen Erkenntnissen zur Halbwertzeit des Wissens[357] (Abbildung 12.3).

Halbwertzeit des Wissens: Zeitraum, in dem die Hälfte der Wissensinhalte veraltet

Demnach veraltet
- Schulwissen (Halbwertzeit 20 Jahre),
- Hochschulwissen (Halbwertzeit zehn Jahre)

vergleichsweise langsam, während
- berufliches Wissen (Halbwertzeit fünf Jahre),
- Technologiewissen (Halbwertzeit drei Jahre) und beispielsweise
- EDV-Fachwissen (Halbwertzeit ein Jahr)

sehr schnell obsolet wird. Berufliches Wissen muss also in viel kürzeren Abständen durch Entwicklungsmaßnahmen aktualisiert werden und muss daher Inhalt von Personalentwicklungsmaßnahmen sein.

Technologische Arbeitslosigkeit zu Zeiten der ersten industriellen Revolution

„Im Augenblick schmerzt uns die hohe Geschwindigkeit dieser Veränderungen und bringt schwer zu lösende Probleme mit sich. Solche Länder leiden verhältnismäßig weniger, die nicht an der Spitze des Fortschritts marschieren. Wir sind von einer neuen Krankheit befallen, deren Namen einige Leser möglicherweise noch nicht gehört haben, von der sie aber in den nächsten Jahren noch viel hören werden – nämlich *technologische Arbeitslosigkeit*. Hiermit ist die Arbeitslosigkeit gemeint, die entsteht, weil unsere Entdeckung von Mitteln zur Einsparung von Arbeit schneller voranschreitet als unsere Fähigkeit, neue Verwendungen für Arbeit zu finden.“[358]

John Maynard Keynes (1883–1946; britischer Ökonom und Namensgeber des Keynesianismus)

Technologische Arbeitslosigkeit wird angesichts von Digitalisierung und Automatisierung umfassend diskutiert. Wie ein Mantra heruntergebetet wird die These, wonach technologischer Fortschritt zwangsläufig Arbeitsplätze vernichtet. Den Beginn machte eine Studie aus dem Jahr 2013, die 702 Berufe auf ihre Automatisierungswahrscheinlichkeit analysiert hat[359]. In Tabelle 12.1 sind einige exemplarische Prognosen aufgelistet. Die Autoren sagen voraus, dass bis zu 50 % der Arbeitsplätze in den U.S.A. in Gefahr sind, andere Autoren gehen von fast 59 % in Deutschland aus[360]. Es ist wichtig, einzuordnen, dass dies eine Prognose für die Zukunft und in der heutigen Schnelllebigkeit nur schwer überprüfbar ist. Wichtig ist aber, dass jeder Beruf in irgendeiner Art und Weise von technologischer Arbeitslosigkeit betroffen werden könnte.

Beruf	Automatisierungswahrscheinlichkeit
Telefonverkäufer/Telemarketer	99 %
Bankkassierer	98 %
Personalverantwortlicher für Entlohnung	90 %
Ökonomen	43 %
Personalexperte/Personalentwickler	31 %
KindergärtnerIn	15 %
Anwälte	3,5 %
Chirurgen	0,42 %

Tabelle 12.1: Wahrscheinlichkeit, dass ein Beruf automatisiert wird[361]

Gewisse Arbeitsplätze sind in Gefahr, aber technologische Arbeitslosigkeit geht einher mit technologischem Fortschritt. Jede industrielle Revolution hat ganze Berufssparten vernichtet, gleichzeitig aber auch neue geschaffen. Heutzutage gibt es keinen Lampenputzer mehr. Der Lampenputzer hat die Straßenlaternen entflammt. Dafür gab es damals keinen App-Designer. Anders als in der Vergangenheit, betrifft es diesmal nicht nur die niederen Tätigkeiten und die Unqualifizierten, sondern auch die Wissensarbeiter. Es ist also heute nicht mehr präzise planbar, welches Wissen durch die Automatisierung obsolet wird.

Automatisierung kann Arbeitsplätze schaffen

Eine weitere Studie spricht deshalb davon, dass die Automatisierung eher als eine „arbeitsschaffende Maschine" angesehen werden müsste[362]. Die Mitarbeiter müssen sich ihr Leben lang immer mehr anpassen und neu aufstellen. Routinetätigkeiten werden sich grundlegend durch die Automatisierung verringern, wie man an der Anzahl der Postangestellten sieht, die seit 1992 um 66 % gesunken ist. Dafür sind die Nicht-Routinetätigkeiten massiv gestiegen, wenn eine kognitive Herausforderung existiert (Berater und Unternehmensanalysten sind seit 1992 um 365 % gestiegen) oder auch manuelle Tätigkeiten wie bei Mitarbeitern im Pflegedienst (um 168 % seit 1992)[363]. Gleichzeitig werden in Ländern wie Deutschland circa 500.000 Pflegekräfte im Jahr 2030 fehlen[364]. Wenn nicht entgegengewirkt wird und sich nichts ändert, dann wäre die tatsächliche Prozentzahl noch höher. Man kann nicht davon auszugehen, dass in 20 Jahren die halbe Menschheit arbeitslos ist, sondern die Menschen mehrere Karrieren in verschiedenen Berufen durchleben werden. Es ist also heute nicht mehr planbar, welches Wissen durch die Automatisierung nachgefragt wird. Lebenslanges Lernen ist ein essentieller Bestandteil der Arbeitswelt.

Es bleibt also unklar, inwiefern die Automatisierung sich auswirken wird, und deshalb ist das Personalmanagement entscheidend für den Wandel. Die Unternehmen benötigen die richtigen Mitarbeiter zur richtigen Zeit. Dies ist vor allem problematisch, wenn man nicht genau weiß, welche Technologien sich durchsetzen und welche Kompetenzen benötigt werden. Gleichzeitig veralten andere Technologien und Mitarbeiter werden obsolet. Sollte man die Mitarbeiter freisetzen oder ist eine Entwicklung in andere Bereiche möglich? Das Personalmanagement wird dadurch systemkritisch in der Aufgabe, die Mitarbeiter zu befähigen, mit den neuen Entwicklungen Schritt zu halten oder neue Mitarbeiter zu rekrutieren. In einem turbulenten Umfeld, in dem es nicht eindeutig ist, welcher Entwicklungspfad schließlich gegangen wird, müssen Mitarbeiter umfassend trainiert werden, also ein Risiko eingegangen werden, dass Mitarbeiter Fähigkeiten heute trainieren, die morgen irrelevant sein könnten. Auch das Risiko, dass keiner die Fähigkeiten besitzt, wächst mit der Automatisierung. Die Hauptaufgabe des Personalmanagements besteht darin, diese Risiken so weit wie möglich zu minimieren.

12.4 Entwicklungsrollen

Wer macht was?

Für die Beantwortung der Frage, wer die Personalentwicklung im Einzelfall durchführt und wer für diese Personalentwicklung verantwortlich ist, hat sich im Laufe der Zeit ein deutlicher Wandel vollzogen.

Personalabteilung als Personalentwickler

In der ursprünglichen Form der Personalentwicklung gab es eine Arbeitsteilung, bei der im Wesentlichen die Personalabteilung für die Personalentwicklung verantwortlich war. Sie entschied, welche Mitarbeiter für welche Personalentwicklungsmaßnahmen geeignet sind und welche Personalentwicklungsmaßnahmen durchgeführt werden. Gleichzeitig verfügte die Personalabteilung über die entsprechenden Mittel und die entsprechende Kompetenz (im Sinne von Befugnis und Befähigung). Dieses System hatte allerdings den Nachteil, dass die Personalabteilung in vielen Fällen zu weit weg von der konkreten Tätigkeit war und auf diese Art und Weise den betrieblichen Notwendigkeiten nicht immer voll gerecht wurde.

Führungskraft als Personalentwickler

Können Führungskräfte Personalentwickler sein?

Um näher am Tagesgeschäft zu sein, wurde die Verantwortung für die Personalentwicklung von der Personalabteilung auf die Führungskraft übertragen. Gemäß dem Slogan „Jede Führungskraft ein Personalentwickler“ wurde es zur Aufgabe der Führungskraft, sich darüber klar zu werden, welche Stärken und Schwächen ihre Mitarbeiter haben, welche langfristigen Karriereperspektiven möglich sind und wie diese durch eine umfassende Personalentwicklung ausgeglichen beziehungsweise realisiert werden können. Der Vorteil dieser Vorgehensweise bestand darin, dass das unmittelbare Tätigkeitsfeld des Mitarbeiters in den Prozess der Personalentwicklung integriert werden konnte.

Dies führte zu einem doppelten Zielkonflikt, nämlich
- beim Mitarbeiter zwischen Qualifizierungszeit und produktiver Arbeitszeit sowie
- bei der Führungskraft zwischen Qualifizieren (und Verlieren) des Mitarbeiters und Nichtqualifizieren.

Das Ergebnis war, dass Mitarbeiter und/oder Führungskraft die Personalentwicklung teilweise boykottierten. Zudem erfüllten sich nicht immer die Vorstellungen, dass die Führungskraft in der Eignungsdiagnostik der Durchführung der Personalentwicklungsmaßnahmen entsprechend kompetent war.

Mitarbeiter als Personalentwickler

Unternehmer in eigener Sache: Realistisch?

Eine weitere Variante bestand darin, die Verantwortung für die Personalentwicklung unmittelbar auf den betroffenen Mitarbeiter zu verlagern. In diesem Fall wurde der Mitarbeiter zum „Unternehmer in eigener Sache", der sich selbst darüber klar war, welche Entwicklungsmaßnahmen für ihn gegebenenfalls sinnvoll sind. In diesem Fall kann die Personalabteilung eine Beratungsfunktion wahrnehmen. Diese unmittelbare Verlagerung der Verantwortung auf den Mitarbeiter war gerade in der New Economy durchaus üblich, weil die Mitarbeiter sowieso relativ rasch und häufig den Arbeitsplatz wechselten. Dadurch wurde der Anreiz für Unternehmen, sich umfassend mit Personalentwicklung zu beschäftigen, zwangsläufig geringer.

Siri als Personalentwickler

Durch die Nutzung von Automatisierung und künstlichen Intelligenzen könnten maßgeschneiderte Konzepte zur Personalentwicklung erarbeitet werden, digitale Assistenzsysteme wie Siri, Alexa oder Cortana die Personalentwicklung unterstützen. Auf Basis von Algorithmen können Personalentwicklungsmaßnahmen individualisiert werden. Jeder Mitarbeiter wird analysiert und Schwächen werden lokalisiert. Der Mitarbeiter erhält somit eine Wahlmöglichkeit, aber diese ist durch das Assistenzsystem vorgegeben.

Gerade mit dem Anstieg an frei zugänglichen Inhalten ist es für jeden Mitarbeiter möglich, sich weiterzuentwickeln. Es besteht die Möglichkeit zur Transparenz der Maßnahmen und eine freie Wahlmöglichkeit für den Mitarbeiter. Aber es bleibt unklar, wie das Assistenzsystem auf seine Auswahl gekommen ist. Es findet also immer eine Beeinflussung durch Algorithmen statt. Nur gilt dieser potenzielle Kritikpunkt auch für menschliche Experten in der Personalabteilung.

Kombination der Rollen

Letztlich ist aber keines dieser vier Modelle ein durchgängiges Erfolgsrezept für die Organisation der Personalentwicklung, was in der Konsequenz auf eine Kombination der drei Betroffenen als Akteure hinausläuft.

Danach bietet sich eine weitreichende Arbeitsteilung an, bei der die Rollen aber dennoch klar definiert sind:

- Die *Personalabteilung* ist zum einen für die strategischen Leitplanken verantwortlich, legt also fest, welche Qualifikationsmaßnahmen als Mindestvoraussetzungen für bestimmte Tätigkeiten erforderlich sind. Zum anderen liefert sie Systemunterstützung für die Personalarbeit.

- Die Aufgabe der *Führungskraft* besteht darin, die unmittelbar für die Tätigkeit erforderlichen Fähigkeitslücken aufzuzeigen und entsprechende Maßnahmen zu initiieren. Hier liegt die Personalentwicklung ausschließlich im Interesse des Unternehmens und ist deshalb auch von diesem zu initiieren sowie durchzuführen.
- Der *Mitarbeiter* schließlich muss sich selbst überlegen, wie er langfristig seine Karriere strukturieren möchte, und Eigeninitiative bei der Personalentwicklung übernehmen.
- Die Aufgabe für *Siri* ist, Informationen zu liefern und die Flut an Informationen zu filtern, neue Chancen und neue Möglichkeiten aufzuzeigen sowie die Entscheidungen dadurch zu optimieren und die Personalentwicklung im Ganzen zu verbessern, solange der Mitarbeiter dadurch nicht fremdgesteuert wird.

In einer derartigen Aufgabenteilung ist es damit nicht mehr die Aufgabe der Personalabteilung, konkret zu entscheiden, welche Mitarbeiter welche Personalentwicklungsmaßnahmen zu durchlaufen haben.

Übung 12.2 **Erstellen eines Personalentwicklungskonzepts**

Die Strawberry Cake & Bakeries AG will mehr Kunden in die Bäckereien mit angeschlossenem Café locken. Daher entschließen Sie sich, eine Linie mit hochwertigen Backwaren, wie etwa den „Double Chocolate Cake with Caramel Icing“, zu produzieren. Diese soll dann ausschließlich in den Cafés angeboten werden. Natürlich müssen Ihre Bäcker für die Herstellung dieser neuartigen Backwaren fortgebildet werden. Sie kennen verschiedene Personalentwicklungskonzepte. Um sich für eine Variante entscheiden zu können, fertigen Sie eine Übersicht an, aus der die Vor- und Nachteile der Methoden hervorgehen.

12.5 Entwicklungsprinzipien

Vor allem wenn man die Personalentwicklung in einem strategischen Rahmen positioniert, bietet es sich an, klare Prinzipien für die Gestaltung der Personalentwicklung zu formulieren. Diese Prinzipien können beziehungsweise sollen sich auf drei Bereiche konzentrieren, nämlich Aussagen machen zur Zielgruppe, zum Verteilungsprinzip und zur grundsätzlichen Methode.

Prinzipien für die Zielgruppe

Wer wird entwickelt?

Im Hinblick auf die Zielgruppe, also die Entwicklungsadressaten, gibt es vier Prinzipien[365], die in der Praxis zum Einsatz kommen:

- *Chancengleichheit*: Bei diesem Prinzip, das im negativen Sinne auch „Prinzip Gießkanne“ genannt wird, richtet sich die Personalentwicklung an alle Mitarbeiter, und zwar unabhängig davon, welches Fähigkeitsprofil vorliegt und welche Aussagen über das Entwicklungspotenzial gemacht wurden. Bei diesem Prinzip werden alle Mitarbeiter gleich behandelt, was auf der einen Seite relativ demokratisch, auf der anderen Seite kostenintensiv und wenig gezielt ist.

- *Privilegierung*: Sie richtet sich lediglich an bestimmte Beschäftigtengruppen, beispielsweise an Führungskräfte oder an Führungskräftenachwuchs. Um hier in den Genuss der Förderung zu kommen, reicht es aus, zu einer bestimmten Gruppe zu gehören. Ab dem Zeitpunkt der Zugehörigkeit ist es egal, wie hoch das Fähigkeitsprofil ausgeprägt ist und wie günstig die Entwicklungsprognose ausfällt.
- *Begabtenförderung*: Sie ist ebenfalls nur auf bestimmte Beschäftigtengruppen ausgerichtet. Allerdings fällt die Entscheidung für oder gegen eine Personalentwicklung nicht in Abhängigkeit von der Zugehörigkeit zu einer biografisch definierbaren Gruppe, sondern leitet sich aus dem Entwicklungspotenzial des Mitarbeiters ab. Egal also, zu welcher generellen Gruppe der Mitarbeiter gehört, die Einstufung in die Gruppe der „Begabten" führt zur Entscheidung für die Personalentwicklung.
- *Engpassbeseitigung*: In diesem Fall werden die Mitarbeiter danach sortiert, wie groß der zu erwartende Schaden von einer nicht geschlossenen Deckungslücke ist. Dieses Prinzip gilt besonders dann, wenn das Unternehmen nicht über entsprechend ausgeprägte Ressourcen verfügt.

Auch Kombinationen dieser Prinzipien sind denkbar. So könnte man mit „Engpassbeseitigung" beginnen und dann auf „Begabtenförderung" oder „Privilegierung" umsteigen.

Prinzipien für die Methodenauswahl

Wie wird entwickelt?

Die Festlegung eines Adressatenkreises sagt noch nichts darüber aus, wie aus einer vorgegebenen Menge an Entwicklungsmethoden ausgewählt wird. Auch hierzu gibt es inzwischen vier Prinzipien, die sich in der Praxis durchgesetzt haben:

- *Prinzip Wunderdroge*: Bei diesem Prinzip gibt es eine oder mehrere standardisierte Methoden, die praktisch unabhängig von der konkreten Notwendigkeit zum Einsatz kommen. Typisch hierfür sind spezifische Formen von Verhaltens- und Kommunikationstrainings. So könnte man alle Formen der zwischenmenschlichen Zusammenarbeit auf Kurse wie Zeitmanagement, Stressmanagement oder Konfliktmanagement reduzieren. Egal was das Problem ist, die jeweilige Wunderdroge ist die Antwort. Hier werden im Sinne einer Methodendominanz also Verfahren eingesetzt, die grundsätzlich sinnvoll sein können, aber vielleicht nicht auf das spezifische Problem passen.

Mitarbeiterwunsch: Chancengleichheit plus Weihnachtsmann

- *Prinzip Weihnachtsmann*: Bei dieser Nachfragedominanz ist der Mitarbeiter als Kunde der König. Was immer er haben möchte, er bekommt es. Unter der Überschrift „Kundenorientierung" darf hier der Mitarbeiter über die für ihn geeigneten Verfahren entscheiden. Das Prinzip unterstellt, dass die Mitarbeiter tatsächlich in der Lage sind, die geeigneten Entwicklungsmaßnahmen zu erkennen.
- *Prinzip Versandhandel*: Bei dieser Angebotsdominanz liefert das Unternehmen dem Mitarbeiter einen umfassenden Katalog an Maßnahmen, aus dem er auswählen kann. Das Entscheidende an diesem System ist die Breite des Angebots, wobei die Mitarbeiter je nach Unternehmenspolitik mehr oder weniger die Möglichkeit haben, sich frei zu entscheiden. Bei der Angebotsdominanz kann es sein, dass das Unternehmen mit seinen Personalentwicklungsmaßnahmen am Markt „vorbei" operiert.

Unternehmensrealität: Engpassbeseitigung plus Planwirtschaft

- *Prinzip Planwirtschaft*: Bei dieser Kontingentierungsdominanz steuert eine zentrale Planungsstelle die Verteilung der vorgegebenen Personalentwicklungsmaßnahmen auf die Mitarbeiter. Das Ergebnis sind dann teilweise ausgefeilte Pläne dazu, wie vorgegebene Kurse in entsprechender Reihenfolge auf die Mitarbeiter verteilt werden. Typisch hierfür sind Verhaltenstrainingsformen, die aus verschiedenen Modulen bestehen und die von allen Mitarbeitern – unabhängig von Befähigung und Deckungslücke – zu durchlaufen sind. Dieses Prinzip weist eine gewisse Bürokratie auf.

Inzwischen geht die Tendenz zunehmend in Richtung des Prinzips der Kontingentierungsdominanz.

Kombiniert man diese methodenspezifischen Prinzipien mit den auf die Zielgruppen fokussierten Prinzipien, führt dies zu 16 denkbaren Gestaltungsprinzipien (Tabelle 12.2): Sie reichen von der Idee, eine dominante Methode in den Vordergrund zu rücken und dabei alle gleich zu behandeln (links oben), bis hin zur Idee, nur dort anzusetzen, wo es gerade wirklich „brennt" (rechs unten) und dies auch nur, bis das exakt vorgegebene Kontingent ausgeschöpft ist.

In Abhängigkeit von der Trennschärfe der Personalstrategie können diese Gestaltungsprinzipien entweder explizit und bewusst zum Einsatz kommen oder aber unbewusst-intuitiv gewählt werden. Unternehmen, die in der Digitalisierung ihre Wurzeln haben, neigen dazu keine Personalstrategie zu besitzen. Gerade sie können deshalb davon profitieren, Entwicklungsprinzipien eindeutig und strategiebezogen festzulegen: Dies erleichtert die Kommunikation und spart Kosten.

Tabelle 12.2: 16 Kombinationen der Gestaltungsprinzipien

	Chancengleichheit	Privilegierung	Begabtenförderung	Engpassbeseitigung
Prinzip Wunderdroge	1	2	3	4
Prinzip Weihnachtsmann	5	6	7	8
Prinzip Versandhandel	9	10	11	12
Prinzip Planwirtschaft	13	14	15	16

Übung 12.3 Festlegen der Personalentwicklungsprinzipien

In den Fertigungseinheiten „Konditoreiprodukte" der Strawberry Cake & Bakeries AG werden (natürlich) Erdbeerkuchen, die neue Produktlinie für Ihre Cafés und zudem Vorprodukte für lokale Konditoreien hergestellt. Ein zentraler Bereich ist die „Produktionshalle", wo die Mitarbeiter mit der eigentlichen Herstellung der Kuchen betraut sind. Hier finden einfache Routineaktivitäten statt (wie automatisches Verpacken), aber auch Spezialaufgaben (wie die Anfertigung von speziellen Kuchen für Großveranstaltungen). Sie überlegen, wie sich die Personalentwicklungsprinzipien auf Ihre Anforderungen übertragen lassen.

12.6 Entwicklungsmethoden

Ist die Entscheidung für eine Kombination von Gestaltungsprinzipien gefallen, kann über die Entwicklungsmethoden nachgedacht werden.

Techniken, Konzepte und Vorgehensweisen

Unter der Rubrik Personalentwicklungsmethoden gibt es inzwischen eine Vielzahl von Vorschlägen. Einige beziehen sich mehr auf Vermittlungsformen (zum Beispiel Vortrag und Rollenspiel), andere eher auf Entwicklungsziele (zum Beispiel Teamentwicklung).

Im Unterschied zu einzelarbeitsplatzbezogenen Aktivitäten zielt die Schaffung von ***Arbeitsgruppen*** auf die Schaffung eines Lernumfelds, bei dem die Mitarbeiter voneinander und untereinander lernen. Die Verwendung von Arbeitsgruppen zur Personalentwicklung dient dabei nicht nur der individuellen Qualifizierung, sondern ist gleichzeitig ein Schritt in Richtung auf eine systematische Organisationsentwicklung. Ferner dient die Arbeitsgruppe häufig auch der Teamentwicklung.

Unter ***Einarbeitung*** oder Onboarding versteht man die systematisch durchgeführte Instruktion von Mitarbeitern hinsichtlich ihrer Arbeitsaufgabe. Sie besteht unter anderem aus der Vorbereitung auf den Arbeitsplatz, dem Vorführen der entsprechenden Tätigkeiten, dem Nachmachen der Tätigkeiten durch den Mitarbeiter und im Idealfall auch aus einer Abschlusskontrolle. Auch wenn eine derartige geplante Einarbeitung häufig aus Zeitgründen (fatalerweise) unterlassen wird, stellt sie doch eine der wichtigsten Qualifizierungsmaßnahmen dar.

Bei ***Erfahrungsgruppen*** treffen Teilnehmer aus unterschiedlichen Abteilungen oder unterschiedlichen Firmen zusammen und diskutieren gemeinsame Probleme. Dieser wechselseitige Austausch von Lösungswegen ist eine wichtige Methode, um die organisatorische Intelligenz, gleichzeitig aber auch die individuelle Problemlösungskapazität und -fähigkeit zu steigern.

Fachtrainings dienen dazu, spezifische Qualifikationen zu erwerben, zu erhalten oder zu ergänzen, die sich auf einen konkreten Arbeitsplatz beziehen. Im Regelfall sind solche Fachtrainings, Fachlehrgänge beziehungsweise Fachseminare hoch standardisierte Teile der langfristigen Entwicklung eines Mitarbeiters.

Unter ***Job Enlargement*** versteht man eine Erweiterung des Aufgabenfelds eines Mitarbeiters durch Hinzufügung von weiteren, allerdings qualitativ relativ gleichartigen Aufgaben. Auf diese Weise bleibt zwar das (qualitative) Anforderungsniveau erhalten, der Mitarbeiter bekommt aber ein höheres Arbeitspensum und damit auch eine etwas andere Arbeitsstrukturierung.

Im Fall des ***Job Enrichments*** bekommt der Mitarbeiter weitere, allerdings neuartige Aufgaben gestellt. Diese „Aufgabenerweiterung" bedeutet dann auch ein höheres Anforderungsniveau. Durch Job Enrichment sollen Mitarbeiter in ihren Tätigkeiten wachsen, was allerdings voraussetzt, dass eine entsprechende Entwicklungsbereitschaft beim Mitarbeiter vorhanden ist.

Unter ***Job Rotation*** versteht man die Rotation des Mitarbeiters durch verschiedene Aufgabenfelder. Dies kann sowohl funktionsgebunden (innerhalb eines Funktionsbereichs, also einer Abteilung) erfolgen, aber auch funktionsübergreifend: Letzteres findet bei Führungskräften beziehungsweise beim Führungskräftenachwuchs statt, da diese über diesen Weg sehr rasch einen größeren Überblick über das Unternehmen bekommen. Die Grundidee der Job Rotation steht allerdings im Widerspruch zu der Spezialisierung und Herausbildung von Kernkompetenzen.

Eine spezielle Form der Personalentwicklung ist die ***Karriereplanung***. Anders als bei den übrigen Maßnahmen, in denen im Regelfall allenfalls ein oder zwei Schritte der beruflichen Vorwärtsentwicklung Berücksichtigung finden, zielt Karriereplanung auf eine längerfristige Perspektive. Es wird also eine Folge von Stellen anvisiert und frühzeitig mit dem Mitarbeiter Klarheit darüber herbeigeführt, in welcher Reihenfolge diese Stellen durchlaufen werden, wie lange der Mitarbeiter auf diesen Stellen bleibt und insbesondere welche zusätzlichen Qualifikationen beziehungsweise welche Leistungen der Mitarbeiter erbringen muss, um auf die nächste „Stufe der Karriereleiter" zu kommen. Entscheidend bei der Karriereplanung ist der unmittelbare Mitarbeiterbezug: Karriereplanungen sind in den seltensten Fällen abstrakte Folgen von Stellen, sondern im Regelfall konkret auf Mitarbeiter zugeschnittene Planungen.

Unter ***Mitarbeiterberatung*** versteht man den gezielten Einsatz einer Person, die nicht identisch mit der unmittelbaren Führungskraft ist. Diese Person fungiert als Berater und hilft dem Mitarbeiter. Für Führungskräfte wird hierfür häufig eine externe Person eingesetzt. Im Regelfall spricht man dabei von Coaching. Geht es dagegen um eine eher persönliche und langfristige Betreuung eines Mitarbeiters – vor allem im Bereich des Führungskräftenachwuchses – und wird diese durch einen betriebsinternen, älteren und ranghöheren Mitarbeiter durchgeführt, so spricht man meist von einem Mentoring.

Mit dem Internet haben sich in den letzten Jahren eine Vielzahl an ***Massive Open Online Course (MOOC)*** entwickelt. Diese Kurse sind oft kostenlos und bieten Inhalte auf Universitätsniveau an; meistens auch mit einem Zertifikat einer angesehenen Universität. Die Kurse finden digital statt und können überall und jederzeit absolviert werden.

Planspiele sind komplexe Simulationen realer Unternehmensprozesse. Sie laufen mithilfe von vernetzten Computern oder aber (seltener) mit Papier und Bleistift ab. Je nach Ausrichtung können solche Planspiele funktional fokussiert sein (zum Beispiel Marketing- oder Personalplanspiel) oder als General Management Spiel die gesamte Breite der Entscheidungsfelder abdecken. Planspiele können ferner branchenspezifisch (Bankenplanspiel) oder branchenübergreifend sein.

Die ***Ruhestandsvorbereitung*** dient der systematischen Auseinandersetzung und Vorbereitung auf das Ausscheiden aus dem Berufsleben. Sie kann allerdings auch als Integrationsmaßnahme in einem Seniorberater-Pool ausgestaltet sein.

Personalentwicklung dient nicht nur der individuellen Weiterentwicklung einzelner Personen, sondern soll auch die Zusammenarbeit von Mitarbeitern fördern.

Eine solche ***Teamentwicklung*** ist seit Langem ein wichtiger Bestandteil aller Qualifizierungsmaßnahmen. Man geht davon aus, dass es gerade in der heutigen Arbeitswelt immer mehr darauf ankommt, dass Mitarbeiter gemeinschaftlich Aufgaben lösen. Bei einer Teamentwicklung geht es weniger um die Lösung eines akuten Problems als vielmehr um die Verbesserung der grundsätzlichen Zusammenarbeit innerhalb des Teams.

Im Gegensatz zur Teamentwicklung, die auf die Gruppe abzielt, stellt ***Verhaltenstraining*** im Regelfall auf den individuellen Mitarbeiter ab. Hier sollen Mitarbeiter sich ihres speziellen Verhaltens bewusst werden, durch Abgleich von Eigenbild und Fremdbild eine Selbsterfahrung entwickeln und sensibel für Kommunikation und Emotion bei anderen werden. Ein Beispiel für Verhaltenstraining sind Mitarbeiter in unmittelbarem Kundenkontakt, genauso aber auch Führungskräfte.

Ort, Zeit und Zweck

Die Methoden der Personalentwicklung unterscheiden sich unter anderem dadurch, an welchem Ort, zu welcher Zeit und zu welchem Zweck sie durchgeführt werden. Orientiert man sich deshalb an der Grundfrage, ob die Personalentwicklungsmaßnahme zum Job hinführt oder aus dem Job herausführt, und berücksichtigt zusätzlich den Ort der Personalentwicklungsmaßnahme, so ergeben sich folgende Grundmöglichkeiten (Tabelle 12.3):

- Personalentwicklung *Into the Job* ist die Hinführung zu neuen Tätigkeiten und Aufgaben.
- Personalentwicklung *Along the Job* beinhaltet Karriereplanung und Laufbahnplanung.
- Personalentwicklung *Out of the Job* dient der Sicherstellung der Beschäftigungsfähigkeit oder der Vorbereitung auf ein Verlassen des Unternehmens.
- Personalentwicklung *On the Job* sind direkte Maßnahmen am Arbeitsplatz, die durch die Personalentwicklung realisiert werden.
- Personalentwicklung *Near the Job* ist ein arbeitsplatznahes Training.
- Personalentwicklung *Off the Job* sind Aktivitäten, die außerhalb der Arbeitszeit stattfinden.

Beschäftigungsfähigkeit = Employability

Welche dieser Varianten alleine oder in Kombination gewählt wird, hängt von der zuvor definierten Deckungslücke ab, aber auch von den zur Verfügung stehenden Methoden.

Tabelle 12.3 geht über die ursprünglich übliche Prozessbetrachtung[366] hinaus, da sie eine explizite und für den Planungsfall wichtige Trennung zwischen „Grund" der Entwicklung (Warum?) und „Ort" der Maßnahme (Wo?) vornimmt.

Wo?	Warum?		
	Into the Job	**Along the Job**	**Out of the Job**
Near the Job	Einarbeitung Mitarbeiterberatung Planspiel Stellvertretung Teamentwicklung MOOC	Erfahrungsgruppe Mitarbeiterberatung Planspiel Projektarbeit Teamentwicklung Karriereplanung MOOC	Mitarbeiterberatung Ruhestandsvorbereitung MOOC
On the Job	Einarbeitung Job Rotation Mitarbeiterberatung MOOC	Arbeitsgruppen Job Enlargement Job Enrichment Job Rotation Mitarbeiterberatung MOOC	Mitarbeiterberatung MOOC
Off the Job	Planspiel Teamentwicklung Verhaltenstraining MOOC	Erfahrungsgruppe Fachtraining Planspiel Teamentwicklung MOOC	Ruhestandsvorbereitung MOOC

Tabelle 12.3: Ort und Zweck der einzelnen Entwicklungsmaßnahmen

Übung 12.4 Auswahl von Personalentwicklungsmethoden

Nachdem sich Ihre Personalabteilung intensiv mit dem Thema Personalentwicklung auseinandergesetzt hat, überlegen Sie in einem Meeting, welche der Personalentwicklungsmethoden nun eingesetzt werden sollen und müssen. Auf dem Flipchart stellen Sie eine Aufstellung der möglichen Methoden zusammen. Nun gilt es zu entscheiden, welche Methode gewählt wird und wie diese bei der Strawberry Cake & Bakeries AG konkret ausgestaltet sein sollte.

12.7 Entwicklungskosten

Personalentwicklung ist häufig mit hohen Kosten verbunden. Daher müssen sich vor allem die Unternehmen im Vorfeld Gedanken machen, wer die Kosten trägt. Dabei wird auch der Mitarbeiter an den Kosten beteiligt, abhängig davon, welchen Nutzen sich das Unternehmen durch die Weiterbildung erhofft.

Kostenbestandteile: Eine Frage der Zusammensetzung

Wenn Kosten für Personalentwicklung entstehen, setzen sich diese oftmals aus verschiedenen Bestandteilen zusammen. So ist nicht nur der „Katalogpreis" der Entwicklungsmaßnahme zu berücksichtigen, es entstehen ferner Kosten durch An- und Abfahrt, Verpflegung, Übernachtungen und – wenn die Fortbildung während der Arbeitszeit stattfindet – Kosten durch die entgangene Arbeitsleistung des Mitarbeiters.

Da Personalentwicklungsmaßnahmen also stets mit nicht unerheblichen Kosten verbunden sind, ist es unabdingbar, den Prozess der Personalentwicklung professionell zu planen und zu gestalten.

Kostenweitergabe: Eine Frage der Möglichkeiten

Sobald der Mitarbeiter die Entwicklungskosten ganz oder zum Teil trägt, gibt es die folgenden Möglichkeiten zur Weitergabe der Entwicklungskosten[367]:

- Der *Mitarbeiter trägt die Entwicklungskosten* selbst, was den Vorteil erhöhter Flexibilität mit sich bringt.
- Das *Unternehmen trägt zunächst die Entwicklungskosten*, der Mitarbeiter verpflichtet sich jedoch vertraglich zu einer bestimmten Verweildauer im Unternehmen. Somit stellt die Unfreiheit die Kosten des Mitarbeiters dar.
- Das *Unternehmen trägt zunächst die Entwicklungskosten*. Das Gehalt des Mitarbeiters fällt jedoch geringer aus. Dies ähnelt einem Darlehen, welches der Mitarbeiter Zug um Zug abbezahlt. Die Kosten des Mitarbeiters sind in diesem Fall die Opportunitätskosten, welche durch das niedrigere Gehalt verursacht werden.

Allerdings ist die erste Möglichkeit aufgrund verhältnismäßig hoher Kosten von Weiterbildungsmaßnahmen nur für wenige Arbeitnehmer überhaupt wählbar. Die zweite Variante wird von kleineren Unternehmen in fluktuationsträchtigen Branchen (zum Beispiel Therapiepraxen) angewendet, da so sichergestellt ist, dass die Investition in den Mitarbeiter nicht verloren geht. Die dritte Variante ist die am weitesten verbreitete, da sie jeden Arbeitnehmer betrifft. Zusätzlich kann ein Arbeitnehmer die Kosten für berufliche Ausbildung, Fortbildung oder Umschulung, welche er selbst getragen hat, als Werbungskosten in der Steuererklärung absetzen.

Kostenträger: Eine Frage des Nutzens

Um den jeweiligen Träger der Personalentwicklungskosten zu bestimmen, ist eine vorgelagerte Differenzierung nach zwei Varianten betrieblicher Entwicklungsmaßnahmen erforderlich:

(1) *Bildungsmaßnahmen für allgemeine Qualifikationen* vermitteln dem Mitarbeiter Kenntnisse, die dieser unabhängig von dem Betrieb, in welchem er beschäftigt ist, einsetzen kann. Der Marktwert des Mitarbeiters erhöht sich also.

(2) *Bildungsmaßnahmen für betriebsspezifische Qualifikationen* vermitteln dem Mitarbeiter Kenntnisse, die von dem Mitarbeiter nur in diesem spezifischen Betrieb eingesetzt werden können.

Entwicklungskosten sind Investitionen, die sich im Humankapitalwert des Unternehmens niederschlagen

Beide Maßnahmearten erhöhen den Humankapitalwert des Mitarbeiters.

Die grundsätzlichen Unterschiede zwischen diesen beiden Formen der Fortbildung schlagen sich in der Finanzierung nieder[368]:

- Die Bildungsmaßnahme für allgemeine Qualifikationen ist primär im Interesse des *Arbeitnehmers* und wird deshalb auch von diesem finanziert – als Ausgleich kann der Mitarbeiter jedoch ein höheres Gehalt fordern.
- Die Bildungsmaßnahme für betriebsspezifische Qualifikationen hingegen nutzt zunächst eher dem *Unternehmen*, versetzt den Mitarbeiter jedoch sukzessive in die Lage, mehr Geld zu verlangen. Hier werden Unternehmen und Mitarbeiter die Kosten untereinander aufteilen.

Gerade bei abnehmender Bindungsbereitschaft von Unternehmen und Mitarbeitern werden verstärkt Regelungen nötig, die Antworten auf die Frage „Wem nutzt die Personalentwicklung?" geben.

Berechnungsbeispiel Weiterbildungsveranstaltung

Der Weiterbildungsmarkt in Deutschland ist äußerst umfangreich. Im Folgenden wird beispielhaft erläutert, welche Kosten bei einem Seminarbesuch entstehen. Geplant ist die Teilnahme an einer zweitägigen Veranstaltung mit dem Titel „Kommunikation in der Führungspraxis", welche in München stattfindet. Das Seminar kostet 1.416 Euro. Geht man von einer An- und Abfahrt mit der Bahn ab Saarbrücken aus, dann entstehen hierdurch Kosten in Höhe von 184 Euro. Weiterhin muss die Übernachtung in einem Hotel (119 Euro) bezahlt werden. Für die Verpflegung während der zwei Tage kann von mindestens 50 Euro ausgegangen werden. Ferner muss die Fehlzeit des Mitarbeiters in die Berechnung miteinbezogen werden: Der Einfachheit halber geht man davon aus, dass der Beitrag eines Mitarbeiters der Höhe seines Gehalts entspricht, so muss bei einer Führungskraft mit einem Jahresgehalt von 100.000 Euro, von Kosten in Höhe von etwa 700 Euro für zwei Tage ausgegangen werden. Insgesamt fallen für die zweitägige Fortbildung also Kosten in Höhe von 2.469 Euro an.

Bilanzierung des intellektuellen Kapitals

Wenn es um das Thema Wissensmanagement geht, stehen vor allem die großen Unternehmen in der ersten Reihe. Der schwäbische Energieversorger EnBW verfolgt das Ziel, zur „Nummer eins beim Wissensmanagement" zu werden, und hat als eines der ersten deutschen Unternehmen Informationen über sein intellektuelles Kapital in seinem Geschäftsbericht veröffentlicht. In seiner Wissensbilanzierung gibt EnBW Auskunft über sein Human-, Struktur- und Beziehungskapital. In der Humankapitalbilanz werden als Einflussfaktoren Fachkompetenz, Management- und Sozialkompetenz sowie Motivation bewertet, die alle mit Bewertungen über 60 Prozent über einen hohen Einfluss verfügen.[369]

Quelle: EnBW

12.8 Ausblick

Sicherlich ist es eine unternehmensstrategische Entscheidung, wie viel ein Unternehmen in die Personalentwicklung investieren will. Gerade aber bei rückläufigen Entwicklungsbudgets können Personalverantwortliche nicht umhin, die Personalentwicklung nicht nur durchzuführen, sondern sie auch sinnvoll zu planen.

Der demografische Wandel, die alternde Gesellschaft und der technologische Fortschritt erfordern eine strategische Personalentwicklung. Man sollte schon heute die Mitarbeiter für morgen passend weiterentwickeln. Dies erkennt man gut an dem aktuellen Mangel an Datenanalysten. Unternehmen konkurrieren hier um einen kleinen Pool an Experten mit Regierungen, Großunternehmen, dem Militär und organisierten Verbrechen. Diese Konkurrenz kann durchgehend mehr bieten. Und das, obwohl Big Data kein neues Phänomen ist und mit vorausschauender Personalentwicklung verhindert werden könnte.

Entwicklungskontrolle als vernachlässigte Aktivität in der Praxis

Am Ende steht – in der Theorie oft, in der Praxis selten – die Kontrollphase: Sie erstreckt sich zum einen auf die Durchführungskontrolle („wurde alles so gemacht, wie es geplant war?"), zum anderen auf die Ergebniskontrolle („stellten sich die geplanten Ergebnisse tatsächlich ein?"). Dieser Schritt kann zusätzlich oder alternativ auch Teil eines übergeordneten Personalcontrollings sein.

Sicherlich gibt es wenige Diskussionen darüber, dass die Qualifikation der Mitarbeiter einen zentralen Wettbewerbsvorteil darstellt. Diese Feststellung gilt aber nicht in gleichem Ausmaß für die Frage, inwieweit Qualifizierung zur Wettbewerbsfähigkeit eines Unternehmens beiträgt. Denn angesichts der abnehmenden Bindungsbereitschaft von Mitarbeitern prüfen Unternehmen zwangsläufig immer häufiger, ob es betriebswirtschaftlich sinnvoll ist, auf eigene Personalentwicklung zu setzen oder ob man nicht lieber „fertige Qualifikationen" einkauft. Diese „Make-or-Buy" Entscheidung ist Teil der Personalentwicklungsplanung.

Die gesamte Personalentwicklung – einschließlich der vorgelagerten strategischen Grundsatzentscheidungen – ist eingebettet in ein klar definiertes Rollenmodell des Personalentwicklers. Hier muss die Personalabteilung gemeinsam mit den Fachabteilungen festlegen, wer für welche Maßnahme zuständig und verantwortlich ist. Dabei ist insbesondere sicherzustellen, welche Kompetenzen im Sinne von Befugnissen bei Verantwortlichen und Durchführenden vorhanden sein müssen.

Aufgaben und Fragen zur Selbstüberprüfung

1. Was ist der Unterschied zwischen Ausbildung, Fortbildung und Umqualifizierung?
2. Wie hat sich das Rollenverständnis eines Personalentwicklers verändert?
3. Was sind die zielgruppenspezifischen Kriterien für die Auswahl von Personalentwicklungsmaßnahmen?
4. Welche Prinzipien zur Auswahl von Personalentwicklungsmaßnahmen gibt es im Hinblick auf die Methodenwahl?
5. Welche Grundprinzipien zur Methodenverwendung bei der Personalentwicklung gibt es und wie ist hier zu priorisieren?
6. Suchen Sie sich drei Personalentwicklungsmaßnahmen Ihrer Wahl und erläutern Sie ihren Ablauf und ihre Positionierung auf dem persönlichen Karriereweg!

Endnoten

346 *Hays* 2017.

347 *Initiative IT Fitness,* Durch fehlende Weiterbildung verschenkt Deutschland jährlich 4,5 Milliarden Euro, Pressemitteilung vom 23.11.2008, online unter: http://www.it-fitness.de/diwstudie/pm_it-fitness_diw-studie.pdf, abgerufen am 13.05.2009.

348 *ManpowerGroup* 2014.

349 *Oechsler* 2006, 497.

350 *Domsch* 1994, 5.

351 vgl. *Neuberger* 1994; *Conradi* 1983.

352 vgl. *Bröckermann/Müller-Vorbrüggen* 2008, 508.

353 vgl. *o.V.,* Läden dicht, in: managerSeminare Heft 122 (5/2008), 15.

354 vgl. *Ruschel* 1992, 410.

355 *Becker* 1999, 156, 158.

356 *Mentzel* 1992, 166–169.

357 vgl. *Giarini/Liedtke* 1998, 113; *Güldenberg/Mayerhofer/Steyrer* 1999, 594–595.

358 *Keynes, John M.,* Economic Possibilities for Our Grandchildren, 1930, übersetzt von Norbert Reuter, online unter: http://www.jenseits-des-wachstums.de/fileadmin/user_upload/Kampagnen/jenseits-des-wachstums/Keynes%20Enkelkinder.pdf, abgerufen am 24.5.2018.

359 *Frey/Osborne* 2013.

360 *IngDiBa,* Die Roboter kommen, 30.4.2015, online unter: https://www.ing-diba.de/pdf/ueber-uns/presse/publikationen/ing-diba-economic-research-die-roboter-kommen.pdf, abgerufen am 25.5.2018.

361 *Frey/Osborne* 2013.

362 *Deloitte* 2015.

363 *Deloitte* 2015.

364 *pwc* 2010.

365 vgl. *Drumm/Scholz* 1988, 170–171.

366 vgl. *Conradi* 1983.

367 *Backes-Gellner/Lazear/Wolff* 2001, 34–36.

368 *Backes-Gellner/Lazear/Wolff* 2001, 26–40.

369 vgl. *EnBW Energie Baden-Württemberg AG,* Geschäftsbericht 2008, 75.

13

Motivation: Was bringt Mitarbeiter zu Höchstleistungen?

Inhalt

Fakten

Zwei von fünf Beschäftigten schätzen sich selbst als hochmotiviert ein.[370]

Nur 42 % der Mitarbeiter sind mit der Anerkennung ihrer Leistungen durch den Arbeitgeber zufrieden, so dass sich mangelndes Lob als Motivationsbremse Nummer Eins entpuppt.[371]

46 % der Arbeitnehmer sehen ein gutes Arbeitsverhältnis zu Kollegen und Vorgesetzten als förderlich für ihre Arbeitsmotivation an.[372]

Lernziele

- Sie erfahren, welche Menschenbilder unterschieden werden.
- Sie erleben, welche Bedürfnisarten bei der Theorie von *Abraham Maslow* zugrunde gelegt werden.
- Sie wissen, welche Faktoren in der Theorie von *Frederick Herzberg* zentral sind.
- Sie verstehen, welche Inhalte sich hinter den Motivationstheorien verbergen.
- Sie lernen die zentralen Merkmale der Prozesstheorien der Motivation kennen.

13.1 Überblick

Es gibt nur wenige Studien zur Personalarbeit und wenige Vertreter aus der Personalpraxis, die nicht regelmäßig und vehement die Bedeutung der Motivation für den Erfolg von Unternehmen betonen. Zu wichtig ist danach die Logik des inneren Antriebs, die Mitarbeiter dazu bringt, sich für ihre Aufgabe und für das Unternehmen einzusetzen. Gleichzeitig hat sich aber auch die Erkenntnis durchgesetzt, dass es sich dabei nicht um eine naturgemäße Gesetzmäßigkeit handelt, die – wie der immer wieder auftretende Sonnenaufgang – quasi automatisch entsteht.

Gerade aber wegen der Offenkundigkeit des Themas bedarf es definitorischer Klarheit über die Inhalte der in diesem Zusammenhang regelmäßig verwendeten Konzepte und Begriffe:

- *Motivation als Zustand* ist die innere Erregung, um ein bestimmtes Ziel zu erreichen[373]. Hierbei kann die intrinsische und extrinsische Motivation unterschieden werden. Intrinsische Motivation beschreibt dabei den Zustand, wenn die Motivation einer Person durch das Interesse an einer Tätigkeit oder an ihrer Arbeit entstanden ist. Extrinsische Motivation entsteht durch Anreize aus der Umwelt, zum Beispiel in Form einer Belohnung.[374]
- *Motivation als Prozess* umschreibt den Vorgang, bei dem sukzessive Motive als Auslöser und entsprechende Aktionen zur Beeinflussung der Motivation entwickelt werden. Dieser Prozess kann durch die jeweiligen Personen selbst ausgelöst werden (Eigenmotivation). Es kann aber auch eine andere Person oder eine Situation Motivation entstehen lassen (Fremdmotivation).
- *Motiv* (synonym Motivationsinhalt und Motivationsfaktor) ist ein Handlungsziel, das von der entsprechenden Person als so wichtig angesehen wird, dass sie deswegen Aktivitäten entfaltet. Dementsprechend sind Motive überdauernde und relativ konstante Wertungen und somit Ursache des Verhaltens.[375]
- *Motivator* ist entweder eine motivierende Situation oder aber eine Person, die andere motivieren kann.

Gerade dieses Interaktionsfeld macht das Thema „Motivation" derartig spannend und liefert im Ergebnis den Motivationsprozess, der bei inneren und äußeren Reizen beginnt und im günstigen Fall zu Zufriedenheit und Leistung führt (Abbildung 13.1).

Motivation ist nicht nur im Sinne von Fremdmotivation die Aufgabe von anderen, sondern gehört als Selbstmotivation zum originären Aufgabenbereich jedes Einzelnen. Vor diesem Hintergrund geht es in diesem Kapitel auch nicht nur um die Motivationsfunktion von Führungskräften. Vielmehr steht Motivation als komplexes Phänomen im Vordergrund, das es zu erklären gilt.

Hilfreich für die Erklärung von Motivation sind zunächst Menschenbilder (Abschnitt 13.2): Sie machen Aussagen dazu, was unterschiedliche Menschentypen antreibt, was sie also bewegt, ihre Aufgaben zu erledigen, und sie damit motiviert. Danach kommen Motivationstheorien zum Zuge, und zwar Inhaltstheorien (Abschnitt 13.3) und Prozesstheorien (Abschnitt 13.4). Weiterhin werden die Digitalwelttheorien betrachtet (Abschnitt 13.5).

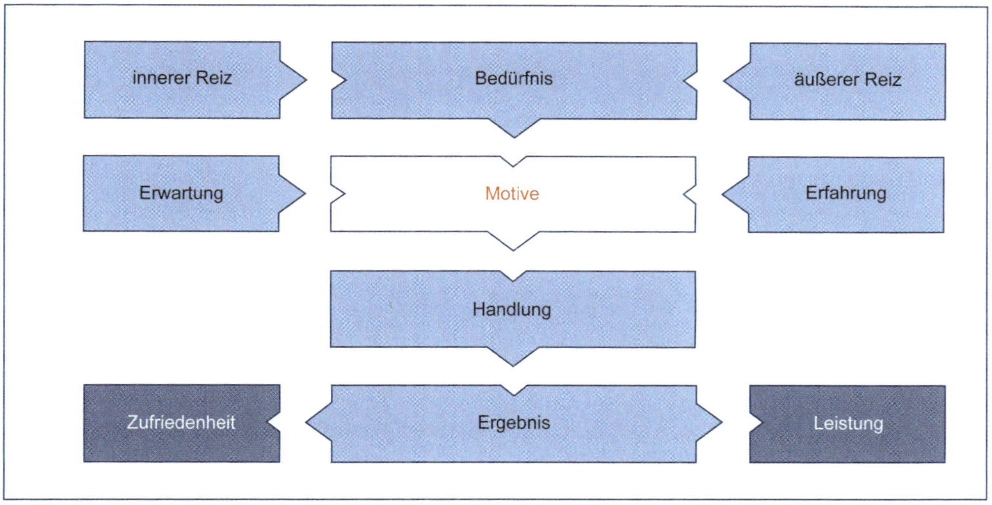

Abbildung 13.1: Prozess der Motivation

13.2 Menschenbilder

Für die Personalarbeit spielen Menschenbilder eine fundamental wichtige Rolle. Sie sind vereinfachende Abbildungen der Realität und insofern handlungsleitend, als sich aus der Zuordnung von Person zu einer Kategorie unmittelbare Empfehlungen für das Verstehen der Person beziehungsweise für den Umgang mit ihr ergeben.

Menschenbild: Komplexitätsreduzierte Abbildung der Realität mit Handlungsimplikation

Menschenbilder entstehen teilweise unbewusst: Aus der Menge der Personen, mit denen jemand konfrontiert ist, bildet man automatisch bestimmte Gruppen, deren Mitglieder sich durch gemeinsame Merkmale auszeichnen. Diese Gruppen werden dann als „Menschenbilder" bezeichnet. Menschenbilder sind komplexitätsreduzierend, weil sie die Vielfalt der in der Realität auftauchenden Formen auf einige wenige reduzieren. Somit erfüllen Menschenbilder drei Aufgaben:

- Sie reduzieren die Vielfalt der vorkommenden Menschentypen auf wenige Grundformen (*Klassifikationsfunktion*).
- Sie erlauben eine schnelle Feststellung, auf welche Grundform die jeweilige Person zuordbar ist (*Lokalisationsfunktion*).
- Sie ermöglichen es, aus dieser Zuordnung standardisierte Handlungsmuster im Umgang mit den Personen abzuleiten (*Handlungsfunktion*).

Es lassen sich

- *pessimistische* Menschenbilder (der Mensch ist prestige- und machtsüchtig), aber auch
- *optimistische* Menschenbilder (der Mensch ist ein soziales Wesen, vernünftig und durch hochwertige Motive geprägt)

unterscheiden (Tabelle 13.1).[376]

Menschenbilder sind handlungsleitend, weil aus der Zugehörigkeit einer Person zu einem „Menschenbild" automatisch auch auf bestimmte Aktionen geschlossen wird, die im Umgang mit dieser Person sinnvoll sind. Stuft man eine Person also in die Rubrik „undankbar und heuchlerisch" ein, so wird man mit dieser Person nur „sehr vorsichtig" umgehen.

Tabelle 13.1: Pessimistische und optimistische Menschenbilder

pessimistisch	Der Mensch ist undankbar und heuchlerisch. (*Nicolò Machiavelli*) Der Mensch ist prestige- und machtsüchtig. (*Thomas Hobbes*) Der Mensch ist selbstsüchtig. (*Adam Smith*) Der Mensch überlebt nur, wenn er tüchtig ist. (*Charles Darwin, Herbert Spencer*) Der Mensch ist primitiv und triebgesteuert. (*Sigmund Freud*) Der Mensch ist wie ein Teil einer Maschine. (*Frederick Taylor*)
optimistisch	Der Mensch ist vernünftig. (*John Locke*) Der Mensch wird von der Gesellschaft geprägt. (*Erich Fromm*) Der Mensch ist ein soziales Wesen und Gruppenmitglied. (*Ernst Mayr*) Der Mensch hat auch „hochwertige" Motive. (*Abraham Maslow, Douglas McGregor*) Der Mensch ist als physisch sowie psychisch verletzbares Wesen zu verstehen und zu behandeln. (*Thomas Maak, Peter Ulrich*)

Die Extremtypen nach Douglas McGregor

In seinem 1960 erschienenen Buch „The Human Side of Enterprise" differenziert *Douglas McGregor*[377] zwischen zwei polaren Menschenbildern (Tabelle 13.2):

- In *Theorie X* hat der normale Mensch eine angeborene Abneigung gegen Arbeit und wird diese deshalb – so weit wie möglich – vermeiden. Aufgrund der Abneigung gegen Arbeit müssen Mitarbeiter gezwungen, kontrolliert, geführt und mit Sanktionen bedroht werden. Erst dann leisten sie positive Beiträge zur Erfüllung der Unternehmensziele.
- In *Theorie Y* lehnt der „normale" Mensch Arbeit nicht prinzipiell ab. Er wird vielmehr Eigeninitiative und Selbstkontrolle entwickeln.

Mit dieser Systematik legte *Douglas McGregor* nicht nur den Grundstein für eine umfassende Forschungstradition, er schuf vielmehr auch einen Führungsansatz, der in vielen Managementseminaren eine tragende und dominante Rolle spielt.

Douglas McGregor fordert normativ das Menschenbild „Theorie Y"

Douglas McGregor beschränkt sich aber nicht darauf, die Existenz dieser beiden Grundtypen zu postulieren. Er plädiert dafür, ausschließlich vom Menschenbild Y auszugehen und entsprechende Rahmenbedingungen zu dessen Realisation zu schaffen: Die Anwendung von Theorie Y habe zur Konsequenz, dass Unternehmensziele besser erreicht und Mitarbeiter zufriedener werden.

Theorie X	Theorie Y
Der „normale" Mensch hat eine angeborene Abneigung gegen Arbeit und wird sie deshalb – soweit wie möglich – vermeiden. Aufgrund der Abneigung gegen Arbeit müssen Mitarbeiter gezwungen, kontrolliert, geführt und mit Strafandrohung bedroht werden. Erst dann leisten sie positive Beiträge zur Erfüllung der Unternehmensziele. Der „normale" Mensch zieht es vor, geführt zu werden und Verantwortung zu vermeiden. Er verzichtet auf ehrgeizige Ambitionen und strebt nach Sicherheit.	Physische und geistige Anstrengungen bei der Arbeit sind natürlich wie Spielen oder Schlafen. Daher lehnt der „normale" Mensch Arbeit nicht prinzipiell ab. Der „normale" Mensch wird Eigeninitiative und Selbstkontrolle zu Gunsten von Zielen praktizieren, denen er sich verpflichtet fühlt. Die wichtigste Belohnung ist die Befriedigung der Ich-Bedürfnisse und des Bedürfnisses nach Selbstverwirklichung. Der „normale" Mensch sucht – unter speziellen Bedingungen und nach entsprechender Unterrichtung – Verantwortung.

Tabelle 13.2: Extremtypen nach *Douglas McGregor*

Nach *Douglas McGregor* führt die Anwendung des („falschen") Menschenbildes X durch die Führungskraft dazu, dass sich die Mitarbeiter tatsächlich entsprechend verhalten und somit das Menschenbild X zu einer selbsterfüllenden Vorhersage wird. Geht also die Führungskraft davon aus, dass ein Mitarbeiter grundsätzlich keine Eigenverantwortung tragen will, so gewährt er ihm keine Autonomie und beraubt ihn der Möglichkeit zur eigenverantwortlichen Handlung. Dies bestärkt die Führungskraft in der Annahme, dass Mitarbeiter Eigenverantwortung ablehnen. Eine Selbsterfüllung von Theorie X ist also plausibel.

Dagegen erscheint es zweifelhaft, ob auch die Theorie Y tatsächlich als selbsterfüllende Vorhersage einsetzbar ist: Wenn der Mitarbeiter keinerlei Verantwortung übernehmen möchte (Theorie X), so wird er durch das Einräumen von Autonomiespielräumen (Theorie Y) nicht zwingend Gefallen an eigenverantwortlichem Handeln finden.

Zuordnung zu *Douglas McGregor's* Menschenbild

Übung 13.1

Menschenbilder, X, Y – hört sich ja wirklich interessant an! Spontan fallen Ihnen so einige Mitarbeiter Ihrer Strawberry Cake & Bakeries AG ein, die in die jeweiligen Kategorien passen würden. Bevor Sie jedoch Ihre Mitarbeiter einteilen, nehmen Sie zu Übungszwecken nach einem Zufallsprinzip zehn Personen aus Ihrem Umfeld und schreiben die Namen auf. Sie ordnen dann diesen Namen bestimmte Merkmale zu, die sich aus der Gegenüberstellung von *Douglas McGregor* ergeben und die es Ihnen nachher ermöglichen, jede der zehn Personen überwiegend zu einem der beiden Menschenbilder (X oder Y) zuzuordnen.

Die Menschentypen nach Edgar Schein

Auch *Edgar Schein*[378] geht davon aus, dass Führungskräfte explizit oder zumindest implizit Annahmen über ihre Mitarbeiter treffen. Diese Menschenbilder beeinflussen dann ihr Führungsverhalten. Seine Klassifikation spiegelt gleichzeitig eine historische Entwicklung des Menschenbildes wider, das bei einer einfach-mechanistischen Sichtweise beginnt und sukzessive komplexer wird.

Edgar Schein differenziert zwischen vier Grundtypen von Menschen:

(1) Der *rational-ökonomische Mensch* ist primär durch monetäre Anreize motivierbar. Aus diesem Grunde ist er manipulierbar und passiv. Der Mensch hat irrationale Gefühle, strebt aber trotzdem nach rationaler Bewältigung seiner Probleme.

(2) Der *soziale Mensch* wird in erster Linie durch soziale Bedürfnisse motiviert und benötigt Interaktionen mit anderen Personen. Da aber die organisatorische Arbeitsgestaltung aufgrund ihrer Rationalisierungswirkung häufig zu Isolation und Sinnentleerung führt, sind derartige soziale Beziehungen verstärkt erforderlich.

(3) Der *sich-selbst-verwirklichende Mensch* ist selbstmotiviert und bevorzugt die Selbstkontrolle. Die Bedürfnisse des Menschen lassen sich hierarchisch anordnen, wobei das Bedürfnis nach Selbstverwirklichung die zentrale Rolle spielt. Der Mensch will und kann seine Aufgabe erfüllen. Er strebt deshalb nach Autonomie.

(4) Der *komplexe Mensch* ist vielschichtig, wandlungsfähig, lernfähig und kann neue Motive integrieren. Der Mensch verhält sich situativ differenzierend, strebt also in unterschiedlichen Situationen nach unterschiedlichen Zielen.

Edgar Schein macht keine konkreten Aussagen über die Verbreitung dieser Menschenbilder bei Führungskräften. Auch geht er kaum darauf ein, inwieweit diese Menschenbilder der Realität entsprechen: Lediglich der komplexe Mensch als sich permanent verändernde Mischung der drei anderen Grundtypen genießt bei *Edgar Schein* eine deutliche Präferenz.

Edgar Schein fasst Menschenbilder aus diversen Forschungsansätzen zusammen

Der Vorteil der Klassifikation von *Edgar Schein* liegt darin, dass sie eine relativ große Bandbreite von unterschiedlichen Menschenbildern zulässt. Auf diese Weise wird verhindert, dass Mitarbeiter auf wenige Extrempunkte reduziert werden. Ein weiterer Vorteil besteht in der wertneutralen Präsentation: Anders als bei *Douglas McGregor* gibt es keine Aussagen darüber, welches von den vier Menschenbildern grundsätzlich positiver zu bewerten ist.

Nach *Edgar Schein* ergibt sich Motivation damit aus rational-ökonomischen Motiven (rational-ökonomischer Mensch), den Bedürfnissen nach Anerkennung und Zugehörigkeit (sozialer Mensch), dem originären Streben nach individueller Entwicklung (sich-selbst-verwirklichender Mensch) und aus der im Einzelfall vorhandenen Situation (komplexer Mensch).

Die Managertypen nach Michael Maccoby

Michael Maccoby[379] untersuchte 250 Manager vor allem in innovativ-technischen Unternehmen in den USA. Er verwendete einen umfangreichen Fragebogen, bei dem die spezifische Tätigkeit des Managers sowie seine Einstellungen und Verhaltensweisen erfasst wurden. Das Ergebnis dieses Materials ist eine Differenzierung nach vier Managertypen:

(1) *Fachleute* (Craftsmen) begründen ihr Selbstwertgefühl auf ihrem Fachwissen und ihrer Disziplin, sie erlangen Befriedigung durch das Lösen von Problemen in ihrem Arbeitsbereich. Ihnen liegt die strukturierte Projektarbeit. Sie sind Perfektionisten, die vor allem in der Forschung operieren und (fast kindliche) Freude an der Entwicklung eines technisch überlegenen Produkts haben.

(2) *Dschungelkämpfer* (Jungle Fighters) streben nach Dominanz in allen Bereichen, bauen persönliche Machtbasen auf und erkämpfen davon ausgehend für sich selbst sowie für ihren Unternehmensbereich Vorrangstellungen. Dabei brechen sie oft mit Traditionen und missachten die Spielregeln. Charakteristisch für sie ist ein sehr stark ausgeprägtes Selbstbewusstsein.

(3) *Firmenmenschen* (Company Men) fühlen sich als integrierter Teil des Unternehmens und halten Regeln strikt ein. Die zukünftige Entwicklung des Unternehmens ist ihnen genauso wichtig wie die eigene Karriere, somit werden sie zu wichtigen Stützen des Unternehmens. Aufgrund der fehlenden Energie und Risikobereitschaft für eine Führungsposition an der Spitze, sind sie besonders für bürokratische Funktionen im mittleren Management geeignet.

(4) *Spielmacher* (Games Men) sehen ihre persönliche Situation, aber auch ihre Position im Geschäftsleben als Wettbewerb an, in dem sie aus Prinzip immer gewinnen wollen und müssen. Dabei kämpfen sie fair und mit kalkuliertem Risiko. Sie sind trotzdem kooperativ und zur Teamarbeit bereit, stets flexibel und durchaus innovativ.

Auch der beste Spielmacher braucht Mitspieler!

Grundsätzlich sind alle vier Menschenbilder nach *Michael Maccoby* zulässig, sinnvoll und vor allem in der Kombination wirksam.

Michael Maccoby empfiehlt letztlich, je nach Anforderung der Situation, Manager unterschiedlichen Typs einzusetzen. Dies betrifft sowohl Abteilungen, die in unterschiedlicher Weise geführt und zusammengesetzt werden können, als auch die dominierende Grundtendenz von Unternehmensbereichen.

Von *Michael Maccoby* wurden allerdings ausschließlich Führungskräfte aus dem High-Tech-Bereich stark wachsender amerikanischer Unternehmen untersucht. Deswegen sind seine empirischen Ergebnisse nicht unbedingt verallgemeinerungsfähig, aber wegen ihrer hohen Plausibilität durchaus übertragbar.

13.3 Inhaltstheorien

Inhaltstheorien befassen sich mit der Existenz von Motiven, Prozesstheorien mit ihrem dynamischen Zusammenspiel

Motivationstheorien lassen sich in Inhaltstheorien und Prozesstheorien unterteilen. Die Inhaltstheorien befassen sich dabei mit der Existenz von Motiven.

Die Basis von Motivationstheorien sind Stimulus-Response Modelle. Laut diesen Modellen wird ein Stimulus generiert, der dann zu einer entsprechenden Reaktion führt. Das bedeutet, auf einen gewissen Anreiz erfolgt eine Leistungserbringung:

- Im einfachen Fall, dem S-R-Modell, führt jeder *Stimulus (S) zu einem eindeutigen Response (R).*
- Es kann aber auch von *intervenierenden Variablen (I)* abhängen, wie die Reaktion ausfällt (S-I-R-Modell).
- Alternativ zur „intervenierenden Variable" argumentieren die S-O-R-Modelle mit dem *„Organismus" als Bindeglied* zwischen Stimulus und Response und fügen erweiternd noch die informatorischen Variablen hinzu.

Im Regelfall wird bei Motivation und Führung mit den S-O-R-Modellen gearbeitet (Abbildung 13.2).

Abbildung 13.2: Das S-O-R-Modell

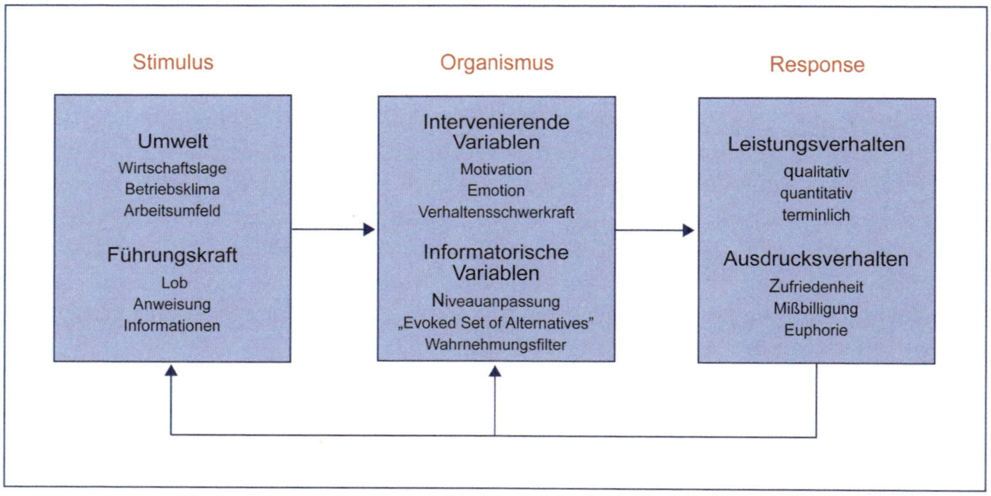

Üblicherweise geht man bei S-O-R-Modellen von zwei verschiedenen Variablentypen aus[380]:

(1) Die *intervenierenden Variablen* beziehen sich auf Prozesse, die nicht beobachtbar sind und im inneren einer Person stattfinden, bestehend aus
   - Motivation, zu verstehen als Bereitschaft auf den empfangenen Reiz zu reagieren oder nicht,
   - Emotion, die der Reiz bei einem Mitarbeiter auslöst. Hierbei geht es um bereits erlebte Erfahrungen oder Wissen des Individuums aus der Vergangenheit, und
   - Verhaltensschwerkraft[381], als die Geschwindigkeit, mit der ein Individuum auf einen Reiz reagiert. Diese Verhaltensschwerkraft hängt von diversen persönlichen Merkmalen ab und führt dazu, dass nicht jeder Reiz zu einer identischen Reaktion führt.

(2) Die *informatorischen Variablen* stehen für einen Prozess, der in einer Aktivität sichtbar wird, basierend auf
   - Niveauanpassung des Mitarbeiters[382], abhängig von der Intensität und Häufigkeit der Reize, die in der Vergangenheit empfangen wurden. Der dabei entstehende spezifische Bezugsrahmen vergleicht die eingehenden Reize mit den bisher empfangenen Reizen. Sukzessive führt dies zu einer Anpassung des Reaktionsniveaus,
   - Antriebsstruktur des Individuums[383] als die Ziele, die sich im Laufe der Zeit herausgebildet haben beziehungsweise die Ziele, die der Mitarbeiter als erreichbar ansieht. Dieses „Evoked Set of Alternatives", also die Menge aller Ziele, die einer Person bekannt sind, führt ebenfalls zu einer situationsspezifischen Umsetzung des Reizes sowie dem
   - Wahrnehmungsfilter[384], mit dem der Mitarbeiter die Reize sortiert und so seine selektive Wahrnehmung selbst steuert.

Durch diese Variablen entstehen Rückkopplungsschleifen, die sowohl die Verhaltensmuster des Mitarbeiters im Laufe der Zeit verändern als auch dabei die Motivationsstruktur modifizieren.

Grundlegend für Motivationstheorien sind letztlich immer Stimulus-Response-Modelle, die dann in zwei spezifische Themengruppen überleiten: Inhaltstheorien und Prozesstheorien.

Anwendung der Inhaltstheorien

Übung 13.2

Auch Manager brauchen mal Urlaub! CO_2-neutral und sicher vor Tsunamis liegen Sie weit weg von Ihrer Strawberry Cake & Bakeries AG an einem Schweizer Bergsee und haben endlich einmal Zeit, Tagebuch zu führen. Beginnen möchten Sie mit dem schönsten und dem schlimmsten Ereignis in Ihrer Vergangenheit. Daher begeben Sie sich auf eine mentale Zeitreise, in der Sie die verschiedenen Stadien Ihrer beruflichen und davor schulischen Entwicklung Revue passieren lassen, und suchen einen Zeitpunkt beziehungsweise ein Ereignis, bei dem Sie extrem zufrieden, vielleicht sogar glücklich waren. In Ihrem Tagebuch beschreiben Sie diese Situation, insbesondere was an dieser Situation so speziell war und warum Sie so glücklich waren.
In ähnlicher Form begeben Sie sich dann auch auf eine Zeitreise und suchen das Ereignis beziehungsweise die Periode, in der Sie sich am unglücklichsten gefühlt haben. Auch dieses Ereignis kommt natürlich in Ihr Tagebuch und Sie beschreiben die Gründe, die für Ihre Wahl gesprochen haben.

Die Bedürfnishierarchie nach Abraham Maslow

Abraham Maslow: Klassifikation

Das klassische Modell für die inhaltstheoretische Begründung der Motivation ist der Ansatz von *Abraham Maslow*[385], der fünf hierarchisch geschichtete Motive unterscheidet (Abbildung 13.3):

(1) *Physiologische Bedürfnisse* sind Bedürfnisse hinsichtlich der unmittelbaren Selbst- und Arterhaltung, wie Hunger, Durst, Sexualität, Ruhe, Bewegung (*Physiological Needs*).

(2) *Sicherheitsbedürfnisse* sind Bedürfnisse nach einer Absicherung gegen den Verlust des Arbeitsplatzes, Schutz vor Krankheit sowie generell Sicherung des Erreichten (*Safety Needs*).

(3) *Zugehörigkeitsbedürfnisse* sind Bedürfnisse nach gefühlsbetonten Kontakten mit anderen Personen (*Love Needs*) sowie nach einem akzeptierten Platz innerhalb einer Gruppe (*Social Needs*).
(4) *Wertschätzungsbedürfnisse* sind auf der einen Seite Bedürfnisse nach Anerkennung durch andere Personen im Sinne von einem Bedürfnis nach Status, Aufmerksamkeit, Anerkennung (*Ego Needs*); auf der anderen Seite sind es Bedürfnisse nach Wertschätzung im Sinne von Selbsteinschätzung, also das Bedürfnis nach Selbstvertrauen, Selbstständigkeit, Können und Wissen (*Self-esteem Needs*).
(5) *Selbstverwirklichungsbedürfnisse* sind Bedürfnisse nach Entfaltung der eigenen Persönlichkeit, wie Individualität oder Selbstverwirklichung (*Self-actualization Needs*).

Der Mensch wird somit nach *Abraham Maslow* zu jedem Zeitpunkt primär von dem gerade aktuellen Grundmotiv geleitet.

Abbildung 13.3: Pyramide nach *Abraham Maslow* (erweitert)

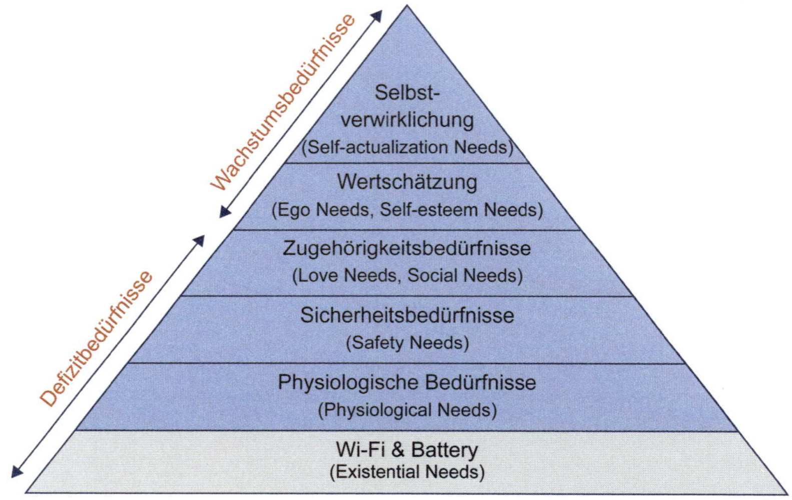

Befriedigten Motiven kommt keine Motivationswirkung mehr zu

Abraham Maslow postuliert eine sich im Zeitverlauf ändernde Bedeutung dieser Bedürfnisse: Zunächst dominiert die Befriedigung der physiologischen Bedürfnisse. Erst wenn das Individuum hinsichtlich dieser Bedürfnisklasse keine Defizite mehr verspürt, will es Zugehörigkeitsbedürfnisse, Wertschätzungsbedürfnisse und zuletzt Selbstverwirklichungsbedürfnisse befriedigen.

Folgende Punkte am Modell von *Abraham Maslow* sind kritisch zu bewerten:

- In empirischen Untersuchungen konnten *weder die Bedürfnisschichtung noch die Reihenfolge der Bedürfnisbefriedigung* gestützt werden.
- Viele Aussagen von *Abraham Maslow sind nicht zwingend*, da einfache Gegenbeispiele konstruierbar sind.
- Der Einfluss von schichtspezifischen Sozialisationsprozessen wird nicht berücksichtigt.

Die Leistung von *Abraham Maslow* besteht somit im Aufzeigen einer sich zeitlich verschiebenden Motivstruktur, die es bei der Führung zu berücksichtigen gilt. Positiv zu bewerten am Konzept von *Abraham Maslow* ist seine unmittelbare Plausibilität und vor allem die auch mit dem S-I-R-Modell übereinstimmende Idee, dass primär nur das gerade nicht befriedigte Bedürfnis handlungsleitend wirkt.

Die Zwei-Faktoren-Theorie nach Frederick Herzberg

Frederick Herzberg: Reflexion

Ende der 1950er Jahre ließen sich *Frederick Herzberg*[386] und sein Team Arbeitserlebnisse von 203 Pittsburgher Ingenieuren und Buchhaltern schildern, die von ihnen als möglichst angenehm oder als möglichst unangenehm empfunden wurden. Die resultierenden Arbeitsepisoden wurden dann analysiert:

- Faktoren wie *Leistung oder Anerkennung* tauchten überwiegend im Zusammenhang mit positiven Erlebnissen auf.
- Faktoren wie *Unternehmenspolitik oder Überwachung* waren mehr mit negativen Erlebnissen verknüpft.

Das Ergebnis dieser Analyse war dann eine klare Trennung in zwei Gruppen von Faktoren.

Entscheidend ist nun, dass von beiden Faktorengruppen völlig andere Motivationseffekte ausgehen:

- *Hygienefaktoren* (wie Arbeitsbedingungen und Status) eignen sich ausschließlich zur Schaffung von notwendigen Rahmenbedingungen für die Leistungserbringung. So sind gute Beziehungen zwischen Führungskraft und Mitarbeiter zwar eine Grundbedingung für die Leistungserbringung, ab einer gewissen Grenze lässt sich aber auch durch eine Verbesserung dieser Beziehungen kein weiterer Leistungsanreiz schaffen.
- *Motivatoren* (wie Anerkennung und Aufstieg) sind im Sinne von Leistungsanreizen als dauerhafte Motivationsgrundlagen anzusehen. So wirkt die Möglichkeit zur Selbstverwirklichung dauerhaft als Motivation, ohne sich im Zeitablauf abzunutzen.

Satisfaktoren erhöhen Zufriedenheit, Dissatisfaktoren bauen Zufriedenheit ab

In der Folgezeit fand eine Vielzahl von unterschiedlichsten Versuchen statt, um die Aussage von *Frederick Herzberg* empirisch zu überprüfen.[387] Die meisten Arbeiten belegten die Idee von *Frederick Herzberg*. In der Aggregation der Ergebnisse dieser Studien, die insgesamt Daten von 1.685 Mitarbeitern umfasst, wurden letztlich 1.844 frustrierende und 1.753 motivierende Episoden berücksichtigt (Abbildung 13.4).

Abbildung 13.4: Hygienefaktoren und Motivatoren im Ansatz von *Frederick Herzberg*[388]

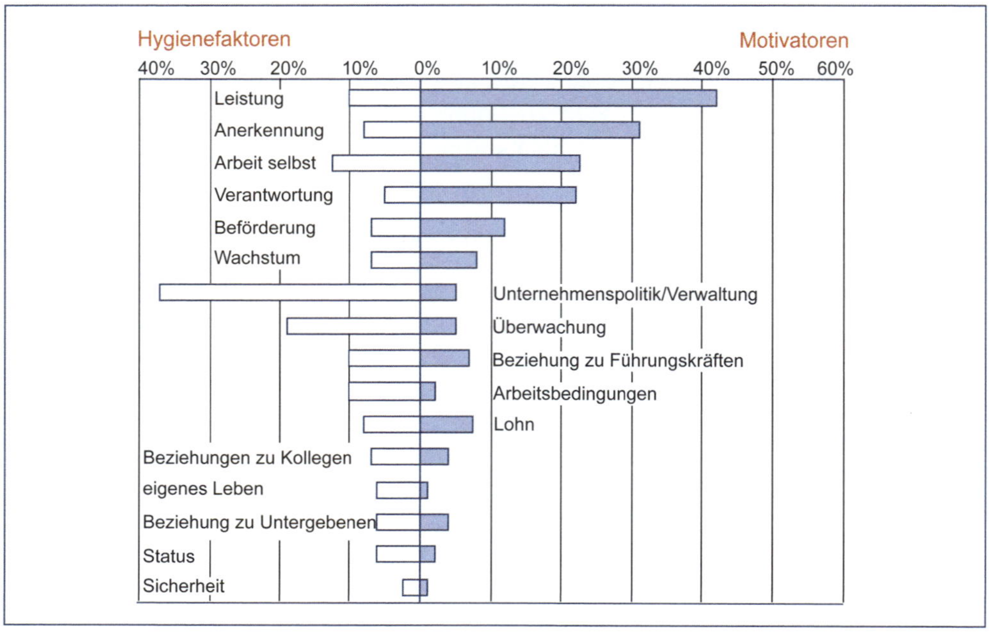

Man erkennt, dass Leistung in mehr als 40 Prozent der Episoden positiv verknüpft (also als Motivator) auftaucht, dagegen in nur 10 Prozent negativ (also als Hygienefaktor). Bei Unternehmenspolitik ist es umgekehrt.

Übung 13.3 Anwendung der Faktoren von Frederick Herzberg

Als Sie nach Ihrem Urlaub wieder an den Schreibtisch in der Strawberry Cake & Bakeries AG zurückkehren, liegt zufällig dieses Buch aufgeblättert vor Ihnen. Ihr Blick fällt auf die Faktoren von *Frederick Herzberg*. Irgendwie kommt Ihnen das bekannt vor: Im Urlaub haben Sie beim Tagebuchschreiben ja ein sehr positives und ein sehr negatives Ereignis beschrieben (Übung 13.2). Sie suchen Ihr Tagebuch heraus und prüfen jetzt, welche Faktoren nach *Frederick Herzberg* Ihren beiden Geschichten zugrunde liegen.

Unabhängig von der wissenschaftstheoretischen Untermauerung der Ideen von *Frederick Herzberg* gibt es vor allen Dingen für die Führungspraxis zwei Punkte von besonderer Bedeutung:

(1) Zum einen zeigen die Befunde, dass *Geld* als Anreizfaktor überwiegend als *Hygienefaktor* einzustufen ist. Dies bedeutet, dass Defizite in der Entlohnung zwar zu einer radikalen Demotivation führen, in positiver Hinsicht aber Geld nicht dauerhaft als Motivator wirken kann.

(2) Zum anderen zeigen die Ergebnisse, dass gerade *Belohnung und Anerkennung* sowie *anspruchsvolle Arbeitsaufgaben* an sich dauerhaft als *Motivator* wirken können. Dies widerspricht der gängigen Praxis, wonach „zu viel Lob schadet", was aber nichts daran ändert, dass es durchaus Befunde gibt, die eine dauerhafte Wirkung von Anerkennung als Motivator implizieren.

In ähnlicher Form wie das Entgelt sind auch Faktoren wie Betriebsklima und Beziehung zu Mitarbeitern zu relativieren. Hier ist es für viele überraschend, dass das Betriebsklima allenfalls als Hygienefaktor wirkt, kaum aber als dauerhafter Motivator. Das Gleiche gilt für den Umgang mit Kollegen: Dies stellt man selbst sehr schnell daran fest, dass sich zwar häufig über schlechte Kollegen und ein schlechtes Betriebsklima beschwert wird, selten aber die positive Situation hervorgehoben wird.

Falsches Lob ist kontraproduktiv

„Wer mit falschem Lob motiviert, wird die falschen Motive wecken."[389]

Prof. Dr. Hans-Jürgen Quadbeck-Seeger (geb. 1939; Chemiker)

Die Bedürfnisarten nach David McClelland

Einen völlig anderen Zugang zum Verstehen handlungsleitender Motive wählt *David McClelland*[390], bei dem sich menschliches Verhalten aus dem Zusammenspiel von vier Bedürfnissen ergibt:

(1) Das *Leistungsstreben* zeigt sich im Setzen von Zielen, in Befriedigung durch die Zielerreichung, in Begeisterung an der Arbeit selbst sowie an der Bedeutung von Effizienz- und Effektivitätskriterien. Typisch ist ein Streben nach innovativen Aufgaben, die ein kalkuliertes Risiko von Eigenverantwortung und schnellem Feedback mit sich bringen.

(2) Das *Machtstreben* äußert sich im Versuch, eine Position der Überlegenheit gegenüber anderen Personen zu realisieren. Analog zur psychosexuellen Entwicklung wird zwischen vier Reifestadien des Menschen unterschieden, die beim unreifen Urzustand beginnen (orale Phase) und eine Fortentwicklung bis hin zum Reifestadium erfahren (genitale Phase). Diese Phasen gelten nicht nur für die menschliche Entwicklung, sondern werden nach *David McClelland* mehrfach, auf verschiedenen Positionen in einem Unternehmen, immer wieder neu durchlaufen.

(3) Das *Zugehörigkeitsgefühl* äußert sich nach *David McClelland* im Wunsch, Bestandteil einer Gruppe zu sein und dort Sicherheit zu finden. Personen mit hohem Zugehörigkeitsstreben präferieren konfliktfreie Situationen und Interaktionen mit geringem Wettbewerb.

(4) Das *Vermeidungsstreben* ist bis jetzt noch am wenigsten erforscht und wird auch (noch) nicht zu den Grundmotiven gezählt. Das Vermeidungsmotiv ist gerichtet auf die Reduktion der Eintrittswahrscheinlichkeiten für
   - Versagen,
   - Ablehnung,
   - Misserfolg und
   - Machtverlust.

   Vermeidungsstreben folgt aus der Erfüllung eines Grundmotivs (so ergibt sich die Furcht vor Zurückweisung aus dem Zugehörigkeitsmotiv) oder aus einer gegengerichteten Größe zu einem Grundmotiv (zum Beispiel Furcht vor Macht).

Interessant ist bei *David McClelland* seine Forschungsmethodik, denn er verwendet den Thematischen Apperzeptionstest (TAT): Hierbei werden den Versuchspersonen

David McClelland: Assoziation

Bilder präsentiert, die sie in Form einer kurzen Geschichte (spekulativ) kommentieren müssen. Schlüsselwörter aus diesen Geschichten werden interpretiert und in Codierungsschemata eingetragen. Mithilfe dieser Kriterien lassen sich die schriftlich festgehaltenen Geschichten auswerten und so die Intensitäten von Vermeidungs- und Leistungsstreben festhalten.

Ein typisches – und häufig reproduziertes – Bild zeigt einen sitzenden Studierende (offenbar in einer Bibliothek), den Kopf aufgestützt, vor einigen aufgeschlagenen Büchern. Mit diesem Bild werden unterschiedlichste Geschichten assoziiert und dann in diesem Thematischen Apperzeptionstest (TAT) analysiert. Folgende Fragen werden üblicherweise zur Analyse herangezogen:

- Steht ein *Ziel im Vordergrund*?
- Wird erwartet, dass das *Ziel erreicht* wird?
- Gibt es *externe Hindernisse*?
- Wie stark werden *Instrumente* angewandt?
- Betont man (positiv) die *Anstrengung*?

Durch diese und weitere Fragen, die sich in entsprechenden Anwendungsschemata zusammenfassen lassen, kann man dann analytisch, und im Idealfall losgelöst von irgendeiner abweichenden Interpretation der Kodierer, eine Geschichte eindeutig auf zugrunde liegende Motive untersuchen.

Die Leistung von *David McClelland* besteht darin, eine interessante Zusammenstellung von realitätsnahen Bedürfnissen aufzuzeigen und gleichzeitig auf eine interessante Erhebungsmethodik hinzuweisen. Die Führungskraft muss sich sowohl ihrer eigenen Motivstruktur klar werden als auch die ihrer Mitarbeiter erfassen. Während Ersteres durchaus noch als möglich erscheint, ist Letzteres aber problematisch, da man kaum permanent seine Mitarbeiter dem Thematischen Apperzeptionstest unterziehen kann.

13.4 Prozesstheorien

Prozesstheorien bilden die zweite Gruppe der Motivationstheorien und betrachten das dynamische Zusammenspiel existierender Motive.

Volition nach Narziß Ach und Heinz Heckhausen

Unter Volition versteht man die tatsächliche reale Handlung, die entsprechend der Motivation das intendierte Ziel erreichen soll. Es handelt sich um den Prozess der Willensbildung und Fragestellungen zur Bildung, Aufrechterhaltung und Realisierung von Absichten. Die Volition wird vor allem im Bereich der Pädagogik diskutiert.

Narziß Ach[391] beschäftigt sich in seinem Konzept der Willenspsychologie mit dem energischen Wollen (Vorsatz) als stärkste Ausprägung eines Willensaktes: Dieser Willensakt ist der Selbstbeobachtung zugänglich und gilt als Mittel der Überwindung von bewusst gewordenen Schwierigkeiten innerer oder äußerer Art, die das Handeln behindern. Energetisches Wollen beinhaltet damit sowohl ein Mittel zur Zielerreichung als auch ein Wissen über bestehende Barrieren. Es wird durch vier phänomenologische Momente charakterisiert[392]:

(1) Das *gegenständliche Moment* verbindet sachlich die Zielvorstellung mit den inhaltlichen Schritten, die zur Zielerreichung notwendig sind.
(2) Das *aktuelle Moment* umfasst die bewusste Übernahme der Aufgabe, nämlich, selbst die Handlung ausführen zu wollen, sie mit dem konkreten Ziel zu verbinden und Handlung plus Objekt als Gesamtszenario zu begreifen.
(3) Das *anschauliche Moment* beinhaltet die auftretenden Spannungsempfindungen.
(4) Das *zusätzliche Moment* verweist auf die Bewusstseinslage der Anstrengung.

Insgesamt ergibt sich ein seelisches Gebilde, bei dem der Willensakt nach dem Leitsatz „ich will wirklich" zu einer Konzentration der vorhandenen Energie auf die Erreichung des Zieles führt.

Heinz Heckhausen[393] führt diesen Gedanken weiter. Sein Rubikon-Modell hat vier Phasen und beschreibt das Handeln von Individuen in einer Sequenz von Motivations- sowie Volitionsphasen (Abbildung 13.5):

(1) In der *prädezisionalen Phase* der Motivation erfolgt die Intentionsbildung. Sie dient der Bestimmung eines Ziels, indem das Individuum aus der Zahl der Alternativen auswählt. Die handelnde Person schließt den Prozess des reinen Abwägens mit einer klaren Entscheidung für eine bestimmte Aktion ab. Kommt somit eine Entscheidung zustande, wird dies als Schritt über den Rubikon bezeichnet. Die Fazit-Tendenz verhindert ein Verharren im Unentschlossensein: Je vollständiger das Abwägen der Vor- und Nachteile der Handlungsalternativen ist, desto eher wird der Schwellenwert der Fazit-Tendenz erreicht, ab dem das Abwägen abgebrochen wird.

Den Rubikon gilt es zu überschreiten

(2) Die Denkprozesse, die zur Auswahl der handlungsbestimmenden Zielintention führen, finden in der *präaktionalen Phase* der Volition statt. Es geht nun also darum, wie das Individuum das Ziel erreichen möchte. Der Fokus wird somit von der Motivation zur Volition verschoben. Die Phase schließt ab mit dem konkreten Einleiten der Handlung.
(3) In der *aktionalen Volitionsphase* findet die konkrete Aktion statt. Der Entscheidungsträger hat aber nicht nur den Willen zur Handlung, sondern auch die Kraft dazu, und setzt beides tatsächlich ein.
(4) In der *postaktionalen Motivationsphase* schließlich erfolgt eine Bewertung des Prozesses und des Ergebnisses.

Somit beschreibt das Modell von *Heinz Heckhausen* einen vollständigen Handlungsprozess. Übertragen auf das Beispiel der Berufswahl wird somit in der prädezisionalen Phase überlegt, welche Wünsche man hinsichtlich der Berufswahl hat, welche Konsequenzen diese Berufswahl mit sich bringt und ob dieser Wunsch generell realisierbar ist. Nach mehr oder weniger gründlichen Erwägungen wird eine Entscheidung getroffen und die Planungsphase beginnt. Hier geht es um die Frage, was getan werden muss, um das Ziel zu erreichen. So muss man sich beispielsweise über Unternehmen informieren, die Ausbildungsstellen anbieten, und sich über den ausgewählten Beruf näher informieren sowie einzuhaltende Termine berücksichtigen. Bei der aktionalen Volitionsphase erfolgt das eigentliche Handeln, bei dem nun Bewerbungen geschrieben und versendet werden. Erst in der postaktionalen Motivationsphase wird deutlich, ob die richtige Berufswahl getroffen wurde, da hier die Entscheidung bewertet wird.

Abbildung 13.5: Das Rubikon-Modell von *Heinz Heckhausen*[394]

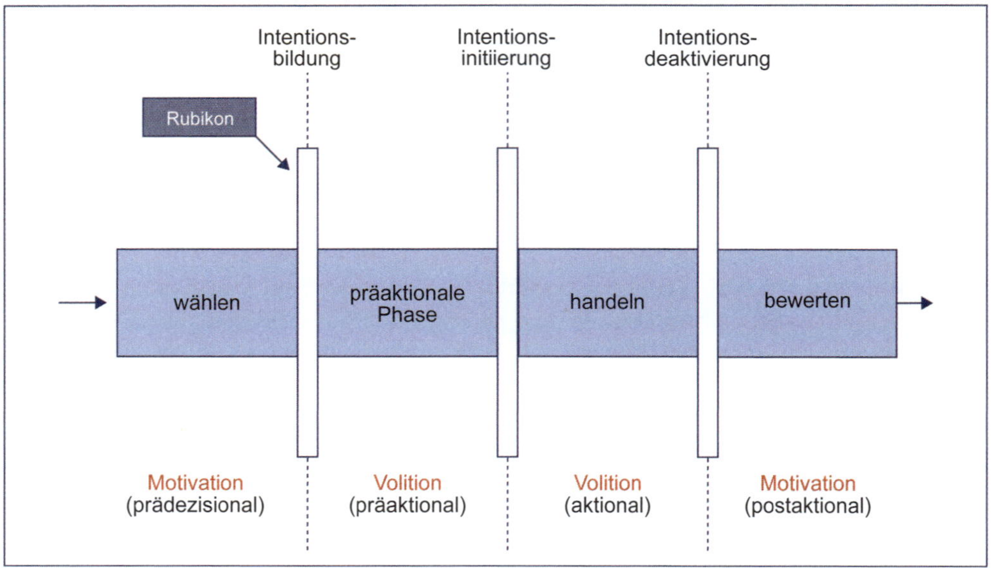

Vor allem in der wissenschaftlichen Forschung hat das Konzept des Rubikons starkes Interesse hervorgerufen, aber wie üblich auch entsprechende Kritik[395]: Bezweifelt wird dabei neben den definitorischen Unschärfen speziell die Sequenzialität des Modells im Sinne einer Einbahnstraße ohne Umkehrmöglichkeit. Ferner wird die Unterscheidung von motivationaler und volitionaler Phase als willkürlich kritisiert.

Das Flow-Erlebnis nach Mihaly Csikszentmihalyi

In den „Flow" kommen und dann „fließen"

Beim Flow-Erlebnis steht das Gefühl „Ich fühle mich gut und könnte Berge versetzen!" im Mittelpunkt. Somit wird als Antriebsstruktur ein hohes und vor allem längerfristiges Motivationsniveau produziert. Zentral bei den Flow-Konzepten ist der Flow-Zustand, der genau die Mitte zwischen deaktivierender Langeweile und blockierender Furcht darstellt. Denn nur dann kann höchste Zufriedenheit und somit auch die maximale Leistung erreicht werden. Der Ansatz von *Mihaly Csikszentmihalyi* und *Kevin Rathunde*[396] macht sich das Flow-Erlebnis zu Nutze und definiert folgende Logik, die zum Entstehen dieses Erlebnisses führt (Abbildung 13.6):

- Beim ersten Ausführen einer Aktivität ist sie aufgrund ihrer *Neuheit spannend und regt dazu an, sich in sie zu vertiefen (A1).*
- Ausgehend von diesem instabilen Zufriedenheitszustand nimmt man mit der Zeit entweder eine ähnliche, aber spannendere Aktivität *als größere Herausforderung wahr (C1),* oder man übt die ursprüngliche Aktivität so lange aus, *bis sie langweilig ist (B1).*
- Um wieder in den Bereich einer befriedigenden Aktivität zu gelangen, ist es notwendig, entweder *größere Fertigkeiten zu erlangen (C1 zu A2)* oder sich *neue He-*

rausforderungen zu suchen (B1 zu A2). Dies geht mit der Erhöhung von Komplexität einher. A1 ist im Vergleich zu A2 ein Apathie-Zustand.

Dieses Schema wiederholt sich, so dass das Verhalten um eine Bandbreite des Flusses herum oszilliert. Erfahrungen mit diesem Zustand verstärken den Wunsch, ihn wieder zu erfahren: Ist man also einmal „im Flow“ gewesen, will man immer wieder dorthin. Das Ergebnis ist ein Flow-Zustand als Übergang von der deaktivierenden Langeweile zur blockierenden Furcht. Im Flow wird die höchste Leistung erreicht und gleichzeitig „genossen“.

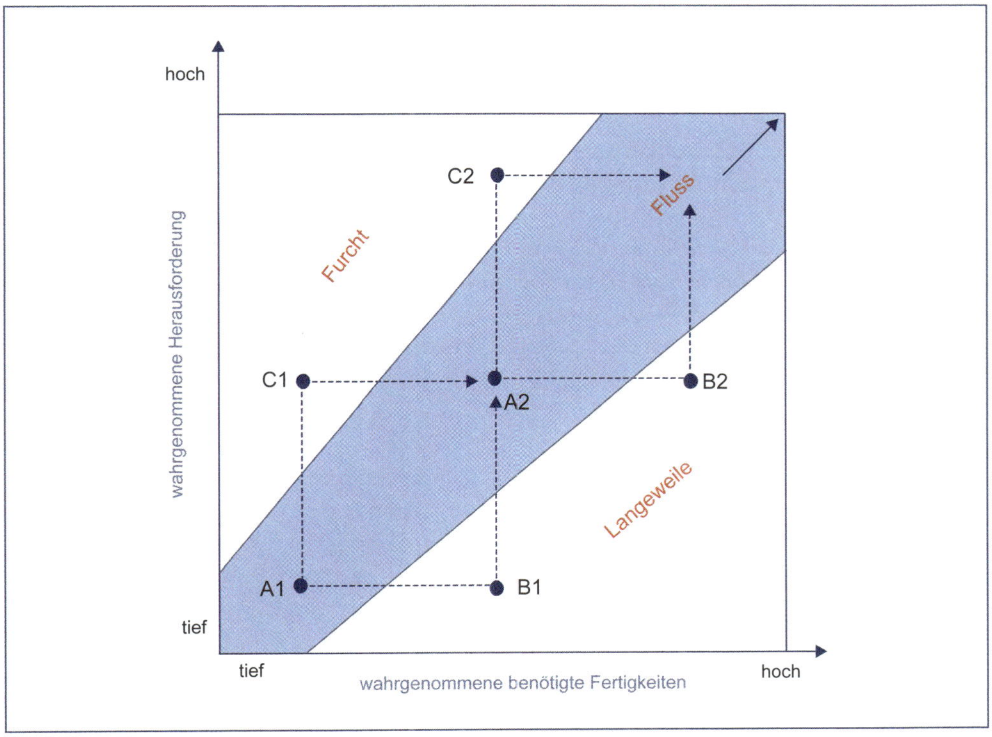

Abbildung 13.6: Dynamik des Fluss-Zustands[397]

Die Herausforderung für die Personalführung besteht jetzt darin, zum einen den Reiz des „Fluss-Erlebnisses“ zu kommunizieren, zum anderen den Mitarbeitern zu helfen, sich in diesen Zustand zu bewegen. Relativierend ist allerdings darauf hinzuweisen, dass diese Motivation durch „Flow“ sicherlich nicht bei allen Tätigkeiten in gleicher Form realisierbar ist.

13.5 Digitalwelttheorien

Gamification

Das Konzept der Gamification ist keine spezielle Motivationstheorie, jedoch spricht es den spielerischen Trieb von Menschen und damit ihre Motivation an. Danach ist der Mensch ein spielendes Wesen, den Johan Huizinga[398] als Homo Ludens bezeichnet hat. Die Logik: Wenn man das Umfeld der Arbeit und die Arbeit selbst spielerisch gestaltet, dann erhöht dies die Motivation. In diesem Kontext ist es das Ziel, Mitarbeiter in einen Flow-Zustand zu bringen und dort zu halten.

Gamification = zwischen Trivialisierung und Professionalisierung

Aus der umfangreichen Forschung zum Video Game Design[399] können viele Elemente eins zu eins in den betrieblichen Alltag übersetzt werden: durch Achievements, Levels, Badges oder andere Elemente. Dadurch wird der Arbeitskontext aufgelockert und Mitarbeiter sind motiviert, das nächste Level zu erreichen.

Dies führt jedoch zu einem Hauptproblem, nämlich dem Abbau der intrinsischen durch extrinsische Motivation, dem sogenannten Crowding-Out-Effekt[400]. Die Mitarbeiter werden ausschließlich durch die Gamification motiviert und nicht mehr durch die Arbeit oder durch den eigenen Antrieb. Die ganze Motivationsstruktur hängt deshalb von der Gamification ab.

Digitales Nudging

Nudging[401] ist kein neuartiges Konzept, gewinnt aber durch die Digitalisierung mit ihrer breiten Informationsstreuung an Bedeutung und ist zudem als „digitales Nudging" mit wenig Aufwand umzusetzen. Nudging ist die Idee, eine Person immer in eine gewisse Richtung zu „stupsen" und solange zu „nörgeln", bis sich dessen Verhalten ändert.

Solch ein „Stupsen" ist schon heute in der digitalen Welt normal. Sei es die Fitness-App, die Push-Meldungen schickt, dass man seit zwei Tagen nicht mehr gelaufen ist, oder die Meldung der Health-App, dass es sinnvoll wäre, heute noch 500 Schritte zu gehen: Alles ist zum Wohle des Benutzers, aber gleichzeitig wird man kontinuierlich in eine gewisse Richtung „genudged".

Nudging kann Mitarbeiter motivieren, gewisse unliebsame Tätigkeiten durchzuführen, weil sie endlich gemacht werden müssen. Hier ist nicht die intrinsische Motivation anvisiert, sondern die extrinsische. Man wird solange angestupst, bis die Arbeit gemacht wird. Ob sich dadurch langfristig Verhalten ändert, bleibt zu hinterfragen. Der Mitarbeiter wird zu einem ausführenden Akteur.

Nudging = Gefährliche Manipulation!

Ein Beispiel für ein solches Nudging in unserer digitalen Welt ist folgende Aussage zu Work-Life-Blending: „Die Mehrheit der Deutschen bewertet die Verschmelzung von Arbeit und Freizeit noch kritisch"[402]. Durch die Verwendung des Wortes „noch" wird suggeriert, dass Work-Life-Blending ein vorteilhaftes sowie alternativloses Konzept ist und viele Menschen dies nur „noch" nicht verstanden haben.

Peer Konvergenz

Menschen neigen dazu, sich an anderen Menschen zu orientieren. Dieses Phänomen wird als Peer Konvergenz bezeichnet. Die Motivation besteht also darin, auf keinen Fall abzuweichen, sondern der Herde zu folgen. Das Problem bei der Digitalisierung jedoch ist, dass die Herde in einer Echo Chamber oder Filter Bubble steckt. Man gehört einer Mehrheit an, weil man die anderen Mehrheiten gar nicht mehr sieht. Diese werden durch die Digitalisierung weggefiltert.

Dementsprechend werden gerade im Unternehmen viele Mitarbeiter motiviert sein, der Mehrheit zu folgen und sich adäquat zu verhalten. Dieses Verhalten wird durch die Algorithmen verstärkt, wodurch Peer Konvergenz sowie eine Homogenisierung der Personen entstehen. Sie stecken in einem algorithmischen Gefängnis fest.

Peer Konvergenz ist aber keine Erfindung der Digitalisierung. Wenn also ein Unternehmen „Open Office + Desk Sharing" einführen will, bringt die Mitarbeiterzeitschrift nur positive Artikel zu dieser Idee, und Mitarbeiter können sich bald gar nicht mehr vorstellen, dass es dazu auch skeptische Urteile gibt: Vieles an diesem internen Corporate Publishing ist daher Manipulation durch Peer Konvergenz.

Letztlich werden durch die verschiedenen Systeme also Menschen in Unternehmen in dem Glauben bestärkt, dass dieses Verhalten korrekt ist und Andersdenken zu einer Minderheit gehört. Die Mitarbeiter werden sich also passend dem algorithmisch definierten kulturellen Fit annähern, auch wenn nicht bewiesen ist, ob dahinter die vorherrschende Unternehmenskultur steckt. Aber mit der Zeit wird der algorithmische Fit zur Unternehmenskultur.

Übersicht Motivationstheorien

Übung 13.4

Motivationstheorien scheinen wirklich interessant zu sein und könnten auch bei der Strawberry Cake & Bakeries AG gezielt eingesetzt werden, um die Mitarbeiter zu motivieren. Sie entwerfen daher ein grobes Konzept für eine Präsentation, in der Sie Ihren Führungskräften die einzelnen Theorien und deren wesentliche Inhalte vorstellen.

13.6 Ausblick

Die entscheidende Bedeutung dieser Motivationstheorien besteht darin, die Antriebsstruktur der Mitarbeiter begreifbar zu machen und gegebenenfalls entsprechende Aktionen einzuleiten.

- Die *Inhaltstheorien* stellen dabei primär auf die Existenz von spezifischen Motiven ab, die handlungsleitend wirken.
- Die *Prozesstheorien* betonen den Veränderungs- beziehungsweise den Bewegungsaspekt.
- Die *Digitalwelttheorien* fokussieren sich beim Einfluss der Digitalisierung auf die Motivation.

Sie alle basieren aber letztlich auf dem S-I-R-Modell, wonach ein Stimulus in Abhängigkeit von Intervenierenden Variablen (die durch die Inhalts- und Prozesstheorien spezifiziert werden) zu Reaktionen führen.

Es wird davon ausgegangen, dass die Frage der (Mitarbeiter-)Motivation kultur- und länderspezifisch beantwortet werden muss. Demnach müssen international aufgestellte Unternehmen entsprechende Unterschiede berücksichtigen, wollen sie Mitarbeiter unterschiedlicher Herkunft motivieren. Ganz besonders wichtig wird dies für eine ins Ausland entsandte Führungskraft: Diese muss gerade im Hinblick auf ihre Motivationsarbeit gegebenenfalls umdenken und sich der veränderten Gewichtung der Motivationsfaktoren bewusst werden und entsprechend führen. So sind in Deutschland beispielsweise Leistungswettbewerb und Sicherheit wichtige Motivatoren, während in skandinavischen Ländern eher Sozialbeziehungen als Motivator wirken.[403] Diese Unterschiede werden durch die Digitalisierung noch öfter vorkommen, und internationale virtuelle Teams werden der neue Standard werden.

Generell gibt es für die verschiedenen Motivationstheorien eine Fülle empirischer Befunde, die im Wesentlichen alle auf zwei Aspekte hinweisen: Zum einen gibt es durchaus einen gemeinsamen Nenner von Motiven beziehungsweise Bedürfnissen, zum anderen aber ist es gerade eine Herausforderung für die Individualisierung im Bereich der Personalführung, dass die Motivstrukturen bei den einzelnen Mitarbeitern doch deutliche Unterschiede aufweisen. Dies ändert aber nichts daran, dass die Logik der Motivationstheorien darin besteht, bestimmte Bedürfnisse bei Mitarbeitern zu lokalisieren und dem Mitarbeiter die Chance auf Befriedigung zu signalisieren.

Aufgaben und Fragen zur Selbstüberprüfung

1. Welche Menschenbilder legt *Douglas McGregor* zugrunde?
2. Welche vier Grundtypen eines Menschen unterscheidet *Edgar Schein*?
3. Welche Bedürfnisse sieht *Abraham Maslow* in welcher Rangfolge?
4. Was versteht *Frederick Herzberg* unter Hygienefaktoren und Motivatoren?
5. Zu welchen Berufen passt das Konzept des Flow-Erlebnisses zur Motivation gut? Zu welchen Berufen weniger? Begründen Sie Ihre Antwort!
6. „Unsere Mitarbeiter sollen sich nicht wohlfühlen, sondern arbeiten!" Diskutieren Sie diese Aussage vor dem Hintergrund des Ansatzes von *Frederick Herzberg* sowie *Abraham Maslow*!

Endnoten

[370] *EY* 2017.

[371] *Hewitt Associates* 2008.

[372] *ManpowerGroup Deutschland* 2018.

[373] vgl. *Wunderer* 2003, 105.

[374] vgl. *Jost* 2000, 98.

[375] *Heckhausen* 1989, 9.

[376] vgl. *Knowles/Saxberg* 1967.

[377] vgl. *McGregor* 1960.

[378] vgl. *Schein* 1980.

[379] vgl. *Maccoby* 1976.

[380] vgl. *Kroeber-Riel* 1992, 45–161; *Kroeber-Riel/Weinberg/Gröppel-Klein* 2009, 33–38.

[381] vgl. *Atkinson/Birch* 1970.

[382] vgl. *March/Simon* 1958, 47–52.

[383] vgl. *March/Simon* 1958, 53–82.

[384] vgl. *Shull/Delbecq/Cummings* 1970, 37–69.

[385] vgl. *Maslow* 1943.

[386] vgl. *Herzberg/Mausner/Synderman* 1959.

[387] vgl. *Herzberg* 1966, 97–121.

[388] vgl. *Herzberg* 1968, 57.

[389] *Quadbeck-Seeger, Hans-Jürgen,* online unter: http://www.wirtschaftszitate.de/autor/quadbeck-seeger_hans-juergen.php, abgerufen am 28.05.2009.

[390] vgl. *McClelland* 1953; *McClelland* 1975; *McClelland* 1985.

[391] vgl. *Ach* 1910.

[392] vgl. *Ach* 1935.

[393] vgl. *Heckhausen* 1989, 212–218.

[394] vgl. *Heckhausen* 1989, 212.

[395] vgl. *Kornadt* 1988.

[396] vgl. *Csikszentmihalyi/Rathunde/Whalen* 1993.

[397] vgl. *Csikszentmihalyi/Rathunde/Whalen* 1993, 75.

[398] *Huizinga* 1939.

[399] *Frey* 1994, 334–352.

[400] *Schell* 2014.

[401] *Thaler/Sunstein* 2008.

[402] *von Rundstedt*, Work-Life-Blending: Die Mehrheit der Deutschen bewertet die Verschmelzung von Arbeit und Freizeit noch kritisch, 23.3.2015, online unter: https://newsroom.rundstedt.de/pressemitteilungen/work-life-blending-die-mehrheit-der-deutschen-bewertet-die-verschmeldzung-von-arbeit-und-freizeit-noch-kritisch, abgerufen am 24.5.2018.

[403] vgl. *Grieger* 2004, 223–224.

14

Direktion: Wie führt man Mitarbeiter?

Inhalt

Fakten

Über 60 % der Führungskräfte schätzen ihre Führungsposition als wichtig ein.[404]

7 % der Führungskräfte finden, dass ihnen Führung keinen Spaß macht.[405]

32 % der Führungskräfte halten ihren Arbeitsalltag für sehr komplex.[406]

Lernziele

- Sie erfahren die grundlegenden Führungsmodelle.
- Sie erleben die Führungsansätze bekannter Sporttrainer.
- Sie wissen, wie Führungskräfte auf die Konzepte der neuen Arbeitswelt reagieren müssen.
- Sie verstehen den Unterschied zwischen transaktionaler und transformationaler Führung.
- Sie lernen, welche Führungsinstrumente eingesetzt werden können.

14.1 Überblick

Zu kaum einem Thema ist inzwischen so viel publiziert worden wie zum Bereich der Personalführung (Direktion). Entsprechend vielfältig präsentiert sich auch die Führungsliteratur: Sie reicht von missionarischen Visionen bis hin zu technokratischen Illusionen. Dementsprechend unterscheiden sich auch die verschiedenen Definitionen von Führung, vor allem im Hinblick auf die Selbstbestimmung des „Geführten" sowie im Hinblick auf das Umfeld, aus der die entsprechende Führungsempfehlung stammt. So ist es ein deutlicher Unterschied, ob Führungsempfehlungen aus einem militärischen Kontext stammen oder aus einer Welt, die den Idealen der 68er Generation folgt:

- *Führungsinstrumente* beziehen sich auf technische Hilfsmittel oder einfache Prozeduren.
- *Führungsstile* machen eine Aussage darüber, wie sich eine Führungskraft verhalten sollte.
- *Führungstechniken* beinhalten nicht nur einen Führungsstil, sondern auch Aussagen, wie dieser Führungsstil in der Praxis umgesetzt beziehungsweise verstärkt werden sollte.
- *Führungsmodelle* beinhalten weitreichende Aussagen dazu, welche Komponenten bei der Führung eine Rolle spielen, wie die Komponenten interagieren und welche Dynamik sich bei dieser Personalführung abzeichnet.
- *Führungstheorien* sind die weitest reichenden Überlegungen im Bereich der Personalführung. Sie machen nicht nur Aussagen zu Führungsstil und Führungstechniken, sondern beinhalten auch eine aus der Verhaltenstheorie abgeleitete Basisaussage dazu, warum sich bestimmte Personen in einer bestimmten Form verhalten, wie sie es tun.

Diese Aussagen sind unterschiedlich komplex und unterschiedlich weitreichend.

Als Basis für den Umgang mit Mitarbeitern in Führungssituationen können Führungsstilmodelle herangezogen werden. Hierbei handelt es sich um Modelle, die die Realität beschreibbar und konkretes Verhalten gestaltbar machen. Unterschieden wird zwischen der transaktionalen (Abschnitt 14.2) und der transformationalen Führung (Abschnitt 14.3). Anschließend werden neuere Führungsmodelle betrachtet, die vor allem in der modernen Arbeitswelt Beachtung finden (Abschnitt 14.4).

14.2 Transaktionale Führungsmodelle

Transaktionale Führung ist die wechselseitige Aktion zwischen einer Führungskraft (die etwas „gibt") und einem Mitarbeiter (der dafür etwas „tut")

Wirksame Führung basiert auf dem gekonnten Einsatz von Führungsinstrumenten. Die Möglichkeiten in diesem Bereich sind vielfältig. Exemplarisch werden drei Instrumente kurz präsentiert:

- Das *Mitarbeitergespräch* ist ein beliebtes und in fast jedem Unternehmen implementiertes Führungsinstrument. Es dient zur Beurteilung, Förderung und Entwicklung der Leistung und des Verhaltens des Mitarbeiters. Der Mitarbeiter erhält in diesem Gespräch ein ausführliches Feedback und darf aber auch seinerseits sein Feedback an die Führungskraft geben. Wichtig ist die konsequente und regelmäßige Durchführung dieses Gesprächs, um im Zeitverlauf Veränderungen feststellen und darauf reagieren zu können. Beide müssen sich über mögliche, zu erreichende Ziele im Klaren sein, um so im Gespräch einen Kompromiss für beide Seiten finden zu können. Am Ende sollte ein Ergebnis gefunden werden, das die Arbeits- und Führungssituation für beide Seiten verbessert.

- Die *Zielvereinbarung* kann Teil des Mitarbeitergesprächs sein. Durch sie kann der Mitarbeiter effektiver arbeiten und das Ziel unter Umständen schneller erreichen als bei einer Arbeit ohne Zielvereinbarung. Außerdem motiviert eine zusätzliche Belohnung den Mitarbeiter möglicherweise stärker, das Ziel zu erreichen. Quantitative Ziele drücken sich in Zahlen aus, zum Beispiel durch Erreichen eines bestimmten Umsatzes. Qualitative Ziele sind schlechter zu kontrollieren, da sie sich nicht in Zahlen ausdrücken lassen. Hierfür müssen Ersatzmaßstäbe gefunden werden.[407]
- *360°-Feedback* bedeutet die anonyme Beurteilung des Mitarbeiters von allen Seiten; nicht nur die Führungskraft, sondern auch Kollegen und Mitarbeiter nehmen eine Beurteilung vor. In diesem Fall spricht man vom klassischen 360°-Feedback. Kommen noch Kunden und Dienstleister in den Beurteilungsprozess dazu, spricht man von einem umfassenden 360°-Feedback. Das Feedback kann mithilfe standardisierter Fragebögen eingeholt werden, die für alle Beteiligten gut verständlich formuliert sein müssen.

Diese Führungskonzepte der transaktionalen Führung basieren auf einer einfachen Austauschidee: Der Mitarbeiter hat ein spezifisches Zielbündel und wird von der Führungskraft – die ebenfalls ein ausgeprägtes Bündel an Zielen für sich und für das Unternehmen verfolgt – dahingehend motiviert, die Mitarbeiterziele durch Befolgen der Führungskraftwünsche zu erfüllen. Es entsteht also ein Austausch beziehungsweise eine Transaktion.

Führung ist legitimes Konditionieren bestimmten Handelns

„Führung in Organisationen ist ein von Beobachtenden thematisierter Interaktionsprozess, bei dem eine Person in einem bestimmten Kontext das Handeln individueller oder kollektiver Akteure legitimerweise konditioniert; als kommunikative Einflussbeziehung nutzt sie ein unspezifisches Verhaltensrepertoire, um – auch mit Hilfe von und in Konkurrenz zu dringlichen und institutionellen Artefakten – die Lösung von Problemen zu steuern, die im Regelfall schlecht strukturiert und zeitkritisch sind. Kürzer: Personelle Führung ist legitimes Konditionieren bestimmten Handelns von Geführten in schlecht strukturierten Situationen mit Hilfe von und in Differenz zu anderen Einflüssen."[408]

Univ.-Prof. Dr. Oswald Neuberger (geb. 1941; Professor für Personalwesen)

Das Kontinuum von Robert Tannenbaum und Warren Schmidt

Befasst man sich zunächst generell mit dem Bereich der Personalführung und hier mit den Führungsstilen, so ist es inzwischen hinlänglich bekannt, dass es zwei grundsätzlich verschiedene Führungsstile gibt:

(1) Auf der einen Seite gibt es den *autoritären Führungsstil*, bei dem die Führungskraft alleine entscheidet und die Mitarbeiter im Wesentlichen diesen Entscheidungen folgen.

(2) Auf der anderen Seite gibt es den eher *partizipativen Führungsstil*, bei dem die Führungskraft sich (mehr oder weniger) zurücknimmt und die Gruppe der Mitarbeiter an der Entscheidung mitwirkt.

Diese beiden Grundstile der Personalführung prägen seit jeher die Führungsdiskussion.

Besonders deutlich wurde diese Diskussion um die alternativen Führungsstile bereits vor 50 Jahren an den Vorschlägen von *Robert Tannenbaum* und *Warren Schmidt*[409], die zwischen diesen beiden extremen Führungsstilen ein ganzes Kontinuum an Führungsmöglichkeiten aufgespannt haben (Tabelle 14.1). Dieser Klassiker ist auch noch heute wichtig, weil gerade die beiden Extrempunkte immer noch existieren, gleichzeitig aber auch Abstufungen zwischen diesen Führungsstilen gefunden werden.

Was am Modell von *Robert Tannenbaum* und *Warren Schmidt* fehlt, sind Aussagen zur präskriptiven Komponente: Die Autoren verweisen lediglich darauf, dass es diese unterschiedlichen Führungsstile gibt, sagen aber nicht, wo die Führungskraft sich auf diesem Kontinuum positionieren sollte. Eine weitere Besonderheit des Modells von *Robert Tannenbaum* und *Warren Schmidt* ist der eindimensionale Charakter. Dies bedeutet, dass man sich zwischen autoritär und partizipativ entscheiden muss, beide Varianten aber nicht gleichzeitig realisieren kann. Die Leistung von *Robert Tannenbaum* und *Warren Schmidt* liegt damit im klassifikatorischen Bereich: Alternative Führungsstile werden aufgezeigt und in eine Ordnung gebracht.

Tabelle 14.1: Führungsstil-Grundformen

Die Führungskraft entscheidet und gibt ihre Entscheidung bekannt.	**führerzentriert („autoritär")** ↑
Die Führungskraft entscheidet, „verkauft" aber die Entscheidung sehr diplomatisch.	
Die Führungskraft präsentiert vage Vorschläge und ermuntert zu Veränderungsvorschlägen.	
Die Führungskraft setzt lediglich einige Rahmenbedingungen, innerhalb derer die Gruppe entscheidet.	
Die Führungskraft sieht sich nur als Koordinator für Entscheidung.	↓ **gruppenzentriert („partizipativ")**

Das Kontingenzmodell von Fred Fiedler

Situative Führung ist die Wahl eines Führungsstils in Abhängigkeit von einer Situation

Die zwei zentralen Schwachstellen in der Logik „autoritär vs. partizipativ" bestehen im Fehlen von empirisch belegbaren Aussagen zur fallweisen Überlegenheit eines bestimmten Führungsstils und in der Idee, wonach es so etwas wie einen „grundsätzlich richtigen" Führungsstil gibt. Beide Fehler wollte *Fred Fiedler*[410] abstellen – was ihm bei aller Kritik an seinem Modell auch gelungen ist. *Fred Fiedler* zielte damit auch als einer der ersten Forscher auf eine situationsabhängige Führung.

Auch wenn es manche Praktiker gerne anders sehen: Situative Führung bedeutet nicht „je nach Situation irgendwie anders" zu agieren. Wichtig ist vielmehr die vorstrukturierte Wahl als klare Beziehung „wenn Situation A, dann Führungsstil B".

Das Modell von *Fred Fiedler* besteht aus drei Bausteinen. Der erste Baustein bezieht sich auf die Beschreibung des *Führungsstils*. Hierzu verwendet *Fred Fiedler* den LPC-Score, der sich auf den so genannten „Least Preferred Co-Worker" bezieht: Der LPC-Score entspricht der Wertschätzung, die eine Führungskraft demjenigen Mitarbeiter entgegenbringt, mit dem sie am wenigsten gern zusammenarbeitet. Zur Bewertung des Least Prefered Co-Worker wird die LPC-Skala genutzt, die die Führungskraft auffordert, anhand von 18 bipolaren Adjektiven den Mitarbeiter zu bewerten. Jedes Adjektiv wird anhand einer 8er-Skala bewertet, wobei 8 für die positive Ausprägung wie angenehm oder unterstützend und 1 für die negative Ausprägung wie unangenehm oder feindselig steht. Der als Summe daraus resultierende LPC-Score variiert von 18 bis 144:

- Der Wert 18 (ergibt sich aus 18 mal der Ausprägung 1) repräsentiert einen ausschließlich aufgabenorientierten Führungsstil.
- Der Wert 144 (ergibt sich aus 18 mal der Ausprägung 8) steht für einen ausschließlich beziehungsorientierten Führungsstil (Tabelle 14.2)

Auch wenn diese Skala durchaus diskutierbar ist, ist sie doch der historische Einstieg in die situative Führung.

Die zweite Komponente im Modell von *Fred Fiedler* ist die *Führungssituation*. Sie ergibt sich aus der Günstigkeit der Beziehung zwischen Führungskraft und Mitarbeiter. Als günstig gilt eine Beziehung,

- die in ihrer qualitativen Ausprägung als „gut" zu bezeichnen ist,
- in der die Aufgabenstruktur primär klar strukturiert ist und
- die Positionsmacht der Führungskraft eher stark ist.

Umgekehrt ist dagegen die Situation für die Führungskraft eher ungünstig, bei

- schlechter Führungskraft-Mitarbeiter-Beziehung,
- unstrukturierten Aufgaben und
- schwacher Positionsmacht.

Nimmt man für jede dieser drei Variablen zwei Ausprägungen, so ergeben sich $2^3 = 8$ Möglichkeiten zur Konkretisierung der Führungssituation.

Dieses grafische Modell ist nicht trivial – erschließt aber die Logik dieses wichtigen Ansatzes ebenso wie sein Kritikpotenzial

Der dritte Baustein im Modell von *Fred Fiedler* ist die *Führungseffektivität*. Hierfür schlägt er kein explizites und einheitliches Prüfkriterium vor, sondern greift auf unterschiedlichste Untersuchungen zurück, die sich alle (mehr oder weniger) mit Führungseffektivität beschäftigen. Es wird dabei im Regelfall immer danach gesucht, wie stark die Beziehung zwischen LPC-Wert und Führungseffektivität in einer spezifischen Situation ist. Zu diesem Zweck werden diverse empirische Studien

Tabelle 14.2: LPC-Skala[411]

	LPC-SKALA	
angenehm	-8--7--6--5--4--3--2--1-	unangenehm
freundlich	-8--7--6--5--4--3--2--1-	unfreundlich
zurückweisend	-1--2--3--4--5--6--7--8-	entgegenkommend
gespannt	-1--2--3--4--5--6--7--8-	entspannt
distanziert	-1--2--3--4--5--6--7--8-	persönlich
kalt	-1--2--3--4--5--6--7--8-	warm
unterstützend	-8--7--6--5--4--3--2--1-	feindselig
langweilig	-1--2--3--4--5--6--7--8-	interessant
streitsüchtig	-1--2--3--4--5--6--7--8-	ausgleichend
verdrießlich	-1--2--3--4--5--6--7--8-	heiter
offen	-8--7--6--5--4--3--2--1-	verschlossen
verleumderisch	-1--2--3--4--5--6--7--8-	loyal
unzuverlässig	-1--2--3--4--5--6--7--8-	zuverlässig
rücksichtsvoll	-8--7--6--5--4--3--2--1-	rücksichtslos
widerlich	-1--2--3--4--5--6--7--8-	nett
akzeptabel	-8--7--6--5--4--3--2--1-	nicht akzeptabel
unaufrichtig	-1--2--3--4--5--6--7--8-	aufrichtig
gefällig	-8--7--6--5--4--3--2--1-	nicht gefällig

herangezogen, bei denen geprüft wird, ob ein Ansteigen des LPC-Scores auch gleichzeitig mit einem Ansteigen der Effektivität verbunden ist. Sieht man eine solche positive Korrelation, so lässt sich daraus schließen, dass ein möglichst hoher LPC-Score sinnvoll erscheint. Ist diese Beziehung im Extremfall sogar negativ, so lässt sich daraus schließen, dass eine möglichst aufgabenorientierte Führung in der Vergangenheit zu höheren Effektivitätswerten geführt hat. *Fred Fiedlers* Modell ist inzwischen in fast allen Führungslehrbüchern vorhanden (Abbildung 14.1).

Auf der waagerechten Achse sind die acht Führungssituationen eingezeichnet. Sie reichen von der insgesamt günstigen Führungssituation (1) bis zur extrem ungünstigen Führungssituation (8). Die senkrechte Achse gibt den Korrelationswert zwischen LPC-Wert und Effektivität an. Die „x" und „O" Symbole sind Vergleichswerte aus anderen Studien. So bedeutet beispielsweise der kleine Kreis links oben in der Abbildung, dass eine Korrelation von +0,50 zwischen dem LPC-Score und dem Effektivitäts-Score festgestellt wurde, und zwar in einer Führungssituation vom Typ 1. Positive Korrelationen sagen aus, dass ein möglichst beziehungsorientierter Führungsstil Erfolg versprechend war. Umgekehrt sagen Markierungen in der unteren Zone, dass grundsätzlich eher eine aufgabenorientierte Führung sinnvoll ist. *Fred Fiedler* selbst hat eine Vielzahl an Studien in seine Betrachtung miteinbezogen, die

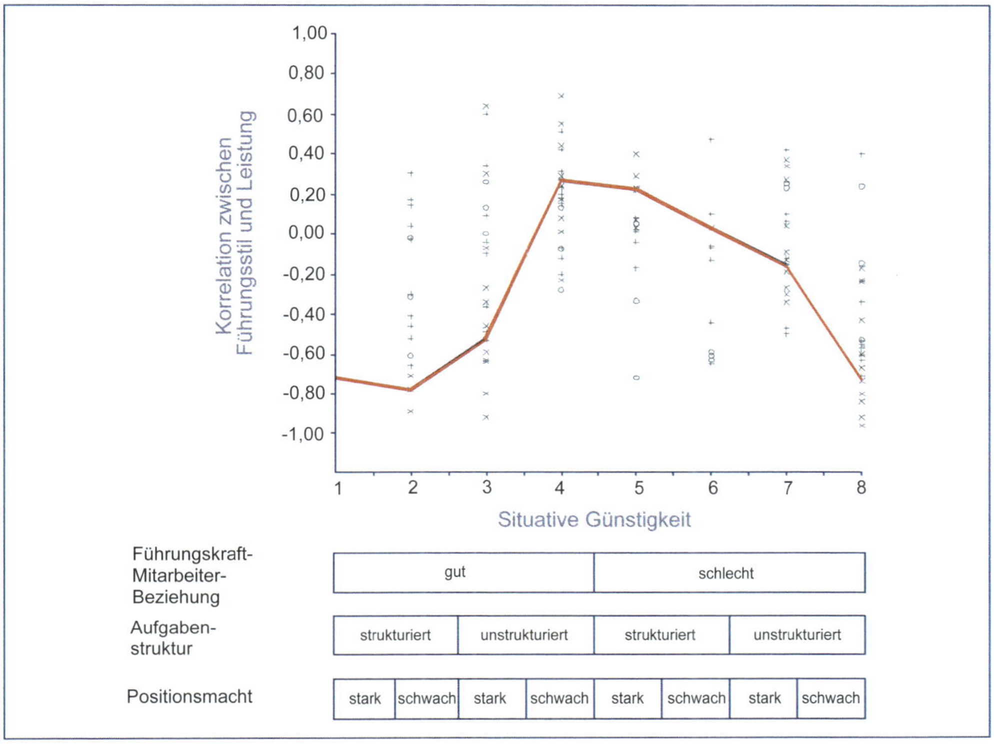

Abbildung 14.1: Das Modell von *Fred Fiedler*[412]

mit „+"-Zeichen versehen sind. Verbindet man die Mittelwerte dieser Korrelation mit einer Linie, so erhält man den typischen Verlauf des LPC-Modells von *Fred Fiedler*. Dieser Verlauf wurde in diversen Arbeiten von *Fred Fiedler* selbst bestätigt, in anderen Studien[413] aber falsifiziert.

Dem Modell von *Fred Fiedler* folgend ist ein aufgabenorientierter Führungsstil immer dann sinnvoll, wenn die Führungssituation für die Führungskraft entweder extrem günstig oder extrem ungünstig ist. In der Zone dazwischen macht ein beziehungsorientierter Führungsstil Sinn.

Erste Pointe: Aufgabenorientierung „an den Rändern"!

Interessant bei *Fred Fiedler* ist auch, dass bei ihm nicht der Führungsstil, sondern die Führungssituation als zu verändernde Größe betrachtet wird. Passen also Führungssituation und Führungsstil nicht zusammen, so muss die Führungssituation geändert werden.

Zweite Pointe: Der Führungsstil kann (und braucht) nicht geändert zu werden – eine Überlegung, die alle nachfolgend beschriebenen Autoren anders sehen!

Positiv zu vermerken ist, dass *Fred Fiedler* als einer der ersten Autoren ein strikt präskriptives Modell vorlegt: Es enthält klare Aussagen darüber, in welcher Führungssituation welches Führungsverhalten gewählt werden soll, um einen maximalen Führungserfolg zu realisieren. Negativ lässt sich festhalten, dass *Fred Fiedler* gerade im Hinblick auf seine empirische Arbeit – die ihrerseits Grundlage für die präskriptiven Aussagen ist – ein hohes Kritikpotenzial aufbaut. Dies betrifft sowohl die zu geringe Anzahl der Fälle, die jeweils für die Korrelation herangezogen wurde, als auch das Fehlen von Signifikanzniveaus.

Im Ergebnis bleibt das Kontingenzmodell trotz der gesamten Kritik eines der ersten, das explizit einen Zusammenhang zwischen Führungsstil und Führungssituation konstruierte. Seine „Kontingenztheorie" gilt damit unbestreitbar als die Vorläuferin der gesamten situativen Führung.

Übung 14.1 Führungsstil nach *Fred Fiedler*

Die Creativity-Task-Force der Marketing-Abteilung Ihrer Strawberry Cake & Bakeries AG macht Ihnen Sorgen. In diesem Team werden Lösungen für kurzfristig auftretende und dringende Aufgaben erarbeitet. Das Aufgabenfeld ist also sehr unstrukturiert. Zwar leistet das Team gute Arbeit, aber irgendwie haben Sie das Gefühl, Sie werden von den Mitarbeitern nicht ernst genommen. Oft werden Ihre Anweisungen sogar völlig ignoriert. Wenn Sie die Mitarbeiter darauf ansprechen, kommt meist nur eine patzige Antwort zurück. Sie überlegen daher, wie diese Situation nach dem Modell *Fred Fiedler* zu bewerten ist und wie Sie etwas ändern können.

Das Verhaltensgitter von Robert Blake und Jane Mouton

Neben den eindimensionalen Modellen, die Führungsstil als ein Kontinuum betrachten, das in einem Fall zwischen partizipativ und autoritär, im anderen Fall zwischen mitarbeiterorientiert und aufgabenorientiert aufgespannt ist, existieren noch die Führungsstilmodelle, die aus der Ohio-State-Forschung abgeleitet[414] sind und dieses Kontinuum durch zweidimensionale Modelle ersetzen (Abbildung 14.2).

Abbildung 14.2: Von der Eindimensionalität zur Zweidimensionalität

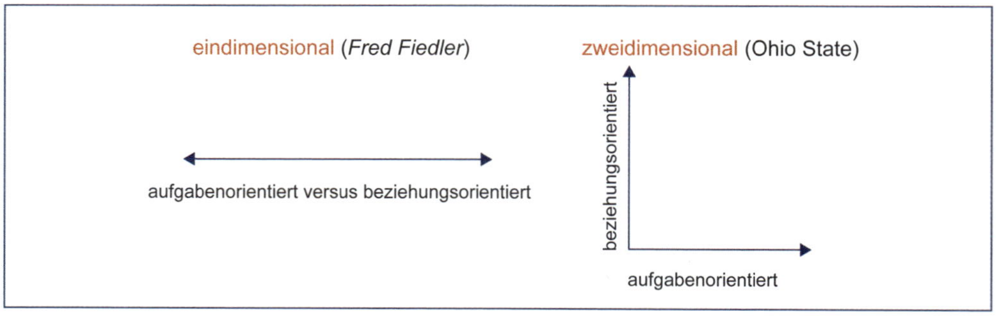

Robert Blake und *Jane Mouton*[415] greifen die beiden zentralen Dimensionen der Ohio-State-Forschung unter der Bezeichnung „Sachorientierung" und „Menschenorientierung" auf:

- Bei der *Sachorientierung* erfolgt eine Ausrichtung auf Produktion, Ergebnisse, Endresultate oder Gewinne.
- Bei der *Menschenorientierung* erfolgt die Ausrichtung auf Verständnis und Unterstützung sowie das Bemühen von Führungskräften um die Zuneigung ihrer Mitarbeiter.

Durch die Zusammenführung dieser Achsen entsteht das bekannte „Managerial Grid" (Abbildung 14.3). Die beiden Achsen weisen dabei jeweils neun Ausprägungsstufen auf.

Aus Gründen der Vereinfachung konzentrieren sich *Robert Blake* und *Jane Mouton* auf fünf verschiedene Führungsstile. Für diese fünf Führungsstile liefern die Autoren nicht nur Mechanismen zur Bestimmung des praktizierten Führungsstils, sondern auch zum Teil äußerst umfangreiche Charakterisierungen des Führungsstils und seiner Konsequenzen:

(1) Die 1,1-Führung als *Überlebens-Management* impliziert minimale Anstrengungen zur Erledigung der geforderten Aufgaben. Mehr als „schlichtes Überleben" ist nicht angestrebt.

(2) Die 1,9-Führung als *Glacéhandschuh-Management* bedeutet Rücksichtnahme auf die Bedürfnisse der Mitarbeiter und bewirkt ein gemächliches und freundliches Betriebsklima.

(3) Die 9,1-Führung als *Befehl-Gehorsam-Management* beruht darauf, die Arbeitsbedingungen so einzurichten, dass der Einfluss persönlicher Faktoren auf ein Minimum beschränkt wird.

(4) Die 9,9-Führung als *Team-Management* sieht hohe Arbeitsleistung vom engagierten Mitarbeiter und gemeinschaftlichen Einsatz für das Unternehmensziel vor, verbunden mit Vertrauen und gegenseitiger Achtung.

(5) Die 5,5-Führung als *Organisations-Management* führt zu einem Gleichgewicht zwischen Notwendigkeit, die Arbeit zu tun, und der Aufrechterhaltung einer zufrieden stellenden Betriebsmoral.

Optimal: rechts oben!

In dieser Logik ergibt sich deutlich der Lösungsvorschlag der Autoren für den optimalen Führungsstil: Sie empfehlen eine Entwicklung hin zur „9,9". Gerade damit wird dieses Modell aber angreifbar. Denn im Modell von *Robert Blake* und *Jane Mouton* hängt der optimale Führungsstil nicht mehr von situativen Variablen ab, sondern lässt sich allgemeingültig auf „9,9" festlegen. Dies enthebt *Robert Blake* und *Jane Mouton* der Aufgabe, sich mit situativen Variablen auseinandersetzen zu müssen.

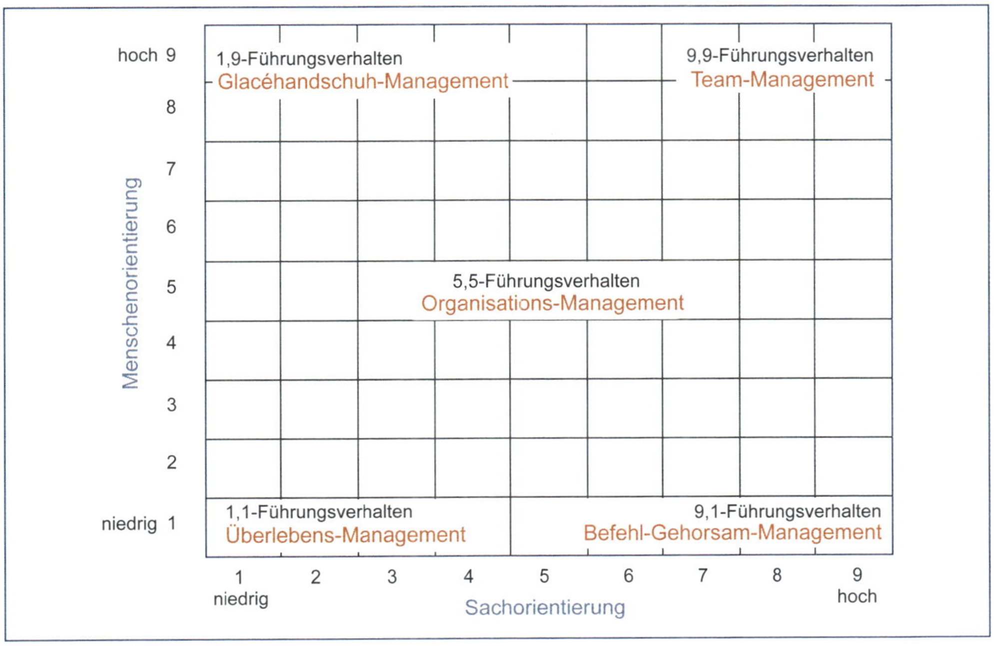

Abbildung 14.3: Das Verhaltensgitter von *Robert Blake* und *Jane Mouton*[416]

Bei der Bewertung des Modells von *Robert Blake* und *Jane Mouton* fällt auf der positiven Seite sofort die leichte Handhabung und der unmittelbare Transfer in die Praxis auf: Gerade dadurch, dass lediglich ein einziger Führungsstil (der allerdings aus zwei Dimensionen besteht) propagiert wird, wird die Führungskraft von dem Problem enthoben, sich mit der Führungssituation auseinander zu setzen. Egal welche Situation dominiert, es passt immer der Führungsstil „9,9". Ebenso spricht es Praktiker unmittelbar an, sich nicht auf einen der beiden Führungsstile festlegen zu müssen, sondern vielmehr immer eine „gesunde" Mischung aus beiden Führungsstilen praktizieren zu können. Genau hier liegt der zentrale Kritikpunkt am Modell von *Robert Blake* und *Jane Mouton*: Gerade weil die Führungssituation keine Rolle spielt, ist es zwar zweidimensional, aber nicht situativ.

Das Reifegradmodell von Paul Hersey und Kenneth Blanchard

Reifegrad des Mitarbeiters als Entscheidungskriterium für den Führungsstil

Paul Hersey und *Kenneth Blanchard*[417] operieren ebenfalls mit den beiden Grunddimensionen aus der Ohio-State-Studie. Sie verwenden allerdings als situatives Kriterium dafür, welcher Führungsstil am geeignetsten ist, den aufgabenrelevanten Reifegrad. Er ergibt sich aus der stellenbezogenen psychologischen Reife des Mitarbeiters. Ein höherer aufgabenrelevanter Reifegrad äußert sich in (mentaler) Unabhängigkeit, in ganzheitlicher Betrachtungsweise und in einem hohen Streben nach Leistung. Bei einem Mitarbeiter mit einem niedrigen aufgabenrelevanten Reifegrad dagegen ist das Streben nach Leistung nur sehr gering ausgeprägt.

Die zentrale Überlegung von *Paul Hersey* und *Kenneth Blanchard* liegen im unteren Bereich der Skala für den aufgabenbezogenen Reifegrad des Mitarbeiters (Abbildung 14.4) Darüber befinden sich die vier Zellen aus der Ohio-State-Forschung, hier charakterisiert durch aufgabenorientiertes und beziehungsorientiertes Verhalten. Für jede der vier Zellen definieren die beiden Autoren einen spezifischen Grundstil:

- Ausgangspunkt ist der *autoritäre Führungsstil*, bei dem die Führungskraft eindeutig die Tätigkeiten der Mitarbeiter fixiert und die Zeitpunkte für ihre Erfüllung vorgibt. Dieser Führungsstil entspricht dem militärischen Kommandoton in Krisenzeiten.
- Einem reiferen Mitarbeiter ist mit einem *integrierenden Führungsstil* entgegenzukommen. Hier versucht die Führungskraft auch die Meinungen der Mitarbeiter zu berücksichtigen, behält sich aber die Entscheidungsbefugnisse vor. Darüber hinaus bemüht sie sich, ihre Mitarbeiter von der Richtigkeit ihrer Vorschläge zu überzeugen, also ihre Konzepte zu „verkaufen".
- Mit zunehmender Reife kann der Mitarbeiter bei der Entscheidungsfindung und bei der Durchführung eine wichtigere und aktivere Rolle spielen. Bei diesem *partizipativen Stil* gehen die Ansichten von Führungskraft und Mitarbeiter in die Entscheidungsfindung ein.
- Mitarbeitern mit extrem hohem aufgabenrelevantem Reifegrad ist nach *Paul Hersey* und *Kenneth Blanchard* mit einem *delegierenden Stil* zu begegnen. Im Extremfall bedeutet dieser Führungsstil den Verzicht auf Führung, da nach einer orientierenden Startinformation der Mitarbeiter allein über Mittel und Wege entscheidet.

Über ihre vier Führungsstile legen *Paul Hersey* und *Kenneth Blanchard* also eine Entwicklungskurve, die mit zunehmendem Reifegrad des Mitarbeiters einen entsprechenden Wechsel im Führungsstil propagiert. Danach steht der „autoritäre Führungsstil" am Anfang und wird sukzessive in den „Delegationsstil" transformiert.

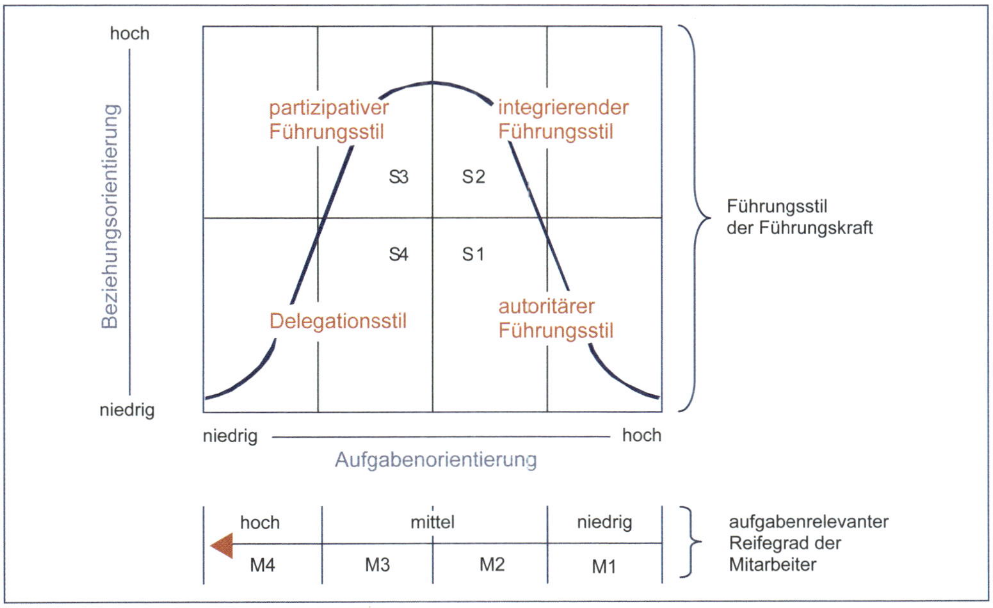

Abbildung 14.4: Das Führungsmodell von *Paul Hersey* und *Kenneth Blanchard*[418]

Zur Anwendung dieses Modells wird zunächst der aufgabenrelevante Reifegrad des jeweiligen Mitarbeiters bestimmt, wobei das von den Autoren angebotene Instrumentarium eher „rudimentär" wirkt. Der Mitarbeiter wird in der Folgezeit sukzessive in Richtung des Delegationsstils weiterentwickelt. Der Idealfall der Personalführung ist nach Ansicht der Autoren dann erreicht, wenn die Führungskraft nahezu nicht mehr in Interaktionen mit dem Mitarbeiter tritt und diesen in völliger Autonomie seinen Aufgaben nachgehen lässt.

Optimal: links unten!

Positiv am Modell von *Paul Hersey* und *Kenneth Blanchard* ist zum einen die Vielfalt der zulässigen Führungsstile, zum anderen die Existenz einer klaren Entscheidungsregel für die Wahl des Führungsstils. Damit verbunden ist als weiteres positives Merkmal, auf die Idee des aufgabenrelevanten Reifegrades hinzuweisen, aus der sich die Personalentwicklungsaufgabe der Führungskraft ableitet. Genau hier stecken aber auch die Schwachstellen des Modells: So dürfte es im Einzelfall schwierig für eine Führungskraft sein, im laufenden Betrieb permanent die aufgabenrelevanten Reifegrade aller ihrer Mitarbeiter zu ermitteln und dann aus diesen Reifegraden entsprechende Führungsstile abzuleiten.

Dies ändert aber nichts an der positiven Grundidee des Modells, die auf eine anspruchsvolle Rollendefinition der Führungskraft hinausläuft.

Das Effektivitätsmodell von William Reddin

Führungserfolg = Übereinstimmung von Führungssituation und Führungsverhalten

Der völligen Gleichwertigkeit aller vier möglichen Führungsstile, die sich aus der Ohio-State-Studie ableitet, folgt *William Reddin*[419]. Bei ihm sind alle vier Führungsstile vom Prinzip her sinnvoll, wobei es aber von der konkreten Situation abhängt, ob der Führungsstil tatsächlich effektiv – im Sinne von wirksam – ist. Verlangt also die Situation einen Führungsstil, der durch hohe Aufgabenorientierung und niedrige Beziehungsorientierung charakterisiert ist, so ist nur dieser eine Führungsstil erfolgreich und die anderen Führungsstile eben nicht. Das bedeutet, Führungssituation und Führungsstil müssen jeweils den gleichen Grundstil haben. Das Grundprinzip des Modells von *William Reddin* basiert darauf, dass Führungserfolg nur zu erwarten ist, wenn Führungssituation und Führungsverhalten übereinstimmen.

Optimal: Kann überall sein!

Die vier Grundstile von *William Reddin* manifestieren sich demnach mit ihren zwei Ausprägungen wie folgt (Abbildung 14.5):

(1) Der *Verfahrensstil* ist durch Regeln und Vorschriften geprägt. Dieser Stil ist in einer durch hohe Dynamik gekennzeichneten Situation nicht anwendbar. *William Reddin* bezeichnet daher eine Führungskraft, die in einer solchen Situation den Verfahrensstil anwendet, als Kneifer. Dieser beharrt auf Regeln und Vorschriften, obwohl die Situation eine flexible Anpassung erfordern würde. Da er Angst vor der Verantwortung hat, flüchtet er sich in Paragraphen und Dienstvorschriften, womit er andere behindert. Im Gegensatz dazu praktiziert der ebenfalls nach dem Verfahrensstil vorgehende Verwalter einen sinnvollen Führungsstil, weil er für ein reibungsloses Funktionieren des Unternehmens entlang der fixierten Spielregeln sorgt.

(2) Ein Manager, der den *Beziehungsstil* praktiziert, bemüht sich um ein gutes Verhältnis zu seinen Mitarbeitern. Dies artet allerdings beim Gefälligkeitsapostel dahingehend aus, dass er selbst kleineren Unstimmigkeiten und Problemen grundsätzlich aus dem Weg geht, jeglichen Konflikt vermeidet und auf diese Weise seine Führungsposition aufgibt. Im Gegensatz dazu ist der Förderer eine Führungskraft, die diesen Beziehungsstil effektiv einsetzt: Er widmet sich seinen Mitarbeitern, motiviert sie und sorgt – trotz einer existenten Führung – für eine vertrauensvolle Atmosphäre, in der sich seine Mitarbeiter selbst verwirklichen können.

(3) Beim *Aufgabenstil* stehen Leistung und Arbeitsergebnis im Vordergrund. Der ineffektive Autokrat denkt dabei nur an die Aufgabe, hat keinerlei Vertrauen zu seinen Mitarbeitern und übt unnötig Druck auf sie aus. Dies führt zwangsläufig zu Reibungsverlusten. Im Gegensatz dazu führt der Macher seine Mannschaft durch Erfahrung, Fleiß und Initiative zum Erfolg: Er diskutiert zwar einzelne Probleme mit seinen Mitarbeitern, behält sich aber dennoch das Entscheidungsrecht vor. Aufgrund seines Fachwissens wird er von seinen Mitarbeitern akzeptiert.

(4) *Integrationsstil* bedeutet Berücksichtigung sowohl der Aufgaben- als auch der Beziehungskomponente. Der Kompromissler erlaubt extensive Mitsprache seiner Mitarbeiter und sieht in jeder Entscheidung den Zwang zu Kompromissen. Hierdurch steigt die Bearbeitungszeit, während die Mitarbeitermotivation sinkt. Der Integrierer dagegen akzeptiert zwar die Persönlichkeit seiner Mitarbeiter, koordiniert dann aber die Aktivitäten seines Teams. Darüber hinaus setzt er hohe Maßstäbe, denen er auch selbst gerecht wird.

Die Unterschiede zwischen den ineffektiven und effektiven Dimensionen liegen nach *William Reddin* weniger im spezifischen Verhalten der Führungskraft begründet als vielmehr in der sinnvollen Kombination aus Führungssituation und Führungsverhalten.

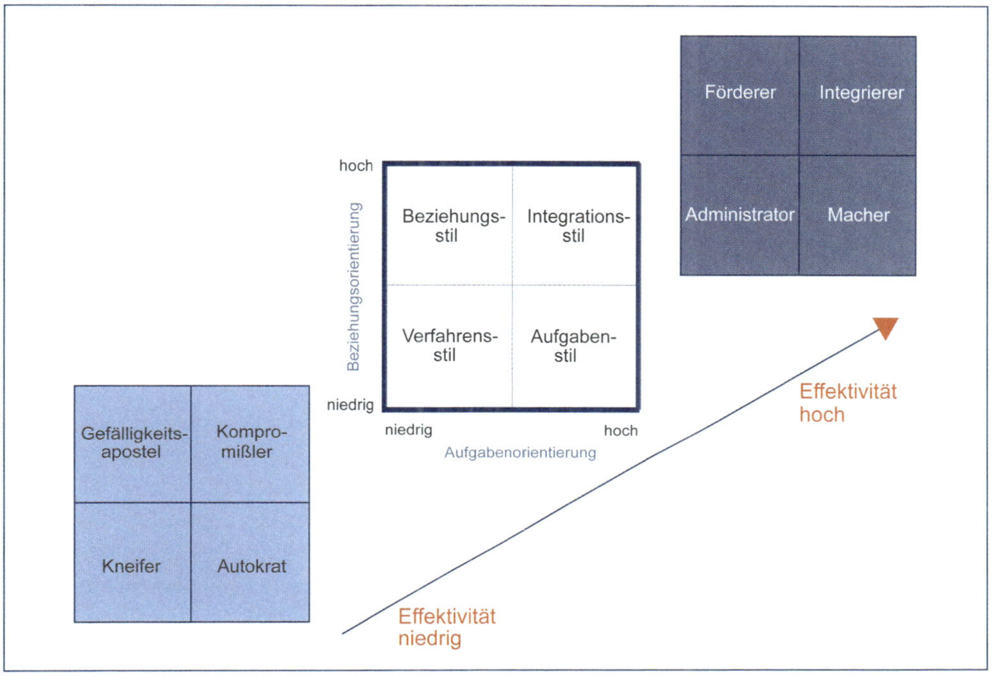

Abbildung 14.5: Die drei Dimensionen des Führungsmodells nach *William Reddin*[420]

Dieses Modell hat den höchsten Anspruch: Es verlangt von Führungskräften nicht nur laufend eine Analyse der Situation, sondern auch die Fähigkeit, alle vier Führungsstile je nach gegebener Situation anzuwenden. Gerade diese hohe Führungsstilflexibilität ist ein besonderes Merkmal des Modells von *William Reddin*, das aber seine Akzeptanz in der Praxis erschwert: Es verlangt viel von den Führungskräften und setzt somit eine substanzielle Führungskräfteschulung voraus. Die Hauptstärke des Ansatzes liegt in dem situativen Charakter: So sind grundsätzlich alle Führungsstile sinnvoll – aber nur in der entsprechenden Situation.

Das 4Farben-Modell von Christian Scholz

Eine spezielle Abwandlung des Führungsmodells von *Reddin* durch den Verfasser dieses Lehrbuchs kommt seit den 1990er-Jahren an der Universität des Saarlandes und in firmenspezifischen Trainings zum Einsatz.

Dieses 4Farben-Führungsmodell baut auf der Grundlogik der Ohio-State-Schule auf, definiert aber zuerst einmal analog zum Führungsstil eine Führungssituation. Je nachdem, ob es auf der Mitarbeiter- und/oder der Aufgabendimension ein Führungsproblem gibt, liegt somit eine von vier Führungssituationen vor, die mit Farben bezeichnet werden (Abbildung 14.6 links):

- In der *grünen Situation* gibt es weder ein Aufgaben- noch ein Mitarbeiterproblem.
- Die *blaue Situation* ist charakterisiert durch ein Aufgabenproblem.
- Die *rote Situation* ergibt sich aus einem (beziehungsorientierten) Mitarbeiterproblem. Ein Sachproblem existiert hier nicht. Wohl aber ist die Beziehung zwischen Mitarbeiter und Führungskraft gestört, entweder aufgrund des Verhaltens der Führungskraft oder aber aufgrund von psychologischen Problemen auf Seiten des Mitarbeiters.
- In der *lila Situation* fallen Mitarbeiterproblem und Aufgabenproblem zusammen; es gibt also ein doppeltes Problem.

Für die Führungskraft ergibt sich danach als erster Schritt die Analyse der Führungssituation. Ein entsprechendes Training kann auf Fallstudien und Videosequenzen aufbauen. So charakterisiert beispielsweise der technische Defekt bei Apollo 13 eine typische „blaue Situation". Dagegen gibt es in „Der Teufel trägt Prada" eine „rote Situation", wobei hier allerdings – und das ist eine wichtige Variante – die gestörte Beziehung zur Mitarbeiterin durch die Führungskraft produziert wurde. Ansonsten ist die Ausganssituation in „Der Wolf der Wallstreet" lila, bei der „Biene Maja" dagegen im wahrsten Sinne des Wortes grün.

Der zweite Schritt ist das konkrete Führungsverhalten, das sich durch eine Kombination eines mitarbeiter- und/oder aufgabenorientierten Führungsstils ergibt und das ebenfalls mit Farbnamen betitelt wird (Abbildung 14.6 rechts):

- Der *grüne* Führungsstil besteht aus einem weitgehenden Heraushalten. Die Führungskraft agiert also allenfalls wie ein unsichtbarer Schäferhund, der seine Schäfchen im Auge behält. Beispiel: Benjamin L. Sisko in „Raumstation Deep Space Nine".
- Der *blaue* Führungsstil ist aufgabenbezogen. Hier steht ein Sachproblem im Mittelpunkt und deshalb fokussiert die Führungskraft ausschließlich darauf. Sie kann sich dabei den Verzicht auf eine Berücksichtigung der Beziehungsorientierung erlauben, weil sich diese Dimension positiv – also problemlos – darstellt. Beispiel: Jean-Luc Picard in „USS Enterprise NCC-1701-D".
- Der *rote* Führungsstil ist beziehungsorientiert. Deshalb muss die Führungskraft sich mit genau diesem Beziehungsproblem auseinandersetzen, also beispielsweise die Gründe für Demotivation oder Minderleistung lokalisieren. Dies setzt unter anderem eine völlig andere Gesprächsführung (beispielsweise Einzelgespräch) voraus. Beispiel: Kathryn Janeway in „USS Voyager NCC-74656".
- Der *lila* Führungsstil bedeutet Umgang mit dem Worst Case, nämlich der Eskalation aus Sachproblem und Beziehungsproblem. Hier muss sich die Führungskraft Klarheit darüber verschaffen, in welcher Reihenfolge sie sich mit diesen beiden Problemdimensionen beschäftigen will. Außerdem läuft der lila Führungsstil auf ein eher dominantes Verhalten hinaus, da tatsächlich Probleme zu lösen sind, wozu ein nett-vermittelnder Integrationsstil nur bedingt geeignet ist. Beispiel: James Tiberius Kirk in „USS Enterprise NCC-1701-A".

Diese vier Führungsstile sind vom Ansatz her vollkommen unterschiedlich und erreichen ihre Relevanz gerade durch ihre Unterschiedlichkeit.

Die neuen Kapitäne aus dem Star Trek-Universum wurden hier weggelassen: Jonathan Archer der Enterprise NX-01 ist einer der ersten Kommandanten der Menschen und kann sich somit nicht an Regeln oder Vorgänger orientieren. In der neuen Serie zur U.S.S. Discovery NCC-1031 ist nicht der Kapitän die Hauptperson der Serie. Vielmehr begegnen sich dort eine Vielzahl an Kapitänen. Eine Auseinandersetzung mit diesen verschiedenen Kapitänen würde zu gravierenden Spoilern führen.

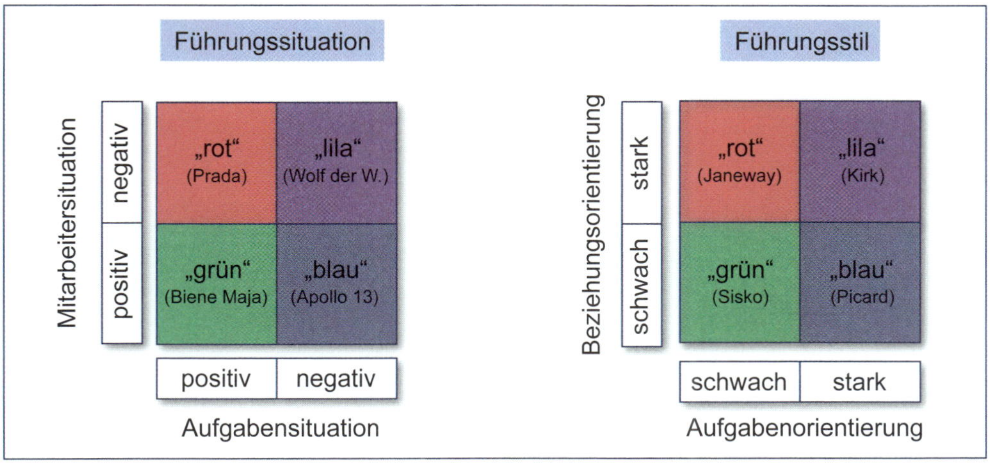

Abbildung 14.6: Führungssituationen und Führungsverhalten im 4Farben-Modell

Wie bei jeder Variante einer situativen Führung müssen sich Führungssituation und Führungsstil entsprechen: Demnach resultiert in einer grünen Führungssituation ein grüner Führungsstil in einer hohen Führungseffektivität (Abbildung 14.7).

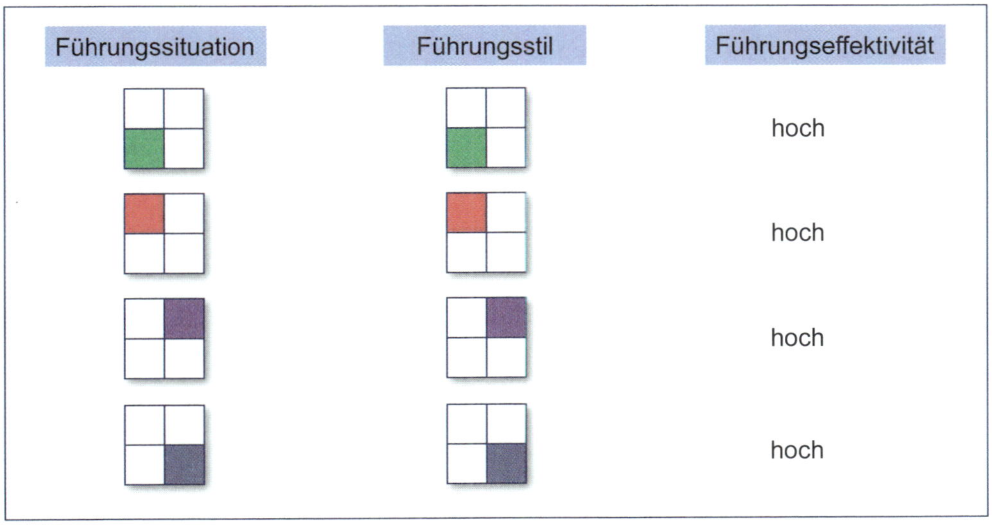

Abbildung 14.7: Hohe Führungseffektivität im 4Farben-Modell

Problematisch wird es, wenn sich Führungssituation und Führungsverhalten nicht entsprechen (Abbildung 14.8): Wird also beispielsweise in einer grünen Situation ein roter, blauer oder lila Führungsstil gewählt, so führt dies zu einer niedrigen Führungseffektivität.

Im Führungskräftetraining müssen die angehenden Führungskräfte damit zwei Fähigkeiten erlernen: zum einen die Diagnose der Führungssituation, zum anderen

Abbildung 14.8: Hohe Führungseffektivität im 4Farben-Modell

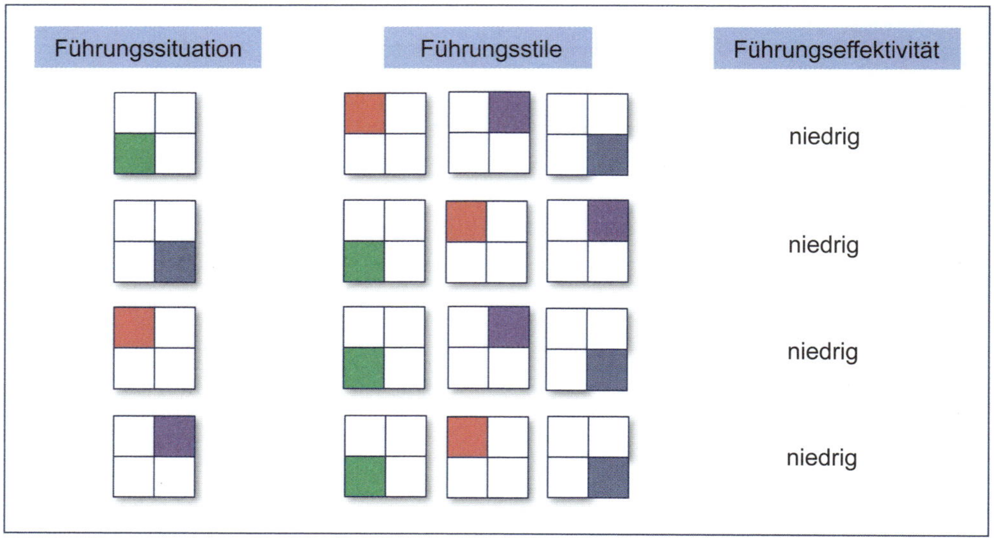

möglichst exaktes „Spielen" der vier verschiedenen Farben. Die Diagnosefunktion wird dabei stark gestört von der Führungsdisposition: Neigt also eine Führungsperson stark zum blauen Führungsstil (wie Jean-Luc Picard auf der Enterprise), so wird er in jedem Problem ein Aufgabenproblem sehen. Das korrekte „Spielen" der Farben wird erschwert durch soziale Erwünschtheit und durch viele (falsche) Führungskräfteschulungen: Danach sollen (fälschlicherweise) Führungskräfte immer (!) kooperativ, kollegial, und weitgehend hierarchiefrei führen – eine Empfehlung, die nach der Ohio-State-Studie nicht in jeder Situation zielführend ist.

14.3 Transformationale Führung

Transformationale Führung ist die Veränderung von Einstellungen bei Mitarbeitern

In den 1980er-Jahren wurde die Idee der transaktionalen Führung sukzessive ergänzt durch diverse Arbeiten, die eine neue Form des „Leadership" postulierten – und zwar basierend auf einer transformationalen Basis. Hier sind vor allem die Basisforschung von *James Burns, Warren Bennis* und *Bernard Bass* sowie die charismatische Führung durch *Robert House* tonangebend. In der heutigen Welt lässt sich aber auch an ganz aktuellen Beispielen, wie dem Handballtrainer *Heiner Brand* oder dem Fußballtrainer *Jürgen Klinsmann,* die transformationale Führung erkennen.

Die Basisforschung nach James Burns, Warren Bennis und Bernard Bass

Soweit erkennbar, stammt die erste explizite Differenzierung in Richtung auf eine transformationale Führung von *James Burns*[421]:

- Danach basiert *transaktionale* Führung auf klaren Austauschprozessen. Der Mitarbeiter verfolgt Ziele, wenn ihm diese wichtig und angemessen erscheinen. Transaktionale Führung folgt danach dem Prinzip *„Geben und Nehmen"*.

- Im Gegensatz dazu wird bei der *transformationalen* Führung der Mitarbeiter durch die Persönlichkeit der Führungskraft dazu gebracht, seine Anspruchsniveaus radikal zu verändern und sich gegebenenfalls für höhere (also auch andere) Ziele einzusetzen. Die transformationale Führung operiert daher nach dem Prinzip *„Nicht nur pures Eigeninteresse"*.

Bereits aus dieser Basisdefinition wird klar, dass sich die Führungsformen gravierend unterscheiden: Bei der transaktionalen Führung dominieren klare Informationsbeziehungen plus Instrumentalisieren der Motive des Mitarbeiters. Bei der transformationalen Führung steht dagegen die Beziehungsstruktur (einschließlich emotionaler und intellektueller Abhängigkeit) in Verbindung mit einer Veränderung der kognitiven Struktur des Mitarbeiters im Vordergrund.

Weniger Manager als vielmehr Führer!

„Managen bedeutet bewirken, herbeiführen, die Leistung oder Verantwortung übernehmen. Führen heißt beeinflussen, die Richtung und den Kurs bestimmen, Handlungen und Meinungen steuern. Die Unterscheidung ist wesentlich. Manager machen die Dinge richtig, Führende tun die richtigen Dinge."[422]

Univ.-Prof. Dr. Warren G. Bennis (geb. 1925; Professor für Business Administration)

Die Charismatische Führung nach Robert House

Als einer der ersten Autoren beschäftigte sich *Max Weber*[423] mit dem Phänomen des Charismas. Für ihn ist Charisma, neben rationaler und historisch gewachsener Herrschaftsbegründung, einer der Auslöser für Autorität. Neben dieser soziologischen Fundierung befassen sich in jüngster Zeit mehr populärwissenschaftliche Arbeiten mit diesem Phänomen.

Charisma ist die spezifische Ausstrahlungskraft einer Führungskraft, die unabhängig von fachlichen Fähigkeiten eine Akzeptanz und letztlich Werteänderung bei der geführten Person bewirkt

Auch wenn sich die charismatische Führung bereits weitgehend umgangssprachlich erschließt, wirft sie doch eine Reihe von interessanten Fragen auf:

- Was genau sind die ausschlaggebenden *Persönlichkeitsmerkmale* von charismatischen Führungskräften?
- Welche *situativen Variablen* fördern beziehungsweise behindern charismatische Führung?
- In welchem Zusammenhang stehen Charisma und *Individualität*?
- Welche *Konsequenzen* ergeben sich aus der (mentalen) Transformation beim charismatisch Geführten?

Vor allem stellt sich die Schlüsselfrage, ob die Fähigkeit, charismatisch zu führen, eine angeborene Gabe oder ein erlernbares Handwerk ist.

Das Erkenntnisinteresse der „Charismatic Leadership Theory" von *Robert House*[424] fokussiert auf Verhaltensweisen charismatischer Führungskräfte und ihr Umfeld:

- *Indikatoren* charismatischer Führung umfassen das Vertrauen des Mitarbeiters in die Führungskraft, eine nicht hinterfragte Akzeptanz der Führungskraft und eine bewusste Zuneigung sowie Loyalität.
- Die *Führungskraft* selbst ist charakterisiert durch einen ungewöhnlich starken Machtwillen, ein ungewöhnlich hohes Selbstbewusstsein und eine hohe Glaubwürdigkeit.
- Charismatisches *Führungsverhalten* beinhaltet „Management durch Beeindruckung", Artikulieren einer handlungsleitenden Vision und das Geben von Beispielen durch eigenes Handeln.

Führungskräfte versuchen so, Vertrauen in ihre Visionen und ihre Fähigkeiten bei den Mitarbeitern aufzubauen. Kritisch ist zu bemerken, dass der Ansatz noch erweitert werden kann, insbesondere durch weitere Eigenschaften der Führungskraft sowie situative Faktoren. Problematisch an diesem Ansatz ist allerdings, dass er die situativen Faktoren des Arbeitsumfeldes allenfalls implizit berücksichtigt.

Manche Manager suchen das Desaster

„Manche Manager sind nach einer gewissen Zeit an der Unternehmensspitze derart verunsichert und desillusioniert, dass sie unbewusst das Desaster suchen. Sie haben eine Affäre im Unternehmen und riskieren so einen Skandal, sie kaufen Firmen ohne vernünftige Prüfung der Bilanz, sie fordern das Schicksal heraus."[425]

Univ.-Prof. Dr. Manfred Kets de Vries (geb. 1942; Direktor INSEAD Global Leadership Centre)

Die Führung nach Heiner Brand und Jürgen Klinsmann

Jürgen Klinsmann: Trainer der deutschen Fußball-Nationalmannschaft von 2004 bis 2006

Im Märchen und in typischen Führungsseminaren gibt es den großen Motivator, der durch sein Charisma und seine Vision (kurzzeitig) Kräfte weckt, die sonst nicht abrufbar sind. Bei dem Trainer einer Weltmeistermannschaft liegt der Schluss nahe, dass die Mannschaftsleistung nur durch seine Motivationsleistung überhaupt erst möglich wird. Was also unternahm der Handballtrainer *Heiner Brand* im Hinblick auf eine Vision? Die Antwort: erstaunlich wenig! Von ihm kamen – anders als beispielsweise von dem in seinem Kontext ebenfalls vorbildlichen Fußballtrainer *Jürgen Klinsmann* – keine markigen Sprüche im Vorfeld und keine Pressekonferenzen mit Offenbarungscharakter.

Heiner Brand: Trainer der deutschen Handball-Nationalmannschaft von 1997 bis 2009

Sicherlich betonte *Heiner Brand* immer, dass man nie in ein Turnier gehe, um lediglich im Mittelfeld zu landen. Wesentlich weiter gingen da seine Spieler, die im Januar 2007 die Initiative „Projekt: GOLD 2007" starteten. Trotzdem: Was *Heiner Brand* geschaffen hat – und das wiegt viel schwerer –, ist der positiv verstärkende Rahmen, in dem dies alles wachsen konnte. Also: Es gab weder nicht-so-ganz-motivierte

Mitarbeiter, die erst durch eine Brand-Rede aktiviert werden mussten, noch galt die übliche (unlogische) Basishypothese, wonach es zwar eine intrinsische Motivation gibt, die aber erst durch die Führungskräfte und damit extern zu wecken ist.

Auch wenn *Heiner Brand* manchmal autoritär auftritt, zieht er dennoch selten die Rolle des klaren Leaders konsequent durch. Dies sieht man besonders gut bei der 50-Sekunden-Besprechung, die eine Handballmannschaft als Auszeit während des Spiels nehmen kann und die man im Fernsehen weitgehend ungekürzt verfolgen konnte. Dabei ließ sich Erstaunliches feststellen: Natürlich kamen Ansagen von *Heiner Brand*, aber auch Spieler wie *Christian Schwarzer* oder *Markus Baur* setzten sich mit ihren Ideen durch. Besonders treffend fasste dies ein Fernsehkommentator mit dem Satz: „Das alles ist gelebte Demokratie" zusammen. Im Ergebnis verdichtet sich somit der Eindruck eines zumindest nicht extrem stark ausgeprägten transformationalen Führungsstils bei *Heiner Brand*.

Gerade im Fußballteamsport auf Hochleistungsniveau zählt trotz romantischer Verklärung immer weniger die Logik der elf Freunde. Vielmehr kommt es zu einem Zusammentreffen von

- systeminduzierten Tendenzen in Richtung auf Wettbewerb und Leistungsdruck bis hin zum Darwinismus und
- individuumsinduzierten Tendenzen in Richtung auf Individualisierung und Egozentrik bis hin zum Opportunismus.

Diese Kombination impliziert für alle Beteiligten – im Sport also für Trainer wie Spieler – ein weitreichendes „Spielen ohne Stammplatzgarantie", bei dem es trotz extremer Ausprägung zwischen beiden Dimensionen durchaus zu einem Gleichgewicht kommen kann. Dieses „Spielen ohne Stammplatzgarantie" ist emotional schwierig: So wurde Anfang 2006 in Fußball-Deutschland hitzig darüber diskutiert, dass ein etablierter Torwart-Titan das Opfer von *Jürgen Klinsmanns* „Spielen ohne Stammplatzgarantie" wurde.

Interessant ist die Frage nach Leadership im Zusammentreffen von Darwinismus und Opportunismus. Hier scheinen sowohl transaktionales als auch transformationales Führen zum Ziel zu führen, sofern es richtig gespielt und der Führungssituation entsprechend ausgestaltet wird:

- Die *transaktionale Führung* fokussiert hier auf eine durch Verhandlung und sukzessive Annäherung erreichte Gleichgewichtssituation, in der es systeminduzierte Belohnungen ebenso gibt wie klare Aussagen zu Konsequenzen bei Abweichungen. Es gibt also ein „Spielen ohne Stammplatzgarantie", das allen bewusst ist, bei dem aber die Spielregeln bekannt sind, nach denen man ins Team kommt und dort bleibt.
- Die *transformationale Führung* führt dagegen hier zu einer Integration des Einzelnen in das Kollektiv durch die Kraft der Vision des „Leaders". Er gibt eine Richtung vor, in die sich alle bewegen, da sie darin auch die Erfüllung ihrer individuellen Ziele sehen. Typisch für diese Form der Führung sind fast schon sektenhaft starke Unternehmenskulturen, die beim Einzelnen zunächst tiefste Verbundenheit, nach dem überraschenden Ausschluss aus dem Kreis der Ausgewählten aber unkontrollierbare Wut hervorrufen.

Beide Varianten sind also realisierbar und potenziell auch sinnvoll – hängen aber auch von der Situation (Sportart) und Disposition (Trainertypus) ab. *Heiner Brand* schafft vor Turnieren einen Wettbewerb zwischen den Spielern, aber nach klaren Spielregeln. Im Turnier gibt es dagegen Zonen der Sicherheit: So muss ein Spieler auf dem Feld nicht dauernd darüber nachdenken, ob ihn der nächste Fehlwurf aus dem Team katapultiert. Im Ergebnis praktiziert *Heiner Brand* in diesem Fall eine Kombination aus einem (etwas stärkeren) transaktionalen und einem (etwas schwächeren) transformationalen Führungsstil. Auf diese Weise schafft er etwas, das schwerer wiegt als eine prinzipielle Stammplatzgarantie: Er vermittelt Sicherheit und Vertrauen. Nur so konnte *Henning Fritz*, in seinem Verein nur die Nummer drei, zur absoluten Nummer eins im WM-Turnier 2007 in Deutschland werden.

Das „Prinzip Klinsmann" als richtungsweisendes Führungsmodell

Betrachtet man nun *Jürgen Klinsmann*, so ist er charismatischer Chef mit natürlicher Autorität. *Jürgen Klinsmann* lebte Emotionen für alle sichtbar vor, ohne viel über Emotionen zu sprechen. Er entschied sich öfters gegen Empfehlungen von Chefscout *Urs Siegenthaler*, weil er – wie früher *Franz Beckenbauer* – erwartete, dass sich der Gegner an ihm auszurichten hat. Er ging (zumindest nach außen) relativ locker mit Kritik um und suchte den Spaß in der Leistung: Das Spiel war wichtig. *Jürgen Klinsmann* betonte regelmäßig die Eigenverantwortung von Spielern als „erwachsene Menschen". Er arbeitete ausschließlich mit positiven Bildern („Wie wird sich der Sieg anfühlen"). Setzt man diese Faktoren zusammen, so erhält man das *Prinzip Klinsmann*, das den modernen Führungsstil verkörpert und sich dadurch auszeichnet, dass die Führungskraft den distanzierten Visionär spielt (transformational) und die tägliche Arbeit (transaktional) einem Co-Trainer überlässt. Das *Prinzip Klinsmann* basiert auf fünf Logiken:

(1) *Positive Vision* vom anzustrebenden Ziel ohne Wenn und Aber: Beeinflusst wurde *Jürgen Klinsmann* durch das amerikanische Prinzip, mit gesundem Selbstvertrauen an Dinge heranzugehen. Hinzu kommen aber noch das klare Ziel und die Form seiner Vermittlung.

(2) *Spielen ohne Stammplatzgarantie* meint, dass der Beste sich durchsetzen und im darwinistischen Spiel opportunistisch seine Chance suchen soll, um sich selbst und letztlich das Team vorwärts zu bringen. Bei der Torwartfrage vor der Weltmeisterschaft in Deutschland entschied *Jürgen Klinsmann* sich gegen die etablierte Eins und benannte *Jens Lehmann*.

(3) Mögliche *Irritationen* aus dem Umfeld eliminieren, damit die Spieler den Kopf frei haben für den Fußball: Das ist es, wofür sie bezahlt werden. Unproduktivität am Arbeitsplatz wird durch Optimierung des Umfelds auf ein Minimum reduziert. Zur akribischen Vorbereitung bis ins letzte Detail installierte *Jürgen Klinsmann* einen hochkarätigen Beraterstab. Beim Führungsstil ließ er sich von internationalen Topmanagern beraten. Aus den USA kamen Fitnesstrainer und Zeitmanagement.

(4) *Motivation und Eigenverantwortung* ist die Devise: Die Spieler haben ihre Zukunft selbst in der Hand, sie sind erwachsene Menschen und sollen auch als solche behandelt werden. Als einer der Ersten ließ der ehemalige Bundestrainer die Familien der Spieler während des Trainingslagers mit ins Mannschaftshotel. Vor allem durfte selbst entschieden werden, wie die Freizeit verbracht wird.

(5) *Klare Kommunikation der Spielregeln* und die Konsequenz, mit der man Entscheidungen durchsetzt und verfolgt: Weder die Kritik an seinem Wohnsitz in den USA noch die an seinen Personalentscheidungen haben *Jürgen Klinsmann* nervös gemacht. *Jürgen Klinsmann* sagt, was er erwartet, und man nimmt ihm ab, dass er es ernst meint.

Im Kern geht es bei diesen Prinzipien um die gleichzeitige Betonung von Wettbewerb (Darwinismus) und individuellem Eigeninteresse (Opportunismus): Hier spielen zu können, ist hohe Kunst der Führung und greift wesentlich weiter als die bekannten Konzepte von partizipativer, kooperativer und situativer Führung.

Auch wenn Jürgen Klinsmann richtungsweisend war, hatte er selbst seine Probleme, diese Prinzipien umzusetzen, und wurde 2016 als Trainer der US-Fußball-Nationalmannschaft wegen Erfolgslosigkeit gekündigt.

14.4 Führung in der modernen Arbeitswelt

Die besondere Herausforderung an der Darstellung der Führungskonzepte der modernen Arbeitswelt liegt darin, dass diese Überlegungen durchaus in unterschiedliche Richtungen deuten: So gibt es die eher idealisierte Sichtweise des Mitunternehmertums, die eher skeptische Sichtweise der Motivationsmythen und die aus der aktuellen Diskussion abgeleitete Sichtweise des Darwiportunismus.

Übung 14.2

Führung in der neuen Arbeitswelt

Im Backzentrum Süd-Ost Ihrer Strawberry Cake & Bakeries AG sind sieben Mitarbeiter in der Produktion von Kaisersemmeln beschäftigt. Die Produktion ist vollautomatisch, hat also nicht mehr viel mit dem ursprünglichen Bäckerhandwerk zu tun. Von den Mitarbeitern in der Semmelproduktion sind sechs bewährte Mitarbeiter deutlich über 45 Jahre alt und haben eine eher skeptische Haltung zur Technik. Gerade eine Technikaffinität ist aber nötig, um aus den Kaisersemmel-Maschinen das Optimum herauszuholen. Durch einen günstigen Zufall im Zusammenhang mit einer Betriebsänderung haben Sie die Möglichkeit, sich ohne weitere Probleme von fünf Ihrer Mitarbeiter zu trennen. Sie könnten mit einer neuen Mannschaft Ihre Umsatzziele wesentlich besser erreichen. Allerdings würden diese fünf Mitarbeiter am Arbeitsmarkt als unvermittelbar gelten und ihre Lebensperspektive wäre stark getrübt. Wie entscheiden Sie?

Mitunternehmertum nach Rolf Wunderer

Je mehr Unternehmen unter wirtschaftlichen Druck geraten und umso mehr die Wertschöpfung als zentrales Ziel in den Mittelpunkt rückt, umso stärker werden Überlegungen, den Mitarbeiter in diesen gesamten Prozess einzubinden. Dahinter steht die Überlegung, den Mitarbeiter sukzessive aus seiner Rolle als mechanistischer Umsetzer von Aufträgen zu einem selbst agierenden und unternehmerisch denkenden Akteur zu machen. Die klare Logik: Wenn es gelingt, den Mitarbeiter so zu motivieren, dass er alle seine Ziele an den Unternehmenszielen ausrichtet, so werden weitere Führungsaktivitäten reduzierbar sein und der Zielerreichungsgrad wird durch eine bessere Abstimmung steigen.

In besonders pointierter Form hat sich *Rolf Wunderer*[426] mit dieser Überlegung auseinandergesetzt und sein Konzept des „Mitunternehmertums" postuliert. Hierunter versteht er die aktive und effiziente Unterstützung der Unternehmensstrategie durch problemlösendes, sozialkompetentes und umsetzendes Denken und Handeln einer möglichst großen Zahl von Mitarbeitern aller Hierarchie- und Funktionsbereiche mit hoher Eigeninitiative und -verantwortung in/mit dafür fördernden Strukturen. Analog dazu werden unternehmerische Mitarbeiterführung und -entwicklung definiert als innovations-, integrations- und umsetzungsgerichtete soziale Beeinflussung sowie als Koordination und Förderung von Organisationsmitgliedern zur Erfüllung gemeinsamer Aufgaben.

Auch Mitunternehmer müssen geführt werden

Ein solches Mitunternehmertum setzt zwei Führungsformen[427] voraus:

(1) Die *strukturelle Führung* sorgt dafür, dass die Kultur, die Strategie und Organisation des Unternehmens bis hin zur Personalstruktur in adäquater Form ausgeprägt sind.
(2) Die *interaktive Form* bezieht sich auf die Möglichkeiten, durch Information, Motivation und diverse andere Kommunikationsformen auf die entsprechenden Personen einzuwirken.

Als Ergebnis ergibt sich dann die zentrale Aufgabe der Führungskräfte, möglichst viele Personen zu Mitunternehmern zu machen, die die gesamte Palette von Mitwissen über Mitentwickeln bis hin zu Mitverantworten teilen.

Das Konzept von *Rolf Wunderer* stellt ein idealisiertes Bild der Führung dar, das sicherlich als wünschenswert einzustufen ist. Hinterfragbar bleibt allerdings, ob und inwieweit es in der Realität vorhanden beziehungsweise umsetzbar ist.

In den letzten Jahren wurde dieses Konzept immer öfter aufgegriffen und weiterentwickelt. Intrapreneurship, demokratisches Unternehmen oder Holokratie sprechen davon, dass der Mitarbeiter selbstorganisiert das Unternehmen nach vorne bringt und die Führungskraft nur „empowert".

Motivationsmythen nach Reinhard Sprenger

Reinhard Sprenger: angenehme Botschaft mit Applausgarantie

Eines der erfolgreichsten Führungsbücher ist „Mythos Motivation" von *Reinhard Sprenger*[428]. Dieses Buch (wie die diversen Nachfolgepublikationen von *Reinhard Sprenger*) bezieht sich primär auf die Individualführung und macht Aussagen dazu, was Führungskräfte im Hinblick auf die angestrebte Verhaltensbeeinflussung bei ihren Mitarbeitern beachten sollten. Die eigentliche Pointe seines Buches besagt, dass sich Führungskräfte überhaupt nicht mit dem Thema „Motivation" beschäftigen sollten, weil dies nur zu noch größerer Demotivation führt.

Reinhard Sprenger lehnt im Wesentlichen alles ab, was in Richtung „Leistungssteigerung durch Motivation" geht. Ob Prämie, Belobigung, leistungsabhängige Vergütung oder auch nur Leistungsbeurteilung: Alles sorge nur dafür, dass letztlich Motivation zerstört wird. Selbst Anerkennung lehnt *Reinhard Sprenger* ab. Für ihn ist sie nicht mehr als der „Einstieg in die innerbetriebliche Drogenszene", da Anerkennung – einmal ausgesprochen – sofort in ihrer Wirksamkeit verblasst. *Reinhard Sprenger* geht aber noch weiter und argumentiert, dass Motivierung sogar kontraproduktive Nebenwirkungen hat und im Ergebnis zu völliger Passivität führt.

Gerhard Fatzer[429] argumentiert, dass *Reinhard Sprenger* in seiner Psychologie- und Wissenschaftsfeindlichkeit als unternehmensberaterischer Wanderprediger zwar unterhaltsame Banalitäten liefere, aber dieser Psychoklamauk nicht weiterführe.

Unabhängig von der heftigen Kritik vieler Wissenschaftler an *Reinhard Sprenger* hat er mit seinen Aussagen bei vielen Praktikern durchschlagenden Erfolg: Denn Führungskräfte, die sowieso Schwierigkeiten damit haben, Mitarbeiter zu loben, zu kritisieren oder sich mit ihnen auseinanderzusetzen, bekommen jetzt Argumente an die Hand, auf all dies zu verzichten. Oder um es anders auszudrücken: Man muss nur optimistisch an das „Gute im Menschen glauben", dann stellt es sich von selbst ein.

Darwiportunismus nach Christian Scholz

Unternehmen basieren auf dem sozialen Kontrakt als einer mehr oder weniger kodifizierten Übereinkunft zwischen dem Unternehmen und den Mitarbeitern im Hinblick auf Rechte und Pflichten. Über einen solchen sozialen Kontrakt sollen die wechselseitigen Erwartungen abgeklärt und in diesem Zusammenhang entstehende Enttäuschungen vermieden werden. Früher war der soziale Kontrakt relativ klar definiert: Das Unternehmen bietet dem Mitarbeiter lebenslange Beschäftigungssicherheit, ein solides Einkommen und ein angemessenes Weiterkommen im Beruf. Umgekehrt steht der Mitarbeiter seinem Unternehmen loyal gegenüber und engagiert sich weitgehend für seine Arbeitgeber.

Inzwischen hat sich vieles geändert, auch wenn man immer noch die alte sozialromantische Idealisierung findet: Gegenwärtig verschiebt sich das Gewicht vom Workholder Value zum Shareholder Value. Es zählen weniger Loyalität und frühere Leistung, sondern vielmehr aktuelle Motivation und Leistungsfähigkeit. Umgekehrt sehen die Mitarbeiter im Unternehmen teilweise nur einen temporären Zwischenschritt in der Karriere und bringen eher ein begrenztes Engagement für das Unternehmen. Es kommt zu einer Situation, in der Unternehmen bereits dadurch erpressbar sind, dass sie keine qualifizierten Mitarbeiter finden können und häufig sogar auf Maximalforderungen eingehen müssen.

Das Ergebnis sind zwei Trends[430], die das Verhältnis zwischen Unternehmen und Mitarbeiter konkretisieren und in der aktuellen Arbeitswelt zu finden sind:

- Der eine Trend ist der zunehmende *Darwinismus* der Unternehmen, die in Zeiten des technologiegestützten, globalen Wettbewerbs das „Survival of the Fittest" erreichen müssen. Nur wer besser als der Mitbewerber ist, überlebt, und dies gilt sowohl auf dem Markt als auch innerhalb des Unternehmens. Wer nicht eindeutige und nachgefragte Kernkompetenzen aufweisen kann, wird im Wettbewerb nicht bestehen können. Radikale Kostenminimierung und extreme Flexibilisierung bringen es mit sich, dass auch vom Unternehmen garantierte Sicherheit ein Wert von gestern zu sein scheint.
- Der andere Trend ist der klare *Opportunismus* der Mitarbeiter. Die junge Berufsgeneration, die seit Kurzem in die Hightech-Arbeitswelt eingestiegen ist, handelt so, dass nach Möglichkeit ihr eigener Vorteil im Mittelpunkt steht, im Extremfall selbst dann, wenn es dem Unternehmen schadet. Loyale Bindung an das Unternehmen erscheint für sie zunächst unattraktiv, viel wichtiger dagegen sind Be-

schäftigungsfähigkeit und Marktwert. Dabei ist sie selbst motiviert und ehrgeizig, aber ihre Ziele sind nicht unbedingt die ihres Unternehmens.

Die Kombination aus beiden Verhaltensweisen wird mit dem Begriff „Darwiportunismus"[431] bezeichnet.

Darwiportunismus ist das Zusammentreffen von kollektivem Darwinismus und individuellem Opportunismus

Auch wenn Darwiportunismus ein breit angelegtes Phänomen ist, interessieren hier ausschließlich die Implikationen für die Führung. Denn hinter den vier Kategorien der Darwiportunismus-Matrix (Abbildung 14.9) stecken vier vollkommen unterschiedliche psychologische Kontrakte mit vier vollkommen unterschiedlichen Führungsnotwendigkeiten:

(1) In der *guten alten Zeit* wird vom umfassend motivierten Mitarbeiter ausgegangen. Hier sind gerade Sicherheits- und Zugehörigkeitsbedürfnisse weitgehend befriedigt. Es ist die Aufgabe der Individualführung, dem Mitarbeiter weiterhin das Gefühl für die „Heimat" im Unternehmen zu geben und gerade Gefühle der Unsicherheit abzubauen. Führungskräfte tun in einer solchen Situation gut daran, den innerbetrieblichen Wettbewerb nicht zu forcieren, sondern allenfalls das Motto der „gemeinsamen großen Familie" in den Mittelpunkt der Diskussion zu stellen.

(2) Ein völlig anderes Feld ist der *Kindergarten*. Hier verstehen sich die Mitarbeiter als hochgradige „Professionals", die überall arbeiten könnten und wollten. Unabhängig davon, ob diese Einstellung der Realität entspricht, prägt sie doch das Verhalten. Die Mitarbeiter sind extrem anspruchsvoll und erwarten eine Fülle von Leistungen, um wirklich die entsprechende Motivation zu entwickeln.

Abbildung 14.9: Die Darwiportunismus-Matrix[432]

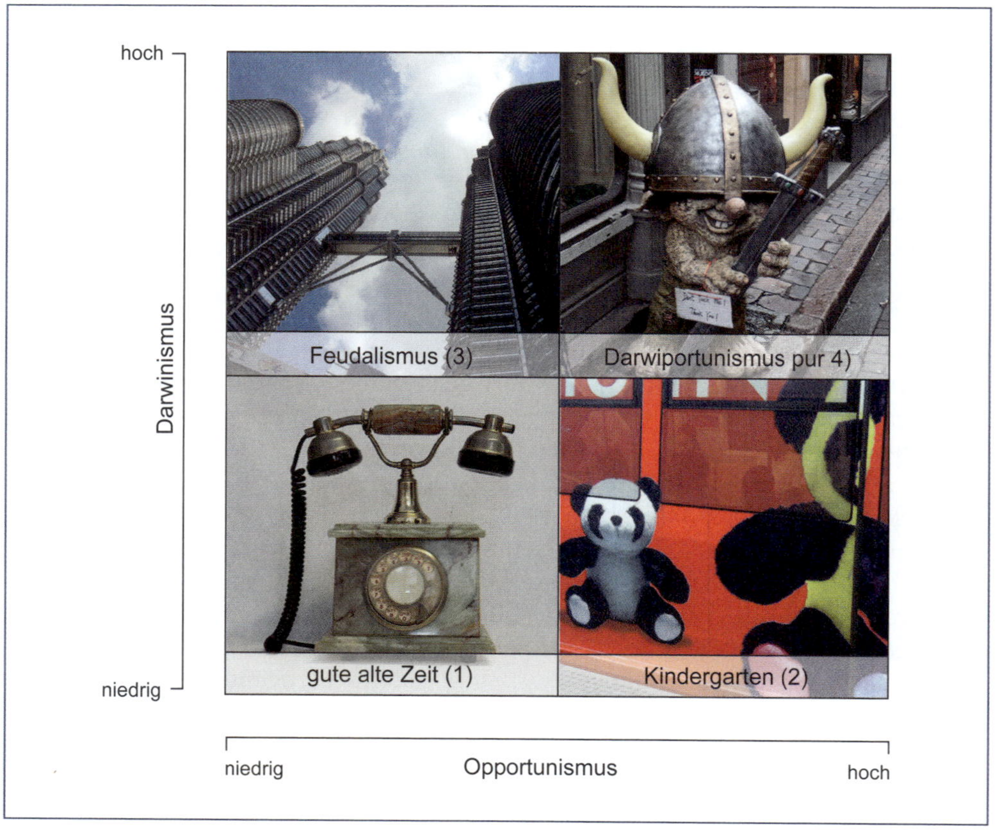

(3) Im *Feudalismus* fällt zunächst die Personalführung relativ leicht. Hier haben die Mitarbeiter ein hohes Gefühl der Loyalität dem Unternehmen gegenüber, während das Unternehmen durchaus ein gewisses Ausmaß an Darwinismus entwickeln kann und den Mitarbeitern klar vorgibt, was zu tun ist. Allerdings ist eine solche Ergebenheit der Mitarbeiter, die bis zur Selbstaufopferung geht und auch ohne eine spiegelbildliche Loyalität des Unternehmens stattfindet, eher ein seltener Fall. Er kommt im Regelfall nur in extrem strukturschwachen Regionen zum Tragen, wo einige wenige Arbeitgeber Monopolstatus erlangt haben. Aus diesem Grund ist auch diese Zelle zumindest unter den Gesichtspunkten der Marktwirtschaft eher eine Zwischenstufe.

(4) Am Schwierigsten ist die Individualführung in der Zelle „*Darwiportunismus pur*". Hier treffen direkte wettbewerbsorientierte Führungsleistungen des Unternehmens – umgesetzt durch die individuelle Führungskraft – auf Mitarbeiter, die durchaus ihren Marktwert kennen und auch bereit sind, diesen einzusetzen. Auch wenn es auf den ersten Blick so wirkt, ist diese Zelle nicht identisch mit Überlegungen zum Mitunternehmertum. Im Darwiportunismus ist das anders: Hier werden die Mitarbeiter zu Unternehmern in eigener Sache und das Unternehmen ist allenfalls eines von vielen möglichen Mitteln zum Zweck. Individualführung in einem solchen Kontext bedeutet für die Führungskraft ein bewusstes Einstellen auf diese Situation. Konkret hat die Führungskraft hier die Aufgabe, in ihren Führungsaktivitäten klar und offen diese Situation zu thematisieren, einen neuen sozialen Kontrakt aufzubauen, der zumindest auf einem gewissen Maß an Offenheit fundiert ist und zudem eine Situation schafft, in der durch den Darwiportunismus sowohl der Mitarbeiter als auch das Unternehmen profitiert.

Ergebnis: vier Konstellationen mit unterschiedlichen Implikationen

Aus den beschriebenen Kombinationen resultieren zwei Konstellationen, in denen eine Machtbalance herrscht: Zum einen loyal/Sicherheit bietend (gute alte Zeit), zum anderen illoyal/keine Sicherheit bietend (Darwiportunismus pur). Die beiden anderen Situationen sind nicht ausbalanciert, weil die Akteure jeweils unterschiedliche Machtpotenziale einsetzen. Ausgehend von den Erwartungshaltungen der Akteure ergeben sich damit auch vier verschiedene soziale Kontrakte, die mehr oder weniger bewusst von Arbeitnehmern und Arbeitgebern eingegangen werden. Generell gilt für Führung im Hinblick auf den Darwinismus somit: Bei niedrigem Darwinismus bedarf es einer Führung, die mit wenig Grenzen, wenig Kontrolle und hoher Toleranz operiert. Bei hohem Darwinismus benötigt man eine Führung, die präzise Ziele, straffe Kontrolle und auch eine „Low-Performer-Lokalisation" kennt.

Darwiportunistisches Führen ist Führen in Abhängigkeit von der Darwiportunimus-Konstellation

Auch beim Opportunismus gibt es eine entsprechende Differenzierung. So gilt für die Führung: Bei niedrigem Opportunismus vor allem die Forderung nach Schaffen von Ordnung einhalten. Bei hohem Opportunismus das Postulat, den Opportunismus bei Mitarbeitern zu akzeptieren (was nicht so einfach ist), gleichzeitig aber die Notwendigkeit für eine integrationsfähige Vision sicher zustellen. Vor allem hier gilt es daher, den „Fliehkräften" der Mitarbeiter entgegenzuwirken.

Im Ergebnis führt dies zu vier unterschiedlichen Führungsinhalten (Tabelle 14.3):

(1) In der *guten alten Zeit* steht Stabilität im Mittelpunkt.

(2) Im *Kindergarten* muss die Führungskraft dafür sorgen, dass sich die (kindliche) Kreativität entfalten kann.

Tabelle 14.3: Führung in der Darwiportunismus-Matrix

		niedriger Opportunismus	hoher Opportunismus
		Schaffen von Ordnung: Wunsch nach Sicherheit akzeptieren	„Create a Vision": Individuellen Opportunismus akzeptieren
hoher Darwinismus	präzise Ziele straffe Kontrolle	(3) Effizienz	(4) Effektivität
niedriger Darwinismus	nur einige Grenzen wenig Kontrolle hohe Toleranz	(1) Stabilität	(2) Kreativität

(3) Im *Feudalismus* zielt alles auf Effizienz im Sinne von Wirtschaftlichkeit.
(4) Im *Darwiportunismus pur* gilt es vor allem, auf Augenhöhe zwischen Führungskraft und Mitarbeiter in gemeinsamer Verantwortung den Erfolg herzustellen.

Damit zeigt sich, dass unabhängig von der individuellen Führungssituation bereits aus der aktuellen Arbeitswelt umfangreiche situative Impulse kommen, auf die sich die Führung einzustellen hat.

Mobbing nach Oswald Neuberger

Im Zusammenhang mit Gruppen, Teams und ihrer teilweise kontraproduktiven Dynamik taucht seit Jahren immer wieder der Begriff des Mobbings auf. Wer kennt sie nicht die Geschichten vom kleinen Buchhalter oder von der armen Sachbearbeiterin, die als Mobbingopfer von einer Falle in die andere tappen, nur um sich am Schluss anhören zu müssen, sie seien selbst daran Schuld! Der Grund für diese Entwicklung liegt im externen Druck, der auf den Unternehmen lastet und der sich nach innen fortpflanzt. Hinzu kommen immer Reorganisationen, die Kompetenzängste und Unsicherheiten schaffen. Gleichzeitig gibt es beeindruckende Möglichkeiten, sich selbst zu Lasten anderer in spannende aussichtsreiche Positionen zu katapultieren. Spätestens hier beginnt Mobbing.

Für *Heinz Leymann*[433] manifestiert sich Mobbing als eine konfliktbelastete Kommunikation am Arbeitsplatz, die unter Kollegen beziehungsweise zwischen Führungskräften und Mitarbeitern stattfindet. Ziel ist es, die gemobbte Person aus der Gruppe auszuschließen oder zumindest zu neutralisieren.

Mobbing: die unbarmherzige Phasenfolge

Eine Möglichkeit, sich dem Phänomen des Mobbings zu nähern, besteht in der Auseinandersetzung mit der Phasenfolge, an deren Ende das tatsächliche Mobbingopfer nicht mehr in der Lage ist, im Team zu verbleiben[434]:

- Zunächst gibt es einen Konflikt, bei dem die Person X etwas aus dem Rahmen fällt. Entweder äußert sie sich anders, als es die Gruppennorm vorschreibt, oder aber sie tritt in unmittelbaren Diskurs mit dem Teamführer. Deshalb trifft Mobbing auch am ehesten solche Leute, die von einer Norm abweichen. Denn hat sich beispielsweise die Mehrheit auf ein eher geringes Leistungsniveau verständigt, werden diejenigen ganz rasch in die Nähe eines potenziellen Mobbingfalles geschoben, die sich nicht daran halten und vielleicht sogar glauben, mit innovativen Ideen zu glänzen. Phase 1 besteht also in der *Schaffung eines Anlasses für eine Mobbingattacke*.

- Ein exponierter Gegenspieler beginnt mit dem Mobbing, wobei er im Regelfall Allianzen mit anderen Personen schmiedet, die teilweise überhaupt nicht wissen, worauf sie sich einlassen. Der Gemobbte weiß nicht, was ihm passiert und merkt auch erst sehr langsam, dass Angriffe aus allen Seiten auf ihn losgehen. Da kommt ein Besprechungsprotokoll („mit der Bitte um sofortige Richtigstellung"), dann Verschieben von Terminen („Wir wissen, dass Ihnen dieser Termin nicht passt, nur leider war kein anderer möglich."). Beliebt ist auch das Signal der Querabstimmung („Herr W. hat mir gesagt und ich stimme ihm zu …"). Besonders günstig auch der Verweis auf die „vielen Kollegen, die der gleichen Meinung sind". Phase 2 bedeutet im Regelfall das *Legen von diversen Fallen* und das Anbringen von vielen Nadelstichen.
- Spätestens wenn die ersten Nadeln wirklich gestochen und die ersten Fallen sich aufgetan haben, versucht das zwar gepiesackte, aber noch immer lebensfähige Mobbingopfer den Schritt in die große Runde, wo es dann letztlich *hingerichtet* wird. Die Mobbingtäter haben die Regie fest in der Hand. Das Mobbingopfer versteht die Welt nicht mehr und bekommt zu guter Letzt noch die tröstende Hand des Mobbingtäters: „Ich habe großen Respekt vor Ihrer Leistung, aber Ihr jetziges Verhalten irritiert mich doch sehr!"
- Nach dem öffentlichen Show-Down von Phase 3 entsteht die klare Gruppenmeinung, wonach das Mobbingopfer untragbar/überarbeitet/unterqualifiziert/unehrlich/instabil ist. Dementsprechend verhält man sich der Person gegenüber abwehrend und *schneidet sie von jeglicher Kommunikation ab*. Gleichzeitig werden ihre sozialen Beziehungen und vor allem ihr soziales Ansehen gestört. Im Ergebnis ist das Mobbingopfer wie ein spanischer Stier, der mit blutenden Augen überall Toreros sieht, aber nicht mehr klar schauen kann.
- Spätestens an dieser Stelle sind auch die gesundheitlichen Probleme für das Mobbingopfer so groß, dass es auf keinen Fall mehr im Team verbleiben kann und aus seiner Sicht *das Team verlassen muss*. Das Mobbingopfer beantragt die Versetzung („so weit weg wie möglich"), scheidet krankheitsbedingt aus dem Unternehmen aus und bereitet sich auf einen Rechtsstreit vor.

Frühestens in Phase 4 erkennt das Mobbing-Opfer, welches Spiel gespielt wurde. Deswegen nützt der obligate Hinweis auf Beratungsstellen und Betriebsrat – sofern überhaupt zuständig – wenig. Aus diesem Grund gibt es auch nur sehr wenige Vorschläge, wie Mobbing verhindert und Mobbingopfern wirksam geholfen werden kann.

Mobbing: das Opfer-und-Täter-Problem

Für die Verarbeitung von Mobbing scheint es so, als ob eine einfache Täter/Opfer-Differenzierung nicht zielführend ist. Dies erkennt man unmittelbar, wenn man sich die zwei Grundpositionen im Umgang mit Mobbing vergegenwärtigt:

(1) Auf der einen Seite steht die Grundposition von *Heinz Leymann*[435]. Bei ihm gibt es im Wesentlichen nur den einen Systemzustand „Mobbingopfer". Über entsprechende Fragenkataloge wird lokalisiert, ob eine Person ein Mobbingopfer ist und ob die Interaktionen, die seine Umwelt ihm gegenüber artikuliert, Mobbinghandlungen sind. Als Konsequenz daraus wird dann der Mobbingtäter zur

Rechenschaft gezogen, das Mobbingopfer therapiert und im Idealfall wieder eine funktionierende Teamsituation geschaffen.

(2) Die alternative Position nimmt *Oswald Neuberger*[436] ein. Bei ihm lässt es sich nicht so einfach sagen, wer wirklich Opfer und wer Täter ist. Vor diesem Hintergrund geht *Oswald Neuberger* von einem komplexen und über einen längeren Zeitraum aktivierten Interaktionsnetzwerk aus, bei dem unterschiedlichste Impulse die Gruppendynamik prägen. Danach ist es zum Beispiel auch nicht ausgeschlossen, dass das Mobbingopfer selbst unbewusst den Mobbingprozess induziert hat.

Beide Positionen wirken plausibel und verdeutlichen (auch gerade deshalb) die Schwierigkeiten im Umgang mit Mobbing.

Eine Anekdote

Historisch interessant ist die auch von *Oswald Neuberger* publizierte Diskussion[437], zwischen ihm und *Heinz Leymann*. Danach rührte *Oswald Neuberger* zunächst an dem gesellschaftlichen Tabu, indem er unterstellte, dass vereinzelt Mobbingopfer möglicherweise selbst an der Mobbingaktion Schuld tragen. *Oswald Neuberger* zeigte dies – wie auch einige andere Autoren – an Beispielen von *Heinz Leymann*, die durchaus auch anders interpretierbar waren. In der Folge griff *Heinz Leymann* massiv Oswald Neuberger an und stufte ihn als unwissenschaftlich, inkompetent und nicht befugt ein, sich an der Mobbingdebatte zu beteiligen. Im Ergebnis bezeichnete sich dann *Oswald Neuberger* ironischerweise als „Mobbingopfer", das aus der Gesellschaft der Mobbingforscher ausgeschlossen werden sollte.

Mobbing: Eingriffspunkte auf der Eskalationsleiter

Unabhängig davon kann Mobbing zum Thema für den Teamführer werden, und zwar in allen fünf Phasen der Mobbingeskalation:

(1) In Phase 1 muss der Teamführer erkennen, welche Personen von vorneherein als *Mobbingopfer* prädestiniert sind. Dies sind vor allem Personen mit abweichenden Meinungen und/oder abweichender Erscheinung. Mit diesen Personen hat sich die Führungskraft im Vorfeld bereits auseinanderzusetzen, um zu versuchen, die Abweichung dieser Person von der Gruppennorm zu minimieren.

(2) In Phase 2 werden die teilweise noch *verdeckten Allianzen* gegen eine einzelne Person formiert. Auch hier ist es Aufgabe des Teamführers, dagegen vorzugehen. Besonders deutlich wird in dieser Phase der Beginn einer Mobbingattacke bereits durch schriftliche Äußerungen. Gerade die in vielen Teams übliche bürokratische Projektorganisation manifestiert häufig beginnende Mobbingattacken.

(3) Phase 3 ist die *öffentliche Hinrichtung* des Mobbingopfers. Egal wer an diesem Vorgang Schuld trägt, eine derartige Hinrichtung darf es grundsätzlich in einem Team nicht geben. Unabhängig von der Vorgeschichte muss der Teamführer diesen Vorgang im Interesse des „Mobbingopfers", aber auch im Interesse des gesamten Teams verhindern.

Group Think: durch zunehmende Interaktion entstehende einheitliche Meinung der Gruppe

(4) Schwierig wird es allerdings dann in Phase 4, wenn der *Group Think* sich soweit durchgesetzt hat, dass eine Person nicht mehr tragbar ist. Hier muss die Team-

führung eine Lösung suchen, auch wenn diese darin besteht, dass das Gruppenmitglied noch vor der Phase 5 an eine andere Stelle des Unternehmens wechselt.

(5) Falls tatsächlich Phase 5 eintritt und das Mobbingopfer die *Versetzung* beantragt, so hat die Teamführung kaum noch Chancen, dieses aktuelle Mobbingopfer wieder in das Team zurückzuführen. Es besteht allerdings noch die Möglichkeit, über ein entsprechendes Exit-Interview Sorge zu tragen, dass sich hieraus ein Lerneffekt für das gesamte Team ergibt und weitere Mobbingfälle nicht mehr in dieser Intensität auftreten.

Gerade wenn man Mobbing als ein komplexes Interaktionsgefüge ansieht und sich somit der wesentlich unbequemeren Sichtweise von *Oswald Neuberger* anschließt, bedeutet dies für die Führungskraft, sich umfassend mit dem gesamten Mobbingprozess auseinanderzusetzen. Dies darf allerdings nicht soweit gehen, dass die gesamte Organisation vor lauter vermeintlichen Mobbingfällen paranoid und Mobbing zu einem sozial konstruierten Phänomen wird.

Digital Leadership nach Tim Cook

Transformationale Führung ist der dominante Weg, den aktuell die meisten Führungskräfte anstreben, da er Jahrzehnte lang konsequent in Seminaren und Lehrbüchern propagiert wurde. In der Digitalisierung entsteht ein neuartiges Problem für diese Art der charismatischen Führung, die Mitarbeiter „empowert": Um in dieser Form zu führen, ist es normalerweise notwendig, die Mitarbeiter real zu sehen, also mit ihnen von Angesicht zu Angesicht sprechen, auch zwischendurch durch Herumlaufen zu interagieren oder empathisch auf ihre Bedürfnisse einzugehen. Wenn alle Mitarbeiter jedoch virtuell auf der Welt verteilt sind, dann erscheint es, dass viele der Konzepte nur schwer anzuwenden sind. „Digital Leadership" bedeutet also zunächst einen starken Fokus auf die Aufgabenorientierung, denn eine hohe Beziehungsorientierung ist wegen der Digitalisierung schwer möglich. Aber gutes „Digital Leadership" vernachlässigt nicht die Beziehungsorientierung, sondern versucht trotzdem, diese emotionale Dimension in die Digitalisierung zu übersetzen.

Digitale Führung = transaktional + transformational

Vorreiter dieser Art der Führung ist Tim Cook, der aktuelle CEO von Apple. Nachdem er die Leistung von Steve Jobs übernommen hatte, hat er das Unternehmen umfassend verändert und noch erfolgreicher gemacht. Steve Jobs wurde immer eine hohe Beziehungsorientierung zugeschrieben: Er war ein schwieriger, aber ein charismatischer Chef, innovativ und zukunftsorientiert. Tim Cook ist eine Person, die organisieren kann, was er lange Zeit als Chief Operation Officer bei Apple bewies. Dementsprechend hat Tim Cook eine hohe Aufgabenorientierung durch seine Führungshistorie, also einen starken Fokus auf die transaktionale Führung. Trotzdem vernachlässigt er nicht die transformationale Führung. Das wurde in den letzten Jahren deutlich, wo er vor allem an seiner transformationalen Führung gearbeitet hat.

Nachdem Tim Cook CEO von Apple wurde, legte er den Fokus auf Strukturen und Aufgabenorientierung. Dabei folgt er seiner Logik, dass die Optimierung der Aufgaben in Zeiten der Digitalisierung essentiell ist und man gleichzeitig durch ein Regelsystem den digitalen Taylorismus verhindern sollte.

„Digital Leadership" nach Tim Cook besteht aus folgenden Bausteinen[438, 439, 440]:

- *Share the Spotlight.* Im Gegensatz zu Steve Jobs weiß Tim Cook, dass er nicht die einzige Person im Unternehmen ist; deshalb sind heutzutage viel mehr Mitarbeiter von Apple bekannt und berühmt. Tim Cook wird nur an gezielten Stellen aktiv, die er als wichtig erachtet und als seine Aufgabe ansieht.
- *There are no corporate borders anymore.* Für Tim Cook ist klar, dass jedes Unternehmen und jede Person, die entlang der Wertschöpfungskette an den Apple-Produkten arbeitet, auch seine/ihre Verantwortlichkeit sieht. Es gab im Kontext von Foxconn eine Medienschelte für Apple, aber anstatt darauf hinzuweisen, dass Samsung und andere Unternehmen nicht besser sind, hat er sich aktiv dafür eingesetzt, die Prozesse von den Zulieferern zu verbessern und humaner zu gestalten.
- *I am not perfect.* Tim Cook kennt seine Schwächen in der Produktentwicklung. Deshalb ist es ihm wichtig, langfristig gute Leute für diese Bereiche einzusetzen und diesen dann auch zu vertrauen.
- *Be humble but take risks.* Für viele Außenstehende erscheint Tim Cook als langweilig. Er ist bodenständig, geht in Apple Stores, redet mit Mitarbeitern und liest E-Mails von Käufern. Steve Jobs wurde gefürchtet, doch Tim Cook wird respektiert. Gleichzeitig geht er auch Risiken ein, aber diese Risiken werden von der Belegschaft getragen.
- *Focus on the culture.* Weil Tim Cook nicht jeden Mitarbeiter von Apple selbst führen kann, rücken Unternehmenskultur und Personalentwicklung in den Mittelpunkt. In der Apple University wird die Vision „Think Different" trainiert. Dadurch schafft Tim Cook eine Bindung der Mitarbeiter an das Unternehmen und nicht an die Führungskraft.
- *Perfection in every aspect.* Viele moderne Führungskräfte fokussieren sich auf das Endergebnis. Unternehmen wie Tesla haben zwar gute Produkte, jedoch Probleme in der Produktion. Der große Beitrag von Tim Cook ist, dass er die Wertschöpfungskette von Apple in jedem Schritt verbessert hat. Diese Aufgabe, durch eine Führungskraft vermittelt, kann die Mitarbeiter ohne eine hohe Beziehungsorientierung motivieren.

Tim Cook ist ein Beispiel für eine Form von Führung in Zeiten der Digitalisierung. Dadurch, dass die Mitarbeiter nicht mehr im Büro nebenan sitzen, verkleinert sich der Werkzeugkasten der Führungskräfte.

Führung heißt, Bestleistung einfordern

Steve Jobs, CEO von Apple in der Zeit von 1976 bis 1985 sowie von 1997 bis 2011. In 1986 war er einer der Gründerväter von Pixar und verkaufte seine Anteile in 2006 an Walt Disney. Bis zu seinem Tod im Jahr 2011 legte er die Grundlagen für den Erfolg von Apple, wie die Einführung des iPods und des iPhones: „My job is not to be easy on people. My job is to make them better."[441]

Durch die Digitalisierung wird die Beziehungsorientierung immer schwieriger. Deshalb ist hier die innovative Nutzung der digitalen Medien notwendig. Gleichzeitig kann die Aufgabenorientierung stark verbessert werden. Tim Cook hat gezeigt, dass Beziehungsorientierung vor allem durch Respekt und Vertrauen ermöglicht werden. Er ist zwar nicht so charismatisch wie Steve Jobs, aber er ist authentisch, und so wie er seinen Mitarbeitern vertraut, vertrauen auch die Mitarbeiter ihm.

Führung heißt, Mitarbeitern Raum für Bestleistung zu geben

Tim Cook ist seit 2011 CEO von Apple. Davor war er seit 2006 hauptsächlich zuständig für das operative Geschäft und vertrat Steve Jobs in 2009 kurzzeitig. Tim Cook hat keine schillernde Karriere vor Apple gehabt und war in seinen Positionen bei IBM und Compaq federführend im operativen Geschäft: „The sidelines are not where you want to live your life. The world needs you in the arena."[442]

14.5 Ausblick

Zunächst wurde die Komplexität der Führung diskutiert, wie sie sich aus dem Zusammenspiel von Führungskraft und Mitarbeiter artikuliert. Gleichzeitig wurden unterschiedliche Definitionen von Führung präsentiert und die Schwierigkeiten erläutert, die sich aus der Kontextabhängigkeit von Führungsaussagen ergeben. Ferner wurde auf den Unterschied zwischen Führungsstil, Führungstechnik, Führungsmodell und Führungstheorie hingewiesen und zwei verschiedene Typen von Führungsstilmodellen beschrieben.

Mit der Digitalisierung steigt die Bedeutung von Führung, vor allem, weil sie sich nicht automatisieren lässt. Es wird nicht weniger Führung notwendig sein, sondern mehr. Themen wie Mobbing und Cybermobbing werden immer relevanter. Die Veränderung der Arbeitswelt führt auch zu stärkerer Grüppchenbildung. Es gibt die Leiharbeiter und die Stammbelegschaft, es gibt die digitalen Nomaden und die Menschen im Büro, es gibt die Kollegen aus der Niederlassung in Indien und die aus der Niederlassung in Japan und viele andere Gruppen.

Zwar ist vieles durch den Darwiportunismus pur zu lösen, aber die Digitalisierung ermöglicht auch eine Form des „dreckigen Darwiportunismus pur". Unternehmen und Mitarbeiter mögen sich zwar auf einen psychologischen Vertrag geeinigt haben, aber durch die Veränderungen in der Arbeitswelt ist es verlockend, gegen den Vertrag zu agieren. Unternehmen können trotzdem Mitarbeiter feuern und Mitarbeiter können trotzdem gehen.

Führung in der Digitalisierung verschärft das Zusammenspiel zwischen den verschiedenen Akteuren, gleichzeitig wird die Führungskraft in ihren Fähigkeiten eingeschränkt. Vieles was man früher nur durch Herumlaufen mitbekommen hat, bekommt eine Führungskraft gar nicht mehr mit. Und wie würden die Mitarbeiter auf eine künstliche Intelligenz als Führungskraft reagieren? Die Digitalisierung ist gerade in der Führung als eine Herausforderung und weniger als Chance zu sehen. Führung stellt sich in der Digitalisierung neu auf.

Kulturwandel, der Vertrauen schafft

„Neurobiologisch bestätigt sich, was der gesunde Menschenverstand vermutet: In einem vertrauensvollen Umfeld können Organisationen Veränderungen leichter bewirken. Einen solchen Rahmen herzustellen, ist eine Aufgabe, die Führungskräfte nur im Dialog mit ihren Mitarbeitern bewältigen können. Denn Vertrauen ist unmittelbar an die Beziehungen geknüpft, die Menschen untereinander pflegen. Ein vertrauensvoller Dialog wird umso besser, je besser jeder Mitarbeiter seine eigenen Zielsetzungen, Motive wie auch Stärken und Schwächen kennt. Wo stehe ich? Was will ich erreichen für meine Arbeits- und privaten Beziehungen wie auch für mich selbst? Welche Fähigkeiten benötige ich?"

Heiko Hutmacher (Arbeitsdirektor METRO AG)

Aufgaben und Fragen zur Selbstüberprüfung

1. Erklären Sie die Komponenten des Kontingenzmodells von *Fred Fiedler!*
2. Erklären Sie das Verhaltensgitter von *Blake* und *Mouton* und gehen Sie auch auf wesentliche Kritikpunkte zu ihrem Modell ein!
3. Erläutern Sie das Reifegradmodell von *Paul Hersey* und *Kenneth Blanchard* anhand einer Zeichnung!
4. Welche vier Führungsstile sieht *William Reddin* mit welchen Ausprägungen vor?
5. Vergleichen Sie basierend auf YouTube-Filmen die beim 4Farben-Modell genannten Protagonisten aus StarTrek.
6. Diskutieren Sie die Führungsansätze von *Heiner Brand* und *Jürgen Klinsmann* hinsichtlich ihrer Gemeinsamkeiten und Unterschiede!
7. Diskutieren Sie, wie Personalführung in der Darwiportunismus-Matrix erfolgt.

Endnoten

[404] *Akademie für Führungskräfte der Wirtschaft* 2013.

[405] *Akademie für Führungskräfte der Wirtschaft* 2013.

[406] *Akademie für Führungskräfte der Wirtschaft* 2016.

[407] vgl. *Grotzfeld* 2001, 379–384.

[408] *Neuberger* 2002, 47.

[409] vgl. *Tannenbaum/Schmidt* 1958.

[410] vgl. *Fiedler* 1965; *Fiedler* 1967.

[411] *Fiedler/Chemers/Mahar* 1979, 16.

[412] Zusammenfassung nach *Scholz* 2000a, 925.

[413] vgl. *Graen et al.* 1970.

[414] vgl. *Stogdill/Coons* 1957.

[415] vgl. *Blake/Mouton* 1964.

[416] vgl. *Blake/Mouton* 1980, 27.

[417] vgl. *Hersey/Blanchard* 1972.

[418] *Hersey/Blanchard/Dewey* 1996, 208.

[419] vgl. *Reddin* 1967; *Reddin* 1981.

[420] *Reddin* 1981.

[421] vgl. *Burns* 1978, 19–20.

[422] *Bennis/Nanus* 1985, 28.

[423] vgl. *Weber* 1976, 654–655.

[424] vgl. *House* 1977.

[425] *Kets de Vries* 2007.

[426] vgl. *Wunderer* 2003.

[427] vgl. *Wunderer* 2003, 72–83.

[428] vgl. *Sprenger* 1996.

[429] vgl. *Fatzer, Gerhard,* Zum Mythos Sprenger oder: Die Banalisierung von Management, o.J., online unter: http://www.trias.ch/files/pressespiegel/mythos_sprenger.pdf, abgerufen am 10.08.2009.

[430] vgl. *Scholz* 2003a.

[431] vgl. *Scholz* 1999b.

[432] vgl. *Scholz* 2003a, 89.

[433] vgl. *Leymann* 1993a, 21.

[434] vgl. *Leymann* 1993b.

[435] vgl. *Leymann* 1993a.

[436] vgl. *Neuberger 1999.*

[437] vgl. *Neuberger* 1999, 215–218.

[438] *Hein, Buster,* 10 Suprising Things We Learned about Tim Cook Today, 26.3.2015, online unter: https://www.cultofmac.com/317225/10-surprising-things-we-learned-about-tim-cook-today/ , abgerufen am 25.5.2018.

[439] *Morello, Paul,* 11 Leadership Lessons We Can Learn from Tim Cook, o.J., online unter: https://www.lifehack.org/articles/productivity/11-leadership-lessons-can-learn-from-tim-cook.html, abgerufen am 25.5.2018.

[440] *Lashinsky, Adam,* Apple's Tim Cook Leads Different, 26.3.2015, online unter: http://fortune.com/2015/03/26/tim-cook/, abgerufen am 25.5.2018.

[441] *Griggs, Brandon,* 10 Great Quotes from Steve Jobs, 04.1.2016, online unter: https://edition.cnn.com/2012/10/04/tech/innovation/steve-jobs-quotes/index.html, abgerufen am 25.5.2018.

[442] *Eadicicco, Lisa,* 13 Inspirational Quotes from Apple CEO Tim Cook, 15.10.2015, online unter: http://www.businessinsider.com/apple-ceo-tim-cook-best-quotes-2015-10?IR=T, abgerufen am 25.5.2018.

Kooperation: Wie entsteht Hochleistung im Team?

15

Inhalt

Fakten

45 % der Mitarbeiter legen einen hohen Wert auf eine gute Beziehung mit den Kollegen.[443]

91 % der Führungskräfte sprechen ihren Teams das Vertrauen aus.[444]

29 % der Unternehmen legen in den nächsten Jahren einen Fokus auf Team Building-Maßnahmen.[445]

Lernziele

- Sie erfahren, worin sich ein Team von einer Gruppe unterscheidet.
- Sie erleben, was man von der Musik in Bezug auf Teamführung lernen kann.
- Sie wissen, welche Aufgaben ein Teamführer hat.
- Sie verstehen, wie Mikropolitik funktioniert.
- Sie lernen, was sich hinter Mobbing verbirgt.

15.1 Überblick

In der älteren Literatur gibt es wenige personalwirtschaftliche Arbeiten, die sich mit Teams und Teamführung explizit auseinandersetzen. So hatte beispielsweise das renommierte Handwörterbuch der Führung[446] bei insgesamt 2.092 Textspalten im Stichwortregister unter T wie Team nur einen einzigen Eintrag mit drei Seitenverweisen zum Stichwort Teambildung. Interessanterweise fehlt somit – wie auch in vielen anderen Publikationen zur Führung – der Verweis auf „Teamführung" ganz. Dafür gibt es mögliche Erklärungen:

- Team und Teamführung werden allenfalls als ein *organisatorisches Thema* behandelt. Dies bedeutet, dass es um die Entwicklung eines Systems und einer Organisationsstruktur geht.
- Die Teamführung ist nichts Besonderes im Vergleich zur Individualführung. Danach ist es *relativ egal*, ob man einzelne Personen führt oder einzelne Personen als Teil eines Teams.
- *Teams haben ex definitione keine Führung*, weshalb das Wort Teamführung überhaupt nicht existiert.

Je nach Autor wird einer dieser Gründe oder eine Mischung davon angegeben.

In diesem Buch wird allerdings unterstellt, dass
- Teams sehr wohl mehr sind als lediglich eine organisationsstrukturelle Systemerscheinung,
- Teamführung eine andere Qualität mit sich bringt als die reine Individualführung und
- Teams durchaus Führungsfunktionen benötigen.

Vor diesem Hintergrund und gerade wenn man unterstellt, dass Teams einen wichtigen Baustein zeitgemäßer Unternehmensführung darstellen, gilt es nun zu prüfen, welche Möglichkeiten zur Teamführung existieren und wann sie einsetzbar sind.

Daher werden in diesem Kapitel nach der grundsätzlichen Klärung der Begriffe „Team" und „Gruppe" (Abschnitt 15.2) organisatorische (Abschnitt 15.3), sportliche (Abschnitt 15.4), musikalische (Abschnitt 15.5) und virtuelle Ansätze (Abschnitt 15.6) der Forschung im Bereich Teamführung genauer beschrieben. Das Kapitel schließt mit den digitalen Ansätzen (Abschnitt 15.7).

Übung 15.1 Führungspersönlichkeiten in der Presse

Teamführung macht Ihnen in der Strawberry Cake & Bakeries AG Spaß und Ihrer Meinung nach stellen Sie sich dabei gar nicht so schlecht an. Aus Neugierde recherchieren Sie in der aktuellen Presse nach Artikeln zu anderen Führungspersönlichkeiten und deren Teams und überlegen, was diese Teams ausmacht und wie das Verhältnis zu den jeweiligen Führungskräften beschrieben werden kann.

15.2 Konzeptionell: Teams führen bedeutet Teams verstehen

Bevor man sich mit Teamführung beschäftigt, muss man klären, was überhaupt ein Team ist. Denn in der Führungsliteratur versucht man gerade wegen der Besonderheiten der Teamführung, eine möglichst klare Trennung zwischen Team und Gruppe vorzunehmen. Des Weiteren lassen sich Teams in der heutigen Arbeitswelt auch noch in Hochleistungsteams und virtuelle Teams unterscheiden, wie man in der Abbildung 15.1 sehen kann.

Jedes Team ist eine Gruppe, aber nicht jede Gruppe ein Team

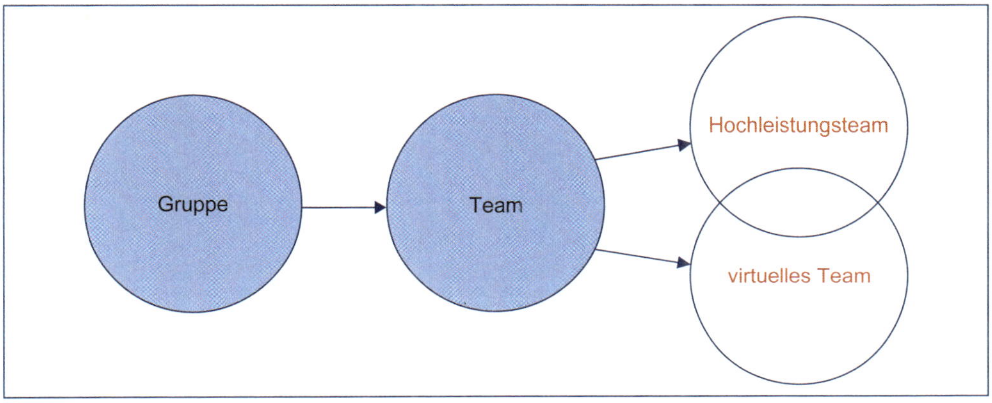

Abbildung 15.1: Der Zusammenhang zwischen Gruppen und Teams

Deutlich werden die Unterschiede zwischen Teams bei einer genaueren Betrachtung. Wie man in Tabelle 15.1 erkennt, sind Gruppen klar definiert. Sie besitzen klare Strukturen, die Anzahl der Personen ist vorgegeben und formal aufgebaut. Weiterhin

Tabelle 15.1: Unterschiede zwischen Gruppen, Teams sowie Hochleistungsteams und virtuellen Teams

Gruppe	Team	Hochleistungsteam & virtuelles Team
feste Anzahl	variable Anzahl	fluktuierende Anzahl
formal	formal mit informellen Elementen	informell mit wenigen formalen Strukturen
dauerhaft	langfristig	temporär
Top-down-Führung	Top-down-Führung	emergente Selbstorganisation
kaum Wissenstransfer	wenig Wissenstransfer	regelmäßiger Wissenstransfer
vorgegebene Regeln und Ziele	Mitbestimmung in Regeln und Zielen	selbstgeschaffene Regeln und Ziele
Mitglieder besitzen vergleichbare Fähigkeiten	Mitglieder ergänzen sich bezüglich Fähigkeiten	Mitglieder blühen wegen der Unterschiede auf
innerhalb der Abteilung	über Abteilungsgrenzen hinweg	über Unternehmensgrenzen hinweg

sind Gruppen dauerhaft konstruiert, haben eine klare Führung, es findet auch kein Wissenstransfer statt und Regeln sowie Ziele sind klar definiert. Man erkennt bei der Gruppe eine starre Struktur, die durch Teams aufgebrochen werden soll. Dies findet durch eine Flexibilisierung statt und auch durch die variablen Mitglieder, die in anderen Abteilungen sitzen könnten. Teams sind also eine Weiterentwicklung von Gruppen.

Hochleistungsteams und virtuelle Teams sind eine Antwort für die neue Arbeitswelt

Trotzdem erscheinen Teams in vielen Aspekten starr und inflexibel. Deshalb sind in der heutigen dynamischen, globalen und digitalisierten Arbeitswelt andere Teamformen notwendig. Diese werden als Hochleistungsteams oder virtuelle Teams bezeichnet. Diese Teams können außerhalb der existierenden Strukturen agieren, d.h. die Anzahl fluktuiert, es bestehen nur informelle Strukturen, sind temporär und somit zeitlich begrenzt. Der große Unterschied zu normalen Teams ist, dass Unternehmensgrenzen irrelevant sind, also Teammitglieder aus unterschiedlichen Unternehmen teilnehmen können. Beispielsweise könnten Mitarbeiter der Zulieferer Teil solch eines Teams sein. Weiterhin gibt es keine vorgegebene Führungskraft und keine vordefinierten Regeln und Ziele. All dies wird von den Teammitgliedern selbstständig bestimmt. Dieses Umfeld führt zu einem regelmäßigen Wissenstransfer durch die freie Gestaltung und durch die Unterschiedlichkeit der Mitglieder. Hochleistungsteams und virtuelle Teams sind eine spezielle Form von Teams, die sich an diese neue Arbeitswelt adäquat angepasst haben.

Die Intensität der Aktivitäten wird, was den Teamprozess anbelangt, umso intensiver, je arbeitsteiliger die Aufgabe und je größer die Interaktion ausfallen. Grundsätzlich sind alle Teamarten mit allen Führungsarten kombinierbar.

Übung 15.2 Rolle des Teamführers

Als Sie in diesem Buch von den Rollen lesen, welche Teamführer einnehmen können, erinnern Sie sich an die Führungspersönlichkeiten, die Sie im Zuge der Schwierigkeiten mit der Creativity-Task-Force der Strawberry Cake & Bakeries AG (Übung 14.1) bereits gesucht haben. Sie suchen Ihre Unterlagen hierzu wieder heraus und machen sich Gedanken, welche Aufgaben sich in diesen konkreten Fällen für den Teamführer ergeben.

Wofür Teams?

Positive Effekte von Teams können in Effektivität im Sinne von Erfolg sowie Effizienz im Sinne von Wirtschaftlichkeit liegen. Zudem gibt es eine gewisse Ablaufsicherheit durch Redundanz: Fällt ein Teammitglied aus, so können andere im Regelfall einspringen. Auch Motivation, Spaß und Engagement werden zu den positiven Eigenschaften von Teamarbeit gezählt. Nicht zuletzt dient die Mitarbeit im Team meist auch der Förderung der Karriere sowie der Einkommenssteigerung.

Nicht immer ist „Team" die richtige Antwort

Genauso beeindruckend wie die Befürworter, die das Team als zentrale Lösung für die meisten unternehmerischen Probleme preisen, ist der Anteil an Skeptikern, die mit Teams *negative Effekte* verbinden. So können Teams ineffizient sein, wenn Teammitglieder sich eben nicht der Gemeinschaft unterwerfen und nicht für die Gruppe arbeiten. Zudem kann Leerlauf durch permanente Diskussionen entstehen. Ein Team kann auch Demotivation, Unzuverlässigkeit und Passivität entwickeln. Nicht zuletzt kann ein Team – spiegelbildlich zu den Vorteilen – auch ein Karriereblocker sein und zur Einkommensminimierung führen: Denn nur diejenigen, die als Einzelkämpfer tätig sind, machen auch wirklich Karriere.

Diese Kritikpunkte belegen, dass Teams durchaus ganz anders gesehen werden können. Auch wenn in den USA und in der Praktikerliteratur weiterhin Teams idealisiert und positiv geschildert werden, gibt es inzwischen Aussagen, die eine Contra-Team-Diskussion[447] stützen, zumindest aber eine professionelle Teamführung als Optimierung von Kooperation fordern.

15.3 Organisatorisch: Die klassischen Aufgaben des Teamführers

Die Aufgaben des Teamführers sind vielfältig und beziehen sich sowohl auf den Vorgang der Gruppenbildung wie auch auf die eigentliche Leistungserstellung.

Darwin Cartwright und Alvin Zander: Lokomotion und Kohäsion

Der Ansatz[448] von *Darwin Cartwright* und *Alvin Zander* geht davon aus, dass es eine Teamführung gibt, diese aber nicht unbedingt personifiziert an einen einzigen Teamführer gekoppelt sein muss. Im Ergebnis können sich Teamführungsaufgaben auch in laufend alternierender Form auf unterschiedliche Teammitglieder verteilen. Gerade aber weil sich Teams nicht über eine eingebaute Mechanik strukturieren und optimieren, bleibt die Existenz von Teamführung erforderlich – und zwar unabhängig davon, wer sie wahrnimmt.

Nach *Darwin Cartwright* und *Alvin Zander* gibt es zwei unterschiedliche Führungsaufgaben:

(1) *Lokomotion* impliziert die Gestaltung der Systemparameter, damit die Ziele des Teams tatsächlich erreicht werden. Hierzu gehören die Strukturierung der Aufgaben ebenso wie die Schaffung von Fähigkeitspotenzialen und die Akquisition von Ressourcen.

Lokomotion = Treiben/Zielen

(2) *Kohäsion* beabsichtigt die Aufrechterhaltung der Gruppe. Die hiermit verbundenen Führungsaufgaben beziehen sich dabei nicht auf das Sachziel oder das Formalziel der Gruppe. Es geht vielmehr ausschließlich darum, die Gruppe selbst zu erhalten. Dazu gehören Schaffen einer Teamidentität, Verhindern von Konflikten und Etablieren einer adäquaten Kommunikationsbasis.

Kohäsion = Zusammenhalten

Postuliert man das gleichzeitige Auftreten beider Aufgaben, so entsteht das Group-Dynamics-Konzept (Tabelle 15.2).

Obwohl *Darwin Cartwright* und *Alvin Zander* in ihrer Publikation eine Vielzahl von Gruppentheorien präsentieren, erklären sie nicht, wie diese fluktuierende Führung

Tabelle 15.2: Gruppenführungsfunktionen des Group-Dynamics-Ansatzes[449]

Lokomotionsfunktion	Kohäsionsfunktion
operative Planung Setzen anspruchsvoller Ziele und Definition der Rollen einzelner Teammitglieder Präsentation von Problemstellungen Aufgabenstrukturierung und Koordination von Aktivitäten zielbezogenes Zurückführen auf die Aufgabenstellung Einhalten von Zeitplänen und Zusammenfassen von Zwischenergebnissen (Meilensteinen) Schaffung von anspruchsvollen Tätigkeitspotenzialen für die Teammitglieder methodische Unterstützung und individuelles Leistungsfeedback Sorge für die Verbesserung der Qualifikationen und komplementären Fähigkeiten im Team (Teamentwicklung) Pflege gruppenexterner Beziehungen und Informationsbereitstellung Akquisition sachlicher und finanzieller Ressourcen	Verbesserung interpersonaler Beziehungen Schaffung einer „Team-Identity“, eines kreativen Arbeitsklimas und eines auf Gemeinsamkeit beruhenden Projektverständnisses Bewusstmachung und Abbau sozioemotionaler Spannungen und von Intragruppenkonflikten, Initiierung von Konfliktlösungen Erinnerung an Verhaltensregeln und Schutz einzelner Gruppenmitglieder vor persönlichen Angriffen Förderung von gegenseitiger Unterstützung und Umgänglichkeit oder Entgegenkommen

im Team tatsächlich zu realisieren ist. Unabhängig davon aber bleibt die Sinnhaftigkeit der Zweiteilung von Teamführungsaufgaben erhalten.

Jon Katzenbach und Douglas Smith: Aktion und Delegation

Das Besondere an dem Ansatz[450] von *Jon Katzenbach* und *Douglas Smith* ist, dass die Autoren hier von einer expliziten und personifizierten Teamführung ausgehen. Es gibt also eine Person, die permanent die Rolle der Teamführung wahrnimmt und sechs Führungsaufgaben erfüllt:

(1) Der Teamführer muss dem Team klarmachen, dass die Aufgabe wichtig ist, dass die Aufgabe Spaß macht und dass das Team in der Lage ist, diese zu realisieren. Im Ergebnis müssen die Teammitglieder den gesamten Prozess visualisiert erleben und dann internalisiert umsetzen (*Relevanz betonen!*).

(2) Der Teamführer hat dafür zu sorgen, dass die Gruppenmitglieder ein entsprechendes Engagement mit sich bringen und gleichzeitig auch das Vertrauen in die eigene Leistungsfähigkeit bekommen und erhalten (*Commitment schaffen!*).

(3) Der Teamführer muss erkennen, wenn Mitarbeiter aufgrund von Fähigkeitsdefiziten nicht in der Lage sind, bestimmte Aufgaben im Team zu erfüllen. In dieser Situation hat er dafür zu sorgen, dass sich die Teammitglieder weiterentwickeln beziehungsweise durch eine andere Personaleinsatzplanung dafür zu sorgen, dass das Gruppenziel erfüllt werden kann (*Personalentwicklung im Team!*).

(4) Jedes Team kommt insbesondere dann in Schwierigkeiten, wenn externe Einflüsse wirken und diese dazu führen, dass es innerhalb des Teams Blockaden und Barrieren gibt. Die Aufgabe des Teamführers ist es, sich mit diesen externen Beziehungen auseinanderzusetzen und entsprechende Hindernisse zu reduzieren (*Externe Probleme beseitigen!*).

(5) Gerade weil Teamarbeit ein wichtiger Schritt in der persönlichen Karriereentwicklung von Mitarbeitern ist, muss der Teamführer auch dafür sorgen, dass prestigeträchtige Teilaufgaben der Teamaufgabe möglichst breit über das Team verstreut sind (*Schaffen von Chancen!*).

Teamführung ist mehr als „nur" Delegieren

(6) Anders als möglicherweise ein Gruppenführer, der nur dafür zu sorgen hat, dass die Gruppenmitglieder arbeiten, muss ein Teamführer tatsächlich mitarbeiten. Seine Aufgabe geht also über die reine Leitungsfunktion hinaus (*Selber arbeiten!*).

Gerade in der letztgenannten Teamaufgabe erkennt man, dass es sich hier anders als bei der Gruppenführung um eine Tätigkeit handelt, bei der der Teamführer sowohl Teammitglied als auch Teamleitung ist.

Nach *Jon Katzenbach* und *Douglas Smith* ist es deshalb die Kunst der Teamführung, die Balance zwischen dem eigenen Ausführen von Aufgaben und der Delegation von Aufgaben zu finden.[451] Der Teamführer muss also wissen, wann er Aufgaben selbst erledigen beziehungsweise Entscheidungen selbst fällen muss und wann er etwas an seine Teammitglieder delegieren kann.

15.4 Sportlich: Von Pucks und anderen Objekten

Sicherlich bietet es sich an, bei der Führung von Teams auf die Führung von und in Teamsportarten abzustellen. Neben einigen Arbeiten, die sich auf das Aufzählen von eher platten Analogien wie „Erfolg ist im Fußball wie in der Wirtschaft nicht die Addition von Einzelleistungen" beschränken, gibt es hier durchaus interessante Vorschläge. Exemplarisch zu nennen sind drei Arbeiten, die letztlich alle Weiterführungen der Ohio-State-Forschung sind. Diese Praktikerempfehlungen bestehen häufig aus Akronymen, bei denen die Buchstaben bestimmte Teilaufgaben bedeuten.

Zielgerade muss definiert werden

„Während die ‚Zielgerade' im Leistungssport schon expliziter Bestandteil des Handelns darstellt, ist diese motivationale Triebfeder gemeinsamer Hochleistung in wirtschaftlichen Kontexten nicht selbstverständlich, sondern bedarf eines gezielten Aufbaus und einer fortwährenden gemeinsamen Entwicklung."[452]

Univ.-Prof. Dr. Peter Pawlowsky (geb. 1954; Professor für Personal und Führung)

Don Shula und Kenneth Blanchard: Das C.O.A.C.H.-Modell

Lernen vom Football!

Dieses Modell[453] (Abbildung 15.2) stammt von *Don Shula*, unter anderem mit den Miami Dolphins ein erfolgreicher Football-Trainer, und *Kenneth Blanchard*, ein Guru aus der Personalführungsszene. Beide gemeinsam entwickeln in ihrem Modell eine Reihe von Grundprinzipien, die erfolgreiche Teamführung am Beispiel eines Football-Teams illustrieren. Interessant dabei ist, dass es sich dabei vor allem um Eigenschaften des Teamführers handelt. Das Ergebnis ist das Akronym C.O.A.C.H. mit seinen fünf Buchstaben:

(1) *C wie Conviction-Driven*: Dahinter verbirgt sich die Idee, dass der Teamführer eine klare Überzeugung davon hat, was er mit seinem Team realisieren möchte und wofür er konkret steht. Dies bedeutet, dass auch der Teamführer hart arbeitet, aber durchaus zeigt, dass er die Arbeit genießt. Zudem ist Respekt wichtiger als Popularität: Teamführer werden nicht dafür bezahlt, bei ihren Teammitgliedern beliebt zu sein. Sie müssen aber geschätzt werden.

(2) *O wie Overlearning*: In jeder Teamaufgabe gibt es bestimmte Details, die besonders wichtig sind. Aufgabe des Teamführers ist es, gerade diese besonders kritischen Prozesse zu lokalisieren und durch Übung sowie Qualitätskontrolle sicherzustellen, dass sie perfektioniert werden.

(3) *A wie Audible-Ready* ist gerade für das amerikanische Footballspiel typisch. Auf der einen Seite gibt es einen konkreten Spielplan, der die Bewegung aller Spieler determiniert. Der Quarterback muss auf der anderen Seite allerdings in der Lage sein, in einer bestimmten Situation für alle klar erkennbar den Spielplan zu ändern und auf eine andere Spielsystematik umzusteigen. „Audible-Ready" ist mehr als Flexibilität durch Improvisation: Es bedeutet die klare Kenntnis unterschiedlicher Spielmuster, bei denen in unterschiedlichen Interaktionsformen Mitarbeiter beteiligt sind. Hinzu kommt die Bereitschaft, tatsächlich die Planänderung voll durchzuziehen.

(4) *C wie Consistency* bezieht sich auf die Berechenbarkeit im Sinne einer Gleichartigkeit im Zeitablauf: Danach ist es für das Team nicht unbedingt wichtig, dass sich der Teamführer immer gleich verhält. Der Teamführer muss sich aber in gleichartigen Situationen gleich verhalten.

(5) *H wie Honesty-Based*: Nach Ansicht der Autoren ist es gerade dann, wenn Mitarbeiter zunehmend auf Arbeitsplatzsicherheit verzichten müssen, zumindest erforderlich, dass Führung Ehrlichkeit praktiziert. Nur so lässt sich in einem auf Leistung ausgerichteten Team mit entsprechendem Wettbewerb eine erfolgreiche Basis schaffen.

Sehr amerikanisch!

Sicherlich kann man einwenden, dass dieses Modell typisch amerikanisch ist. Dies ändert aber nichts an der Plausibilität, die mit diesem Modell verbunden ist.

In ihrem Buch liefern die Autoren eine Vielzahl von plastischen Antworten und konkreten Hilfestellungen. Interessant auch die diversen Checklisten, durch die man – zumindest rudimentär – die Leistung der Führungskraft beurteilen kann (Tabelle 15.3).

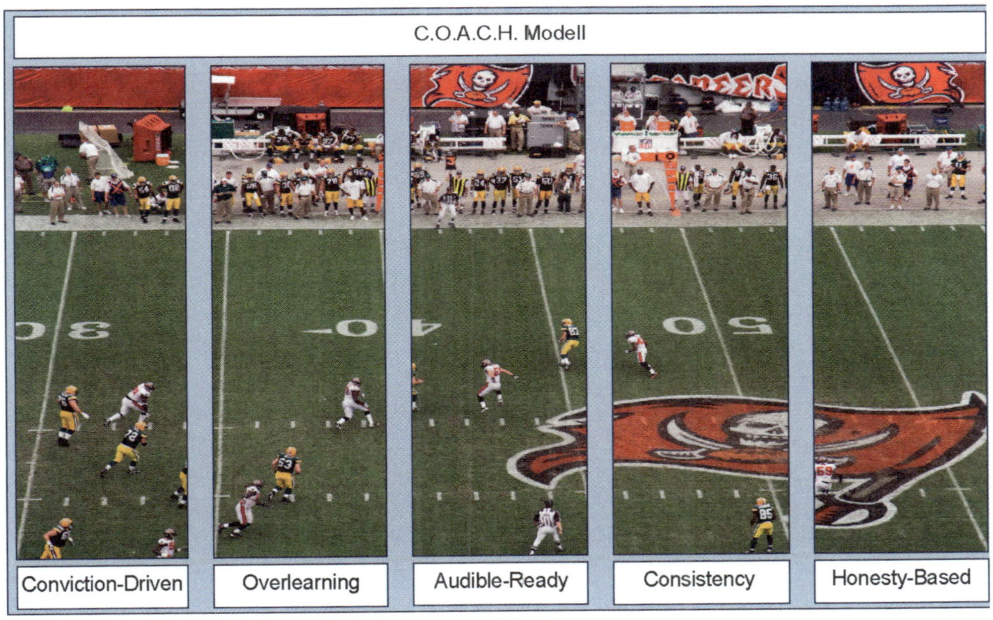

Abbildung 15.2:
Das C.O.A.C.H.-Modell

Tabelle 15.3:
Beurteilungsbogen für C.O.A.C.H.-Teamführer[454]

Conviction-Driven	Haben Sie eine klare Vision für Ihr Team und wie lautet diese? Ist Ihnen wichtig, dass Ihr Team Spaß hat? Führen Sie durch „Vorbildfunktion"? Ist Ihnen wichtig, dass Sie im Team beliebt sind?	Nein/Ja Nein/Ja Nein/Ja Nein/Ja
Overlearning	Haben Sie klare Ziele gesetzt, um zur sukzessiven Teamentwicklung beizutragen? Gibt es Übungsrituale, um Ablaufqualität sicherzustellen?	Nein/Ja Nein/Ja
Audible-Ready	Sind Sie offen für Vorschläge aus dem Team? Sieht Ihr Team, dass Pläne auch dazu da sind, geändert zu werden?	Nein/Ja Nein/Ja
Consistency	Verhalten Sie sich in ähnlichen Situationen in ähnlicher Form? Haben Sie Belohnungsrituale, die immer die gleichen Verhaltensweisen mit einem positiven Feedback belegen?	Nein/Ja Nein/Ja
Honesty-Based	Hat Integrität für Sie und Ihr Team einen hohen Stellenwert? Entsprechen Ihre Verhaltensweisen Ihren Aussagen?	Nein/Ja Nein/Ja

Kenneth Blanchard et al.: Das P.U.C.K.-Modell

Lernen vom Eishockey!

Das P.U.C.K.-Modell[455] (Abbildung 15.3) stammt ebenfalls von *Kenneth Blanchard*, ist aus dem Eishockey abgeleitet und befasst sich vorrangig mit dem Prozess der Teambildung. Es besteht aus vier Aufforderungen:

(1) *P wie Providing:* Danach ist die überwiegende Aufgabe des Teamführers, dem Team eine klare Idee zu geben, warum es überhaupt existiert. Diese überzeugen-

de Begründung für die eigene Existenz beinhaltet eine klare Herausforderung, definiert über ein Ziel und definiert über einen Gegner. Eng verbunden damit sind die Normen und Werte, die das Team braucht, um diese Herausforderung anzunehmen.

(2) *U wie Unleashing:* Hinter dieser Forderung steht die Idee der permanenten Weiterqualifikation der Teammitglieder. Die Entfesselung der Fähigkeiten bedeutet für den Teamführer permanentes Feedback an die Teammitglieder im Hinblick auf ihre Leistungsmöglichkeiten.

(3) *C wie Creating Team Power:* Dies erfordert zum einen eine bewusste Belohnung von Teamarbeit, zum anderen eine verteilte Teamführung. Der Teamführer soll daher Teilaufgaben an Teammitglieder delegieren, die dann ihrerseits die Teamwirkung vervielfältigen.

(4) *K wie Keeping the Accent on the Positive:* Mit diesem Setzen des Akzents auf das Positive verbinden die Autoren die permanente Belohnung und Anerkennung von Leistung. Auch wenn nicht alle Aktivitäten tatsächlich vollkommen richtig sind: Solange sie nur generell in die Richtung des ursprünglichen Zieles laufen, sollen sie anerkannt und belohnt werden.

Sehr abstrakt!

Vielleicht erscheint einigen das P.U.C.K.-Modell relativ trivial. Es ändert aber nichts daran, dass alle vier Teilaspekte des Modells auf wichtige Teamführungsgesichtspunkte hinweisen, die häufig übersehen werden: So muss zu Beginn der Teambildung eine klare Vision stehen. Eine Aufgabe der Teamführung ist die Qualifizierung der Teammitglieder – auch dies wird oft übersehen. Teamarbeit bedeutet Synergie, weil sonst die Teamidee keinen Zusatznutzen mit sich bringt. Vor allem aber braucht eine Teamführung die Verstärkung durch positive Rückkopplung.

Abbildung 15.3: Das P.U.C.K.-Modell

Kenneth Blanchard, Donald Carew und Eunice Carew: Das P.E.R.F.O.R.M.-Modell

Besondere Popularität erreichte *Kenneth Blanchard*[456] mit seinem Konzept des Ein-Minuten-Managers, das sich auch auf die Teamführung erstreckt. Hier zielt die Argumentation auf sieben Elemente, die speziell für ein Hochleistungs-Team erforderlich sind:

Lernen vom Minuten-Manager!

(1) *P wie Purpose and Values*: Als Sinnzusammenhang geht es hier vor allem darum, dass alle Gruppenmitglieder die Idee des Teams erkennen und verstehen, welches Ziel das Team verfolgt.
(2) *E wie Empowerment*: Bei dieser Forderung nach Befähigung sollen die Gruppenmitglieder sukzessive in die Lage versetzt werden, mehr Leistung durch mehr Kompetenz zu realisieren.
(3) *R wie Relationship and Communication*: Hier wird auf die Beziehung innerhalb der Gruppe und die Kommunikation abgestellt, eine positive Gruppenatmosphäre geschaffen und vor allem das aktive Zuhören sowie der konstruktive Umgang mit Konflikten forciert.
(4) *F wie Flexibility*: Die Gruppenmitglieder sind danach durchaus in der Lage, andere Rollen zu übernehmen und sich wechselseitig zu ergänzen.
(5) *O wie Optimal Productivity*: Dieses Postulat ist eine Ergebnisgröße und weniger ein Mittel. Es soll aber betonen, dass permanent die Suche nach der „Optimalleistung“ im Mittelpunkt steht.
(6) *R wie Recognition und Appreciation*: Respekt und Anerkennung sollen die Teammitglieder sowohl von anderen Teammitgliedern als auch Teamführer und dem Umfeld bekommen.
(7) *M wie Morale*: Hinter diesem Ausdruck steckt im Wesentlichen die Idee der Motivation durch Teamgeist, aber auch der Versuch, ein positives Wertesystem aufzubauen.

Beim P.E.R.F.O.R.M.-Modell steht vor allem die Idee der Gemeinsamkeit im Vordergrund: Die Gruppenmitglieder sehen danach einen gemeinsamen Sinn in der Arbeit, versuchen sich gemeinsam zu befähigen, kommunizieren untereinander offen und ehrlich, sehen eine gemeinschaftliche Verantwortung, wirken am Problemlösungsprozess gemeinschaftlich mit, zollen sich gegenseitig Respekt und Anerkennung und entwickeln eine gemeinsame Teammoral. Aus diesen Forderungen leiten sich letztlich Forderungen an die Personalentwicklung ab.

Sehr umfangreich!

Als Hilfe für die Diagnose der Qualität des Teams liefern die Autoren einen Beurteilungsboden, dessen Fragen mithilfe einer Skala von eins (niedrig) bis fünf (hoch) beantwortet werden sollen (Tabelle 15.4).

Tabelle 15.4: P.E.R.F.O.R.M.-Beurteilungsbogen[457]

Qualität von P.E.R.F.O.R.M.-Teams (1 = niedrig; 5 = hoch)		
Purpose	Die Teilnehmer erkennen den Sinn in der Teamarbeit.	......
	Die Ziele sind klar und haben klaren Sinnbezug.	......
	Die Strategien zur Zielerreichung sind durchschaubar.	......
	Die Rollenverteilung unter den Teammitgliedern ist klar.	......
Empowerment	Die Teilnehmer haben das Gefühl, etwas zu bewegen.	......
	Sie haben Zugang zu ausreichenden Ressourcen.	......
	Arbeitsstil und Vorgehensweisen entsprechen den Zielen.	......
	Die Teilnehmer begegnen sich mit Respekt und Hilfsbereitschaft.	......
Relationship and Communication	Die Mitglieder des Teams äußern sich offen und ehrlich.	......
	Teilnehmer zeigen Akzeptanz und Verständnis.	......
	Die Teilnehmer hören einander aktiv zu.	......
	Unterschiedliche Meinungen und Sichtweisen werden begrüßt.	......
Flexibility	Bei Bedarf übernehmen die Teilnehmer andere Rollen und Funktionen.	......
	Sie tragen zusammen Verantwortung für Leitung und Entwicklung.	......
	Die Teilnehmer können sich auf wechselnde Anforderungen einstellen.	......
	Unterschiedliche Standpunkte und Sichtweisen werden verglichen.	......
Optimal Productivity	Der Arbeitsertrag des Teams ist hoch.	......
	Es werden qualitativ hervorragende Ergebnisse erzielt.	......
	Die Entscheidungsfindung verläuft effektiv.	......
	Die Problemlösungsprozesse sind für alle Teilnehmer durchschaubar.	......
Recognition and Appreciation	Teilnehmerbeiträge werden von allen gewürdigt.	......
	Die Leistung des Teams ist für die Teilnehmer erkennbar.	......
	Die Teammitglieder fühlen sich respektiert.	......
	Die Teambeiträge werden innerhalb der Gesamtorganisation anerkannt.	......
Morale	Die Teilnehmer arbeiten gern im Team mit.	......
	Sie sind zuversichtlich und fühlen sich motiviert.	......
	Die gemeinsame Arbeit erfüllt die Teilnehmer mit Stolz und Befriedigung.	......
	Die Gruppe fühlt sich zusammengehörig und entwickelt Teamgeist.	......

15.5 Musikalisch: 5-Sekunden und mehr

Lernen vom Orchester!

Neben dem Sport lässt sich auch die Analogie zur Musik in breitem Umfang nutzen, um beschreibende beziehungsweise empfehlende Aussagen zur Führung von und in Teams zu bekommen.

Keine Solisten gesucht

„Soloists are inspiring in opera and perhaps even in small entrepreneurial ventures, but there is no place for them in large corporations."[458]

Norman R. Augustine (geb. 1935; ehemaliger Chairman und CEO Lockheed Martin)

Henry Mintzberg und Bramwell Tovey: Die zahmen Löwen

Eine beliebte Metapher der Teamführung ist das Bild des Dirigenten. Er ergreift den Taktstock und verbindet allein durch die Kraft seines Blicks die individualistischen Musiker zu einem harmonischen Klangkörper: Genau diese Idee ist es, warum viele Führungskräfte den Dirigenten insgeheim als ihr großes Rollenideal ansehen, während gleichzeitig viele Forscher zweifeln, ob die Metapher des Orchesters – gegebenenfalls auch einschließlich ihres Dirigenten – wegweisend sein kann.

Deshalb analysierte *Henry Mintzberg*[459] die Arbeit des bekannten Winnipeg Symphonie Orchestra und seines noch bekannteren Dirigenten *Bramwell Tovey*. Das Ergebnis:

- Auch wenn der Dirigent primär wie ein autoritärer Führer wirkt, besteht seine Hauptaufgabe in der eher verdeckten Steuerung (*Covert Leadership*).
- Der Dirigent versucht nicht, den Tätigkeitsbereich der Musiker in seiner Mischung aus Rechten und Aufgaben zu erweitern. Vielmehr versucht er, sie in einem von ihm vorgegebenen Rahmen zur Hochleistung zu animieren (*Inspiration but no Empowerment*).
- Der Dirigent sorgt für Energieschübe im entscheidenden Moment (*Infusion with Energy*).

Wichtig ist allerdings die Rahmenbedingung, nämlich dass es sich bei diesem Team um ein Symphonie-Orchester handelt, das dementsprechend aus mindestens 70 Musikern besteht. Folgerichtig beschreibt auch *Henry Mintzberg*, dass es gerade bei derartigen Orchestern fest eingespielte Abläufe und klare Koordinationsmechanismen gibt, wodurch letztlich jeder im Orchester weiß, was seine Rolle darstellt.

Gleichzeitig spielt auch *Bramwell Tovey* eine zentrale Rolle, denn seine Musiker sind nicht nur bereit, sich von ihm führen zu lassen, sie ermutigen ihn sogar dazu, klare Lenkungsimpulse auszusenden. Letztlich brauchen sie ihren Dirigenten, wie er sie braucht. Originalzitat von *Bramwell Tovey*: „Ich betrachte mich nicht als Manager, sondern eher als eine Art Löwenbändiger."[460] Allerdings merkt hierzu *Henry Mintzberg* nach seiner Beobachtung des Orchesters etwas sarkastisch an, dass es sich hierbei eher um 70 relativ „zahme Löwen" handelt, die brav ihre Sitzordnung einhalten und bereit sind, schon der kleinsten Bewegung des Taktstocks zu folgen.

Autorität als Erfolgsprinzip

Überträgt man diese Beobachtungen in die Managementschulung, so läuft dies schnell direkt auf eine immer wiederkehrende Frage hinaus: „Was können Chefs von Dirigenten lernen?" Als Ergebnis kommt man zu Aussagen wie
- präzise Führung,
- nonverbale Kommunikation und vor allen Dingen zur Idee, dass
- die Führungskraft in ihrer Führungsfunktion auch bei Teamarbeit im Mittelpunkt zu stehen hat,

eine Botschaft, die Führungskräfte gerne hören.

Harvey Seifter und Peter Economy: Die Dirigentenlosigkeit

Einen vollkommen anderen Ansatz der Führung verfolgt das Orpheus Chamber Orchestra[461]. Bei diesem Orchester wartet das Konzertpublikum vergeblich auf einen Dirigenten: Es gibt ihn nicht. Das Orchester spielt ohne Dirigenten. Es spielt aber nicht nur ohne ihn, auch die gesamte Vorbereitung und Einstudierung des Stückes erfolgt in der Gruppe ohne Dirigent.

Gegründet wurde dieses Alternativorchester Anfang der 1970er Jahre und war dementsprechend geprägt von den damaligen Wertvorstellungen, die etwas klassenkämpferisch diskutiert wurden: So geht es bei dem Orpheus Chamber Orchestra im Wesentlichen antiautoritär zu, es gibt keine Hierarchie und alle Musiker sind in gleicher Weise an den Entscheidungsprozessen in diesem radikal demokratischen Prozess beteiligt. Auch das Einüben eines Stücks findet in einer gleichberechtigt-demokratischen Form statt, wo alle Mitglieder des Orchesters eingreifen und Vorschläge einbringen können.

Teil des Orpheus Prozesses ist die rotierende Führung: Alle Musiker können Führer des Orchesters und Geführter sein. Auf diese Weise soll die Zufriedenheit im Orchester gefördert werden. Denn dadurch, dass der Dirigentenjob nicht abgeschafft, sondern letztlich aufgeteilt wurde, können sich die einzelnen Gruppenmitglieder jederzeit in den Prozess einbringen.

Basisdemokratie als Erfolgsprinzip

Dieser so genannte Orpheus Prozess basiert auf acht Grundsätzen:
(1) Die Musiker müssen alle Entscheidungen treffen (*Put Power in the Hands of the People Doing the Work*).
(2) Jeder Einzelne muss sich in dem Gesamtprozess für das Gesamtergebnis verantwortlich zeigen (*Encourage Individual Responsibility*).
(3) Im Gesamtsystem aus Orchester plus Management gibt es klare Aufgabenbeschreibungen und Leistungskontrollen (*Create Clarity of Roles*).
(4) Führungsfunktionen wie Kerngruppe und Stimmführer sind immer nur temporär (*Share and Rotate Leadership*).
(5) Interne Zusammenarbeit im Team ist mindestens so wichtig wie die Zusammenarbeit mit Externen (*Foster Horizontal Teamwork*).
(6) Gute Kommunikation untereinander basiert auf klaren Regeln und kann gelernt werden (*Learn to Listen, Learn to Talk*).
(7) Bei allen Entscheidungsprozessen ist auf breitesten Konsens bei allen Beteiligten zu achten (*Seek Consenus*).

(8) Im Vordergrund steht das gemeinschaftliche Ziel, dem man sich leidenschaftlich unterzuordnen hat (*Dedicate Passionately to Your Mission*).

Auch hier ist wiederum die Teamgröße wichtig. Das Orpheus Orchester ist ein Kammerorchester und spielt mit rund 27 Musikern. Deshalb ist eine intensive Interaktion zwischen den Teammitgliedern möglich.

Gerade weil das Orpheus Chamber Orchestra einen für Orchesterveranstaltungen revolutionären Grundprozess verkörpert, wurde dieses Orchester auch als Teil von Managementschulungen instrumentalisiert. Diese Managementschulungen erfolgen nach dem Prinzip der „offenen Probe". Dazu probt das Orchester ein Stück und zeigt bei dieser Probe, wie die Diskussion zwischen Orchestermitgliedern abläuft. Eine größere Anzahl von Führungskräften schaut sich diesen Prozess an und anschließend gibt es eine Diskussion, bei der Fragen zu dem Orpheus Prozess gestellt werden – vor allem bezüglich der völlig basisdemokratischen Strukturen.

Christian Scholz und Albert Schmitt: Das 5-Sekunden-Modell

Eine völlig andere Form der Teamführung lässt sich an der Deutschen Kammerphilharmonie Bremen beobachten, einem ebenfalls internationalen Spitzenorchester, das mit rund 40 Musikern in der Größenordnung zwischen den beiden vorangegangenen Teams liegt.[462]

Widersprüchlichkeit als Erfolgsprinzip

Im Zuge einer umfassenden Organisationsanalyse wurde als Erfolgsmuster in diesem Hochleistungsteam der permanente Umgang mit Widersprüchlichkeit lokalisiert und eine Kombination aus fünf Widersprüchlichkeiten thematisiert:[463]

(1) Sinnlos erscheinende Aktivitäten sind oft notwendig und damit neben sinnstiftenden Vorgängen unmittelbar erforderlich (*Notwendigkeit & Sinn*).

(2) Es gibt eine klare hierarchische Steuerung, gleichzeitig aber auch eine demokratische Entscheidungsfindung (*Hierarchie & Demokratie*).

(3) Auch wenn sich Perfektion als Fehlerlosigkeit und Abenteuer als mit Fehlerrisiko behaftete Unsicherheit ausschließen, gilt es, Beides zu verfolgen (*Perfektion & Abenteuer*).

(4) Dem permanenten Abfluss kollektiver Energie ist durch individuelle Konzentration auf Kernaktivitäten zu begegnen (*Energie & Konzentration*).

(5) Zu viel Spaß gefährdet ebenso wie zu wenig Spaß dauerhaften Erfolg, weshalb man trotz partieller Gegenläufigkeit Beides braucht (*Erfolg & Spaß*).

Das Gesamtergebnis der Organisationsanalyse waren damit die zu fünf Spannungsfeldern zusammengeführten Kernergebnisse, die bei der Deutschen Kammerphilharmonie inzwischen „5-Sekunden" genannt werden.

Sekunde: kleinstes und dissonantes Tonintervall

Die Bezeichnung Sekunde hat dabei allerdings nichts mit der Zeiteinheit zu tun. Vielmehr bezeichnet man in der Musik das Intervall zwischen einem Ton und seinem in der Tonleiter benachbarten Ton als Sekunde, die zusammen gespielt schräg (dissonant) klingen. Sie reiben sich, sie schreien nach Auflösung, sie schaffen Spannung – und letztlich ist dies alles, was ein Musikstück vorwärts treibt. Werden die beiden Töne nacheinander gespielt, so entsteht der Eindruck eines Schritts.

(©) Julia Baier

Das 5-Sekunden-Modell

Die Deutsche Kammerphilharmonie Bremen bietet ein innovatives Training für Manager auf der Basis klassischer Orchestermusik und den High-Performance-Leitlinien des Orchesters an. Dabei wurde ein Führungsmodell entwickelt, das es Wirtschaftsunternehmen ermöglicht, ihre eigene Leistungsfähigkeit zu optimieren. Das „5-Sekunden-Modell" nutzt die emotionale wie symbolische Kraft der Musik und das Orchester als Vorbild für ein Hochleistungsteam.[464]

Entscheidend für den Erfolg in einem Hochleistungsteam ist also der bewusste und „annehmende" Umgang mit Widersprüchen. Der produktive Umgang mit diesen fünf widersprüchlichen Wortpaaren setzt somit voraus, dass

- die Teammitglieder die Einzelkonzepte in ihrer Bedeutung vollkommen internalisieren und
- ein Verhältnis dafür entwickeln konnten, warum es erforderlich ist, beide (!) Einzelkonzepte zu realisieren.

Nur wenn diese fünf Widersprüchlichkeiten in ihrer vollen Konsequenz allen Teammitgliedern in Fleisch und Blut übergegangen sind, dann können auf diese Weise Routinesituationen ebenso wie Ausnahmesituationen auf Hochleistungsniveau bewältigt werden.

In diesem 5-Sekunden-Modell (Abbildung 15.4) bekommt Teamführung als Kooperation damit seine Bedeutung als impliziter Steuerungsmechanismus innerhalb eines Teams. Wie der Orpheus Prozess wurde auch das 5-Sekunden-Modell bereits kurz nach seiner Entwicklung in eine Managementschulung transferiert[465] und erfolgreich durchgeführt.

Abbildung 15.4: Das 5-Sekunden-Modell

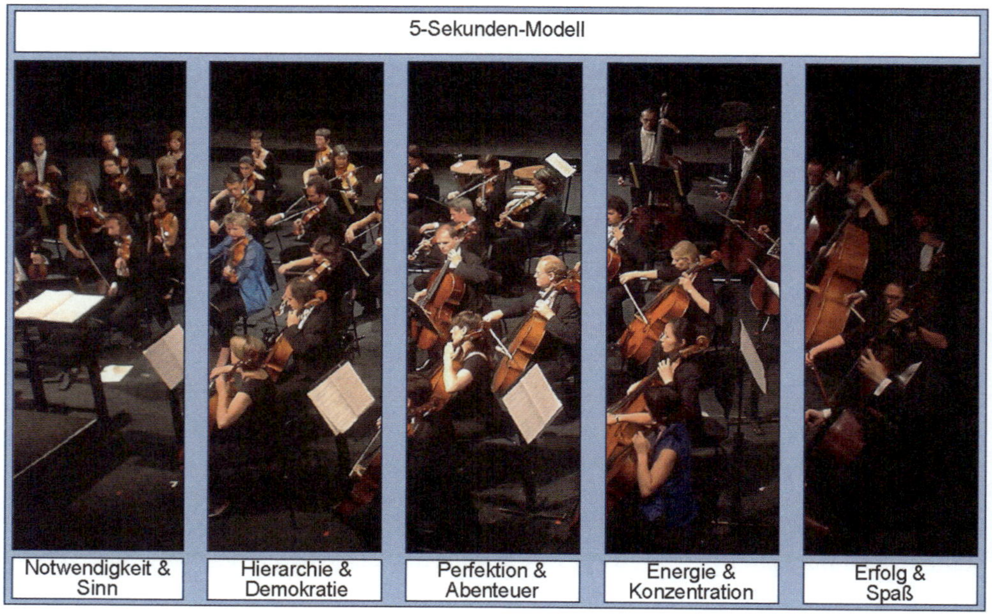

„Musikalische Teamführungsmodelle"

Übung 15.3

Sie haben Musik als das Mittel entdeckt, um von der harten Arbeit als CEO der Strawberry Cake & Bakeries AG zu entspannen. Eigentlich hören Sie am liebsten Rock und Pop, jeder zweite Samstag ist jedoch – seitdem Sie ein Konzertabonnement für das örtliche Konzerthaus haben – für Klassik reserviert. Während Sie begeistert *Joseph Haydn's* Trompetenkonzert in Es-Dur lauschen, beobachten Sie das Orchester: *Ein perfekt funktionierendes Team! Moment, davon haben Sie doch letztens gerade erst gelesen!* Sie rufen sich während des Konzertes noch einmal die „musikalischen" Teamführungsmodelle und deren Inhalte ins Gedächtnis und überlegen sich gleichzeitig, wie Sie an Ihrem Team erkennen können, wo es manchmal schräg spielt.

15.6 Virtuell: Führung räumlich verteilter Teams

Eine Spezialform von Teams sind die so genannten virtuellen Teams. Diese werden insbesondere im Zuge der Globalisierung und damit international agierender Unternehmen notwendig und durch die Informatisierung von Arbeitsprozessen innerhalb und zwischen Unternehmen ermöglicht.

Was sind virtuelle Teams?

Führung von und in virtuellen Teams als hohe Kunst der Führung

Virtuelle Teams sind kein elektronisches Substitut für ein konventionelles Team. Sie sind vielmehr eine durch multimediale Technik geschaffene neue, aber weiterhin aus realen Personen bestehende reale Konstruktion. Virtuelle Teams arbeiten entsprechend der einleitenden Definition über räumliche, zeitliche und sachliche Grenzen hinweg, wobei sie eine enge Arbeitsverflechtung und Arbeitsteilung anstreben.

Virtuell lässt sich nur verstehen, wenn man weiß, was wirklich ist

„[…] habe ich zuerst einmal im englischen Wörterbuch aufgeschlagen […] dort habe ich folgende Definition von „virtuell" gefunden: „Für alle praktischen Zwecke soviel wie wirklich." […] wenn man verstehen will, was virtuell ist, muss man anscheinend erst verstehen, was wirklich ist."[466]

Vilém Flusser (1920–1991, Kommunikations- und Medienphilosoph)

Gerade die räumliche Verteilung von Teammitgliedern spielt eine zunehmend wichtige Rolle, sei es bei der abteilungsübergreifenden Zusammenarbeit im Rahmen von Projekten, bei der Koordination der Kooperation zwischen national verteilten Standorten oder aber auch zur Steuerung von Teams, deren Mitglieder in über Ländergrenzen hinweg verteilten Niederlassungen oder Entwicklungszentren zusammenarbeiten. Die größte Herausforderung der (virtuellen) Teamführung entsteht dann, wenn zu dieser räumlichen Verteilung auch noch kulturelle Unterschiede zu berücksichtigen sind. Diese werden gerade bei international zusammengesetzten Teams relevant.

Kulturelle Synergien lassen sich nicht durch kulturelles Nivellieren realisieren

Dabei ist es wichtig, im Sinne einer Competitive Acceptance[467] ein tiefes, differenziertes Verstehen von Ländern und deren Kultur auszubilden, um ein funktionierendes Management aufzubauen und das virtuelle Team „richtig" führen zu können. Statt bei der Identitätsfindung und -bildung[468] in virtuellen Teams Kulturunterschiede zu ignorieren oder sogar zu versuchen, eine nivellierte Kultur im Team entstehen zu lassen, folgen virtuelle Teams dagegen der Idee von fruchtbaren Kulturunterschieden, adressieren deshalb ganz bewusst diese Unterschiede und versuchen, sie sogar zu erhalten.

© www.startrek.de

Raumschiff Voyager

Virtuelle Teams ähneln dem aus der Fernsehserie Star Trek bekannten Raumschiff Voyager, das nur durch ein buntes Zusammenleben extremer Unterschiedlichkeiten im turbulenten Delta-Quadranten überlebt. Mit dem instinktiv handelnden Piloten Paris, dem sich auf seine indianischen Ursprünge besinnenden Chacotay, der klingonisch-menschlichen Tarres, die Unberechenbarkeit mit logischer Disziplin kombiniert, und dem holografischen Arzt Zimmermann, einem virtuellen Subjekt mit menschlichen Zügen, kamen nicht nur sehr unterschiedliche Charaktere, sondern auch unterschiedliche Lebewesen mit individuellen kulturellen Hintergründen zusammen. Die Folge daraus ist die zwingende Notwendigkeit, bei einem virtuellen Team bewusst auf kulturelle Vielfalt sowie Toleranz abzustellen und eine integrative Dachkultur zu schaffen.

Wie funktionieren virtuelle Teams?

Durch die Digitalisierung sind in vielen Unternehmen virtuelle Teams stark verbreitet. Gerade im internationalen Kontext sind sie immer beliebter, da man die Mitarbeiter nicht an einen anderen Ort schicken muss. Virtuelle Organisationen lassen sich – und damit auch virtuelle Teams – über den virt.cube realisieren. Im Kontext von virtuellen Teams konkretisiert der virt.cube[469] die Funktionsweise dieser virtuellen Teams entlang von drei Dimensionen:

- *Kernkompetenzdifferenzierung.* Im virtuellen Team ist jedes Teammitglied selbst dafür zuständig, seine Kompetenzen zu definieren und zu entwickeln, um sich „auf dem Markt" zu bewähren. Denn letztlich ist gerade die Kombination aus Kernkompetenzträgern der Schlüssel zum Erfolg in virtuellen Teams.
- *Weiche Integration.* Ein wichtiger Aspekt von virtuellen Teams ist die Verteilung der Teammitglieder, sei es geografisch, funktional oder hierarchisch. Dies erschwert die Kommunikation. Deshalb braucht es eine inhaltliche Zusammenführung die aber ohne bürokratische Methoden auskommt. Das Ergebnis: Selbst bei größeren Projekten agiert das virtuelle Team nach außen wie eine geschlossene Einheit und wirkt wie eine verschworene Gemeinschaft.
- *Digitalisierung.* Der Umgang mit Informationstechnologie wird in virtuellen Teams zum Lernfeld gemacht, bei dem unterschiedliche Verfahren ausprobiert und letztlich das sinnvollste selektiert wird. Dies entspricht dem Paradigma der Share-Economy und der Open Source-Ideale, bei dem die Merkmale wie Offenheit,

Wettbewerb und freie Entscheidung die Softwareentwicklung und -anwendung prägen, was gerade auch für virtuelle Organisationsformen immer mehr Bedeutung hat. Dementsprechend gibt es bei virtuellen Teams auch kein vorgegebenes Handbuch, sondern (viel wirksamer) ein gemeinsames Wiki, in dem in freier Form Erfahrungen geschildert und anderen zugänglich gemacht werden.

Virtuelle Teams sind deshalb nicht so regelgebunden wie andere Teams und können flexibel auf Veränderungen reagieren. In den letzten Jahren wurde die Multimedialisierung vorangetrieben, und neue Technologien wie Augmented Reality ermöglichen neuartige Umgangsweisen in virtuellen Teams. Dadurch steht aktuell die Technologie im Vordergrund, obwohl neuartige Konzepte wie Liquid Democracy oder Blockchain den virtuellen Teams viele neuartige Möglichkeiten zur Ausgestaltung ermöglichen.

Welche Formen von virtuellen Teams gibt es?

Für jede der drei Dimensionen gibt es aber verschiedene Umsetzungsformen, die von der Identität der Teams abhängen und diese Identität forcieren. So scheint sich gerade in virtuellen Teams eine eigenständige Identität zu entwickeln, die sich mit dem Unternehmen identifiziert[470]. Das führt auch dazu, dass Unternehmen sich eine Strategie bezüglich der virtuellen Teams überlegen müssen.

Für virtuelle Teams gibt es zwei Ausgestaltungsformen[471], die aus alternativen Umsetzungen der drei Grunddimensionen resultieren (vgl. Abbildung 15.5) und in Anlehnung an einen Ausspruch von Colin Powell als „New U.S.A." und „Old Europe" bezeichnet werden können: Typ U.S.A. fokussiert sich auf Bürokratie und Macht sowie auf ein Folgen der Führungskraft; weiterhin findet eine durchgehende Standardisierung in der multimedialen Realisation statt. Diese virtuellen Teams folgen den Regeln und den Aufgaben, die durch eine Führungskraft mitgeteilt werden und arbeiten in einem standardisierten Arbeitsumfeld.

Der Typ „Old Europe" greift die Entwicklung des Betriebssystems Linux als Best Practice auf. In diesem Umfeld gilt Verhandeln statt Vorgeben, weshalb die Füh-

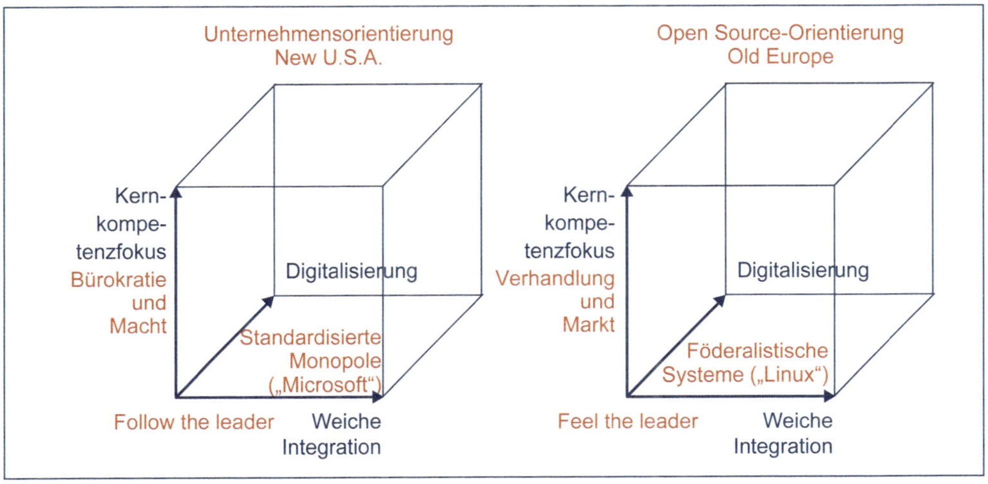

Abbildung 15.5: Zwei Formen von virtuellen Teams

rungskraft meistens als ein emotionaler Führer angesehen wird. Deshalb ähnelt solch ein virtuelles Team eher einem föderalistischen System. Die multimediale Realisierung in diesen virtuellen Teams erlaubt eine höhere Alternativenvielfalt, wodurch sich mehr Koordinationsbedarf ergibt.

Was ist bei der Führung von virtuellen Teams zu beachten?

In der Literatur[472] findet sich eine ganze Reihe von Vorschlägen, wie Kooperation und damit auch Führung in einem virtuellen Team zu gestalten sind:

- *Klare Führung.* Beim virtuellen Team gibt es dominierend eine Integration durch Vision und Unternehmenskultur, wobei diese aber nicht extern vorgegeben ist, sondern sich im Wettbewerb der Ideen im Team entwickelt. Ebenfalls nicht hierarchisch vorgegeben ist der Teamleiter: Er wird gewählt, entweder extern aufgrund von Projektvorschlägen oder aber intern aufgrund seiner Fähigkeiten.

Vertrauen als Ziel und Vertrauen als Mittel

- *Vertrauen.* Virtuelle Organisationen haben im Gegensatz zu traditionellen Organisationsformen wenig formale Kontakt- und Steuerungsmechanismen, was andere Systeme nötig macht – speziell die Zusammenarbeit über Vertrauen. Besonders hervorzuheben an dieser Stelle sind die Arbeiten von Charles Handy[473], der sich immer wieder mit dem Funktionieren von Teams und dabei auch mit virtuellen Organisationen beschäftigt hat: Sein Credo lautet „Trust needs Touch". Daraus leitet sich die etwas paradoxe Maxime ab, in virtuellen Teams die Virtualisierung teilweise zurückzuschrauben, um das Entstehen von Vertrauen zu ermöglichen.
- *Gefühl für Co-Destiny.* Virtuelle Teams sind Schicksalsgemeinschaften. Hier sind die Partner voneinander abhängig und können nur gemeinsam zum Ziel kommen. Dies ist plausibel, weil es in der virtuellen Organisation durch die hochspezialisierte Professionalisierung zu einer temporär-intensiven Verbundorganisation aus Experten kommt. Die Teammitglieder wissen, dass sie einander brauchen und handeln entsprechend. Wie bei einem Ruder-Achter kann man deshalb auch bei einem virtuellen Team zumindest begrenzt von der Aufgabenerfüllung der Partner ausgehen. Im Gegensatz dazu folgt das konventionelle Team der Metapher Langstreckenläufer, wo zwar auch eine Gruppe von Sportlern gleichzeitig unterwegs ist, aber wesentlich geringere arbeitsteilige Abhängigkeiten aufweist.
- *Bewusste Diversity.* Es gibt nicht nur regionale Kulturunterschiede im nationalen Umfeld, sondern auch in den Unternehmenskulturen: Unternehmen entwickeln durch Historie, Branche oder Leitfiguren unterschiedliche Kulturen, unternehmensübergreifende Teams sind daher fast immer „Cross-Cultural". Etwas abgeschwächt gilt dies im Unternehmen für einzelne Subkulturen, die in den funktionalen Unternehmensbereichen entstehen. Konventionelle Teams versuchen kulturelle Divergenzen bereits dadurch zu minimieren, dass sie bei Projektstart auf kulturelle Ähnlichkeit achten und für eine einheitliche Kultur sorgen.

Dorothy-Effekt: opportunistische Abspaltung eines lokalen Kernkompetenzträgers

- *Darwiportunismustauglichkeit.* Auch wenn nicht alle virtuellen Teams einen hohen Darwiportunismusgrad aufweisen, so muss doch der Teamführer ein Konzept für den Umgang mit darwiportunistischen Tendenzen entwickeln. Dazu gehört zum einen, die darwinistischen Grundprinzipien offenzulegen, also Klarheit über die zugrunde liegenden Mechanismen zu schaffen. Wie bereits bei dem C.O.A.C.H.-Modell angesprochen, bedeutet dies nichts anderes, als dass der Teamführer ganz klar artikuliert, nach welchen Prinzipien sich Sieger und Verlierer unterscheiden.

Hinter allem aber steht der Dorothy-Effekt[474]. Er bezeichnet die aus dem darwiportunistischen Umfeld resultierende Abspaltung eines lokalen Kernkompetenzträgers, die auch weitere Teile des ursprünglichen virtuellen Teams betrifft. Im darwiportunistischen Umfeld ist es typisch für virtuelle Teams, dass ihre Kernkompetenzträger immer auf Absprung sind. Aber auch die Unternehmen denken ständig darüber nach, wer auch zukünftig im virtuellen Team bleiben darf.

Virtuelle Teams sind nicht für Routineprozesse konzipiert, sondern sollen bei der räumlich, zeitlich und sachlich verteilten Lösung neuartiger Fragestellungen helfen. Deshalb braucht ein virtuelles Team eine Führungsperson, die mehr ist als ein dezent im Hintergrund stehender Koordinator und mehr ist als ein sich als Dienstleister verstehender informeller Unterstützer. Die Aufgabe dieser Führungskraft besteht im Schaffen einer gruppenspezifischen Vision, einer klaren Idee und einer der Aufgabenstellung entsprechenden Projektkultur.

Wie werden sich virtuelle Teams in Zukunft verändern?

Technologien wie Augmented Reality könnten zu einem weiteren Anstieg an virtuellen Teams führen. Wenn ein Kollege wie in Star Trek als „Hologramm" erscheint, wird die Zusammenarbeit realistischer und die physische Abgrenzung überbrückbar. Durch den Anstieg an Clickworkern oder an unternehmensübergreifenden Teams werden virtuelle Teams die neue Normalität sein.

Es wird sich auch die Kommunikation stark verändern. Schon heute ist ein Trend zu erkennen, dass selbst reale Teams stärker über digitale Medien kommunizieren: Anstatt schnell zu einem Kollegen zu gehen, wird der Person eine Instant Message geschickt. Dementsprechend sieht man immer mehr ein Verschmelzen beider Welten, traditionelle Teams werden virtueller und virtuelle Teams werden traditioneller.

Die Auswirkungen einer digitalen Kommunikation werden stärker. Missverständnisse wirken sich umfangreicher in virtuellen Teams aus, interkulturelle Konflikte werden an der Tagesordnung sein. Der Konflikt zwischen standardisierter Regulierung und freier Selbstorganisation wird noch extremer werden – so wie bereits beim Unterschied zwischen Typ „New U.S.A." als standardisierte Regulierung und Typ „Old Europe" als freie Selbstorganisation angesprochen.

15.7 Digital: Grenzenlose Führung

Neben einer Uminterpretation traditioneller Führungsmodelle gibt es bei der digitalgrenzenlosen Führung auch Konzepte und Phänomene, die sich aus dem technologischen Fortschritt heraus entwickelt haben.

Pugging Teams

Pugging Teams[475] kommen aus der Videospielbranche und entstehen dynamisch, autonom und immer für einen bestimmten Zweck. Der Fokus liegt auf einer kurzfristigen Zusammenarbeit ohne organisationale Hierarchie. Wenn das Ziel erreicht wird, lösen sich diese Teams meistens auf. Die Führung übernimmt die Person, die von der Gruppe als Führung akzeptiert wird. Die Teamfindung findet komplett informell und selbstorganisiert statt. In den Videospielen „World of Warcraft" und „League of Legends" gibt der Entwickler den Spielern die Chance zu puggen, aber wie die Teams zusammenarbeiten, ist ihnen selbst überlassen.

Diese Teams koexistieren zu vorhandenen Strukturen, können jedoch dynamischer auf neue Herausforderungen eingehen, da sie selbstorganisiert sind und der Verdienst oder die Belohnung erst erarbeitet werden muss. Hier liegt ein starker Fokus auf intrinsischer Motivation. Aus dieser Freiheit entwickeln sich auch selbstgesetzte Regeln. Was ist das gemeinsame Ziel, wem kann man vertrauen? Jeder Einzelne ist wichtig und trägt dazu bei. Trittbrettfahrer können schnell aus dem Team geworfen werden. Dies erfordert eine hohe Selbstdisziplin.

Dass dieses Phänomen auch in Unternehmen Anwendung findet, sieht man beispielsweise an den Hackathons, Veranstaltungen zu kollaborativer Software- und Hardwareentwicklung. Anders als bei echten Bottom-up-Puggins werden diese Hackathons meistens von der Unternehmensleitung veranstaltet.

Abbildung 15.6: Typischer Hackathon beim South by Southwest Festival

Human-Robot-Teams

Eine weitere Form der Kooperation sind Human-Robot-Teams. Hier arbeitet künstliche Intelligenz im Team mit, beispielsweise ein Roboter, eine Assistenzsoftware, ein Algorithmus oder irgendeine andere Technologie, die fähig ist, intelligent zu interagieren.

Menschen müssen sich überlegen, wie mit solchen Teammitgliedern umgegangen werden soll. Der Roboter wird der neue Kollege im Team und der Mensch wird auf ihn reagieren. Aktuell wird daran gearbeitet, Roboter menschlicher zu machen, sie Emotionen „spüren" zu lassen und ihnen sogar das Lügen beizubringen[476]. Psychologisch gesehen sucht der Mensch nach sozialer Interaktion und somit sind diese menschlichen Reaktionen nachvollziehbar. Was aber passiert, wenn die Roboter führen und eine Führungsrolle im Team übernehmen wollen?[477]

15.8 Ausblick

Geht man noch einmal zurück zum Darwiportunismus[477a], so ist dies eine Situation, die nicht nur auf Unternehmen als Ganzes zutrifft, sondern vor allem auch innerhalb des Teams gelebt wird. Darwiportunismus falsifiziert den wunderschönen Mythos der Teamorientierung, wonach Mitarbeiter das dominierende Gefühl haben, gerade durch eine gemeinsame und vertrauensvolle Anstrengung im Team besonders schnell nach vorne zu kommen. Aus dem Mythos der Teamorientierung leitet sich das sozialromantische Postulat ab, wonach es in einem Team einen relativ geringen Wettbewerb und eine nahezu führungslose Organisation gibt.

Die Realität sieht allerdings darwiportunistisch aus:

- In vielen Unternehmen haben sich nicht die Leute durchgesetzt, die tatsächlich die besten Teamspieler waren, sondern diejenigen, die sich in Teamsituationen am opportunistischsten verhalten haben. *Sieger ist am Schluss derjenige, der den größten Anschein von Teamorientierung weckt, gleichzeitig sich aber selbst optimiert.*
- Auf der anderen Seite sind *Unternehmen gerade deshalb erfolgreich, weil sie funktionierende Teams schaffen können.* Nur durch die Interaktion, nur durch das wechselseitige Helfen und nur durch die gemeinschaftliche Anstrengung sind viele Aufgaben lösbar.

Das Ergebnis ist ein Dilemma: Auf der einen Seite gibt es darwiportunistische Tendenzen, auf der anderen Seite die Notwendigkeit zur „echten" Teamarbeit.

Aufgaben und Fragen zur Selbstüberprüfung

1. Was unterscheidet eine Gruppe von einem Team?
2. Welche sechs Führungsaufgaben eines Teamführers sehen *Jon Katzenbach* und *Douglas Smith*?
3. Erklären Sie die Modelle C.O.A.C.H. und P.U.C.K.!
4. Erläutern Sie das 5-Sekunden-Modell!
5. Erklären Sie den Begriff Mikropolitik!
6. Erklären Sie das Phänomen Mobbing und seine Phasen!

Endnoten

443 *meinestadt.de* 2017.

444 *Akademie für Führungskräfte der Wirtschaft* 2006, 11.

445 *Right Management* 2014.

446 vgl. *Kieser/Reber/Wunderer* 1987.

447 *Herwig-Lempp* 2004, 40–41; *Malik* 2010, 89.

448 vgl. *Cartwright/Zander* 1968.

449 vgl. *Wurst/Högl* 2000, 163.

450 vgl. *Katzenbach/Smith* 2005.

451 vgl. *Katzenbach/Smith* 1993, 238.

452 *Pawlowsky* 2008, 417.

453 vgl. *Shula/Blanchard 1995.*

454 *Shula/Blanchard* 1995, 183–192.

455 vgl. *Blanchard et al.* 2001.

456 vgl. *Blanchard/Carew/Parisi-Carew* 2002.

457 *Blanchard/Carew/Parisi-Carew* 2002, 22–23.

458 *Augustine* 2001, 107.

459 *Mintzberg* 1998.

460 vgl. *Mintzberg* 1998, 147.

461 vgl. *Seifter/Economy* 2001.

462 vgl. *Scholz/Schmitt* 2004/2005; *Pawlowsky/Mistele* 2008.

463 *Scholz/Schmitt* 2010.

464 *Scholz/Schmitt* 2010.

465 vgl. *o.V.*, Führungsmodell von einer ganz anderen „Saite“. Mithilfe des „5-Sekunden-Modells“ sollen Teams zu Hochleistungen im Einklang geführt werden, in: Der Standard 16./17.07.2005, C 22.

466 *Flusser* 1993, 65–66.

467 *Scholz/Stein* 1998; *Scholz/Stein* 2013, 70.

468 vgl. *Scholz/Stein* 2005.

469 *Scholz* 1994.

470 *Scholz/Stein* 2005, 87–103, 97.

471 *Scholz/Stein* 2003, 205–206.

472 vgl. *Scholz* 2000b, 320–390; *Scholz* 2002.

473 vgl. *Handy* 1995.

474 vgl. *Scholz* 2001.

475 *Scholz/Stein* 2017, 788–804.

476 *Wagner/Arkin* 2011, 5–26.

477 *Young, James E.*, How to Manage Robots and People Working Together, 2.6.2015, online unter: https://www.wsj.com/articles/how-to-manage-robots-and-people-working-together-1433301051, abgerufen am 25.5.2018.

477a vgl. *Scholz* 2003a.

Retention: Wie hält man gute Mitarbeiter im Unternehmen?

16

Inhalt

Fakten

59 % der Unternehmen sehen die Mitarbeiterbindung als ein wichtiges und erfolgskritisches Handlungsfeld an.[478]

98 % der Arbeitnehmer, die sich mit ihrem Unternehmen verbunden fühlen, haben die Absicht, auch nächstes Jahr für ihr derzeitiges Unternehmen zu arbeiten.[479]

77 % der Arbeitnehmer mit einer hohen Bindung an das Unternehmen übernehmen auch gerne Aufgaben außer der Reihe.[480]

Lernziele

- Sie erfahren, warum das Thema Retention so erfolgskritisch ist.
- Sie erleben, wie man Retention umsetzen kann.
- Sie wissen, welche Konzepte und Kennzahlen im Hinblick auf das Retentionsmanagement wichtig sind.
- Sie verstehen Gründe und Motive für Abwanderungstendenzen von Mitarbeitern.
- Sie lernen, wie man Abwanderungstendenzen seitens der Mitarbeiter aktiv verhindern kann.

16.1 Überblick

Personalarbeit hat zweifelsohne ihre Schattenseiten: Dazu gehört vor allem das Erlebnis, wenn ein Mitarbeiter, mit dem man gut zusammenarbeiten kann, in den man viel investiert und mit dem man große Pläne hat, plötzlich das Unternehmen verlässt. Noch schlimmer: Eine ganze Gruppe kündigt und ist, ehe man sich versieht, unter Einreichung des Resturlaubs schlagartig weg. Retention ist also ein drängendes Problem! Dabei geht es aber nicht nur um Mitarbeiter, die tatsächlich das Unternehmen verlassen. Bereits die Phase davor stellt ein Problem dar: nämlich Mitarbeiter, die über eine Kündigung nachdenken oder aber – ohne die Führungskraft zu informieren – innerlich gekündigt haben. Retention bedeutet daher, gute Mitarbeiter nicht nur arbeitsvertraglich, sondern vor allem mental an das Unternehmen zu binden.

Nicht überall hat sich allerdings die Relevanz des Themas herumgesprochen. Deshalb braucht es zum einen eine weitergehende Begründung dafür, dass Retention auf der Aufmerksamkeitsliste nach oben rutscht. Zum anderen werden formale Grundlagen behandelt, also zum Beispiel Fluktuationskennziffern erläutert (Abschnitt 16.2). Es folgen theoretische Grundlagen: Warum verlassen Mitarbeiter tatsächlich das Unternehmen? Sicherlich gibt es dazu einfache Antworten, beispielsweise mehr Geld oder bessere Führungskräfte. Allerdings ist die Thematik in der Regel komplizierter (Abschnitt 16.3). Schließlich verlangt Beschäftigung mit Retention einen systematischen Handlungsansatz, der mitarbeiterseitig zufriedenheitfördernde Parameter wie Arbeitsumfeld, Karriereperspektiven mit unternehmensseitig erfolgfördernden Werthebeln verbindet (Abschnitt 16.4).

16.2 Wieso ist das Thema so wichtig?

Egal welche Studie man heranzieht: Die Verbundenheit von Mitarbeitern zum Unternehmen nimmt immer mehr ab und hat einen dramatischen Tiefpunkt erreicht. Nach der viel zitierten Untersuchung von Gallup[481] fühlen sich in Deutschland 67 Prozent der Arbeitnehmer kaum noch an ihr Unternehmen gebunden, 20 Prozent haben bereits innerlich gekündigt. Der Arbeitsweltmonitor des Instituts für Managementkompetenz[482] stellte fest, dass 30 Prozent der Arbeitnehmer emotionale und/oder finanzielle Gründe sehen, das Unternehmen zu verlassen.

Menschen sind der wichtigste Erfolgsfaktor

„Meine wichtigste Erfahrung als Manager ist die Erkenntnis, dass die Mitarbeiter das wertvollste Gut eines Unternehmens sind und damit das wichtigste Erfolgskapital."[483]

Werner Niefer (1928–1993; 1989 bis 1993 Vorstandsvorsitzender Mercedes Benz AG)

Mitarbeiter als Kapital mit Füßen

Die Bindung der Mitarbeiter zielt auf die systematische Anstrengung des Unternehmens, solche Mitarbeiter, die man als wichtig einstuft, im Unternehmen zu halten. Retention bedeutet also, die Unternehmensbindung insbesondere bei Schlüsselkräften zu verbessern.

Die Bedeutung von Retention liegt auf der Hand:

- Verlassen zentrale Mitarbeiter das Unternehmen, so hat dies unmittelbare Auswirkungen auf alle betrieblichen *Prozesse* von Beschaffung über Produktion bis Vertrieb. Gerade in der Beziehung zu externen Kunden können dauerhafte Schäden eintreten, wenn der das Unternehmen verlassende Mitarbeiter quasi seine Kunden „mitnimmt".
- Ähnliches gilt für spezifisches *Know-how*, denn das Besondere an Wissensarbeiten ist ihre informationsverarbeitende Leistung, die zu individuellem Wissen führt, das – im Regelfall – nicht in kollektives Organisationswissen transformiert wird und mit dem Ausscheiden des Mitarbeiters aus dem Unternehmen ebenfalls das Unternehmen verlässt.
- Ob eine nicht besetzte Stelle automatisch *Effektivitätsverlust* mit sich bringt, hängt davon ab, ob das Unternehmen ausgelastet ist. Falls dies der Fall ist, hat der Weggang von Mitarbeitern zwangsläufig Beschaffungs-, Produktions- beziehungsweise Absatzeinbrüche zur Folge. Sie sind in manchen Branchen (zum Beispiel bei Fluglinien) auch nicht wieder durch Nacharbeit auszugleichen.
- Wenn man als Faustregel die Nachbesetzung eines nicht vom Unternehmen initiierten Abgangs mit einem Jahresgehalt berechnet, so zahlen sich Maßnahmen zur Retention unmittelbar aus: Nimmt man einen Bereich aus 1.000 Mitarbeitern mit einem durchschnittlichen Jahresgehalt von 100.000 Euro und einer unfreiwilligen Fluktuation von 5 Prozent pro Jahr, so kann ein erfolgreiches Retentionsmanagement unmittelbar 5 Millionen Euro zur *Gewinnsteigerung* beitragen – zusätzlich zu dem Mehrwert, der aus den vorangegangenen drei Punkten entsteht.
- Mitarbeiterbindung fördert Kundenbindung! Nichts ist für Kunden störender, als jedes Mal bei einem neuen Ansprechpartner „von Null" anfangen zu müssen. Die Bedeutung von langfristig stabilen *Geschäftskontakten* gilt dabei natürlich insbesondere für Bereiche mit externen Kontakten, letztlich aber auch für interne Netzwerke.
- Auch die zunehmende interne Komplexität schafft Anforderungsprofile, die immer spezifischere Kompetenzen beinhalten: Gerade wenn sich durch permanente Geschäftsoptimierung Unternehmen immer stärker auf ihre eigenen Kernkompetenzen fokussieren, wird die Gefahr massiver Schädigung durch Abwandern von *Schlüsselpersonen* immer größer.

Mitarbeiterbindung fördert Kundenbindung!

Unternehmen tun also gut daran, ihre Mitarbeiter tatsächlich als „Kapital mit Füßen" anzusehen, die im Zweifelsfall das Unternehmen verlassen können.

Übung 16.1 Probleme durch Abwanderung

Auch bei der Strawberry Cake & Bakeries AG stellen Sie Abwanderungstendenzen fest. Sie überlegen daher, welche konkreten Schwierigkeiten sich durch die Abwanderung von Schlüsselkräften für Ihr Unternehmen ergeben könnten.

Kennzahlen, auf die es ankommt

Acht Fluktuationskennziffern mit acht Aussagen

Im Umgang mit Mitarbeitern, die das Unternehmen verlassen (wollen), gibt es im Wesentlichen acht als Prozentwert angegebene Kennzahlen, die in der Praxis unter unterschiedlichen Bezeichnungen zum Einsatz kommen:

$$\text{(1)}\quad \text{Personalerhaltungsrate}_t[\%] = 100 - \frac{\text{Personalbestand}_{t-1} - \text{Personalbestand}_t}{\text{Personalbestand}_{t-1}} \cdot 100$$

Hat ein Unternehmen am Anfang der Planungsperiode (t–1) 100 Mitarbeiter, am Ende (t) 80, so führt dies zu einer Personalerhaltungsrate von 80 Prozent. Allerdings ergibt sich der Personalbestand als Saldo, in den auch Zugänge und Abgänge eingehen. Deshalb bezieht sich eine zweite Kennzahl ausschließlich auf die Mitarbeiter, die das Unternehmen verlassen haben.

$$\text{(2)}\quad \text{Fluktuationsrate}_t[\%] = \frac{\text{Personalabgang}_t}{\text{Personalbestand}_{t-1}} \cdot 100$$

Sind also in Fortführung obigen Beispiels 60 Mitarbeiter gegangen, aber 40 neue dazu gekommen, so führt dies zu einer Fluktuationsrate als Abgangsrate von 60 Prozent. In diesen 60 Prozent stecken sowohl Mitarbeiter, die selbst gekündigt haben, als auch solche, die das Unternehmen bewusst gekündigt hat, sowie solche, die planmäßig beispielsweise durch Erreichen der Pensionierungsgrenze das Unternehmen verlassen haben. Bezieht man deshalb jetzt das Wort „freiwillig“ auf das Unternehmen, so führt dies folgerichtig auch zur aus Unternehmersicht unfreiwilligen Fluktuation:

$$\text{(3)}\quad \begin{matrix}\text{Unfreiwillige}\\ \text{Fluktuationsrate}_t\end{matrix}[\%] = \frac{\begin{matrix}\text{Personal-}\\ \text{abgang}_t\end{matrix} - \begin{matrix}\text{Unternehmens-}\\ \text{kündigung}_t\end{matrix} - \begin{matrix}\text{planmäßige}\\ \text{Freisetzung}_t\end{matrix}}{\text{Personalbestand}_{t-1}} \cdot 100$$

Sicherlich gibt es hier Grenzfälle wie die „erzwungene Eigenkündigung“ oder aber den vorzeitigen Ruhestand. Trotzdem ist diese für das Unternehmen unfreiwillige Fluktuation der eigentliche Kern für die Diskussion um die Retention. Sind also von den 60 Mitarbeitern, die das Unternehmen verlassen haben, 40 durch das Unternehmen gekündigt worden und fünf in den Ruhestand gegangen, so führt dies zu einer unfreiwilligen Fluktuationsrate von 15 Prozent. Spiegelbildlich dazu gibt es die Retentionsrate, die hier 85 Prozent beträgt.

$$(4)\quad \text{Retentionsrate}_t\,[\%] = 100 - \text{unfreiwillige Fluktuationsrate}_t$$

Gute Personalarbeit schaut aber nicht nur rückblickend auf die Mitarbeiter, die das Unternehmen verlassen haben, sondern vorwärtsblickend auch auf diejenigen, bei denen sich eine derartige Aktion abzeichnet. Hierfür kann auf entsprechende Daten aus Mitarbeiterbefragungen zurückgegriffen werden.

$$(5)\quad \begin{matrix}\text{Mentale}\\ \text{Fluktuationsrate}_t\end{matrix}\,[\%] = \frac{\begin{matrix}\text{Mitarbeiter mit}\\ \text{Kündigungsabsicht}_t\end{matrix}}{\text{Personalbestand}_t} \cdot 100$$

Tragen sich also im obigen Beispiel von den 80 Mitarbeitern, die am Ende der Bezugsperiode im Unternehmen sind, 32 mit Abwanderungswünschen, so ergibt sich eine mentale Fluktuationsrate von 40 Prozent.

Eine weitere Fokussierung ergibt sich, wenn man sich ausschließlich auf die Personengruppen beschränkt, die – aus welchen Gründen auch immer – besonders wichtig sind oder deren „Ersatzbeschaffung" Schwierigkeiten aufzuwerfen droht. Für diese Schlüsselpersonen (SP) sollten dann eigene Kennzahlen bestimmt werden, was zu den folgenden Varianten führt:

$$(6)\quad \text{Retentionsrate}_t^{SP}\,[\%] = 100 - \text{unfreiwillige Fluktuationsrate}_t^{SP}$$

$$(7)\quad \begin{matrix}\text{Mentale}\\ \text{Fluktuationsrate}_t^{SP}\end{matrix} = \frac{\begin{matrix}\text{Mitarbeiter mit}\\ \text{Kündigungsabsicht}_t^{SP}\end{matrix}}{\text{Personalbestand}_t^{SP}} \cdot 100$$

Würden von den 100 Mitarbeitern 20 zur Gruppe der Schlüsselpersonen gehören und hätten dann fünf dieser Schlüsselpersonen gekündigt, so wäre dies eine unfreiwillige Fluktuationsrate von 25 Prozent beziehungsweise eine Retentionsrate von 75 Prozent. Wenn von den verbliebenen 15 insgesamt zehn mit einer Kündigung liebäugelten, so wäre die mentale Fluktuationsrate unter den Schlüsselpersonen 67 Prozent.

Bei diesem Rechenbeispiel wird deutlich, dass man streng genommen sogar eine weitere Retentionsrate braucht, die sich aus allen Fluktuationsarten der Schlüsselpersonen zusammen ergibt.

$$(8)\quad \begin{matrix}\text{Umfassende}\\ \text{Retentions-}\\ \text{rate}_t^{SP}\end{matrix}\,[\%] = \frac{\begin{matrix}\text{Personal-}\\ \text{bestand}_{(t-1)}^{SP}\end{matrix} - \begin{matrix}\text{Personal-}\\ \text{abgang}_t^{SP}\end{matrix} - \begin{matrix}\text{Unternehmens-}\\ \text{kündigung}_t^{SP}\end{matrix} - \begin{matrix}\text{planmäßige}\\ \text{Freisetzung}_t^{SP}\end{matrix}}{\text{Personalbestand}_{(t-1)}^{SP}} \cdot 100$$

Im Rechenbeispiel entspricht diese Form der Retention, wenn zusätzlich noch einer Schlüsselperson gekündigt worden wäre und vier Schlüsselpersonen aus Altersgründen ausscheiden, einer umfassenden Retentionsrate^{SP} (20 – 5 – 1 – 4): 20 = 50 %, wodurch klar wird, dass die zunächst in Formel (6) berechnete Retentionsrate^{SP} von 75 Prozent ein eindeutig zu rosiges Bild zeichnet.

Übung 16.2 Berechnen von Kennzahlen

Sie sitzen bei einem Glas Rotwein vor dem Kamin und blättern das Wirtschaftsmagazin Der Wirtschaftsmonat durch. Dabei fällt Ihnen auf, dass häufig von hohen Fluktuationsraten berichtet wird. Auch wenn Sie als CEO selbstverständlich Zugriff auf alle relevanten Werte hätten, die benötigt werden, um die relevanten Kennzahlen zur Fluktuationsrate und Retention bei der Strawberry Cake & Bakeries AG zu berechnen, haben Sie jetzt keine Lust mehr den Computer hochzufahren. Daher treffen Sie realistische Annahmen für die Werte, die für die Berechnung der Kennzahlen benötigt werden und berechnen die acht Kennzahlen.

Gefährliche Trivialität

Interessant ist jetzt natürlich die Beantwortung der Frage, wie man denn diese für den Erfolg des Unternehmens so wichtige Bindung herstellen kann. Hierzu wird man allerdings rasch fündig, denn die Literatur ist voll mit mehr oder weniger plausiblen Konzepten, die zwei Dinge gemeinsam haben:

(1) Sie implizieren unmittelbaren *Aktionismus*, bei dem aus dem Problem einer zu geringen Mitarbeiterbindung sofort auf angeblich geeignete Maßnahmen geschlossen wird.

(2) Sie implizieren einen *Maßnahmenkatalog*, dem nicht nur eine sachlogische Begründung fehlt, sondern der auch noch durch groteske Trivialität besticht.

Die Konsequenz aus dieser Kombination führt dazu, dass man das Problem der Retention zwar erkennt, aber allenfalls zufällig in den Griff bekommt.

Vorsicht vor trivialen Empfehlungen, die gut klingen, aber wenig bringen

Einige Beispiele für Vorschläge zur Erhöhung der Mitarbeiterbindung, die man in den entsprechenden „praktischen Empfehlungen"[484] findet, lauten:

- Schaffung einer guten Stimmung, bei der sich alle wohlfühlen,
- Einführung von Cappuccino-Maschinen, Obstkörben, Fitness-Geräten, Entspannungslounges, Eismaschinen, Blumensträußen,
- gemeinschaftliches Entdecken und Gestalten der Gemeinschaft und
- Schaffen einer Spaßkultur, bei dem sich die Arbeitswelt in einen Disney-Freizeitpark transformiert.

Auch wenn diese und ähnliche Maßnahmen immer wieder genannt werden, ist ihr langfristiger Erfolg durch nichts belegt. Umgekehrt ist aber auch zu argumentieren, dass es unwahrscheinlich ist, dass diese Aktivitäten ernsthaft dem Betriebsklima schaden.

Übung 16.3 Aufstellen von Retentionsmaßnahmen

Bevor Sie sich substanziell mit konkreten Maßnahmen zur Retention beschäftigen, möchten Sie „auf die Schnelle" etwas für die Bindung Ihrer Mitarbeiter an die Strawberry Cake & Bakeries AG tun. Sie überlegen sich daher kurzfristige Maßnahmen, die nicht viel kosten. Insgeheim fragen Sie sich jedoch, ob die Wirksamkeit dieser Maßnahmen überhaupt bewiesen ist.

Gefährliche Internationalisierung

Gerade in der globalen Welt ist es Bestandteil einer Karriere, dass man ins Ausland geht. Unternehmen können mit Auslandseinsätzen von Mitarbeitern die Bindungsbereitschaft beeinflussen, wenn so die Tätigkeit abwechslungsreicher und interessanter wahrgenommen wird. Zudem kommen persönliche Lerneffekte für die Mitarbeiter hinzu, die sich aus der Erlernung einer neuen Sprache oder der Zusammenarbeit in interkulturellen Teams ergeben.

Allerdings werden internationale Einsätze nicht von allen Mitarbeitern positiv wahrgenommen. Daher kann ein Zwang („mindestens fünf Jahre Ausland – sonst keine Karriere") kontraproduktive Effekte auf die Bindung von Mitarbeitern haben, abgesehen davon, dass ein derartig motivierter Mitarbeiter auch im Ausland keinen guten Job macht.

Weiterhin sollte der Auslandseinsatz professionell geplant sein, damit der Erfolg des Einsatzes gesichert und maximiert wird. Wie geht man mit der Familie um? Gibt es gute Schulen für die Kinder? Wie sieht es mit dem berufstätigen Partner aus? Hier entstehen viele Stolpersteine, die die Retention beeinflussen können. Es ist zu klären, was der Expatriate bei der Rückkehr macht. Gerade die Repatriierung wird oft übersehen.

16.3 Welche Basistheorien gibt es?

Um eben nicht reflexartig auf ungewünschte Fluktuation mit unzureichendem Aktionismus zu reagieren, gilt es, „Retention" und „Fluktuation" zu verstehen. Hierzu ist die Auseinandersetzung mit den entsprechenden Basistheorien nützlich.

Schock und Pfad (Shocks and the Unfolding Path Model)

Will man Retention wirksam herstellen, gilt es den Prozess der Ablösung eines Mitarbeiters vom Unternehmen zu verstehen. Nur wenn diese Ablösungspunkte lokalisiert und analysiert sind, kann der erfolgreiche Retentionsmanager nachhaltig an diesen Punkten ansetzen.

Abbildung 16.1: Das Schock und Pfad-Modell

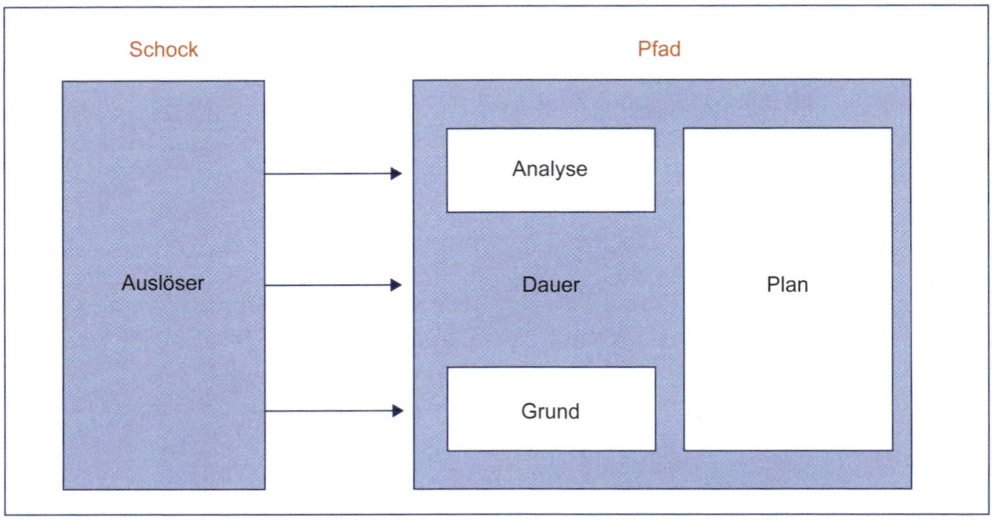

Wie löst sich der Mitarbeiter vom Unternehmen?

Die Ablösung eines Mitarbeiters vom Unternehmen lässt sich in der „Schock und Pfad" (Abbildung 16.1) bezeichenbaren Theorie durch folgende fünf Aspekte beschreiben[485]:

(1) Zunächst geht es darum, das auslösende Ereignis (*Auslöser*) zu bestimmen. Hierfür gibt es verschiedene Varianten: Eine Möglichkeit ist ein Schock im Sinne eines plötzlichen konkreten Ereignisses. Möglich sind hier sowohl negative Schocks (zum Beispiel Unternehmensverkauf oder schlechte Mitarbeiterbewertung), wie auch positive Schocks (zum Beispiel Abwerbungsversuch durch ein anderes Unternehmen oder Schwangerschaft). Alternativ dazu können aber auch Unzufriedenheit oder aufsummierte Kleinigkeiten, wie eine um wenige Euro gekürzte Reisekostenabrechnung, der Auslöser sein.
(2) Der nächste Punkt betrifft die Frage nach dem *Plan*. Gibt es eine Idee für Ablösung und Neueintritt? Oder aber kündigt die betreffende Person ohne sich konkret die Zukunft ausgestaltet zu haben? Hier geht es also um das Skript, das jeder für sich selbst schreibt.
(3) Unterschiedlich kann auch der inhaltliche *Grund* für die Ablösung sein. Abgesehen vom normalen Fall, bei dem der Mitarbeiter seinen Job wegen Unzufriedenheit aufgibt, kann auch der Mitarbeiter – der eigentlich zufrieden ist – wegen eines speziellen Grunds gehen, weil er es beispielsweise auch aus Karrieregründen für angemessen hält.
(4) Nicht jede Kündigung basiert auf einer umfassenden *Analyse* von Alternativen, ist also (nicht immer) das Ergebnis einer konkret vorliegenden besseren Option.
(5) Schließlich kann der gesamte Ablösungsprozess kurzfristig verlaufen oder sich auf einen eher längeren Zeitraum erstrecken (*Dauer*).

Mit diesen Parametern lassen sich jetzt fünf unterschiedliche Konstellationen herleiten und auf ihre empirische Relevanz testen (Tabelle 16.1).

Die Verfasser der Studie zum „Shocks and the Unfolding Path Model" weisen darauf hin, dass natürlich primär die Mitarbeiter das Unternehmen verlassen, die unzufrieden sind und über Alternativen verfügen. Allerdings betonen sie auch die Bedeutung von schockartigen Auslösern, die dazu führen, dass teilweise unabhängig von Geld und genereller Zufriedenheit Mitarbeiter kündigen.

Parameter	Variante des Ablösungsverhaltens				
	I	II	III	IV	V
Auslöser	Schock	Schock	Schock	mehrere kleinere Ereignisse	mehrere kleinere Ereignisse
Plan/Skript	vorhanden	nicht vorhanden	nicht vorhanden	nicht vorhanden	nicht vorhanden
Grund	konkreter Grund	generelle Unzufriedenheit	generelle Unzufriedenheit	generelle Unzufriedenheit	generelle Unzufriedenheit
Alternative/Option	nicht vorhanden	nicht vorhanden	vorhanden	nicht vorhanden	vorhanden
Dauer	sehr kurz	kurz	lange	mittel	lange

Tabelle 16.1: Varianten von Kombinationen zum Ablösungsverhalten[486]

Analyse der Fluktuation

Übung 16.4

Sie denken sich, dass ein „mentaler Seitenwechsel" h lfreich wäre, um zu verstehen, warum Mitarbeiter die Strawberry Cake & Bakeries AG verlassen wollen. Sie versetzen sich daher in die Lage Ihrer Mitarbeiter und überlegen, was Auslöser für das Verlassen der Strawberry Cake & Bakeries AG sein könnte. Sie informieren sich über die entsprechende Branchensituation und stellen konkrete Überlegungen an.

Gerade Computerinformationssysteme bieten in Zusammenhang mit Exitinterviews die Möglichkeit, die Ursachen für Kündigungsgründe genau zu analysieren.

So kann man sehen, welche Kündigungsgründe in den Interviews angegeben wurden, sich ein Ranking erstellen lassen und nach bestimmten Kriterien sortieren. Anhand dieser Informationen lassen sich gezielt Programme für eine starke Retention entwickeln, die auf bisherige Schwachstellen im Unternehmen eingehen.

Verwurzelung (Job Embeddedness)

Die Wahrscheinlichkeit zur freiwilligen Fluktuation hängt davon ab, wie stark die Bindung an das Unternehmen ist. Relevant hierfür ist das Konzept der Job Embeddedness, annähernd übersetzbar mit Verwurzelung. Dieses führt diverse theoretische und empirische Konzepte zusammen zu einer Überlegung, wonach die Bindung an das Unternehmen von drei Faktoren[487] abhängt:

(1) *Links* beschreiben die Verbindungen, die eine Person mit der Organisation hat. Diese Verbindungen können finanzieller Natur sein, genauso aber auch psychologisch-emotional oder aufgabenorientiert. Links können stark oder schwach ausgeprägt sein.

(2) *Fit* drückt aus, inwieweit eine Person das Gefühl hat, dass sie mit ihren Fähigkeiten, Neigungen und Eigenschaften in die jeweilige Organisation passt. Das heißt, es liegt eine Passung vor oder eben nicht.

Verwurzelung = Links + Fit + Sacrifice

(3) *Sacrifice* ist eine Sammlung von all den Effekten, die eintreten, wenn jemand die Organisation verlässt. Dieser hohe oder niedrige Schaden kann finanzieller Natur sein (zum Beispiel Gehalt oder Aktienoptionen), Opfer können aber auch in der Aufgabe von Stabilität und Kontinuität liegen.

Je höher Links, Fit und Sacrifice ausfallen, umso schwerer wird es dem Einzelnen fallen, das Unternehmen zu verlassen.

Diese drei Faktoren können sich nach Ansicht der Autoren zum einen auf das Unternehmen, zum anderen auf das Umfeld beziehen, wobei die Wahrnehmung nicht zwingend identisch ausfallen muss: So kann man durchaus seinen Arbeitgeber als Link sehr positiv (und damit stark) sehen, seinen Wohnort aber als langweilig (schwacher Link).

Dies führt im Kern zu sechs Feldern, die jeweils unterschiedliche Ausprägungen aufweisen können (Tabelle 16.2). Will das Unternehmen einen Mitarbeiter halten, muss es eine „Verwurzelung" in allen sechs Feldern anstreben.

Tabelle 16.2: Embeddedness-Matrix

	zum Unternehmen	zum Umfeld
Links	starke oder schwache Verbindung	starke oder schwache Verbindung
Fit	gegebene oder nicht gegebene Stimmigkeit	gegebene oder nicht gegebene Stimmigkeit
Sacrifice	hoher oder niedriger Schaden für den Mitarbeiter	hoher oder niedriger Schaden für den Mitarbeiter

Gut erklärt: Verwurzelung als Zustand

Teilweise offen: Verwurzelung als Aktivität

Geht man noch einen Schritt weiter, führt dies zum einen zu „Embeddedness" als Zustand und zum anderen zu „Embedding" als Aktivität. So sind beispielsweise der Kauf eines Eigenheims, die Anstellung des Ehepartners im Unternehmen oder die Mitgliedschaft in einem Exklusiv-Club Aktivitäten, die die Verwurzelung (Zustand) erhöhen. Job Embeddedness beeinflusst als vorgelagerte Variable sowohl die Retentionsneigung als auch die Leistungsbereitschaft (Commitment) der Mitarbeiter. Diese haben wiederum Einfluss auf den Erfolg des Unternehmens[488] (Abbildung 16.2).

Abbildung 16.2: Zusammenhang Embedding und Erfolg

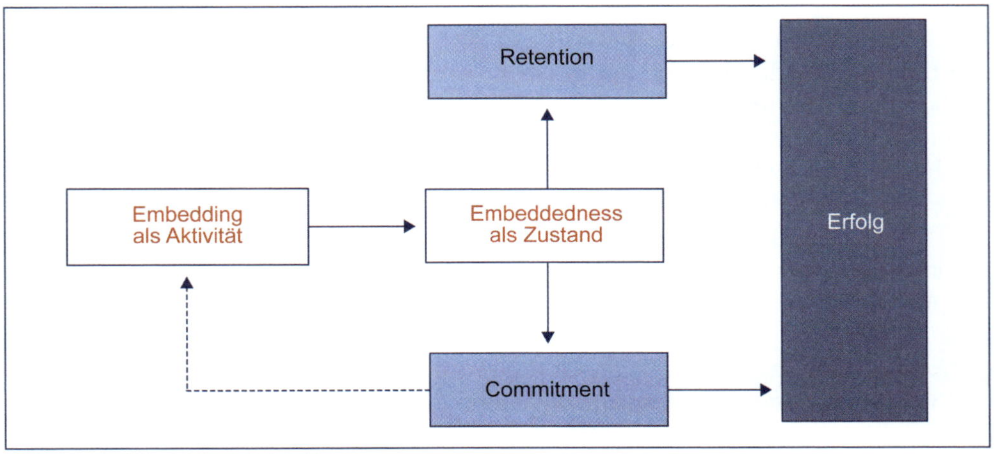

Vor diesem Hintergrund ist Job Embeddedness eine Ergebnisgröße, nicht aber ein unmittelbarer Auslöser von Aktivitäten.

Self-Concept-Job Fit

Suche nach dem „idealen Job“

Eine interessante Weiterführung des oben angesprochenen Fits bezieht sich auf die Stimmigkeit zwischen Person und Job. Dabei spielt nicht nur – wie man vielleicht auf den ersten Blick vermuten würde – die objektive Stimmigkeit im Sinne einer Minimierung des Unterschieds zwischen Anforderungen und Fähigkeiten eine Rolle, auch wenn sich diese zwangsläufig auf die Qualität der Aufgabenerfüllung auswirkt. Vielmehr zählt beim Self-Concept-Job Fit[489] vor allem die subjektive Passung als das Gefühl des „idealen Ichs“ und seine Einbringung in den Job (Abbildung 16.3).

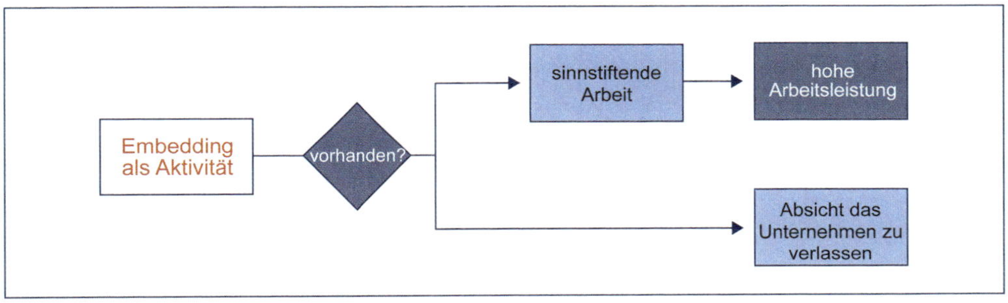

Abbildung 16.3: Self-Concept-Job-Modell[490]

Als Konsequenz für das Personalmanagement bedeutet dies, dass Allokation und Integration an den Self-Concept-Job Fit ausgerichtet sein muss. Anders ausgedrückt: Man hat also im günstigsten Fall das Gefühl, sich mit dem, was man glaubt zu sein, voll in den Job einbringen zu können. Ist der entsprechende Fit nicht vorhanden, tendiert der Mitarbeiter aus Unzufriedenheit dazu, das Unternehmen zu verlassen. Gelingt es diese subjektive Passung herzustellen, empfindet der Mitarbeiter seine Arbeit als „sinnstiftend“, kann sich mit dieser identifizieren und ist motiviert, was zu einer erhöhten Arbeitsleistung führt.

Empirisch lässt sich quer über unterschiedliche Organisationsformen zeigen[491], dass gerade dieser Self-Concept-Job Fit deutlich auf den Wunsch wirkt, im Unternehmen zu bleiben.

Exit and Voice

Ein Klassiker in der Retentionsforschung ist der immer noch aktuelle Aufsatz von *Daniel Spencer*[492]. Er nimmt die generell niedrige Korrelation zwischen Zufriedenheit und Fluktuation als Auslöser für die Überlegung, wonach es noch ganz andere Faktoren geben könnte, die vielleicht trotz niedriger Zufriedenheit eine niedrige Fluktuation bewirken. *Daniel Spencer* wird fündig beim Konzept von Exit and Voice[493], wonach Organisationsmitglieder im Falle der Unzufriedenheit genau zwei Alternativen haben:

- das Unternehmen zu verlassen (Exit) oder
- ihren Unmut laut zu artikulieren (Voice).

Daraus erfolgt als nahe liegende Überlegung: Je mehr Möglichkeiten es zur Artikulation von Unzufriedenheit gibt, umso eher bleiben die Akteure im Unternehmen.

Wer laut schreien darf, der will auch bleiben!

In seinen empirischen Untersuchungen[494] konnte *Daniel Spencer* zeigen, dass dieser Zusammenhang tatsächlich existiert – allerdings nur dann, wenn man der Artikulation auch Problemlösungsqualität zuspricht. Das Anliegen muss also sowohl ernst genommen werden, als auch eine Aktion zur Folge haben.

16.4 Was kann man konkret machen?

Es gibt unterschiedliche Wege, der Herausforderung Retentionsmanagement zu begegnen: Von der reinen Intuition geleitetes Verhalten bis hin zu einer systematischen Vorgehensweise unter zu Hilfenahme konkreter Methoden.

Intuition vermeiden

Unabhängig von der Konjunktur ist davon auszugehen, dass allein schon aufgrund demografischer Entwicklungen gute Mitarbeiter immer knapper und deshalb Aktivitäten zum Halten guter Mitarbeiter immer wichtiger werden. Konträr zu dieser faktischen Notwendigkeit, ein systematisches Retentionsmanagement zu praktizieren, stehen allerdings die realen Handlungsmuster, die sich im Unternehmen beobachten lassen:

Irrtum 1: man braucht nichts machen

- In *abflachender Konjunktur* haben Personalmanager oft das Gefühl, Mitarbeiter seien sowieso froh darüber, überhaupt einen Arbeitsplatz zu haben. Dies führt in extremen Fällen zum Versuch, durch bewusste Verschlechterung des Betriebsklimas und kollektives Mobbing, Mitarbeiter zur Eigenkündigung zu bewegen. Man hat also das Gefühl, Retention sei unnötig.

Irrtum 2: man kann nichts machen

- In *günstiger* Konjunkturlage verschieben Personalmanager ihre Aktivitätspotenziale in Richtung auf Akquisition, weil sie dringend offene Stellen zu besetzen haben und man sich „voll und ganz" auf das wirkliche Problem konzentrieren muss. Hier hat man also das Gefühl, für Retention sei keine Zeit.

Das Ergebnis sind im Regelfall eher sparsame Bemühungen zur Retention, weil man das Gefühl hat, auf diesem Feld nicht viel machen zu müssen beziehungsweise – wenn es schlecht läuft – machen zu können.

Mitarbeiter muss man für sich gewinnen

„Kapital lässt sich beschaffen, Fabriken kann man bauen, Menschen muss man gewinnen."[495]

Dr. Hans Christoph von Rohr (geb. 1938; 1991 bis 1995 Vorstandsvorsitzender Klöckner Werke AG)

Trotzdem sind aber zumindest in guter Konjunkturlage die populären Praktikerzeitschriften zur Personalarbeit voll von Erfahrungsberichten und Ratschlägen zu erfolgreicher Bindung, die meist der Intuition von Personalmanagern und ihrem Wunschdenken entsprechen. So haben es Personalmanager teilweise im Gefühl, dass „hier bei uns"

Irrtum 3: man macht genug

- die Work Life Balance stimmt,
- die Mitarbeiter wirklich motiviert sind,
- das Geld nicht als wirkliche Bindung wirkt,
- das offene Kommunikationsklima Bindung schafft,
- die Identifikation mit dem Unternehmen groß ist,
- die individuelle Handlungsweise begeistert genutzt wird und
- alle Mitarbeiter voll hinter der Geschäftsleitung stehen.

Die Begründung für diese Aussagen liegt dann teilweise in der „Intuition des Praktikers", der im Extremfall deshalb auch nur solche Analysen akzeptiert, die mit seiner Intuition übereinstimmen, ihn also nicht überraschen und „die Befragungsergebnisse die realen Veränderungen, die in der Zwischenzeit stattgefunden haben, sehr genau wiedergeben"[496]. In solchen Unternehmen entspricht deshalb folgerichtig die Ausgestaltung selbst des eigentlich sinnvollen Instruments „Mitarbeiterbefragung" dem Versuch, mit einer Sonnenuhr die Zeit eines 100-m Laufs zu messen.

Irrtum 4: man traut nur intuitiv „richtigen" Zahlen

Deshalb gilt gerade im Retentionsmanagement als oberste Devise, sich nicht (!) auf eine Intuition zu verlassen, sondern auf konkrete (aussagefähige) und kritische (handlungsleitende) Zahlen zu schauen.

Verstehen: die Macht der Zahlen

Bindung als Unternehmenswert ansehen

Zur faktischen Untermauerung des Zwangs für retentionsfördernde Maßnahmen gibt es generell zwei Wege: Der eine Weg führt über die *Kosten*. Bevor man sich überhaupt mit einer tiefergehenden Analyse des Bindungseffekts beschäftigt, sind also die Kosten für eine unfreiwillige Fluktuation zu berechnen. Nur wenn diese in Eurozahlen bekannt sind, ist ein Bewusstsein für entsprechende Maßnahmen zu erwarten. Als Kostenarten (Tabelle 16.3), die in eine Fluktuationskostenanalyse eingehen, gibt es

Irrtum 5: man vergisst wichtige Kostenarten

- *direkte* Kosten, die als unmittelbarer Mehraufwand im Zusammenhang mit der jeweiligen Person anfallen,

- *indirekte* Kosten, die durch Aktivität im Zusammenhang mit der Fluktuation auftreten und
- *Opportunitätskosten* im Sinne von entgangenem Gewinn.

Bei Mitarbeitern, von denen sich das Unternehmen trennt, wird eine insofern modifizierte Rechnung aufgestellt, als diese Kosten mit den positiven Effekten der Freisetzung zu verrechnen sind.

Tabelle 16.3: Kosten der Fluktuation

Kostenart	Beispiel
direkte Kosten	Gehaltskosten ohne Gegenleistung (Abbau anteiliger Urlaubstage und Überstunden) Abfindung und andere vertragliche Trennungskosten (je nach Vertragsvereinbarung)
indirekte Kosten	Vertragsverhandlung (Einstellung eines Nachfolgers) Administrationskosten (Abwicklung des beendeten Arbeitsverhältnisses, Kosten im Zusammenhang mit der Neueinstellung)
Opportunitätskosten	verärgerte Kunden (verlorene Aufträge) verärgerte Mitarbeiter (Produktivitätsreduktion, Mehrarbeit)

Der andere Weg zur monetären Konkretisierung der Retentionswirkung führt über den Einfluss auf das Humankapital. Hier sind folgende Effekte bedeutsam:

- Mitarbeiter, die das Unternehmen verlassen, bedeuten allein schon quantitativ eine automatische *Reduktion von Humankapital*. Handelt es sich tatsächlich um wichtige Mitarbeiter, so wird diese Lücke auch mittelfristig nicht zu schließen sein.
- Berücksichtigt man beim Humankapital bei drohender Eigenkündigung (im Sinne von Abwanderungswahrscheinlichkeit) die Wirkung auf Commitment, Context und Retention, so haben alle drei Faktoren *Einfluss auf den Humankapitalwert* – und zwar auch, wenn sich eventuell die frei gewordene Stelle rasch wieder besetzen lässt.

Irrtum 6: man übersieht, dass Retention das Humankapital beeinflusst

Auf diese Weise lässt sich Retentionsmanagement unmittelbar am Humankapitalwert festmachen und in seiner Relevanz spezifizieren.

Methodenverbund zur Analyse schaffen

Studien zur Retention unterliegen dem Problem der sozialen Erwünschtheit von Antworten: So kann problemlos die Frage nach der präferierten Autofarbe gestellt werden. Der Befragte wird ohne viele Hintergedanken ehrlich mit blau oder rot antworten. Dagegen wird bei der Frage nach dem Grund für eine berufliche Veränderung seltener das Argument „mehr Geld" und stattdessen eher „wegen neuer intellektueller Herausforderungen" vorgebracht werden. Dieses Problem wirkt vor allem bei direkten Fragen an Mitarbeiter zu ihren aktuellen Einstellungen.

Verwendet man allerdings einen Methodenverbund, der unterschiedliche Ansätze kombiniert, so lassen sich die Probleme zumindest ansatzweise in den Griff bekommen. Ein derartiger Verbund besteht aus drei Komponenten:

(1) Die Basis legt eine solide *Mitarbeiterbefragung*, die allerdings deutlich über die übliche Standardbefragung hinausgehen muss, also keine Glücklichkeitsfragen mit suggestivem Hintergrund. Unabhängig von der tatsächlichen Höhe der jeweiligen Retentionsneigung können Kausalanalysen den Zusammenhang zwischen Auslöser (wie angenommene Karrierechancen) aufdecken.

(2) Eine weitere Quelle ist tatsächlich zu beobachtendes *Verhalten*. Hier wird die Auswirkung potenzieller Retentionshebel analysiert, also zum Beispiel geprüft, inwieweit die Zahl der besuchten Kurse auf das praktizierte Kundenverhalten wirkt.

(3) Schließlich sind – wenngleich statistisch problematisch – *Mitarbeitergespräche* eine mögliche Quelle, um Retentionsmechanismen zu verstehen. Dazu zählen auch vor- und nachbereitende Gespräche mit Mitarbeitern, die das Unternehmen verlassen werden beziehungsweise bereits verlassen haben, so genannte Exit-Interviews.

Gewarnt werden muss aber vor argumentativen Schnellschlüssen: So ist ein hoher Krankenstand nicht zwingend ein Indiz für Abwanderungswünsche. Er kann vielmehr auch das Ergebnis einer „satten und zufriedenen" Belegschaft sein.

Irrtum 7: man produziert intellektuelle Schnellschüsse

Die Commitment-Positionierung optimieren

Bindung ist zwar nicht identisch mit Commitment, hängt aber damit zusammen. Aus diesem Grund ist Commitment eine vorgelagerte Größe, die es zu gestalten gilt.

Dazu sind die drei Formen von Commitment[497] zu unterscheiden:

- *Kalkulatives Commitment* liegt vor, wenn das Ergebnis einer Kosten-Nutzen-Abwägung höhere Kosten für einen Wechsel bedeuten würde.
- *Normatives Commitment* beschreibt eine Bindung aus einem Pflichtgefühl heraus.
- *Affektives Commitment* entsteht aufgrund einer emotionalen Bindung.

Das Commitment ist allerdings eine *beidseitige* Beziehung zwischen Mitarbeiter und Unternehmen: Sowohl kann das Unternehmen eine Verpflichtung gegenüber dem Mitarbeiter als auch umgekehrt der Mitarbeiter dem Unternehmen gegenüber eingehen.

Leistungsbereitschaft ist wichtiger als Zufriedenheit

Unterstellt man jeweils die Existenz eines dominanten Commitment-Treibers (also einer Commitment-Art pro Akteur), so führt dies zu den in der Commitment-Matrix (Tabelle 16.4) aufgeführten neun verschiedenen Konstellationen als Ergebnis der Formen wechselseitiger Bindung:

(1) Das Unternehmen agiert kalkulativ und hat gegen die affektive Bindung der Mitarbeiter nur auf den ersten Blick leichtes Spiel, weil es letztlich um enttäuschte Erwartungen geht.

(2) Auch in der Kombination von kalkulativ agierenden Unternehmen und normativer Mitarbeiterbindung fühlen sich die Mitarbeiter normativ gebunden.

(3) In dieser darwiportunistischen Extremsituation agieren beide Parteien kalkulativ.

(4) Das Unternehmen ist durch gesellschaftliche Werte oder gesetzliche Regelungen an den affektiv agierenden Mitarbeiter „gebunden".
(5) Durch einen normativen Rahmen, der das Verhalten sowohl von Mitarbeitern wie auch von Unternehmen regelt, entsteht eine Situation, die Transaktionskosten ebenso wie Überraschungen verringert.
(6) Diese Situation wird stereotypenartig einer überzogenen Mitbestimmung zugerechnet, wo Unternehmen wenig Spielraum haben, Mitarbeiter aber strikt kalkulativ agieren.
(7) Bei der wechselseitigen-affektiven Bindung sind Mitarbeiter und Unternehmen gefühlsmäßig verbunden. Werden solche psychologischen Verträge gebrochen, weil beispielsweise einer der Partner auf „kalkulativ" umschaltet, so führt dies zu einem psychologischen Problem mit unkontrollierbaren Folgen.
(8) Der Fall der Kombination aus affektiver Unternehmensbindung und normativer Mitarbeiterbindung ist eher unwahrscheinlich.
(9) Ebenso ist eine Kombination aus affektiver Unternehmensbindung und kalkulativer Mitarbeiterbindung eher unwahrscheinlich.

Durch die zuvor geschilderten Erhebungsmethoden lässt sich feststellen, zu welcher Kategorie die jeweilige Beschäftigtengruppe gehört. Zur weiteren Festlegung von Maßnahmen kann man dann auf die eingangs beschriebenen Basistheorien zurückgreifen.

Tabelle 16.4: Commitment-Matrix

Unternehmen zu Mitarbeiter	Mitarbeiter zu Unternehmen		
	affektiv	normativ	kalkulativ
kalkulativ	1	2	3
normativ	4	5	6
affektiv	7	8	9

16.5 Ausblick

Wegen der Schwierigkeiten, Mitarbeiter zu halten, gilt es, neue Wege zu identifizieren, die es Unternehmen ermöglichen, auch mit bereits abgewanderten Mitarbeitern zu interagieren und so in Kontakt zu bleiben. In Alumni-Netzwerken versammeln sich ehemalige Mitarbeiter zum interaktiven Wissens- und Meinungsaustausch. So bleibt firmenspezifisches Wissen erstens länger verfügbar und zweitens steht den Ehemaligen eine Tür offen, um ins Unternehmen zurückzukehren.

Insgesamt wird deutlich: Personalmanagement hat etwas mit Menschen und etwas mit Zahlen – und zwar mit Zahlen über Menschen – zu tun. Zum einen bedeutet dies im Hinblick auf ein professionelles Personalmanagement, dass man im Sinne eines Retentionsmanagements zukunftsorientiert Abwanderungstendenzen der Mitarbeiter einkalkuliert, also Gründe und Motive für eine Ablösung der Mitarbeiter (er) kennt und entsprechende Gegenmaßnahmen – im Sinne von Bindungsmaßnahmen – einleitet. Für beides gibt es Ansätze und Methoden, die man als Personalmanager kennen und beherrschen muss. Somit ist man hier ebenso methodensicher wie in Bezug auf relevante Kennzahlen. Diese muss man kennen und interpretieren können.

Wenn Mitarbeiter nicht physisch im Unternehmen arbeiten (Homeoffice oder Co-Working Space), ist auch die Bindung geringer. Die räumliche Entfernung sollte überbrückt werden und dabei sind Konzepte wie die Abschaffung von fest zugewiesenen Schreibtischen nicht hilfreich. Damit fühlt sich der Mitarbeiter nicht wertgeschätzt, sogar eher als Gast, Leiharbeiter oder Freelancer. Wenn das Unternehmen den Mitarbeiter als „Externen" behandelt, sinkt die Bindung dieser Mitarbeiter zwangsläufig.

Schafft man diese Kombination aus Zukunftsorientierung und Methodensicherheit, ist zumindest für den Bereich Retention ein professionelles Personalmanagement realisiert, was hier bedeutet, dass man Mitarbeiter als „Kapital mit Füßen" ansieht, aber auch versteht, wie man diese Abwanderungstendenzen – insbesondere zentraler Mitarbeiter – verhindern kann.

Aufgaben und Fragen zur Selbstüberprüfung

1. Warum ist Retentionsmanagement für Unternehmen wichtig?
2. Welche Kennzahlen sind im Rahmen des Retentionsmanagements relevant? Nennen und erklären Sie zwei.
3. Welche Parameter werden in der „Schock und Pfad"-Theorie als Aspekte der Ablösung beschrieben?
4. Was steht hinter der Idee der Verwurzelung (Job Embeddedness) und welche Faktoren spielen dabei eine Rolle?
5. Erläutern Sie die Aussage „Mitarbeiter sind Kapital mit Füßen"!

Endnoten

478 *Hays* 2017.

479 *IFAK Institut, IFAK Arbeitsklima-Barometer Deutschland 2008, Taunusstein 2008*, 4.

480 *IFAK Institut, IFAK Arbeitsklima-Barometer Deutschland 2008, Taunusstein 2008*, 2.

481 vgl. *Gallup, Gallup-Engagement-Index 2008, Potsdam 2008.*

482 vgl. *Scholz/Niemczyk* 2008, 23, 30.

483 *Niefer, Werner*, online unter: http://www.zitate.de/detail-kategorie-6750.html, abgerufen am 06.08.2009.

484 *Personaler Online*, Mitarbeiterbindung: Wie hält man seine Mitarbeiter?, Newsmeldung vom 28.08.2007, online unter: http://www.personaler-online.de/typo3/nicht-im-menue/personalnews/personalernews-details/article/mitarbeiterbindung-wie-haelt-man-seine-mitarbeiter.html, abgerufen am 11.02.2009; *Business Wissen*, Mitarbeiterbindung: Mitarbeiter an das Unternehmen binden und die Vorteile entdecken, online unter: http://www.business-wissen.de/nc/personal/beziehungsmanagement/fachartikel/mitarbeiterbindung-mitarbeiter-an-das-unternehmen-binden-und-die-vorteile-entdecken.html, abgerufen am 22.09.2009.

485 vgl. *Mitchel/Holtom/Lee* 2001, 98–100.

486 vgl. *Mitchel/Holtom/Lee* 2001, 100.

487 vgl. *Mitchel et al.* 2001, 1104–1105.

488 *Mitchel/Holtom/Lee/Sablynski/Erez* 2001, 1102–1121.

489 vgl. *Scroggins* 2008.

490 *Scroggins* 2008, 65.

491 vgl. *Scroggins* 2008, 66–68.

492 vgl. *Spencer* 1986.

493 vgl. *Hirschmann* 1970.

494 vgl. *Spencer* 1986.

495 *von Rohr, Hans Christoph*, online unter: www.zitate.de/detail-kategorie-6870.htm, abgerufen am 06.08.2009.

496 vgl. *Süßenguth* 1991, 31.

497 vgl. *Allen/Meyer* 1990, 3–4; *Meyer/Allen* 1991.

Reduktion: Wie gestaltet man Mitarbeiterabbau betriebswirtschaftlich und sozial korrekt?

17

Inhalt

Fakten

Die Branche der Outplacementfirmen weist seit vielen Jahren einen langfristig positiven Trend auf und erwirtschaftet jedes Jahr Gesamtumsätze in Milliardenhöhe.[498]

Im Krisenjahr 2009 rechneten 74 % der mittelständischen Unternehmen mit einem Abbau von Arbeitsplätzen.[499]

Im Krisenjahr 2009 hatte die Bundesagentur für Arbeit 2,1 Milliarden Euro für die Zahlungen des Kurzarbeitergelds eingeplant.[500]

Lernziele

- Sie erfahren, dass Personalfreisetzung nicht gleich Entlassung bedeutet.
- Sie erleben die unterschiedlichen Arten der Trennung von Mitarbeitern.
- Sie wissen die Unterschiede zwischen einzelfall- und gruppenbezogener Freisetzung.
- Sie verstehen die unterschiedlichen Kündigungsarten.
- Sie lernen die verschiedenen Formen der Personalfreisetzung.

17.1 Überblick

Neben den vielen positiv erscheinenden Bestandteilen eines professionellen Personalmanagements gibt es ein Aktionsfeld, das nur selten zu den Lieblingsbeschäftigungen von Personalmanagern und Linienführungskräften gehört: nämlich die Personalfreisetzung.

Personalfreisetzung als ungeliebte Aufgabe

„[Die Personalfreisetzung] stellt die ungeliebteste Aufgabe des Managements dar, die viele Führungskräfte zu lange Zeit vermeiden wollen und somit nicht rechtzeitig (frühzeitig) mit den angemessenen Maßnahmen beginnen.“[501]

Prof. Martin H. Bertrand (geb. 1944; 1995 bis 2008 Personalleiter Blaupunkt-Werke GmbH)

Personal wird immer dann freigesetzt, wenn Stellen wegfallen, was sowohl auf einen Auftragsrückgang als auch auf Rationalisierungserfolge zurückzuführen sein kann. Neben dieser betriebsbedingten Freisetzung gibt es auch einzelfallspezifische Freisetzungen, bei der ein Mitarbeiter nicht (mehr) fähig beziehungsweise gewillt ist, seine Aufgabe zu erfüllen.

Wichtig und kritisch wird dieses Thema auch deshalb, weil sämtliche Formen der Personalfreisetzung umfassende *rechtliche Konsequenzen* haben, die sich auf Mitbestimmungsregelungen ebenso erstrecken wie auf gesetzliche Vorschriften zum Kündigungsschutz. Diese rechtlichen Aspekte betreffen im Sinne von Rechten und Pflichten den Arbeitnehmer ebenso wie den Arbeitgeber, wobei die Rechte tendenziell eher auf der Seite des Arbeitnehmers liegen, die Pflichten dagegen beim Arbeitgeber.

Personalfreisetzung ist nicht immer identisch mit Kündigung

Personalfreisetzung ist nicht identisch mit Kündigung, sondern besagt lediglich, dass ein weiteres Verbleiben des Stelleninhabers auf seiner jetzigen Stelle auszuschließen ist. Aus diesem Grund wird im Regelfall versucht, zumindest bei betriebsbedingten Kündigungen durch Versetzung des Mitarbeiters soziale Härte zu verringern. Ist dies nicht möglich und scheiden Möglichkeiten zur Frühpensionierung aus, so kommt es tatsächlich zu einer Kündigung.

Vor diesem Hintergrund beschäftigt sich dieses Kapitel mit vier Fragen: Was genau steckt hinter der Logik der Personalreduktion und welche prozeduralen Vorschriften muss man beachten (Abschnitt 17.2)? Wie kann man Personalfreisetzung im Vorfeld verhindern (Abschnitt 17.3)? Wie kann man durch eine Externalisierung der Belegschaft die Problematik der Reduktion auslagern (Abschnitt 17.4)? Worauf muss man achten, wenn es tatsächlich zur Kündigung kommt und welche Optionen stehen zur Verfügung (Abschnitt 17.5)?

17.2 Verstehen: Die unabwendbare Logik der Personalfreisetzung

Für Personalfreisetzungen kann es unterschiedliche Gründe geben, die nicht immer zwangsläufig zu Entlassungen führen müssen. Nachfolgend werden die verschiedenen Möglichkeiten der Planung der Personalfreisetzung sowie die wichtigsten rechtlichen Aspekte erläutert, die es in diesem Zusammenhang zu beachten und zu verstehen gilt.

Betriebswirtschaftlich: Von Planungshorizonten und Transaktionskosten

Übersteigt der Personalbestand in einer Beschäftigtenkategorie
- quantitativ,
- qualitativ,
- terminlich,
- regional oder
- wertmäßig

den entsprechenden Personalbedarf, so kommt es zu einer Personalfreisetzung im Sinne einer Reduktion, wenn das Unternehmen den Personalüberhang langfristig als nicht tolerierbar einstuft.

Personalfreisetzung kann auf Entlassungen hinauslaufen. Die Betonung hierbei liegt auf dem Wort „kann", weil durchaus die Möglichkeit besteht, Alternativen in Form von Umsetzungen oder Umschulungen zu finden. Bei einem quantitativen Überhang ist allerdings eine Entlassung durchaus wahrscheinlich.

Entlassung ist nur eine Form der Freisetzung

Die Frage, ob und inwieweit es tatsächlich zu Entlassungen kommt, hängt – und darauf wird bereits seit Langem[502] hingewiesen – vom verwendeten Planungsmodell ab:

- Die *reaktive* Personalfreisetzung bedeutet Abbau von Personalüberhängen zeitgleich mit oder verzögert nach ihrem Entstehen. In diesem Fall setzen Planung und Aktion erst dann ein, wenn die Freisetzungsursache wirklich greift und beispielsweise (quantitativ) zu viele Mitarbeiter im Unternehmen sind. Aus diesem Grund gibt es hier viel weniger eine strategisch-planerische Konzeption als vielmehr eine operativ-improvisierende Disposition.
- Die *antizipative* Personalfreisetzung versucht, das Entstehen von Personalüberhängen frühzeitig zu prognostizieren und entsprechende Maßnahmen einzuleiten, um vor allem Entlassungen zu vermeiden. Diese antizipative Vorgehensweise verursacht höhere Planungskosten, weil sie eine aussagefähige Personalbedarfskalkulation und eine korrespondierende Personalbestandsevaluation voraussetzt. Hinzu kommen Planungs- und Entscheidungsmodelle zu Alternativenfindung und -bewertung. Demgegenüber sind die sozialen Härten für die Mitarbeiter definitiv gering, mit hoher Wahrscheinlichkeit auch die finanziellen Belastungen für das Unternehmen.

Reaktiv versus antizipativ

Vergleicht man beide Vorgehensweisen, so ist die antizipative Freisetzung wünschenswert, die reaktive Freisetzung aber der Normalfall.

Vergleicht man die Gründe, die bei der Wahl zwischen reaktiver und antizipativer Personalreduktion zum Tragen kommen, so gibt es durchaus plausible Erklärungen für eine reaktive Planung:

- Eine *große Umweltdynamik* verhindert eine ausreichend solide Planung des zukünftigen Personalbedarfs.
- *Interne Unsicherheiten* lassen keine aussagefähige Projektion des Personalbestands zu.
- Selbst wenn sich der Personalüberhang bestimmen lassen würde, gibt es keine wählbaren Optionen, um eine *radikale Personalfreisetzung durch Entlassungen* abzufedern.
- Die Personalabteilung verfügt *nicht über das methodische Wissen*, die (methodisch) anspruchsvollere antizipative Planung vorzunehmen.
- Eine *frühzeitige Vorbereitung durch eine antizipative Planung* eröffnet Informations- und Mitwirkungsrechte in einem aus Sicht des Unternehmens nicht akzeptierbaren Umfang.
- Eine *antizipative Freisetzungsplanung* produziert negative Imagewirkung und substanzielle Demotivation, die bestehende Freisetzungsursachen *noch verstärken.*

Personalfreisetzung: oft lediglich reaktiv

Aus dieser Auflistung wird deutlich, dass zunehmende Dynamik und raschere Entscheidungszyklen tendenziell für eine rein reaktive Planung sprechen, sofern diese nicht durch bessere Planungssysteme überkompensiert werden.

Bei derartig weiterentwickelten Planungssystemen kommen dann auch die aus der Literatur[503] bekannten Gründe für eine umfassende antizipative Personalfreisetzung zum Tragen:

- Personal wird als Humankapital gesehen, für das man auch *Verantwortung* trägt.
- Für Arbeitgeber wirken *Gesetze und Urteile* als Anreiz zur antizipativen Personalreduktion.
- *Strukturbrüche* erschweren eine sukzessive Anpassung durch Qualifikation.
- Unternehmen sind zumindest prinzipiell zum *Vermeiden* von Entlassungen verpflichtet.
- *Arbeitnehmervertretungen* favorisieren antizipative Maßnahmen.
- Unternehmen sehen einen *Reputationsgewinn* durch Vermeiden von Entlassungen.

Damit diese Gründe aber überhaupt in die Diskussion einfließen können, muss das Unternehmen in eine bewusste Entscheidung zwischen reaktiv und antizipativ einsteigen, die anhand der zu erwartenden Transaktionskosten für Planung und Aktivität zu treffen ist.

Übung 17.1 Vergleichen der Maßnahmen zur Personalfreisetzungsplanung

Bei der Strawberry Cake & Bakeries AG hat das Geschäft mit Vorprodukten für Konditoreien stark nachgelassen, weil mehrere Abnehmer ihre Konditoreien aus Altersgründen geschlossen haben. Nun fallen Ihnen also zeitgleich mehrere Großkunden weg und Sie überlegen, Mitarbeiter zu entlassen, weil Sie diese einfach nicht mehr bezahlen können. Ihr Kollege hat in den letzten Monaten immer wieder vor dieser Situation gewarnt und fühlt sich jetzt natürlich bestätigt. Seiner Ansicht nach hätte man sich in den letzten Monaten schon auf diese Situation einstellen müssen und nicht noch zusätzlich Personal einstellen dürfen. In einer hitzigen Debatte diskutieren Sie beide die Vor- und Nachteile einer reaktiven beziehungsweise antizipativen Personalfreisetzungsplanung.

Eine Personalfreisetzung kann, trotz der möglicherweise langfristigen Einsparung von Personalkosten, kurzfristig mit hohen Kosten verbunden sein. Diese werden in direkte und indirekte Kosten unterschieden:

- *Direkte Personalfreisetzungskosten* entstehen beispielsweise durch die Kosten für eine Outplacementberatung, Abfindungen, Zahlungen für Beschäftigte, die in Vorruhestand gehen, oder bei ungeplanten Personalabgängen durch Personalakquisition und -integration.
- *Indirekte Personalfreisetzungskosten* entstehen beispielsweise durch Produktivitätsverluste bei neuen Mitarbeitern, den Verlust von Kunden oder geschädigten Geschäftsbeziehungen, zusätzliche Marketinganstrengungen, den Verlust von Wissen, den Verlust der Investition in die Beschäftigten zum Beispiel durch Weiterbildungen, negative Effekte auf das Image oder eine verringerte Motivation und einen höheren Druck auf die Verbliebenen, die nun die Lücke durch Überstunden schließen müssen.

Daher sollte im Vorfeld die Planung zur Personalfreisetzung genau überlegt werden. Die Basis bilden die qualitativen und quantitativen Methoden zur Bedarfskalkulation, um aufbauend auf den Ergebnissen die Maßnahmen zur Freisetzung zu planen.

Juristisch: Von einzelfall- und gruppenbezogener Freisetzung

Personalwirtschaftliche Aktivitäten, die sich an der Grenze des Unternehmens zur Außenwelt abspielen, sind von einer besonders ausgeprägten Regelungsdichte durch gesetzliche Bestimmungen gekennzeichnet. Dies gilt für die Personalakquisition und Personalselektion ebenso wie für die Personalreduktion. Gerade hier gibt es umfangreiche Gesetze und noch umfangreichere Rechtsprechungen, die es zu beachten gilt.

In der Regel wird zwischen einzelfall- und gruppenbezogener Freisetzung unterschieden, die sich aus verschiedenen Gründen ergeben.

Bei der einzelfallbezogenen Freisetzung geht es im Regelfall um die Kündigung einer einzelnen Person. Hierfür gibt es drei Auslöser:

Eine konkrete Person kann betriebs-, verhaltens- und personenbedingt gekündigt werden

Eine *betriebsbedingte* Kündigung (Abbildung 17.1) wird ausgesprochen, wenn dringende betriebliche Erfordernisse einer Weiterbeschäftigung des Arbeitnehmers entgegenstehen, sei es zu gleichen oder anderen Arbeitsbedingungen. Gründe für eine betriebsbedingte Kündigung können Auftragseinbrüche, Umsatzeinbußen oder Umstrukturierungen des Betriebs sein. Wichtig ist bei einer solchen Kündigung, dass der Arbeitgeber die Kriterien der Sozialauswahl beachtet: Lebensalter, Dauer der Betriebszugehörigkeit, Unterhaltspflichten und eine eventuell bestehende Schwerbehinderung sind Auswahlkriterien bei mehreren vergleichbaren Arbeitnehmern (gleiche Hierarchiestufe, vergleichbare Arbeitsplätze), die entlassen werden könnten. Nach Beurteilung durch diese Kriterien wird demjenigen Arbeitnehmer gekündigt, der am wenigsten von der Kündigung betroffen wird, wobei alle Kriterien gleich schwer gewichtet sind.[504]

Abbildung 17.1: Ablaufschema betriebsbedingte Freisetzung

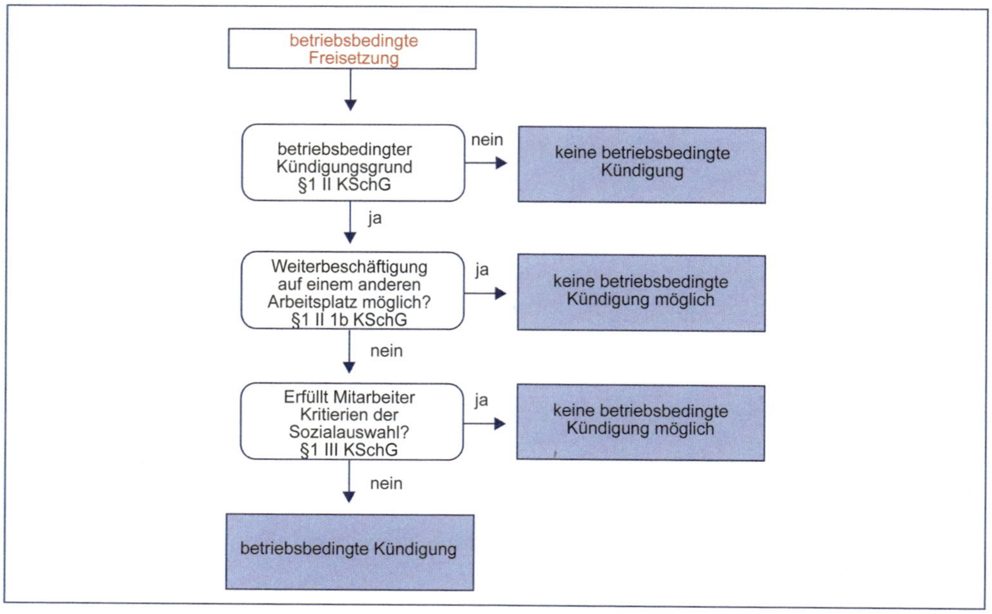

Eine *verhaltensbedingte* Kündigung (Abbildung 17.2) kann mehrere Ursache haben, beispielsweise in der Art und Weise, wie ein Mitarbeiter mit Kollegen, Kunden oder Führungskräften umgeht, dem Genuss von Alkohol während der Arbeitszeit oder dem Verletzen von Verhaltenspflichten in Krankheitsfällen. Ihr ist im Regelfall – sofern keine außerordentliche Kündigung wegen besonderem Grund vorliegt oder arbeitsvertragliche Pflichten verletzt wurden – eine Abmahnung vorzuschalten.[505]

Abbildung 17.2: Ablaufschema verhaltensbedingte Freisetzung

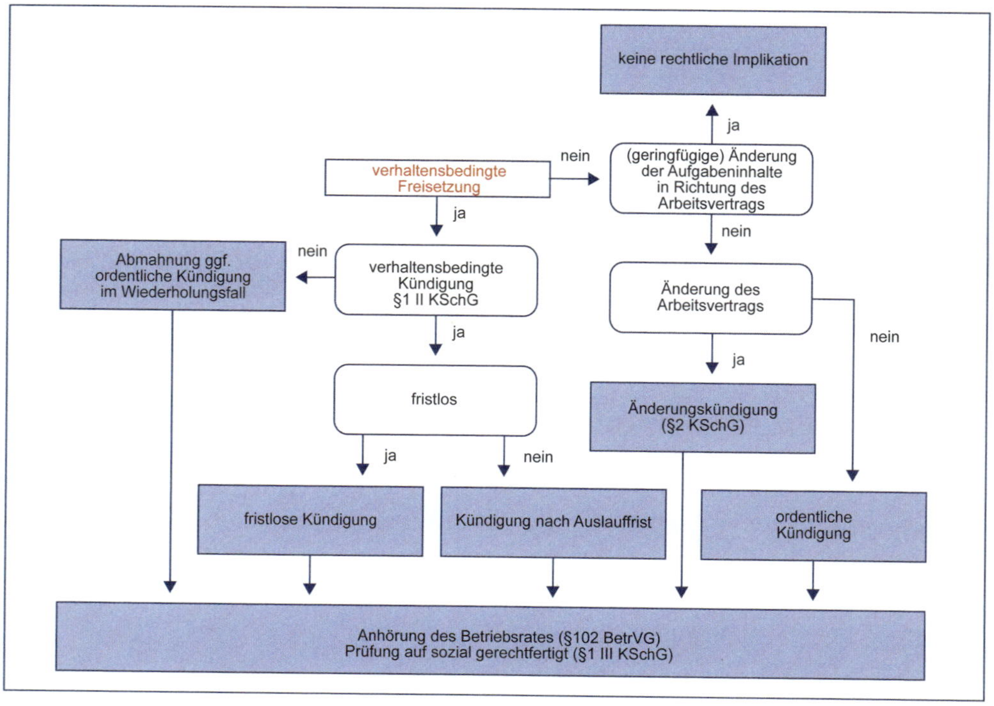

Eine *personenbedingte* Kündigung (Abbildung 17.3) hat meist leistungs-, vor allem aber krankheitsbedingte Ursachen, die den Mitarbeiter daran hindern, die erwartete Leistung zu bringen. Für diesen Fall gibt es allerdings eine umfassende Kette aus Prüffragen, nämlich die

- negative Gesundheitsprognose (Wird der Arbeitnehmer auch in Zukunft (häufig) krank sein?),
- Maßgeblichkeit (Kommt es durch den Ausfall zu Störungen im Betriebsablauf und/oder zu erheblichen Kosten durch Lohnfortzahlungen?),
- fehlende Alternativbeschäftigungsmöglichkeit (Kann der Arbeitnehmer nicht auf einer anderen Position im Unternehmen weiterbeschäftigt werden?) sowie
- Interessenabwägung (Was kann dem Unternehmen und was dem Mitarbeiter zugemutet werden?).[506]

Für die (arbeitsrechtliche) Abwicklung dieser Freisetzung ist es für den Arbeitgeber wichtig, sich darüber im Klaren zu sein, welcher dieser Kündigungsgründe vorliegt: Denn aus dieser Begründung leiten sich unterschiedliche Kündigungsgründe ab.

Kündigungsgründe können nicht kombiniert werden

Zudem ist auch hier der Betriebsrat zu hören, der gemäß § 102 BetrVG vor jeder Kündigung zu hören ist. Eine ohne Anhörung des Betriebsrats ausgesprochene Kündigung ist unwirksam, der Arbeitgeber hat dem Betriebsrat die Gründe für die Kündigung mitzuteilen. Der Betriebsrat kann bei einer ordentlichen Kündigung innerhalb einer Woche seine Bedenken gegen die ausgesprochene Kündigung schriftlich mitteilen, äußert er sich nicht, so gilt seine Zustimmung zur Kündigung als erteilt. Kündigt der Arbeitgeber trotz Bedenken des Betriebsrats, kann der Arbeitnehmer eine Klage auf Feststellung der Rechtswirksamkeit der Kündigung einreichen und hat bis zur rechtskräftigen Entscheidung ein Recht auf Weiterbeschäftigung bei unveränderten Arbeitsbedingungen.

Bei Kündigung Betriebsrat anhören!

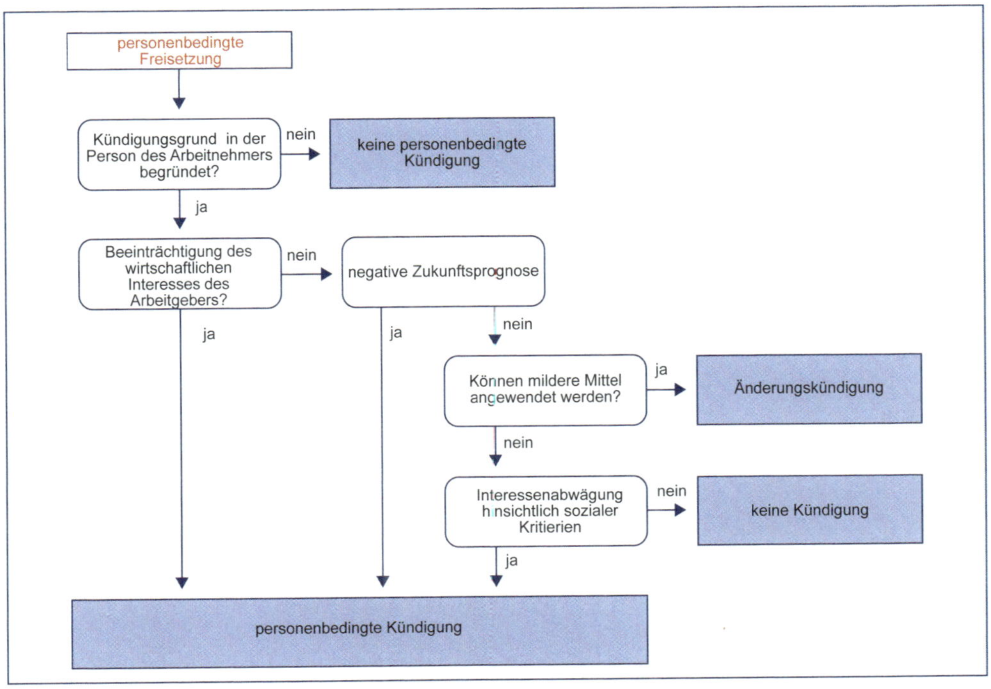

Abbildung 17.3: Ablaufschema personenbedingte Freisetzung

Freiheitsberaubung in der Firma

In Frankreich wurden im März 2009 gleich zwei Firmenchefs von ihren Angestellten als Geisel genommen. Gekündigte Arbeiter einer Medizinprodukte-Fabrik des US-Konzerns 3M sperrten den Werksleiter eine Nacht lang in seinem Büro ein, um höhere Abfindungen zu erpressen. Ebenfalls eine Nacht hielten Sony-Beschäftigte den Frankreich-Chef des Elektronikkonzerns gefangen. Hintergrund dieser Tat war die Ankündigung einer Werksschließung in Südfrankreich.[507]

Wird eine Person oder eine Gruppe freigesetzt (entlassen)?

Von einer gruppenbezogenen Freisetzung spricht man, wenn ein Personalüberhang losgelöst vom konkreten Mitarbeiter besteht (Abbildung 17.4). Diese ist in der Regel betriebsbedingt. Die für eine derartige Massenentlassung geltenden Größenangaben sind erfüllt, wenn

- bei 21 bis 59 Beschäftigten mehr als fünf Personen,
- bei 60 bis 499 Beschäftigten mehr als 25 Personen beziehungsweise mehr als zehn Prozent und
- bei 500 Beschäftigten mehr als 30 Personen

innerhalb von 30 Kalendertagen entlassen werden sollen. Eine derartige Massenentlassung ist gemäß § 17 KSchG bei der Bundesagentur für Arbeit anzuzeigen. Zudem ist mit dem Betriebsrat ein Sozialplan auszuhandeln.

Eine Massenentlassung bei der Bundesagentur für Arbeit anzeigen!

Allerdings führt nicht jeder Personalüberhang automatisch zur Massenentlassung. Vielmehr ist erst zu prüfen, ob der Überhang „auf Dauer" besteht. Ist dies nicht der Fall, so kommt es zur Kurzarbeit.

Ebenfalls zu berücksichtigen ist der Sonderfall der Betriebsänderung, der häufig Massenentlassungen zur Folge hat. Laut § 111 Satz 2 BetrVG gelten für eine Betriebsänderung folgende Merkmale:

Abbildung 17.4: Ablaufschema gruppenbezogene Freisetzung

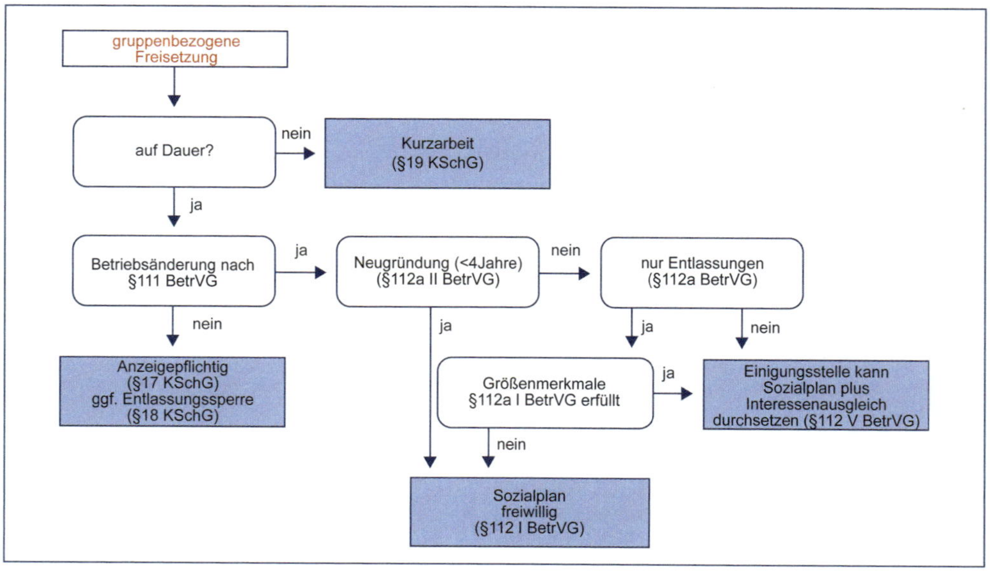

- Einschränkung oder Stilllegung des gesamten Betriebs oder von wesentlichen Betriebsteilen,
- Verlegung des Betriebs oder wesentlicher Betriebsteile,
- Fusion mit anderen Betrieben oder die Spaltung von Betrieben,
- grundlegende Änderung der Betriebsorganisation, des Betriebszwecks oder von Betriebsanlagen und
- Einführung grundlegend neuer Arbeitsmethoden oder Fertigungsverfahren.

Über die Nachteile der Betriebsänderung für die Arbeitnehmer muss der Betriebsrat laut § 111 Satz 1 BetrVG rechtzeitig und umfassend unterrichtet werden und in die Beratungen mit einbezogen werden.

Zwei wichtige Paragraphen für Betroffene

Um die Nachteile einer Betriebsänderung für die Arbeitnehmer auszugleichen oder zu mildern, gibt es zwei Abfederungsmaßnahmen (§ 112 BetrVG):

(1) den *Interessenausgleich*, der schriftlich zwischen Arbeitgeber und Betriebsrat vereinbart wird und sich darauf bezieht, wann und wie die Betriebsänderung durchgeführt wird. Der Betriebsrat hat kein Mitbestimmungsrecht, ob ein Interessenausgleich verhandelt wird. Es muss jedoch ein Nachteilsausgleich erfolgen, wenn der Arbeitgeber die Verhandlungen für einen Interessenausgleich unterlässt, beziehungsweise vom verhandelten Interessenausgleich ohne zwingenden Grund abweicht.
(2) den *Sozialplan*, der die sozialen Interessen der Arbeitnehmer und die wirtschaftlichen Belange des Arbeitgebers berücksichtigt. Der Betriebsrat hat ein Mitbestimmungsrecht bei der Erstellung des Sozialplans; sein Inhalt ist jedoch nicht gesetzlich geregelt, so dass er auf die Bedürfnisse beider Seiten angepasst werden kann. Er sollte jedoch den Geltungsbereich, den Lohnausgleich bei Versetzung, die Abfindung bei Arbeitsplatzverlust und Zuschläge als Abfindung für besondere Belastungen enthalten. Wenn bestimmte Entlassungszahlen nicht erreicht werden oder der Betrieb maximal vier Jahre seit der Gründung besteht, kann ein Sozialplan nicht erzwungen werden.

Die Erstellung eines Sozialplans führt in der Regel immer wieder zu Unstimmigkeiten zwischen Unternehmensführung und Betriebsrat, wie häufig den Nachrichten entnommen werden kann.

Kündigungsgrund ist nicht gleich Kündigungsart

Von den Kündigungsgründen zu trennen sind die Formen der Kündigung. Danach gibt es – wie bereits zuvor angesprochen – drei Kündigungsarten:

(1) Bei der *ordentlichen Kündigung* muss der Arbeitgeber (anders als der Arbeitnehmer) einen sozial gerechtfertigten Grund (§ 1 KSchG) angeben. Dazu kommen alle drei Kündigungsgründe (siehe oben) in Frage. Zu beachten sind allerdings entsprechende Kündigungsfristen, die sich aus dem BGB (§§ 621, 622 BGB) ergeben.
(2) Bei der *außerordentlichen Kündigung* gelten keine Kündigungsfristen, weshalb man auch von einer „fristlosen" Kündigung spricht. Hier können ebenfalls alle drei Kündigungsgründe Auslöser sein, wobei aber die verhaltensbedingte Kündigung als Ursache überwiegen dürfte. An die außerordentliche Kündigung sind umfassende rechtliche Bedingungen geknüpft, wozu vor allem
    - die zweiwöchige Maximalreaktionsfrist, die zwischen Erlangen des Kündigungsgrunds durch den Arbeitgeber und der Reaktion liegt und
    - die umfassende Alternativprüfung gehört, zu der im Regelfall auch die Abmahnung zählt.

Da eine außerordentliche Kündigung nicht selten mit juristischen Unwägbarkeiten verbunden ist, kombiniert sie der Arbeitgeber teilweise „vorsorglich" mit einer ordentlichen Kündigung.

Kündigungsarten können auch kombiniert werden

(3) Bei der *Änderungskündigung* (§2 KSchG) werden eine Kündigung (zumeist betriebsbedingt) und eine Neueinstellung kombiniert. Das bedeutet, der Arbeitgeber kündigt dem Mitarbeiter, um anschließend mit ihm einen neuen Arbeitsvertrag zu veränderten Bedingungen abzuschließen. Der Mitarbeiter kann daraufhin innerhalb der gesetzten Frist
- nichts tun (damit werden Kündigung und Einstellung rechtswirksam) oder
- widersprechen.

Im letztgenannten Fall wird im Regelfall die vorsorglich ausgesprochene, meist ordentliche Kündigung wirksam. Dagegen kann der Mitarbeiter aber – wie bei allen anderen Kündigungen – mit einer Kündigungsschutzklage reagieren.[508]

Alle Kündigungsgründe sind mit allen Kündigungsarten kombinierbar, wenn man von Ausnahmen absieht: Danach ist es soweit erkennbar unwahrscheinlich (nicht aber unmöglich), dass eine personen- beziehungsweise betriebsbedingte Kündigung als außerordentliche Kündigung realisiert wird; auch wird eine verhaltensbedingte Kündigung nur schwer zu einer Änderungskündigung führen (Tabelle 17.1).

Tabelle 17.1: Kombination von Kündigungsgründen und Kündigungsarten

Kündigungsgrund	Kündigungsart		
	ordentliche Kündigung	außerordentliche Kündigung	Änderungs-kündigung
personenbedingt	X		X
verhaltensbedingt	X	X	
betriebsbedingt	X		X

Prozedural: Von Abmahnungen und Aufhebungen

„Wenn Sie so weiter machen, dann können Sie sich schon einmal auf eine Kündigung vorbereiten!" Ein solcher Satz, von der Führungskraft mit entsprechendem Pathos vorgetragen, mag dramatisch klingen, ist aber letztlich weitgehend bedeutungslos. Denn wenn es sich um das Verhältnis von Arbeitnehmer zu Arbeitgeber dreht, gehen Arbeitsrecht und Arbeitsrechtsprechung nie von einer Waffengleichheit aus, sondern versuchen immer, den Arbeitnehmer unter anderem vor Willkür zu schützen. Aus diesem Grund ist obiger Satz auch keine wirksame Abmahnung, sondern allenfalls ein Abreagieren der Führungskraft.

Abmahnung als gelbe Karte

Eine Abmahnung, die für den Arbeitnehmer sozusagen eine „gelbe Karte" darstellen soll, hat vielmehr als Voraussetzung, dass
- sie als solche klar erkennbar ist (weshalb sie im Regelfall schriftlich erfolgt),
- sie ereignisbezogen formuliert ist (also sich auf einen konkreten Vorfall bezieht),
- sie zum Bestandteil der Personalakte wird,
- beim Empfänger angekommen ist (beispielsweise als Brief zugestellt wurde) und

- inhaltlich sowie sprachlich verstanden ist (bei ausländischen Arbeitnehmern deshalb zur Sicherheit übersetzt).

Im Zweifels- und Prozessfall trägt der Arbeitgeber die Beweispflicht. Gerade bei Abmahnungen besteht die Gefahr von Verfahrensfehlern, weshalb hier auf ein korrektes Einhalten der Vorschrift zu achten ist.

Gleiches gilt für den Aufhebungsvertrag als einem Instrument, dessen Logik aber auch nur unter dem Gesichtspunkt der unterschiedlichen Position von Arbeitnehmer und Arbeitgeber zu verstehen ist. Ein Aufhebungsvertrag

- erfolgt in Schriftform,
- beinhaltet die Beendigung des Arbeitsverhältnisses in beidseitigem Einverständnis,
- macht Aussagen über Termine,
- regelt die Ansprüche des Arbeitnehmers und
- definiert verbleibende Ansprüche des Arbeitgebers.

Kommt ein derartiger Aufhebungsvertrag unter Druck zustande oder impliziert er eine arglistige Täuschung, so ist er im Nachhinein nach § 123 BGB anfechtbar.

In diesem Zusammenhang ist darauf hinzuweisen, dass auch die Kündigung durch den Arbeitnehmer an Kündigungsfristen gebunden ist, die sich aus gesetzlichen Regelungen beziehungsweise aus dem Arbeitsvertrag ergeben.

Gruppenbezogener Kündigungsschutz

Neben dem allgemeinen Kündigungsschutz, der für alle Arbeitnehmer besteht, gilt für einige Beschäftigtengruppen darüber hinaus ein besonderer Kündigungsschutz. Hierzu gehören beispielsweise:

- Betriebsratsmitglieder (keine ordentliche Kündigung, § 15 I KSchG),
- Schwangere (generelles Kündigungsverbot bis vier Monate nach der Entbindung, § 9 I MuSchG),
- Wehrdienstleistende (keine ordentliche Kündigung, § 2 I ArbPlSchG),
- Schwerbehinderte (Kündigung bedarf der Zustimmung des Integrationsamts, § 85 SGB IX) und
- Auszubildende (keine ordentliche Kündigung nach Ablauf der Probezeit, § 22 II BBiG).

Achtung: es kann trotz „Kündigungsschutz" gekündigt werden

Wichtig für alle Betroffenen ist dabei, dass „besonderer" Kündigungsschutz nicht gleichzusetzen ist mit „vollkommenem" Kündigungsschutz. So kann beispielsweise auch einem Betriebsratsmitglied außerordentlich gekündigt werden, wenn erneut arbeitsvertragliche Pflichten oder Verhaltenspflichten nicht eingehalten beziehungsweise verletzt wurden, und dies bereits abgemahnt wurde.

17.3 Interne Vermeidung: Alternativen zur Entlassung

Bevor man sich allerdings zu schnell auf eine Personalfreisetzung vor allem durch Entlassungen einlässt, gilt es, die Alternativen zu prüfen. Hierzu gehören zunächst die klassischen Maßnahmen wie der Abbau von Überstunden, Versetzungen, Veränderung der Urlaubsregelung, mit zum Beispiel Urlaubssperren oder für alle Mitarbeiter geltende Betriebsferien. Daneben gibt es noch weitere Wege, eine über Entlassung zu realisierende Freisetzung zu vermeiden. Allerdings sind diese Alternativen teilweise auch eine Problemverlagerung.

Einstellungsstopp: Ja, aber Problemverlagerung in die Zukunft

Eine sich unmittelbar aufdrängende Strategie, um Personalfreisetzung zu vermeiden, ist der Einstellungsstopp: Hier wird die natürliche Fluktuation genutzt, um sukzessive die Mitarbeiterzahl zu reduzieren. Wenn tatsächlich eine hohe natürliche Fluktuation vorliegt, lassen sich auf diese Weise Entlassungen vermeiden.

Allerdings hat diese Strategie auch drei Nachteile:
(1) Üblicherweise führt sie zu einer *Überalterung*, da das natürliche Nachwachsen junger Mitarbeiter ausbleibt und dauerhaft einen Knick in der Alterspyramide produziert.
(2) Es besteht die Gefahr, dass bei natürlicher Fluktuation in Form von *Eigenkündigung* eher die leistungsstarken Mitarbeiter das Unternehmen verlassen.
(3) Sie setzt ein gefährliches *Signal* auf dem Arbeitsmarkt und reduziert die Arbeitgeberattraktivität.

Aus diesem Grund ist der Einstellungsstopp ein Instrument, das für sich alleine betrachtet, tendenziell das Problem eher in die Zukunft verschiebt. In ähnlicher Form sind auch Maßnahmen wie Nichtverlängerung von Zeitverträgen zu beurteilen.

Kurzarbeit: Ja, aber Problemverlagerung auf die Allgemeinheit

Kurzarbeit: vorübergehende Herabsetzung der Arbeitszeit für eine gewisse Gruppe von Mitarbeitern

Wird die Arbeitszeit vorübergehend für eine gewisse Gruppe von Mitarbeitern (zum Beispiel in der Produktion) herabgesetzt, spricht man von Kurzarbeit.

Kurzarbeit muss der Bundesagentur für Arbeit gemeldet werden und unterliegt strengen gesetzlichen Bestimmungen (§§ 95 ff. SGB III). Sie liegt vor, „wenn in Betrieben oder Betriebsabteilungen die regelmäßige betriebsübliche wöchentliche Arbeitszeit infolge wirtschaftlicher Ursachen oder eines unabwendbaren Ereignisses vorübergehend verkürzt wird."[509]

Wenn die rechtliche Prüfung der Bundesagentur für Arbeit hinsichtlich der Rechtmäßigkeit der Kurzarbeit erfolgreich war, übernimmt sie die Zahlung des Kurzarbeitergelds (KuG) an die Arbeitnehmer mit der Absicht[510],
- den Betrieben die eingearbeiteten Arbeitnehmer,
- den Arbeitnehmern die Arbeitsplätze zu erhalten sowie
- den Arbeitnehmern einen Teil des durch die Kurzarbeit bedingten Lohnausfalls zu ersetzen.

Dass aus volkswirtschaftlichen Gründen Kurzarbeit der Massenentlassung vorzuziehen ist, wurde nach dem Finanzcrash 2008 deutlich, als die Bundesregierung die Anreize für Unternehmen in Richtung Kurzarbeit steigerte, indem sie bei Anmeldung von Kurzarbeit während des Jahrs 2009 die Bezugszeit von Kurzarbeitergeld von ursprünglich sechs Monaten auf 24 Monate verlängerte.

Genaue Berechnungsbeispiele des Kurzarbeitergelds würden an dieser Stelle zu weit führen, dennoch kann als grobe Richtlinie angenommen werden, dass bei verheirateten Arbeitnehmern mit Kindern in etwa 67 Prozent des Differenzbetrags zwischen dem durch Kurzarbeit reduzierten Einkommen und dem regelmäßigen bisherigen Einkommen übernommen werden. Bei ledigen Arbeitnehmern sind es in etwa 60 Prozent dieses Unterschieds.

Da die Bundesagentur für Arbeit in größerem Ausmaß einspringt, bedeutet diese Strategie letztlich eine Verlagerung des Problems auf die Allgemeinheit. Dies ändert aber nichts daran, dass im Endergebnis Kurzarbeit für die Allgemeinheit billiger ist als Arbeitslosigkeit.

Lohnkürzungen: Ja, aber Problemverlagerung auf den Arbeitnehmer

Ein stark diskutiertes Instrument zur Vermeidung von Personalfreisetzung sind Lohnsenkungen. Die zugrunde liegende Logik besagt hier, dass ein als zu hoch eingestufter Personalkostenblock nicht abgebaut wird durch Personalabbau, sondern durch Lohnreduktion.

Damit verbunden ist die Reduzierung der Arbeitszeit. Werden Vollzeitstellen in Teilzeitstellen umgewandelt, betrifft dies die Arbeitsverträge der einzelnen Arbeitnehmer. Wird die Arbeitszeit für einzelne Bereiche oder das ganze Unternehmen verkürzt, muss gemäß §87 I BetrVG der Betriebsrat zustimmen. Der Betriebsrat stimmt dieser Verkürzung in aller Regel nur zu, wenn das Unternehmen einen Ausgleich anbietet, beispielsweise in Form von Lohnausgleichszahlungen oder Beschäftigungsgarantien. Ein Beispiel für eine Arbeitszeitverkürzung zur Sicherung von Arbeitsplätzen ist die Volkswagen AG. Dort wurde die wöchentliche Arbeitszeit um 20 Prozent auf 28,5 Stunden gekürzt und damit konnten 20 Prozent der zur Entlassung vorgesehenen Arbeitnehmer weiter beschäftigt werden.

Generell bedeuten derartige Lohnreduktionen eine Verlagerung des Problems auf die Arbeitnehmer, wobei primär bei Grundgehaltsreduktion die tariflichen Arbeitnehmer das Ziel darstellen.

17.4 Externe Gestaltung: Auslagerung der Belegschaft

Eine weitere strategische Vorgehensweise für ein Unternehmen ist die Umgestaltung der Belegschaft. Hierbei ist das Ziel, die Belegschaft zu flexibilisieren und durch externe Kräfte auszutauschen. Themen wie Leiharbeit, Clickworker, Cloudworker, Freelancer oder Werkverträge zeigen die Möglichkeiten auf, die ein Unternehmen haben kann. In den letzten Jahren hat sich das Thema weiterentwickelt und es bestehen viele Maßnahmen zur Auslagerung.

Befristung: Flexibilisierung durch die Belegschaft

Mitarbeiter mit unbefristeten Arbeitsverträgen lassen sich nicht einfach kündigen. Deshalb gibt es bei Arbeitgebern eine Präferenz zu befristeten Verträgen. Aktuell wird fast ein Viertel der Generation Z mit befristeten Verträgen abgespeist[511], obwohl gerade diese Gruppe unbefristete Verträge bevorzugt[512].

Auch wenn auf den ersten Blick die Befristung als eher klares Konzept wirkt, machen es gerade Querbeziehungen komplex: Werden Kettenverträge verboten, lassen Unternehmen Verträge einfach auslaufen. Gibt es ein generelles Rückkehrrecht aus der Teilzeit, so können Unternehmen diese Stelle im Regelfall nur befristet besetzen. Und wollen Mitarbeiter ihre Lebensqualität durch mehr Teilzeit erhöhen, so werden Unternehmen zur Reduktion ihrer Planungsprobleme auf Teilzeit setzen.

Befristung als Ersatz für gute Planung

Zweifelsohne gibt es Fälle, in denen tatsächlich eine Befristung von Arbeitsverträgen gerechtfertigt ist. Es gibt aber auch Branchen (wie Rundfunkanstalten), die Befristungen jenseits der unmittelbaren Notwendigkeit extensiv nutzen. Die Vision „maximaler Flexibilität der Unternehmen durch minimierte Planungssicherheit der Mitarbeiter" ist zu verführerisch und Markenkern einer radikal-liberalen Industriepolitik.

Ein Blick in den professionellen Fußball zeigt, dass eine derartige „Flexibilisierung" zu ungeahnten Problemen führt. Das Bosman-Urteil ermöglicht es den Spielern, nach Ablauf des Vertrages ablösefrei zu wechseln. Alleine in 2017 gab es daraufhin über 15.000 Spielertransfers im professionellen Fußball[513] und einen Umbruch des Systems, weil Spieler nicht mehr von ihren Vereinen abhängig waren, sondern tatsächlich befristete Verträge hatten.

Leiharbeit: Nutzung von anderen Arbeitskräften

Seit Mitte der 1990er Jahre, als die Leiharbeitsfirmen verstärkt auf den Markt drängten, begannen Unternehmen, Leiharbeit als Alternative zu Entlassungen zu nutzen. Der einfache Trick: Mitarbeiter werden vom betreffenden Unternehmen in eine eigenständige Firma verlagert, die dann als Servicegesellschaft auftritt und durchaus wieder für das ursprüngliche Unternehmen arbeitet. Für diese verlagerten Mitarbeiter bedeutet dies im Regelfall eine Verschlechterung der Arbeitsbedingungen (zum Beispiel bezüglich Arbeitszeit, Arbeitsort, Entlohnung oder Kündigungsschutz), trotzdem aber möglicherweise eine bessere Alternative zur Entlassung und Arbeitslosigkeit. Die gleiche Benachteiligung erfahren die Leiharbeiter, die über unternehmensfremde Leiharbeitsfirmen in Unternehmen arbeiten, anstelle vom Unternehmen selbst angestellt zu werden.

Noch drastischer für die Betroffenen ist die Situation, wenn Mitarbeiter über Werkverträge an Unternehmen vermittelt werden. Im Extremfall erhalten sie dann zwar eine Entlohnung pro Stunde, müssen aber letztlich ein Arbeitspensum erledigen, das auch mehr als die vorgegebene Zeit in Anspruch nimmt. Zudem kann die sukzessive Weiterverleihung von Arbeitskräften zu einer Lohnreduktion führen, wenn dabei unterschiedliche Tarifverträge zur Geltung kommen.

Im Extremfall bedeutet dies, dass annähernd die gleiche Tätigkeit gleichzeitig von drei Beschäftigtenkategorien ausgeübt wird: Der Werkvertragler bekommt dann beispielsweise 1.200 Euro, die Leiharbeiter 2.400 Euro und der Festangestellte 3.600 Euro.

Daimler am Pranger

Unter dem Titel „Hungerlohn am Fließband: Wie Tarife ausgehebelt werden" produzierte die ARD einen Beitrag über die Arbeitsbedingungen bei Daimler. Dort arbeitete ein Reporter während einer verdeckten Recherche Hand in Hand mit Stammbeschäftigten im Untertürkheimer Motorenwerk und verdiente mit 8,19 Euro die Stunde nur einen Bruchteil von ihnen. Bei einem Monatslohn von etwa 1.220 Euro brutto hatte der vierfache Familienvater zusätzlich Anspruch auf Hartz-IV-Aufstockung von 1.550 Euro monatlich.

Dass er dabei so wenig verdiente, lag unter anderem daran, dass Daimler nicht die Arbeitskräfte, sondern einen bestimmten Arbeitsumfang per Werkvertrag eingekauft hatte. Die Leiharbeitsfirma hat den Reporter an den Logistikdienstleister verliehen, der ihn wiederum bei Daimler eingesetzt hat. Hätte Daimler den Leiharbeiter direkt angestellt, würde er gemäß einer Vereinbarung in der Produktion genau so viel verdienen wie ein festangestellter Berufsanfänger (17,80 Euro).[514]

Die Leiharbeitsfirmen unterliegen ebenfalls den Regeln des gesetzlichen Kündigungsschutzes und können die Arbeitnehmer nicht entlassen, wenn gerade kein Auftrag für sie vorliegt. Viele Mitarbeiter erhalten deshalb nur einen Vertrag für die gesetzliche Probezeit von sechs Monaten und sind während dieser Probezeit jederzeit kündbar. Die Gesetzgebung erlaubt es den Leiharbeitsfirmen, die Mitarbeiter mehrfach hintereinander einzustellen. So haben die Leiharbeitsfirmen eine größere Flexibilität, auf starke Nachfrage wie auch auf Auftragsschwankungen zu reagieren.

Auch die Auslagerung von Mitarbeitern in eine Leiharbeitsfirma ist eine Alternative, die primär zu Lasten von Arbeitnehmern und – durch das erhöhte Freisetzungsrisiko – zu Lasten der Allgemeinheit geht.

Clickworking: Die Freelancer-Belegschaft

Clickworker (oder Cloudworker) bieten ihre Tätigkeit auf Plattformen wie Mechanical Turk an. Diese Arbeitskräfte sind digitale Tagelöhner. Personen aus der Ukraine konkurrieren mit Personen aus den U.S.A. Dies führt auch dazu, dass Löhne für viele gedrückt werden. Clickworker werden in vier Kategorien eingeteilt[515]:

- Der ***Click-Nomade*** ist das Paradebeispiel eines digitalen Nomaden, er arbeitet von jedem Ort und kann flexibel eingesetzt werden. Im Endeffekt nimmt diese Person jeden Job an, solange der Preis in Ordnung ist.
- Der ***Click-Unternehmer*** fokussiert sich auf Kernkompetenzen und ist deshalb sein eigener Chef. Durch die Digitalisierung ist der Click-Unternehmer ein gläserner Unternehmer, der von den Auftraggebern kontrolliert wird.
- Die ***Click-Ameise*** ist Teil eines größeren Teams oder einer Vereinigung von Leuten, die an demselben Projekt arbeiten. Dabei kommuniziert diese Person kaum mit den anderen Leuten; trotzdem steuert sie etwas bei und ist sich dessen bewusst.

- Der ***Click-Kader*** besteht aus einer Gruppe von Clickworkern mit extrem hoher Qualifikation, die sich zusammengeschlossen haben. Dabei greifen sie auf die Kompetenzen der Einzelnen zurück und nutzen das gemeinsame Netzwerk, um Kunden zu akquirieren.

Es mag verlockend wirken, die komplette Belegschaft durch Clickworker abzubilden, gerade in projektlastigen Branchen. So kann man die Programmierung oder ein Design durch Clickworker durchführen lassen und durch den Wettbewerb den Preis drücken. Das wirkt für Unternehmen interessant. Umgekehrt gibt es aber auch scheinbar große Vorteile für die Freelancer. Gerade wenn man über digitale Nomaden redet, werden oft die positiven Seiten hervorgehoben: Diese Personen arbeiten irgendwo am Meer, haben Spaß und Freizeit. Allerdings ist die Suche nach so einem Ort von vielen Faktoren abhängig, unter anderem von geringen Lebenshaltungskosten[516].

Es bleibt trotz allem ein Risiko für die Clickworker. Nicht nur konkurriert man gegen das komplette Internet, man muss Zeit für die Akquisition von neuen Aufträgen aufbringen, ein Netzwerk pflegen und auf positive Bewertungen hoffen. Das komplette Risiko liegt also bei dem Clickworker und nicht beim Unternehmen. Deshalb liegt es nahe, dass die Clickworker sich hin zu klassischen Unternehmensstrukturen organisieren, wie zum Beispiel dem Click-Kader.

Übung 17.2 **Verhindern von Entlassungen**

Die Lage der Strawberry Cake & Bakeries AG ist im Bereich „Vorprodukte" nach wie vor sehr angespannt und eine Diskussion über reaktive oder antizipative Freisetzungsplanung hilft Ihnen nun auch nicht mehr, da „das Kind schon längst in den Brunnen gefallen ist". Sie müssen nun handeln und sich von Mitarbeitern trennen, da sonst das Unternehmen insgesamt gefährdet wäre. Allerdings bringen Sie es nicht übers Herz, Mitarbeiter zu entlassen. Sie überlegen daher, welche Möglichkeiten Sie statt Entlassungen haben.

17.5 Durchführen: Weiche oder harte Trennung

Die Trennung von Mitarbeitern lässt sich auf verschiedene Weisen gestalten. Dabei dürfen Unternehmen nicht vergessen, dass sich die Art und Weise, wie man mit solchen Trennungen umgeht, auf Unternehmenskultur und Unternehmensimage niederschlägt.

Gute Trennungskultur: Die Basis

Zwischen der Freisetzung von Mitarbeitern und der Kultur des Unternehmens besteht eine wechselseitige Beziehung:

- Zum einen beeinflusst die *Art und Weise*, wie sich Unternehmen von ihren Mitarbeitern trennen, die Unternehmenskultur. Gerade hier „offenbaren" sich die Werteeinstellungen der Unternehmensleitung weit mehr als auf geduldigen Hochglanzbroschüren.

- Zum anderen zeigt die vorhandene *Unternehmenskultur* den Umgang des Unternehmens auch bei einer Kündigung.

Deshalb ist gerade die Trennungskultur eine zentrale Basis für ein sinnvolles Trennungsmanagement.

Trennungskultur ist die „Summe aller Regeln und Maßnahmen, die Trennungen und Veränderungen in Unternehmen fair und professionell machen. Trennungs-Kultur ist manifest, wenn Trennungen und Veränderungen mit möglichst geringen Verletzungen der Persönlichkeit aller Beteiligten einhergeht."[517]

Ziel der Outplacementberatung ist, bei einem Personalabbau die negativen Effekte für beide Seiten so gering wie möglich zu halten

Eine solche Maßnahme, die Trennungen fair und professionell gestaltet, ist das Outplacement beziehungsweise die Outplacementberatung. Hinter diesem Begriff verbirgt sich die Betreuung und Beratung von Mitarbeitern, die entlassen werden, durch den Arbeitgeber, um sie bei der Suche nach einem neuen Arbeitsplatz zu unterstützen. Häufig werden für das Outplacement externe Dienstleister hinzugezogen. Das Ziel hierbei ist, bei einem Personalabbau die negativen Effekte für beide Seiten so gering wie möglich zu halten. Der Mitarbeiter erhält individuelle Unterstützung und Beratung in einer schwierigen Zeit, in Form eines individuellen Coachings, einer Karriereberatung oder eines Bewerbungstrainers und der Arbeitgeber kann neben der Vermeidung von Rechtsstreitigkeiten und einer negativen Beeinflussung des Betriebsklimas durch die Übernahme sozialer Verantwortung sein Image als attraktiver Arbeitgeber wahren.[518]

Negative Effekte einer fehlenden Trennungskultur

„Nehmen wir eine Firma mit 400 Beschäftigten" […] „Kommen Kündigungsgerüchte auf, werden die Mitarbeiter unruhig, erörtern die Lage in den Fluren und am Kopierer, arbeiten ineffizient oder so gut wie gar nicht mehr und verursachen Arbeitgeber-Bruttokosten von 100 Euro je Stunde. Das führt zu einem täglichen Schaden von rund 40 000 Euro."[519]

Dr. Laurenz Andrzejewski (geb. 1951; Managementtrainer)

Der schwarze Mitarbeiterabbauplanet

Die hier propagierte Trennungskultur steht im krassen Widerspruch zu dem, was sich im Blog „Per Anhalter durch die Arbeitswelt" unter dem Eintrag „Der Schwarze Mitarbeiterabbauplanet"[520] findet und auf einer wahren Tatsache beruht. Anstelle ein faires und professionelles Kündigungsmanagement umzusetzen, zu dem auch eine klare und transparente Kommunikation gehört, wird in derartigen „schwarzen" Personalabteilungen überlegt, wie man Mitarbeiter zu einer Eigenkündigung motivieren kann. Nicht selten werden hierfür Mechanismen entwickelt, die Mobbing ähneln und dem Mitarbeiter die Freude an der Arbeit oder – wenn beispielsweise der Werksbus abgeschafft wird – die Möglichkeit zum Arbeiten nehmen sollen.

Goldene Instrumente: Von Fallschirmen und Särgen

Unter dem *Goldenen Fallschirm* versteht man eine spezielle Klausel im Arbeitsvertrag von Führungskräften. Darin wird die Höhe der Zahlung geregelt, wenn die Stelle der Führungskraft wegfällt oder eine vorzeitige Vertragsauflösung notwendig wird. Dies kann beispielsweise aufgrund einer Fusion des Unternehmens, der Übernahme durch ein anderes Unternehmen oder der schlechten Leistung der Führungskraft eintreten. Die Bezahlung erfolgt häufig in Form von Boni, Aktienoptionen oder anderen Kombinationen von Vergütungen.

Um Mitarbeitern eine Kündigung schmackhaft zu machen, verspricht man bei einer Eigenkündigung eine großzügige Abfindung, den so genannten *Goldenen Fußtritt*. Das Unternehmen erreicht so eine Personalreduktion, ohne selbst Kündigungen aussprechen zu müssen. Mit diesen Abfindungen werden Mitarbeiter häufig unter Druck gesetzt, das Unternehmen freiwillig zu verlassen, denn in den meisten Fällen sind die Abfindungen an eine baldige Kündigung gebunden. Zudem darf man davon ausgehen, dass einem Mitarbeiter, der dieses Angebot nicht annimmt, das Leben im Unternehmen nicht leicht gemacht wird und er am Ende doch freiwillig kündigt. Ob er dann jedoch die Abfindung noch bekommt, ist Verhandlungssache.

Handschellen und Särge sind keine Freisetzung

Obwohl sprachlich ähnlich klingend, sind die zwei weiteren Instrumente kein Weg zur Personalfreisetzung:

- So will man durch *Goldene Handschellen* eine Kündigung durch den Mitarbeiter verhindern. Dies sind in der Regel Bonuszahlungen, die erst nach Ablauf einer bestimmten Zeit oder zu einem bestimmten Datum bezahlt werden. Kündigt der Mitarbeiter vor dem Auszahlungsdatum, erhält er diese Ausschüttung nicht.
- Unter dem *Goldenen Sarg* versteht man schließlich die Finanzierung einer hohen Lebensversicherung für Manager durch das Unternehmen. Sollte beispielsweise der Vorstandsvorsitzende plötzlich sterben, können seine Hinterbliebenen oft mit einer millionenschweren Lebensversicherung rechnen. Im Fall von Walt Disney-Chef *Robert Iger* wären dies 62 Millionen Dollar und bei *Brian Roberts*, Chef des US-Telekommunikationskonzerns Comcast, sogar 298 Millionen Dollar.[521] Dies muss aber nicht nur im Todesfall passieren, wie man an der VW-Vorständin Christine Hohmann-Dennhardt sieht, die für 13 Monate Arbeit 12 Millionen Euro erhalten hat.[522]

Beides sind also Instrumente zur Retention – allerdings diskutierbare.

Graue Instrumente: Nicht-Ganz-Freisetzung

Altersteilzeit als Vorbereitung auf den Ruhestand durch Reduzierung der Arbeitszeit

Bei der Personalreduktion gibt es auch Instrumente, die eher eine teilweise Reduktion implizieren. So bedeutet *Altersteilzeit* eine Reduzierung der Arbeitszeit, um den Übergang in den Ruhestand vorzubereiten. Wenn durch die Altersteilzeit für jüngere Arbeitnehmer Arbeitsplätze geschaffen werden, wird die Altersteilzeit von der Bundesagentur für Arbeit unterstützt. Diese Förderung gilt jedoch nur noch für Altersteilzeitbeschäftigungen, die bis zum Ende des Jahres 2009 begonnen wurden. Somit sollen Anreize für einen frühzeitigen Übergang in den Ruhestand und eine gleichzeitige Schaffung von Arbeitsplätzen für jüngere Arbeitnehmer entstehen. In der Praxis wird die Altersteilzeit häufig zur Personalreduktion eingesetzt.

Nach der heute überwiegend genutzten Form der Altersteilzeit wird die verbleibende Arbeitszeit halbiert: In der ersten Phase wird die wöchentliche Arbeitszeit nicht gekürzt, der Arbeitnehmer erhält jedoch nur noch circa 50 Prozent seines bisherigen Einkommens. In der zweiten Phase wird er bei weiterhin circa 50 Prozent seines Einkommens freigestellt. Während für die Jahrgänge bis 1951 eine Rente vor Erreichen des 65. Lebensjahrs ohne Abzug der Rentenbezüge möglich ist, ist dies für alle anderen Jahrgänge erst mit Vollendung des 65. Lebensjahrs möglich. Bei einem vorherigen Rentenbeginn muss je nach Zeitpunkt mit einer Bezugskürzung gerechnet werden.

Beim *Vorruhestand* hingegen geht der Betroffene ohne Übergangszeit vorzeitig in Rente. Der Vorruhestand ist für die Betroffenen nur interessant, wenn ihnen dadurch keine materiellen Einbußen entstehen oder mit zusätzlichen Anreizen wie einer Abfindung durch das Unternehmen verbunden sind. Für das Unternehmen bietet eine Vorruhestandsregelung ebenso wie die Altersteilzeit die Verbesserung der betrieblichen Altersstruktur und für jüngere Arbeitnehmer eine schnellere Chance für einen Aufstieg.

Um eine Weiterqualifizierung von Arbeitnehmern zu erreichen, die im Unternehmen nicht mehr beschäftigt werden können, werden *Beschäftigungsgesellschaften*, die zumindest aus Sicht des handelnden Unternehmens eine teilweise Personalreduktion darstellen, gegründet. Sie lassen sich wie folgt charakterisieren[523]:

- Betriebliche Mittel für Sozialpläne und öffentliche Mittel der Arbeitsverwaltung werden zur Weiterbeschäftigung und Umschulung oder Höherqualifizierung von freigesetztem Personal verwendet.
- In Um- und Höherqualifizierungsmaßnahmen werden alle freigesetzten Arbeitskräfte vom angelernten Mitarbeiter bis zum Facharbeiter und zur Fachkraft einbezogen.
- Die Bindung an den Betrieb wird aufrechterhalten, um eine Weiterqualifizierung vor allem motivational zu unterstützen.

Beschäftigte werden in diese häufig neu geschaffenen, rechtlich selbstständigen Unternehmen eingegliedert und erhalten somit eine Doppelmitgliedschaft: in ihrem alten Unternehmen und gleichzeitig in der Beschäftigungsgesellschaft.

Finale Realität: Die Kündigung wird wirksam

Ist eine Kündigung von Arbeitgeberseite nicht mehr zu vermeiden, ist es wichtig, für alle direkt oder indirekt Beteiligten (das heißt vom Unternehmen über den zu entlassenden Mitarbeiter bis zu den verbleibenden Mitarbeitern) die Trennung fair und professionell zu gestalten, um negative Folgen, insbesondere für das Unternehmen und sein Image als Arbeitgeber zu vermeiden. Hierzu gehört vor allem die gründliche Vorbereitung des Kündigungsgesprächs[524] in Bezug auf Ort, Dauer, Inhalt, Vorgehensweise und Gesprächspartner. Zudem sollte bei einem Trennungsgespräch beachtet werden, dass dieses immer vom Chef selbst und zeitnah geführt werden sollte, so dass der Betroffene die Entscheidung nicht von Kollegen oder Dritten erfährt. Außerdem sind eine offene und ehrliche Kommunikation sowie das Vermitteln der persönlichen Wertschätzung wichtig. Des Weiteren empfiehlt sich die bereits angesprochene Unterstützung des Mitarbeiters bei der Suche nach einem neuen Arbeitsplatz, um negativen Auswirkungen auf die Motivation der verbleibenden Mitarbeiter sowie das Unternehmensimage entgegenzuwirken.

Kündigung: ein gesetzlich klar geregelter Vorgang

Neben diesen Gesichtspunkten müssen noch folgende formalen beziehungsweise rechtlichen Aspekte bei einer Trennung von einem Mitarbeiter beachtet werden:

- Bei einer betriebsbedingten Kündigung hat der Arbeitnehmer gemäß § 1a KSchG Anspruch auf Zahlung einer *Abfindung*. Die Höhe der Abfindung beträgt im Regelfall ein halbes bis ein ganzes Monatsgehalt für jedes Jahr, das der Arbeitnehmer im Unternehmen beschäftigt war. Je nach Verhandlung kann die Abfindung jedoch auch weit darunter oder darüber liegen. Bei der Berechnung der Beschäftigungsdauer wird ein Zeitraum von mehr als sechs Monaten auf ein volles Jahr aufgerundet (§ 1a Absatz 2 KSchG).
- Dem Arbeitnehmer ist bis zum vereinbarten Ablauf des Arbeitsverhältnisses die Möglichkeit zum Abbau seiner noch ausstehenden *Urlaubstage* zu gewähren. Sollte dies nicht möglich sein, sind die Urlaubstage abzugelten (§ 7 Absatz 4 BUrlG). Der Anspruch auf den Abbau beziehungsweise die Auszahlung eventuell bestehender *Überstunden* richtet sich nach den individuellen arbeits- beziehungsweise tarifvertraglichen Regelungen.
- Der Arbeitnehmer hat gemäß § 630 BGB Anrecht auf ein schriftliches *Arbeitszeugnis*, das er von seinem Arbeitgeber einfordern kann. Abhängig von Dauer und Qualifizierung des Beschäftigungsverhältnisses kann es sich hierbei um ein einfaches Arbeitszeugnis mit Angaben über lediglich Dauer und Art der Beschäftigung beziehungsweise um ein qualifiziertes Arbeitszeugnis mit zusätzlichen Angaben über Leistungen und Verhalten des Arbeitnehmers handeln. Bei der Formulierung eines Arbeitszeugnisses muss der Arbeitgeber verschiedene Richtlinien wie beispielsweise Sorgfalts- und Wahrheitspflichten beachten, gleichzeitig sollte es wohlwollend dem Arbeitnehmer gegenüber formuliert sein, um sein zukünftiges Fortkommen nicht zu erschweren.

Um eine neue Beschäftigung aufnehmen zu können oder für die Meldung bei der Bundesagentur für Arbeit, benötigt der Arbeitnehmer in der Regel *Unterlagen*[525] von seinem alten Arbeitgeber. Diese sind dem Mitarbeiter nach Ablauf des Arbeitsverhältnisses direkt zur Verfügung zu stellen beziehungsweise entsprechende Ersatzbescheinigungen bis zur Lieferung der Originaldokumente. Zu diesen Unterlagen gehören unter anderem die Urlaubsbescheinigung, der Sozialversicherungsausweis und die Arbeitsbescheinigung.

Wichtig: Exitinterview beziehungsweise Austrittsgespräch

Im Falle der Kündigung durch den Arbeitnehmer, sollte nach dessen Kündigung ein *Exitinterview* beziehungsweise *Austrittsgespräch*[526] geführt werden, um die Gründe für diesen Schritt festzustellen. Hierdurch können betriebliche Schwachstellen aufgedeckt, Rückschlüsse auf die Arbeitgeberattraktivität gezogen und eventuell entstandene Aversionen abgebaut werden. Werden solche Gespräche systematisch ausgewertet und entsprechende Maßnahmen im Unternehmen umgesetzt, kann sich dies positiv auf die Motivation, Fluktuation und die Attraktivität als Arbeitgeber auswirken.

Erstellen einer Freisetzungsplanung

Übung 17.3

Trotz aller Überlegungen kommen Sie nicht umhin, sich von einigen Mitarbeitern der Strawberry Cake & Bakeries AG zu trennen. Doch Sie möchten nicht überstürzt an diese unangenehme Aufgabe herangehen. Sie machen daher einen Plan, welche Möglichkeiten Sie haben, die Trennung von verschiedenen Mitarbeitern zu gestalten und worauf unbedingt geachtet werden sollte.

Verantwortungsbewusste Reduktion

Nach einer Prozessoptimierung musste die Heinrich Heine GmbH, eine Tochtergesellschaft der Otto Group, 25 Prozent ihrer Stellen reduzieren. Das Unternehmen beschloss einen transparenten und nachvollziehbaren Personalabbau, um nicht das Vertrauen der Belegschaft angesichts der anstehenden Aufgaben zu verlieren. Statt mit hohen Abfindungen, Sprinterprämien oder Ähnlichem die Menschen zu überreden, freiwillig ihren lieb gewonnenen Arbeitsplatz aufzugeben, wurden rund 50 Prozent der Mittel in die Zukunft der Betroffenen in Form von Anpassungsqualifizierung, Vermittlung und Bewerbungscoaching investiert. Den Erfolg bestätigen auch die Vermittlungszahlen: 89 Prozent aller Mitarbeiter, die in die Transfergesellschaft eintraten, haben eine berufliche Zukunft gefunden. Die intensive Betreuung führte auch dazu, dass die Mitarbeiter bereits nach durchschnittlich sieben Monaten eine neue Beschäftigung fanden und dadurch 40 Prozent der veranschlagten Kosten gespart wurden.[527]

17.6 Ausblick

Auch wenn es nicht der Stammtischlogik entspricht: Es lässt sich belegen[528], dass Vorstandsvorsitzende von Unternehmen, die am Kapitalmarkt gelistet sind, aufgrund der Ankündigung von Personalabbau ihr Einkommen nicht verbessern, sondern im Gegenteil Gefahr laufen, in den folgenden ein bis zwei Jahren ihre Position zu verlieren.

Der Kapitalmarkt unterstützt vielmehr eine freiwillige Fluktuation der Mitarbeiter mit attraktiven Abfindungen und eine kleine Zahl von Entlassungen anstelle von Massenentlassungen, obwohl diese auf eine massive Kostenreduktion schließen lassen. Aktionäre honorieren eine durchdachte Personalpolitik und spekulieren nicht allein auf eine schnelle und überstürzte Personalkostenreduzierung. Gerade wegen der massiven Wirkung einer Personalreduktion für alle indirekt und direkt Betroffenen ist diese Aufgabe systematisch und antizipatorisch wahrzunehmen.

Dies verlangt
- Verstehen der Logik,
- Versuche, Entlassungen zu vermeiden und
- professionell einzusetzende Gestaltungsaktivitäten.

Nur so kann ein Unternehmen die erforderliche Personalreduktion in einer Art vornehmen, die erstens die Konsequenzen für die Betroffenen möglichst erträglich macht und zweitens negative Rückkoppelungen auf Unternehmenskultur und Unternehmensimage vermeidet.

Dabei wird die Automatisierung zu einer großen Herausforderung. Wenn die Personalentwicklung nicht funktioniert, wird es vermehrt zur technologischen Arbeitslosigkeit kommen. Ganze Berufssparten können wegfallen. Diese Entlassungen lassen sich jetzt schon strategisch planen und somit vermeiden. So bedeutet der Wechsel vom Verbrennungsmotor zu Elektromotoren auch, dass Verbrennungsmotorexperten irgendwann nicht mehr benötigt werden. Dies lässt sich heute schon vorausschauend planen und man muss dem entgegenwirken.

Sobald Unternehmen nicht nur national agieren und damit Arbeitsverhältnisse mit Auslandsberührung betroffen sind, müssen Gesetze und Regelungen der Länder (untereinander) beziehungsweise europäische Regelungen beachtet werden.[529] Demnach unterliegen beispielsweise Arbeitsverhältnisse und Arbeitsverträge in der Regel dem jeweiligen Recht des Staates, in dem der Arbeitnehmer überwiegend seine Arbeit verrichtet (Art. 30 Einführungsgesetz zum Bürgerlichen Gesetzbuch). Verrichtet ein Arbeitnehmer seine Arbeit in mehreren Staaten, ist danach der Sitz der Niederlassung relevant, die den Arbeitnehmer eingestellt hat. Erschwerend für den Personaler kommt dabei hinzu, dass in den europäischen Ländern zum einen sehr unterschiedliche Regelungen zum Kündigungsschutz bestehen und diese Regelungen zum anderen immer wieder Veränderungen unterliegen.[530]

Aufgaben und Fragen zur Selbstüberprüfung

1. Erklären Sie den Zusammenhang zwischen Personalfreisetzung und Kündigung!
2. Erklären Sie den Unterschied zwischen reaktiver und antizipativer Personalfreisetzung!
3. Stellen Sie die Unterschiede zwischen betriebsbedingter, verhaltensbedingter und personenbedingter Kündigung heraus!
4. Was versteht man unter Trennungskultur?
5. Was gilt es bei einer Abmahnung zu beachten?
6. Wie konkretisiert sich eine Trennungskultur je nach Zugehörigkeit zu einer der vier Zellen der Darwiportunismus-Matrix?

Endnoten

[498] *Bundesverband Deutscher Unternehmensberater BDU e.V.* 2014, 3.

[499] *Deutsches Mittelstands-Barometer* 2009, 9.

[500] *El-Sharif, Yasmin,* Gute Zeiten für Trittbrettfahrer, in: ZeitOnline, online unter: http://www.zeit.de/online/2009/12/kurzarbeit-unternehmen-arbeitslosigkeit, abgerufen am 13.05.2009.

[501] *Bertrand* 2005.

[502] vgl. *Drumm/Scholz* 1988, 146–162.

[503] vgl. *Drumm/Scholz* 1988, 253.

[504] vgl. *Bayreuther* 2006.

[505] vgl. *Berkowsky* 2005, 158–220.

[506] vgl. *Lepke* 2006, 302–325.

[507] vgl. *o.V.,* Freiheitsberaubung in der Firma, in: managerSeminare Heft 134 (5/2009), 8.

[508] vgl. *Kokemoor/Kreissl* 2006, 56.

[509] *Bundesagentur für Arbeit* 2009, 6.

[510] vgl. *Bundesagentur für Arbeit* 2009, 6.

[511] *WSI der Hans Böckler Stiftung (Hobler, Dietmar/Pfahl, Svenja/Horvath, Sandra),* Befristete Beschäftigung nach Altersgruppen 1991-2016, bearbeitet 2018, online unter: https://www.boeckler.de/53500.htm, abgerufen am 25.5.2018.

[512] *Scholz, Christian* in *Bedürftig, David,* 6.3.2016, Was Generation Z vom Berufsleben erwartet, online unter: https://www.welt.de/wirtschaft/karriere/bildung/article152993066/Was-Generation-Z-vom-Berufsleben-erwartet.html, abgerufen am 25.5.2018.

[513] *Statista,* Anzahl der internationalen Transfers von Profifußballspielern weltweit in den Jahren 2012-2017, Statista 2018, online unter: https://de.statista.com/statistik/daten/studie/388716/umfrage/transfers-weltweiter-profifussball/, abgerufen am 25.5.2018.

[514] *Otte, Petra,* Warum es bei Daimler Billiglöhner gibt, online unter: http://www.stuttgarter-nachrichten.de/inhalt.daimler-warum-es-bei-daimler-billigloehner-gibt.d1e305e3-862d-44f4-a24f-4290715eb7ab.html, abgerufen am 01.03.2014.

[515] *Scholz, Christian/Müller, Stefanie,* Cloudworker – ein Modell mit Risiken und Nebenwirkungen, 16.7.2014, online unter: https://www.computerwoche.de/a/cloudworker-ein-modell-mit-risiken-und-nebenwirkungen,3063439, abgerufen am 25.5.2018.

[516] *reisefroh,* Warum UBUD der perfekte Ort für digitale Nomaden ist (+Kostentabelle), 28.12.2017, online unter: https://indojunkie.com/ubud-digitale-nomaden/, abgerufen am 25.5.2018.

[517] *Andrzejewski* 2004, 19.

[518] vgl. *Schmitz-Buhl* 2005, 141–142.

[519] *Andrzejewski, Laurenz* in *Mischke, Roland,* Kein Kaffee, keine Kekse, in: Handelsblatt vom 11.08.2003, online unter: http://www.handelsblatt.com/archiv/kein-kaffee-keine-kekse;651534, abgerufen am 06.05.2009.

[520] vgl. *Scholz* 2006b.

[521] vgl. *Ahlemeier, Melanie,* Goldener Herzschlag. Manager-Gier in den USA, Beitrag in: sueddeutsche.de vom 16.06.2008, online unter: http://www.sueddeutsche.de/wirtschaft/686/445423/text/, abgerufen am 16.06.2008.

[522] *SWR,* 12 Millionen für 13 Monate, 31.1.2017, online unter: https://www.swr.de/marktcheck/kommentar-zur-abfindung-von-vw-vorstaendin-12-millionen-euro-fuer-13-monate-arbeit/-/id=100834/did=18928852/nid=100834/1vserlb/index.html, abgerufen am 18.06.2018.

[523] vgl. *Drumm* 2008, 266–267.

[524] vgl. *Andrzejewski* 2004, 107–150.

[525] vgl. *Mitterer* 2005.

[526] vgl. *Ledergeber* 2009, 168–172.

[527] vgl. *Konrad/Martens* 2009.

[528] vgl. *Gerpott* 2007, 29–30.

[529] *Busemann/Schäfer* 2006, 301–302.

[530] vgl. *Ochel* 2008.

Kommunikation: Wie transportiert man Informationen?

18

Inhalt

Fakten

81,5 % der Manager glauben „Wer nicht kommunizieren kann, kann nicht führen".[531]

94 % der Führungskräfte sehen eine höhere Kompetenz in der Kommunikation durch die Automatisierung als notwendig an.[532]

44 % der Unternehmen lassen die Personalstrategie durch den Personalvorstand erarbeiten und umsetzen.[533]

Lernziele

- Sie erfahren, welche Wirkung Medien erzielen können.
- Sie erleben die Strategien zur Kommunikation.
- Sie wissen die Unterschiede in den Theorien zur Medienwahl.
- Sie verstehen die Rollen im Kommunikationsprozess von Unternehmen.
- Sie lernen wichtige Inhalte von Personalkommunikation.

18.1 Überblick

Medienmanagement als neues Element eines professionellen Personalmanagements

„Wir leben in einer Mediengesellschaft!" Dieser triviale wie richtige Satz signalisiert die Notwendigkeit für personalwirtschaftliche Funktionsträger, sich mit der externen und internen Kommunikation zu beschäftigen – ohne dies reflexartig auf die PR-Abteilung abzuschieben. Denn gerade das Personalmanagement hat interessante und relevante Inhalte. Exemplarisch zu nennen ist hier das Employer Branding, das von der aktiven Kommunikation des Unternehmens nach innen und außen lebt.

Ausgangsbasis für eine derartige offensive HR-Kommunikation sind Verständnis der Wirkung von Medien, konzeptionelles Vorgehen bei der Wahl geeigneter Medien sowie zielorientierte Auswahl von zu kommunizierenden Inhalten.

Dieses Kapitel beschäftigt sich deshalb zunächst mit den Grundlagen und geht auf die Wirkungen von Kommunikationsmedien ein (Abschnitt 18.2). Danach werden verschiedene Modelle zur Medienwahl besprochen, die erklären, wann welches Medium für welche Aufgabe herangezogen werden sollte (Abschnitt 18.3). Im Abschnitt 18.4 werden die verschiedenen Rollenträger vorgestellt und deren Funktionen erläutert. Auf die Schattenseiten der Kommunikation geht Abschnitt 18.5 ein.

18.2 Warum? Wirkung von Kommunikationsmedien

Eine Möglichkeit zur Systematisierung von Handlungsoptionen und zur Strategieplanung ist das Modell der drei Medienwirkungen[534], das zentrale Aktivitätsfelder strategischer Überlegungen postuliert. Danach werden:

- Wirklichkeit,
- Märkte und
- Wert(e)

durch Medieneinsatz geschaffen, um personalwirtschaftlich relevante Inhalte zu kommunizieren (Abbildung 18.1).

Abbildung 18.1: Medienwirkungen

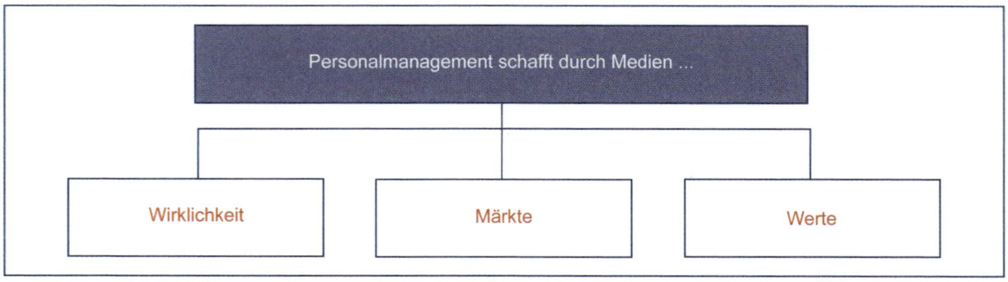

Personalmanagement schafft Wirklichkeit

Vor allem in der Kommunikationswissenschaft, der Psychologie und der Soziologie, also in der nicht-betriebswirtschaftlichen Medienliteratur, gilt der Satz „Medien konstruieren Wirklichkeit" als zentrale Aussage[535]. Demnach besteht eine wichtige Funktion von Medien darin, zumindest im begrenzten Umfang Wirklichkeit zu konstruieren. Dies kann sich auch die Personalarbeit durch entsprechenden Medieneinsatz zu Nutze machen.

„Wahr" ist, was durch die Medien verbreitet wird

„Was wir über unsere Gesellschaft, ja über die Welt, in der wir leben, wissen, wissen wir durch die Massenmedien."[536]

Univ.-Prof. Dr. Niklas Luhmann (1927–1998; Professor für Soziologie)

Das Schaffen von Wirklichkeit kann auf zwei unterschiedlichen Wegen erfolgen (Abbildung 18.2)[537]:

(1) Zum einen wird etwas *Neues*, vorher nicht Existierendes geschaffen, verkörpert, beziehungsweise aufgebaut. Man schafft somit vollständig und absichtlich eine Realität in den Medien, die letztlich das Verhalten prägen und Einstellungen kultivieren soll.

(2) Zum anderen können nur *Teilaspekte der Realität* gesehen und gefilterte Informationen verbreitet werden. Den Medienempfängern wird dabei eine Wirklichkeit vorgesetzt, die zwar nicht falsch ist, allerdings hoch selektiv Ausschnitte der Wirklichkeit präsentiert.

Bei beiden Wegen der Wirklichkeitskonstruktion laufen Prozesse teilweise unbewusst und ungesteuert oder aber bewusst geplant und gesteuert ab. Dabei ist von

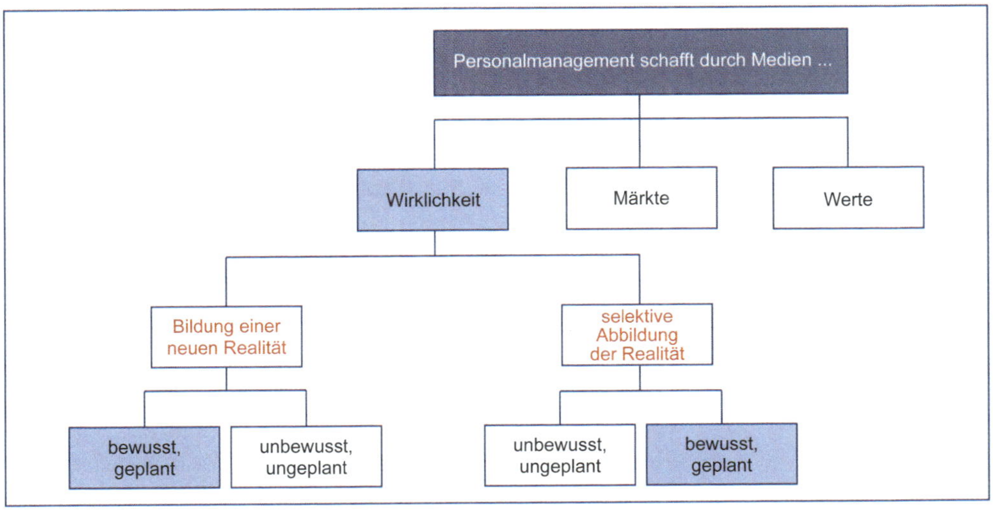

Abbildung 18.2: Wirklichkeit schaffen

der Personalabteilung grundsätzlich darauf hinzuarbeiten, die ungesteuerten Konstruktionen zu kontrollieren und die bewusst-geplanten zu optimieren.

Generelles Schaffen von Wirklichkeit als personalwirtschaftliche Schlüsselaufgabe

Wirklichkeitskonstruktion kann auf allen Aktivitätsfeldern des Personalmanagements eingesetzt werden. Zwei Beispiele sollen diese Logik und ihre Wirkmächtigkeit illustrieren. Das Erste bezieht sich auf das Bilden einer Realität durch Neuschaffung, das Zweite auf Schaffen von Wirklichkeit durch selektive Fokussierung:

- Bei der *Personalführung* kann es im Sinne der Orientierung und Motivation der Mitarbeiter sinnvoll sein, eine neue Wirklichkeit zu schaffen, indem eine neue Vision erarbeitet wird. Diese Vision muss zwar die gegebenen Rahmenbedingungen berücksichtigen, kann allerdings durchaus neu sein und in dieser Form bislang nicht existieren. Im Gegenteil: Gerade auf etwas Neues, bislang nicht im Fokus Stehendes hinzuarbeiten, ist Kennzeichen einer Vision. Somit stellt sich nicht nur die Frage „Wo wollen wir hin?", sondern auch die Frage „Wovon träumen wir?".[538] Spätestens, wenn es um „machbare Utopien" geht, wird der Bezug zur Wirklichkeitskonstruktion deutlich. Denn diese neue Vision muss letztlich von allen gemeinsam getragen und dazu entsprechend kommuniziert werden. Dann kann sie sich als Wirklichkeit durchsetzen.
- Bei *Akquisition* und *Retention* geht es darum, die besten Mitarbeiter zu gewinnen beziehungsweise an sich zu binden. Dazu müssen Alleinstellungsmerkmale kommuniziert und über diese Kommunikation ein Employer Brand generiert werden. Hierfür werden Aspekte ausgewählt und gefiltert, Merkmale, die dagegen ohnehin bei den meisten Unternehmen gleich sind, können weggelassen werden. In der Regel werden zudem die eher positiven und sozial erwünschten Merkmale kommuniziert, um das Unternehmen als attraktiven Arbeitgeber zu positionieren.

Vor allem das Außenbild eines Unternehmens kann konstruiert werden, solange es nicht zu weit von der Realität abweicht: Stimmen nämlich Fremd- und kommuniziertes Selbstbild nicht überein, wird dem Unternehmen auch die noch so gute mediale Umsetzung einer konstruierten Realität langfristig nichts helfen.

Personalmanagement schafft Märkte

Märkte sind unausweichlich und gerade deshalb gestaltbar

Hinter „Medien schaffen Märkte" liegt das aus der Internetökonomie bekannt gewordene und aus nationalökonomischer Sicht[539] erklärte Wirkpotenzial, wonach gerade Medien in der Lage sind, Marktmechanismen in Kraft sowie Marktfunktionen in Gang zu setzen und zu gestalten.[540] Ein Markt ist dabei ein Ort, wo sich Angebot und Nachfrage treffen, und sich ein Abgleich von Menge und Preis realisieren lässt. Personalmanagement schafft Märkte bezieht sich auf zwei Optionen (Abbildung 18.3):

(1) Zum einen können für den externen und den internen Arbeitsmarkt neue Märkte geschaffen werden (*Märkte für Personal*).

(2) Zum anderen entstehen neue Ideen und Konzepte entlang der Wertschöpfungskette (*Märkte für die Personalarbeit*).

Die daraus abgeleitete Funktion von Medien[541] ist die Möglichkeit, durch die neuartigen Verbindungen Produkte und Dienstleistungen sowie Konzepte und Ideen in einer neuartigen Form dem Wettbewerb zu präsentieren. Die Personalabteilung kann in diesem Zusammenhang durch Medien Inhalte zur Verfügung stellen, die über Trägermedien angeboten beziehungsweise gehandelt werden.

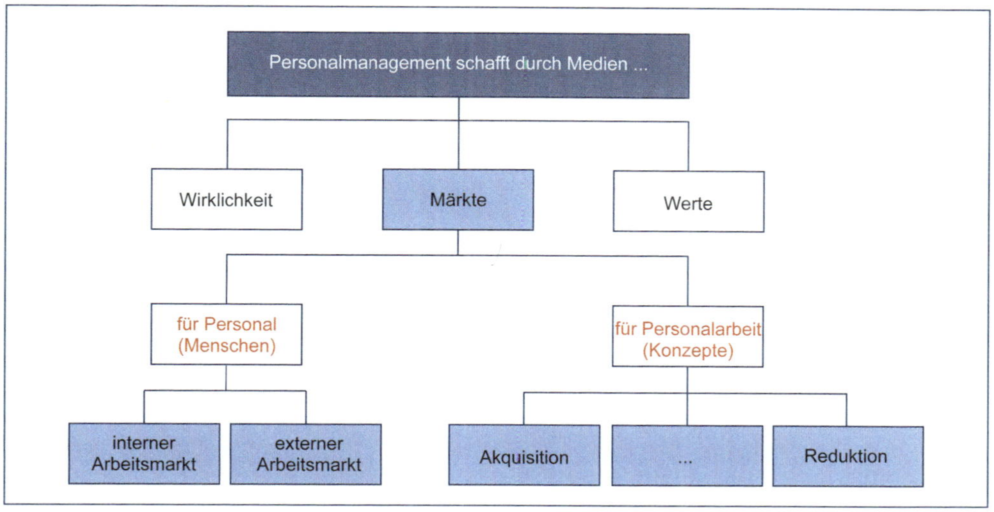

Abbildung 18.3: Märkte schaffen

In Konzepten für Märkte für Personal (Menschen), wie sie im Rahmen webbasierter Personalwertschöpfungsmodelle entwickelt werden[542], treten die Beteiligten in einer Doppelrolle auf:

- *Unternehmen* sind Anbieter von Arbeitsplätzen und Nachfrager von Kompetenzen,
- *Mitarbeiter* beziehungsweise Bewerber sind Anbieter von Kompetenzen und Nachfrager von Arbeitsplätzen.

Online-Stellenbörsen mit ihren Stellenanzeigen der Unternehmen und Kompetenzprofilen von Bewerbern sind erste Lösungsansätze für ein solches Konzept eines Kernkompetenzmarktplatzes.

Dies kann soweit gehen, dass das Personalmanagement sogar den Arbeitsmarkt massiv verändert, indem es über ausgesuchte Berufsbilder selektiv berichtet. So zeigt eine Studie[543], wie Medien als Reaktion auf den Fachkräftemangel bei Ingenieuren gezielt das Image dieses Berufs geändert und potenzielle Nachwuchskräfte in diese Richtung gelenkt haben.

Personalmanagement schafft Wert(e)

„Werte schaffen“ bezieht sich zum einen auf unternehmerisch-monetäre Werte, zum anderen auf (unternehmens-)kulturelle Werte im Sinne von „Normen und Werten (Abbildung 18.4).

Werte sind zum einen kognitive Schemata im normativen Sinne (Werte im kulturellen Sinne), zum anderen wirtschaftliche, monetär bewertbare Größen (Werte im ökonomischen Sinne)

Mit „Werte im (unternehmens-)kulturellen Sinne“ ist die Wertebasis gemeint, die jede Gruppe von Menschen aufweist. Diese Organisationskultur[544] hält als „Social Glue“ die Gruppe zusammen, motiviert und gibt Hinweise auf erwünschtes sowie unerwünschtes Verhalten. Organisationskultur bezieht sich unter anderem als Landeskultur auf ganze Regionen[545] oder als Unternehmenskultur auf wirtschaftliche Einheiten[546].

Abbildung 18.4: Wert(e) schaffen

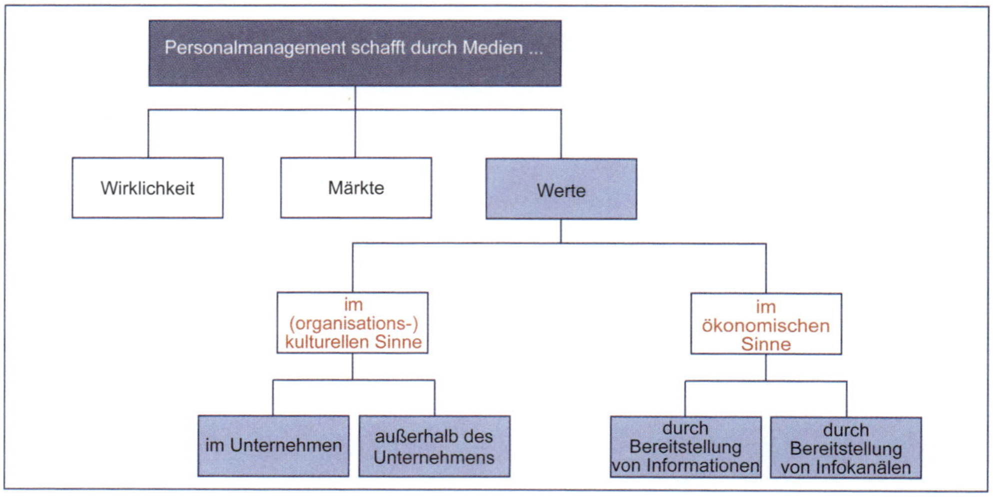

Schaffen kultureller Werte als innovative „Kür“

In jedem Fall hilfreich zum kulturellen Verständnis ist das Kulturmodell von *Edgar Schein*[547]. Danach manifestiert sich Organisationskultur auf drei Ebenen (Abbildung 18.5):

(1) Auf der obersten und einzig voll sichtbaren Ebene befinden sich die *Artefakte*, wozu markante Verhaltensweisen, Gebäude, Uniformen, Sprache, Rituale und auch Medieninhalte sowie Medienformen gehören.

(2) Darüber hinaus gibt es die Ebene der *angenommenen und internalisierten Werte*, die sich in gelebten Führungsgrundsätzen niederschlagen.

(3) Als unterstes steht die Ebene der *kulturellen Grundannahmen*. Diese „Basic Beliefs“ gelten als nicht mehr hinterfragbar und charakterisieren unter anderem die Beziehung der Organisationsmitglieder zur Umwelt und generell zu Menschen.

Die oberste Ebene ist die sichtbarste, die unterste dagegen charakterisiert die Kultur am intensivsten.

Abbildung 18.5: Kulturmodell von *Edgar Schein*[548]

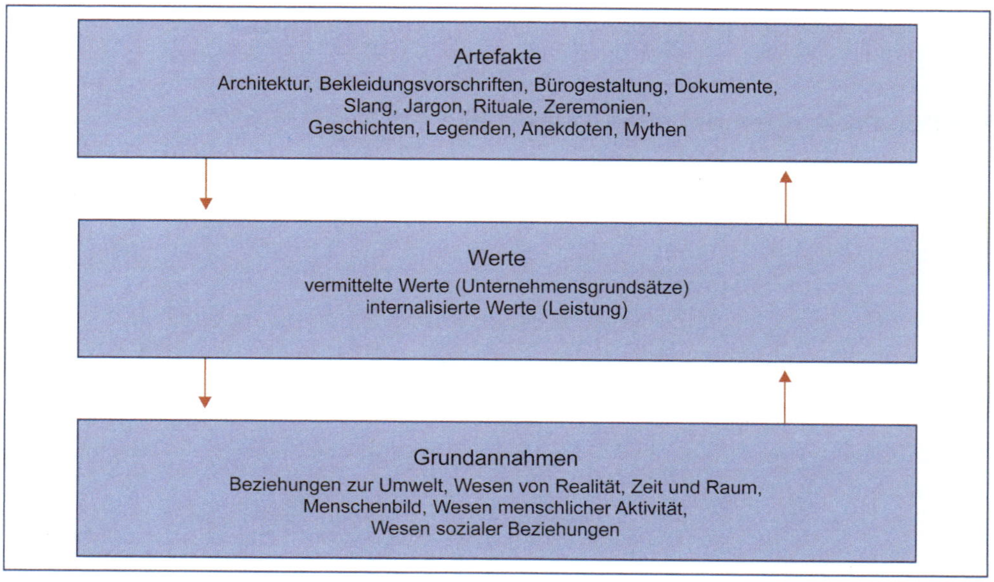

Bei der Nutzung von Medien geht es zunächst darum, auf der sichtbaren Ebene durch medial umgesetzte Botschaften aktiv zu werden, was dann sukzessive zu Veränderungen im Normen- und Wertesystem sowie letztlich zu den Grundannahmen führt. Wird also beispielsweise in einer Betriebszeitung permanent über die gesunde Lebensweise der Mitarbeiter berichtet, die an Firmenläufen teilnehmen und sich in der Kantine gesund ernähren sowie zudem noch betrieblich erfolgreich sind, so entsteht daraus ein Impuls in Richtung Verhaltens- und Werteänderung. Allerdings gibt es hier keine deterministische Funktionalität, denn umgekehrt wirken Normen und Werte ihrerseits auf das Verhalten. Entspricht also gesundheitsbewusste Lebensführung in keiner Weise den Grundwerten einiger Mitarbeiter, werden sich derartige Informationen in Mitarbeiterzeitschriften auch nicht auf ihr Verhalten auswirken.

Die Diskussion der Werte wird in Zeiten der Digitalisierung immer relevanter. Die Organisationen schaffen Werte, aber gleichzeitig werden sie durch Werte auch beeinflusst. Organisationskultur wird nicht durch die Unternehmensführung beschlossen, sondern besteht aus schon existierenden Werten. Deshalb wird gerade der strategische Fit eine wichtige Erfolgsgröße. Werte sind zum einen ein beeinflussender Faktor und zum anderen ein Ergebnis und gerade deshalb ist die Nutzung von Medien zur Kommunikation essentiell in der Zeit der Digitalisierung und erfordert ein wertebasiertes Management[549].

Schaffen ökonomischer Werte als traditionelle „Pflicht“

Das Personalmanagement schafft schließlich über Medien auch ökonomische Werte, indem Informationen sowie Informationskanäle für Mitarbeiter bereitgestellt und genutzt werden. Durch diese Informationen können Tätigkeiten der Mitarbeiter erst umgesetzt und über Informationskanäle die dazu notwendigen Kommunikationen ermöglicht werden. Diese Dienstleistung fließt letztlich direkt in das verkaufte Produkt oder die dargebrachte Dienstleistung des Unternehmens und somit in die Wertschöpfung. Das Personalmanagement unterstützt beziehungsweise verbessert somit Prozesse und Aktivitäten.

Übung 18.1

Modell der drei Medienwirkungen und Berichterstattung in den Medien

Um immer bestens informiert zu sein, haben Sie bei den Lesezeichen Ihres Browsers gleich mehrere News-Seiten abgespeichert. Als Sie heute Morgen bei einer Tasse Kaffee am Schreibtisch der Strawberry Cake & Bakeries AG die News durchschauen, fällt Ihnen auf, dass manchmal über ein und dasselbe personalwirtschaftliche Ereignis in völlig unterschiedlicher Form berichtet wird. Dabei fällt Ihnen ein, dass Sie ja schon einmal etwas von der Theorie der drei Medienwirkungen gehört haben. Sie picken sich also ein besonders markantes Ereignis heraus und überlegen, inwiefern hier Wirklichkeit, Märkte oder Werte geschaffen werden. Außerdem analysieren Sie, inwiefern sich die Berichterstattung auf den verschiedenen Internetseiten unterscheidet.

18.3 Wo? Wahl der Kommunikationsmedien

Welches Medium zu welchem Zweck?

Wenn Kommunikation nicht direkt von Angesicht zu Angesicht (Face-to-Face-Kommunikation) stattfindet, benötigt man die Unterstützung durch Medien. Das zur Verfügung stehende Spektrum ist breit und reicht vom klassischen Brief über das Telefon bis hin zu modernen Instrumenten wie der Videokonferenz. Es ist allerdings nicht immer einfach zu entscheiden, was die richtige Information, der richtige Zeitpunkt zur Kommunikation sowie die richtige Platzierung der Information ist.[550] Hilfe kommt hier von den Theorien zur Medienwahl.[551]

© Computer History Museum

Persönliche Kommunikation wird immer wichtiger

„It is ironic, but true, that in this age of electronic communications, personal interaction is becoming more important than ever."[552]

Regis McKenna (geb. 1941; Vorsitzender der McKenna Group)

Theorie der subjektiven Medienakzeptanz

Subjektiv wahrgenommener Nutzen bestimmt Wahl des Mediums

Aus Sicht der Theorie der subjektiven Medienakzeptanz ist die Wahl eines Mediums in erster Linie von der persönlichen Arbeitsweise sowie den eigenen Wünschen abhängig.[553] Die Wahl des Kommunikationsmediums wird weniger durch die objektive Entscheidung für das beste Medium bestimmt. Vielmehr entscheidet der subjektiv wahrgenommene Nutzen über die Akzeptanz oder Ablehnung eines Mediums.

Die Wahl des Mediums hängt demnach von den Faktoren
- persönlicher Stil der Aufgabenerfüllung,
- subjektiv wahrgenommener Nutzen der in Frage kommenden Medien sowie
- persönliche Charaktereigenschaften und
- Erfahrungen mit den einzelnen Medien

ab. Hat der Aufgabenträger also besonders positive Erfahrungen mit einem Medium gemacht, wird er dieses wieder verwenden. Zudem werden weniger kommunikative Menschen mit großer Wahrscheinlichkeit auf ein schriftliches Medium zurückgreifen.

Bezogen auf das Personalmanagement bedeutet dies für eine Führungskraft, dass sie immer die Medien nutzen wird, die sie persönlich am besten kennt, mit denen sie die besten Erfahrungen gemacht hat und die sie für sich selbst als am angenehmsten empfindet. Diese Tatsache ist bei der Planung des Kommunikationssystems zu berücksichtigen. Allerdings ist vor allem der subjektiv wahrgenommene Nutzen des Mediums beeinflussbar, speziell durch Übung und positive Erfahrungen.

Theorie der kollektiven Medienakzeptanz

Im Gegensatz zur Theorie der subjektiven Medienakzeptanz berücksichtigt ein Entscheidungsträger laut Theorie der kollektiven Medienakzeptanz nicht seine persönlichen und individuellen Vorlieben, sondern die Akzeptanz und Wünsche seiner Kommunikationspartner.

Die Medienwahl hängt daher von

- der Akzeptanz beziehungsweise der Ablehnung bestimmter Medien durch das soziale Umfeld,
- der Verbreitung der Medien im unmittelbaren Arbeitsumfeld sowie
- der symbolischen Bedeutung bestimmter Medien in der Organisation ab.

Es wird deutlich, dass hier das soziale Umfeld den entscheidenden Faktor bei der Medienwahl darstellt (Social Influence Approach).

Medienwahl wird am sozialen Umfeld ausgerichtet

Sollen personalwirtschaftliche Inhalte transportiert werden, sollten laut Theorie der kollektiven Medienakzeptanz die Kommunikationsgewohnheiten der anzusprechenden Zielgruppe beziehungsweise des Kommunikationspartners berücksichtigt werden. Man sucht also nach einem bei seinem Gegenüber gewohnten beziehungsweise als angenehm empfundenen Medium.

Diese Logik funktioniert auch anders herum: Weiß man, welche Medien vom Kommunikationspartner bevorzugt werden und welche symbolische Bedeutung die Medien – abhängig vom sozialen Umfeld – haben, so kann dieses Wissen auch gezielt dazu genutzt werden, eine Distanz zwischen den Kommunikationspartnern aufzubauen. Im Extremfall kann dies bis zum (de facto) Ausschluss bestimmter Gruppen von der Kommunikation führen.

Aufgabenorientierter Ansatz

Dieser Ansatz basiert auf der Annahme, dass die Medienwahl von den Anforderungen an die Kommunikationsaufgabe abhängt: Unterschiedliche Aufgaben stellen unterschiedliche Anforderungen an die Kommunikation und unterschiedliche Medien beziehungsweise Kommunikationswege können diesen Anforderungen unterschiedlich gut gerecht werden.[554]

Anforderung an Kommunikationsaufgabe bestimmt Wahl des Mediums

Jeder Kommunikationsprozess stellt vier Grundanforderungen an ein Medium (Abbildung 18.6):

Die zu erledigende Aufgabe entscheidet aber das zu wählende Medium

(1) *Genauigkeit:* Bei Aufgaben, die vor allem der Anforderung Genauigkeit zugeordnet werden, kommt es darauf an, Wortlaute exakt zu übertragen. Zudem müssen eine Dokumentierbarkeit, die einfache Weiterverarbeitung sowie die Überprüfbarkeit der Information gewährleistet sein. Bei dieser Anforderung ist der Grad

der Aufgabenstrukturiertheit sehr hoch, der Bedarf an sozialer Präsenz hingegen gering.

(2) *Schnelligkeit und Bequemlichkeit:* Diese Anforderung spielt vor allem dann eine Rolle, wenn Informationen schnell übermittelt werden müssen. Das sollte unkompliziert und ohne großen Aufwand möglich sein. Zudem muss eine schnelle Rückantwort ermöglicht werden.

(3) *Vertraulichkeit:* Aufgaben mit vertraulichem Inhalt fallen unter die Grundanforderung der Vertraulichkeit. Hier ist vor allem der Schutz vor Verfälschung, die Identifizierbarkeit des Absenders sowie die interpersonelle Vertrauensbildung zu gewährleisten. Daher ist der Bedarf an sozialer Präsenz hier auch größer als bei den vorangegangenen Anforderungen.

(4) *Komplexität:* Komplexe Kommunikationsaufgaben zeichnen sich durch einen hohen Bedarf an sozialer Präsenz sowie einen niedrigen Grad der Aufgabenstrukturiertheit aus. Hier liegen das Bedürfnis nach eindeutigem Verstehen des Inhaltes sowie die Übermittlung schwieriger Sachzusammenhänge vor. Weiterhin handelt es sich um komplexe Aufgaben, wenn es sich um das Austragen von Kontroversen oder die Lösung komplexer Probleme handelt.

Je nach Aufgabeninhalt und Einschätzung der Aufgabenträger sind die Grundanforderungen hinsichtlich der Erfüllung der Aufgabe unterschiedlich gewichtet.

Für Kommunikationsaufgaben im Rahmen des Personalmanagements bedeutet dies, dass für Mitarbeiter-, Zielvereinbarungsgespräche oder auch Exit-Interviews (Austrittsgespräche) eher Kommunikationswege mit sozialer Präsenz ausgewählt werden, da deren Inhalte aufgrund persönlicher Aspekte als vertraulich und die Kommunikationsaufgabe als komplex eingestuft werden müssen. Geht es hingegen um die Weiterleitung von Personaldaten für das Einpflegen in Personalinformationssysteme

Abbildung 18.6: Aufgabenorientierter Ansatz[555]

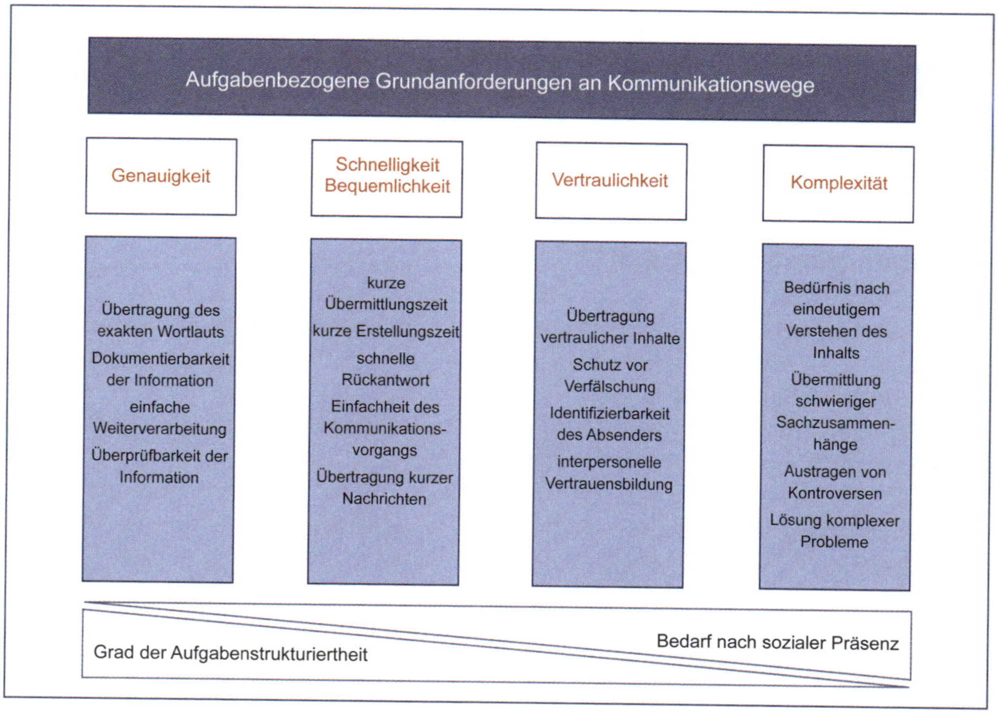

(unter Berücksichtigung von Datenschutzbestimmungen), ist es wichtig, sehr genau zu kommunizieren und eine Überprüfbarkeit sicherzustellen. Hier ist demnach ein hoher Grad an Aufgabenstrukturiertheit vorauszusetzen.

Media Richness Theorie

Auch die Media Richness Theorie[556] macht die Wahl des Mediums von der Kommunikationsaufgabe abhängig. Sie differenziert auf Basis der Übertragungsmöglichkeiten von Informationen Medien in reiche und arme Medien:

Die Komplexität der Aufgabe bestimmt das optimale Medium

- Als *reiche Kommunikationsform* gilt die Face-to-Face-Kommunikation in einer persönlichen Begegnung. Sie bietet ein vielfältiges Spektrum der Ausdrucksmöglichkeiten sowie parallele Kanäle (zum Beispiel Mimik, Gestik, Sprache oder Tonfall) zum Transport der Informationen an, mit denen auch Emotionen oder die persönliche Stimmungslage übermittelt sowie wahrgenommen werden können. Zudem ermöglicht sie ein unmittelbares Feedback des Gegenübers.
- Als *armes Medium* gilt der Austausch von Dokumenten. Hier hat man ein nur begrenztes Spektrum an Ausdrucksmöglichkeiten für den Transport der Informationen zur Verfügung sowie eine geringere Möglichkeit zu einem Feedback.

Medienwahl zwischen Overcomplication und Oversimplification

Der Reichtum des Mediums („Media Richness Grad") klassifiziert so die vorhandenen Kommunikationsformen und macht Vorschläge zur ihrer Wahl. Die Annahme, reiche Medien wären besser als arme, wird dabei widerlegt. Die effektive Kommunikation bewegt sich in einem Bereich zwischen einer unnötigen Komplizierung (Overcomplication) und einer unangemessenen Vereinfachung (Oversimplification): Je komplexer die Aufgabe, desto effektiver ist eine Kommunikation über reiche Medien und je strukturierter die Aufgabe, umso effektiver ist die Kommunikation über arme Medien (Abbildung 18.7).

Reich versus arm und heiß versus kalt

Die Aufteilung in reiche und arme Medien erfolgt in ähnlicher Art und Weise durch *Marshall McLuhan*[557]. Er nimmt eine Einteilung der Medien auf Basis ihrer Beteiligung des Informationsempfängers in heiße und kalte Medien vor:

- *Heiße Medien* sind detailreiche Medien, die viele Einzelheiten und Details aufweisen. Sie fordern eine nur geringe Beteiligung oder Vervollständigung vom Empfänger. Der Nutzer wird also in hohem Maße durch das Medium beeinflusst, bleibt selbst aber passiv. Beispiele für heiße Medien sind das Radio, eine Fotografie, ein Buch, ein Film oder das Alphabet.
- *Kalte Medien* sind detailarm, da sie wenig optisches Informationsmaterial bieten. Daher muss sich der Informationsempfänger aktiv mit diesem Medium auseinandersetzen und sich selbst weitere Informationen beschaffen. Im Gegensatz zu einem heißen Medium ist es optisch weniger ansprechend und hat eine geringere Einflusskraft. Beispiele für kalte Medien sind nach *Marshall McLuhan* der Fernseher, das Telefon, die E-Mails, das Internet, die Sprache oder Hieroglyphen.

Heiße Medien sind im Media-Richness-Modell die reichen Medien, auch sie können detailreiche Botschaften übertragen. Die armen Medien lassen sich mit den kalten Medien vergleichen und zeichnen sich dadurch aus, dass sie weniger komplex sind.

Nimmt man als Beispiel wieder Mitarbeitergespräche oder Exit-Interviews, so ist aus der Media Richness Theorie heraus aufgrund der Komplexität der Aufgabe ein reiches Medium (heißes Medium) zu wählen. Hier eignen sich idealerweise der Face-

Abbildung 18.7: Media Richness Modell[558]

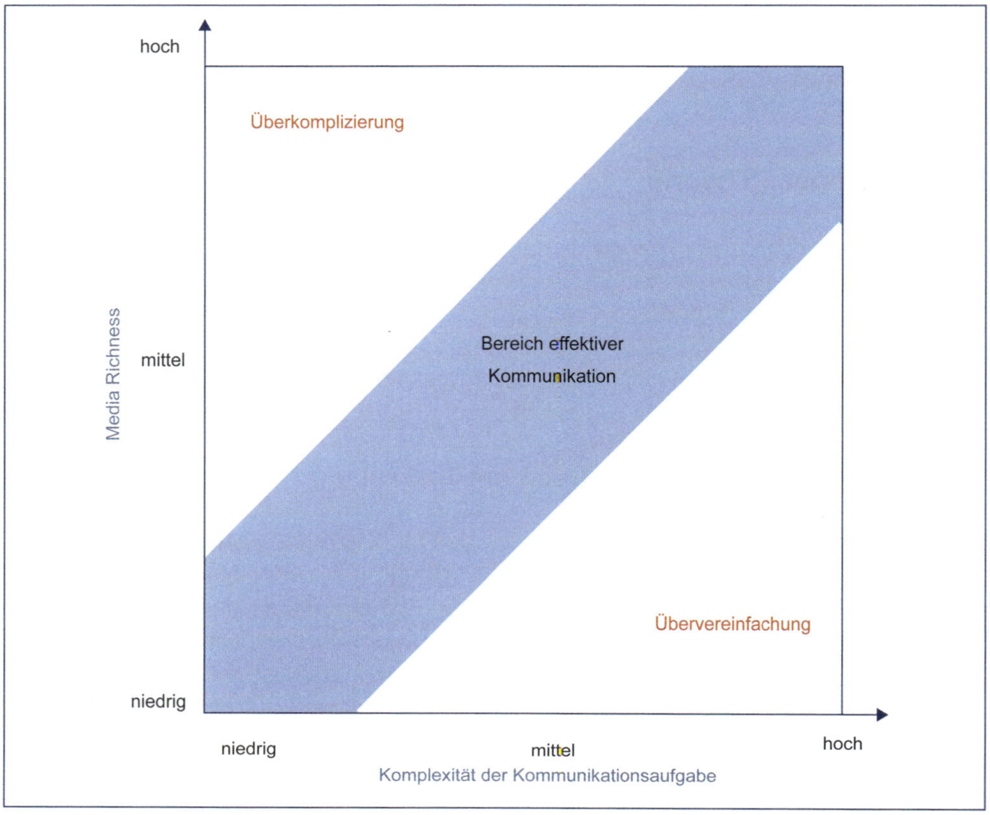

to-Face-Dialog oder die Videokonferenz. Der Mehrwert, den diese Medien gegenüber armen Medien (kalte Medien) bieten, liegt unter anderem in der Gestik und Mimik, welche beispielsweise mittels schriftlicher Kommunikation nicht übermittelt werden können. Würde eine Führungskraft eine solche Aufgabe über arme Medien realisieren, läge eine Oversimplification vor. Umgekehrt muss bei der Weiterleitung von Adress- oder Gehaltsdaten aus der Personalakte keine Face-to-Face-Kommunikation stattfinden. Dies würde eine Overcomplication darstellen.

Media Synchronicity Theorie

Die Merkmale der Kommunikation müssen den Merkmalen des gewählten Mediums entsprechen

In Gruppen müssen viele Mitglieder viele Informationen gleichzeitig erhalten und bearbeiten, um sie anschließend wieder allen Gruppenmitgliedern zur Verfügung zu stellen. Zu viele Informationen können sich jedoch negativ auswirken und die Gruppe handlungsunfähig machen. Um dies zu verhindern, postulieren *Alan Dennis* und *Joseph Valacich*[559] in ihrer Media Synchronicity Theorie Gestaltungsaspekte (Abbildung 18.8):

- *Geschwindigkeit des Feedbacks:* Hier spielt es eine Rolle, wie schnell der oder die Kommunikationspartner auf die Nachricht antworten können. In einer Face-to-Face-Kommunikation oder persönlichen Gesprächen am Telefon geschieht das innerhalb von Sekunden, während die Beantwortung von E-Mails oder Briefen Stunden oder sogar Tage dauern kann.

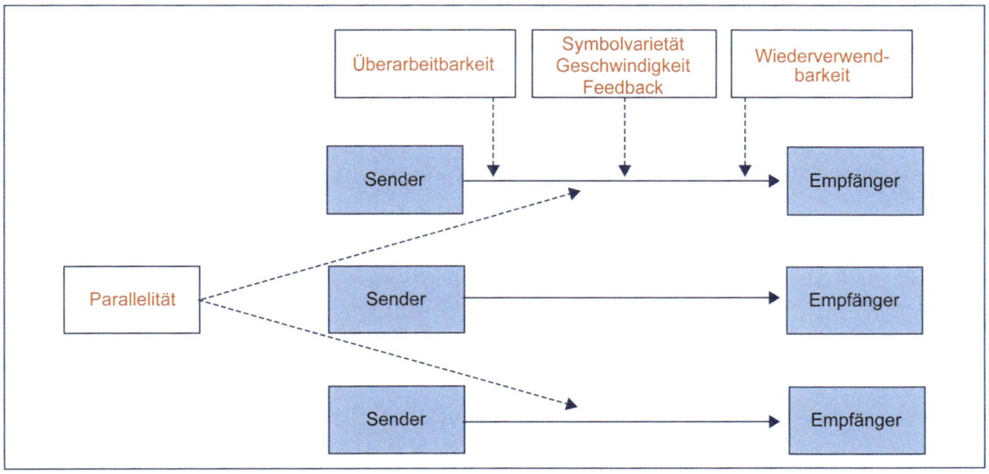

Abbildung 18.8: Media Synchronicity Theorie[560]

- *Symbolvarietät:* Sie greift verschiedene Ausdrucksmöglichkeiten und parallele Kanäle auf. Es kommt also darauf an, wie viele Informationen gleichzeitig transportiert werden können. In einem Face-to-Face-Gespräch stehen viele Symbole, wie Mimik, Gestik oder Tonfall zur Verfügung, während in einem Brief weniger Symbole verwendet werden können.
- *Parallelität:* Es gibt Medien die viele Kanäle gleichzeitig anbieten, so dass mehrere Personen auch gleichzeitig kommunizieren können. Bei einem Telefongespräch ist die Parallelität also niedrig, während sie bei einer Videokonferenz hoch ist.
- *Überarbeitbarkeit:* Sie bezieht sich auf den Sender der Nachricht und zeigt sich daran, wie häufig er seine Nachricht überarbeiten kann, bevor er sie verschickt. In einer E-Mail ist die Überarbeitbarkeit hoch, da der Sender seine Sätze solange umformulieren kann, bis er zufrieden ist. In einem persönlichen Gespräch dagegen ist die Überarbeitbarkeit niedrig, da ein einmal gesprochener Satz nicht mehr überarbeitbar ist.
- *Wiederverwendbarkeit:* Dieser Faktor hat den Empfänger im Blick und bezieht sich darauf, inwiefern er die Nachricht eines anderen wiederverwenden kann. Auch hier ist die Verwendbarkeit von geschriebenen Informationen höher als von gesprochenen.

Medien mit schnellem Feedback und geringer Parallelität ermöglichen eine hohe Synchronizität, während Medien mit langsamem Feedback und hoher Parallelität eine geringe Synchronizität aufweisen[561].

Es gibt also Phasen, in denen eher hohe oder eher niedrige Synchronizität relevant sind.

Am Beispiel einer Stellenanzeige für einen neuen erstmals ausgeschriebenen Arbeitsplatz zeigt sich, dass je nach Phase des Prozesses unterschiedliche Faktoren der Mediensynchronizität relevant sind: In der ersten Phase sind die Geschwindigkeit des Feedbacks und Symbolvarietät entscheidend, da zwischen Funktionsbereich und Personalabteilung ein schneller Abgleich der Anforderungen für die Stelle vorzunehmen ist (Geschwindigkeit des Feedbacks). Gleichzeitig muss allen Beteiligten klar sein, worauf die jeweils andere Gruppe besonderen Wert legt, was durch Mimik und Gestik zum Ausdruck gebracht werden kann (Symbolvarietät).

Bei der unmittelbaren Gestaltung der Anzeige wird dann Parallelität wichtig. Hier sollten die beteiligten Gruppen mehr oder weniger gleichzeitig kommunizieren und an dem Dokument arbeiten können. Gegen Ende des Prozesses wird die Überarbeitbarkeit relevant. Nur wenn die Inhalte und/oder Informationen als Dokument vorliegen, das auch überarbeitet werden kann, sind Korrekturen möglich. Wiederverwendbarkeit ist insofern wichtig, als dass eine ähnliche Stelle zu einem späteren Zeitpunkt oder an einem anderen Ort ebenfalls ausgeschrieben werden soll.

Die Herausforderung besteht darin, auch die vorhandenen Echo Chambers und Filter Bubbles zu durchbrechen, eine bewusste Veränderung durchzuführen. Ansonsten wird sich die digitale Realität für den Nutzer verzerren. Der Nutzer sieht also eine konstruierte Welt um sich herum und alles was nicht passt, wird ausgeblendet. Das Umfeld des digitalen Nutzers ist verschoben, ein Phänomen, das man als „Reality Distortion Field"[562] bezeichnet. Diese Barriere beeinflusst die Synchronizität in der Art, das zwar eine hohe Schnelligkeit existiert und auch eine hohe Parallelität, aber die Gruppe der Akteure stark eingeschränkt ist. Es kommunizieren nur Akteure innerhalb des Reality Distortion Field, alle anderen nehmen nicht Teil in der Kommunikation.

Übung 18.2 Wahl des richtigen Mediums

Sie wollen ein Konzept entwerfen, damit die verschiedenen Abteilungen der Strawberry Cake & Bakeries AG besser zusammenarbeiten. Sowohl Top-Management als auch Vertreter der Produktentwicklung, der Marketingabteilung sowie der Abteilung für technische Innovation in der Fertigung sollen sich besser austauschen. Außerdem sollen die Unternehmenssitze im Ausland untereinander besser kommunizieren. Sie überlegen nun, welche Medien Sie

- aus der Sicht der Media Richness Theorie,
- aus der Sicht der kollektiven Medienakzeptanz,
- aus der Sicht der subjektiven Medienakzeptanz und
- aus der Sicht des aufgabenorientierten Ansatzes

vorschlagen sollen.

18.4 Wer? Rollenverteilung bei der Kommunikation

Der Erfolg der Personalmanagementaktivitäten ist mit einer guten Personalkommunikation untrennbar verbunden. Vor allem in der Akquisition als auch in der Reduktion präsentiert sich das Unternehmen neben den eigenen Mitarbeitern der Öffentlichkeit. Um die Mitarbeiter für die anfallenden Einzelmaßnahmen mit ins Boot zu holen und in der Öffentlichkeit das Image nicht zu schädigen, ist hier eine arbeitsteilige Kommunikation zwischen der Personalabteilung, den Führungskräften sowie den Mitarbeitern gefragt.

Personalabteilung

Personalabteilung als zentraler Entscheider für HR-Kommunikation

Personalmanager müssen verstehen, dass wichtige Botschaften der Personalabteilung durch die Mitarbeiter der Personalabteilung selbst kommuniziert werden müssen. Es nützt nichts, dies der PR-Abteilung gänzlich zu überlassen, da zum einen die Fachkenntnisse bei den Personalmanagern liegen, zum anderen eine höhere Glaubwürdigkeit entsteht. Daher ist – insbesondere bei der externen Kommunikation – eine enge Zusammenarbeit der Personal- und PR-Abteilung in der Personalkommunikation notwendig, bei der die Personalabteilung aber die Führung hat (Abbildung 18.9). Nur so kann sowohl die Stimmigkeit innerhalb der Unternehmensnachrichten als auch eine professionelle Durchführung der Kommunikation gewährleistet werden.

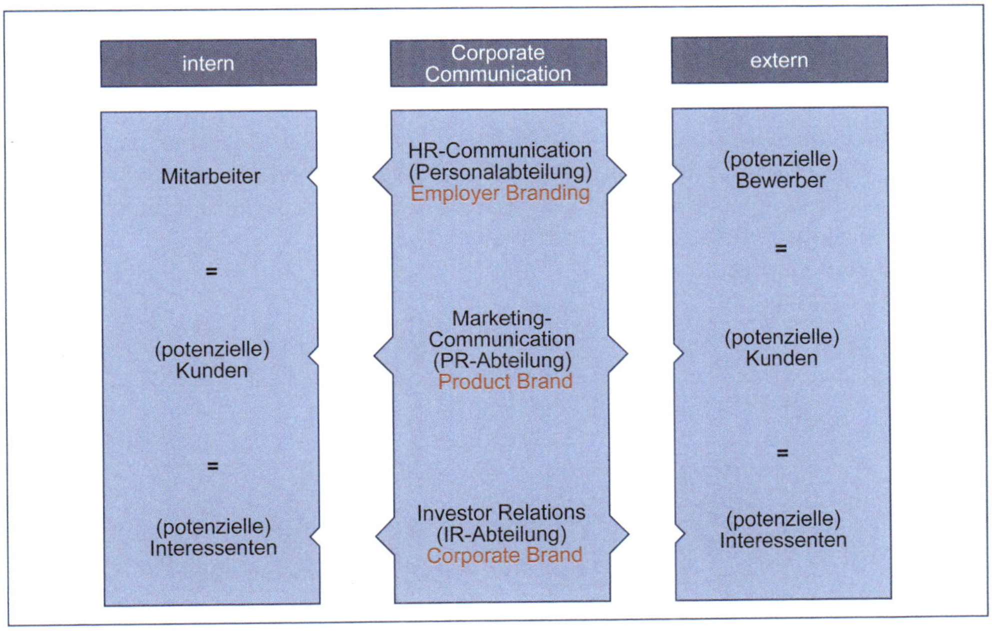

Abbildung 18.9: Aufgaben der PR- und HR-Abteilung in der Personalkommunikation

Die Personalabteilung ist hinsichtlich der internen Kommunikation (mindestens) für folgende Bereiche zuständig:

- Mitarbeiter müssen wissen, wo das Unternehmen als Arbeitgeber steht und welche *Ziele* es verfolgt. Sie müssen über die aktuellen Geschehnisse auf dem Laufenden gehalten werden. Nur so können Mitarbeiter dazu motiviert werden, mehr Leistung zu bringen, und das Unternehmen kann sich als interessanter Arbeitgeber darstellen.
- Mitarbeiter und Führungskräfte müssen die strategischen *Leitplanken* und die *Grundprinzipien* der Personalarbeit kennen, also die ordnungspolitische Dimension erfahren.
- Hinzu kommen Impulse in Richtung auf ein strategiebezogenes Schaffen von *Wirklichkeit*, *Märkten* und *Werten*.

Insgesamt ist die Personalabteilung vor allem für die Motivation sowie die Mitarbeiterbindung und -identifikation zuständig.

HR-PR als Chance

Bei der externen Kommunikation stehen für die Personalabteilung
- Steigerung des Bekanntheitsgrads,
- Optimierung des Arbeitgeberimages (Employer Brand) und
- fallspezifische Information (Krise, Veränderung, „Erfreuliches")

im Vordergrund, um das Unternehmen in der Öffentlichkeit positiv darzustellen.

Führungskräfte

Führungskräfte haben vor allem intern einen großen Anteil am Kommunikationsprozess. In ihrer täglichen Kommunikation mit den Mitarbeitern bestimmen sie in weiten Teilen das interne Kommunikationsverhalten. Sie haben dadurch einen großen Einfluss auf die Motivation der Mitarbeiter, die sie in den täglichen Gesprächen durch regelmäßiges Lob und Anerkennung der Leistung steigern oder durch häufige Kritik auch verringern können.

Gespräche zwischen Mitarbeiter und Führungskräften können anhand zweier Dimensionen (Abbildung 18.10) strukturiert werden: Die Steuerung des Gesprächs durch die Führungskraft und das Eingehen auf persönliche Sichtweisen des Mitarbeiters. Es lassen sich die Gesprächsarten
- belangloses Geplauder,
- normaler Dialog,

Abbildung 18.10: Arten von Gesprächen zwischen Führungskraft und Mitarbeiter[563]

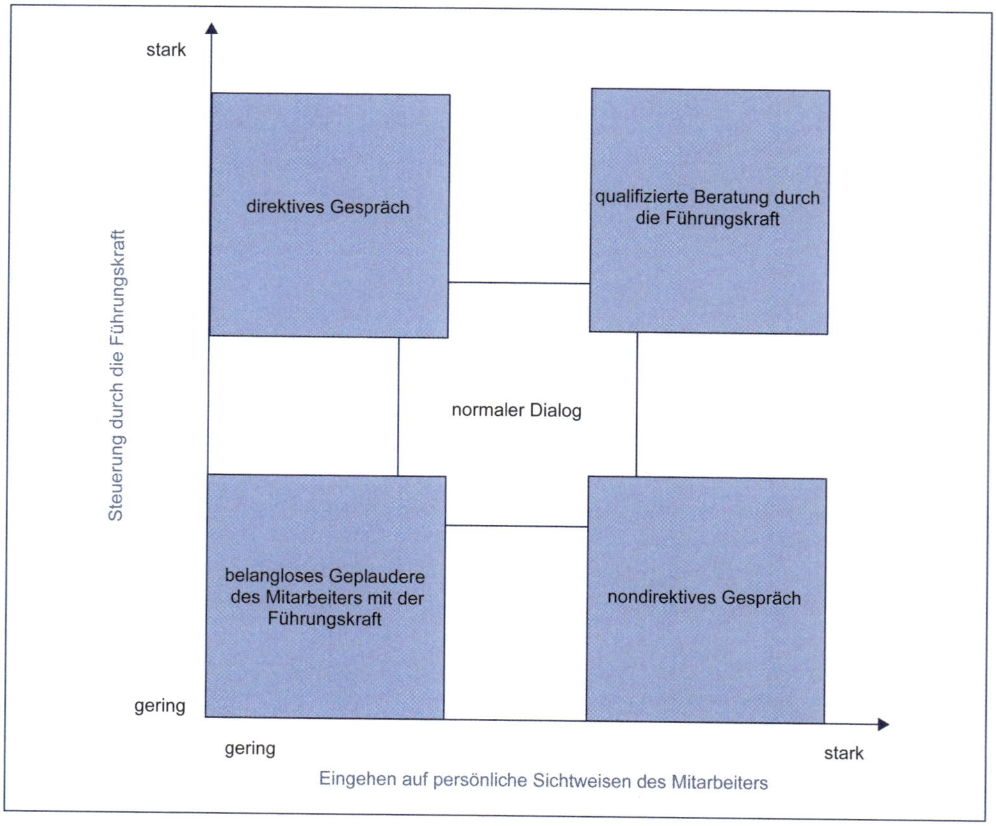

- nondirektives Gespräch,
- direktives Gespräch und
- qualifizierte Beratung

unterscheiden. Geht die Führungskraft nur in geringer Weise auf den Mitarbeiter ein und erfolgt auch nur eine geringe Steuerung durch die Führungskraft, handelt es sich um alltäglichen Small Talk zwischen den beiden Akteuren. Ist die persönliche Sichtweise des Mitarbeiters allerdings in den Vordergrund gerückt, spricht man von einem nondirektiven Gespräch. Dies ist vor allem der Fall, wenn ein Mitarbeiter mit einem Anliegen auf die Führungskraft zukommt. Zeichnet sich ein Gespräch durch eine sehr starke Steuerung durch die Führungskraft und durch ein geringes Eingehen auf den Mitarbeiter aus, so handelt es sich dabei um ein direktives Gespräch. Hier können beispielsweise Stressgespräch, autoritäres Gespräch sowie patriarchalisch-autoritäres Gespräch unterschieden werden.

Provokante These: Abschaffen von formalen Mitarbeitergesprächen

Grundsätzlich geraten allerdings gegenwärtig – und zwar unabhängig von der Unternehmensgröße – die ritualisierten Jahresgespräche in die Kritik. *Jeffrey Pfeffer* sieht zwingende Gründe für ein konsequentes Streichen der (jährlichen) Mitarbeitergespräche: So sind die letztlich durch derartige Mitarbeitergespräche festgehaltenen Ergebnisse der Gespräche[564]

- als abhängig von vielen Störfaktoren (wie Alter, Geschlecht und Beziehung zur Führungskraft),
- als Indikator für die Fähigkeit des Beurteilten, sich an die Eigenheiten der Führungskraft anzupassen (und nicht als Indikator für gezeigte Leistung), und
- als stark ausgerichtet auf Schwächen von Beurteilten (und nicht als wichtige individuelle Abweichung vom Durchschnittswert)

zu bewerten. Aus diesem Grund plädiert *Jeffrey Pfeffer* für ein generelles Abschaffen dieser Gespräche.

Das Problem ist letztlich sogar noch weiter zu fassen, vor allem, weil die Gespräche im Regelfall zu starr und zu formalistisch ablaufen. So werden Mitarbeiter, die völlig glücklich in ihrem Job sind und eigentlich keine Perspektive suchen (und brauchen), plötzlich gezwungen, sich Entwicklungsziele auszudenken, nur weil das Standardformblatt zu derartigen Aussagen zwingt. Auch IT-Systeme, die eigentlich flexiblere Möglichkeiten bieten, liefern wegen fehlender Parametrisierungen oft nur Standardmasken. Zudem beschränkt sich das Personalcontrolling nicht selten nur auf eine reine Durchführungskontrolle: Es geht also darum, dass die Gespräche stattfinden und weniger darum, welche Konsequenzen sich daraus ableiten.

Allerdings wäre es voreilig, daraus sofort ein populistisches Abschaffen dieser ungeliebten Unterredungen zu machen. Zum einen würden die Teilaspekte, die sich auf die Leistungsbeurteilung beziehen, auf versteckten Listen im Schreibtisch der Führungskräfte landen – womit auch den Mitarbeitern nicht gedient wäre. Zum anderen liefern derartige Mitarbeitergespräche bei sinnvoller Durchführung, also bei

- Entkopplung von Entwicklungsgespräch und gehaltswirksamem Beurteilungsgespräch,
- Verkürzung der Beurteilungsfristen,
- Individualisierung der Gesprächspunkte,
- Erweiterung des Beurteilungskreises und
- systematischer Kopplung mit Konsequenzen

durchaus Nutzen für Unternehmen, Führungskraft und Mitarbeiter.

Kommunikation im Sender-Empfänger-Modell

In der Literatur wird Kommunikation in den meisten Fällen mit dem Sender-Empfänger-Modell beschrieben. Dieses besagt, dass eine Nachricht immer einen Sender, der die Information verschickt, und einen Empfänger, an den die Information gerichtet wird, hat. Dazu nutzt der Sender die Sprache, die Körpersprache oder aber auch die Schrift, das bedeutet, er codiert seine Nachricht. Der Empfänger muss diese decodieren, um sie zu verstehen, das heißt er verwandelt die aufgenommene Nachricht wieder in Gedanken und Gefühle. Dass dabei Missverständnisse entstehen, ist verständlich, insbesondere, da die Codierung und Decodierung mit den persönlichen Erfahrungen, kulturellen Einflüssen und dem Wissen des Senders und Empfängers zusammenhängen.

Kommunikation erfolgt immer

„Man kann nicht nicht kommunizieren!“[565]

Univ.-Prof. Dr. Paul Watzlawick (1921–2007; Professor für Psychotherapie, Kommunikationswissenschaftler)

Neben der verbalen Kommunikation werden die Aussagen zudem durch nonverbale Kommunikation beeinflusst. Dies erfolgt meist unbewusst durch Mimik, Gestik, Tonfall oder Körperhaltung. Das bedeutet auch, dass selbst wenn nur nonverbal kommuniziert wird, Botschaften ausgesendet werden. Diesen Gedanken weitergeführt, beinhaltet jede Nachricht vier Botschaften[566] (Abbildung 18.11):

(1) *Selbstoffenbarung*: Auf dieser Ebene teilt der Sender dem Empfänger mit, was er ihm über seine Befindlichkeit mitteilen möchte. Es handelt sich also darum, was er von sich zu erkennen gibt.

Abbildung 18.11: Sender-Empfänger-Modell[567]

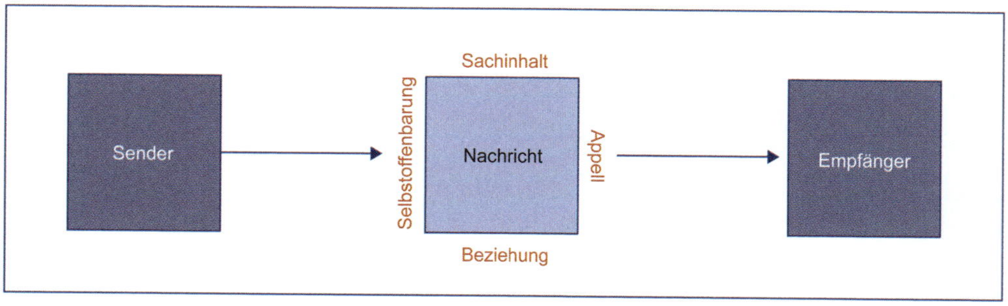

(2) *Sachinhalt*: Die Sachebene beinhaltet die eigentliche Information. Hier werden reine Daten und Fakten übermittelt und gezeigt, worüber man eigentlich informiert.

(3) *Beziehung*: Der Beziehungshinweis steht für die Botschaft einer Nachricht, die weitergibt, wie der Sender zu dem Empfänger steht und was er von ihm hält.

(4) *Appell*: Mit dem Appell werden Handlungsinformationen beziehungsweise Wünsche an den Empfänger weitergegeben. Auf dieser Ebene drückt der Sender aus, was er bei dem Empfänger eigentlich erreichen möchte.

Diese vier Botschaften kommen bei dem Empfänger auch als vier unterschiedliche Informationen an. Problematisch ist es, wenn der Empfänger beispielsweise nur einen Kanal heraushört. Dann kommt es zu Kommunikationsstörungen, denn oftmals hört der Empfänger etwas anderes als der Sender mitteilen wollte. Dies passiert auch, wenn unterschiedliche Gewichte auf die vier Ebenen gelegt werden. So kann der Sender beispielsweise das Gewicht der Nachricht auf die Sachebene gelegt haben, der Empfänger allerdings auf die Beziehungsebene.

Die große Verantwortung der Kommunikation mit Motivation der Mitarbeiter führt dazu, dass Führungskräfte häufig auf einer sachlichen Ebene kommunizieren und Emotionen vermeiden. Dadurch wirken sie oft rational und wenig greifbar für die Mitarbeiter. Das Ergebnis einer Studie[568] zeigt allerdings, dass sich Mitarbeiter mehr Emotionen und mehr Kommunikation von ihren Führungskräften wünschen.

Durch Instrumente wie regelmäßige Abteilungsgespräche, Feedback- und Mitarbeitergespräche sowie Gespräche zur Zielvereinbarung legen Führungskräfte die Grundlage für eine strukturelle Kommunikation in ihrer Abteilung.

Mitarbeiter

Mitarbeiter spielen vor allem als Testimonials und somit Werbefiguren in der Personalkommunikation eine wichtige Rolle. Auf Karrierehomepages, in Imagebroschüren und Anzeigen wurden sie dafür eingesetzt, einen Eindruck von der Arbeit im Unternehmen zu geben und das Unternehmen als guten Arbeitgeber zu präsentieren.

Die Rolle der Mitarbeiter in der Kommunikation geht jedoch weiter: Mitarbeiter sind vor allem dann als Kommunikatoren wichtig und für das Unternehmen unerlässlich, wenn es um die Profilierung der Employer Brand geht. Sie gelten als besonders glaubwürdig in der Kommunikation und können somit einen großen Einfluss auf das wahrgenommene Image des Unternehmens nehmen. Mitarbeiter fungieren mit ihrer ganzen Persönlichkeit als Botschafter der Arbeitgebermarke.

Mitarbeiter als Multiplikatoren

Die Europäische Kommission hat bei einem „Back-to-School-Day" Mitarbeiter in ihre alten Schulen geschickt, damit diese in persönlichen Präsentationen und Gesprächen mit Schülern, Lehrern, Eltern und der Presse den „großen Plan Europa" verkünden. Durch die Aktion wurde nicht nur den Schulklassen die EU und die Kommission samt ihres Arbeitsalltags näher gebracht, auch die Lokalpresse griff anlässlich dieser Besuche das Thema auf. So wird in den Vorträgen der Mitarbeiter nicht nur eine Idee transportiert, sondern auch Botschaften im Sinne des Employer Brandings transportiert, indem die Mitarbeiter positiv über ihr Unternehmen sprechen.[569]

Als wichtigste Ansätze[570] dafür sind
- Mitarbeiterempfehlungsprogramm,
- Mitarbeiterblog,
- Mitarbeiter als Multiplikatoren und
- Club-Konzept

zu nennen. Bei dem Mitarbeiterempfehlungs-Programm wird Mitarbeitern ein Bonus gezahlt, wenn sie neue Mitarbeiter werben und die Empfehlung erfolgreich war. Ein Mitarbeiterblog wird vom Unternehmen initiiert und dient Mitarbeitern dazu, sich über Erlebnisse im Unternehmen auszutauschen. Gerade hier ist der Verlust der Kontrolle durch das Unternehmen natürlich hoch. Mitarbeiter können aber auch als Multiplikatoren genutzt werden, indem sie von den Unternehmen bewusst dazu eingesetzt werden, in der Öffentlichkeit über ihre Tätigkeit und das Unternehmen zu sprechen. Das Club-Konzept ähnelt den Kundenclub-Konzepten, das heißt Mitarbeiter treten bestimmten Gruppen bei, deren Teilnehmer für das Unternehmen werben. Für die verschiedenen Aktivitäten innerhalb dieser Gruppe werden Punkte verteilt, die gegen Prämien und Incentives eingetauscht werden können.

Vertrauen in die Mitarbeiter zahlt sich aus!

Sicherlich entsteht mit autonomer und ungesteuerter Mitarbeiterkommunikation ein gewisser Kontrollverlust für das Unternehmen. Doch gerade im Zeitalter des neuen Internets spielt die Mitarbeiterkommunikation eine immer größer werdende Rolle. Mittlerweile existieren Plattformen im Internet, auf denen Mitarbeiter ihr Unternehmen bewerten können. Diese Mund-zu-Mund-Propaganda ist und bleibt ein wichtiges Entscheidungskriterium bei der Wahl des Arbeitgebers. Hier werden Insiderkenntnisse kommuniziert, die in keiner Broschüre und auf keiner Unternehmenshomepage zu finden sind.

Ungesteuerte (externe) Mitarbeiterkommunikation: mehr Chance als Risiko?

Am Ende steht ein zielgruppenorientiertes und passgenaues Kommunikationskonzept, mit dem die Personalabteilung erfolgreich in der Kommunikation agieren kann.

Virtuelles Geplauder

Wenn die Mitarbeiter von Serena Software in Köln Kontakt zu ihren Kollegen im kalifornischen San Mateo aufnehmen wollen, schreiben sie keine herkömmliche E-Mail mehr. Stattdessen besuchen sie das soziale Netzwerk Facebook. Auf dieser Plattform sind nämlich die 800 Mitarbeiter von Serena, die über die ganze Welt verstreut arbeiten, seit Kurzem zu Hause. Jeder Softwareprofi hat hier sein Profil hinterlegt – mit Foto, persönlichem Werdegang, Interessen, Fähigkeiten, Hobbys und Lieblingsmarken. Das soziale Netzwerk hat das alte Intranet komplett abgelöst. Nahezu die gesamte Kommunikation läuft bei Serena über Facebook. Nachrichten werden über die Mailfunktion verschickt, Bewerbungen kommen über diese Plattform herein und die Mitarbeiter bearbeiten im Netz gemeinsam Dokumente. Das ganze hat eine persönliche Note: Wer zum Beispiel seine Gehaltsabrechnung aufruft, sieht direkt daneben das Profil des Personalmanagers, der die Angelegenheit betreut – zusammen mit seinem Profil und vielleicht sogar den neuesten Urlaubsfotos.[571]

Planung der Kommunikation

Übung 18.3

In Ihrer Schreibtischschublade ruht ein Plan für eine komplette Neustrukturierung der Strawberry Cake & Bakeries AG. Inhalt dieses Plans ist unter anderem, die Produktion komplett in ein Land mit niedrigen Löhnen zu verlagern. Die Backwaren würden dort eingefroren und müssten in Deutschland nur noch aufgebacken werden. Dies hätte zur Folge, dass Sie circa 30 Prozent Personalkosten einsparen könnten, jedoch auch in großem Stil Mitarbeiter entlassen müssen. Sie sind sich noch nicht sicher, ob Sie diesen Plan auch wirklich umsetzen wollen. Falls ja, wollen Sie jedoch gut vorbereitet sein und entwickeln daher einen Kommunikationsplan für diese Maßnahmen.

Öffentlichkeit

Ein Akteur, der oft vernachlässigt wird und selten Beachtung findet, ist die Öffentlichkeit selbst. Die Relevanz dieses Akteurs wird durch die Digitalisierung verstärkt. Es ist heute für jede Person möglich, sich zu einem Unternehmen zu äußern, und mit etwas Geschick werden sich auch Leute finden, die diese Nachricht weiterleiten. Schon manches Unternehmen hat spätestens bei ausbleibenden Bewerbungen gemerkt, dass die Öffentlichkeit seine Arbeitgebermarke doch nicht so attraktiv findet.

Personalmanagement ist Kommunikationsmanagement

Unternehmen brauchen ein umfassendes Reputationsmanagement. Denn eine Plakette als Bester Arbeitgeber oder eine Zertifizierung für Gleichberechtigung oder andere Trophäen reichen heute nicht mehr aus. Deshalb schauen immer mehr Bewerber zunächst einmal auf einer Bewertungsplattform wie kununu. Wie wird der potenzielle Arbeitgeber von Leuten bewertet, die in diesem Unternehmen arbeiten oder gearbeitet haben? Ähnlich wie bei den Amazon-Bewertungen können (ehemalige) Mitarbeiter ihren Arbeitgeber bewerten und ähnlich wie bei Amazon ist eine gute Bewertung wichtig. Die Unternehmen haben auch die Möglichkeit darauf zu reagieren.

Im Kontext der Öffentlichkeit ist der Shitstorm einzuordnen. Ein Shitstorm ist die plötzliche und umfangreiche Kritik an einer Person oder einem Unternehmen, vor allem auf Social Media-Plattformen. Diese können aber auch in die wirkliche Welt überschwappen und zu Boykotten oder Demonstrationen führen. Gerade für Unternehmen ist ein Shitstorm geschäfts- und rufschädigend, wenn es sich schlecht aus der Affäre zieht oder ein schlechtes Krisenmanagement besitzt: Nicht nur, dass die Kunden wegbleiben, auch die Bewerber bleiben weg. Diese negative Kritik kann ein Selbstläufer sein, selbst wenn das Unternehmen unfair behandelt wird: In der Öffentlichkeit bleibt der Grund des Shitstorms langfristig verankert.

18.5 Wohin? Schattenseiten der Kommunikation

Die Art und Weise, wie wir kommunizieren, hat sich in den letzten Jahren fundamental verändert: Durch die Digitalisierung wird Kommunikation immer weniger neutral und objektiv. Gleichzeitig geben die Personen im Internet immer mehr Daten von sich preis. Beispiele wie Cambridge Analytica zeigen, wie wichtig diese Daten sind und wie sie sogar Einfluss auf Wahlen haben[572].

Fake News

Teil der HR-Kommunikation ist auch der Umgang mit *Fake News*, Nachrichten, die falsche Informationen beinhalten, unklare Zusammenhänge herstellen und so „falsche Wahrheit" suggerieren. Aussagen werden aus dem Kontext gerissen oder Texte zu stark gekürzt. Egal welche Interessen oder Intentionen dahinterstecken: Fake News verbreiten sich im Internet wegen ihrer inhaltlichen Andersartigkeit schneller als wahrheitsgetreue Nachrichten[573].

Unternehmen müssen sich auch zunehmend mit Phänomenen wie *Filter Bubble* und *Echo Chamber* auseinandersetzen. Hier werden Informationen gefiltert. Wenn der Algorithmus von Facebook oder Google meint, dass man sich nicht für Schach interessiert, dann werden diese Nachrichten herausgefiltert.

Filter Bubble

Amazon und Netflix bieten nur die Produkte an, die am ehesten zu unserem Geschmack passen. Diese Filter Bubble ist nur schwer zu durchbrechen, denn sie ist für Nutzer nur schlecht zu erkennen oder so gut wie gar nicht sichtbar. Sie führt dann dazu, dass die Nutzer in einer sogenannten Echo Chamber stecken. Man sieht und redet immer nur mit Gleichgesinnten, alles andere wird ausgeblendet. Um diesen Effekt zu erkennen, müsste man dieselbe Google-Suche auf dem eigenen Smartphone und dem Smartphone einer anderen Person durchführen: gleiche Suche, andere Ergebnisse.

Echo Chamber

Wenn man aber nur noch in der eigenen Echo Chamber kommuniziert, dann erscheint es, dass alle anderen Menschen der gleichen Meinung sind. Dies führt zu einem Medienkonstruktivismus. Medien schaffen Wirklichkeit und gleichzeitig wird diese Wirklichkeit durch Medien noch einmal verstärkt. Man kann hier Parallelen zum Höhlengleichnis von Platon ziehen: Wenn der Mensch das ganze Leben nur die eine Höhle sieht und dann ein anderer Mensch von Bäumen redet, dann kollidieren zwei Wirklichkeiten. In der heutigen Medienwelt ist es möglich, dass die beiden Menschen niemals miteinander kommunizieren und beide Wirklichkeiten für sie Realität sind.

Das ist für das Personalmanagement von hoher Relevanz, denn es ist gar nicht mehr ersichtlich, ob man die besten Mitarbeiter findet oder die besten Ideen umsetzt. Viel mehr agiert ein Personalmanagement in diesem Umfeld passenderweise wie das Umfeld dies erfordert. Es werden also immer die ähnlichen Lösungen verwendet und immer die Personen rekrutiert, die das Unternehmen vorher schon ausgewählt hat. Für das Unternehmen findet kein Wandel mehr statt, sondern Stillstand. In der heutigen Zeit ist die Wandelfähigkeit eines Unternehmens aber entscheidend. Steckt es in der Filter Bubble sowie der Echo Chamber fest, kann dies zu der nächsten Krise führen.

Ein extremes Beispiel für diese Schattenseite der Medienwelt ist der Wahlkampf in den U.S.A. In den letzten Jahren hat eine Spaltung der Gesellschaft in Demokraten und Republikaner stattgefunden. 1994 waren beide Lager noch nah beieinander und es war möglich, den Wähler vom anderen Lager zu überzeugen. 20 Jahre später gibt es zwei unterschiedliche Lager und man ist entweder Demokrat oder Republikaner[574]. Es geht auch so weit, dass eine Grenze durch Familien gezogen wird. Man kann individuelle Personen ihren Wahlpräferenzen zuordnen sowie ihren Wahldistrikt herausfinden. Eine Besonderheit in den U.S.A. ist, dass man Wahlkreise neu ordnen kann. Deshalb wird aktuell viel über Gerrymandering geredet, also die Manipulation von diesen Wahlkreisen, um die Erfolgsaussichten zu maximieren[575]. Dies erscheint verwerflich, die wichtige Erkenntnis ist, dass man durch die Kommunikationsmittel der heutigen Zeit Wahlen planbar machen kann.

Gerrymandering

Diese Veränderungen haben Auswirkungen auf das Personalmanagement in Unternehmen, denn auch hier sind diese Phänomene allgegenwärtig. Für das Personalmanagement zeigt auch dieses Beispiel eine tiefgreifende Veränderung. Vor allem in Zeiten der Automatisierung und der Nutzung von künstlichen Intelligenzen wird die Personalarbeit immer mehr von anderen Akteuren entschieden. Dies sind die Entwickler oder die künstlichen Intelligenzen. Es findet also ein Gerrymandering im Personalmanagement statt, wenn alle Personalabteilungen dieselben Technologien verwenden. Die Personalabteilungen gleichen sich immer mehr an und kommen zu ähnlichen oder sogar gleichen Lösungen.

Algorithmisches Gefängnis

Unternehmen sowie Mitarbeiter haben ihre eigene Echo Chamber. Das ist eine Herausforderung für das Unternehmen, denn bezüglich Diversität ist es nicht sinnvoll, ähnliche Menschen einzustellen. Durch die Automatisierung der Personalprozesse ist diese Veränderung unsichtbar und das Unternehmen steckt in einem *algorithmischen Gefängnis*[577]. Unternehmen und Mitarbeiter umgeben sich mit Gleichgesinnten, was die Innovationsfähigkeit des Unternehmens drastisch senken kann. Wir sehen zwar eine Heterogenisierung der Gesellschaft in unterschiedliche Gruppen, innerhalb der Gruppen aber eine massive Homogenisierung. Im Unternehmenskontext wird es deshalb zu einer Homogenisierung kommen und in seiner Echo Chamber wird das Unternehmen auf Dauer nicht konkurrenzfähig sein. Deshalb ist es wichtig, dass nicht die Medien die Wirklichkeit kreieren, sondern das Personalmanagement.

18.6 Ausblick

Aufgabe der Personalmanager ist es also, sich verstärkt mit der Kommunikation von Impulsen zu beschäftigen. Eine Studie[576] hat gezeigt, dass die Personalmanager derzeit in ihrer Kommunikation als emotionsarm eingeschätzt werden und sich Mitarbeiter eine wesentlich emotionalere Ansprache seitens der Personalmanager wünschen. Neben einer transparenten und strukturierten Kommunikation sollte also auch auf die emotionale Ansprache und die Verwendung von Emotionen geachtet werden. Zudem muss der Personalabteilung bewusst werden, dass die HR-PR einen immer größer werdenden Platz in der Personalarbeit einnehmen wird und dies keine Thematik ist, die an die PR-Abteilung oder das Marketing abgegeben werden darf. So besagte beispielsweise eine Studie aus dem Jahr 1996[578], dass Kommunikationsfähigkeit zu den zukünftigen notwendigen Kompetenzen eines Personalmanagers zählt.

Ein weiterer Trend ist die Kommunikation über Corporate Social Responsibility (CSR). Unter Corporate Social Responsiblity versteht man das Übernehmen von gesellschaftlicher Verantwortung durch Unternehmen. Sie wollen ihren Beitrag zum Erhalt und zur Förderung der Gesellschaft leisten, indem sie – auch im eigenen Interesse – ökologische und soziale Belange berücksichtigen. Beispiele hierfür sind das Bereitstellen von Kindergartenplätzen, besondere Gesundheitsprogramme für Mitarbeiter oder das Gründen von Stiftungen. Nach dem Motto „Wer Gutes tut, soll darüber reden", versuchen die Unternehmen, ihre guten Taten auch im Sinne der Kommunikation zu nutzen. Bislang allerdings scheint Corporate Social Responsibility nur in guten Zeiten ein Thema wert zu sein. In schlechten Zeiten rückt es schnell in den Hintergrund.

Wertschöpfung Personalarbeit

„Personalarbeit muss Wertschöpfungsbeiträge leisten. Falls nicht, bleibt es beim Künstlertum. Auch Personalarbeit wird gemessen in Dimensionen wie Zeit (Beschleunigung von Prozessen), Kosten (Reduzierung von Kosten beziehungsweise Erzielung von Einsparungen), Qualität (Kandidatenauswahl und Steigerung von Zufriedenheitswerten) und Image (Steigerung des Wertes der Arbeitgebermarke)."

Michael Picard (von 2000 bis 2010 Direktor Personal, Otto GmbH & Co. KG)

Schließlich ist dann noch die Notwendigkeit der interkulturellen Kommunikationsfähigkeit zu nennen. Dabei werden unter interkultureller Kommunikation insbesondere Face-to-Face-Beziehungen aber auch Formen der mediatisierten Kommunikation verstanden, in deren Rahmen Personen aus unterschiedlichen Kulturen interagieren, wobei davon ausgegangen wird, dass bestimmte Aspekte der Kommunikation innerhalb der jeweiligen Kulturen von unterschiedlicher Bedeutung sind.[579] Damit Missverständnissen oder gar einem Scheitern der Kommunikation vorgebeugt werden kann, geht es im Rahmen der interkulturellen Kommunikation um die Frage nach der Fähigkeit einer erfolgreichen Kommunikation und damit eines erfolgreichen Umgangs mit Menschen aus anderen Kulturkreisen. Somit sind Kommunikationsmaßnahmen immer auch vor dem Hintergrund kultureller Faktoren einzusetzen, wobei dies nicht grundsätzlich eine Anpassung an die „fremde" Kultur bedeuten muss – schließlich beruht Kommunikation auf einem gegenseitigen Austausch und erfordert damit eine gegenseitige Rücksichtnahme.

In der heutigen Zeit ist jeder Mitarbeiter ein Repräsentant des Unternehmens. Die Aussagen (auch privater Natur) sind immer mit der Unternehmenskommunikation verbunden. Jeder Mitarbeiter ist an der Oberfläche[580] des Unternehmens. Ein persönlicher Tweet kann auch Auswirkungen auf das Unternehmen haben. Ein umfassendes Kommunikationstraining wird somit für alle Mitarbeiter relevant.

In der Zukunft müssen alle Akteure über ihre Aufgabe in diesem Spiel informiert sein. Zudem sollte klar sein, welche Zielgruppen angesprochen werden müssen und welche Medien zur Information genutzt werden können. Kommunikation findet auf allen Feldern des Personalmanagements statt. Wichtigste Voraussetzung ist, eine Kommunikationskultur zu schaffen, die in Beziehung zu der Unternehmenskultur steht.

Aufgaben und Fragen zur Selbstüberprüfung

1. Was versteht man unter Personalkommunikation?
2. Erläutern Sie das Modell der drei Medienwirkungen!
3. Was sind die vier Botschaften einer Nachricht?
4. Worin besteht der Unterschied zwischen Media Richness Theorie und Media Synchronicity Theorie?
5. Welche Akteure sind bei der Kommunikation von personalwirtschaftlichen Inhalten beteiligt?
6. „Man kann nicht nicht kommunizieren!" Nehmen Sie Stellung zu dieser Aussage!

Endnoten

531 *Akademie für Führungskräfte der Wirtschaft* 2008, 8.

532 *Cornerstone onDemand* 2016.

533 *Cornerstone onDemand* 2016.

534 vgl. *Scholz* 2006a, 39–60.

535 vgl. *Schmidt* 1994.

536 *Luhmann* 2004, 9.

537 vgl. *Weber* 2002.

538 vgl. *Becker, J.* 1998, 46.

539 vgl. *Kiefer* 2001.

540 vgl. *Altmeppen* 2001.

541 vgl. *Porter* 2001, 66.

542 vgl. *Scholz* 2003b.

543 vgl. *Geigenmüller/Schöpe/Enke* 2009.

544 vgl. *Schein* 1984; *Scholz/Hofbauer* 1990.

545 vgl. *Hofstede* 1980.

546 vgl. *Deal/Kennedy* 1984.

547 vgl. *Schein* 1989.

548 vgl. *Schein* 1989, 7.

549 *Scholz* 2017, 83–93.

550 vgl. *de Ridder* 2004, 27.

551 vgl. *Picot/Reichwald/Wigand* 2003, 107.

552 *McKenna, Regis* zitiert nach *Seifter/Economy* 2001, 137.

553 vgl. *Picot/Reichwald/Wigand* 2003, 108.

554 vgl. *Picot/Reichwald/Wigand* 2003, 109.

555 vgl. *Picot/Reichwald/Wigand* 2003, 110.

556 vgl. *Daft/Lengel* 1984.

557 vgl. *McLuhan* 1995.

558 vgl. *Picot/Reichwald/Wigand* 2003, 112.

559 vgl. *Dennis/Valacich* 1999.

560 vgl. *Schwabe/Seitz/Unland* 2001.

561 *Schwabe/Seitz/Unland* 2001, 59.

562 *Levy* 2000.

563 vgl. *Neumann* 2003, 255.

564 vgl. *Pfeffer* 2009.

565 *Watzlawick/Beavin/Jackson* 1969.

566 vgl. *Schulz von Thun* 1981.

567 vgl. *Schulz von Thun* 1981, 14.

568 vgl. *Scholz/Lechner/Jorzyk* 2009, 9.

569 vgl. *Walther* 2008, 26.

570 vgl. *Walther* 2008.

571 vgl. *Gillies* 2008.

572 *BBC*, Cambridge Analytica: The Data Firm's Global Influence, 22.3.2018, online unter: https://www.bbc.com/news/world-43476762, abgerufen am 18.6.2018.

573 *Sängerlaub, Alexander/Meier, Miriam/Rühl, Wolf-Dieter*, Fakten statt Fakes. Verursacher, Verbreitungswege und Wirkungen von Fake News im Bundestagswahlkampf 2017, März 2018, online unter: https://www.stiftung-nv.de/sites/default/files/snv_fakten_statt_fakes.pdf, abgerufen am 25.5.2018.

574 *Pentland, Alex*, To Rescue Democracy, Go Outside, 13.10.2016, online unter: http://nautil.us/issue/41/selection/to-rescue-democracy-go-outside, abgerufen am 24.5.2018.

575 *Stephanopoulos/McGhee* 2015, 831–900.

576 vgl. *Scholz/Lechner/Jorzyk* 2009.

577 *Davidow, Bill*, Welcom to Algorithmic Prison, 20.2.2014, online unter: https://www.theatlantic.com/technology/archive/2014/02/welcome-to-algorithmic-prison/283985, abgerufen am 24.05.2018.

578 vgl. *Yeung/Woolcock/Sullivan* 1996, 50.

[579] vgl. *Barmeyer* 2009.

[580] *Stein* 2012, 260–273, 269.

19

Administration: Wie verwaltet man die Belegschaft?

Inhalt

Fakten

70 % der Arbeit im Personalcontrolling wird nach Ansicht der Befragten bis 2027 durch eine künstliche Intelligenz ersetzt werden.[581]

9 % der Unternehmen gehen davon aus, dass die administrativen Personalprozesse vollständig automatisiert werden könnten.[582]

In 82 % der deutschen Unternehmen hat das Personalcontrolling in den letzten Jahren an Bedeutung gewonnen.[583]

Lernziele

- Sie erfahren, welche Bestandteile zur Personalabrechnung gehören.
- Sie erleben, welche Möglichkeiten das Personalcontrolling bietet.
- Sie wissen, wie Sie mit einer Personal-Scorecard umgehen müssen.
- Sie verstehen, was sich hinter einer digitalen Personalakte verbirgt.
- Sie lernen die Anwendungsbereiche von Personalinformationssystemen.

19.1 Überblick

„Vom Verwalter zum Strategen!" Dieses noch nicht erfüllte Postulat hört man regelmäßig auf personalwirtschaftlichen Tagungen. Auch wenn dies eine im Prinzip durchaus richtige Aussage ist, schwingt doch in diesen vier Worten etwas mit, das es ganz klar zu thematisieren gilt: nämlich eine fundamentale Geringschätzung der reinen Administrationsaufgaben. Deshalb darf es bei aller Sympathie für eine zusätzlich und dringend notwendige Berücksichtigung der strategischen Dimension nicht zu einer Verleugnung dieses Aktivitätsfelds kommen.

Dieses betrifft mit der Personalakte (Abschnitt 19.2) jeden Mitarbeiter unmittelbar. Gleiches gilt für die Personalabrechung (Abschnitt 19.3). Das Personalcontrolling (Abschnitt 19.4) lässt sich zumindest in seiner üblicherweise praktizierten Form ebenfalls dem Aktivitätsfeld zuordnen, was auch für die Personal-Scorecard als spezielles Instrument zur Verbindung von Zielvorgabe und Zielkontrolle gilt. Auch die Personalinformationssysteme gehören zum Aktivitätsfeld Personaladministration (Abschnitt 19.5), weil sie trotz ihrer strategischen Nutzbarkeit in der Praxis meist eher operative Funktionen einnehmen.

19.2 Personalakte

Teilweise versteht man unter Personalakte die in der Personalabteilung geführte Mappe, die in möglichst lückenloser Form alles das zusammenführt, was zur Charakterisierung des Mitarbeiters während seiner Betriebszugehörigkeit notwendig ist. Diese Auffassung ist allerdings nicht ganz richtig.

Was ist eine Personalakte?

Personalakte ist ein juristisch klar definierter Begriff (§§ 106 BBG) und bezeichnet
- die Sammlung von Urkunden und sonstigen Schriftstücken (einschließlich Fotos, Briefen, Tabellen und handschriftlichen Notizen),
- die persönliche und dienstliche Verhältnisse betrifft,
- die in engem sachlogischen Verhältnis zum Dienstverhältnis steht,
- die in beliebiger Form gespeichert sein kann (beispielsweise Papier, CD, Computer),
- die an beliebigen Orten auch verteilt geführt werden darf,
- die aber dem Mitarbeiter auf Wunsch völlig transparent und einsichtig zu machen ist.

Die Personalakte kombiniert somit die Informationsinteressen des Unternehmens mit dem Schutzinteresse des Mitarbeiters. Dazu gehört auch die Vorschrift, dass es keine Aufzeichnungen über Mitarbeiter geben darf, die nicht Teil der Personalakte sind.

Was muss/darf in einer Personalakte stehen?

Grundsätzlich gibt es nur eine begrenzte Pflicht zur Führung von Personalakten. Es muss arbeitgeberseitig zumindest eine formlose Personalakte geben, die
- den Arbeitsvertrag und
- die Abrechnungsdaten

beinhaltet. Weitere Aufzeichnungen sind nicht erforderlich, aber, wie bereits erwähnt, dann auch nicht an anderer Stelle zu führen.

Personalakte: umfangreicher als man denkt

Orientiert man sich am beruflichen Werdegang, so beginnt die Personalakte mit Bewerbungs- und Einstellungsunterlagen und endet mit Kündigungsschreiben beziehungsweise Aufhebungsvertrag. Dazwischen liegen Krankmeldungen, Pfändungen, Kursbescheinigungen, Beförderungen und Belobigungen, Protokolle der Mitarbeitergespräche, Weiterbildungsnachweise, Urlaubsscheine, Geburtstagsschreiben, Ermahnungen und Abmahnungen sowie der Schriftverkehr mit dem Mitarbeiter.

In begrenztem Umfang – definiert durch ein berechtigtes Interesse des Arbeitgebers und mit ausreichend Schutz gegen Einsicht durch Unbefugte – dürfen auch sensible Gesundheitsdaten aufgenommen werden, die eine negative Gesundheitsprognose implizieren könnten.

Im Umkehrschluss ist auch klar geregelt, was *nicht* in einer Personalakte stehen darf: So dürfen unberechtigte oder ungenaue Abmahnungen nicht in die Personalakte. Ebenfalls nicht zulässig ist die Aufnahme von Informationen aus dem Privatleben, beispielsweise Freizeitverhalten, sexuelle Neigungen, Sportleistungen oder Verkehrsstrafen. Verboten sind deshalb Kopien von Einträgen aus Social Networks wie Facebook oder Blogs, sofern sie keinen expliziten und zentralen Bezug zum Arbeitgeber haben.

Inhalt der Personalakte

Übung 19.1

Da die Stelle des „Bereichsleiter Nord-West" in Ihrer Strawberry Cake & Bakeries AG vakant ist, blättern Sie die Personalakten in Frage kommender Mitarbeiter durch. Eine Personalakte fällt dabei besonders auf: In dieser hat die Führungskraft des Mitarbeiters minutiöse Aufzeichnungen wie zum Beispiel „Habe betreffende Person am Samstag, den 14. Mai, volltrunken und torkelnd in der Altstadt angetroffen." hinterlegt. Sie sind geschockt, da Sie sich sicher sind, dass solche Aufzeichnungen garantiert nichts in einer Personalakte zu suchen haben. Nun überlegen Sie, welche Informationen in einer Personalakte gesammelt werden dürfen. Außerdem recherchieren Sie im Internet, welche Auswirkungen die Sammlung solcher Daten für Firmen haben kann, und fragen sich, ob und wie Sie das Verhalten der betreffenden Führungskraft sanktionieren sollen.

Welche Rechte hat der Arbeitnehmer?

Im Zusammenhang mit der Personalakte haben Mitarbeiter drei Aktionsmöglichkeiten:
(1) Mitarbeiter haben das Recht auf *Akteneinsicht* und zwar unabhängig von einem konkreten Anlass beziehungsweise einer entsprechenden Begründung.

(2) Mitarbeiter haben Anspruch darauf, Unterlagen aus der Personalakte entfernen zu lassen, die beispielsweise sachlich falsch sind oder nicht in die Personalakte gehören. Gegebenenfalls kann oder muss der Mitarbeiter dieses Recht auf *Reinigung* seiner Personalakte auf dem Klageweg durchsetzen.

(3) Mitarbeiter haben das Recht auf *Gegendarstellung*, wenn beispielsweise eine Abmahnung aus ihrer Sicht den Sachverhalt nicht korrekt darstellt.

Der Mitarbeiter hat aber, abgesehen von der auf einen konkreten Fall bezogenen Gegendarstellung, keinen Anspruch darauf, die Personalakte um durch aus seiner Sicht interessante Schriftstücke zu erweitern – wenngleich sich hier Arbeitgeber üblicherweise im eigenen Interesse eher kulant verhalten.

Im Normalfall haben ausschließlich die zuständige Führungskraft, der Firmenchef und die Personalabteilung Einsichtsrecht. Der Mitarbeiter selbst kann allerdings eine Person seines Vertrauens (zum Beispiel den Betriebsrat) zur Unterstützung bei der Einsichtnahme heranziehen, die dann zur vollständigen Verschwiegenheit verpflichtet ist.

Was ist eine digitale Personalakte? Und welche Gefahren birgt sie?

Unter einer digitalen Personalakte versteht man eine Personalakte, bei der alle Inhalte (Dokumente) in digitaler Form vorliegen. Auch wenn mit zunehmender IT-Durchdringung immer mehr HR-Dokumente von vorneherein digital vorliegen, weil beispielsweise der gesamte Bewerbungsprozess IT-unterstützt abläuft, gibt es immer noch genug Papier. Deshalb ist ein wichtiger Bestandteil der Erstellung einer digitalen Personalakte die elektronische Erfassung von Dokumenten durch Einscannen. Damit ist die digitale Personalakte ein Spezialfall des elektronischen Dokumentenmanagements.

Mit der digitalen Personalakte verbindet man im Regelfall Vorteile durch
- Reduktion der Zugriffszeit,
- Verbesserung der Recherchemöglichkeit,
- Sparsamkeit im Ressourceneinsatz (weniger Papier),
- Reduzierung der Lagerräume,
- effizientere Einbindung in die HR-Prozesse und
- Verbesserung des Zugriffsschutzes (Datenschutz).

WORM-Speicher: Write Once, Read Many

Gerade der letztgenannte Aspekt ist wichtig, weil so den gesetzlichen Regelungen Rechnung getragen wird. Deshalb kommen bei der digitalen Personalakte normalerweise als Datenträger WORM-Speicher zum Einsatz: Hier sind einmal gespeicherte Inhalte nicht zu verändern, wohl aber durch neue Texte zu ergänzen. Historische Vorzustände sind aber immer wieder rekonstruierbar.

BDSG: wichtiger als man denkt

Das Bundesdatenschutzgesetz schreibt vor, dass die Erhebung, Verarbeitung und Nutzung personenbezogener Daten nur mit der Einwilligung des Betroffenen zulässig ist. Er ist dabei über die Identität der verantwortlichen Stelle, die Zweckbestimmungen und die Empfänger zu informieren (§4 BDSG). Nach §4f. BDSG muss zudem ein Datenschutzbeauftragter bestellt werden, wenn personenbezogene Daten von mindestens zehn Mitarbeitern gespeichert oder von mindestens 20 Mitarbeitern verarbeitet werden.

Die Sicherung der digitalen Personalakte muss jederzeit gewährleistet sein. Das Abspeichern muss lokal stattfinden und durch digitale Sicherheitsvorkehrungen (wie

z. B. Firewall) vor fremden Zugriffen geschützt werden. Weiterhin muss der Zugriff beschränkt werden. Deshalb darf die digitale Personalakte niemals in einer Cloud abgespeichert werden. Noch komplizierter wird es mit der neuen Datenschutzgrundverordnung, in der jegliche anderweitige Nutzung mit den Personen, über die die Daten erhoben worden, abgeklärt werden muss. Konkret würde es bedeuten, dass jegliche Nutzung von persönlichen Daten in den Algorithmen und künstlichen Intelligenzen offengelegt werden müsste. Gleiches gilt auch für Headhunter, die Datenprofile kreieren und auch diese Nutzung transparent machen müssen.

Die digitale Personalakte bietet viele Vorteile, birgt mit der zunehmenden IT-Durchdringung aber auch *Risiken*. Es entsteht eine Tendenz zur Massendatenverwaltung und Rebürokratisierung, die nicht unproblematisch ist. Alle verfügbaren Daten werden gesammelt, so dass eine Datenflut entsteht, die man nur schwer verarbeiten kann. Zudem können Prozesse, die zuvor problemlos funktionierten, mithilfe der Digitalisierung plötzlich schwierig und teuer werden, weil eine Tendenz zur Überorganisation entsteht.

An einer digitalen Personalakte setzen folgende Prozesse an (Abbildung 19.1):

- *Primäre Eingaben* kommen aus bestehenden HR-IT-Systemen und aus Scanningsystemen.
- Eine *Querbeziehung* gibt es zu HR-Prozessen wie dem Bewerbermanagement, wo laufend neue Informationen generiert werden und auf bestehende Informationen aufgebaut wird.
- Der *entscheidungsrelevante Zugriff* erfolgt durch Führungskräfte beziehungsweise durch andere IT-Systeme, zum Beispiel zur Personalselektion.
- Schließlich werden die *Informationen* in der digitalen Personalakte archiviert und Auszüge in Form von Bescheinigungen erstellt.

Hinzu kommen umfangreiche Protokollierungsaufgaben.

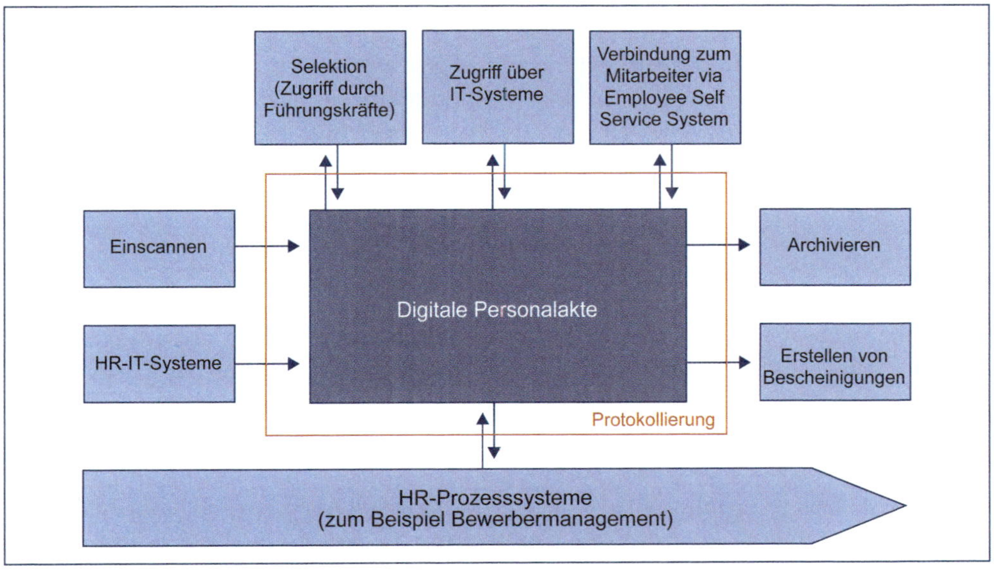

Abbildung 19.1: Grundaufbau einer elektronischen Personalakte

Mitarbeiter-Score als Büchse der Pandora

Schon jetzt erkennen wir den Trend, wonach die Digitalisierung die Personalaktie nicht nur ausschließlich im Sinne von Erfassung digitalisiert. Es findet zeitgleich eine Bewertung der Person statt, die in einen numerischen Wert transformiert wird. Anders als beim Humankapitalwert ist dieser Wert individuell. Vergleichbar ist das Konzept mit dem Credit-Score in den U.S.A. oder dem Schufa-Eintrag in Deutschland. Eine Vielzahl an Daten und Informationen ist schon heute verfügbar und kann genutzt sowie ausgewertet werden. Vorreiter in dieser Bewertung ist China mit dem sogenannten Sesame Credit Score. Bürger und Kunden werden bewertet auf Basis ihres Verhaltens und erhalten dadurch Vorteile, aber auch Nachteile – jeweils abhängig von ihrem Credit Score. Diese Bewertungen lassen sich auch auf den Mitarbeiter und die digitale Personalakte anwenden. In den U.S.A. wählt ein Großteil der Unternehmen ihre Bewerber bereits heute auf Basis des Credit-Scores aus[584].

Man mag es kritisch sehen, dass ein zentralistischer Staat wie China einen Score für die Bürger einführen will, aber er besitzt Transparenz: Zum einen sind wirklich alle Daten für die chinesische Regierung erhältlich und zum anderen ist das korrekte Verhalten im kommunistischen Parteibuch niedergeschrieben. Trotzdem wirft dieser Score sowie seine Anwendung in der Personalarbeit fünf kritische Probleme auf:

Fünf Problembereiche

1. Durch einen Score findet eine *Entkontextualisierung* statt. Daten, die für einen bestimmten Zweck verwendet wurden, werden in einem anderen Kontext genutzt. Wenn man die Sensoren von einem Roboterarm verwendet, dann könnte dieser Roboterarm keine lückenlose Überwachung ermöglichen, weil es blinde Flecken gibt. In vielen Fällen werden bei dem Scoring-Prozess die Metadaten (also die Informationen über die Daten) entfernt und damit der Kontext vernichtet. Tracking per Smartphone für Personen, die ihr Smartphone überall vergessen, wird nicht hilfreich sein bei der Analyse ihrer Bewegungsmuster.
2. Ein Score ist eine *Simplifizierung*. Wenn am Schluss ein Wert herauskommt, dann wird diese Person nur an diesem Wert gemessen. Eine solche Aggregation ist stark vereinfachend und damit ungenau. Ein Mensch ist mehr als nur eine Zahl und mehr als nur eine Aggregation von Informationen, aber wenn der Score allgegenwärtig ist und die Unternehmen sowie Führungskräfte diese Zahl nutzen, dann ist sie relevant. Diese Vereinfachung führt zu einer groben Kategorisierung von Menschen und Mitarbeitern.
3. Weiterhin erhöht ein Score auf Basis von Big Data den Grad der *Mystifizierung* durch Technologie. Wenn die Entstehung des Scores undurchsichtig ist, kommentarlos kommuniziert wird, aber zugleich von hoher Relevanz ist, dann hat dieser Score einen nachhaltigen Effekt. Durch die fehlende Nachvollziehbarkeit und die Echtzeitveränderungen scheint der Score wie Magie für den normalen Menschen. Woher weiß der Computer dies und warum hat mich das System so bewertet? Hier greift das Clarksche Gesetz, dass jede hinreichend fortschrittliche Technologie nicht von Magie zu unterscheiden ist.
4. Im Kontext von digitaler Überwachung wird oft vom gläsernen Mitarbeiter gesprochen, doch ist es mehr eine *Einkerkerung* in einen gläsernen Käfig. Durch die ständige Überwachung wird man zu jedem Zeitpunkt den Score beeinflussen können. Dieses Phänomen wird den vorauseilenden Gehorsam noch weiter stärken und Mitarbeiter werden sich jederzeit den Regeln konform verhalten aus Furcht vor einem Absinken des Scores.

5. Was auch zur *Wettbewerbsorientierung* führt. Die modernen Scores wie der Sesame Credit Score bewerten die Personen auch auf Basis der Menschen, die sie umgeben. Ein schlecht bewerteter Mensch im Umfeld kann den eigenen Score herunterziehen. Gleichzeitig führt das zu einem Wettbewerb um Punkte. Man will den eigenen Score erhöhen, um die Beförderung zu bekommen. Ein anderer Weg besteht darin, den Score der Konkurrenten zu senken. Hier werden potenzielle Anreize geschaffen, die Lücken im System auszunutzen.

Die Verlockung ist groß, die Massen an Daten zu nutzen und ein Scoring durchzuführen. Aber es ist auch sinnvoll, über die Nutzung von Daten nachzudenken. Gerade für ein Unternehmen ist es ineffizient, Ressourcen brachliegen zu lassen. Ein Scoring sollte genau geplant und zugleich andauernd angepasst werden. Sonst wird der Mensch tatsächlich entmenschlicht und zu einer Zahl – eine Zahl, die schwer bis gar nicht nachzuvollziehen ist und gleichzeitig maßgeblich über die Zukunft entscheidet. Die Konsequenzen aus einem solchen Mitarbeiter-Score können die Motivation der Mitarbeiter vernichten und die Produktivität großflächig zerstören. Wenn man jedoch ein faires System aufbauen möchte, kommt man schnell in Dimensionen, in denen es sich für ein Unternehmen vielleicht nicht mehr rechnet.

19.3 Personalabrechnung

Das Aktivitätsfeld „Kompensation" befasst sich mit der Bestimmung der Entgelthöhe. Bei der Personalabrechnung (synonym Entgeltrechnung) geht es um alle Maßnahmen, die im Ergebnis zu einer Entgeltzahlung an die Mitarbeiter führen.

Bruttolohn und Nettolohn

Der Bruttolohn ist die Gesamtvergütung, die der Arbeitnehmer erhält. Dazu zählen neben der Grundvergütung weitere Sonderbestandteile:

- Zuschläge für Nacht-, Feiertags- und Sonntagsarbeit,
- gewinnabhängige Prämien,
- Urlaubsgeld,
- Weihnachtsgeld,
- vermögenswirksame Leistungen,
- Provisionen sowie
- Dividenden bei Aktiengesellschaften.

Bruttolohn als Ausgangsbasis

Grundlage für diese Sonderbestandteile sind die Vereinbarungen im Arbeitsvertrag. Einige dieser Sonderbestandteile können monatlich gezahlt werden, wie zum Beispiel die Zuschläge für Nacht-, Feiertags- und Sonntagsarbeit, während das Urlaubs- und Weihnachtsgeld nur einmalig im vereinbarten Monat anfällt. Das Ergebnis ist der *sozialversicherungspflichtige* Bruttolohn. Um die Steuerfreibeträge reduziert, ergibt sich der *steuerpflichtige* Bruttolohn.

Nettolohn als Ergebnis

Um den *Nettolohn* zu bestimmen, wird der steuerpflichtige Bruttolohn um die gesetzlichen und die privaten Abzüge reduziert: Die Lohnsteuerklasse richtet sich nach dem Familienstand des Arbeitnehmers. Der Solidaritätszuschlag errechnet sich auf der Basis der zu zahlenden Lohnsteuer und wurde ursprünglich nach der deutschen

Wiedervereinigung 1991 zur Deckung der Kosten der Wiedervereinigung eingeführt. Die Kirchensteuer zahlen die Mitglieder von Religionsgemeinschaften, die den rechtlichen Status einer Körperschaft des öffentlichen Rechts tragen. Die Abgaben zu den Pflichtversicherungen sind Teil des deutschen Sozialversicherungssystems und basieren auf einem Umlageverfahren (Tabelle 19.1).

Tabelle 19.1: Beitragssätze

	Abzüge	in % der Bruttovergütung	in % der Lohnsteuer
Beiträge an das Finanzamt	Lohnsteuer	je nach Steuerklasse	
	Solidaritätszuschlag		5,50 %
	Kirchensteuer		9,00 %
	Kirchensteuer Bayern und Baden-Württemberg		8,00 %
Sozialversicherungs-abgaben	Krankenversicherung*	14,60 %	
	Gesetzlicher Zusatzbeitrag des Arbeitnehmers für die Krankenversicherung	1,00 %	
	Rentenversicherung*	18,60 %	
	Arbeitslosenversicherung*	3,00 %	
	Pflegeversicherung		
	für kinderlose Personen	2,80 %	
	für Personen mit Kindern	2,55 %	

Vorschlag: den letzten Gehaltszettel einmal exakt nachrechnen

Beamte versichern sich selbst über eine private Krankenversicherung. Der entsprechende Beitrag ist nicht prozentual an das Einkommen gekoppelt. Für Beamte entfallen auch die Beiträge zu Renten- und Arbeitslosenversicherung. Daher sind diese Posten in der Tabelle mit einem Stern (*) gekennzeichnet.

Arbeitgebersicht und Arbeitnehmersicht

Der Arbeitgeber muss zusätzlich zum Bruttolohn noch die Arbeitgeberanteile zu den Sozialabgaben leisten und bruttolohnabhängige Versicherungen tragen. Hierzu zählen beispielsweise die Umlage zum Mutterschaftsgeld und die Beiträge zur gesetzlichen Unfallversicherung. Kleinere Betriebe zahlen zudem eine Umlage zur Zahlung von Entgeltanteilen an den Arbeitnehmer im Krankheitsfall. Der zusätzliche Lohnaufwand für jeden Mitarbeiter liegt somit rund 20 bis 25 Prozent über dem Bruttolohn des Mitarbeiters.

An wen Abgaben und Steuern abgeführt werden ist unterschiedlich (Abbildung 19.2). Der Arbeitgeberanteil der Sozialabgaben geht direkt an die Sozialkassen weiter. Vom Bruttolohn des Arbeitnehmers werden die Sozialabgaben und Steuern abgezogen.

Vom Nettolohn bezahlt der Arbeitnehmer seine vermögenswirksamen Leistungen. Der Restbetrag ist die Lohnauszahlung, über die er frei verfügen kann.

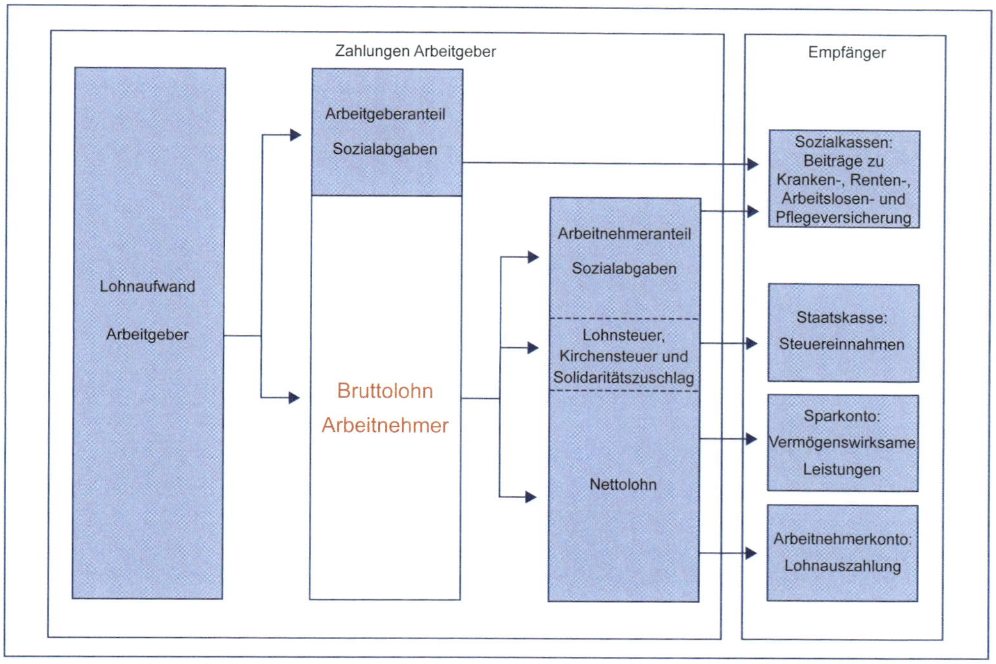

Abbildung 19.2: Abgaben und Steuern bei der Entgeltberechnung

Vom Brutto- zum Nettolohn

Übung 19.2

Offenbar gibt es etwas, womit man mehr Geld verdienen kann als mit Erdbeerkuchen: Beim sonntäglichen Familienausflug protzt Ihr Schwager nämlich mit dem Gehalt von 5.000 Euro monatlich, das er mit seiner zukünftigen Firma ausgehandelt hat. Ganz nebenbei fragen Sie: „Reden wir eigentlich gerade über Brutto oder Netto?" Darauf schaut Sie Ihr Schwager ratlos an und fragt: „Gibt es da überhaupt einen großen Unterschied?". Sie zücken sofort einen Kugelschreiber und rechnen ihm vor, mit welchen Abzügen er ungefähr zu rechnen hat.

19.4 Personalcontrolling

Seit Beginn der 1980er Jahre ist das Personalcontrolling vor allem in der Praxis ein wichtiges Thema, weil es das Grundbedürfnis nach Sicherheit bei allen Betroffenen anspricht und zudem die Personalfunktion durch argumentativ belastbare Zahlen aufwertet.

Begriff und Inhalt

Für den charakteristischen Mehrwert, den das Personalcontrolling mit sich bringt, kann auf das Charakteristische am Controlling abgestellt werden, wie es sich in der Abgrenzung zu Kontrolle ergibt:

Kontrolle: Soll-Ist-Vergleich

Controlling: Kontrolle, Planung, Informationsversorgung

- Kontrolle leitet sich aus dem lateinischen „contra rotulus“ ab und impliziert im Wesentlichen einen Soll-Ist-Vergleich.
- Controlling leitet sich aus dem Englischen „to control“ ab und beinhaltet neben Kontrolle auch die Planung sowie Informationsversorgung.

Damit geht Controlling im Allgemeinen und Personalcontrolling im Speziellen deutlich über einen reinen Soll-Ist-Vergleich hinaus.

Abbildung 19.3: Personalcontrolling im Regelkreis

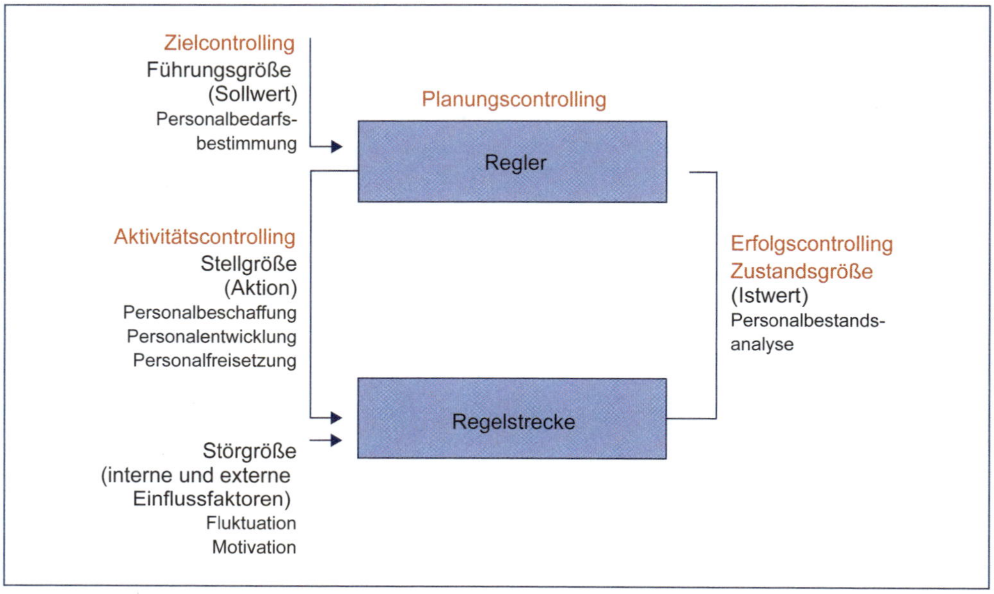

Controlling basiert somit auch auf dem Regelkreis (Abschnitt 2.2), bezieht sich aber mindestens auf vier Controllingaspekte (Abbildung 19.3):

(1) Beim *Erfolgscontrolling* wird der Istwert evaluiert. Anders als bei der reinen Kontrolle geht es dabei nicht um den Abgleich mit den formal kongruenten Sollwerten. Vielmehr ist zu prüfen, ob der Regler überhaupt im Normalfall seine Sollwerte erreicht und ob die Istwerte qualitativ sinnvoll sind. Gibt sich beispielsweise beim Beschaffungscontrolling der untere Regler bereits dann zufrieden, wenn eine ausreichende Anzahl von Mitarbeitern eingestellt ist, so kann sich das Personalcontrolling zusätzlich mit der Qualität der neuen Mitarbeiter befassen.

(2) Beim *Zielcontrolling* werden Sinnhaftigkeit, Vollständigkeit und logische Kongruenz der vorgegebenen Sollwerte überprüft. Das Personalcontrolling würde dann beispielsweise die Personalbeschaffung dadurch unterstützen, dass es zusätzliche Ziele definiert und an die Personalbeschaffung weitergibt.

(3) Beim *Planungscontrolling* gilt es festzustellen, ob die Entscheidungsverfahren des Reglers sinnvoll und zielfördernd sind. In vielen Fällen heißt dies zunächst einmal herauszufinden, wie der Regler seine Entscheidungen trifft. Im Beschaffungscontrolling beispielsweise könnte die Fachführungskraft auf potenzielle Fehler im Einstellungsinterview hingewiesen und mit Hinweisen zur kritischen Analyse von Lebensläufen versorgt werden.

(4) Das *Aktivitätscontrolling* konzentriert sich auf die Handlungen des Aktionsträgers. Hierbei wird nicht geprüft, warum eine Maßnahme ergriffen wird und ob

sie zielführend ist. Es interessiert ausschließlich die Maßnahme selbst und ihre prozedurale Durchführung. Hier kann zum Beispiel untersucht werden, ob und wie Fachführungskräfte Feedback-Gespräche mit den Mitarbeitern nach Ablauf der ersten Hälfte der Probezeit führen.

Alle vier Varianten gehören zu einem „vollständigen" Controlling und sind daher in einer Personalcontrolling-Konzeption vorzusehen.

Als Aufgaben des Personalcontrollings lassen sich drei Funktionen identifizieren:

(1) Die *Kontrollfunktion* führt eine Bewertung der Managementaktivitäten auf die angestrebten Ziele hin durch, sowohl mit Vergangenheits- als auch Zukunftsbezug, und entspricht im Wesentlichen dem Soll-Ist-Vergleich.

(2) Die *Informationsfunktion* verlangt die systematische, rechtzeitige und nutzergerechte Bereitstellung von Informationen für Entscheidungsträger und Interessengruppen des Personalmanagements.

(3) Die *Steuerungsfunktion* befasst sich mit der Identifikation möglicher Ursachen ineffizienten Handelns und sucht nach sinnvollen und zielführenden Handlungsalternativen, was auch Änderungen am Ziel- und Handlungsrahmen beinhalten und sich somit auch auf der planerischen Ebene der Sollgrößen niederschlagen kann.

Als Teil des Unternehmenscontrollings ist das Personalcontrolling folglich auf eine erfolgsorientierte Steuerung des Unternehmens ausgelegt.[585] Besonders ergiebig sind dabei wegen ihrer unvermeidbaren Wertschöpfungsrelevanz die primären Wertschöpfungsaktivitäten, also der Bereich von Akquisition bis Reduktion.

Risiken und Chancen

Personalcontrolling ist im Prinzip gesetzlich vorgeschrieben

Auch wenn sich viele Unternehmen bei ihrem Personalcontrolling eher zurückhalten und sich auch die diversen Beitrags- und Schulungsangebote weitgehend auf die etablierten Kennzahlen plus qualitative Beschreibungen beschränken, gibt es zwei Gründe für ein extensiv-intensives Personalcontrolling[586]:

(1) Das *Gesetz zur Kontrolle und Transparenz* im Unternehmensbereich (KonTraG) verlangt ein Überwachungssystem zur frühzeitigen Erkennung von schädlichen Entwicklungen für das Unternehmen, eine Risikodarstellung im Unternehmensbericht, einen erweiterten Konzernanhang mit einer Kapitalflussrechnung und Segmentberichterstattung sowie die Berichte an den Aufsichtsrat über die beabsichtigte Geschäftspolitik.

(2) *Basel II* verlangt von den Banken und Finanzdienstleistern, bei der Kreditvergabe stärker auf die Bonität der Unternehmen zu achten. Die Konsequenz daraus sind Unternehmensratings und eine erschwerte Kreditvergabe.

Für die Bewertung finanzieller Risiken stehen prinzipiell genügend Indikatoren zur Verfügung, wenngleich sich in der Wirtschafts- und Finanzkrise deutliche Schwächen in diesen Systemen gezeigt haben.

Personalcontrolling bezieht sich auch auf das Humankapital und die dort verankerte (lange) Liste von Risiken

Noch klarere Defizite liegen bei der Feststellung von Risiken, die sich aus der Personalarbeit ergeben beziehungsweise die mit dem Humankapital verbunden sind. Hier fehlen im Regelfall solide Controllingansätze, was dazu führt, dass auch Aufsichtsräte ihre Pflichten in diesem Segment nicht wahrnehmen (können). Folgt man der

Systematik dieses Buchs, so lassen sich potenzielle Risiken vor allem in den primären Personalmanagementaktivitäten lokalisieren:

- Stellenausschreibungen sind nicht exakt genug formuliert, so dass trotz hoher Bewerberzahlen wenig passende Kandidaten ausgewählt werden können (*Akquisitionsrisiko*).
- Aufgrund von Beurteilungsfehlern werden Mitarbeiter ausgewählt, die nicht in das Unternehmen passen. So sinkt nach kurzer Zeit die Motivation und der Mitarbeiter wird das Unternehmen bald wieder verlassen (*Selektionsrisiko*).
- Mitarbeiter werden zu Beginn ihrer neuen Tätigkeit nicht genügend informiert und fühlen sich allein gelassen. Die Folge kann eine frühzeitige Kündigung sein (*Integrationsrisiko*).
- Mitarbeiter werden an den falschen Stellen im Unternehmen eingesetzt. Für ein Unternehmen stellt dies eines der größten Risiken dar. Dieses Risiko besteht nicht nur für die Qualifikation des Mitarbeiters, sondern auch für seinen Arbeitsort, die Arbeitszeit und Vergütung. Hier muss seitens des Unternehmens dafür gesorgt werden, dass seine Beschäftigungsfähigkeit erhalten bleibt (*Allokationsrisiko*).
- Wenn Mitarbeiter zu spät an Personalentwicklungsmaßnahmen teilnehmen, entstehen Bedarfs- oder Potenziallücken (*Qualifikationsrisiko*).
- Die Leistung eines Mitarbeiters liegt weit unter seinem Potenzial, wenn sich der Mitarbeiter nicht genügend motiviert fühlt oder motivieren kann. In der Folge sinkt die Produktivität, Qualität und die Performance. In einem weiteren Schritt verringert sich die Loyalität zum Arbeitgeber und ein für das Unternehmen schädigendes Verhalten kann entstehen (*Motivationsrisiko*).
- Aufgrund mangelnder oder unpassender Führung bringen die Mitarbeiter nicht die gewünschte Leistung und dadurch sinkt die Motivation (*Direktionsrisiko*).
- Arbeitnehmer verlassen das Unternehmen, ohne dass eine Weiterführung der Aufgaben sichergestellt ist. Der Know-how-Verlust, Kundenabgänge und Aufwendungen für einen neuen Mitarbeiter bedeuten erhebliche Kosten, die mit diesem Risiko in Verbindung stehen (*Retentionsrisiko*).
- Wenn Mitarbeiter nicht schnell genug ersetzt werden können, müssen die verbleibenden Mitarbeiter über längere Zeit ein erhöhtes Aufgabenpensum bewältigen. Dies führt wiederum zu Motivationsverlusten (*Reduktionsrisiko*).

In ähnlicher Form sind auch die Aktivitätsfelder Organisation und Kommunikation risikobehaftet. Personalcontrolling dient aber nicht nur zum Lokalisieren dieser Risiken. Es soll im gleichen Umfang auch die Chancen aufzeigen, die in einer verbesserten Personalarbeit liegen.

Balanced Scorecard und HR-Scorecard

Vier Perspektiven

Ein ganz spezifisches Instrument zum Controlling ist die Balanced Scorecard[587]. Sie dient als Führungsinstrument, das die Erreichung der strategischen Ziele eines Unternehmens im Hinblick auf seine Vision und Strategie aus vier Perspektiven messbar macht:

(1) Kennzahlen bezüglich Umsatz oder Stückkosten messen die Erreichung der finanziellen Ziele (*Finanzperspektive*).
(2) Das Erreichen der Kundenziele wird durch Kennzahlen zur Messung der Kundenzufriedenheit oder die Antwortzeiten auf eine Anfrage erfasst (*Kundenperspektive*).

(3) Kennzahlen über die Prozessqualität oder Durchlaufzeiten geben Auskunft über die internen Prozess- und Produktionsziele (*interne beziehungsweise Prozessperspektive*).
(4) Mit Kennzahlen zur Fluktuation oder den Entwicklungszeiten für neue Produkte wird die Erreichung langfristiger Ziele gemessen (*Mitarbeiter-, Potenzial-, Erneuerungs- und Wachstumsperspektive*).

Alle vier Perspektiven sind „ausbalanciert" zu optimieren und auf „Vision und Strategie" des Unternehmens abzustimmen.

Drei bis sieben Items

Für jede der vier Perspektiven sind zwischen drei und sieben Items festzulegen, die der Konkretisierung der Perspektive dienen. Jedes dieser Items wiederum ist durch vier Informationen näher zu beschreiben, nämlich

Vier Beschreibungsformen

- das Ziel (verbalisiert),
- die Kennzahl (Hinweis auf numerische Erhebungsform),
- die Zielvorgabe (numerisch) und
- die Maßnahme.

Daraus resultiert die Balanced Scorecard (Abbildung 19.4).

Überträgt man diese Perspektiven auf den Personalbereich, so erhält man eine Personal-Scorecard (HR-Scorecard)[588]. Jede der oben beschriebenen Perspektiven wird dazu auf den Personalbereich angepasst: So können in der Finanzperspektive die Produktivität der Personalabteilung sowie die Personalkosten der Mitarbeiter in der Personalabteilung gemessen werden. In der Prozessperspektive können Kenn-

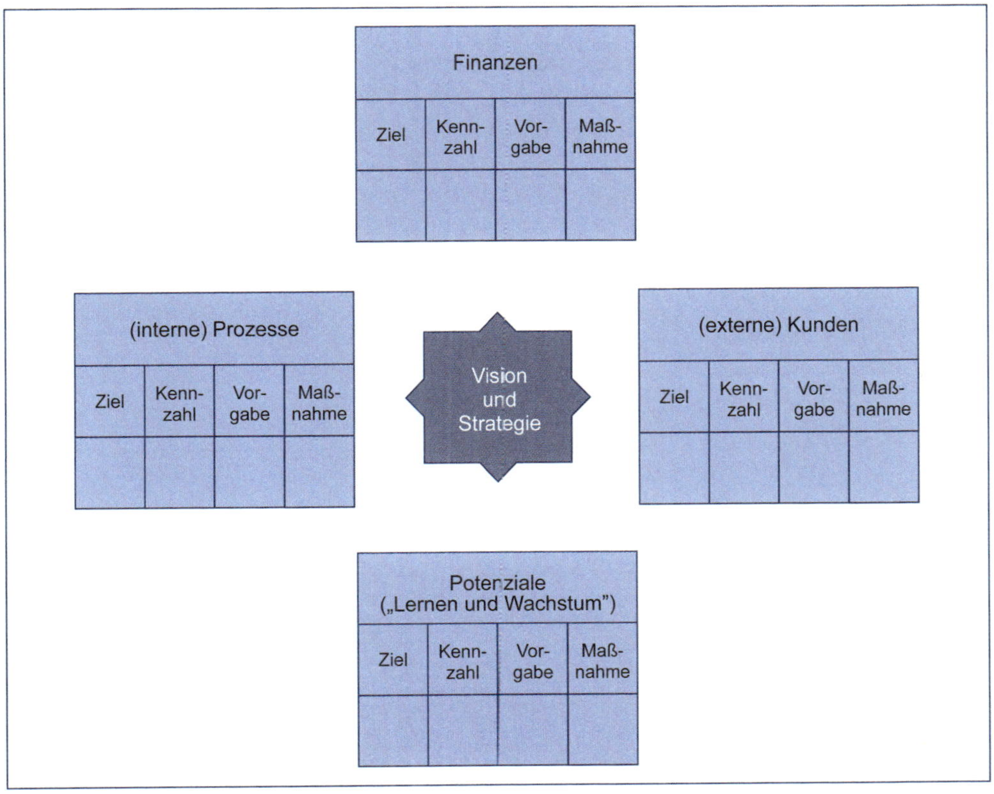

Abbildung 19.4: Balanced Scorecard[589]

zahlen zur Akquisition, Nachfolgeplanung, Qualifikation und Reduktion herangezogen werden. Die Fluktuationsquote oder Befragungen zur Zufriedenheit geben Aufschluss über die Kundenperspektive. In der Lern- und Innovationsperspektive können die Qualifikation der Mitarbeiter im Personalbereich, der Trainer und das Commitment gemessen werden.

Über die HR-Scorecard schafft das Personalmanagement eine zunehmende Anbindung der Bereichsaktivitäten an die Unternehmensstrategie und garantiert eine durchgehende Verknüpfung der individuellen Zielvereinbarung mit dem Mitarbeiter über die Zielsetzung des Personalbereichs mit den Zielen des Unternehmens (Tabelle 19.2).

Strategie und Handlung

„Balanced Scorecard translates an organization's mission and strategy into a comprehensive set of performance measures that provides the framework for a strategic measurement and management system."[590]

Univ.-Prof. Dr. Robert S. Kaplan (geb. 1940; Professor für Betriebswirtschaft) und *Dr. David P. Norton* (geb. 1941; Strategie- und Managementberater)

Der verwendete Farbcode für die ermittelte Zielerreichung erinnert an eine Ampel: Rot steht für das Nichterreichen von Zielen, gelb für ein knappes Verfehlen und grün für die Erfüllung oder sogar Übererfüllung der Vorgaben.

Für einen langfristigen Vergleich der Zielerreichung und Istwerten bieten Personalinformationssysteme die Möglichkeit, übersichtliche Diagramme zu erstellen. Anhand dieser Diagramme lassen sich der aktuelle Stand und die Entwicklung der letzten Zeit exakt nachvollziehen. Scorecards lassen sich auch mit IT-Systemen darstellen, mit deren Hilfe Soll- und Istvergleiche einfach möglich sind.

Perspektive	Ziel	Kennzahl	Zielvorgabe 2008	Zielerreichung
Finanzperspektive	Erhöhung der Betreuungsquote	Betreuungsquote	10 %	2 %
	Senkung der Personalkosten für die Personalabteilung	Personalkosten	15 %	7 %
Prozessperspektive	Erhöhung der Weiterbildung der Mitarbeiter	Weiterbildungstage	20 %	20 %
	Erhöhung der Akquisition	Neueinstellungen	10 %	12 %
Kundenperspektive	Senkung der Fluktuation	Fluktuationsquote	10 %	8 %
	Steigerung der Kundenzufriedenheit	Zufriedenheits-quote	50 %	30 %
Lern- und Innovations-perspektive	Steigerung des Commitment	Commitmentindex	30 %	35 %
	Verbesserung der Trainings	Bewertung der Trainer	15 %	13 %

Tabelle 19.2: Beispiel für ein Berichtsblatt zur HR-Scorecard[591]

Allerdings gibt es auch kritische Stimmen[592] zur HR-Scorecard: Sie bezeichnen sie als aufgewärmte und inhaltsleere Lehre. Sie gilt als nicht durchdacht und schürt nur weiter die Vorurteile, dass im Personalmanagement oftmals zu unkonkret argumentiert werde.

Personal-Scorecard

Übung 19.3

Sie haben die zweitägige Fortbildung „Die HR-Scorecard: Design und Anwendung" besucht und sind jetzt auf dem neuesten Stand. Natürlich wollen Sie das Wissen auch an Ihre Führungskräfte weitergeben und erstellen daher eine Übersicht, wozu die Personal-Scorecard bei Ihrer Strawberry Cake & Bakeries AG dient und welche Elemente sie beinhaltet.

19.5 Personalinformationssysteme

Unter dem Begriff Personalinformationssysteme[593] – auch Human Resource Information Systems (HRIS) – werden spezialisierte Informationssysteme zusammengefasst, die zur Unterstützung der Aufgaben des Personalmanagements dienen. Sie werden zur effektiven und effizienten Planung, Realisation und Kontrolle der durch die Personalmanagementaktivitäten anfallenden Informationsverarbeitungsprozesse herangezogen. Das HRIS wird heutzutage auch oft als data driven HRM, Electronic

HRM (eHRM) oder als Employee Self-Service bezeichnet. Jedes Mal dreht es sich aber um die Unterstützung der Personalarbeit durch technologische Lösungen.

HRIS als Administrationsbasis!

Personalinformationssysteme lassen sich nach dem Zweck ihrer Anwendung in zwei Gruppen unterteilen[594]:

- Zum einen sind dies Systeme, die für rein *administrative Zwecke* eingesetzt werden. Aufgrund der Vielzahl gleicher oder ähnlicher Vorgänge bei der Personalverwaltung und der Menge an Daten, die bei diesen Vorgängen anfällt, wird durch den Einsatz dieser Systeme eine Zeit- und Kosteneinsparung angestrebt.
- Zum anderen sind dies Systeme, die für *Zwecke der Entscheidungsunterstützung* herangezogen werden. Sie führen beispielsweise Analysen aus den durch administrative Aktivitäten gewonnenen Daten durch, um daraus erweiterte Informationen zu gewinnen, die schlussendlich zur Vorbereitung von strategischen Entscheidungen genutzt werden.

Durch die Verlagerung der Verwaltung von Stellen und Mitarbeiterdaten und damit zusammenhängenden Informationen in die Informationssysteme können HRIS und die in ihnen enthaltenen Daten als Basis administrativer Personalmanagementaufgaben bezeichnet werden.

Der Aufgabenbereich von Personalinformationssystemen findet sich in den verschiedenen Personalmanagementaufgaben wieder. Gängige personalwirtschaftliche Software lässt sich demnach wie folgt einteilen[595]:

- Systeme zur Stammdatenverwaltung,
- Aus- und Weiterbildungssysteme,
- Systeme zum betrieblichen Vorschlagswesen,
- Bewerberverwaltungssysteme,
- Lohn- und Gehaltsabrechnungssysteme,
- Personal- und Karriereplanungssysteme sowie
- Systeme zur Zeiterfassungs- und Zutrittskontrolle.

Viele Softwareprodukte decken gleichzeitig mehrere dieser Bereiche ab. Bekannte Beispiele für Personalsoftware sind das HR-Modul in SAP R/3, SAP ERP HCM oder das Modul PeopleSoft Human Capital Management von Oracle.

Aufgaben bleiben – Technologien verändern sich

Während sich die von den HRIS abgedeckten Aufgaben unwesentlich ändern und erweitern (beispielsweise bei der Lohn- und Gehaltsabrechnung) und nur wenige neue Anwendungsfelder dazukommen (beispielsweise eRecruiting), findet eine Änderung der zugrunde liegenden Technologie in regelmäßigen Abständen statt. Beispiele dafür sind die Entwicklungen von zentralen Systemen über dezentrale Systeme zu verteilten Systemen wie Service-Orientierte-Architekturen (SOA) und der neuen Idee des Cloud Computing, bei dem die benötigten Dienste von verschiedenen externen Anbietern nach Bedarf genutzt werden.

Datenexplosion als Unvermeidbarkeit für das data-driven HRM?

In den verschiedenen Personalinformationssystemen sind die unterschiedlichsten Informationen über die Mitarbeiter enthalten, die von den grundlegenden persönlichen Informationen wie Name, Anschrift und Kontodaten über Informationen zu Aus- und Weiterbildung, Lohn- und Gehaltsdaten bis hin zu Leistungsbeurteilungen reichen.

Gefahr, immer mehr Daten zu sammeln, die dann immer mehr zu integrieren sind?

Die Menge an Daten, die in den Informationssystemen gespeichert ist, wird immer größer. Es wird allgemein angenommen, dass sich das weltweite Volumen von in Datenbanken abgelegten Informationen im Abstand von weniger als zwei Jahren verdoppelt. Ein Grund dafür ist zum einen der Preisverfall bei Speichermedien und der aktuelle Trend in den Unternehmen, so genannte Data Warehouses einzuführen[596], in denen sie historische Daten ablegen, die Informationen über alle mehr oder weniger relevanten Geschäftsaktivitäten beinhalten.

Die Einführung neuer Systeme und die Integration verschiedener Einzelsysteme in ein gesamtes System erhöht das Datenvolumen. Außerdem gehen mit diesen Aktivitäten zeit- und kostenintensive Bemühungen zur Standardisierung der Daten einher. Hierdurch soll eine (weltweite) Vergleichbarkeit zwischen Unternehmensteilen und anderen Unternehmen erreicht werden. Den Nutzen der Integrations- und Standardisierungsbemühungen können nur die Wenigsten beschreiben. Vielfach scheinen Integrationsvorhaben auf Verdacht oder Vorrat zu erfolgen, verbunden mit der Hoffnung auf eine zukünftige Nutzung der Daten.

Statt eine (Un-)Menge an Daten zu erfassen, die aufgrund ihres Umfangs nur schwer und mit einem enormen zeitlichen und personellen Aufwand auf den aktuellen Stand gebracht werden können, soll die Qualität der Daten im Vordergrund stehen. Qualitativ hochwertige und aktuelle Daten sind nützlicher als – beispielsweise als Folge von Integrationsprozessen – veraltete, unvollständige oder nicht gepflegte. So sind bei gezielter Datenerfassung vollständige Informationen über die Fähigkeiten der Mitarbeiter zur Personalbedarfsplanung wertvoller als unzureichend gepflegte Datenfriedhöfe.

Vertrauen als Implementationsbeschleuniger für das eHRM!

Die in Informationssystemen abgelegten Daten und auch die Informationssysteme selbst können von Unternehmen als strategischer Wettbewerbsvorteil genutzt werden. So ermöglichen es gut funktionierende Personalinformationssysteme den Unternehmen, sich schnell an eine sich ändernde Umwelt anzupassen, beispielsweise durch Einführung zielgerichteter Entlohnungsprogramme sowie durch Durchführung systematischer Analysen der vorhandenen Daten.

Oft ist es jedoch so, dass die eingesetzten Informationssysteme nicht das halten, was vor ihrer Einführung versprochen wurde, oder dass die Einführung neuer Systeme scheitert. Dieses Misslingen bekommen nicht nur die Mitarbeiter zu spüren, sondern auch Bewerber, die sich beispielsweise mit nicht funktionierenden Bewerbungsplattformen konfrontiert sehen.[597] Als Ergebnis kommt es bei Mitarbeitern sowie bei Unternehmen zu einem gewissen Maß an Misstrauen, wenn es um die Einführung neuer oder Aktualisierung bestehender Informationssysteme geht und hier speziell um HRIS.

Viele HR-IT-Projekte scheitern, weil nicht ausreichend Vertrauen aufgebaut wird

In der IT-Literatur werden viele Gründe für das Scheitern von Umsetzungsvorhaben aufgezählt, allen voran mangelhafte Planung. Für die spezielle Betrachtung von eHRM braucht es jedoch eine umfassendere Perspektive, da ein technologiegestütztes Personalmanagement grundlegend für eine erfolgreiche Behauptung im Wettbewerb ist.

Susan Lippert und *Paul Swiercz* haben ein Modell[598] aufgestellt, das eine erfolgreiche Einführung von HRIS auf das Konstrukt „Technologievertrauen" (Technology Trust) zurückführt. Das Modell besagt, dass das Vertrauen in HRIS von drei Perspektiven beeinflusst wird, die wiederum verschiedene Determinanten beinhalten:

(1) Die *Organisationperspektive* beinhaltet die Stärke des herrschenden Vertrauens im Unternehmen, das Zusammenwirken der Wechselbeziehungen, die Organisation der Gemeinschaft im Unternehmen sowie die Unternehmenskultur.
(2) Mit der *Technologieperspektive* werden die Bereitschaft zur Einführung neuer Technologien, ihr Nutzen und die Nutzbarkeit der Systeme für die Mitarbeiter erfasst.
(3) Die *Benutzerperspektive* befasst sich mit dem Prozess der Sozialisation, den ein Mitarbeiter im Unternehmen durchmacht, sein Vertrauen in den Schutz seiner Daten durch das Unternehmen und seine eigene Neigung, dem Unternehmen zu vertrauen.

Je höher der Ausprägungsgrad dieser Determinanten, desto höher das Technologievertrauen und desto erfolgreicher die Einführung von HRIS. Ein Umsetzungserfolg kann durch einen steigenden Grad an Vertrauen, den Personen in die Technologie setzen, beschleunigt werden. Aus dem Modell heraus ergeben sich viele Punkte, an denen auch die Personalabteilung aktiv gestalterisch tätig werden kann.

Employee Self-Service als Verantwortungsübertragung!

Als weiteren Baustein setzen immer mehr Unternehmen Mitarbeiterportale ein, die im Intranet die Umsetzung von Employee Self Services (ESS) sind. Diese Anwendungen sind auf die Bedürfnisse des Mitarbeiters ausgerichtet, indem sie ihm beispielsweise den Zugriff auf seine persönlichen Daten ermöglichen, ihm Qualifizierungsangebote und Stellen im Unternehmen anzeigen oder über Leistungen von Versicherungen oder Betriebskrankenkassen informieren.[599] Aber auch häufig benötigte Formulare wie ein Urlaubsantrag können selbstständig im Intranet ausgefüllt und postwendend an die Führungskraft digital weitergeleitet werden. Nach seiner ebenfalls digital vergebenen Genehmigung geht das Dokument weiter an die Personalabteilung. Die Unternehmen verbinden die Einführung von Employee Self Services mit der Hoffnung nach zusätzlicher Motivation der Mitarbeiter, effizienteren Prozessen und Kostenersparnis.

Self Service Systeme sind tiefgreifende Veränderungen in Ablauf und Selbstverständnis

Die Ziele von Employee Self Services lassen sich definieren als „Optimierung betriebswirtschaftlicher und organisatorischer Prozesse im (Personal-)Verwaltungsbereich", bei denen „Mitarbeitern Funktionen, Tätigkeiten und Dienste (Self-Services)"[600] übertragen werden, welche zuvor von den entsprechenden Personalabteilungen ausgeführt wurden. Operative beziehungsweise administrative Aufgaben werden dezentralisiert und quasi an den Mitarbeiter zur selbstverantwortlichen Organisation delegiert.

Die Einführung von Employee Self Services hat eine Änderung von internen Geschäftsprozessen zur Folge, da durch die Employee Self Services eine Reduzierung von Effizienzverlusten erreicht werden soll, die bei herkömmlicher Organisation aufgrund von Abstimmungs- und Koordinationsprozessen zwischen Mitarbeiter und Personalabteilung entstehen können.[601]

Technologievertrauen durch konkreten Nutzen

Insbesondere bei Employee Self Services gilt es, den Mitarbeitern und Managern den konkreten Nutzen und Anwendungsspielraum der Systeme gemäß der Theorie des Technologievertrauens zu erklären, damit einerseits keine überzogenen Erwartungen geweckt werden und andererseits auch nicht vor der Nutzung der Systeme zurückgeschreckt wird.

Schnell die Akte zur Hand

Bei Phoenix Solar AG war die Pflege der Personaldaten mit Akten in Papierform mit hohem zeitlichem Aufwand für die Mitarbeiter in der Personalabteilung verbunden. Zudem waren sie nur im Hauptsitz der Gesellschaft, nicht aber in den Niederlassungen abgelegt. Daher entschied man sich für eine digitalisierte Personalverwaltung, bei der die Personalreferenten von überall her auf die Daten zugreifen können. Die Mitarbeiter bekamen zudem zahlreiche Funktionen zur Verfügung gestellt, um künftig Urlaubsanträge, Zeitbuchungsnachweise, Stammdatenanträge und Reisekostenanträge selbstständig ausfüllen zu können. Zusätzlich können die Daten aus den online stehenden Bewerberformularen bei einer erfolgreichen Bewerbung per Knopfdruck in die digitale Personalakte überführt werden. Die bereits bestehenden Akten wurden eingescannt und stehen somit ebenfalls digital zur Verfügung. So ergibt sich für die Personalreferenten eine große Zeitersparnis, die für andere Personalaufgaben genutzt werden kann.[602]

Internet of „Think" als Zukunftsaussicht

Durch Digitalisierung und Automatisierung wird sich die Personalarbeit verändern. Dabei stellt sich nicht nur die Frage nach der Notwendigkeit einer Personalabteilung, sondern generell die nach der Art administrativer Unterstützungssysteme.

Gerade mit digitalen Assistenzsystemen und Chatbots entsteht eine Zukunft, in der ein Employee Self-Service ausschließlich durch eine künstliche Intelligenz betreut wird. Urlaubsplanung und Personaleinsatz lassen sich automatisch optimieren. Selbstlernende Systeme verändern sich, wie bereits der Name sagt, unbeaufsichtigt und kontinuierlich.

Jetzt stellt sich allerdings die Frage, wer derartige automatisierte und sich selbst-optimierende Systeme kontrolliert. Schon heute wird diesen künstlichen Intelligenzen vorgeworfen, in manchen Fällen diskriminierend zu agieren.

Personalabteilung = Controlling der Digitalisierung

Das Personalmanagement muss in der Zukunft daher nicht nur mehr Wert auf die strategische Ebene legen. Es muss auch präzise Voraussetzungen und Leitplanken für diese künstlichen Intelligenzen schaffen, die Auswirkungen überwachen und den Bezug zu den Menschen sicherstellen.

19.6 Ausblick

Auch wenn sich ein kleiner Teil der personalwirtschaftlichen Diskussion um die Personaladministration dreht und so auch in diesem Buch nur gerade 1/20 des Textes belegt, so ist sie doch die zentrale Basis für die gesamte Personalarbeit.

Denn die Qualität gerade der personalwirtschaftlichen Prozesse ist Grundbedingung für jegliches Personalmanagement – und zwar unabhängig davon, ob es sich um größere, kleinere, nationale oder internationale Unternehmen handelt.

Sicherlich sehen gerade HR-Berater eine gute Einnahmequelle in der „Optimierung" (und damit Maximierung) der Personaladministration und machen Prozessbeschreibungen sowie Datenintegrationen zum Selbstzweck, vielleicht alles unter dem Etikett „Change".

HR-IT: weniger ist mehr

Dies ist aber der falsche Weg. Administration im professionellen und zukunftsorientierten Sinne bedeutet „Lean Administration", also radikale Verschlankung statt Verkomplizierung und Reduktion statt Addition. Es gibt einige wenige Schlüsselgrößen. Sie gilt es zu identifizieren und zu optimieren. Das andere kann und muss verschlankt und vereinfacht werden. Denn letztlich darf auch in der Praxis „Administration" allenfalls 1/20 der Personalarbeit ausmachen.

Gerade in der Digitalisierung wird technologische Administration überschätzt, und oft sind Softwarelösungen so komplex, dass Personalarbeit in der Datenflut ertrinkt. Dabei könnte die Digitalisierung dazu führen, dass viele administrative Tätigkeiten automatisiert werden. Dies erfordert eine systematische Planung des „HR-Betriebssystems" und damit ein völliges Neuerfinden des betrieblichen Personalmanagements.

Aufgaben und Fragen zur Selbstüberprüfung

1. Erklären Sie die Rechte und Pflichten des Arbeitnehmers bezüglich seiner Personalakte!
2. Wie verändert sich das Rechenbeispiel Gehaltsabrechnung aus Mitarbeitersicht, wenn der Arbeitnehmer von Frankfurt nach Stuttgart zieht und gleichzeitig von seinem Daimler auf einen BMW umsteigt?
3. Welche drei Funktionen hat das Personalcontrolling und welche Aufgaben verbinden sich damit?
4. Welche fünf Risiken der Personalmanagementaktivitäten kennen Sie?
5. Wo liegen die Vor- und Nachteile einer Personal-Scorecard?

Endnoten

[581] *2b AHEAD tomorrowing your business* 2017.

[582] *Deller/Gotzian/Fortmeier* 2017.

[583] *Geighardt* 2007, 7.

[584] *Society for Human Resource Management (SHRM)*, Background Checking: Conducting Credit Background Checks, 19.7.2012, online unter: https://www.shrm.org/research/surveyfindings/articles/pages/creditbackgroundchecks.aspx, abgerufen am 25.5.2018.

[585] vgl. *Drumm* 2008, 588.

[586] vgl. *Zdrowomyslaw* 2007, 168–173.

[587] vgl. *Kaplan/Norton* 1997.

[588] *Becker/Huselid/Ulrich* 2001.

[589] nach *Kaplan/Norton* 1992, 72.

[590] *Kaplan/Norton* 1996.

[591] vgl. *Binder 2002.*

[592] vgl. *Resch* 2004, 37–39.

[593] vgl. *Strohmeier* 2007; *Strohmeier* 2008.

[594] vgl. *Ball* 2001, 679.

[595] vgl. *Eggert* 2008.

[596] vgl. *Keating* 2008, 34; *Gluchowski/Gabriel/Dittmar* 2008, 92.

[597] vgl. *Hofert, Svenja*, Note „mangelhaft" für IT-Firmen, online unter: http://www.computerwoche.de/job_karriere/karriere_gehalt/1863408/(08.05.2008), abgerufen am 08.06.2009.

[598] vgl. *Lippert/Swiercz* 2005.

[599] vgl. *Bohlmann* 2003.

[600] *Fröhlich* 1998; *Lohse/Morczinek* 2004, 186.

[601] *Lohse/Morczinek* 2004, 187.

[602] *Schwab/Erdmann* 2009.

20

Perfektion: Das Streben nach Professionalisierung!

Inhalt

Fakten

34 % der Unternehmen sehen die Vorbereitung der Mitarbeiter auf die Digitalisierung als ein wichtiges Personalthema für die Zukunft an.[603]

78 % der Führungskräfte sehen tiefgreifenden Wandel durch künstliche Intelligenzen in der Personalarbeit voraus.[604]

40 % der Unternehmen schätzen ihre Führungskräfteprogramme für die digitale Arbeitswelt als unterentwickelt ein.[605]

Lernziele

- Sie erfahren, welche Ansätze bei der Personalperfektion helfen können.
- Sie erleben die Schwierigkeit von Personalperfektion.
- Sie wissen, welche unterschiedlichen Perspektiven für die Personalarbeit gelten müssen.
- Sie verstehen, welche Wege zur Personalperfektion führen.
- Sie lernen, wie Sie eine perfekte Personalarbeit umsetzen können.

20.1 Überblick

„Wir streben nicht nach Perfektion. Uns reicht es vollkommen, wenn wir eine pragmatische Lösung suchen." Hinter diesem Satz eines bekannten Personalvorstands, der nur durch die Aussage „Wir brauchen keine richtige Lösung, uns genügt eine pragmatische Antwort" zu überbieten ist, steckt der Verzicht auf HR-Exzellenz. Genau auf das Gegenteil zielt dieses abschließende Kapitel: nämlich auf die kontinuierliche Suche nach dem „besten Personalmanagement". Das neue, selbstbewusste und professionelle Personalmanagement zeichnet sich genau dadurch aus, dass es durchaus rasch reagiert und agiert, sich gleichzeitig aber als lernfähiges System permanent verbessert.

Was aber ist überhaupt gutes Personalmanagement? Hier kann man es sich relativ einfach machen, sich für (sehr) viel Geld bei einem der kommerziellen Arbeitgeberwettbewerbe anmelden und dann stolz mit dem Foto eines ehemaligen Bundesministers werben. Professionelle Personalmanager wählen einen schwereren Weg und hinterfragen die eigene Arbeit umfassend, indem sie Perfektion aus unterschiedlichen Perspektiven analysieren. Der Multiperspektivität[606] folgend, kommen nachfolgend die Perspektiven strategisch (Abschnitt 20.2), mechanisch (Abschnitt 20.3), organisch (Abschnitt 20.4), kulturell (Abschnitt 20.5), intelligent (Abschnitt 20.6) und virtuell (Abschnitt 20.7) zum Einsatz (Abbildung 20.1).

Abbildung 20.1: Perfekte Personalarbeit

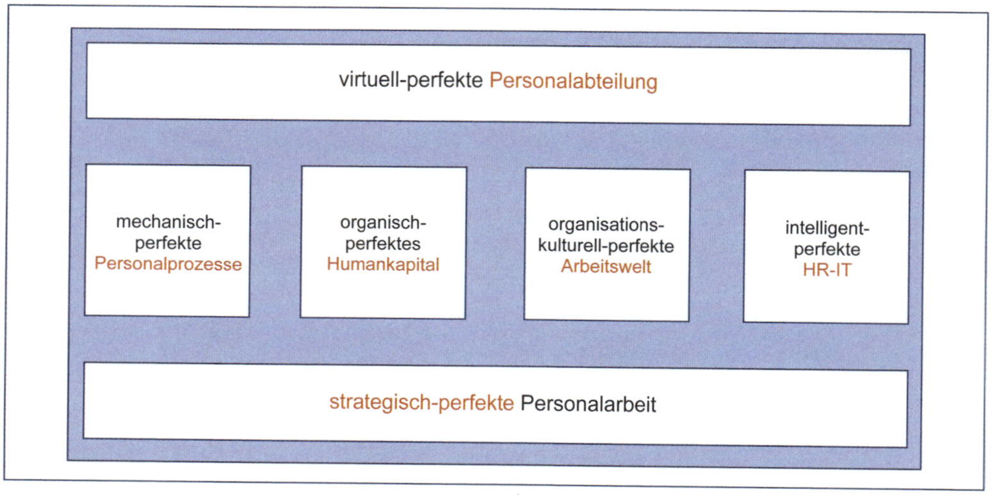

20.2 Strategisch-perfekte Personalarbeit als Wettbewerbsvorteil

Bereits in Abschnitt 2.3 und an anderer Stelle[607] wurde umfassend auf Logik und Anspruch eines strategischen Personalmanagements hingewiesen: Danach geht es um die Beantwortung der Frage, wie man durch Personalarbeit einen Wettbewerbsvorteil erreichen und halten kann. Für diesen Zusammenhang zwischen Personalarbeit und Unternehmenserfolg gibt es drei völlig unterschiedliche Antworten.

Die ideologiebasierte Hochplateau-These

Den Ausdruck „Hochplateau-These" findet man zwar (noch) nicht in der Literatur, wohl aber in der Praxis ein entsprechendes Verhalten. Danach ist die Personalarbeit eines Unternehmens vor allem dann als gut einzustufen, wenn sie auf allen Personalmanagementfeldern

- möglichst intensiv aktiv wird und
- möglichst viel in Richtung auf Befriedigung der Mitarbeiterwünsche unternimmt.

Aus der Hochplateau-These folgt eine Tendenz, wonach sich alle Unternehmen pro Aktivitätsfeld an dem Unternehmen orientieren, das auf diesem Feld die quantitativ umfangreichste Aktivität entwickelt. Aus diesem Grund entsteht zwangsläufig eine Maximierung aller Einzelmaximalwerte, während sich das ganze System sukzessive nach oben verschiebt.

Hochplateau-These: Maximierung aller Aktivitäten

Abbildung 20.2 zeigt exemplarisch fünf Unternehmen, die jeweils drei personalwirtschaftliche Aktivitäten zunächst unterschiedlich stark ausüben. In diesem Beispiel praktiziert Unternehmen C für die Aktivität 1 und für die Aktivität 3 die umfangreichste Personalarbeit und liefert damit den Benchmark, dem die anderen Unternehmen in ihrer Entwicklung folgen müssen. Aktivität 2 wird von Unternehmen A am umfangreichsten erfüllt: Hier ist also Unternehmen A das Unternehmen, an dem sich die Anderen orientieren müssen.

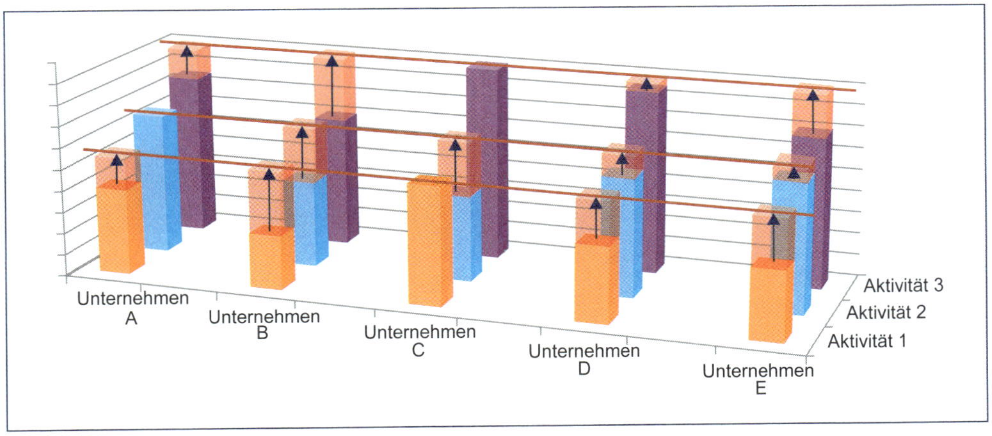

Abbildung 20.2: Hochplateau-These

Der Hochplateau-These folgen viele kommerzielle Arbeitgeberwettbewerbe, so auch der Anfang 2009 vom Bundesministerium für Arbeit und Soziales ausgerufene „HPI" (Human Potential Index)[608], der auf dem Beratungsansatz von Psychonomics beruht und mithilfe der Bundesanstalt für Arbeitsschutz und Arbeitsmedizin, der Initiative „Neue Kultur der Arbeit" sowie dem Human Capital Club e.V. gestartet wurde. Der Human Potential Index ermöglicht den Unternehmen, sich in 14 personalwirtschaftlichen Kernfeldern (Tabelle 20.1) miteinander zu vergleichen und die eigenen Prozesse zu optimieren.

Maximierungsthese als ideologiegetriebene Logik

Tabelle 20.1: Prüfungsbereich im Human Potential Index[609]

Wertschöpfungsprozesse	Nachhaltigkeitstools
Personalstrategie	Unternehmenswerte
Personalberatung & Personalauswahl	Arbeitsplatzverantwortung
Compensation & Benefits	Demografie
Führung	Work Life Balance
Personalentwicklung	Mitarbeiterbindung
Change Management	Chancengleichheit & Diversity
Kommunikation & Information	Gesundheitsförderung

Da die Wertschöpfungsprozesse und die Nachhaltigkeitstools offenbar mit Unternehmenserfolg korrelieren, müssen sie nach Ansicht der Vertreter der Hochplateau-These maximiert werden. Kritiker des HPI[610] argumentieren allerdings ganz anders:

- Die „wissenschaftliche Untermauerung" dieser Logik besteht aus einer falschen Interpretation der Korrelationen. Danach sind Unternehmen nicht erfolgreich, weil sie (zum Beispiel) viele Prämien zahlen und niemals während der Probezeit kündigen. Vielmehr können es sich Unternehmen mit wirtschaftlichem Erfolg erlauben, Prämien zu zahlen und auf das Instrument der Probezeitkündigung zu verzichten. Korrelationen sind streng von Kausalitäten zu unterscheiden.

HPI als „dankbares Opfer" für Fundamentalkritik

- Die Logik ist in doppelter Hinsicht ideologisiert, weil sie zum einen eine strikt mitarbeiterorientierte Personalarbeit fordert, zum anderen eine zentrale Vorgabe einer richtigen Personalarbeit durch die Politik (und nicht durch das Unternehmen selbst) impliziert.

Wenn die Kritik an der Methode auch häufig von der Kritik politisch-ideologischer Einmischung in die Personalarbeit überlagert wird[611], birgt jedoch gerade sie ein Gefahrenpotenzial für die Nachhaltigkeit der Personalarbeit.

Ebenso bleibt aber festzuhalten, dass die Gültigkeit der Hochplateau-These bisher durch nichts bewiesen wurde und zudem viele betriebswirtschaftliche Grundpostulate verletzt, darunter
- situative Angemessenheit,
- stimmiger Instrumenteneinsatz und
- wirtschaftlicher Personeneinsatz.

Aus diesem Grund ist die Hochplateau-These wegen Methodik und Ideologie als Antwort auf der Suche nach Perfektion *strikt abzulehnen*.

Die effizienzorientierte Flat-These

Im Gegensatz zur (gesellschafts-)politischen Hochplateau-These ist die Flat-These nicht nur einfach ein Postulat, sondern die Beschreibung der Realität. Sie findet sich am Treffendsten formuliert von *Thomas Friedman*. In seinem Buch „Die Welt ist flach"[612] beschreibt er den unaufhaltsamen Trend, wonach in einer grenzenlosen Weltwirtschaft das Kapital seine Arbeit dort sucht, wo es sich am profitabelsten entwickeln kann.

Die Welt wird flacher

„I cannot tell any other society or culture what to say to its own children, but I can tell you that what I say to my own: The world is being flattened. I didn't start it and you can't stop it, except at a great cost to human development and your own future. But we can tilt it, and shape it, for better or for worse. If it is to be for better, not for worse, then you and your generation must not live in fear of either the terrorists or tomorrow, of either al-Qaeda or Infosys. You can flourish in this flat world, but it does take the right imagination and the right motivation. While your lives have been powerfully shaped by 9/11, the world needs you to be forever the generation of 11/9 – the generation of strategic optimists, the generation with more dreams than memories, the generation that wakes up each morning and not only imagines that things can be better but also acts on that imagination every day."[613]

Thomas Friedman (geb. 1953; Journalist, dreimaliger Gewinner des Pulitzer-Preises)

Die Welt des 21. Jahrhunderts ist danach flach, der Globus eingeebnet durch die Möglichkeit, digitale Daten von beliebigen Winkeln der Erdkugel in andere zu verschicken, und zwar zu vernachlässigbaren Kosten. Aufgaben werden immer konsequenter dort erledigt, wo dies am kostengünstigsten möglich ist. Besonders deutlich sieht man dies gegenwärtig an Indien, wo nicht mehr nur einfache Produktion stattfindet, sondern auch zunehmend komplexere Tätigkeiten durchgeführt werden. Amerikanische Wirtschaftsprüfer und Steuerberater lassen Routinearbeiten wie Steuererklärungen in Indien ausführen. Radiologen delegieren die Auswertung von CT-Scans an Ärzte in Indien. Unternehmensberater lassen sich über Nacht ihre Powerpoints erstellen.

Effizienzthese als beratergetriebene Logik

Ein Beispiel für Verflachung ist die Bestrebung einiger Großunternehmen, zur einheitlichen Erfassung von Lebenslaufdaten einen Standardlebenslauf zu propagieren. Gleiches gilt für das langweilige „08/15"-Format einiger externer Jobbörsen, wo teilweise jegliche Individualität als Arbeitgeber verloren geht. Ebenso wie die Hochplateau-These impliziert auch die Flat-These eine gemeinsame Tendenz pro Aktivität bei allen Unternehmen, allerdings eine Tendenz in Richtung auf das pro Aktivität gerade noch ausreichende Minimum.

Abbildung 20.3 zeigt wieder exemplarisch fünf Unternehmen sowie drei Aktivitäten. In diesem Beispiel liefert Unternehmen E das Minimum der Aktivitäten 1 und 3, an dem sich die übrigen Unternehmen ausrichten. Die Aktivität 2 wird von Unternehmen D am „flachsten" ausgeübt: Daran orientieren sich die anderen Unternehmen.

Abbildung 20.3: Flat-These

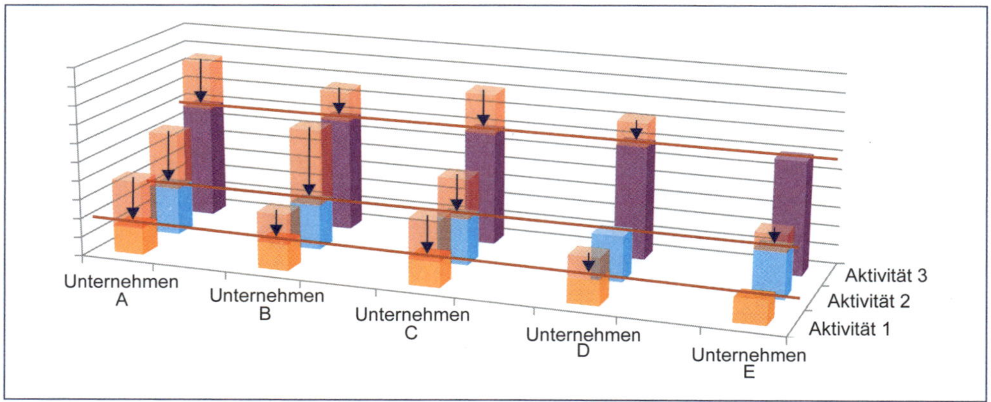

Flat-These als empirische Realität

Die Flat-These hat inzwischen alle HR-Aktivitäten erfasst: Sie reicht von standardisierter Akquisition und Selektion bis hin zu einer routinemäßigen Reduktion. Rein *deskriptiv* ist die Flat-These also als empirisch gesichert anzusehen. Trotzdem erscheint die Flat-These auch *präskriptiv* für eine Vielzahl von HR-Aktivitäten sinnvoll. Exemplarisch zu nennen sind

- Lohn- und Gehaltsabrechnung,
- Stammdatenverwaltung,
- Urlaubsplanung und
- Zeitwirtschaft.

Flat-These: Absenken auf ein Minimalniveau

In allen diesen Fällen kommt es ausschließlich darauf an, ein gegebenes Qualitätsniveau mit möglichst niedrigen Kosten zu erzielen. Aus diesem Grund gehört es zum perfekten Personalmanagement, hier die Flat-These als befolgenswertes Postulat für einzelne Aktivitäten aufzufassen.

Trotzdem ist die Flat-These keine generelle Handlungsmaxime. Denn wenn es nur in diese Richtung weitergeht (also profillose Personalarbeit und Vereinheitlichung aller Systeme), verschmilzt alles miteinander. Die Welt wird dann wirklich flach.

Die effektivitätsfokussierte Anti-Flat-These

Die Evolutionstheorie würde dem Personalmanagement vorschlagen, Variationen zu produzieren, um Ansatzpunkte für eine Weiterentwicklung zu liefern und den Möglichkeitenraum zu vergrößern. Erfolgreiche Unternehmen unterscheiden sich von nicht erfolgreichen Unternehmen durch „routines" und „capabilities",[614] also Kompetenzen, Erfahrungen und Verhaltensweisen, die gemeinsam vor einer externen Selektion schützen.

Anti-Flat-These: Alleinstellungsmerkmale herausbilden

Effektivitätsfokusthese als strategiegetriebene Überlebensnotwendigkeit

Das Ergebnis ist dann für die Personalarbeit eine Differenzierungs- beziehungsweise Abgrenzungsstrategie: Hier versuchen Unternehmen für sich selbst Schwerpunkte zu setzen und Wettbewerbsvorteile durch „Personalarbeit" zu entwickeln. Sie versuchen also, sich in einer oder ganz wenigen Aktivitäten zu perfektionieren und sich durch diese „Leuchttürme" von anderen Unternehmen abzugrenzen.

Abbildung 20.4 zeigt die fünf Unternehmen und die drei Aktivitätsfelder für die Anti-Flat-These. In diesem Beispiel besitzt Unternehmen A einen „Leuchtturm" für die Aktivität 2, Unternehmen C hingegen setzt den Fokus auf die Aktivität 1, Unternehmen E auf Aktivität 3. Die Unternehmen B und C haben im Vergleich zu den drei anderen Unternehmen keine Aktivitäten als Leuchttürme ausgebaut.

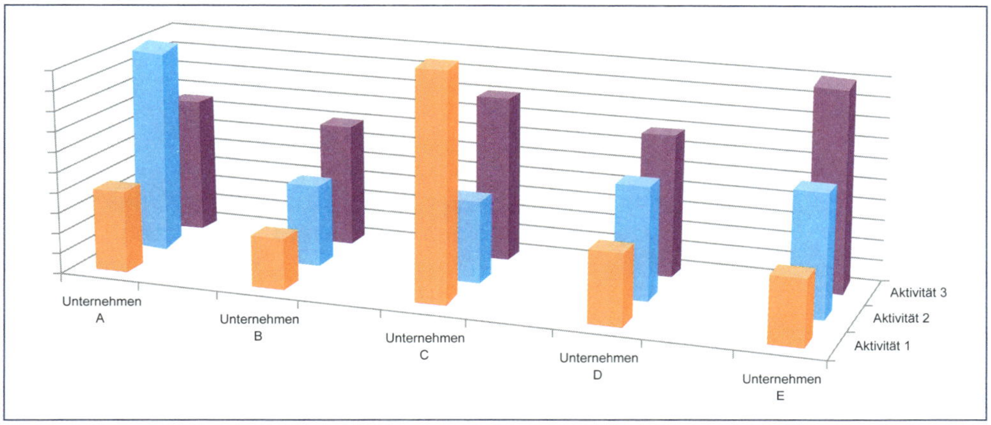

Abbildung 20.4: Anti-Flat-These

Zentral innerhalb der Personalwertschöpfungskette ist das Ziel Alleinstellung[615]: Nur dadurch kommt es im Unternehmen „nach innen" zu einer Optimierung der Abläufe. Nach „außen" sind damit zugleich der Aufbau eines strategischen Wettbewerbsvorteils und eine entsprechende Arbeitgebermarke verbunden.

„Flach machen" lässt keine Profilbildung zu, Alleinstellung beziehungsweise Abgrenzung führt dagegen zu Unverwechselbarkeit. Jedes Unternehmen braucht daher klar definierte Bereiche, in denen
- es sich von der Konkurrenz abgrenzt und
- durch die Personalarbeit Wettbewerbsvorteile erringt.

In diesen Fällen ist daher die Anti-Flat-These[616] der Weg zur HR-Perfektion.

Umsetzung der Anti-Flat-These

Übung 20.1

Während Sie dieses Buch zum Personalmanagement durchgearbeitet haben, sind Sie zu der Auffassung gekommen, dass die Personalabteilung der Strawberry Cake & Bakeries AG auf keinen Fall im „Einheitsbrei" untergehen darf, sondern sich vielmehr profilieren sollte. Sie entwickeln daher ein Strategiepapier, aus dem konkrete Handlungsempfehlungen für die Personalabteilung hervorgehen. Dabei haben Sie sich selbst das Ziel gesteckt, mindestens fünf Empfehlungen auszuarbeiten.

20.3 Mechanisch-perfekte Personalprozesse als Uhrwerk

Aus mechanischer Perspektive besteht HR-Perfektion darin, die Personalprozesse wie ein Uhrwerk reibungslos ablaufen zu lassen. Hierzu gibt es zwei Ansatzpunkte: zum einen die Optimierung der Geschäftsprozesse, zum anderen die Sicherstellung der Qualität.

Die optimiert-tayloristische HR-Fabrik

Charlie Chaplin mit seinem Film „Modern Times“ mag, wie schon erwähnt, für viele zum personifizierten Albtraum einer Prozessoptimierung gelten. Trotzdem ist es für einige Personalprozesse die aktuell gültige Richtlinie: Immer mehr Unternehmen lagern HR-Aktivitäten in Shared Service Center, Call Center oder zentrale Einrichtungen aus, wo sie reibungsfreie Prozessketten realisieren wollen. Gleichzeitig hält auch der digitale Taylorismus als IT-gestützte Zerlegung und Steuerung von Aktivitäten Einzug in den Unternehmen.

HR-Fabrik als „schöne neue Welt“?

HR-Prozesse sind demnach eine Verkettung von *hoch-spezialisierten* und *hoch-standardisierten* Aufgaben. Der Mitarbeiter, der sich mit seinem Problem an die Personalabteilung wendet, landet also automatisiert an einem Help-Desk, bekommt wie bei der Anfrage bei einem Mobilfunkbetreiber eine Ticket-Nummer und wird sukzessive problemgesteuert weitergeleitet. Alles das findet in einem abgeschlossenen Gebäude vor dem Werkstor, in einem Call-Center in Prag oder vielleicht schon in Indien statt. Personalmanagement ist danach nicht mehr oder weniger als das automatisierte Produzieren von Gartenzwergen, die egal von wem an irgendeinem Ort stattfindet. Weitergehend werden diese Gartenzwerge immer mehr zu Roboter-Gartenzwergen: Persönliche Assistenzsysteme übernehmen immer mehr Rollen, was zu einer (angeblich) „smarten“ HR-Fabrik führt.

Auch wenn dieses Modell für Betroffene wenig attraktiv erscheint, hat es doch für reine Routinevorgänge Zukunft. Wenn man berücksichtigt, wie viele Unternehmen selbst bei einfachen Prozessen wie der Bewerberverwaltung unnötige Schwierigkeiten haben, wird klar, dass auch solche *HR-Factories* zur HR-Perfektion gehören: Wie bereits bei der Flat-These beschrieben, geht es hier um ein Streben nach Kostensenkung und Standardisierung. Genauso wie bei dem nachfolgend behandelten Qualitätsmanagement besteht aber auch die Gefahr, die strategische Perspektive außer Acht zu lassen: also zwar die Dinge richtig zu tun, aber nicht die richtigen Dinge zu tun.

Shared Service Center HR

Lufthansa setzt seit 2007 auf kurze Strecken, zumindest was die Personalarbeit angeht: Mitarbeiter, die eine Bildschirmbrille beantragen wollen, eine Verdienstbescheinigung brauchen oder umgezogen sind, brauchen seitdem nicht mehr den Gang in ihre Personalabteilung anzutreten. Sie können alles mit einem Griff zu Maus oder Telefon erledigen. Denn die Fluggesellschaft hat die Personalverwaltung komplett umgebaut: Dreh- und Angelpunkt des HR-Ressorts sind zwei neue Dienstleistungszentren in Hamburg und Frankfurt. In diesen so genannten Shared Service Centern bearbeiten 55 Servicekräfte alle häufig auftretenden Anfragen aus der Belegschaft, und zwar per eMail oder Telefon. Die hier gebündelten rund 100 Themen reichen vom Absageschreiben für Bewerber bis zum Zeugnis für ausscheidende Mitarbeiter.[617]

© Lufthansa, Foto von Ingrid Friedl

Das optimiert-integrative Qualitätsmanagement

Für HR-Prozesse gelten inzwischen eine Reihe von Qualitätsnormen, die entweder auch Personalprozesse betreffen oder sich speziell darauf beziehen:

- *DIN EN ISO 9001* ist eine Norm für Qualitätsmanagementsysteme, die insbesondere im Bereich Management von Ressourcen Anforderungen an die Personalarbeit artikulieren. Sie lässt sich beispielsweise auf die Qualifikation von Mitarbeitern anwenden.
- *ISO/TS 16949* ist eine Norm für Qualitätsmanagementsysteme der Automobilindustrie. Sie formuliert Anforderungen zum einen an die Einarbeitung von Mitarbeitern, zum anderen an die Mitarbeitermotivation.
- *DIN 33430* ist eine Norm mit Anforderungen an Verfahren und deren Einsatz bei berufsbezogenen Eignungsbeurteilungen. Sie geht auf eine Initiative des Bundesverbands Deutscher Psychologinnen und Psychologen e.V. zurück.

Auch wenn diese Normen, wie beispielsweise die DIN 33430, nicht ganz unumstritten[618] sind, nimmt die faktische Bedeutung derartiger Normen beziehungsweise der damit verbundenen Zertifizierungen zu.

In einigen Ländern haben sich zur Sicherstellung dieser professionellen Standards institutionelle Lösungen durchgesetzt: So organisieren in den USA die Society for Human Resources (SHRM) und in Großbritannien das Chartered Institute of Personnel and Development (CIPD) entsprechende Qualifizierungs- und Akkreditierungsprogramme für Personalmanager, wobei die gesamte Bandbreite vom Praktiker bis zu den Hochschulen eingebunden ist. Deutschland konnte bisher seine Vielfalt erhalten.

Auch andere Institutionen haben es sich zur Aufgabe gemacht, Impulse zur Qualitätssicherung zu generieren. Die European Foundation for Management Development (EFMD) verfolgt beispielsweise das Ziel, einen einheitlichen Europäischen Qualitätsmaßstab für Business Schools einzuführen, was damit zumindest indirekt auf die Ausbildung zukünftiger Personalmanager wirkt.

Das EFQM-Modell als Marktführer

Von der European Foundation for Quality Management (EFQM) stammt ein umfassendes funktionsübergreifendes Qualitätsförderkonzept, das EFQM-Modell. Von den neun Komponenten des Modells (Abbildung 20.5), das zwischen Potenzialen und Ergebnissen der Qualitätsbemühungen unterscheidet, beziehen sich mit Führung, Mitarbeiterorientierung und Mitarbeiterzufriedenheit, drei explizit auf Aspekte der Personalarbeit:

(1) *Führung* (als Potenzial) behandelt das Verhalten der Führungskräfte als Basis zur Realisierung von Qualität im Unternehmen. Es werden Aspekte wie sichtbares Engagement und Vorbildfunktion oder Würdigen und Anerkennen von Leistung berücksichtigt.

(2) *Mitarbeiterorientierung* (als Potenzial) thematisiert den Umgang des Unternehmens mit seinen Mitarbeitern, also den Umgang mit der Ressource Personal. Dies betrifft beispielsweise die Einbeziehung aller Mitarbeiter im Qualitätsförderprozess sowie den planvollen Umgang mit Kompetenzen der Mitarbeiter unter anderem im Rahmen der Qualifikation.

(3) *Mitarbeiterzufriedenheit* (als Ergebnis) betrachtet die Zufriedenheit aller Mitarbeiter im Unternehmen. Als Ergebnis soll gemessen werden, was das Unternehmen im Hinblick auf die Mitarbeiterzufriedenheit tut und inwieweit diese Maßnahmen auch ankommen.

Neben diesen explizit personalwirtschaftlichen Komponenten des EFQM-Modells enthalten aber auch die Bereiche Politik und Strategie (unter anderem Findung und Kommunikation von Wertesystem oder Leitbild) sowie Prozesse (Abstellen auf die wertschöpfenden Tätigkeiten im Unternehmen) Schnittstellen zur Personalarbeit. Geht man zusätzlich davon aus, dass der Personalarbeit als Multiplikator im Unternehmen eine zentrale Rolle bei der Thematik Nachhaltigkeit zukommt und das Arbeitgeberimage als Teilbereich des Gesamtimages des Unternehmens zu sehen ist, wird auch die Überschneidung des Bereiches gesellschaftliche Verantwortung/Image mit dem Personalmanagement deutlich.

Abbildung 20.5: EFQM-Modell und Schnittstellen zum Personalmanagement[619]

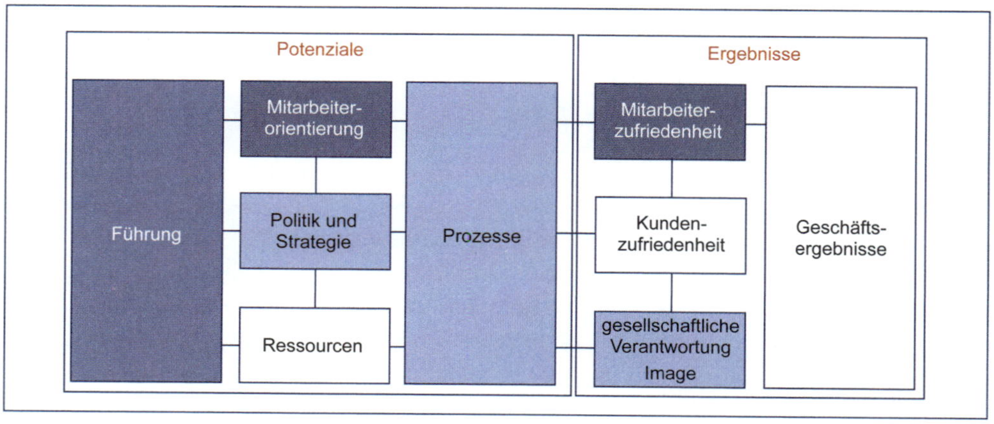

Aufgrund der vorhandenen Bezüge zum Personalmanagement kann das EFQM-Modell durchaus als Ansatz für einen strukturierten Personal-Controllingprozess[620] dienen. Dabei werden jedoch nicht von externer Stelle Ausgestaltungsempfehlungen oder Vorschriften formuliert, sondern es wird lediglich ein Diagnoseinstrument zur Verfügung gestellt.

20.4 Organisch-perfektes Humankapital als Überlebensfähigkeit

Aus systemtheoretischer Sicht gilt das Humankapital als zentrale Ressource: Die Mitarbeiter stellen in ihrer Gesamtheit das „System Unternehmen" dar und das Personalmanagement hat die Aufgabe, die Lebensfähigkeit des Unternehmens sicher zu stellen. Diese Aufgabe verlangt entsprechend der Logik lebensfähiger Systeme[621] nach Fließgleichgewicht, Anpassungsfähigkeit und Nachhaltigkeit. HR-Perfektion bedeutet danach langfristiger Erhalt des Humankapitals – und zwar jenseits jeglicher ideologisierter Diskussion im Sinne einer permanenten Optimierung.

Lebensfähigkeit sicherstellen!

Das substanzerhaltende Fließgleichgewicht

Ein System kann nur dann überleben, wenn der Ressourcenzufluss den Ressourcenabfluss ausgleicht. Bezogen auf das Humankapital gibt es fünf Arten von Abflüssen, nämlich
- *quantitativ* durch Kündigung von Mitarbeitern,
- *qualitativ* durch Veralten von Wissen,
- *zeitlich* im Sinne von terminlich, durch Veränderung bei der Mitarbeiterbereitstellung (zum Beispiel als Konsequenz aus Zugfahrplänen),
- *räumlich* im Sinne von regionaler Präferenzverschiebung von Mitarbeitern und
- *wertmäßig* durch Demotivation von Mitarbeitern.

Alle diese Bewegungen reduzieren das Humankapital.

Abgesehen von geplanten Schrumpfungen im Sinne von „rightsizing" sind diese Reduktionen durch Personalveränderungsmaßnahmen auszugleichen, die Personalakquisition ebenso beinhalten wie Personalqualifikation.

Die strukturelle Anpassungsfähigkeit

Die Erhaltung des Humankapitals ist eine notwendige, aber keine hinreichende Bedingung für die Überlebensfähigkeit von Unternehmen. Vielmehr gilt es darüber hinaus sicherzustellen, dass das Humankapital
- eventuell anfallenden Wachstumsprozessen, aber vor allem
- permanent anfallenden Veränderungsprozessen

entsprechend mitwächst beispielsweise sich entsprechend verändert.

Humankapital: keine „Liste aus Zahlen", sondern lebender Organismus

Unternehmen brauchen vor dem Hintergrund der sich ändernden internen wie externen Rahmenbedingungen eine adaptierte Strategie für den Umgang mit ihrem Humankapital. Diese Strategie lässt sich vereinfachend auf die Parameter
- Personalkosten als Input,
- Humankapital als Vermögenswert und
- EBIT (Gewinn vor Zinsen und Steuern) als Output

zurückführen.

Für diese Parameter können empirisch nachweisbar Unternehmen im Rahmen ihrer Humankapitalstrategien[622] sechs unterschiedliche Schwerpunkte setzen:

(1) Die *Ertragsmaximierungs-Strategie* ist gekennzeichnet durch das Streben nach einem hohen EBIT pro Kopf, das teilweise deutlich über den Personalkosten liegt. Das Humankapital liegt dann bei diesen Unternehmen im Pro-Kopf-Vergleich unter dem EBIT und zugleich unter den Personalkosten. Es erfolgt eine klare Fokussierung auf die Erfolgsziele, wobei das Personal für die entsprechende Ertragsoptimierung genutzt wird. Diese Unternehmen könnten sich infolge dessen weitere Investitionen in das Humankapital in Form von Weiterentwicklung oder Motivation der Mitarbeiter leisten.

(2) Die *High Cost/Low HC-Strategie* ist gekennzeichnet durch im Pro-Kopf-Vergleich niedrige Humankapitalwerte in Verbindung mit hohen Personalkosten. Im Rahmen dieser Strategie versuchen Unternehmen für ihre Mitarbeiter etwas zu tun, indem in die Mitarbeiter investiert wird und sie vergleichsweise hoch entlohnt werden. Hier muss allerdings berücksichtigt werden, dass mit entsprechenden Investitionen die Wertschöpfung der Mitarbeiter nur bedingt gesteigert werden kann. Es gilt also zu evaluieren, wo trotz Senkung der Personalkosten nachhaltige Wirkungen in Richtung auf Bindung, Motivation und Wissen realisiert werden können.

(3) Bei der *High Cost/Low EBIT-Strategie* liegt das EBIT pro Kopf unter dem Humankapital und unter den Personalkosten. Auf den ersten Blick liegen hier offenbar Ineffizienzen vor. Allerdings muss berücksichtigt werden, dass es bei dieser Konstellation im positiven Fall um intensive und langfristige Personalinvestitionen, also nachhaltige Investitionen geht.

(4) Die *Humankapitalisten-Strategie* zeichnet sich dadurch aus, dass die Personalkosten pro Kopf unter dem Humankapital liegen: Es werden also Personalinvestitionen sinnvoll in Humankapital transformiert. Mitarbeiterpotenzial wird also langfristig erhalten und auch im Hinblick auf den Unternehmenserfolg genutzt. Eine solche Langfriststrategie substanzieller Personalinvestitionen wirken sich vor allem im „War for Talents" positiv aus.

(5) Die *Ertragsoptimierer-Strategie* zeichnet sich dadurch aus, dass die erzielten Erträge über dem Humankapital liegen. Das Humankapital wiederum liegt über den Humankapitalkosten. Diese Strategie zielt also darauf ab, die Ertragssituation des Unternehmens zu optimieren, indem durchaus die Relevanz des Humankapitals erkannt und zur Ertragserzielung genutzt wird. Gleichzeitig gelingt es diesen Unternehmen die investierten Kosten in das Humankapital gering zu halten.

(6) Die *Humankapitaloptimierer-Strategie* zeichnet sich dadurch aus, dass der Wert des Humankapitals die erzielten Erträge übersteigt. Ebenso übersteigen die erzielten Erträge die investierten Kosten. Unternehmen, die dieser Strategie folgen, sind in der Lage, trotz geringer Humankapitalkosten, einen hohen Humankapitalwert zu erzielen.

Je nachdem, welche internen und externen Bedingungen und Veränderungsprozesse vorliegen, eignen sich diese Strategien dazu, wettbewerbsfähig zu bleiben, Wettbewerbsvorteile auszubauen oder eben auch nur um zu wachsen. Entscheidend ist, dass sich Unternehmen im Rahmen der strategischen Personalplanung darüber Gedanken machen, ob für die anstehenden Veränderungs- beziehungsweise Wachstumsprozesse das notwenige Humankapital zur Verfügung steht, wobei sich insbesondere die Varianten (1) und (2) für kurz- bis mittelfristiges Wachstum eignen und die Varianten (3) und (4) eher auf eine langfristige Entwicklung setzen. Die Varianten (5) und (6) kommen eher selten vor.

Vergleich der Humankapitalstrategien

Übung 20.2

Humankapital war Ihnen schon länger ein Begriff. Kürzlich haben Sie jedoch gelernt, dass es verschiedene Humankapitalstrategien gibt. Um nun zu der Entscheidung zu kommen, welche Strategie Sie bei der Strawberry Cake & Bakeries AG verfolgen wollen, müssen Sie sich noch einmal die Inhalte der sechs Strategien ins Gedächtnis rufen. Um einen besseren Überblick zu bekommen, fertigen Sie sich außerdem eine schriftliche Übersicht an, die auch die am besten geeigneten Einsatzzwecke der Strategien enthält.

Die zukunftsorientierte Nachhaltigkeit

Im Hinblick auf eine Professionalisierung der Personalarbeit gilt es, alle Personalmanagementaktivitäten auf Nachhaltigkeit hin auszurichten. Dabei wird Nachhaltigkeit in der einschlägigen Literatur als dreidimensionales Konstrukt aus
- ökologischer,
- ökonomischer und
- sozialer

Dimension verstanden.[623] Betrachtet man zudem den Begriff der Nachhaltigkeit aus Sicht der Systemtheorie[624], wird deutlich, dass Systeme und damit auch Unternehmen nur dann überleben können, wenn diese drei sich wechselseitig bedingenden Dimensionen berücksichtigt werden. Für das Personalmanagement bedeutet dies, alle Aufgaben und Prozesse an den Nachhaltigkeitsdimensionen auszurichten: Nur dann kann Personalarbeit langfristig das Funktionieren der Leistungserstellungsprozesse im Unternehmen sichern und damit selbst Wertschöpfungsbeiträge für das Unternehmen leisten.[625]

Nachhaltigkeit: die schier unerschöpfliche Liste von Möglichkeiten

Nachhaltigkeit der Personalarbeit bedeutet bezogen auf die personalwirtschaftlichen Aktivitäten, dass – je nachdem welche Nachhaltigkeitsdimension angesprochen wird – beispielsweise im Rahmen
- der *Organisation* Stimmigkeit zwischen den Komponenten Struktur, Strategie und Umwelt hergestellt wird, um langfristig erfolgreich am Markt bestehen zu können,
- der *Emotion* aufmerksam die Stimmungen der Mitarbeiter verfolgt werden, um gegebenenfalls negative Entwicklungen abmildern zu können,
- der *Kalkulation* vorausschauend und antizipierend geplant wird, damit nicht plötzlich massive Einschnitte erfolgen müssen,
- der *(E)valuation* grundsätzlich der quantitative, qualitative, räumliche, zeitliche und wertmäßige Bestand erfasst wird, damit keine plötzlichen Deckungslücken auftauchen können,
- der *Akquisition* über Stellenausschreibungen Umweltschutzkenntnisse und -qualifikationen aufgenommen werden, damit die „richtigen" Mitarbeiter angesprochen werden,
- der *Selektion* Nachhaltigkeitsaspekte in Auswahlverfahren berücksichtigt werden, damit die zum Unternehmen passenden Mitarbeiter ausgewählt werden,
- der *Integration* eine Einarbeitung vorgenommen wird, damit sich neue Mitarbeiter in den bestehenden Strukturen schnellstmöglich zurechtfinden,
- der *Allokation* die qualifizierten Mitarbeiter an den für die Nachhaltigkeit relevanten Stellen im Unternehmen sitzen, damit der Nachhaltigkeitsgedanke nicht verwässert,

- der *Kompensation* sowohl die kurz- als auch die langfristigen Personalkosten identifiziert werden, damit die Kosten nicht aus dem Ruder laufen,
- der *Qualifikation* eine permanente, aufeinander aufbauende und damit langfristige Entwicklungsstrategie verfolgt wird, damit sich Investitionen lohnen,
- der *Motivation* Mitarbeiter in sie betreffende Entscheidungen eingebunden werden, damit langfristig Commitment und Motivation steigen,
- der *Direktion* Ideenwettbewerbe und Vorschlagswesen zur Nachhaltigkeit implementiert werden, damit die Mitarbeiter sich selbst aktiv einbringen,
- der *Kooperation* Teamentwicklungsmaßnahmen angestoßen werden, um die Stimmung und Leistungsfähigkeit von Teams langfristig zu steigern beziehungsweise zu stabilisieren,
- der *Retention* Maßnahmen ergriffen werden, um wichtige Mitarbeiter langfristig an das Unternehmen zu binden,
- der *Reduktion* auf soziale Verträglichkeit und einen fairen Umgang miteinander geachtet wird, damit das Arbeitgeberimage des Unternehmens keinen Schaden nimmt,
- der *Kommunikation* offen und transparent kommuniziert wird, damit die Mitarbeiter sich nicht ausgeschlossen, sondern informiert fühlen sowie
- der *Administration* auf Kompatibilität und Abstimmung der Verwaltungssysteme geachtet wird, damit Doppelarbeit vermieden werden kann,

wobei diese Maßnahmen im Hinblick auf die Personalmanagementaktivitäten für den Einzelfall weiter konkretisiert werden können.

Übung 20.3 Nachhaltiges Personalmanagement

Sie wollen nachhaltige Personalarbeit bei der Strawberry Cake & Bakeries AG fördern. Zum einen kennen Sie die drei Nachhaltigkeitsdimensionen, zum anderen die 20 Personalmanagementaktivitäten. Sie zeichnen sich also eine Matrix: In die Spalten tragen Sie die drei Dimensionen der Nachhaltigkeit ein, in die Zeilen die 20 Personalmanagementaktivitäten. Nun überlegen Sie: Welche konkreten Handlungsmöglichkeiten gibt es, die Sie in die Felder der Matrix eintragen können?

20.5 Organisationskulturell-perfekte Arbeitswelt als psychologischer Vertrag

Durch die Wirtschaftskrise 2008/2010 rückte die Frage nach der optimalen Gestaltung der Arbeitswelt in den Vordergrund, wobei es primär um die Organisationskultur als gemeinsame Normen- und Wertebasis geht. Anders als in ideologisch-idealisierten Beschreibungen von Kulturfiktionen[626], die durchaus eine normativ-wünschenswerte Kultur beschreiben, zielt HR-Perfektion auf tatsächlich geteilte Normen und Werte, die in einem realistischen Zusammenhang zum Unternehmen und zur Unternehmensumwelt stehen. „Organisationskulturell perfekt" bezieht sich also nicht auf eine perfekte Kultur, sondern auf den richtigen Umgang mit der Kultur.

Unternehmenskultur und Unternehmenserfolg

Eine Vielzahl von Untersuchungen[627] belegen den Zusammenhang zwischen Organisationskultur und Unternehmenserfolg. Im Regelfall über Korrelationsanalysen festgestellt, hängen beispielsweise Offenheit und Fairness als kulturelle Norm mit dem Unternehmenserfolg zusammen. Dieser Zusammenhang ist beeindruckend in der statistischen Signifikanz der Korrelation (Tabelle 20.2 auf der folgenden Seite).

Wirkrichtung hinterfragen!

Nicht belegt ist aber die *Wirkrichtung*, obwohl ein populistisch-trivialisierender Autor rasch aus einer Korrelation beziehungsweise einer Regression eine Kausalität macht. Dazu braucht man nur der Pistazieneislogik[628] zu folgen, nach der die Korrelation zwischen Eiskonsum und Sonnenscheinstunden in eine Kausalität „Je mehr Eis man isst, umso mehr scheint die Sonne" umgedeutet wird. Nimmt man exemplarisch noch einmal die Korrelation zwischen Fairness und Unternehmenserfolg, so könnten dahinter zwei Kausalitäten stecken:

(1) *Fairness bewirkt Erfolg!*

(2) *Nur erfolgreiche Firmen erlauben Fairness!*

Soweit erkennbar, gehen fast alle Forscher und Berater von der Wirkungsrichtung (1) aus – wenngleich es dafür keinen durchschlagenden Beleg gibt. Allerdings gibt es[629] erste klare Hinweise, dass Wirkungsrichtung (2) zumindest nicht unwahrscheinlich ist.

Nimmt man die oben erwähnte positive Korrelation zwischen Kultur und Unternehmenserfolg und lässt in der Korrelation beide Wirkungsrichtungen zu, so führt dies in einer wirtschaftlich *guten Situation* zu folgenden Effekten (Abbildung 20.6):

- Der *Erfolg „gibt der Kultur recht"* und erhöht in diesem Fall die Kulturwerte. Man ist mit der Kultur offenbar gut gefahren, also intensiviert man sie.
- Gleichzeitig *fördert Kultur den Unternehmenserfolg*, weil sie eine Vertrauenskultur entstehen lässt und Bürokratie reduziert.

Im Ergebnis führt dies zu einer positiven, sich selbst verstärkenden Schleife.

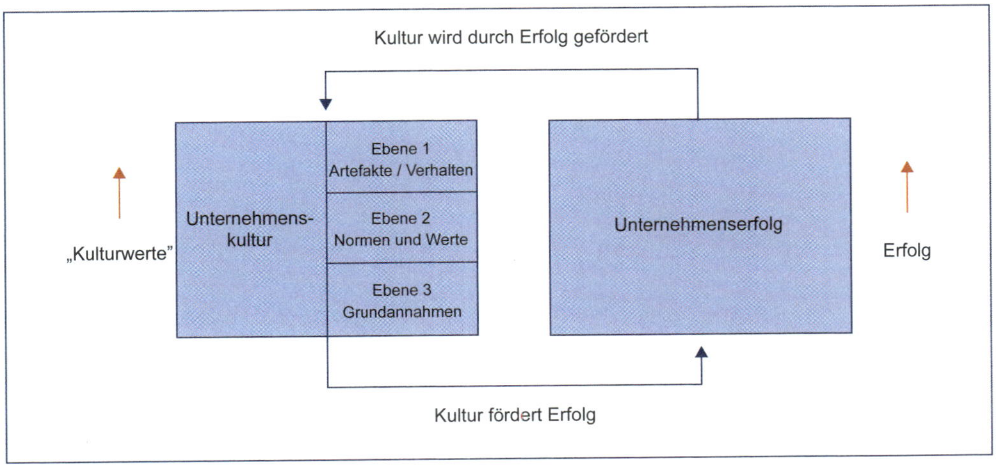

Abbildung 20.6: Kultur fördert Erfolg

Studie	Stichprobe	Messung der Unternehmenskultur	Messung des Unternehmenserfolgs
Daniel Denison	USA, 43 Unternehmen, 43.747 Befragte (Mitarbeiter), branchenübergreifend	Anpassungsfähigkeit, Mission, Mitarbeiterbeteiligung, Konsistenz	Return on Investment (RoI), Umsatzrendite
Gary Hansen/ Birger Wernerfelt	USA, 60 Unternehmen, branchenübergreifend	Konsistenz	Return on Assets (RoA) (5-Jahres-Durchschnitt)
Roland Calori/ Phillippe Sarnin	Frankreich, 5 Unternehmen, 280 Befragte (Manager/Mitarbeiter), branchenübergreifend	arbeitsplatzbezogene Werte, Methoden der Unternehmensführung	Return on Investment (RoI), Umsatzrendite, Umsatzwachstum
John Kotter/ James Heskett	USA, 207 Unternehmen, 600 Befragte (Führungskräfte), branchenübergreifend	Konsistenz, Anpassungsfähigkeit, „Culture-Environment-Fit“	Jahresüberschuss, Umsatz, Aktienkurs (11-Jahres-Durchschnitt)
George Gotwon/ Nancy DiTomaso	USA, 11 Unternehmen, 850 Befragte (Führungskräfte), branchenübergreifend	Konsistenz, Anpassungsfähigkeit, Stabilität	Vermögenswachstum, Prämienwachstum (6-Jahres-Durchschnitt)
Celeste Wilderom/Peter van den Berg	Niederlande, 1 Bank, 58 Filialen, 1.950 Befragte (Mitarbeiter)	Entscheidungsmacht, Zusammenarbeit, Personalführung, Marktorientierung, Optimierungsstreben	subjektiv: Effizienz, Marktstellung, ökonomisches und professionelles Verhalten; objektiv: Gewinn/Gesamtkosten
Edward Christensen/ Carl Gordon	USA, 77 Unternehmen, 11.870 Befragte (Mitarbeiter), branchenübergreifend	Aktienorientierung, Innovation, Konfrontation, Planorientierung, Ergebnisorientierung, Teamorientierung, Kommunikation	Umsatzwachstum (3-Jahres-Durchschnitt)
Carl Fey/ Daniel Denison	Russland, 179 ausländische Unternehmen, 179 Befragte (Führungskräfte), branchenübergreifend	Anpassungsfähigkeit, Konsistenz, Mitarbeiterbeteiligung, Mission	subjektiv: Marktanteil, Umsatzwachstum, Rentabilität, Zufriedenheit, Qualität, Produktentwicklung, Gesamterfolg, „Effectiveness“-Index
Ingrid Fulmer et al.	USA, 50 börsennotierte Unternehmen	„great place to work“ (Glaubwürdigkeit, Respekt, Fairness, Stolz, Teamorientierung)	Return on Assets (RoA) Marktanteil-Buchwert-Verhältnis, Aktienkursentwicklung
Greg Filbeck/ Dianna Preece	USA, 57 börsennotierte Unternehmen	„great place to work“ (Glaubwürdigkeit, Respekt, Fairness, Stolz, Teamorientierung)	Aktienkursentwicklung
Andreas Herrmann et al.	Deutschland, Schweiz, Liechtenstein, 33 Unternehmen, 2.134 Befragte, branchenübergreifend	63 Werte	Umsatzwachstum, Mitarbeiteranzahl, operativer Gewinn (3-Jahres-Durchschnitt)

Tabelle 20.2: Studien im Zusammenhang von Unternehmenskultur und Unternehmenserfolg[630]

Ganz anders verläuft aber die Entwicklung, wenn sich beispielsweise durch einen konjunkturellen Einbruch der finanzielle Erfolg verschlechtert, das Unternehmen sich also in einer wirtschaftlich *schlechten Situation* befindet. In diesem Fall führt die Korrelation mit beiden unterstellten Kausalitäten zu einer sich selbst verstärkenden Abwärtstendenz (Abbildung 20.7):

Erfolg als Situationsbeschreibung

(1) Mit *sinkendem Erfolg wird die Kultur durch Misserfolge beschädigt.* Zwar spricht „im Prinzip" weiterhin nichts gegen die Kultur, zwangsläufig fängt aber doch jeder an, sich selbst am nächsten zu stehen.
(2) Die *internen Verteilungskämpfe verringern die Effektivität* des Unternehmens, weil man – vereinfacht ausgedrückt – weniger miteinander als vielmehr gegeneinander arbeitet.

Auch jetzt wirkt die Rückkopplung, aber in die andere Richtung.

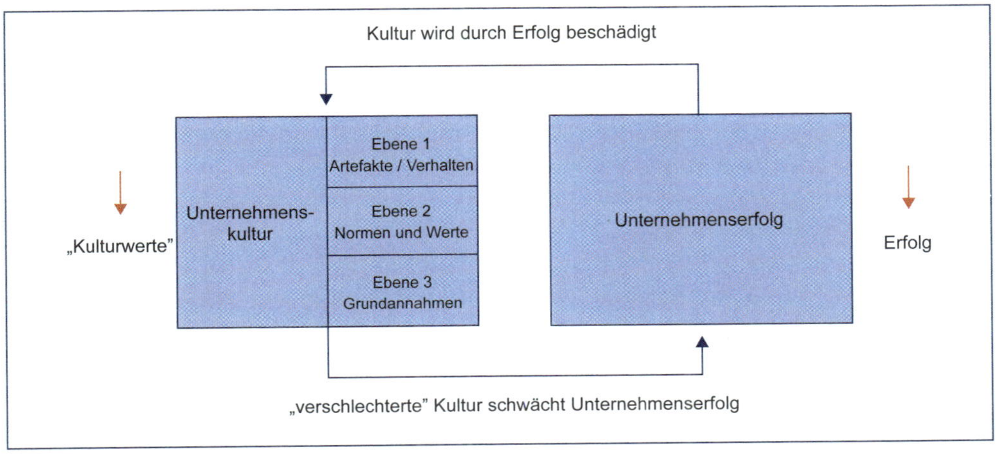

Abbildung 20.7: Kultur schwächt Erfolg

Professionelles Personalmanagement bedeutet also die Auseinandersetzung mit der Kultur des Unternehmens vor dem Hintergrund

- einer realistischen Auffassung zur Arbeitswelt und
- einer Dominanz der Wirkungsbeziehung von Erfolg zur Kultur,

wodurch sich diese Aufgabe nicht mehr primär als eine Schönwetterangelegenheit darstellt, sondern als eine Notwendigkeit, gerade auch für konjunkturell schwierige Phasen.

Darwinismus und Opportunismus

Bereits an verschiedenen Stellen in diesem Buch wurde auf zunehmende Tendenzen in Richtung Darwinismus und Opportunismus hingewiesen.

In Abhängigkeit von der Darwiportunismuszelle entstehen andere Unternehmenskulturen

Hinter den über die Darwiportunismus-Matrix – und damit den Kombinationsformen von niedrigem beziehungsweise hohem Darwinismus und Opportunismus – entstehenden Zellen „Kindergarten", „gute alte Zeit", „Feudalismus" und „Darwiportunismus pur" liegen ganz unterschiedliche Formen des Verhaltens der beteiligten Akteure insbesondere bezüglich des Umgangs dieser miteinander. Genau hier kommt die Unternehmenskultur zum Tragen. Ähnlich wie bei den aus den jeweiligen Zellen resultierenden Führungsstilen (Abschnitt 14.4) sind es gerade die Grundannahmen sowie Normen und Werte, die letztlich das Verhalten der Akteure im Unternehmen prägen:

- In der *guten alten Zeit* wird als Grundannahme des Menschen im Mittelpunkt von einem positiven Menschenbild ausgegangen, kombiniert mit Sicherheitsdenken und dem Streben nach Erhaltung. Die Normen Mitarbeiter- und Werteorientierung werden hier groß geschrieben. Als Normen sind insbesondere Fairness, Konsens, Loyalität, Vertrauen und Verantwortung zu nennen.
- Im *Kindergarten* sind Cleverness, Offensivität und Emotionalität die zentralen Grundannahmen. Dies wirkt sich entsprechend auch auf die Normen und Werte aus und geht einher mit einer extremen Mitarbeiterorientierung.
- Im *Feudalismus* sind Grundannahmen relevant, die eher die Maschinen statt den Menschen im Mittelpunkt sehen. Also bestimmt auch die Idee der Kontrolle das Denken. Loyalität als Wert wird hier nur von den Mitarbeitern geteilt, ansonsten stehen Normen wie Effizienzorientierung, Gewinnorientierung, Wettbewerbsorientierung und Kostenorientierung im Mittelpunkt.
- Im *Darwiportunismus pur* ist bei den Grundannahmen von einer Mischung aus Integrität und Cleverness, Urvertrauen und Kontrolle sowie Mensch und Maschine auszugehen. Neben dem Wert Toleranz ist diese Zelle geprägt durch eine eindeutige Leistungs- und Wettbewerbsorientierung.

Auf Stimmigkeit achten!

Je nach Position in der Darwiportunis-Matrix und somit je nach dem, von welchem psychologischen beziehungsweise sozialen Kontrakt auszugehen ist, liegen somit ganz andere spezifische Unternehmenskulturprofile vor. Von diesen ausgehend sind dann sowohl Vertragsverhandlungen (wobei damit nicht nur Arbeitsverträge gemeint sind, sondern durchaus auch Absprachen zum Umgang miteinander und zur Akzeptanz individueller Ziele der Mitarbeiter) als auch das Einhalten entsprechender Absprachen geprägt. Professionelles Personalmanagement bedeutet demnach, eine Stimmigkeit zwischen Kultur, Strategie, System und Umwelt herzustellen.

20.6 Intelligent-perfekte HR-IT als Qualitätsmanagement

Der Anspruch auf Perfektion gilt in vollem Umfang für die HR-Informationstechnologie, die nicht nur im Rahmen administrativer Tätigkeiten als Unterstützungsinstrument eingesetzt wird, sondern auch im Rahmen der personalwirtschaftlichen Wertschöpfung als zentrales Gestaltungsinstrument eingesetzt werden kann, so zum Beispiel bei der Akquisition. Im Umgang und Einsatz von HR-IT gibt es jedoch ganz unterschiedliche Herangehensweisen.

Veraltet: Je mehr, je besser

Statt das bestehende System auszureizen, stellen Unternehmen immer wieder HR-IT-Systeme um. Fast hat man den Eindruck, Systemumstellungen seien dabei Selbstzweck. Bei der Flut aktueller Aktivitäten ist der Nutzen jedoch oft nicht erkennbar. Vielleicht liegt dies daran, dass IT-Anbieter/Berater Personalarbeit als leicht zu gewinnendes Feld sehen. Hier lassen sich Personalmanager vorschnell von Lösungen überzeugen – vielleicht auch, weil sie sich in dem Feld nicht als Experten sehen. Hinzu kommt, dass die für die Umstellungen notwendigen Investitionen auf dem

Papier fantastische Amortisationszeiten haben (sparen letztlich Kosten ein) und schließlich will man auch den Anschluss nicht verlieren – alle anderen (die Konkurrenten) machen es ja auch so. Dies hat dazu geführt, dass man im HR-Bereich vielfach wieder in die späten 1990er Jahre zurückgefallen ist, als Informationstechnologie und insbesondere webbasierte Lösungen nach der Devise „Je mehr, desto besser" implementiert wurden.

Wo viel (IT) ist, kommt auch viel (IT) hin!

Dies führt im Ergebnis dazu, dass zwar immer die neuesten Technologien implementiert sind, diese jedoch nie ausgereizt werden. Ein Wettbewerbsvorteil kann so kaum realisiert werden, da entweder die Routine im Umgang fehlt und/oder man sich in einer permanenten Implementierungsphase befindet.

Gefährlich: Informatisierung zur Kostensenkung und Überwachung

Bei allem Reiz, der von einer forcierten Informatisierung der Personalarbeit ausgeht, bleiben problematische Tendenzen. So konstatiert *Dudo zu Knyphausen-Aufseß*[631], dass die ökonomische Theorie den Nutzen von HR-IT zwar durchaus sieht, allerdings nur deshalb, weil sie den Mitarbeiter mehr als Kosten- und Störfaktor begreift, weniger aber als kreativen Faktor. Dahinter steckt ein massiver Vorwurf, der sich wie folgt zusammenfassen und weiterführen lässt:

- HR-IT geht von einem *Menschenbild X* aus, also der Idee, dass Menschen arbeitsunwillig sind und permanent kontrolliert werden müssen.
- HR-IT dient allenfalls der *Überwachung und Fremdsteuerung* der Mitarbeiter.
- HR-IT muss und kann den Mitarbeiter daran hindern, den eigenen Nutzen zu Lasten des Unternehmens zu erhöhen.
- HR-IT wird als Instrument zur Rationalisierung und Kostensenkung gesehen.

Trugschluss: mehr IT reduziert Kosten

Oder um es anders auszudrücken: HR-IT entspricht vor allem, wenn einseitig institutionenökonomisch konzipiert und implementiert, in der üblichen Form zunächst einmal nicht dem Ziel einer HR-Perfektion. Denn eine aus diesen Motiven heraus begründete Informatisierung der Personalarbeit wirkt weder motivierend noch kreativitätsfördernd. Im Gegenteil: HR-IT wirkt in dieser Form sogar kontraproduktiv zu den verhaltensorientierten Zielen eines modernen Personalmanagements.

Fahrlässig: Fremdbestimmung wegen HR-IT-Barriere

Eine weitere Herangehensweise ist die komplette Fremdbestimmung der Personalabteilung durch die IT-Lösung. Bei dieser HR-IT-Barriere scheint die IT-Abteilung vom Mars und die Personalabteilung von der Venus zu kommen: Beide können nicht miteinander reden und wollen dies auch nicht mehr. Immer öfter hört man heutzutage den Satz: „Das kann das System nicht!"

Dadurch sind die IT-Lösungen entscheidend für die Möglichkeiten der Personalabteilung. Was nicht mit dem System geht, geht einfach nicht. Das führt zu einer gefährlichen Barriere. Die Programmierer wissen nicht, was sie programmieren können und sollen. Die Personalabteilung weiß nicht, dass sie diesen Input geben müsste. Dadurch kommen IT-Systeme zustande, die nicht unbedingt mit den Bedürfnissen der Personalabteilung übereinstimmen. Dabei ist das System keine Entität, die sich nicht verändern ließe, sondern vielmehr umprogrammiert werden kann. Auch die großen Systeme von SAP, Oracle oder IBM können angepasst werden.

Die HR-IT-Barriere scheint unüberwindbar und deshalb wird die Personalarbeit immer mehr fremdbestimmt durch das IT-System. Wenn diese Technologien auch noch mit künstlicher Intelligenz erweitert werden, dann wird auf einmal der Roboter der Chef der Personalabteilung, zumindest unbewusst.

Zukunftsweisend: Neues Denken durch neue Leitbilder

Die vorangegangenen Ausführungen haben gezeigt, dass sich gerade im Bereich HR-IT ein Umdenken anbahnt. Dieses Umdenken bezieht sich sowohl auf neue Leitbilder in der Konzeption von HR-IT-Lösungen als auch auf neue Ziele im Einsatz von HR-IT. Denn: Da sich die Denkstrukturen der HR-Kunden ändern, müssen sich in Zukunft auch die Kommunikationssysteme im Personalbereich ändern, was Auswirkungen auf die IT-Systeme nach sich ziehen wird.

Drei neue Leitbilder als Denkanstoß

In einem Workshop[632] mit Industrievertretern, sowohl zu der Angebots- als auch zu der Nachfrageseite, wurden alternative Leitbilder für die zukünftige HR-IT diskutiert, wobei sich vor allem drei Leitbilder als relevant herauskristallisierten:

(1) *„iPhone Simplicity"* orientiert sich am iPhone von Apple und unterstellt, dass sich Informationssysteme langfristig nur dann durchsetzen können, wenn sie so einfach sind, dass sie auf einem iPhone laufen könnten. Hinter diesem Leitbild steht also die Idee, dass HR-IT in Zukunft dem Grundsatz der Einfachheit gerecht werden soll. Anders ausgedrückt besteht die Zielsetzung darin, HR-relevante Steuerungsdaten auf einem mobilen Device darstellen zu können. Die Lösungen sind simpel und es existiert nur eine geringe Anzahl an möglichen Designs zur Ergebnisdarstellung. Derzeit werden in den HR-Systemen sehr viele Daten und Informationen vorgehalten, die jedoch nicht zur Weiterverarbeitung genutzt werden.

(2) *„eee Amputation"* folgt der Entstehungsgeschichte des Handheld-PC „eee". Hier wurde ein Computer hardware- und softwareseitig derartig auf das Nötigste „amputiert", dass ein gleichermaßen billiger wie leistungsfähiger PC entstand. Die Grundidee dieses Leitbilds besteht darin, die derzeitigen HR-IT-Systeme soweit zu fokussieren, bis man den Kern des Wesentlichen erreicht hat: Was braucht man wirklich (Grundfunktionen) und was braucht man nicht. Anders ausgedrückt: Es geht um ein „reduce to the max".

(3) *„Green Sustainability"* ergibt sich aus dem Trend zur umweltschonenden Informationsverarbeitung (Green IT) und dem sich zumindest langsam abzeichnenden Trend, die Personalarbeit im Unternehmen stärker unter das Postulat der Nachhaltigkeit zu setzen. Dieses Leitbild beschäftigt sich damit, ob in Zukunft auch die HR-Systeme zu einer nachhaltigen – im Sinne der ökologischen Funktion – Entwicklung beitragen müssen. Hier sind beispielsweise Überlegungen im Hinblick auf die Größenordnung der Systeme (Energieeinsparpotenzial) denkbar.

Diese und andere Leitbilder zeigen den Weg auf, auf dem sich professionelles Personalmanagement in der Zukunft entwickeln wird.

Halten in Unternehmen also tatsächlich neue Leitbilder Einzug – und zwar nicht nur als Lippenbekenntnisse – führt dies zu einer professionellen HR-IT, die HR-Wertschöpfungsbeiträge zum Unternehmenserfolg generiert.

20.7 Virtuell-perfekte Personalabteilung als Realität

„Virtuell" als neuartige Organisationsform und umfassende Denklogik

Virtuell bedeutet nicht nur die teilweise Aufgabe einer körperlichen Realität, sondern vor allem das grenzenlose Zusammenfügen von Aktivitäten zu einer neuen Einheit. Die sechste und damit die Gesamtlogik komplettierende virtuelle Sichtweise betrifft dementsprechend die HR-Organisation, hier die Beantwortung der Frage, wie das Personalmanagement als Aufgabe auf die Funktionsträger zu verteilen ist. Auf die Einzelheiten wurde bereits in Kapitel 3 eingegangen. Was aber folgt daraus als Quintessenz?

Virtuell plus real statt imaginär plus reduktiv

Anfang der 1990er Jahre entstand im Zusammenhang mit den vielfältigen Arbeiten zur virtuellen Organisation[633] auch die Idee der „virtuellen Personalabteilung"[634]. Sie impliziert eine Personalorganisation,

(Reale) virtuelle Personalabteilung: Entwicklung entlang dreier Dimensionen

- bei der Aktivitäten konsequent nur auf die Funktionsträger zugeordnet werden, die unabhängig von ihrer organisatorischen Zuordnung im Unternehmen über entsprechende Kernkompetenz verfügen,
- die als „reale" Personalabteilung mit klar definierten Kernkompetenzen auftritt, gleichzeitig aber die integrative Klammer über alle Funktionsträger bildet, wodurch aus Sicht des Kunden ein klares akzeptanzförderndes „one-face-to-the-customer" entsteht, und
- durch die Multimedialisierung einen technischen Lösungsraum entstehen lässt, der insbesondere die Kommunikationsprozesse zwischen allen Beteiligten entsprechend ausgestaltet.

Der exemplarische Aufbau einer virtuellen Personalabteilung entsteht somit entlang von drei Virtualisierungsdimensionen.

Eine derartige HR-Organisation als Mittel zur HR-Perfektion steuert zwei Fehlentwicklungen entgegen:

(1) Durch den realen Kern verhindert sie eine *völlige Aushöhlung* der Personalfunktion, die sich ergeben würde, wenn beispielsweise alle Aktivitäten auf externe Dienstleister oder anonyme Call-Center verlagert werden.
(2) Durch den umfangreichen Einsatz von auf Partner ausgelagerten Funktionen lassen sich *Kostenexplosionen* vermeiden und externe Kompetenzen und Größenvorteile nutzen.

Im Ergebnis gibt es im Unternehmen eine klar definierte Personalabteilung mit klar definierter Führungsrolle in einem Kompetenzregelwerk. Auf diese Weise wird somit die Zielsetzung aus Flat-These und Anti-Flat-These umgesetzt.

Die Gegenentwicklung würde aus einer reduktivistischen Aushöhlung der Personalabteilung bestehen, die über Shared Service Center die Auslagerung als Business-Process-Outsourcing herbeiführt, in der es am Ende allenfalls eine imaginäre Personalabteilung als Teil der Rechtsabteilung gibt. Es ist unzweifelhaft, dass HR-Perfektion anders aussieht.

In einer virtuellen Personalabteilung wird hingegen die professionelle Erfüllung der Personalmanagementaktivitäten intern sichergestellt, die Distanz zu den Mitarbeitern verringert und Kompetenzen permanent erweitert.

Das wird gerade in der Digitalisierung immer wichtiger. In der grenzenlosen Organisation, in der jeder Mitarbeiter (Clickworker, Leiharbeiter oder Freelancer) überall und jederzeit arbeiten kann, sollte die Personalabteilung als ein (virtueller) Anker agieren. Sie ist der Ansprechpartner (in Person) für die Mitarbeiter.

Übung 20.4 Virtuelle Personalabteilung

Ein neuer Werksstudent von der Universität Saarbrücken berichtet Ihnen von der Idee der virtuellen Personalabteilung. Zunächst können Sie sich unter diesem abstrakten Begriff recht wenig vorstellen, nachdem Sie aber die Inhalte verstanden haben, finden Sie die Idee richtig gut. Sogar so gut, dass Sie auch Ihre Kollegen der Geschäftsführung in der Strawberry Cake & Bakeries AG über die virtuelle Personalabteilung informieren wollen. Sie verfassen daher einen kurzen Text, aus dem hervorgeht, was eine virtuelle Personalabteilung ist.

Am Tisch statt unter dem Tisch

Realität: HR unter dem Tisch

In den USA läuft eine über weite Strecken sarkastisch geführte Diskussion mit der Überschrift „Human Resource Management – At the table, or under it?“[635] Ausgangspunkt für diese Argumentation sind zwei Feststellungen:
(1) Die *Personalarbeit ist ein wichtiger Erfolgsfaktor.*
(2) Die *Personalabteilung ist nicht primär verantwortlich für die Personalarbeit.*
Fügt man beide Sätze zusammen, so ist es nur folgerichtig, wenn die Personalabteilung, beziehungsweise der Personalvorstand, bei zentral-strategischen Entscheidungen nicht mit am Tisch sitzt. Sicherlich lässt sich vieles mit einer falsch verstandenen Dienstleistungsmentalität der HR-Abteilung erklären.

Ziel: HR an den Tisch

Diese für die HR-Profession letztlich betrübliche und existenzgefährdende Feststellung bedeutet hart formuliert, dass sich HR allenfalls irgendwo *„unter dem Tisch“* versteckt, nicht aber bei den entscheidenden Spielen mitspielt. HR gehört also *„an den Tisch“*, wo die wichtigen Spiele gespielt werden. Wohlgemerkt geht es dabei nicht um den Titel oder um die organisatorische Verantwortung, wenngleich es schon tragisch ist, wenn die Personalfunktion im Vorstand nebenbei von einem (vielleicht alle negativen Stereotypen erfüllenden) Finanzvorstand wahrgenommen und der Personalchef auf eine bedeutungslose Direktorenstelle abgeschoben wird.

In die Personalabteilung gehören Spitzenleute

„Die Bedeutung der Personalabteilung zu leugnen ist in vielen Unternehmen derzeit in Mode. Ruhm und Ehre werden anderswo verteilt – an Designer bei Automobilherstellern zum Beispiel oder Regenmacher in Unternehmensberatungen. Dabei könnten Unternehmen ihre eigene Leistung erheblich verbessern. Sie müssten nur ihre Personalabteilungen mit Spitzenleuten besetzen und diese mit dem Respekt und den Ressourcen ausstatten, die sie brauchen, um ihre wichtige Aufgabe gut zu machen. Schließlich ist es die Personalabteilung, die wesentlich dazu beiträgt, die besten Leute zu finden und auszubilden, damit das Unternehmen zu den Gewinnern gehört. Und was könnte wichtiger sein als dies?“[636]

Jack Welch (geb. 1935; ehemaliger CEO von General Electric, heute Bestseller-Autor)

Zukunft: HR auf dem Tisch?

Gelingt es der HR-Abteilung nicht, am strategischen Tisch der Entscheidungen Platz zu nehmen, landet sie nicht nur „unterm Tisch“. Sie landet vor allen Dingen *„auf dem Tisch“*, wo dann andere über ihr Schicksal entscheiden und HR wirklich nur noch ein Dienstleister wird, über dem das Outsourcing-Damoklesschwert hängt.

Auf der anderen Seite muss die Personalfunktion sowohl für personalpolitische Entscheidungen als auch für positiven wie negativen Unternehmenserfolg (Mit-) Verantwortung tragen (wollen). Für ein „sich aus der Verantwortung stehlen“ ist in einem professionellen Personalmanagement kein Platz. Dies bedeutet auch, dass (auch) Personalmanager haftbar gemacht werden können (müssen), was Fragen der Haftung und Versicherung von Managern relevant werden lässt.[637]

20.8 Ausblick

Professionalisierung der Personalarbeit und des Personalmanagements bedeutet Perfektion im Sinne von Zukunftsorientierung und Methodensicherheit. Dass dies in komplexen wie dynamischen Systemen und Umwelten schwierig ist, liegt auf der Hand. Gerade die Multiperspektivität als ganzheitliche und integrative Herangehensweise eignet sich aber auch gerade dann zur Situationsanalyse und zur Erarbeitung von Handlungsempfehlungen.

Insofern gilt es für Unternehmen
- eine strategisch-perfekte Personalabteilung anzustreben, um Wettbewerbsvorteile zu generieren,
- die Personalprozesse mechanisch-perfekt als Uhrwerk zu organisieren,
- die Lebensfähigkeit des Unternehmens über den organisch-perfekten Umgang mit dem Humankapital sicherzustellen,
- im Umgang miteinander eine organisationskulturell-perfekte Arbeitswelt zu akzeptieren,
- HR-IT als intelligent-perfekten Enabler an neuen Leitbildern und Zielen auszurichten sowie

– die perfekt-virtuelle Personalabteilung anzustreben.
Dies kann nur gelingen, wenn in der Wissenschaft und in den Unternehmen immer wieder neu darüber nachgedacht wird, was zu einem kompetenten Personalmanagement gehört und wie dieses gestaltet werden kann.

Wirtschaftskrise, „War for Talents“, sinkende Retention und Allgemeines Gleichstellungsgesetz – diese Schlagwörter genügen, um die Bandbreite der immer wieder neuen Anforderungen aufzuzeigen, mit denen sich Personalmanager konfrontiert sehen. Um diesen Anforderungen gerecht zu werden, benötigen die Personalabteilungen Kompetenzen im Sinne von Befähigung und Befugnis. Es muss sowohl klare Aussagen dazu geben, welche Befähigungen im Sinne von Wissen und Können, als auch dazu, welche Befugnisse im Sinne von Mitspracherecht und Einfluss die Personalmanager und die Personalabteilung haben müssen. Einen Baustein dazu liefert dieses Buch mit seinen 20 personalwirtschaftlichen Aktivitäten und mit den Studierenden, die sich dieser Thematik angenommen haben.

Aufgaben und Fragen zur Selbstüberprüfung

1. Worin unterscheiden sich die ideologie-basierte Hochplateau-These, die effizienz-orientierte Flat-These und die effektivitäts-fokussierte Anti-Flat-These?
2. Welche zentralen Verfahren existieren zum HR-Qualitätsmanagement?
3. Beschreiben Sie unterschiedliche Humankapitalstrategien, die im Rahmen von Veränderungs- und Wachstumsprozessen formuliert und umgesetzt werden können!
4. Formulieren Sie Möglichkeiten der Integration von Nachhaltigkeitsaspekten in die Personalarbeit!
5. Diskutieren Sie, warum es sinnvoll sein kann, Nachhaltigkeitsaspekte über die Personalabteilung in die Unternehmen hineinzutragen!
6. Welche Wirkbeziehungen sind zwischen Unternehmenskultur und Unternehmenserfolg zu beachten? Überlegen Sie, warum diese Wirkbeziehungen gerade in einer wirtschaftlichen Krise zu beachten sind!
7. Was versteht man unter einer virtuellen Personalabteilung und welche Implikationen ergeben sich aus diesem Konzept?

Endnoten

603 *Hays* 2017.

604 *2b AHEAD tomorrowing your business* 2017.

605 *Deloitte* 2017.

606 vgl. *Morgan* 1997; *Scholz* 2000b.

607 vgl. *Scholz* 1982.

608 vgl. *Große-Jäger/Friederichs/Schubert* 2009.

609 vgl. *Große-Jäger/Friederichs/Schubert* 2009.

610 *Sattelberger/Scholz* 2009.

611 *Stein* 2009b.

612 vgl. *Friedman* 2006.

613 *Friedman* 2006, 571.

614 *Winter* 2003, 991.

615 vgl. *Eisenbeis* 2003; *Scholz* 2003b, 128.

616 vgl. *Scholz* 2008.

617 *Gillies* 2007.

618 vgl. *Kerstling/Püttner* 2006, 850–851.

619 vgl. *Wunderer/Gerig/Hauser* 1997, 45.

620 vgl. *Wunderer/Gerig/Hauser* 1997, 9.

621 vgl. zum Beispiel *Beer* 1972; *Scholz* 1984.

622 vgl. *Scholz/Stein/Müller* 2008.

623 vgl. *Meyer* 2008, 89–96.

624 vgl. *von Bertalanffy* 1949.

625 vgl. *Ulrich* 1968; *Niemeyer* 1977, 4–8.

626 vgl. zum Beispiel *Sackmann/Bertelsmann Stiftung* 2006.

627 vgl. *Baetge et al.* 2007.

628 vgl. *Scholz 2009b.*

629 vgl. *Baetge et al.* 2007, 192–193.

630 vgl. zum Beispiel *Scholz/Eisenbeis* 2009; *Scholz* 2014b, 954–957.

631 *zu Knyphausen-Aufseß/Schweizer* 2005, 282.

632 *vgl. Müller, S.* 2008.

633 vgl. zum Beispiel *Davidow/Malone* 1993; *Scholz* 1996b.

634 vgl. zum Beispiel *Scholz* 1995; *Scholz* 1996c.

635 *Welbourne, Theresa M.,* Commentary: Human Resource Management – At the Table or Under It?, online unter: http://www.workforce.com/section/09/feature/24/48/99/index.html, Workforce Management Online (8/2006), abgerufen am 29.06.2009.

636 *Welch/Welch* 2006.

637 vgl. zum Beispiel *Ries/Peiniger* 2009.

Literaturverzeichnis

2b AHEAD tomorrowing your business, TrendIndex 2017.2 veröffentlicht – Wirtschaft: HR wird Innovationstreiber oder verliert Eigenständigkeit, Leipzig (2b AHEAD) 2017.

Accenture, Liquid Workforce: Building the workforce for today's digital demands, Dublin (Accenture) 2016.

Ach, Narziß, Über den Willensakt und das Temperament. Eine experimentelle Untersuchung, Leipzig (Quelle & Meyer) 1910.

Ach, Narziß, Über den Willensakt und die Willenshandlung, in: *Abderhalden, Emil* (Hrsg.), Handbuch der biologischen Arbeitsmethoden, Abt. 6, Teil E, Berlin – Wien (Urban und Schwarzenberg) 1935, 201–202.

Ackermann, Josef, „Es hat alles einen Preis", im Interview mit Mathias Müller von Blumencorn, Armin Mahler und Christoph Pauly, in: Der Spiegel (03.10.2009), 74-81.

Adams, Stacey J., Toward an Understanding of Inequity, in: Journal of Abnormal and Social Psychology 67 (1963), 422–436.

Akademie für Führungskräfte der Wirtschaft, Akademie-Studie 2002. Mythos Team auf dem Prüfstand – Teamarbeit in deutschen Unternehmen, Überlingen 2002.

Akademie für Führungskräfte der Wirtschaft, Führen in der Krise – Führung in der Krise? Führungsalltag in deutschen Unternehmen, Überlingen 2003.

Akademie für Führungskräfte der Wirtschaft, Akademie-Studie 2006. Auf gut Glück oder alles unter Kontrolle: Wie vertrauen deutsche Manager?, Überlingen 2006.

Akademie für Führungskräfte der Wirtschaft, Akademiestudie 2008. Führung beim Wort nehmen. Wie kommunizieren deutsche Manager?, Überlingen 2008.

Akademie für Führungskräfte der Wirtschaft, Auf dem Prüfstand: Deutsche Fach- und Führungskräfte über Karriere, Zufriedenheit und Wünsche an den Arbeitsplatz, Überlingen (Akademie für Führungskräfte der Wirtschaft) 2013.

Akademie für Führungskräfte der Wirtschaft, Führung im Umbruch, Überlingen (Akademie für Führungskräfte der Wirtschaft) 2016.

Albers Mohrman, Susan/Cohen, Susan G./Mohrman, Allan M. Jr., Designing Team-Based Organizations. New Forms for Knowledge Work, San Francisco (Josey-Bass) 1995.

Allen, Natalie J./Meyer, John P., The Measurement and Antecedents of Affective, Continuance and Normative Commitment to the Organization, in: Journal of Occupational Psychology 63 (1990), 1–18.

Altmeppen, Klaus D., Ökonomisierung aus organisationssoziologischer Perspektive: Der Beitrag der Medienunternehmen zur Ökonomisierung, in: Medien- und Kommunikationswissenschaft 49 (2/2001), 195–205.

Andresen, Maike, Inclusion, in: *Scholz, Christian* (Hrsg.), Vahlens großes Personallexikon, München (Vahlen) 2009, 485–487.

Andrzejewski, Laurenz, Trennungs-Kultur. Handbuch für ein professionelles, wirtschaftliches und faires Kündigungs-Management, München (Luchterhand) 2. Aufl. 2004.

Angrave, David/Charlwood, Andy/Kirkpatrick, Ian/Lawrence, Mark/Stuart, Mark, HR and Analytics: Why HR Is Set to Fail the Big Data Challenge, in: Human Resource Management Journal 26 (1/2016), 1–11.

Ashkenas, Ron, The Boundaryless Organization: Breaking the Chains of Organizational Structure, San Francisco (Jossey-Bass) 1995.

Atkinson, John W./Birch, David, The Dynamics of Action, New York (Wiley) 1970.

Augustine, Norman R., zitiert nach *Seifter, Harvey/Economy, Peter*, Leadership Ensemble: Lessons in Collaborative Management from the World-Famous Conductorless Orchestra, New York (Times Books) 2001.

Backes-Gellner, Uschi et al., Familienfreundlichkeit im Mittelstand – Betriebliche Strategien zur besseren Vereinbarkeit von Beruf und Familie, IfM-Materialien Nr. 155, Bonn Institut für Mittelstandsforschung 2003.

Backes-Gellner, Uschi/Lazear, Edward P./Wolff, Brigitta, Personalökonomik. Fortgeschrittene Anwendungen für das Management, Stuttgart (Schäffer-Poeschel) 2001.

Badura, Bernhard/Ducki, Antje/Schröder, Helmut/Klose, Joachim/Meyer, Markus (Hrsg.), Fehlzeiten-Report 2017: Krise und Gesundheit – Ursachen, Prävention, Bewältigung, Berlin-Heidelberg (Springer) 2017.

Baetge, Jörg et al., Unternehmenskultur und Unternehmenserfolg: Stand der empirischen Forschung und Konsequenzen für die Entwicklung eines Messkonzeptes, in: Journal für Betriebswirtschaft 57 (2007), 183–218.

Baker, Stephen, The Numerati: How They'll Get My Number and Yours, London (Jonathan Cape) 2008.

Ball, Kirstie S., The Use of Human Resource Information Systems: A Survey, in: Personnel Review 30 (2001), 677–693.

Barmeyer, Christoph I., Interkulturelle Kommunikation, in: *Scholz, Christian* (Hrsg.), Vahlens Großes Personallexikon, München (Vahlen) 2009, 522–523.

Barrow, Simon/Mosley, Richard, Internes Brand Management. Machen Sie Ihre Mitarbeiter zu Markenbotschaftern, Weinheim (Wiley-VCH) 2006.

baua, Psychische Gesundheit in der Arbeitswelt. Wissenschaftliche Standortbestimmung, Dortmund – Berlin – Dresden (baua) 2017.

Bayreuther, Frank, Betriebsbedingte Kündigung, in: *Säcker, Franz J.* (Hrsg.), Individuelles Arbeitsrecht Case By Case, Frankfurt/Main (Recht und Wirtschaft) 2006, 89–107.

Bechtel, Roman, HR Quality: Qualitätssicherung im HR Vendor Management, in: Lohn + Gehalt (8/2008), 27–30.

Bechtel, Roman, Full-Time-Equivalent (FTE), in: *Scholz, Christian* (Hrsg.), Vahlens Großes Personallexikon, München (Vahlen) 2009, 384.

Becker, Fred, Grundlagen betrieblicher Leistungsbeurteilungen. Leistungsverständnis und -prinzip, Beurteilungsproblematik und Verfahrensprobleme, Stuttgart (Schäffer-Poeschel) 3. Aufl. 1998.

Becker, Jochen, Marketing-Konzeption. Grundlagen des strategischen und operativen Marketing-Managements, München (Vahlen) 6. Aufl. 1998.

Becker, Manfred, Personalentwicklung. Bildung, Förderung und Organisationsentwicklung in Theorie und Praxis, Stuttgart (Schäffer-Poeschel) 2. Aufl. 1999.

Becker, Brian E./Huselid, Mark A./Ulrich, Dave, The HR Scorecard. Linking People, Strategy, and Performance, Boston/Mass. (Harvard Business School Press) 2001.

Beer, Stafford, Brain of the Firm. The Managerial Cybernetics of Organization, London (Penguin) 1972.

Bender, Saskia-Fee, Age-Diversity: Ein Ansatz zur Verbesserung der Beschäftigungssituation älterer ArbeitnehmerInnen, in: *Pasero, Ursula/Backes, Gertrud M./Schroeter, Klaus R.* (Hrsg.), Altern in Gesellschaft, Ageing – Diversity – Inclusion, Wiesbaden (VS Verlag für Sozialwissenschaften) 2007, 192–209.

Bennis, Warren/Nanus, Burt, Führungskräfte. Die vier Schlüsselstrategien erfolgreichen Führens, München (Heyne) 1985.

Bergel, Stefanie, „Net Geners wollen Spaß, Geschwindigkeit, Innovation" – Don Tapscott im Interview, in: managerSeminare Heft 129 (12/2008), 72–76.

Bergmann, Lars et al., Modernisierung kleiner und mittlerer Betriebe, in: *Dombrowski, Uwe et al.* (Hrsg.), Modernisierung kleiner und mittlerer Unternehmen, Berlin – Heidelberg (Springer) 2009, 30–64.

Berkowsky, Wilfried, Die personen- und verhaltensbedingte Kündigung. Eine umfassende Darstellung unter Berücksichtigung des Betriebsverfassungsrechts und des Arbeitsgerichtsverfahrens, München (Beck) 4. Aufl. 2005.

Berthel, Jürgen/Becker, Fred G., Personal-Management. Grundzüge für Konzeptionen betrieblicher Personalarbeit, Stuttgart (Schäffer-Poeschel) 8. Aufl. 2007.

Bertrand, Martin H., Geleitwort, in: *Bröckermann, Reiner/Pepels, Werner* (Hrsg.), Die Personalfreisetzung. Betriebswirtschaftlich – gesellschaftspolitisch – menschlich, Renningen (expert) 2005.

Bick, Mirjam, Tarifverdienste in Deutschland – Was sagt die Tarifstatistik?, in: Wirtschaft & Statistik (12/2008), 1101–1106.

Binder, Wolfgang, Human Resources Balanced-Scorecard – von der Strategie bis zu ihrer Abbildung in Softwarelösungen. Die HR Balanced Scorecard als integraler Bestandteil der Personalstrategie bei der ReTeWe AG, Vortrag am 06.09.2002 Berlin, online unter: http://www.bearingpoint.de/media/ministerialkongress_2002/Personalmanagement_in_der_Verwaltung.pdf, abgerufen am 13.08.2009.

Bisani, Fritz, Personalwesen und Personalführung. Der State of the Art der betrieblichen Personalarbeit, Wiesbaden (Gabler) 4. Aufl. 1995.

Bioware, Mass Effect 2, Edmonton (Bioware) 2010.

Blake, Robert R./Mouton, Jane S., The Managerial Grid, Houston (Gulf Publishing) 1964.

Blake, Robert R./Mouton, Jane S., Verhaltenspsychologie im Betrieb. Das neue Grid-Management-Konzept, Düsseldorf – Wien (Econ) 1980.

Blanchard, Ken et al., High Five! The Magic of Working Together, New York (William Morrow) 2001.

Blanchard, Kenneth/Carew, Donald/Parisi-Carew, Eunice, Der Minuten-Manager schult Hochleistungs-Teams, Reinbek (Rowohlt) 2002.

Blizzard, Firmenphilosophie, online unter: http://eu.blizzard.com/de-de/company/about/mission.html, abgerufen am 25.5.2018.

Blum, Milton L./Naylor, James C., Industrial Psychology. Its Theoretical and Social Foundations, New York – Evanston – London (Harper & Row) 1968.

Bohlmann, Stefan, Portale ändern die Unternehmenskultur, in: Computerwoche 30 (4/2003), 12–13.

Böhrs, Hermann, Leistungslohngestaltung mit Arbeitsbewertung, Persönlicher Bewertung, Akkordlohn, Prämienlohn, Wiesbaden (Gabler) 3. Aufl. 1980.

Brewster, Chris, The European Human Resource Management Guide, London (Academic Press) 1992.

Brewster, Chris/Mayrhofer, Wolfgang/Morley, Michael, Human Resource Management in Europe: Evidence or Convergence?, London (Butterworth-Heinemann) 2004.

Briscoe, Dennis R./Schuler, Randall S., International Human Resource Management, New York – London (Routledge) 2. Aufl. 2004.

Bröckermann, Reiner/Müller-Vorbrüggen, Michael, Handbuch Personalentwicklung. Die Praxis der Personalbildung, Personalförderung und Arbeitsstrukturierung, Stuttgart (Schäffer-Poeschel) 2. Aufl. 2008.

Brummet, R. Lee/Flamholtz, Eric G./Pyle, William C., Human Resource Measurement – A Challenge for Accountants, in: The Accounting Review 43 (1968), 217–224.

Bühler, Wolfgang/Siegert, Theo (Hrsg.), Unternehmenssteuerung und Anreizsysteme; Kongress-Dokumentation 52, Deutscher Betriebswirtschaftertag 1998, Stuttgart (Schäffer-Poeschel) 1999.

Büssing, André/Aumann, Sandra, Telearbeit im Spannungsfeld der Interessen betrieblicher Akteure: Implikationen für das Personalmanagement, in: Zeitschrift für Personalforschung 10 (1996), 223–239.

Bundesagentur für Arbeit, Kurzarbeitergeld. Informationen für Arbeitgeber und Betriebsvertretungen, Nürnberg (Bundesagentur für Arbeit) 2009.

Bundesagentur für Arbeit, Kurzarbeitergeld. Informationen für Arbeitgeber und Betriebsvertretungen, Sonderauflage 1. Februar 2009 bis 31. Dezember 2010.

Bundesagentur für Arbeit, Der Arbeitsmarkt in Deutschland – Zeitarbeit – Aktuelle Entwicklungen, Nürnberg 2014.

Bundesagentur für Arbeit, Aktuelle Entwicklungen in der Zeitarbeit, Nürnberg (Bundesagentur für Arbeit) 2018.

Bundesamt für Sicherheit und Informationstechnik, IT-Grundschutzkatalog, M 2.113 Regelungen für Telearbeit, online unter: https://www.bsi.bund.de/dn_136/contentBSI/grundschutz/kataloge/m/m02/m02117.html, Stand 2008, abgerufen am 20.03.2009.

Bundesanstalt für Arbeitsschutz und Arbeitsmedizin, Arbeitswelt im Wandel – Zahlen-Daten-Fakten, Dortmund 2013.

Bundesinnenministerium für Ernährung, Landwirtschaft und Verbraucherschutz, Umfrage zu Haltung und Ausmaß der Internetnutzung von Unternehmen zur Vorauswahl bei Personalentscheidungen, Juli 2009, online unter: http://www.bmelv.de/cae/servlet/contentblob/641332/publicationFile/36628/InternetnutzungVorauswahlPersonalentscheidungen.pdf, abgerufen am 02.10.2009.

Bundesministerium des Innern, Bevölkerungsentwicklung, online unter: http://www.bmi.bund.de/cln_104/DE/Themen/PolitikGesellschaft/DemographEntwicklung/Altern/altern.html, abgerufen am 11.08.2009.

Bundesministerium für Arbeit und Soziales et al. (Hrsg.), Telearbeit. Leitfaden für flexibles Arbeiten in der Praxis, Braunschweig (Westermann) 2001.

Bundesministerium für Arbeit und Soziales, Sicherheit und Gesundheit bei der Arbeit 2012, Berlin 2012.

Bundesministerium für Wirtschaft und Energie, Fachkräfte sichern. Flexible Arbeitszeitmodelle, Berlin (BMWI) 2013.

Bundesverband Deutscher Unternehmensberater BDU e.V., Outplacementberatung in Deutschland 2012/2013, Bonn 2014.

Burns, James MacGregor, Leadership, New York etc. (Harper & Row) 1978.

Busemann, Andreas/Schäfer, Horst, Kündigung und Kündigungsschutz im Arbeitsverhältnis, Berlin (Erich Schmidt) 5. Aufl. 2006.

Byham, William C., The Use of Assessment Centers in Management Development, in: *Taylor, Bernhard/Lippitt, Gordon L.* (Hrsg.), Management Development and Training Handbook, London etc. (McGraw-Hill) 1975, 63–69.

Capgemini, HR-Barometer 2009. Bedeutung, Strategien, Trends in der Personalarbeit – Schwerpunkt Strategic Workforce Management, Berlin – München 2009.

Capgemini, HR-Barometer 2011. Bedeutung, Strategien, Trends in der Personalarbeit – Schwerpunkt: Organisationsdesign und -entwicklung, Berlin – München 2011.

Cartwright, Dorwin/Zander, Alvin, Group Dynamics. Research and Theory, New York (Harper & Row) 3. Aufl. 1968.

Cascio, Wayne F., Applied Psychology in Human Resource Management, Upper Saddle River/NJ (Prentice-Hall) 5. Aufl. 1998.

Chambers, Elizabeth G. et al., The War for Talent, in: McKinsey Quarterly (3/1998), 44–57.

Chesbrough, Henry W., Open Innovation: The New Imperative for Creating and Profiting from Technology, Boston, MA (Harvard Business School Press) 2003.

CHRIS/Monster, Recruiting Trends 2015, Bamberg (CHRIS) 2015.

Claaßen, Nicola, Handbuch des Personalmanagements in kleinen und mittleren Unternehmen, Bremen (Europäischer Hochschulverlag) 2008.

Connor, Mary/Pokora, Julia, Coaching and Mentoring at Work: Developing Effective Practice, Maidenhead (McGraw-Hill) 2007.

Conradi, Walter, Personalentwicklung, Stuttgart (Enke) 1983.

Cornerstone onDemand, HR-Strategie 2020. Trends und Treiber für Human Resources im Mittelstand, München (Cornerstone onDemand) 2016.

Costa, Paul T. Jr./McCrae, Robert R., Overview: Innovations in Assessment Using the Revised NEO Personality Inventory, in: Assessment 7 (2000), 325–327.

Côté, Stéphane, A Social Interaction Model of the Effects of Emotion Regulation on Work Strain, in: Academy of Management Review 30 (2005), 509–530.

Cox, Taylor, The Multicultural Organization, in: Academy of Management Executive 5 (2/1991), 34–47.

Csikszentmihalyi, Mihaly/Rathunde, Kevin/Whalen, Samuel, The Measurement of Flow in Everyday Life: Toward a Theory of Emergent Motivation, in: *Jacobs, Janis E.* (Hrsg.), Developmental Perspectives on Motivation, Lincoln – London (University of Nebraska Press) 1993, 57–97.

Cummings, Mary, Automation Bias in Intelligent Time Critical Decision Support Systems, in: AIAA 1st Intelligent Systems Technical Conference, 2004, doi:10.2514/6.2004-6313.

Daft, Richard L./Lengel, Robert H., Information Richness: A New Approach to Managerial Behavior and Organizational Design, in: *Cummings, Larra L./Staw, Barry M.* (Hrsg.), Research in Organizational Behavior 6, Homewood/Il. (JAI) 1984, 191–233.

Darwin, Charles, The Origin of Species, London (Murray) 6. Aufl. 1900.

Darwin, Charles, The Expression of the Emotions in Man and Animals, Oxford (Oxford University Press) 2002.

Davidow, William H./Malone, Michael S., Das virtuelle Unternehmen. Der Kunde als Co-Produzent, Frankfurt – New York (Campus) 1993.

de Ridder, Jan A., Organisational Communication and Supportive Employees, in: Human Resource Management Journal 14 (3/2004), 20–30.

Deal, Terrence E./Kennedy, Allan A., Corporate Cultures. The Rites and Rituals of Corporate Life, Reading/Mass. (Basic Books) 1984.

Degen, Rolf, Das Dumme an der Emotionalen Intelligenz. Wunschdenken, Gefühlsduselei und Geschäftemacherei statt stichhaltigem Konzept, in: Psychotherapie. Zeitschrift zur Psychotherapie, Psychoanalyse & Verhaltenstherapie, 19.10.2001, online unter: http://www.psychotherapie.de/psychotherapie/mythen/01101901.html, abgerufen am 20.05.2009.

Deller, Jürgen/Gotzian, Lisa/Fortmeier, Maike et al., Digital-Inventur: Status der digitalen Transformation im HR, Lüneburg (Leuphana Universität) 2017.

Deloitte, Technology and People. The Great Job-creating Machine, London (Deloitte) 2015.

Deloitte, Neue Spielregeln im digitalen Zeitalter. Global Human Capital Trendstudie 2017. Deutschland Report, Frankfurt am Main (Deloitte) 2017.

Dennis, Alan/Valacich, Joseph S., Rethinking Media Richness: Towards a Theory of Media Synchronicity, in: Proceedings of the 32nd Hawaii International Conference on System Sciences, Hawaii 1999.

Destatis, Bevölkerung Deutschlands bis 2060, Wiesbaden (Statistisches Bundesamt) 2015.

Deterding, Sebastian/Sicart, Miguel/Nacke, Lennart/O'Hara, Kenton/Dixon, Dan, Gamification. Using Game-Design Elements in Non-gaming Contexts, in: Proceedings of the Conference on Human-Computer Interaction, Vancouver, Canada 2011, 2425–2428.

Deutsches Mittelstands-Barometer, Am Puls des Mittelstands, Ergebnisse der Befragung Frühjahr 2009, Marburg 2009.

DGUV, DGUV-Statistiken für die Praxis 2016, Berlin (DGUV) 2016.

Dilger, Alexander, Ökonomik betrieblicher Mitbestimmung. Die wirtschaftlichen Folgen von Betriebsräten, München/Mering (Hampp) 2003.

Dilk, Anja/Littger Heike, Einsam Spitze bleiben: Strategien der Weltmarktführer, in: managerSeminare Heft 126 (9/2008), 18–23.

Domke, Britta, Keine Karriere ohne Assessment-Center, in: Harvard Business Manager 30 (9/2008), 6–9.

Domsch, Michel, Fachlaufbahn – ein Beitrag zur Flexibilisierung und Mitarbeiterorientierung der Personalentwicklung, in: *Domsch, Michel/Siemers, Sven* (Hrsg.), Fachlaufbahnen, Heidelberg (Physika) 1994, 3–21.

Drucker, Peter F., The Effective Executive, London (Heinemann) 2. Aufl. 1968.

Drumm, Hans J., Personalwirtschaft, Berlin – Heidelberg (Springer) 6. Aufl. 2008.

Drumm, Hans J./Scholz, Christian, Personalplanung. Planungsmethoden und Methodenakzeptanz, Bern – Stuttgart (Haupt) 2. Aufl. 1988.

Edeka, Zielverständnis, online unter: http://www.edeka-verbund.de/Unternehmen/de/gesellschaftliche_verantwortung/zielverstaendnis/zielverstaendnis.jsp, abgerufen am 25.5.2018.

Edinger, Thilo, Cafeteria-Systeme. Ein EDV-gestützter Ansatz zur Gestaltung der Arbeitnehmer-Entlohnung, Herdecke (GCA) 2002.

Eggert, Sandy, Aktuelle Funktionen von Personalinformationssystemen, in: ERP Management (4/2008), 47–56.

Eichhorn, Christoph, Erfolgreich durch positive Emotionen, in: managerSeminare Heft 123 (6/2008), 28–35.

Eisenbeis, Uwe, Wertschöpfung durch Kulturprägung, in: *Scholz, Christian/Gutmann, Joachim* (Hrsg.), Webbasierte Personalschöpfung. Theorie – Konzeption – Praxis, Wiesbaden (Gabler) 2003, 145–157.

Ely, Robin J./Thomas, David A., Cultural Diversity at Work: The Effects of Diversity Perspectives on Work Group Processes and Outcomes, in: Administrative Science Quarterly 46 (2001), 229–273.

Evans, Paul/Pucik, Vladimir/Barsoux, Jean-Louis, The Global Challenge. Frameworks for International Human Resource Management, Boston etc. (McGraw-Hill/Irwin) 2002.

EY, Jobstudie 2017. Motivation und Arbeitszufriedenheit, München (EY) 2017.

Falk, Svenja/Voigt, Andrea, The Anatomy of the Glass Ceiling. Barriers to Women's Professional Advancement, o.O. (Accenture) 2006.

Fehl, Wolfgang, Zunehmende Vielfalt in Deutschlands KMU – das Engagement der Unternehmen, in: *Dettling, Daniel/Gerometta, Julia* (Hrsg.), Vorteil Vielfalt. Herausforderungen und Perspektiven einer offenen Gesellschaft, Wiesbaden (Verlag für Sozialwissenschaften) 2007, 41–50.

Fiedler, Fred E., Engineer the Job to Fit the Manager, in: Harvard Business Review 43 (5/1965), 115–122.

Fiedler, Fred E., A Theory of Leadership Effectiveness, New York etc. (McGraw-Hill) 1967.

Fiedler, Fred E./Chemers, Martin M./Mahar, Linda, Der Weg zum Führungserfolg. Ein Selbsthilfeprogramm für Führungskräfte, Stuttgart (Poeschel) 1979.

Fischer, Gabriele et al., Gleich und doch nicht gleich: Frauenbeschäftigung in deutschen Betrieben, IAB-Forschungsbericht 4/2009, Nürnberg (Institut für Arbeitsmarkt- und Berufsforschung) 2009.

Fischer-Winkelmann, Wolf F./Hohl, Eberhard K., Konzepte und Probleme der Humanvermögensrechnung, in: Der Betrieb 35 (1982), 2636–2644.

Fitz-enz, Jac, The ROI of Human Capital. Measuring the Economic Value of Employee Performance, New York etc. (Amacom) 2000.

Flusser, Vilém, Vom Virtuellen, in: *Rötzer, Florian/Weibel, Peter* (Hrsg.), Cyperspace, München (Boer) 1993, 65–71.

Forschungsgruppe Konsum und Verhalten (Hrsg.), Konsumforschung, München (Vahlen) 1994.

Franz, Wolfgang, Die deutsche Mitbestimmung auf dem Prüfstand: Bilanz und Vorschläge für eine Neuausrichtung, in: Zeitschrift für ArbeitsmarktForschung 38 (2005), 268–283.

Fraport, 2016 Kompakt, Gute Reise! Wir sorgen dafür, 2016, hier 10, online unter: https://www.fraport.de/content/fraport/de/misc/binaer/unternehmen/verantwortung/publikationen/nachhaltigkeitsberichte/2016/gri-und-kompaktbericht0/2016-kompakt/jcr:content.file/2016_kompakt_deutsche_version.pdf, abgerufen am 25.5.2018.

Freitag, Michael, Wer ist hier der Boss?, in: Manager Magazin 38 (10/2008), 20.

Frey, Bruno S., How Intrinsic Motivation is Crowded Out and In, in: Rationality and Society 6 (3/1994), 334–352.

Frey, Carl B./Osborne, Michael, The Future of Employment. How Susceptible are Jobs to Computerization?, in: OMS Working Paper, 17.9.2013.

Frick, Bernd, Mitbestimmung und Personalfluktuation: zur Wirtschaftlichkeit der bundesdeutschen Betriebsverfassung im internationalen Vergleich, München/Mering (Hampp) 1997.

Friedman, Thomas L., The World is Flat. The Globalized World in the Twenty-First Century, London etc. (Penguin) 2006.

Fröhlich, Ulrich, Employee Self Service: Prozeßoptimierung durch Intranet-Anwendungen im HR-Bereich, in: Personalführung (3/1998), 20–21.

Fröhlich, Werner, Organisation des Personalmanagements in Kleinen und Mittleren Unternehmen, in: *Scholz, Christian* (Hrsg.), Innovative Personalorganisation. Center-Modelle für Wertschöpfung, Strategie, Intelligenz und Virtualisierung, Neuwied – Kriftel (Luchterhand) 1999, 304–313.

Gallup, Gallup-Engagement-Index 2012, Potsdam 2013, 1.

Gardenswartz, Lee/Rowe, Anita, Managing Diversity: A Complete Desk Reference and Planning Guide, New York (McGraw-Hill) 1993.

Gardenswartz, Lee/Rowe, Anita, Diverse Teams at Work. Capitalizing on the Power of Diversity, Irwin (McGraw-Hill) 1995.

Gehle, Fritz, Internationale Tagung über Arbeitsbewertung in Genf, in: REFA Nachrichten 3 (2/1950), 32–34.

Geigenmüller, Anja/Schöpe, Tom/Enke, Margit, Relevanz und Wirkung der Medien bei der Vermittlung von Berufsimages. Case Study zur Gewinnung qualifizierter Nachwuchskräfte in den Ingenieurwissenschaften, in: *Gröppel-Klein, Andrea/Germelmann, Claas Christian* (Hrsg.), Medien im Marketing. Optionen der Unternehmenskommunikation, Wiesbaden (Gabler) 2009, 511–528.

Geighardt, Christiane, Ergebnisse zur Tendenzbefragung der DGFP e.V. zum Thema „Personalcontrolling", Praxis Papiere der Deutschen Gesellschaft für Personalführung e.V. (5/2007), Düsseldorf.

Gerpott, Torsten J., Bewertung von Personalabbauprogrammen aus Aktionärssicht – Eine Bestandsaufnahme der empirischen Ereignisstudien-Forschung, in: Journal für Betriebswirtschaft 57 (2007), 3–35.

Ghiselli, Edwin E./Campbell, John P./Zedeck, Sheldon, Measurement Theory for the Behavorial Sciences, San Francisco (Freeman) 1981.

Giarini, Orio/Liedtke, Patrick M., Wie wir arbeiten werden. Der neue Bericht an den Club of Rome, München (Heyne) 1998.

Gillies, Constantin, Herausforderung HR-Fabrik, in: managerSeminare Heft 116 (11/2007), 24–30.

Gillies, Constantin, Die Kaffeeküche im Web – Soziale Netzwerke im Unternehmen, in: managerSeminare Heft 122 (5/2008), 68.

Gillies, Constantin, Vom Roboter eingestellt, in: Computerwoche (5/2014), 40–41.

Glikson, Ella/Cheshin, Arik/van Kleef, Gerben A., The Dark Side of a Smiley: Effects of Smiling Emoticons on Virtual First Impressions, in: Social Psychological and Personality Science (2017), online first: http://journals.sagepub.com/doi/abs/10.1177/1948550617720269.

Gloger, Axel, Fallstudie: Wissensbilanz bei SØR, in: managerSeminare Heft 86 (5/2005), 26.

Gluchowski, Peter/Gabriel, Roland/Dittmar, Carsten, Management Support Systeme und Business Intelligence, Berlin – Heidelberg (Springer) 2008.

Godehardt, Birgit/Klinge, Carsten/Schwetje, Ute, Aktuelle Bedeutung der Telearbeit für Unternehmen – Empirische Befunde aus dem Mittelstand, in: *Leonhard, Joachim-Felix et al.* (Hrsg.), Medienwissenschaft. Ein Handbuch zur Entwicklung der Medien und Kommunikationsformen, 3. Teilband, Berlin – New York (de Gruyter) 2002, 2611–2634.

Goleman, Daniel, Emotionale Intelligenz, München (Hanser) 1996.

Goleman, Daniel, EQ2 – Der Erfolgsquotient, München – Wien (Hanser) 1999.

Goleman, Daniel/Boyatzis, Richard/McKee, Annie, Emotionale Führung, München (Econ) 2002.

Graen, George et al., Contingency Model of Leadership Effectiveness: Antecedent and Evidential Results, in: Psychological Bulletin 74 (4/1970), 285–296.

Gray, Colin/Mabey, Christopher, Management Development: Key Differences Between Small and Large Businesses in Europe, in: International Small Business Journal 23 (2005), 467–485.

Grieger, Jürgen, Ökonomisierung in Personalwirtschaft und Personalwirtschaftslehre. Theoretische Grundlagen und praktische Bezüge, Wiesbaden (DUV) 2004.

Große-Jäger, André/Friederichs, Peter/Schubert, Andreas, Der Human-Potential-Index, in: Personalmagazin (5/2009), 22–23.

Grotzfeld, Svenja, Zielvereinbarungen, in: Personalmanagement. Das Handbuch für effiziente Personalarbeit. Mustertexte, Formulare und Checklisten, Freiburg im Breisgau (Haufe) 2001.

Guest, David/Hoque, Kim, The Good, the Bad and the Ugly: Employment Relations in New Non-Union Workplaces, in: Human Resource Management Journal 5 (1/1994), 1–14.

Güldenberg, Stefan/Mayerhofer, Helene/Steyrer, Johannes, Zur Bedeutung von Wissen, in: *von Eckardstein, Dudo/Kasper, Helmut/Mayrhofer, Wolfgang* (Hrsg.), Management. Theorien – Führung – Veränderung, Stuttgart (Schäffer-Poeschel) 1999, 589–598.

Hackmann, Richard J., Groups That Work (and Those That Don't) – Creating Conditions for Effective Teamwork, San Francisco – Oxford (Jossey Bass Publishers) 1990.

Hage, Simon, Karriere bei ... dm. Die Wohlfühlfirma verlangt Idealismus und Demut von Führungskräften, in: manager magazin (1/2014), 130.

Hall, Edward/Hall, Mildred, Verborgene Signale. Studien zur internationalen Kommunikation, Hamburg (Gruner+Jahr) 1984.

Handy, Charles, Trust and the Virtual Organisation, in: Harvard Business Review 73 (3/1995), 40–50.

Harel, Gedaliahu H./Tzafrir, Shay S., The Effect of Human Resource Management Practices on the Perceptions of Organizational and Market Performance of the Firm, in: Human Resource Management 38 (1999), 185–200.

Harris, Michael M./Fink, Lawrence S., A Field Study of Applicant Reactions to Employment Opportunities: Does the Recruiter Make a Difference, in: Personnel Psychology 40 (1987), 765–784.

Hays, HR-Report 2017. Schwerpunkt Kompetenzen für eine digitale Welt, Mannheim (Hays) 2017.

Heckhausen, Heinz, Motivation und Handeln, Berlin – Heidelberg – New York (Springer) 2. Aufl. 1989.

Hersey, Paul/Blanchard, Kenneth H., Management of Organizational Behavior. Utilizing Human Resources, Englewood Cliffs/NJ. (Prentice Hall) 1972.

Hersey, Paul/Blanchard, Kenneth H./Dewey, E. Johnson, Management of Organizational Behavior. Utilizing Human Resources, Upper Saddle River/NJ (Prentice Hall) 7. Aufl. 1996.

Hertel, Guido/Schroer, Joachim, Electronic Human Resource Management (E-HRM): Personalarbeit mit netzbasierten Medien, in: *Batinic, Bernad/Appel, Markus* (Hrsg.), Medienpsychologie, Heidelberg (Springer) 2008, 449–475.

Herwig-Lempp, Johannes, Ressourcenorientierte Teamarbeit, Göttingen (Vandenhoeck & Ruprecht) 2004.

Herzberg, Frederick, Work and Nature of Man, London (Crosby Lockwood Staples) 1966.

Herzberg, Frederick, One More Time: How Do You Motivate Employees?, in: Harvard Business Review 46 (1/1968), 53–62.

Herzberg, Frederick/Mausner, Bernhard/Synderman, Barbara B., The Motivation to Work, New York (Wiley) 2. Aufl. 1959.

Hewitt Associates, Talent Supply und Employer Branding 2008, Düsseldorf 2008.

Heyde, Kerstin/Macco, Katrin/Vetter, Christian, Krankheitsbedingte Fehlzeiten in der deutschen Wirtschaft im Jahr 2007, in: *Badura, Bernhard/Schröder, Helmut/Vetter, Christian* (Hrsg.), Fehlzeitenreport 2008, Wiesbaden (Vieweg + Teubner) 2008, 205–435.

Hirschmann, Albert O., Exit, Voice, and Loyality. Responses to Decline in Firms, Organizations, and States, Cambridge Mass. (Harvard University Press) 1970.

Hochschild, Arlie R., The Managed Heart. Commercialization of Human Feeling, Berkley (University of California Press) 1983.

Hofstede, Geert, Culture's Consequences. International Differences in Work-Related Values, Beverly Hills – London (Sage) 1980.

Hofstede, Geert/Hofstede, Gert Jan/Minkov, Michael, Cultures and Organizations. Software of the Mind, New York etc. (McGraw-Hill) 3. ed. 2010.

Hohensee, Matthias/Mai, Jochen, Karrierekiller Internet: Personalprofis prüfen Einträge, in: Wirtschaftswoche 47 (2006) 18.11.2006, 124.

House, Robert J., A 1976 Theory of Charismatic Leadership, in: *Hunt, James G./Larson, Lars L.* (Hrsg.), Leadership. The Cutting Edge, Carbondale/IL (Southern Illinois University Press) 1977, 189–207.

Howard, Pierce J., The Owner's Manual for the Brain: Everyday Applications from Mind-Brain Research, Austin/Texas (Bard Press) 2. Aufl. 2000.

Hubschmied, Marlies, SAP stellt Hunderte Autisten ein, in: Tagesspiegel (22.05.2013), online unter: http://www.tagesspiegel.de/wirtschaft/software-riese-auf-der-suche-nach-it-spezialisten-sap-stellt-hunderte-autisten-ein/8234972.html, abgerufen am 07.05.2014.

Huizinga, Johan, Homo Ludens. Versuch einer Bestimmung des Spielelementes der Kultur, Basel (Akademische Verlagsanstalt Pantheon) 1939.

Huselid, Mark A., The Impact of Human Resource Management Practices on Turnover, Productivity, and Corporate Financial Performance, in: Academy of Management Journal 38 (1995), 635–672.

Huselid, Mark A./Becker, Brian E., Methodological Issues in Cross-Sectional and Panel Estimates of the Human Resource-Firm Performance Link, in: Industrial Relations 35 (1996), 400–422.

Huselid, Mark A./Jackson, Susan E./Schuler, Randall S., Technical and Strategic Human Resource Management Effectiveness as Determinants of Firm Performance, in: Academy of Management Journal 40 (1997), 171–188.

IBM Global Business Service, Unlocking the DNA of the Adaptable Workforce. The Global Human Capital Study 2008, Somers/NY 2008.

Ichniowski, Casey/Shaw, Kathryn/Prennushi, Giovanna, The Effects of Human Resource Management Practices on Productivity: A Study of Steel Finishing Lines, in: The American Economic Review 87 (1997), 291–313.

Ikea, Werte die Ikea ausmachen, online unter: https://www.ikea.com/ms/de_DE/this-is-ikea/working-at-the-ikea-group/index.html?icid=de%7Citl%7Cfy14_off-topic%7Cteaser%7Ckw30 %7Carbeiten_bei_ikea%7C9#DieIKEAWerte, abgerufen am 25.5.2018.

IG Metall, Arbeitszeit – sicher, gerecht und selbstbestimmt, Frankfurt (IG Metall) 2017.

ISO (International Organization for Standradization), Grundsätze der Ergonomie für die Gestaltung von Arbeitssystemen (ISO 6385: 2004–05), Deutsche Fassung EN ISO 6385: 2004–05.

Isen, Alice M./Reeve, Johnmarshall, The Influence of Positive Affect in Intruistic and Extruistic Motivation: Faciliating Enjoyment of Play, Responsible Work Behavior, and Self-Control, in: Motivation and Emotion 29 (4/2005), 297–325.

Izard, Carroll E., Die Emotionen des Menschen: Eine Einführung in die Grundlagen der Emotionspsychologie, Weinheim (Beltz) 9. Aufl. 1981.

Jeserich, Wolfgang, Mitarbeiter auswählen und fördern. Assessment-Center-Verfahren, München – Wien (Hanser) 1981.

Jost, Peter-J., Organisation und Motivation. Eine ökonomisch-psychologische Einführung, Wiesbaden (Gabler) 2000.

Jumpertz, Silvia, Die besten Personalwebsites: Ranking, in: managerSeminare Heft 102 (9/2006), 14.

Jung, Hans, Personalwirtschaft, München – Wien (Oldenbourg) 8. Aufl. 2008.

Kabst, Rüdiger/Giardini, Angelo, Die Deutsche Cranet-Erhebung 2005: Empirische Befunde und Ergebnisbericht, in: *Kabst, Rüdiger/Giardini, Angelo/Wehner, Marius C.* (Hrsg.), International Komparatives Personalmanagement. Evidenz, Methodik & Klassiker des „Cranfield Projects on International Human Resource Management", München und Mehring (Hampp) 2009, 11–57.

Kanning, Uwe P., Segen oder Fluch? Big Data und die Auswahl von Mitarbeitern, in: Wirtschaftspsychologie aktuell (4/2017), 21–26.

Kanter, Rosabeth M./Stein, Barry A./Jick, Todd D., The Challenge of Organizational Change. How Companies Experience It and Leaders Guide It, New York (The Free Press) 1992.

Kaplan, Robert S./Norton, David P., The Balanced Scorecard – Measures That Drive Performance, in: Harvard Business Review 70 (1/1992), 71–79.

Kaplan, Robert S./Norton, David P., The Balanced-Scorecard. Translating Strategy into Action, Boston/Mass. (McGraw-Hill) 1996.

Kaplan, Robert S./Norton, David P., The Balanced-Scorecard. Strategien erfolgreich umsetzen, Stuttgart (Schäffer-Poeschel) 1997.

Katzenbach, Jon R./Smith, Douglas K., The Wisdom of Teams: Creating the High-Performance Organization, Boston (Harvard Business School Press) 1993.

Katzenbach, Jon R./Smith, Douglas K., The Discipline of Teams, in: Harvard Business Review 83 (7–8/2005), 162–171.

Kay, Rosemarie, Auf dem Weg in die Chefetage. Betriebliche Entscheidungsprozesse bei der Besetzung von Führungspositionen, Institut für Mittelstandsforschung, IfM-Materialien Nr. 170 (Bonn) 2007.

Keating, Barry, Data Minig: What Is It and How Is It Used?, in: Journal of Business Forecasting 27 (3/2008), 33–35.

Kephart, Pamela/Schumacher, Lilian, Has the 'Glass Ceiling' Cracked? An Exploration of Woman Entrepreneurship, in: Journal of Leadership & Organizational Studies 12 (1/2005), 2–15.

Kerstling, Martin/Püttner, Ingo, Personalauswahl: Qualitätsstandards und rechtliche Aspekte, in: *Schuler, Heinz* (Hrsg.), Lehrbuch der Personalpsychologie, Göttingen etc. (Hogrefe) 2. Aufl. 2006, 841–861.

Kets de Vries, Manfred, „Manche suchen das Desaster", CEO-Coach Kets de Vries über die Ängste der Topmanager, im Interview mit *Freitag, Michael/Student, Dietmar*, in: Manager Magazin 37 (10/2007), 48.

Kiefer, Marie L., Medienökonomik. Einführung in eine ökonomische Theorie der Medien, München – Wien (Oldenbourg) 2001.

Kienbaum, Absolventenstudie 2007/2008, Gummersbach 2008a.

Kienbaum, Changes and Chances: HR Excellence, Diversity, Compliance, Gummersbach 2008b.

Kienbaum/DGFP e. V., Studie HR-Strategie & Organisation 2017, Köln (Kienbaum) 2017.

Kienbaum, Kienbaum Studie 2008. Personalentwicklung, Gummersbach 2008c.

Kienbaum, Kienbaum Studie: HR Outsourcing 2010, Berlin 2010.

Kienbaum, Keep on Moving – HR immer agiler?! Die steigende Bedeutung von HR-Themen als Chance und Verpflichtung, Gummersbach 2013.

Kienbaum Institut@ISM für Leadership & Transformation, Arbeitest du noch oder lebst du schon? Noch einmal unter die Lupe genommen: Die Karriereorientierung der Generation Y, Absolventenstudie 2017, Dortmund (Kienbaum Institut) 2017.

Kienbaum/StepStone, Organigramm deutscher Unternehmen. In welchen Strukturen Fachkräfte zukünftig arbeiten wollen, Köln (Kienbaum) 2017.

Kieser, Alfred/Reber, Gerhard/Wunderer, Rolf (Hrsg.), Handwörterbuch der Führung, Stuttgart (Poeschel) 1987.

Kirchmann, Claudia, Offen für Neues, in: Personalwirtschaft 38 (4/2009), 32–34.

Kleiman, Lawrance S., Human Resource Management. A Managerial Tool for Competitive Advantage, Cincinnati etc. (South-Western College Publishing) 2. Aufl. 2000.

Knauth, Peter, Kombination von Flexibilisierung und Individualisierung der Arbeitszeit, in: *Dilger, Alexander/Gerlach, Irene/Schneider, Helmut* (Hrsg.), Betriebliche Familienpolitik. Potenziale und Instrumente aus multidisziplinärer Sicht, Wiesbaden (Verlag für Sozialwissenschaften) 2007, 141–158.

Knörzer, Michael, Flexible Arbeitszeiten und alternative Beschäftigungsformen in der Personalplanung. Optimierungsmodelle aus Unternehmenssicht und Kompromißmodelle zur Berücksichtigung betrieblicher Mitbestimmung, München/Mering (Hampp) 2002.

Knowles, Henry P./Saxberg, Borje O., Human Relations and the Nature of Man, in: Harvard Business Review 45 (2/1967), 23–40 und 172–178.

Kokemoor, Axel/Kreissl, Stephan, Arbeitsrecht, Stuttgart etc. (Boorberg) 3. Aufl. 2006.

Konrad, Rigo/Martens, Matthias, Operation am offenen Herzen, in: Personalwirtschaft 38 (6/2009), 58–60.

Köppel, Petra, Diversity Management in Deutschland 2013: Ein Benchmark unter den DAX 30-Unternehmen, Köln 2013.

Köppel, Petra/Yan, Junchen/Lüdicke, Jörg, Cultural Diversity Management in Deutschland hinkt hinterher, Gütersloh (Bertelsmann Stiftung) 2007a.

Köppel, Petra/Yan, Junchen/Lüdicke, Jörg, The International Status Quo of Cultural Diversity Management, Gütersloh (Bertelsmann Stiftung) 2007b.

Kornadt, Hans-Joachim, Motivation und Volition, Anmerkungen und Fragen zur wiederbelebten Willenspsychologie, in: Archiv für Psychologie 140 (1988), 209–222.

Kossbiel, Hugo, Personalbedarfsermittlung, in: *Gaugler, Eduard/Weber, Wolfgang* (Hrsg.), Handwörterbuch des Personalwesens, Stuttgart (Poeschel) 2. Aufl. 1992, 1596–1608.

Kowalski, Robert, Computational Logic and Human Thinking. How to be Artificially Intelligent. Cambridge (Cambridge University Press) 2011.

Krauthammer International, Gesellschaftliche Verantwortung des Unternehmens. Bausteine – Sicht der Mitarbeiter – Managementbotschaften, Diegem 2009.

Kroeber-Riel, Werner, Konsumentenverhalten, München (Vahlen) 5. Aufl. 1992.

Kroeber-Riel, Werner, Strategie und Technik der Werbung. Verhaltenswissenschaftliche Ansätze, Stuttgart (Kohlhammer) 4. Aufl. 1993.

Kroeber-Riel, Werner/Weinberg, Peter/Gröppel-Klein, Andrea, Konsumentenverhalten, München (Vahlen) 9. Aufl. 2009.

Küpers, Wendelin/Weibler, Jürgen, Emotionen in Organisationen, Stuttgart (Kohlhammer) 2005.

Langmeyer, Heiner, Das Cafeteria-Verfahren, München/Mering (Hampp) 1999.

Lassar, Walfried/Mittal, Banwari/Sharma, Arun, Measuring Customer-Based Brand Equity, in: Journal of Consumer Marketing 12 (4/1995), 11–19.

Ledergeber, Konrad, Trennungsmanagement – fair, verantwortungsbewusst und konstruktiv, Zürich (PRAXIUM) 2009.

Lepke, Achim, Kündigung bei Krankheit. Handbuch für die betriebliche, anwaltliche und gerichtliche Praxis, Berlin (Erich Schmidt) 2006.

Leurs, Rainer, Out of Office. Soziales Petzwerk, in: FTD.de, 28.04.2009, online unter: www.ftd.de/lifestyle/outofoffice/:Out-of-Office-Soziales-Petzwerk/506068.html, abgerufen am 06.07.2009.

Levy, Steven, Insanely Great: The Life and Times of Macintosh, the Computer that Changed Everything, New York (Penguin) 2000.

Lewis, Michael/Haviland, Jeanette M., Handbook of Emotions, New York (Guilford) 1993.

Leymann, Heinz, Mobbing. Psychoterror am Arbeitsplatz und wie man sich dagegen wehren kann, Reinbek (Rowohlt) 1993a.

Leymann, Heinz, Ätiologie und Häufigkeit von Mobbing am Arbeitsplatz – eine Übersicht über die bisherige Forschung, in: Zeitschrift für Personalforschung 7 (1993b), 271–284.

Linde, Klaus, Job Sharing, online unter: http://www.Aus-innovativ.de/media/Job-Sharing.pdf, Juni 2004, abgerufen am 26.03.2009.

Linehan, Marsha, Dialektische-behaviorale Therapie der Borderline-Persönlichkeitsstörung, München (CIP-Medien) 1996.

Lippert, Susan K./Swiercz, Paul M., Human Resource Information Systems (HRIS) and Technology Trust, in: Journal of Information Science 31 (2005), 340–353.

Lohse, Matthias/Morczinek, Miro, Vom Employee-Self-Service zum Enterprise-Self-Service, in: Wirtschaftswissenschaftliches Studium (3/2004), 186–190.

Luczak, Holger, Arbeitswissenschaft, Berlin – Heidelberg – New York (Springer) 2. Aufl. 1998.

Luhmann, Niklas, Die Realität der Massenmedien, Wiesbaden (Verlag Sozialwissenschaften) 3. Aufl. 2004.

Maccoby, Michael, The Gamesman – The New Corporate Leaders, New York (Simon and Schuster) 1976.

Maier, Heinrich, Psychologie des emotionalen Denkens, Tübingen (J.C.B. Mohr) 1908.

Malik, Fredmund, Richtig Denken – wirksam Managen. Mit klarer Sprache besser führen, Frankfurt am Main (Campus) 2010.

ManpowerGroup, Talent Management: Accelerating Business Performance. Global Trends, Challenges and Priorities, Eschborn (ManpowerGroup) 2014.

ManpowerGroup, 2015 Studie Fachkräftemangel. Deutsche Wirtschaft muss Aufträge ablehnen, Eschborn (ManpowerGroup) 2015.

ManpowerGroup Deutschland, Bevölkerungsbefragung Arbeitsmotivation 2018, Eschborn (ManpowerGroup) 2018.

March, James G./Simon, Herbert A., Organizations, New York – London – Sydney (Wiley) 1958.

Martens, Andree, Wenn Fleiß zur Falle wird. Süchtig nach Arbeit, in: managerSeminare Heft 121 (4/2008), 36–42.

Martin, Albert, Personalforschung, München – Wien (Oldenbourg) 1988.

Maslow, Abraham H., A Theory of Human Motivation, in: Psychological Review 50 (4/1943), 370–396.

McClelland, David C., Personality, New York (The Dryden Press) 1953.

McClelland, David C., Power. The Inner Expierence, New York etc. (Irvington Publishers) 1975.

McClelland, David C., Human Motivation, Glenview etc. (Scott Foresman & Company) 1985.

McGregor, Douglas, The Human Side of Enterprise, New York – Toronto – London (McGraw-Hill) 1960.

McKinsey Institute, Jobs Lost, Jobs Gained: Workforce Transitions in a Time of Automation, San Francisco (McKinsey) 2017.

McLuhan, Marshall, Die magischen Kanäle. Understanding Media, Dresden – Basel (Verlag der Kunst) 2. Aufl. 1995.

Meckl, Reinhard, Change Agent, in: *Scholz, Christian* (Hrsg.), Vahlens Großes Personallexikon, München (Vahlen) 2009, 188.
Meffert, Heribert, Marketing. Grundlagen marktorientierter Unternehmensführung. Konzepte – Instrumente – Praxisbeispiele, Wiesbaden (Gabler) 9. Aufl. 2000.
meinestadt.de, Employer Branding Studie: Darauf kommt es Fachkräften mit Berufsausbildung bei zukünftigen Arbeitgebern an, Köln (meinestadt.de) 2017.
Mendenhall, Mark E., Introduction: New Perspectives on Expatriate Adjustment and its Relationship to Global Leadership Development, in: *Mendenhall, Mark E./Kühlmann, Torsten M./Stahl, Günter K.* (Hrsg.), Developing Global Business Leaders. Policies, Processes, and Innovations, Westport/CT – London (Greenwood Publishing Group) 2001, 1–16.
Mentzel, Wolfgang, Unternehmenssicherung durch Personalentwicklung. Mitarbeiter motivieren, fördern und weiterbilden, Freiburg im Breisgau (Haufe) 5. Aufl. 1992.
Meyer, Bernd, Wie muss die Wirtschaft umgebaut werden? Perspektiven einer nachhaltigeren Entwicklung, Frankfurt/Main (Fischer) 2008.
Meyer, Max, That Whale Among the Fishes – The Theory of Emotions, in: Psychological Review 40 (1933), 292–300.
Meyer, John P./Allen, Natalie J., A Three Component Conceptualization of Organizational Commitment, in: Human Resource Management Review 1 (1/1991), 61–89.
Miebach Consulting, Studie Personalbedarfsplanung, Frankfurt 2009.
Milgram, Stanley, The Small World Problem, in: Psychology Today 2 (5/1967), 60–67.
Milkovich, George T./Glueck, William F., Personnel-Human Resource Management: A Diagnostic -Approach, Plano (Business Publications) 4. Aufl. 1985.
Mintzberg, Henry, Covert Leadership: Notes On Managing Professionals, in: Harvard Business Review 76 (6/1998), 140–147.
Mitchel, Terence R. et al., Why People Stay: Using Job Embeddedness to Predict Voluntary Turnover, in: Academy of Management Journal 44 (6/2001), 1102–1121.
Mitchel, Terence R./Holtom, Brooks C./Lee, Thomas W., How to Keep Your Best Employees: Developing an Effective Retention Policy, in: Academy of Management Executive 15 (4/2001), 96–108.
Mitchel, Terence R./Holtom, Brooks C./Lee Thomas W./Sablynski, Chris J./Erez, Miriam, Why People Stay: Using Job Embeddedness to Predict Voluntary Turnover, in: Academy of Management Journal 44 (6/2001), 1102–1121.
Mitterer, Bernd, Die Sicht der administrativen Abwicklung, in: *Bröckermann, Reiner/Pepels, Werner* (Hrsg.), Die Personalfreisetzung. Betriebswirtschaftlich – gesellschaftspolitisch – menschlich, Renningen (expert) 2005, 59–68.
Morgan, Gareth, Images of Organization, Thousand Oaks (Sage) 1997.
Mosier, Kathleen L./Skitka, Linda J./Heers, Susan/Burdick, Mark, Automation Bias: Decision Making and Performance in High-tech Cockpits, in: International Journal of Aviation Psychology 8 (1/1998), 47–63.
Mugler, Josef, Personalwesen in Klein- und Mittelbetrieben, in: *Gaugler, Eduard/Weber, Wolfgang* (Hrsg.), Handwörterbuch des Personalwesens, Stuttgart (Schäffer-Poeschel) 2. Aufl. 1992, 1853–1863.
Mülder, Wilhelm, Wichtige Basis, in: Personalwirtschaft 37 (8/2008), 59–61.
Mülder, Wilhelm, Die Neue Software-Welle nicht verpassen, in: HR Performance 17 (4/2009), 14–34.
Müller, Henrik, Nur Lumpen sind bescheiden, in: Manager Magazin 38 (1/2008), 109.
Müller, Stefanie, Fehlende Datenqualität. Personaler unzufrieden mit IT, in: Computerwoche vom 17.07.2008, online unter: http://www.computerwoche.de/karriere/karriere-gehalt/1868902, abgerufen am 01.10.2009
Müller-Armack, Alfred, Wirtschaftsordnung und Wirtschaftspolitik. Studien und Konzepte zur Sozialen Marktwirtschaft und zur Europäischen Integration, Freiburg im Breisgau (Rombach) 1966.
Musolesi, Frank, Handlungsanalyse – ein alternativer Ansatz im Assessment Center, in: *Sarges, Werner* (Hrsg.), Weiterentwicklungen der Assessment Center-Methode, Göttingen etc. (Hogrefe) 1996, 41–52.
Nadin, Sara/Cassell, Catherine, New Deal for Old? Exploring the Psychological Contract in A Small Firm Environment, in: International Small Business Journal 25 (2007), 417–443.
Nagel, Kurt, Weiterbildung als strategischer Erfolgsfaktor. Der Weg zum unternehmerisch denkenden Mitarbeiter, Landsberg/Lech (moderne industrie) 1990.
Nanda, Ravinder/Browne, Jim, Introduction to Employee Scheduling, New York (Van Nostrand) 1992.

Neuberger, Oswald, Personalentwicklung, Stuttgart (Enke) 2. Aufl. 1994.

Neuberger, Oswald, Mikropolitik. Der alltägliche Aufbau und Einsatz von Macht in Organisationen, Stuttgart (Enke) 1995.

Neuberger, Oswald, Personalwesen 1. Grundlagen – Entwicklung – Organisation – Arbeitszeit – Fehlzeiten, Stuttgart (Ferdinand Enke) 1997.

Neuberger, Oswald, Mobbing. Übel mitspielen in Organisationen, München/Mering (Hampp) 1999.

Neuberger, Oswald, Führen und führen lassen. Ansätze, Ergebnisse und Kritik der Führungsforschung, Stuttgart (Lucius&Lucius) 6. Aufl. 2002.

Neuberger, Oswald, Mikropolitik und Moral in Organisationen: Herausforderung der Ordnung, Stuttgart (Lucius&Lucius) 2006.

Neumann, Peter, Gespräche mit Mitarbeitern effizient führen, in: *von Rosenstiel, Lutz/Regnet, Erika/Domsch, Michel E.* (Hrsg.), Führung von Mitarbeitern. Handbuch für erfolgreiches Personalmanagement, Stuttgart (Schäffer-Poeschel) 5. Aufl. 2003, 253–279.

Niemeyer, Gerhard, Kybernetische System- und Modelltheorie. System Dynamics, München (Vahlen) 1977.

Nienhüser, Werner, Nur kein Streit um Worte. Personalmanagement, Personalpolitik…, Personalwesen? Oder Human Resource Management? 1.8.2017, online unter: https://employmentrelations.wordpress.com/2017/08/01/nur-kein-streit-um-worte/, abgerufen am 25.5.2018.

Nike, online unter: https://www.indeed.com/cmp/Nike/about, abgerufen am 25.5.2018.

Ochel, Wolfgang, The Political Economy of Two-Tier Reforms of Employment Protection in Europe, CESIFO Working Paper No. 2461, München (11/2008).

Ockenfels, Wolfgang, Marktwirtschaft zwischen Solidarität und Subsidiarität, in: *Goldschmidt, Niesl/Wohlgemut, Michael* (Hrsg.), Die Zukunft der Sozialen Marktwirtschaft: Untersuchungen zur Ordnungstheorie und Ordnungspolitik 45, Tübingen (Mohr Siebeck) 2004, 41–51.

OECD (Organisation für wirtschaftliche Zusammenarbeit und Entwicklung), Live Longer, Work Longer, Paris (OECD Publishing) 2006.

Oechsler, Walter, Personal und Arbeit. Grundlagen des Human Resource Management und der Arbeitgeber-Arbeitnehmer-Beziehungen, München – Wien (Oldenbourg) 8. Aufl. 2006.

Olmsted, Barney, Job Sharing: An Emerging Work-Style, in: International Labour Review 118 (3/1979), 283–297.

Opaschowski, Horst W., Das Erlebniszeitalter, in: *Becker, Ulrich et al.* (Hrsg.), Top Trends. Die wichtigsten Trends für die nächsten Jahre, Düsseldorf – München (Metropolitan) 1995, 24–32.

Ortony, Andrew/Turner, Terence, What's Basic About Basic Emotions?, in: Psychological Review 97 (1990) 315–331.

Page, Michael, Putting People First: How HR is at the Forefront of Business Growth and Transformation, New York (Michael Page) 2015.

Panse, Winfried/Stegmann, Wolfgang, Kostenfaktor Angst, Landsberg/Lech (moderne industrie) 1996.

Park, Jaram/Baek, Young, M./Cha, Meeyoung, Cross-cultural Comparison of Nonverbal Cues in Emoticons on Twitter: Evidence from Big Data Analysis, in: Journal of Communication 64 (2/2012), 333–354.

Patton, Dean/Marlow, Sue, Managing the Employment Relationship in the Smaller Firm: Possibilities for Human Resource Management, in: International Small Business Journal 11 (4/1993), 57–64.

Patton, Dean/Marlow, Sue/Hannon, Paul, The Relationship Between Training and Small Firm Performance: Research frameworks and lost quests, in: International Small Business Journal 19 (1/2000), 11–28.

Pawlowsky, Peter, Auf dem Weg zu höherer Leistung, in: *Pawlowsky, Peter/Mistele, Peter* (Hrsg.), Hochleistungsmanagement. Leistungspotenziale in Organisationen gezielt fördern, Wiesbaden (Gabler) 2008, 413–424.

Pawlowsky, Peter/Mistele, Peter (Hrsg.), Hochleistungsmanagement. Leistungspotenziale in Organisationen gezielt fördern, Wiesbaden (Gabler) 2008.

Perlmutter, Howard, L'entreprise internationale. Trois conceptions, in: Revue économique et sociale 23 (1965), 151–165.

Pfeffer, Jeffrey, Low Grades for Performance Reviews. Managers and Employees Alike Sense the Truth: Workplace Appraisals aren't Working, Beitrag in Business Week vom 23.07.2009, online unter: http://www.businessweek.com/magazine/content/09_31/b4141080608077.htm, abgerufen am 24.08.2009.

Phillips, Brendan/Tsu Wee Tan, Thomas/Julian, Craig, The Theoretical Underpinnings of Emotional-Dissonance: A Framework and Analysis of Propositions, in: Journal of Services Marketing 20 (2006), 471–478.

Picot, Arnold/Reichwald, Ralf/Wigand, Rolf, Die grenzenlose Unternehmung. Information, Organisation und Management, Wiesbaden (Gabler) 5. Aufl. 2003.

Pierce, Charles S., Deduction, Induction, and Hypothesis, in: Popular Science Monthly 13 (1878), 470–482.

Plutchik, Robert, Emotion: A Psychoevolutionary Synthesis, New York (Harper & Row) 1980.

Plutchik, Robert, Emotions and Life. Perspectives from Psychology, Biology and Evolution, Washington DC (American Psychological Association) 2003.

Popper, Karl R., Conjectures and Refutations: The Growth of Scientific Knowledge, London (Routledge and Kegan Paul) 1963.

Popper, Karl R., Logik der Forschung, Tübingen, (Mohr Siebeck) 4. Aufl. 1971.

Porter, Michael E., Competitive Advantage. Creating and Sustaining Superior Performance, New York (Free Press) – London (Collier Macmillan) 1985.

Porter, Michael E., Strategy and the Internet, in: Harvard Business Review 79 (3/2001), 63–78.

PriceWaterhouseCoopers, Global Human Capital Survey 2002/3. Executive Briefing: Effective People Management and Profitability, London 2002.

Priestly, Jennifer, We're all data geeks now, in: IEEE Spectrum 52 (8/2015), 29.

Puls GmbH, Unternehmensleitlinien, 2018, online unter: http://www.pulspower.com/de/unternehmen/unternehmensleitlinien/, abgerufen am 25.5.2018.

pwc, Fachkräftemangel. Stationärer und ambulanter Bereich bis zum Jahr 2030, Frankfurt am Main (pwc) 2010.

Ready, Douglas A./Conger, Jay A., Make Your Company a Talent Factory, in: Harvard Business Review 85 (6/2007), 68–77.

Reddin, William J., The 3-D Management Style Theory. A Typology Based on Taste and Relationship Orientations, in: Training and Development Journal 21 (4/1967), 8–17.

Reddin, William J., Das 3-D-Programm zur Leistungssteigerung des Managements, Landsberg/Lech (moderne industrie) 1981.

REFA (Verband für Arbeitsgestaltung, Betriebsorganisation und Unternehmensentwicklung), Methodenlehre des Arbeitsstudiums, Band 4: Anforderungsermittlung (Arbeitsbewertung), München (Hanser) 5. Aufl. 1985.

REFA (Verband für Arbeitsgestaltung, Betriebsorganisation und Unternehmensentwicklung), Methodenlehre der Betriebsorganisation – Anforderungsermittlung (Arbeitsbewertung), München (Hanser) 2. Aufl. 1991.

REFA (Verband für Arbeitsgestaltung, Betriebsorganisation und Unternehmensentwicklung), Methodenlehre der Betriebsorganisation. Datenermittlung, München (Hanser) 1997.

Reichwald, Ralf et al., Telekooperation. Verteilte Arbeits- und Organisationsformen, Berlin – Heidelberg (Springer) 2000.

Reichwald, Ralf/Möslein, Kathrin, Chancen und Herausforderungen für neue unternehmerische Strukturen und Handlungsspielräume in der Informationsgesellschaft, in: *Picot, Arnold* (Hrsg.), Telekooperation und virtuelle Unternehmen. Auf dem Weg zu neuen Arbeitsformen, Heidelberg (Decker) 1997, 1–37.

Resch, Olaf, E-Commerce-Controlling. Spezifika, Potenziale, Lösungen, Wiesbaden (Gabler) 2004.

Ries, Gerhard/Peiniger, Gunhild, Haftung und Versicherung von Managern. Rechtliche Grundlagen-D&O-Versicherung, Regensburg (Walhalla) 2. Aufl. 2009.

Right Management, Talent Management: Accelerating Business Performance. Global Trends, Challenges and Priorities, London (Right Management) 2014.

Rohmert, Walter, Das Belastungs-Beanspruchungskonzept, in: Zeitschrift für Arbeitswissenschaft 38 (4/1984), 193–200.

Rohrschneider, Uta, Personalsuche und -werbung, in: Haufe Mediengruppe (Hrsg.), Personalmanagement: das Handbuch für effiziente Personalarbeit, Freiburg im Breisgau etc. (Haufe) 2001, 147–162.

Rorschach, Hermann/Morgenthaler Walter, Psychodiagnostik. Methodik und Ergebnisse eines wahrnehmungsdiagnostischen Experiments, Bern (Huber) 1992.

Ruschel, Adalbert, Personalentwicklung, in: *Schneider, Hans J.* (Hrsg.), Mensch und Arbeit. Taschenbuch für die Personalpraxis, Köln (Bachem) 9. Aufl. 1992, 387–462.

Sackmann, Sonja/Bertelsmann Stiftung (Hrsg.), Success Factor: Corporate Culture. Developing a Corporate Culture for High Performance and Long-Term Competitiveness. Six Best Practices, Gütersloh (Bertelsmann Stiftung) 2006.

Salovey, Peter/Mayer, John D., Emotional Intelligence, in: Imagination, Cognition and Personality 9 (1989–90), 185–211.

Sarges, Werner (Hrsg.), Weiterentwicklungen der Assessment-Center-Methode, Göttingen etc. (Verlag für Angewandte Psychologie) 1996.

Sattelberger, Thomas, Interview: Der Stolz auf eine gute Administration, in: Personalmagazin (2/2005), 13.

Sattelberger, Thomas/Scholz, Christian, Der HPI ist ein trojanisches Pferd, in: Personalwirtschaft 38 (7/2009), 10–11.

Schein, Edgar H., Organizational Psychology, Englewood Cliffs/N.J. (Prentice Hall) 3. Aufl. 1980.

Schein, Edgar H., Coming to a New Awareness of Organizational Culture, in: Sloan Management Review 25 (2/1984), 3–16.

Schein, Edgar H., Organizational Culture and Leadership. San Francisco (Jossey-Bass) 1989.

Schell, Jesse, The Art of Game Design: A Book of Lenses. Boca Raton, Fl. (CRC Press) 2014.

Schermerhorn, John R. jr., Management, New York (Wiley) 7. Aufl. 2002.

Schleier, Christian, Neuromarketing – Über den Mehrwert der Hirnforschung für das Marketing, in: *Kreutzer, Ralf T./Merkle, Wolfgang*, Die neue Macht des Marketing, Wiesbaden (Gabler) 2008, 305–323.

Schmeichel, Christian, Personalmanagement als Instrument zur Markenbildung im Privatkundengeschäft von Kreditinstituten. Eine kausalanalytische Betrachtung, München/Mering (Hampp) 2005.

Schmidt, Siegfried J., Die Wirklichkeit des Beobachters, in: *Merten, Klaus/Schmidt, Siegfried/Weischenberg, Siegfried* (Hrsg.), Die Wirklichkeit der Medien. Eine Einführung in die Kommunikationswissenschaft, Opladen (Westdeutscher Verlag) 1994, 3–19.

Schmitz-Buhl, Stefan M., Die Sicht in Bezug auf den „alten" Arbeitgeber, in: *Bröckermann, Reiner/Pepels, Werner* (Hrsg.), Die Personalfreisetzung. Betriebswirtschaftlich – gesellschaftspolitisch – menschlich, Renningen (expert) 2005, 135–144.

Schneider, Peter/Heim, Rainer/Geke, Michael, Der Zukunft ein Gesicht geben, in: Personalwirtschaft 38 (7/2009), 59–61.

Scholz, Christian, Zur Konzeption einer strategischen Personalplanung, in: Schmalenbachs Zeitschrift für betriebswirtschaftliche Forschung 34 (1982), 979–994.

Scholz, Christian, Betriebswirtschaftslehre + Kybernetische Systemtheorie = Betriebskybernetik?, in: *Schiemenz, Bernd/Wagner, Adolf* (Hrsg.), Angewandte Wirtschafts- und Sozialkybernetik. Neue Ansätze in Praxis und Wissenschaft, Berlin (Schmidt) 1984, 101–113.

Scholz, Christian, Strategisches Management. Ein integrativer Ansatz, Berlin – New York (de Gruyter) 1987.

Scholz, Christian, Personalmanagement. Informationsorientierte und verhaltenstheoretische Grundlagen, München (Vahlen) 1989a.

Scholz, Christian, Kultur und CI deckungsgleich? Das Lambda-Modell zeigt, wo Ihr Unternehmen steht, in: Absatzwirtschaft, Sondernummer (10/1989b), 212–223.

Scholz, Christian, Personalmarketing: Wenn Mitarbeiter heftig umworben werden, in: Harvard Business Manager 14 (1/1992a), 94–105.

Scholz, Christian, Organisatorische Effektivität und Effizienz, in: *Frese, Erich* (Hrsg.), Handwörterbuch der Organisation, Stuttgart (Poeschel) 3. Aufl. 1992b, 533–552.

Scholz, Christian, Die virtuelle Organisation als Strukturkonzept der Zukunft. Working Paper: Diskussionsbeitrag Nr. 30 des Lehrstuhls für Betriebswirtschaftslehre, insbesondere Organisation, Personal- und Informationsmanagement an der Universität des Saarlandes, Saarbrücken 1994.

Scholz, Christian, Die virtuelle Organisation als Strukturkonzept der Zukunft, Diskussionsbeitrag Nr. 30 des Lehrstuhls für Betriebswirtschaftslehre, insbesondere Organisation, Personal- und Informationsmanagement an der Universität des Saarlandes, Saarbrücken 1994.

Scholz, Christian, Ein Denkmodell für das Jahr 2000? Die virtuelle Personalabteilung, in: Personalführung 28 (1995), 398–403.

Scholz, Christian, Die virtuelle Personalabteilung – Ein Jahr später, in: Personalführung 29 (1996a), 1080–1086.

Scholz, Christian, Virtuelle Organisation: Konzeption und Realisation, in: Zeitschrift für Organisation 65 (4/1996b), 204–210.

Scholz, Christian, Die virtuelle Personalabteilung, in: *Schwuchow, Karlheinz/Gutmann, Joachim* (Hrsg.), Jahrbuch Weiterbildung 1996, Düsseldorf (Verlagsgruppe Handelsblatt) 1996c, 132–136.

Scholz, Christian, Towards the Virtual Corporation: A Complex Move Along Three Axes. Working Paper: Diskussionsbeitrag Nr. 62 des Lehrstuhls für Betriebswirtschaftslehre, insbesondere Organisation, Personal- und Informationsmanagement an der Universität des Saarlandes, Saarbrücken 1998.

Scholz, Christian, Die virtuelle Personalabteilung als Zukunftsvision?, in: *Scholz, Christian* (Hrsg.), Innovative Personalorganisation. Center-Modelle für Wertschöpfung, Strategie, Intelligenz und Virtualisierung, Neuwied – Kriftel (Luchterhand) 1999a, 233–253.

Scholz, Christian, Darwiportunismus. Das neue Szenario im Berufsleben, in: WISU – Das Wirtschaftsstudium (10/1999b), 1182–1184.

Scholz, Christian, Personalmanagement. Informationsorientierte und verhaltenstheoretische Grundlagen, München (Vahlen) 5. Aufl. 2000a.

Scholz, Christian, Strategische Organisation. Multiperspektivität und Virtualität, Landsberg/Lech (moderne industrie) 2. Aufl. 2000b.

Scholz, Christian, Virtuelle Teams mit darwinistischer Tendenz: Der Dorothy-Effekt, in: Organisations-Entwicklung 20 (4/2001), 20–29.

Scholz, Christian, Virtuelle Teams – Neuer Wein in neue Schläuche!, in: Zeitschrift für Führung und Organisation 71 (2002), 26–33.

Scholz, Christian, Spieler ohne Stammplatzgarantie. Darwiportunismus in der neuen Arbeitswelt, Weinheim (Wiley-VCH) 2003a.

Scholz, Christian, Systematik: Die Saarbrücker MO5-Wertschöpfungskette, in: *Scholz, Christian/Gutmann, Joachim* (Hrsg.), Webbasierte Personalwertschöpfung. Theorie – Konzeption – Praxis, Wiesbaden (Gabler) 2003b, 123–144.

Scholz, Christian, Medienmanagement – Herausforderung, Notwendigkeit und ein Bezugsrahmen, in: *Scholz, Christian* (Hrsg.), Handbuch Medienmanagement, Berlin – Heidelberg – New York (Springer) 2006a, 11–71.

Scholz, Christian, Der schwarze Mitarbeiterabbauplanet, in: Per Anhalter durch die Arbeitswelt, F.A.Z. Blog vom 20.10.2006b, online unter: http://faz-community.faz.net/blogs/personal-blog/archive/2006/10/20/138.aspx, abgerufen am 26.06.2009.

Scholz, Christian, Die Anti-Flat-These und warum im Bereich HR-IT umgedacht werden muss, in: *Papmehl, André/Gastberger, Peter/Budai, Zoltan* (Hrsg.), Die Kreative Organisation. Führungsverantwortung wahrnehmen, Kreative Mitunternehmer entfesseln, Chancen im globalen Wettbewerb gestalten, Wiesbaden (Gabler) 2008, 153–166.

Scholz, Christian, Generation G: Computerspieler als Sicherheitsrisiko?, in: Per Anhalter durch die Arbeitswelt, F.A.Z. Blog vom 08.04.2009a, online unter: http://faz-community.faz.net/blogs/personal-blog/archive/2009/04/08/generation-g-computerspieler-als-sicherheitsrisiko.aspx, abgerufen am 10.11.2009.

Scholz, Christian, Überlebenswichtig: Wie man aus Pistazieneis Sonnenschein macht, in: Per Anhalter durch die Arbeitswelt, F.A.Z. Blog vom 13.05.2009b, online unter: http://faz-community.faz.net/blogs/personal-blog/archive/2009/05/13/ueberlebenswichtig-wie-man-aus-pistazieneis-sonnenschein-macht.aspx, abgerufen am 19.08.2009.

Scholz, Christian, Grundzüge des Personalmanagements, München (Vahlen) 2011.

Scholz, Christian, Generation Z. Wie sie tickt, was sie verändert und warum sie uns alle ansteckt, Weinheim (Wiley-VCH) 2014a.

Scholz, Christian, Personalmanagement. Informationsorientierte und verhaltenstheoretische Grundlagen, München (Vahlen) 6. Aufl. 2014b.

Scholz, Christian, Values as Input and Values as Output: The True Challenge for Media Companies, in: *Altmeppen, Klaus-Dieter/Hollifield, C. Ann/van Loon, Joost (Hrsg.)*, Value-Oriented Media Management. Decision making between Profit and Responsibility, Cham (Springer) 2017, 83–93.

Scholz, Christian, Blendwerk Work- Life-Blending, managerSeminare 239 (2018), 34–40.

Scholz, Christian et al., Human Resource Management in Europe: Convergence or Diversity? Comparative Analysis of Denmark, France, Germany, and the United Kingdom, Submitted and Accepted Symposium Paper for the Academy of Management Annual Conference, Anaheim 2008.

Scholz, Christian/Böhm, Hans (Hrsg.), Human Resource Management in Europe: Comparative Analysis and Contextual Understanding, London – New York (Routledge) 2008.

Scholz, Christian/Büch, Daniela, Kompetenz4HR: Befähigung, Befugnis und Rollenverständnis für die Personalabteilung in Österreich, Saarbrücken (Institut für Managementkompetenz) 2007.

Scholz, Christian/Eisenbeis, Uwe, Erfolgsfaktor Unternehmenskultur. Ein erster Ergebnisbericht, Diskussionsbeitrag Nr. 90 des Lehrstuhls für Betriebswirtschaftslehre, insb. Organisation, Personal- und Informationsmanagement, Saarbrücken (Universität des Saarlandes) 2009.

Scholz, Christian/Gutmann, Joachim (Hrsg.), Webbasierte Personalwertschöpfung. Theorie – Konzeption – Praxis, Wiesbaden (Gabler) 2003.

Scholz, Christian/Hartig, Thea, Candidate Experience der Generation Z, in: HR Performance (Recruiting Tomorrow 2016), 18–20.

Scholz, Christian/Hofbauer, Wolfgang, Organisationskultur. Die vier Erfolgsprinzipien, Wiesbaden (Gabler) 1990.

Scholz, Christian/Müller, Stefanie, Human Resource Management in Europe: Looking Again at the Issue of Convergence, Diskussionsbeitrag Nr. 98 des Lehrstuhls für Betriebswirtschaftslehre, insbesondere Organisation, Personal- und Informationsmanagement an der Universität des Saarlandes, Saarbrücken 2010.

Scholz, Christian/Niemczyk, Karoline, Arbeitsweltmonitor 2007: Impulse für gute Personalarbeit, Saarbrücken (Institut für Managementkompetenz) 2008.

Scholz, Christian/Sattelberger, Thomas, Human Capital Reporting – HCR10 als Standard für eine transparente Personalberichterstattung, Vahlen (München) 2012.

Scholz, Christian/Schmitt, Albert, Als Manager von Künstlern lernen, in: Marketing Club Frankfurt, Club Report (2004/2005), 11–12.

Scholz, Christian/Schmitt, Albert, Hochleistung braucht Dissonanz. Was Teams vom 5-Sekunden-Modell der Deutschen Kammerphilharmonie Bremen lernen können, Weinheim (Wiley-VCH) 2010.

Scholz, Christian/Scholz, Sebastian C., Personal-Websites im Test, in: Personalwirtschaft 29 (2/2000), 10–12.

Scholz, Christian/Stein, Volker, The Global Performance Project: Empirical Findings from a European Research Group, Diskussionsbeitrag Nr. 48 des Lehrstuhls für Betriebswirtschaftslehre, insb. Organisation, Personal- und Informationsmanagement an der Universität des Saarlandes, Saarbrücken 1997.

Scholz, Christian/Stein Volker, „Competitive Acceptance" in Cross-Cultural Interaction. Findings from an Empirical Study. Interactive Paper Session at the 1998 Academy of Management Meeting, San Diego, CA. Disskussionsbeitrag Nr. 65 des Lehrstuhls für Betriebswirtschaftslehre, insbesondere Organisation, Personal- und Informationsmanagement an der Universität des Saarlandes, Saarbrücken 1998.

Scholz, Christias/Stein, Volker, International Virtual Teams (IVTs): A Triple „Mission Impossible"?, Full Paper Abstract in: *Morley, Michael J./Gunnigle, Patrick/Heraty, Noreen/Pearson, Jill/Sheikh, Haaris/Tiernan, Siobhán* (Hrsg.), Exploring the Mosaic, Developing the Discipline. Dublin (Interesource Group) 2003, 205–206.

Scholz, Christian/Stein, Volker, Identitätsbildung in Internationalen Virtuellen Teams (IVT's), in: *Scholz, Christian* (Hrsg.), Identitätsbildung: Implikationen für globale Unternehmen und Regionen, München/Mering (Hampp) 2005, 87–103.

Scholz, Christian/Stein, Volker, Identitätsbildung in Internationalen Virtuellen Teams (IVTs), in: *Scholz, Christian (Hrsg.)*, Identitätsbildung: Implikationen für globale Unternehmen und Regionen, München-Mering (Hampp) 2005, 87–103, 97.

Scholz, Christian/Stein, Volker, Interkulturelle Wettbewerbsstrategien, Göttingen (Vandenhoeck & Ruprecht) 2013.

Scholz, Christian/Stein, Volker/Bechtel, Roman, Human Capital Management. Wege aus der Unverbindlichkeit, München (Luchterhand) 3 Aufl. 2011. *Scholz, Christian* (Hrsg.), Faszination Humankapital: Realitätsnahe Bewertung (Saarbrücker Formel) plus transparentes Reporting (HCR10), München – Mering (Hampp) 2018.

Scholz, Christian/Lechner, Christine/Jorzyk, Karoline, Kompetenz4HR: Emotionen in der Personalarbeit in Österreich, Ergebnis einer Studie, erstellt anlässlich des 6. Jahresforums für die Personalwirtschaft – Power of People in Rust/Wien, April 2009.

Scholz, Christian/Stein, Volker/Bechtel, Roman, Human Capital Management. Wege aus der Unverbindlichkeit, München (Luchterhand) 2. Aufl. 2006.

Scholz, Christian/Stein, Volker/Müller, Stefanie, Humankapitalisten und Humankapitalvernichter. Das Humankapital der DAX30-Unternehmen im Vergleich der Jahre 2005 und 2006, Saarbrücken (Institut für Managementkompetenz) 2008.

Scholz, Tobias M., Talent Management in the Video Game Industry: The Role of Cultural Diversity and Cultural Intelligence, in: Thunderbird International Business Review 54 (6/2012), 845–858.

Scholz, Tobias M., Big Data in Organizations and the Role of Human Resource Management, Frankfurt am Main (Peter Lang) 2017.

Scholz, Tobias M./Stein, Volker, Juxtaposing Transduction and Transtraction: Pugging in International Virtual Teams, in: Palabra Clave 20 (3/2017), 788–804.

Schreiber-Tennagels, Susanne, Internet-Stellenmärkte, in: *Bröckermann, Reiner/Pepels, Werner* (Hrsg.), Personalmarketing. Akquisition – Bindung – Freistellung, Stuttgart (Schäffer-Poeschel) 2002, 71–85.

Schuler, Heinz, Psychologische Personalauswahl. Einführung in die Berufseignungsdiagnostik, Göttingen etc. (Verlag für Angewandte Psychologie) 1996.

Schuler Heinz/Höft, Stefan (Hrsg.), Konstruktorientierte Verfahren der Personalauswahl, in: Lehrbuch der Personalpsychologie, Göttingen etc. (Hogrefe) 2. Aufl. 2001, 93–133.

Schuler, Heinz/Höft, Stefan, Diagnose beruflicher Eignung und Leistung, in: Lehrbuch Organisationspsychologie, Bern (Huber) 3. Aufl. 2004, 289–343.

Schulten, Thorsten, WSI Mindestlohnbericht 2013, in: *WSI Mitteilungen (02/2013), 126–132.*

Schulz von Thun, Friedemann, Miteinander Reden 1. Störungen und Klärungen. Allgemeine Psychologie der Kommunikation, Reinbek (Rowohlt) 1981.

Schwab, Olivia/Erdmann, Waldemar, Schnell die Akte zur Hand, in: Personalwirtschaft 38 (2/2009), 56–57.

Schwabe, Gerhard/Seitz, Norbert/Unland, Rainer, CSCW-Kompendium – Lehr- und Handbuch zum computergestützten kooperativen Arbeiten, Berlin – Heidelberg – New York (Springer) 2001.

Schweyer, Allan, Talent Management Systems. Best Practices in Technology Solutions for Recruitment, Retention and Workforce Planning, Toronto (Wiley) 2004.

Scroggins, Wesley A., The Relationship Between Employee Fit Perceptions, Job Performance, and Retention: Implications of Perceived Fit, in: Employee Responsibilities and Rights Journal 20 (2008), 57–71.

Seibt, Hagen/Kleinmann, Martin, Personalauswahl von Hochschulabsolventen: Derzeitiger Stand und Perspektiven, in: *Methner, Helmut* (Hrsg.), Psychologen gestalten die Zukunft, Bonn (Deutscher Psychologen Verlag) 1990, 292–304.

Seifter, Harvey/Economy, Peter, Leadership Ensemble: Lessons in Collaborative Management from the World-Famous Conductorless Orchestra, New York (Times Books) 2001.

Sheehan, Maura, Human Resource Management and Performance: Evidence from Small and Medium-sized Firms, in: International Small Business Journal 32 (5/2014), 545–570.

Shmueli, Galit/Koppius, Otto R., Predictive Analytics in Information Systems Research, in: MIS Quarterly 35 (3/2011), 553–572.

Shula, Don/Blanchard, Ken, Everyone's Coach. You Can Inspire Anyone To Be A Winner, New York (Harper Business) 1995.

Shull, Fremont A./Delbecq, André L./Cummings, Larry L., Organizational Decision Making, New York etc. (McGraw-Hill) 1970.

Simon, Herbert A., Organizations and Markets, in: Journal of Economic Perspectives 5 (2/1991), 25–44.

Simon, Hermann et al., Effektives Personalmarketing. Strategien – Instrumente – Fallstudien, Wiesbaden (Gabler) 1995.

Sinn, Hans-Werner im Interview mit *Schmergal, Cornelia*, Verbände attackieren den Jobkiller Mitbestimmung, in: Welt am Sonntag (31.10.2004), 7.

Sony, online unter: https://www.sony.de/electronics/ueber-sony, abgerufen am 25.5.2018.

Spallek, Ricarda, DGFP-Studie: Megatrends und HR Trends 2013, Düsseldorf (Deutsche Gesellschaft für Personalführung e.V.) 2013.

Spencer, Daniel G., Employee Voice and Employee Retention, in: Academy of Management Journal 29 (1986), 488–502.

Spengler, Thomas, Modellgestützte Personalplanung, Working Paper No. 10, Faculty of Economics and Management, Otto von Guericke Universität Magdeburg (Magdeburg) 2006.

Sprenger, Reinhard K., Mythos Motivation. Wege aus einer Sackgasse, Frankfurt – New York (Campus) 1996.

Spychala, Anne/Fleischmann, Jürgen, Kommunikation mit Mitarbeitern, in: *Dombrowski, Uwe et al.* (Hrsg.), Modernisierung kleiner und mittlerer Unternehmen, Berlin – Heidelberg – New York (Springer) 2009, 195–201.

Starbatty, Joachim, Die Soziale Marktwirtschaft als Konzeption, in: *Goldschmidt, Niels/Wohlgemut, Michael* (Hrsg.), Die Zukunft der Sozialen Marktwirtschaft: Untersuchungen zur Ordnungstheorie und Ordnungspolitik 45, Tübingen (Mohr Siebeck) 2004, 135–151.

Statistisches Bundesamt, Statistisches Jahrbuch 2013, Wiesbaden 2013.

Statistisches Bundesamt, Mikrozensus. Bevölkerung und Erwerbstätigkeit. Stand und Entwicklung der Erwerbstätigkeit in Deutschland 2015, Wiesbaden (Statistisches Bundesamt) 2016.

Staufenbiel/Kienbaum, RecruitingTrend 2017, Was HR-Verantwortliche wissen müssen, Köln (Staufenbiel) 2017.

Stein, Volker, Emergentes Organisationswachstum. Eine systemtheoretische „Rationalisierung", München/Mering (Hampp) 2000.

Stein, Volker, Human Capital Management: The German Way, in: Zeitschrift für Personalforschung 21 (2007), 295–321.

Stein, Volker, Recruiting-Games, in: *Scholz, Christian* (Hrsg.), Vahlens Großes Personallexikon, München (Vahlen) 2009a, 977.

Stein, Volker, Human-Potential-Index (HPI) – Eine Netzwerkanalyse, in: HR Performance (6/2009b), 62–64.

Stein, Volker, Dynamisiertes Personalmanagement: Eine multiperspektivische Annäherung und das „Prinzip nano", in: *Stein, Volker/Müller, Stefanie (Hrsg.),* Aufbruch des strategischen Personalmanagements in die Dynamisierung, Baden-Baden (Nomos)/München (Vahlen) 2012, 260–273, 269.

Stein, Volker/Scholz, Tobias M., Manufacturing Revolution Boosts People Issues: The Evolutionary Need for "Human-Automation Resource Management" in Smart Factories (Unveröffentlichtes Manuskript).

Stephanopoulos, Nicholas O./McGhee, Eric M., Partisan Gerrymandering and the Efficiency Gap, in: The University of Chicago Law Review 82 (2/2015), 831–900.

Stock-Homburg, Ruth, Personalmanagement. Theorien – Konzepte – Instrumente, Wiesbaden (Gabler) 2008.

Stogdill, Ralph M./Coons, Alvin E. (Hrsg.), Leader Behavior: Its Description and Measurement, Ohio (Ohio State University) 1957.

Strasser, Helmut, Anthropometrische und biomechanische Grundlagen, in: *Hettinger, Theodor/Wobbe, Gerd* (Hrsg.), Kompendium der Arbeitswissenschaft, Ludwigshafen/Rhein (Kiehl) 1993, 53–55.

Strohmeier, Stefan, Research in e-HRM: Review and Implications, in: Human Resource Management Review 17 (1/2007), 19–37.

Strohmeier, Stefan, Informationssysteme im Personalmanagement. Aufbau – Funktionalität – Anwendung, Wiesbaden (Vieweg + Teubner) 2008.

Stuber, Michael, Diversity. Das Potenzial-Prinzip: Ressourcen aktivieren – Zusammenarbeit gestalten, Köln (Luchterhand) 2. Aufl. 2009.

Süßenguth, Ernst, Erfahrungsbericht über Mitarbeiterbefragungen der BASF, in: *Domsch, Michel/Schneble, Andrea* (Hrsg.), Mitarbeiterbefragungen, Heidelberg (Physica) 1991, 25–32.

Swan, Melanie, Blockchain. Blueprint for a New Economy. Sebastopol, CA (O'Reilly) 2015.

Tannenbaum, Robert/Schmidt, Warren H., How to Choose a Leadership Pattern, in: Harvard Business Review 36 (2/1958), 95–101.

Thaler, Richard/Sunstein, Cass, Nudge. Improving Decisions About Health, Wealth, and Happiness, New Haven (Yale University Press) 2008.

Thompson, Arthur A. Jr./Strickland, Alonzo J. III, Strategic Management. Concepts and Cases, Chicago/IL etc. (Irwin) 8. Aufl. 1995.

Todorov, Alexander in *Schwertfeger, Bärbel*, Verzerrte Vorhersagen, unfaire Ergebnisse, in: Skeptiker 4 (2017), 174–179.

Turtle Entertainment, …a Turtle? Online unter: https://www.turtle-entertainment.com/company/, abgerufen am 25.5.2018.

UBS AG, Prices and Earnings. A Comparison of Purchasing Power Around the Globe/2009 Edition, Zürich 2009.

Ulrich, Hans, Die Unternehmung als produktives soziales System. Grundlagen der allgemeinen Unternehmungslehre, Bern (Haupt) 1968.

Van Rooy, David L./Viswesvaran, Chockalingam, Emotional Intelligence: A Meta-Analytic Investigation of Predictive Validity and Nomological Net, in: Journal of Vocational Behavior 65 (2004), 71–95.

VBG (Verwaltungs-Berufsgenossenschaft), Bildschirm- und Büroarbeitsplätze. Leitfaden für die Gestaltung, VBG Fachinformation BGI 650 2007.

von Bertalanffy, Ludwig, Zu einer allgemeinen Systemlehre, in: Biologia Generalis 19 (1949), 114–129.
von Schoenebeck, Gudrun, Hightech-Bürogebäude „The Edge" – nachhaltig und neugierig, Big Data im grünen Büro, in: HR Performance 25 (3/2017), 24–25.
von der Oelsnitz, Dietrich/Stein, Volker/Hahmann, Martin, Der Talente-Krieg: Personalstrategie und Bildung im globalen Kampf um Hochqualifizierte, Bern (Haupt) 2007.
Wächter, Hartmut/Müller-Camen, Michael, Co-Determination and Strategic Integration in German Firms, in: Human Resource Management Journal 12 (3/2002), 76–87.
Wagner, Alan R./Arkin, Roland C., Acting Deceptively: Providing Robots with the Capacity for Deception, in: International Journal of Social Robotics 3 (1/2011), 5–26.
Waldenfels, Bernhard, Das Unkalkulierbare zulassen, im Interview mit *Maeck, Stefanie/Sommer, Christine,* in: brand eins 11 (4/2009), 82–87.
Waldvogel, Joan, Greetings and Closings in Workplace Email, in: Journal of Computer-Mediated Communication 12 (2/2007), 456–477.
Walker, Elizabeth et al., Small Business Owners: Too Busy To Train?, in: Journal of Small Business and Enterprises Development 14 (2/2007), 294–306.
Wallau, Frank et al., Die volkswirtschaftliche Bedeutung der Familienunternehmen, Institut für Mittelstandsforschung, IfM-Materialien Nr. 172 (Bonn) 2007.
Walter, Uta/Münch, Eckhard, Die Bedeutung von Fehlzeitenstatistiken für die Unternehmensdiagnostik, in: *Badura, Bernhard/Schröder, Helmut/Vetter, Christian* (Hrsg.), Fehlzeitenreport 2008, Wiesbaden (Vieweg + Teubner) 2008, 139–154.
Walther, Petra: Mitarbeiter mit Mission. Employee Branding, in: managerSeminare Heft 127 (10/2008), 24–28.
Watson, David/Tellegen, Auke, Toward a Consensual Structure of Mood, in: Psychological Bulletin 98 (1985), 219–235.
Watzlawick, Paul/Beavin, Janet/Jackson, Don, Menschliche Kommunikation, Bern – Stuttgart (Huber) 1969.
Weber, Max, Wirtschaft und Gesellschaft. Grundriss der verstehenden Soziologie, Tübingen (Mohr) 5. Aufl. 1976.
Weber, Stefan, Was heißt „Medien konstruieren Wirklichkeit?". Von einem ontologischen zu einem empirischen Verständnis von Konstruktion, in: Medienimpulse 40 (6/2002), 11–16.
Weibler, Jürgen/Küpers, Wendelin, Intelligente Entscheidungen in Organisationen – Zum Verhältnis von Kognition, Emotion und Intuition, in: *Bortfeldt, Andreas et al.* (Hrsg.), Intelligent Decision Support – Current Challenges and Approaches (dt. Intelligente Entscheidungsunterstützung – Aktuelle Herausforderungen und Lösungsansätze), Wiesbaden (Gabler) 2008, 457–478.
Welch, Jack/Welch, Suzy, Welchs Welt. Händchen für Mitarbeiter, in: WirtschaftsWoche vom 13.11.2006, 142.
Welge, Martin K./Al-Laham, Andreas, Strategisches Management. Grundlagen – Prozess – Implementierung, Wiesbaden (Gabler) 2. Aufl. 1999.
Weuster, Arnulf, Personalauswahl. Anforderungsprofil, Bewerbersuche, Vorauswahl und Vorstellungsgespräch, Wiesbaden (Gabler) 2004.
Whewell, William, History of the Inductive Sciences, Hildesheim (G. Olms) 1973 (Nachdruck der Ausgabe von 1857).
Wibbe, Josef, Arbeitsbewertung. Entwicklung, Verfahren und Probleme, München (Hanser) 3. Aufl. 1966.
Wickel-Kirsch, Silke/Janusch, Matthias/Knorr, Elke, Personalwirtschaft. Grundlagen der Personalarbeit in Unternehmen, Wiesbaden (Gabler) 2008.
Wilke, Katja, Media Saturn spart Personalchef ein, in: Financial Times Deutschland, 02.10.2007, 2.
Wingen, Sascha et al., Vertrauensarbeitszeit – Neue Entwicklungen gesellschaftlicher Arbeitszeitstrukturen, Schriftenreihe der Bundesanstalt für Arbeitsschutz und Arbeitsmedizin, Dortmund – Berlin – Dresden (Bundesanstalt für Arbeitsschutz und Arbeitsmedizin) 2004.
Winter, Sidney G., Understanding Dynamic Capabilities, in: Strategic Management Journal 24 (2003), 991–995.
Wolters, Martin, Keine Frage von Größe, in: Personal 60 (9/2008), 42–44.
Wunderer, Rolf, Führung und Zusammenarbeit. Eine unternehmerische Führungslehre, München – Neuwied (Luchterhand) 5. Aufl. 2003.

Wunderer, Rolf/Gerig, Valentin/Hauser, Rainer, Konzeptionelle Grundlagen, in: *Wunderer, Rolf/ Gerig, Valentin/Hauser, Rainer* (Hrsg.), Qualitätsorientiertes Personalmanagement. Das Europäische Qualitätsmodell als unternehmerische Herausforderung, München – Wien (Hanser) 1997, 1–46.

Wurst, Katharina/Högl, Martin, Führungsaktivitäten in Teams. Ein theoretischer Ansatz zur Konzeptualisierung, in: *Gemünden, Hans G./Högl, Martin* (Hrsg.), Management von Teams. Theoretische Konzepte und empirische Befunde, Wiesbaden (Gabler) 2000, 158–185.

Zdrowomyslaw, Norbert, Personalcontrolling – Der Mensch im Mittelpunkt. Erfahrungsberichte, Funktionen und Instrumente, Gernsbach (Deutscher Betriebswirte Verlag) 2007.

zu Knyphausen-Aufseß, Dodo/Schweizer, Mark, Informatisierung der Personalarbeit – Bestandsaufnahme und die Frage nach einer personalökonomischen Fundierung, in: Zeitschrift für Personalforschung 19 (2005), 252–288.

Sachverzeichnis

C

D

G

H

Q

R

S